Deutsche Geschichte

Zweiter Band

Fürsten, Ritterschaft und Bürgertum
von 1100 bis um 1500

von

Johannes Bühler

Walter de Gruyter & Co.
vormals G. J. Göschen'sche Verlagshandlung - J. Guttentag, Verlagsbuchhandlung - Georg Reimer - Karl J. Trübner - Veit & Comp.
Berlin und Leipzig
1935

Deutsche Geschichte

Fürsten, Ritterschaft und Bürgertum von 1100 bis um 1500

Von

Johannes Bühler

Mit 8 Tafeln

Walter de Gruyter & Co.

vormals G. J. Göschen'sche Verlagshandlung - J. Guttentag, Verlagsbuchhandlung - Georg Reimer - Karl J. Trübner - Veit & Comp.

Berlin und Leipzig

1935

Archiv-Nr. 41 05 35
Druck von Walter de Gruyter & Co., Berlin W 35.
Printed in Germany

Vorwort

Schicksal und Leistung des deutschen Volkes bezeichneten wir im Vorwort zum ersten Bande als den eigentlichen Gegenstand dieser deutschen Geschichte. Nur wer sich darüber klar ist, daß sich der Geschichtsverlauf nicht wie ein Naturvorgang vollzieht, vermag den Sinn und die Tragweite des Schicksals- und Leistungsgedankens zu erfassen. In der Geschichte ist nichts selbstverständlich: es ist nicht selbstverständlich, daß und wie Deutschland und das deutsche Volk geworden sind, nicht daß und wie sie noch heute bestehen. Aus dieser Grunderkenntnis erwächst die Ehrfurcht vor dem deutschen Schicksal, der Stolz auf die deutsche Leistung, der Wille zur deutschen Schicksalsgestaltung. Je weiter aber die Darstellung unserer „Deutschen Geschichte" fortschreitet, desto eindringlicher müssen wir uns diese Grunderkenntnis vergegenwärtigen, damit nicht von der zunehmenden Fülle der Erscheinungen und wirkenden Kräfte die großen Schicksalslinien und die trotz widriger Verhältnisse errungenen Leistungen verdeckt werden.

Dieselben Ursachen, welche die Geschichtsbetrachtung vom Wesentlichen ablenken, erschweren die Objektivität. Das Tatsächliche ist möglichst richtig zu ermitteln, sonst zeigt, wie wir ebenfalls schon im Vorwort zum ersten Bande betonten, die Geschichte weder Schicksal noch Leistung, sondern die eigenen Gedanken und Wünsche werden nur in das Gewand der Geschichte gehüllt. Gegen diese Forderung ist zu allen Zeiten unglaublich viel gesündigt worden. Eine Unzahl auf Abwege führender Meinungen über die Geschichte wären der Menschheit allein schon durch eine genaue Chronologie, durch die sorgfältige Beobachtung der zeitlichen Aufeinanderfolge der Ereignisse erspart geblieben. Zu der objektiven Erforschung des Tatsächlichen rechnen wir auch das Bemühen, den einzelnen Epochen und den in der Geschichte hervortretenden Menschen von ihren besonderen, ihnen eigentümlichen Bedingungen aus gerecht zu werden. Aber diese Objektivität, einst als das Ideal der Geschichtswissenschaft gerühmt, ist uns nie das Endziel, sondern immer nur der Ausgangspunkt für ein Höheres in der Geschichtschreibung gewesen: für das Miterleben unserer deutschen Vergangenheit als immerdar Gegenwärtiges. Der deutsche Erlebniswert ist der Standpunkt, von dem aus wir deutsche Geschichte schreiben. Von ihm aus sehen wir Schicksal und Leistung, bemessen wir den Umfang der einzelnen Abschnitte, verteilen wir in der Darstellung Licht und Schatten. Damit heben wir die Richtigkeit und Gerechtigkeit im angedeuteten Sinne nicht auf, sie sollen uns im Gegenteil den Erlebniswert erschließen helfen, soweit dies die Wissenschaft vermag.

Bei einer deutschen Geschichte, der es in erster Linie auf die Erfassung der in der Vergangenheit ruhenden Lebenselemente ankommt, bietet die Lösung der Anmerkungsfrage verschiedene Schwierigkeiten. Der Beifall, mit dem die Anmerkungen des ersten Bandes sowohl in zahlreichen Besprechungen wie auch in privaten Zuschriften begrüßt wurden, veranlaßte mich, auch diesem Bande einen wissenschaftlichen Anhang beizugeben. Nun liegen aber über die hier behandelten Stoffgebiete soviele Arbeiten vor, daß nur ein kleiner Bruchteil von ihnen und ihrem Inhalt berücksichtigt werden konnte. Bei meiner Auswahl ließ ich mich von folgenden Gesichtspunkten leiten: zunächst habe ich das Wichtigste von dem angegeben, worauf sich meine Darstellung stützt, besonders in strittigen Fragen. Sodann sind hauptsächlich die Gegenstände allgemeineren Interesses aufgenommen und zuverlässige, leicht zugängliche und leicht verständliche Bücher und Aufsätze angeführt, wobei gelegentlich auch auf ältere wertvolle Werke hingewiesen wurde. In nicht wenigen Fällen mußte freilich auch auf die eigentliche Fachliteratur wenigstens kurz eingegangen werden, und gerade ihren Verfassern sei an dieser Stelle für die von ihnen geleistete Kleinarbeit gedankt, ohne die keine zusammenfassende deutsche Geschichte geschrieben werden kann, die wirklich Geschichte ist.

Solln bei München im Juni 1935.

Johannes Bühler

Inhaltsverzeichnis

Seite

Erstes Buch: Der Übergang vom bäuerlich-aristokratischen Zeitalter zum Hochmittelalter 1

Erstes Kapitel: Die Auflockerung der geistigen Einheit 3
Die cluniazensische Klosterreform S. 4. — Die kirchliche Reformbewegung S. 7. — Die kirchliche Reformbewegung als Revolution S. 10. — Umschwung in der Wissenschaft S. 14. — Der Einbruch des Orients S. 17. — Die Anfänge des Nationalismus S. 19.

Zweites Kapitel: Die Herrscher der Übergangszeit 22
Kaiser Heinrich IV. Vormundschaftliche Regierung S. 23. — Heinrichs Ehestreit S. 29. — Heinrichs Kampf mit den Sachsen S. 31. — Beurteilung Heinrichs IV. und Gregors VII. S. 33. — Gregors VII. erster Kampf gegen Simonie und Priesterehe S. 37. — Ausbruch des Machtkampfes um die Investitur S. 39. — Canossa S. 43. — Heinrichs Kampf in Deutschland S. 44. — Erneute Bannung Heinrichs. Gregors VII. Tod S. 45. — Heinrichs Erfolge in Deutschland S. 47. — Kampf Urbans II. gegen Heinrich S. 48. — Der Kaiser als Friedensfürst S. 49. — Kaiser Heinrichs IV. Endkampf S. 50. — Kaiser Heinrich V. Heinrichs V. Kampf um die Investitur mit Paschalis II. S. 52. — Das Wormser Konkordat S. 54. — Heinrichs V. Außen- und Innenpolitik S. 56. — Auswirkung des Investiturstreites. Leistung des salischen Herrscherhauses S. 57. — Kaiser Lothar von Supplinburg. Wahl und erste Regierungsjahre S. 58. — Strittige Papstwahl. Lothars erster Italienzug S. 60. — Erfolge in der Innen- und Außenpolitik S. 61. — Zweiter Italienzug. Tod des Kaisers S. 62. — Lothars Kirchen- und Italienpolitik S. 63. — König Konrad III. Wahl und Auseinandersetzung mit den Welfen S. 64. — Kirchenpolitik. Ohnmacht des Papsttums in Italien S. 65. — Zweiter Kreuzzug und Wendenfahrt S. 67. — Konrads Tod. Sein Charakter S. 69.

Zweites Buch: Das Hochmittelalter 71

Erstes Kapitel: Neubildungen im Gesellschafts- und Wirtschaftsleben 73
Entstehung des Ministerialadels S. 73. — Die Städte S. 76. — Das Fürstentum S. 81. — Auflösung der Fronhofverfassung. Zunahme der Geldwirtschaft S. 82.

Zweites Kapitel: Die Kaiser und Könige des Hochmittelalters 85
Kaiser Friedrich I. Barbarossa. Wahl und Art Friedrichs I. S. 85. — Die Befriedung Deutschlands S. 87. — Erste Verhandlungen mit der Kurie S. 89. — Erster Italienzug S. 90. — Das Herzogtum Österreich. Sieg über Polen S. 93. — Grundsätzliches zu Friedrichs I. Reichspolitik S. 95. —

Seite

Die Reichsversammlung zu Besançon S. 97. — Rainald von Dassel S. 99. — Zweiter und dritter Italienzug S. 100. — Regierungsmaßnahmen in Deutschland. Bund mit England S. 106. — Vierter Italienzug S. 107. — Innenpolitische Maßnahmen. Fortschritte der Ostkolonisation S. 108. — Fünfter Italienzug S. 110. — Der Kaiser in Burgund. Sturz Heinrichs des Löwen S. 114. — Der Ausbau der staufischen Reichs- und Hausmacht S. 118. — Konstanzer Reichstag 1183. Erwerbung Siziliens. Das Mainzer Pfingstfest 1184 S. 120. — Kriegsgefahr mit Frankreich. Opposition der Kurie und des Kölner Erzbischofs S. 123. — Barbarossas Kreuzzug und Tod S. 125. — Kaiser Heinrich VI. Die weltpolitische Lage bei Heinrichs VI. Regierungsantritt S. 126. — Erster Italienzug. Schwierigkeiten in Deutschland S. 131. — Gefangennahme und Lehenshuldigung von Richard Löwenherz. Ausgleich mit den Welfen S. 133. — Heinrichs Erbfolgeplan S. 138. — Niederwerfung des sizilischen Aufstandes. Tod des Kaisers S. 139. — Persönlichkeit Heinrichs VI. S. 140. — König Philipp und Kaiser Otto IV. S. 143. — Doppelwahl 1198. Philipps und Ottos IV. Kampf S. 144. — Alleinregierung Ottos IV. S. 148. — Kaiser Friedrich II. und der Untergang des hohenstaufischen Kaisertums. Friedrich II. Jugendjahre und Zug nach Deutschland S. 149. — Ottos IV. Zurückdrängung und Tod S. 152. — Friedrich II. und Honorius III. Fortführung der staufischen Hausmachtpolitik S. 154. — Kaiserkrönung. Der Kaiser in Sizilien S. 155. — Außenpolitik unter Engelberts Führung. Berufung der Deutschordensritter nach Preußen S. 156. — Auseinandersetzungen Friedrichs II. mit Gregor IX. Des Kaisers Kreuzzug S. 158. — König Heinrichs Politik und Absetzung S. 160. — Die Mainzer Tagung 1235. Österreich als Reichsgut eingezogen. Konrads Wahl zum König S. 163. — Krieg gegen die Lombarden. Zerwürfnis mit Gregor IX. S. 164. — Wirren in Deutschland. Bannung des Kaisers auf dem Lyoner Konzil S. 166. — Endkampf und Tod des Kaisers S. 168. — Die Persönlichkeit Friedrichs II. S. 169. — Der Untergang der letzten Staufer S. 174.

Drittes Kapitel: Die Kultur des Hochmittelalters 177

Der Geist des Rittertums S. 178. — Die Dichtung. Epik S. 181. — Lyrik S. 183. — Die bildenden Künste. Malerei S. 187. — Plastik S. 188. — Die Architektur S. 192. — Die Wissenschaft. Die Scholastik S. 197. — Die Rechtsbücher S. 200. — Die Geschichtschreibung S. 201. — Das religiöse Leben. Die Mönchsorden S. 202. — Die Mystik S. 205. — Gegenkirchliche Strömungen und Bewegungen S. 207. — Vielgestaltige Entwicklung des Hochmittelalters auf einheitlicher Grundlage S. 209.

Drittes Buch: Das Spätmittelalter 213

Erstes Kapitel: Die Kultur des Spätmittelalters 215

Der Zeitcharakter S. 215. — Die Stadt S. 216. — Die Fürsten S. 222. — Der Adel S. 226. — Die Bauern S. 228. — Soziale Abstufungen bei Bauern und Städtern S. 231. — Die Grundlagen der mittelalterlichen Volkskultur S. 233. — Die bildenden Künste. Architektur S. 236. — Plastik S. 240. — Malerei S. 245. — Volksleben und Schrifttum S. 252. — Die Seelenhaltung des spätmittelalterlichen Deutschen S. 253. — Kirchliche und gegenkirchliche Wissenschaft S. 256. — Kirchliche Mißstände S. 257. — Die Leistung der Kirche S. 260. — Die Frömmigkeit des späteren Mittelalters S. 261. —

Seite

Lied und Musik S. 263. — Das Schauspiel S. 264. — Die Literatur S. 266. — Volkstümliche Fachliteratur und Rechtsbücher S. 268.

Zweites Kapitel: Grundlagen und Aufgaben der Politik des späteren Mittelalters 270
Das Königtum. Reichsgut und Hausmacht S. 272. — Das Rechtswesen S. 273. — Das Kriegswesen S. 275. — Das Reich muß doch bleiben S. 276. — Die partikularen Gewalten S. 277. — Die Kurfürsten S. 278. — Die einzelnen Territorialherrschaften. Der Südwesten S. 283. — Baiern und Pfalz S. 284. — Der Süden und der mittlere Osten S. 286. — Mitteldeutschland S. 287. — Der Nordwesten S. 289. — Der Norden und Nordosten S. 289. — Die geistlichen Landesfürstentümer S. 295. — Außenpolitik und Grenzdeutschtum. Die Italienpolitik S. 295. — Der Osten S. 297. — Der Norden S. 298. — Der Westen S. 300. — Die Schweiz S. 302.

Drittes Kapitel: Die deutschen Kaiser und Könige des späteren Mittelalters... 306
Das Interregnum S. 306. — König Rudolf von Habsburg. Die Wahl S. 309. — Die Habsburger. Rudolfs Persönlichkeit S. 311. — Italienpolitik S. 314. — Rudolfs Bemühungen um das Reichsgut S. 316. — Kampf mit Ottokar von Böhmen S. 317. — Habsburgs Hausmacht im Osten S. 323. — Innerdeutsche Auseinandersetzungen S. 323. — Kämpfe um Burgund S. 326. — Rudolf als Politiker S. 330. — Tod König Rudolfs S. 330. — Adolf von Nassau. Wahl und Persönlichkeit König Adolfs S. 331. — Kampf um Meißen. Außenpolitik S. 333. — Kampf König Adolfs mit Herzog Albrecht S. 334. — Albrecht I. von Habsburg S. 337. — Kaiser Heinrich VII. Die Königswahl S. 341. — Heinrichs VII. innerdeutsche Politik S. 342. — Heinrich VII. in Italien S. 343. — Ludwig der Baier und Friedrich der Schöne von Österreich. Die Persönlichkeit Ludwigs des Baiern S. 345. — Schlacht bei Gammelsdorf. Königswahl. Streit um den Thron S. 347. — Ludwigs Italienzug und Kampf mit Papst Johann XXII. S. 350. — Kaiser Ludwigs Hausmachtpolitik. Der Tag von Rense S. 354. — Kaiser Karl IV. Persönlichkeit und Jugend Karls IV. S. 357. — Karls Innen- und Außenpolitik S. 361. — Die goldene Bulle S. 364. — Karls IV. Kosmopolitismus und Bedeutung für Böhmen und Deutschland S. 365. — Das Reich von König Wenzel bis zu Maximilian S. 369. — König Wenzel S. 370. — König Ruprecht S. 372. — Kaiser Sigmund S. 373. — König Albrecht II. S. 375. — Kaiser Friedrich III. S. 376.

Rückblick 379

Anmerkungen 383

Verzeichnis der angeführten Bücher 414

Register 424

Erstes Buch

Der Übergang vom bäuerlich-aristokratischen Zeitalter zum Hochmittelalter

Die Auflockerung der geistigen Einheit. — Die Herrscher der Übergangszeit:
Heinrich IV. Heinrich V. Lothar von Supplinburg. Konrad III.

Erstes Kapitel

Die Auflockerung der geistigen Einheit

Seit den Tagen der Romantik wird dem Mittelalter eine einheitliche, in sich geschlossene geistig-seelische Haltung zugeschrieben. Tatsächlich besaß es auch in einem Grade wie keine der folgenden Epochen eine von Staat und Gesellschaft als verpflichtend anerkannte Weltanschauung und sittliche Norm: die Lehre der katholischen Kirche. So festgefügt, wie man nach dieser Grundlage erwarten möchte, war die mittelalterliche Einheit freilich nicht. Abgesehen von den auffallend stark ausgeprägten Gegensätzen zwischen den von der Kirche aufgestellten sittlichen Forderungen und der durchschnittlichen Lebenswirklichkeit, zwischen der Gelehrtenbildung und der Unbildung der breiten Massen, zwischen einer dünnen, reichen Oberschicht und dem „armen" Volke, wurde um den staatlichen und gesellschaftlichen Aufbau, um das Verhältnis von Kirche und Staat und innerhalb der Kirche um die Rechte des Papsttums und der Konzilien, des Welt- und Ordensklerus, der Orden untereinander mit erbitterter Leidenschaftlichkeit gekämpft. Auch im geistigen Leben haben mancherlei Unter- und Gegenströmungen des Unglaubens und mehr noch der Ketzerei zeitweilig weit um sich gegriffen; bei den philosophisch-theologischen Lehrstreitigkeiten ging es vielfach um entscheidende religiöse und weltanschauliche Unterschiede.

Die meist für das Mittelalter schlechthin angenommene Einheit des Weltbildes und der staatlich-gesellschaftlichen Organisation hat im großen und ganzen nur im früheren Mittelalter vorgeherrscht. Damals waren auch die günstigsten Voraussetzungen für eine einheitliche, in sich geschlossene Kulturgestaltung gegeben. Den Lebensrhythmus bestimmten ausschließlich das Bauerntum und die mit ihm wesensverwandte Aristokratie. Die politische Führerschicht wurde von einer blutmäßig, in Lebensauffassung und Lebensführung gleichgearteten Schicht, von der Aristokratie gestellt. Das gesamte höhere geistige Leben war von den Mönchen und Klerikern getragen, deren Hierarchie: die Bischöfe, Domherren, Äbte, zum größten Teil ebenfalls den aristokratischen Geschlechtern entstammte; außerdem waren die Klöster und Domstifte und die mit ihnen verbundenen Schulen streng geregelte Lebensgemeinschaften.

Den ersten Anstoß zur Auflockerung dieser Kultureinheit gaben Spannungen innerhalb der Kirche. Schon bald nach der apostolischen Zeit standen sich im

Christentum eine weltflüchtig asketische und eine mehr kulturfreudige Richtung gegenüber. Bei der Christianisierung der Germanen gewann die zweite dadurch besonders an Gewicht, daß die römische Kirche nicht zuletzt wegen der mancherlei Kulturgüter, die sie als Erbin der Antike zu vermitteln hatte, an germanischen Fürstenhöfen nördlich der Alpen und in England Eingang fand. Im Frankenreiche und in dem daraus hervorgegangenen Deutschen Reiche wurden schließlich Bischöfe, Äbte und auch andere Kleriker mit den wichtigsten kulturellen und politischen Aufgaben betraut. Daraus ergab sich ganz von selbst der Einbau der fränkischen und dann der deutschen Reichskirche in das Staatsleben, für das trotz der Übernahme zahlreicher Elemente aus dem römischen Rechte im wesentlichen noch immer germanisches Rechtsempfinden und germanische Rechtsgepflogenheiten maßgebend waren.

Eine Staatskirche im eigentlichen Sinne ist aber weder die fränkische, noch die deutsche Reichskirche geworden. Wenn ihr Zusammenhang mit der Kurie in Rom zeitweilig nur wenig in Erscheinung trat und es gelegentlich zwischen deutschen Kirchenfürsten und Päpsten zu Streitigkeiten um ihre Rechte kam, so wurde doch von den Herrschern des Frankenreiches und des deutschen Reiches der Primat Roms als Ausgangspunkt der kirchlichen Sendung und das Eigenleben der Kirche als göttlicher Stiftung nie grundsätzlich verneint und eine gewisse Eigengesetzlichkeit der Kirche immer anerkannt. Es war infolgedessen nur eine Frage der Zeit und der besonderen Umstände, wann die zurückgedrängte asketische Richtung, die im Wesen der römischen Kirche nicht weniger begründet ist als die kulturfreudige, einen neuen Aufschwung nehmen und der in der kirchlichen Gesetzgebung, in den „canones", fortwirkende römische Gesetzesgeist in Widerspruch mit der germanisch-deutschen Rechtssitte geraten würde. Diese an sich innerkirchlichen Auseinandersetzungen mußten bei der nun einmal durch die geschichtliche Entwicklung gegebenen engen Verbindung von Kirche und Staat, geistlicher und weltlicher Kultur auf alle höheren Lebensgebiete übergreifen. Die Abkehr der Klöster vom angelsächsischen und karolingischen Bildungsideal eines Beda († 735) und Alkuin († 804) war mehr als eine bloße Mönchsangelegenheit, war die Gewissensfrage nach dem Gewicht und dem Wert des Weltlichen im Geistes- und Seelenleben überhaupt, und der Kampf des kirchlich-kanonischen gegen das germanisch-deutsche Recht ging nicht nur um die Stellung der Kirche im Staate, sondern er war zugleich der erste große feindliche Zusammenstoß römisch-romanischer und germanisch-deutscher Rechts- und Staatsauffassung.

Die cluniazensische Klosterreform

Das erste Kampffeld, auf dem sowohl die Gegensätze zwischen Weltflucht und Kulturfreudigkeit, als auch zwischen römischem Recht und germanischer Rechtssitte ausgetragen wurden, waren die Klöster. Weitausgedehnte Besitzungen mit einer Unzahl von Hörigen, Halbfreien und Pächtern, die Abstammung vieler Mönche von Adelsgeschlechtern, die Beschäftigung mit Kunst, Wissenschaft und Unterricht hatten die Klöster des Frankenreiches zu Kulturmittelpunkten gemacht. Trotz des durchaus mönchischen und kirchlichen Charakters und Inhalts dieser Kultur war es zu einer starken Verflechtung des Klosterwesens mit weltlichen Dingen gekommen. Während Karl der Große diese Entwicklung mit allem Nachdruck förderte, begünstigte bereits sein Sohn Ludwig der Fromme die Reformbestrebungen des Benedikt von Aniane. Dieser, der Sohn eines vornehmen Westgoten in Südfrankreich, wurde nach erfolgreichem Hof- und Kriegsdienst Mönch und stiftete auf seinem Erbgute am Bache Anianus in der Gegend von Montpellier ein Kloster. Wie einst unter dem Ordensstifter Benedikt von Nursia sollten jetzt wieder Gottesdienst, Handarbeit und strenge Askese den einzigen Inhalt des klösterlichen Lebens bilden. Die an heidnische Vorbilder anknüpfenden Studien wurden verpönt.

Die Reform des Benedikt von Aniane fand bald auch in Ostfranken Eingang. Kornelimünster bei Aachen wurde um das Jahr 815 als Reform-Musterkloster gegründet, und verschiedene andere Abteien übernahmen die dort eingeführte Lebensweise. Nach dem Tode Benedikts (824) ging infolge der Kämpfe und Wirren in den karolingischen Staaten die Reformbewegung wieder zurück, doch gerieten ihre Bestrebungen nicht ganz in Vergessenheit, manche Klöster hielten an den Einrichtungen Benedikts von Aniane fest, soweit es die Umstände zuließen.

Die Klosterreform von Cluny setzte hundert Jahre später als die von Aniane ein, steht aber wenigstens in mittelbarem Zusammenhange mit ihr. Herzog Wilhelm der Fromme von Aquitanien schenkte am 11. September 910 dem Abte Berno, einem burgundischen Grafensohne, Besitzungen zu Cluny bei Mâcon im französischen Burgund, zwanzig Kilometer von der deutschen Reichsgrenze entfernt. Die beiden Berno bereits unterstehenden Klöster, Baume und Gigny, hatten sich schon früher zu den Grundsätzen Benedikts von Aniane bekannt, die nun in Cluny in voller Reinheit geübt werden sollten. Als den eigentlichen Lebenszweck der Mönche von Cluny darf man wohl das „opus Dei", den mit großer Feierlichkeit ausgeführten und viele Stunden des Tages vom frühesten Morgengrauen an füllenden Gottesdienst bezeichnen. Die asketischen Übungen waren maßvoll, das Hauptgewicht wurde dabei auf den unbedingten Gehorsam der Mönche gelegt. Die weltlichen Wissenschaften wurden nicht, die geistlichen weniger als in manchen anderen Benediktinerabteien gepflegt; Unterricht erhielten bei den Cluniazensern nur zum Mönchtum bestimmte Knaben. Die straffe Einordnung in das Gemeinschaftsleben, die strenge Gehorsamsverpflichtung, die Abkehr von der weltlichen Wissenschaft beschnitten den Individualismus der einzelnen Mönche. Ein Leben, wie es z. B. Ekkehard von Sankt Gallen von seinem Kloster und von der Reichenau schildert, war in Cluny unmöglich. Obwohl die führenden Männer des Cluniazensertums ebenso wie Benedikt von Aniane germanischer Herkunft waren, machten sie sich das romanische Prinzip der völligen inneren und äußeren Gleichförmigkeit für alle einer Gruppe Angehörigen zu eigen. Aristokratisch sind freilich auch die Cluniazenser geblieben. Adlige suchten bei ihnen in großer Zahl Aufnahme. Äbte und Mönche standen in regem Verkehr mit den Vornehmen und kümmerten sich wenig um das gemeine Volk, die Seelsorge von ganzen Gemeinden kannten die Cluniazenser nicht, und die als knechtisch noch allgemein verachtete Handarbeit übten sie nur wenig.

Die epochemachende Bedeutung von Cluny für die Klosterorganisation beruhte hauptsächlich auf der Einführung der Exemtion und des Kongregationssystems. Herzog Wilhelm hatte bei der Gründung Clunys auf alle ihm und seiner Familie als Stifter zustehenden Rechte verzichtet und bestimmt, das Kloster solle einzig und allein dem Papste, sonst keiner weltlichen und geistlichen Gewalt untertan sein. Solche Exemtionen nun waren zwar an sich nichts völlig Neues, schon der heilige Bonifaz hatte sie für Fulda durchgesetzt, aber sie hatten keinen praktischen Wert erlangt. Dies wurde nun anders, seit der Nachfolger des Abtes Berno, der Franke Odo, vom Papste im Jahre 931 das Privileg erhielt, andere bereits bestehende oder neu zu gründende Klöster von sich abhängig zu machen und damit ebenfalls jeder anderen geistlichen und weltlichen Gewalt im Lande zu entziehen. Da Cluny zwei Jahrhunderte lang ausgezeichnete Männer zu Äbten hatte, und da den Cluniazensern ihr Reformideal viele Klöster mit Tausenden von Mönchen zuführte, so wurde dadurch das Eigenklostersystem, bei dem die Stifterfamilie dauernd großen Einfluß auf „ihr" Kloster behielt, in großem Umfange durchbrochen. Die Erzabtei Cluny bildete mit den ihr in straffer Unterordnung zugehörenden Klöstern sozusagen eine Welt für sich, frei von der weltlichen Vogteigewalt und dem bischöflichen Einfluß. Am meisten verbreitet waren die Cluniazenser in Frankreich und Burgund, doch griffen sie bald auch nach Italien und Spanien über und regten auch in Deutschland zu Klosterreformen an. Die von Abt Wilhelm von Hirsau († 1091) nach dem Vorbild von Cluny gebildete Kongregation umfaßte hundertfünfzig Klöster, doch war sie nie so straff organisiert wie die von Cluny.

Die weit verbreitete Meinung, die Cluniazenser hätten sich von vornherein in einen Gegensatz zur weltlichen Gewalt, namentlich zum Kaisertum gestellt, unterschiebt diesen Mönchen Absichten, die für sie nach der Lage der Dinge zunächst gar nicht in Frage kamen. Es handelte sich für sie in diesem Punkte darum, sich den für die klösterliche Zucht so verhängnisvollen Folgen des Eigenkirchentums ein für allemal zu entziehen. Es geschah dies durchaus im Einverständnis mit den höheren weltlichen Gewalten, die durch ihre großartigen Schenkungen und Privilegien die Stiftung und Verbreitung cluniazensischer Klöster ja erst ermöglichten. Man vergißt bei der grundsätzlichen Würdigung der kirchenpolitischen Stellung Clunys meist, daß von seiner Gründung bis zur Wiedererrichtung des Kaisertums durch Otto I. noch ein halbes Jahrhundert verging, und daß die Päpste jener Zeit an einen Vorstoß gegen das deutsche Königtum bei den in Italien herrschenden Zuständen gar nicht denken konnten. Es ging den Cluniazensern wirklich in erster Linie um die Klosterreform, die auch die Herrscher als ein Gott höchst wohlgefälliges Werk betrachteten, zu dessen Förderung sie sich verpflichtet fühlten. So standen alle deutschen Kaiser, auch Heinrich IV., in der Blüteperiode Clunys, die bis zum Beginn des zwölften Jahrhunderts währte, im besten Einvernehmen mit den großen Äbten von Cluny. Daß im Investiturstreit die Cluniazenser den hochkirchlichen Ideen anhingen, ergab sich schon aus deren innerer Verwandtschaft mit den der Klosterreform zugrunde liegenden Anschauungen. Immerhin setzte der heilige Hugo, der von 1049 bis 1109 die Kongregation von Cluny leitete, sich für eine Versöhnung zwischen Gregor VII. und Heinrich IV. ein. — Die Hirsauer Mönche gehörten allerdings zu den eifrigsten Parteigängern der Gregorianer. Von den eigentlichen Cluniazensern unterscheiden sich die Hirsauer unter anderem darin, daß sie sich auch der Seelenführung der unteren Schichten annahmen. Ganze Dörfer widmeten sich unter ihrer Leitung einem asketischen und frommen Lebenswandel, viele Bauernmädchen verzichteten auf die Ehe: es war dies die erste größere religiöse Volksbewegung in Deutschland und zugleich der erste Akt der deutschen Tragik, die immer wieder den idealistisch religiösen Vorstoß großer Gruppen in Gegensatz zur Staatsleitung und zuweilen zum deutschen Wesen selbst bringt.

Die kirchliche Reformbewegung

Unter der germanisch-fränkischen und hierauf der germanisch-deutschen Schutzherrschaft, ausgeübt von den Königen und Kaisern und zahlreichen partikularen Gewalten, war die Kirche reich und mächtig geworden und innerlich erstarkt. Das viele Große und Gute, das seit der Christianisierung der deutschen Lande von der Kirche sowohl auf rein religiösem Gebiet, als auch in weltlicher Kulturarbeit geleistet wurde, geschah keineswegs im Gegensatz zu dieser Schutzherrschaft, sondern in engster Verbindung mit ihr und wäre ohne sie gar nicht möglich gewesen. Wo immer die Kirche auf innere oder äußere Schwierigkeiten stieß, rief sie den Schutz und die Hilfe der Eigenkirchenherren an. Sie war sich über die rechtliche Auswirkung dieses Vorgehens klar; Päpste, Bischöfe und selbst noch eifrige Vorkämpfer der Kirchenreform erkannten die Schutzherrschaft mit ihren Rechtsfolgen nach germanischer Auffassung ausdrücklich an oder fanden sich wenigstens ohne Einspruch damit ab.

Die weltliche Schutzherrschaft schloß indes für die Kirche und das religiöse Leben große Gefahren in sich. Die Nachkommen der Klöster- und Kirchenstifter waren nicht immer vom gleichen frommen Eifer beseelt wie ihre Ahnen. Abgesehen von den diesem System sozusagen natürlichen Schäden, wie etwa die Verleihung eines Kirchenamtes nicht an den tauglichsten, sondern an den vom

Kirchenherrn aus persönlichen Gründen bevorzugten Bewerber oder die Ausnutzung der dem Vogte über das Kirchengut zustehenden Rechte zum eigenen Vorteil, bildeten sich zeitweise und in verschiedenen Gegenden Übelstände heraus, die in schreiendem Gegensatz zu dem eigentlichen Zweck der Kirchen und Klöster standen. Durch Vererbung von Bistümern vom Vater auf den Sohn entstanden Bischofsdynastien, reiche Adlige kauften noch kaum Zehnjährigen ein Bistum oder Erzbistum, fürstliche Nebenfrauen erhielten zu ihrem Unterhalt die Einkünfte von Kirchen und Klöstern zugewiesen, Vögte nahmen den ihrem Schutz anvertrauten Mönchen das zum Leben und für die Feier des Gottesdienstes Notwendige weg, und nur zu oft wurden hohe und niedere Kirchen- und Klosterämter an den Meistbietenden verkauft. Die durch Gunst und Geld zu hohen geistlichen Würden Gekommenen führten vielfach einen den kirchlichen Satzungen Hohn sprechenden Lebenswandel, die einfachen Kleriker und Mönche trieben es dann in der Regel nicht anders als ihre Oberen.

Zunächst wandten sich diejenigen, die eine Beseitigung dieser Übelstände erstrebten, indes nicht gegen das germanische Eigenkirchen- und Vogteiwesen selbst, sondern nur gegen die Simonie, den Kauf und Verkauf geistlicher Ämter, seit apostolischer Zeit als eine der schwersten Sünden betrachtet, und gegen die Sittenlosigkeit von Klerikern und Mönchen, die man nach einer übel berufenen, schon in der Apokalypse des heiligen Johannes erwähnten Sekte als Nikolaitismus bezeichnete. Wie immer in ähnlichen Fällen drängte jedoch die Entwicklung ganz von selbst dazu, vom Kampfe gegen die einzelnen Erscheinungen zu dem Kampfe gegen ihre weltanschaulichen und rechtlichen Grundlagen vorzugehen.

Alle, die eine Beseitigung der Schäden in der Kirche und im religiösen Leben ersehnten, richteten ihr Augenmerk auf Cluny. Vielen, besonders auch Laien von hohem Rang, erschien es als ein auf die Erde herabgekommenes Paradies. Die Reformmönche wurden von ihren Bewunderern wie Engel und Heilige verehrt. Hatte die Befreiung von den weltlichen und kirchlichen Lokalgewalten, von den Vögten und Bischöfen, das Wunder der Klostererneuerung ermöglicht, so lag es nahe, von der Loslösung aller kirchlichen Institutionen aus weltlicher Verstrickung ähnliche Ergebnisse für die ganze Kirche zu erwarten. Cluny hatte sich ferner nicht nur von den weltlichen Gewalten frei gemacht, es stellte auch in jeder Beziehung das Diesseits unter das Jenseits. Wenn es auch Cluny, wie erwähnt, nur um die Klosterreform ging, so griff das cluniazensische Ideal der völligen Unterordnung alles Irdischen unter das Überirdische weit über die Klostermauern hinaus, schwoll mehr und mehr zu einer das christliche Abendland und alle Bezirke des Lebens erfassenden religiösen Bewegung an. Um 1100 zählte die in Frankreich, Italien und Spanien verbreitete Kongregation von Cluny ungefähr zweitausend Klöster, manche mit mehreren hundert Mönchen, dazu standen noch verschiedene Klostervereinigungen, so die von Hirsau mit 150 Klöstern, unter dem Einfluß von Cluny. Mit noch größerer Berechtigung, als man später den Jesuitengeneral den „schwarzen" Papst nannte, konnte sich der Abt von Cluny, dessen Befehlsgewalt sämtliche Mönche seiner Kongregation unterstanden, und der durch sie weitgehenden Einfluß auch auf die Laienwelt ausübte, als zweiten Papst betrachten. Rom hat denn auch gelegentlich andere Mönchskongregationen im Gegensatz zu Cluny unterstützt, um es nicht übermächtig werden zu lassen.

Weit schlimmer als in Deutschland, wo die starke Königsmacht auch in kirchlichen Dingen für die Ordnung sorgte, war der religiös-sittliche Verfall in Frankreich und Italien. Ähnliche Verhältnisse wie in den romanischen Ländern herrschten in Westlothringen, das zwar zum deutschen Reiche gehörte, aber manche der den Grenzgebieten in unruhigen Zeiten eigentümlichen kulturellen und politischen Zersetzungserscheinungen aufwies. Die Übertragung der Grundsätze der Klosterreform auf eine allgemeine Kirchenreform wurde nun in diesen Gegenden vollzogen, in denen die religiöse Not groß und die cluniazensische Gedankenwelt tief eingedrungen war. Abt Siegfried von Gorze schrieb im Jahre 1043 an Abt Poppo von Stablo — beide waren eifrige Klosterreformer —, die kanonische Autorität, die Kirchengesetze, seien ohne Zweifel Gottes Gesetz. Das hieß nichts anderes, als daß alle Gesetze, die den kirchlichen widersprächen, null und nichtig seien. Die Folgerungen daraus auf das Verhältnis von geistlicher und weltlicher Gewalt zieht ein sonst unbekannter, wahrscheinlich aus Niederlothringen stammender „Auctor Gallicus" in der wohl kurz vor 1048 abgefaßten Denkschrift „de ordinando pontifice". Hier heißt es schon klipp und klar: „Die Kaiser sind den Bischöfen untertan". Ähnlich erklärte zur selben Zeit der Bischof Wazo von Lüttich, der Kaiser habe kein Recht, über Bischöfe zu Gericht zu sitzen. Es war dies nur die folgerichtige Anwendung des cluniazensischen Grundsatzes, daß alles Irdische gegenüber dem Überirdischen ein Nichts sei. „Anders ist eure, anders unsere Weihe", sagte Wazo zu Heinrich III. einmal auf einer Reichsversammlung, „eure Weihe weiht zum Tod, unsere zum Leben; soviel größer aber das Leben als der Tod, so viel höher ist unsere Weihe als euere".

In diesen Kreisen nahm man selbstverständlich schweren Anstoß an der Ausübung der kaiserlichen obersten Vogtei- und Gerichtsherrlichkeit durch Heinrich III. über die Päpste in Rom. So betont der Auctor Gallicus, auch wenn Gregors VI. Wahl nicht den Kirchengesetzen entsprochen habe, hätte der Kaiser nicht Hand an ihn legen dürfen; der Papst sei einzig Gott, aber keinem weltlichen Richter untertan. Am päpstlichen Hofe wagten sich derart schroffe Auffassungen nicht hervor, so lange Kaiser Heinrich III. lebte und ihm so ergebene Männer wie Leo IX. und Viktor II. auf dem Stuhle Petri saßen. Die Reformer in Rom, wie z. B. der wegen seines asketischen Lebenswandels und seines Eifers für die Hebung der Kirchenzucht hoch gefeierte Petrus Damiani, hielten an der alten Auffassung fest, daß Papst und Kaiser berufen seien, miteinander die christlichen Völker zu leiten und zu führen: „Diese beiden erhabenen Personen seien in Liebe so miteinander verbunden, daß man gewissermaßen den König im römischen Bischof und diesen im König finde". Eine streng juristische Regelung der Rechte war das freilich nicht, sondern die Übertragung des germanischen Grundsatzes des beiderseitigen Treueverhältnisses auf Staat und Kirche, auf Kaiser und Papst. Die Kirchenreformer in Rom kamen dabei dem weltlichen Herrscher sogar soweit entgegen, daß sie ihm zugestanden, von einem neuernannten Bischof Abgaben zu erheben, was die lothringischen Reformer schon als Simonie verurteilten.

Obwohl die von Heinrich III. erkorenen Päpste deutschen Aristokratengeschlechtern entstammten und ihnen die germanisch-deutsche Rechtsauffassung sozusagen im Blute lag, konnten sie sich den juristischen Forderungen und Folgerungen der neu heraufkommenden Bewegung doch nicht ganz entziehen. Deshalb weigerten sich auch Leo IX. und Viktor II., die ihnen von Heinrich III. angebotene Papstwürde anzunehmen, wenn sie nicht vom „römischen Volke" gewählt würden. Dadurch sollte die Rückkehr zum kanonischen Recht zum Ausdruck kommen. Bei der Machtstellung Heinrichs III. in Rom war diese „Wahl" fast nur formaler Natur und änderte nichts an der tatsächlichen Oberhoheit des Kaisers über den römischen Stuhl. Bedeutungslos war diese starke Betonung der „kanonischen" Wahl freilich nicht. Verschoben sich die äußeren Machtverhältnisse, dann bot jene grundsätzliche Anerkennung der Wahl die Handhabe, den Einfluß des Kaisers bei der Besetzung des römischen Stuhls ganz zu beseitigen. Ja die Dynamik der geschichtlichen Entwicklung drängte schließlich zu einer Umkehrung des bisherigen Rechtsverhältnisses: nicht mehr der Kaiser habe über dem Papst, sondern der Papst über dem Kaiser zu stehen. Anlaß und Verlauf des Kampfes zwischen dem nach Heinrichs III. und Viktors II. Tod diese Umkehr anstrebenden Papsttum und dem seine alten Rechte verteidigenden Kaisertum sind Gegenstand des nächsten Kapitels. Hier haben wir nur noch die Frage zu beantworten, ob es sich bei diesem Ringen um eine eigentlich revolutionäre Bewegung handelte. Es geht nicht etwa um bloße Worte, als ob es für die geschichtliche Beurteilung gleichgültig sei, wenn man nun von einer Revolution, Evolution oder Reform spricht. Die richtige Antwort auf die Frage nach dem Wesen des Investiturstreites bietet erst den Schlüssel zum Verständnis jener Kampfzeiten selbst und läßt sie als einen der großen Wendepunkte der deutschen und gesamtabendländischen Geschichte erkennen.

Die kirchliche Reformbewegung als Revolution

Die Germanen waren mit Rechtssymbolen von der Art der Investitur (investire = ein-, bekleiden) von jeher vertraut. Wie einst Kauf oder Tausch von Grund und Boden durch die Übergabe von Rasen und Zweig, einer Handvoll oder einer ganzen Scholle Erde und dergleichen vollzogen wurde, so übertrug seit dem Hochkommen des Feudalismus im Frankenreich der Lehensherr das

Lehen in den alten germanischen Formen des Besitzwechsels und zwar hauptsächlich durch Überreichung eines Speeres oder Stabes. Die reiche Ausstattung der Bistümer und Abteien mit Königsgut und das germanische Eigenkirchenwesen führten zu der Auffassung, Bistümer und Reichsabteien seien Lehen wie die Grafschaften, die Prälaten Lehensträger wie die Grafen, und der Herrscher vergebe mit dem Kirchengut zugleich das Kirchenamt. Die kirchliche Investitur in Form der Übergabe eines Stabes durch den Herrscher unterschied sich schließlich nicht mehr von der Übertragung eines weltlichen „Fahnenlehens" durch Überreichung einer Fahne.

Geistliche Schriftsteller, Synoden und einzelne Kirchenfürsten, namentlich Papst Nikolaus I. (858—867), erhoben immer wieder Einspruch gegen die Eingliederung der Kirche in das Lehenssystem. Auch die großen kirchenpolitischen Fälschungen des 9. Jahrhunderts, so vor allem die „konstantinische Schenkung", wonach Kaiser Konstantin (306—337) die Päpste zu Herren der Westhälfte des römischen Reiches gemacht haben soll, versuchten die Unabhängigkeit der Kirche von der staatlichen Gewalt zu beweisen. In Italien, wo die Bistümer schon lange vor dem Eindringen der germanischen Rechtsgewohnheiten bestanden und zum Teil weit ausgedehnten Grundbesitz hatten, waren die Voraussetzungen für das germanische Eigenkirchensystem nicht im gleichen Maße wie im Frankenreiche und im Deutschen Reiche gegeben. Vom Standpunkte der Kirchenreformer, der römisch-kurialen Überlieferungen und der kirchlichen Gesetzgebung aus stellte sich infolgedessen der Investiturstreit nicht als Kampf um ein neues Recht, nicht als Revolution, sondern als ein Kampf um Beseitigung von Mißständen dar.

Sind indes Fragen wie die nach dem Wesen einer weltwendenden Bewegung niemals ausschließlich juristisch, vom geschriebenen Rechte her zu lösen, so schon gar nicht für das Mittelalter, in dem nach einem Worte Keutgens: „ein so tief greifender Gegensatz zwischen positivem Recht und theoretischem Recht" wie sonst zu keiner Zeit bestanden hat. Gleichviel wie die kirchlichen Gesetze vom 4.—9. Jahrhundert über das Verhältnis von Kirche und Staat gelautet haben, herrschte jedenfalls im Reiche Karls des Großen und dann wieder von Otto I. an bis zur Regierung Heinrichs IV. als vollgültiges Gewohnheitsrecht die Oberhoheit des Kaisertums über alle Bistümer und Reichsabteien einschließlich des päpstlichen Stuhles innerhalb aller der zum „römischen" Reich gehörenden Länder. Diese Oberlehensherrlichkeit mit den sich für die Kirchen daraus ergebenden Verpflichtungen war ja einer der Hauptgründe für die reiche Ausstattung der Bistümer und Reichsabteien mit Königsgut, und die Kirchenleitung hat nie gegen die Annahme solcher „Schenkungen" protestiert, obwohl sie über die sich daraus ergebenden Folgen nicht im Zweifel sein konnte. Ohne weitgehende Mitwirkung sowohl der deutschen Bischöfe wie auch der Päpste in Rom wäre es niemals möglich gewesen, das „ottonische System" hundert Jahre lang uneingeschränkt aufrecht zu erhalten. Es kann auch keine Rede davon sein, daß die Kirche nur um des Rechtes willen auf die alten Canones zurückgriff. Die bewegende Kraft war der Sieg des Geistes von Cluny. Wurde alles Irdische in der Weise dem Überirdischen untergeordnet, wie es die großen Äbte von Cluny lehrten und die Abertausende von Cluniazensermönchen übten, dann lag der Schluß nur zu nahe, die weltlichen Gewalten seien den geistlichen in jeder Beziehung unterzuordnen.

Das Ziel der Gegner der weltlichen Investitur war jedenfalls seit Gregor VII. durchaus revolutionär. Es ging nun keineswegs mehr um die nach katholischer Lehre notwendige „Freiheit der Kirche", sondern darum, daß der Kaiser „der Mann des Papstes" werden sollte. Dies war mehr als die Umkehrung der bisherigen Verhältnisse, denn die Ansprüche der Gregorianer gingen weiter als jemals die eines Kaisers. Die völlige Aufhebung der weltlichen Investiturrechte mußte in Deutschland zugleich die Machtgrundlage des Königtums zerstören. Es hatte gegen die Verpflichtung der Heeresfolge und sonstiger Leistungen an den Staat einen so großen Teil des Reichsgutes an die Kirchen vergeben, daß den Herrschern keine hinreichenden Mittel für kriegerische Unternehmungen und auch für die innere Staatsleitung zur Verfügung standen, wenn die Bischöfe und Reichsäbte dem König ihre Leistungen als Kronvasallen weigerten.

Nicht minder revolutionär als das Ziel war die Kampfweise der Reformer. Sie beriefen sich wohl auf die „canones" als unveränderliche göttliche Gesetze. Aber der Ruf nach der „freien kanonischen Wahl" hatte viel von einem revolutionären Schlagwort an sich. Die „kanonische Wahl" war nichts weniger als ein fester juristischer Begriff, sie sollte nur dazu dienen, der weltlichen Gewalt das Recht auf die Investitur aus der Hand zu schlagen. Gregor VII. dachte nicht daran, die alte kanonische Wahl wieder einzuführen, nach der Klerus und Volk eines Sprengels ihren Oberhirten selbst zu küren hatten, sondern wollte nur dem Papsttum den entscheidenden Einfluß bei der Besetzung der Kirchenämter sichern; nicht „frei, römisch sollten die Wahlen werden". Sicher leiteten Gregor bei seinem Vorgehen religiöse Beweggründe, die Auswirkung bei einem vollen Gelingen seiner Pläne wäre jedoch ausschlaggebend politisch gewesen. Denn bestimmte der Papst, wer in Deutschland Bischof werden solle, dann war der Papst, nicht mehr der König Herr in Deutschland.

Obwohl die Vorkämpfer sowohl der cluniazensischen wie der gregorianischen Idee blutmäßig großenteils aus dem Germanentum hervorgegangen waren, war die Kirchenbewegung nur eine revolutionäre Bewegung in Deutschland, keine deutsche Revolution. Namentlich die starke Betonung des Wahlprinzips widersprach dem germanischen Rechtsempfinden. Germanen und Romanen stimmten darin überein, daß jeweils der Würdigste das Amt erhalten solle. Nach germanisch-deutscher Auffassung aber war Würde in erster Linie durch die vornehme Abstammung bestimmt, und die ließ sich durch Wahl nicht feststellen. Bis zum Investiturstreit hatte die in den Quellen oft erwähnte Wahl durch das Volk im wesentlichen nur den beifälligen Zuruf der Menge bei der Amtsübernahme dessen zu bedeuten, der dem Erbgang nach oder vom Herrscher zu einer hohen Würde berufen war. Diese germanische Rechtsauffassung und Rechtsübung wurde nun erstmals in der wichtigsten und folgenschwersten Staatsangelegenheit, in der Regelung der Thronfolge, während des Investiturstreites preisgegeben, als der Gegenkönig Rudolf auf der Fürstenversammlung in Forchheim 1077 das Wahlprinzip ausdrücklich anerkannte. Hier leistete der niedersächsische Partikularismus, einzig auf seine Sondervorteile bedacht, romanischer Art willig Gefolgschaft und wurde so eine der Ursachen für alle weitere Zersplitterung der deutschen Staatsmacht und des deutschen Volkes (vgl. S. 44).

Gregor VII. und alle Fortsetzer seiner Bestrebungen hatten freilich nichts weniger als eine Zerstörung der alle Lebensgebiete mehr oder weniger umfassenden Einheit beabsichtigt; sie unter der ausschließlichen Oberherrschaft des Papstes vollkommen durchzuführen, war ja im Gegenteil das Ziel der Gregorianer gewesen. Es wird auch oft behauptet, dies sei ihnen in hohem Grade gelungen. Das Papsttum habe sich nach dem Investiturstreit an die Stelle des Kaisertums zu setzen vermocht und erst den eigentlichen mittelalterlichen Universalismus geschaffen. In der Tat haben die Päpste den Anspruch auf Weltbeherrschung im weitesten Sinne erhoben. Ihre später von der Kirche wieder aufgegebene Lehre von der „potestas directa" besagte nichts weniger, als daß dem Papste „die Summe der geistlichen und weltlichen Gewalt" übertragen sei. Darnach wären ihm die Fürsten nicht nur „ratione peccati" unterworfen, das heißt sie müßten ihm bei ihrer Regierung nicht nur in Dingen des Glaubens und des christlichen Sittengesetzes zur Vermeidung von Sünden Gehorsam leisten, sondern sie hätten jeder Weisung des Papstes als des Stellvertreters Christi zu folgen. Die inneren Kämpfe in manchen Staaten, namentlich in Deutschland, die Bereitwilligkeit der Fürsten kleinerer Länder wie der Ungarns, Polens, Portugals, sich auf Rom zu stützen und den Papst als Oberlehensherrn anzuerkennen, die Kreuzzugsbewegung, als deren Führer die Päpste auftraten, boten diesen mannigfache Gelegenheit zu politischer Betätigung, zur Ausübung der „potestas directa". Ferner wurde die Kirchenleitung mehr und mehr zentralisiert, und das Papsttum gewann in den einzelnen Ländern auf die Lehrverkündigung, die Geistlichkeit und ihre Amtsführung und nicht zuletzt auf das kirchliche Geldwesen unmittelbareren Einfluß als früher. Trotz alledem rückten die Päpste keineswegs so, wie sie gehofft hatten, an die Stelle der Kaiser. Der Kirche fiel weder politisch (vgl. S. 66) noch sonst zu, was die Kaiser verloren hatten. Mochten die Päpste auf den ersten Reif ihrer Krone einen zweiten und dritten setzen, die Tiara als Zeichen ihrer Herrschaft immer reicher schmücken und mit den Symbolen der Weltherrschaft versehen, Kaiser und Papst zusammen hatten doch in weit höherem Grade das Haupt und den Mittelpunkt der abendländischen Christenheit gebildet, als dann der Papst allein. Ein universales Papsttum, wenigstens so wie es das Mittelalter auffaßte, setzte ein universales Kaisertum voraus, das mit seiner weltlichen Macht eingreifen konnte, wo die geistliche nicht hinreichte.

Dem Papsttum blieb nicht nur die Machtstellung versagt, um die es im Investiturstreit mit ungeheurer Kraftanspannung und dem Einsatz des höchsten religiösen Idealismus und aller erdenklichen politischen Kampfmittel gerungen hatte. Die nunmehr auf sich selbst gestellte Kirche war noch weniger als früher unter kaiserlicher Schutzvogtei imstande, ihre inneren Schwierigkeiten zu überwinden. Dies ist einer der Gründe, weshalb die Reformbestrebungen des 14. und 15. Jahrhunderts so kläglich verliefen. Bei allen universalen Aufgaben, die das Papsttum in Angriff nahm, waren ihm höchstens noch Teilerfolge beschieden: es vermochte den „Heiden" das Heilige Land nicht zu entreißen, nicht die Glaubensspaltung zu verhindern, nicht die seit dem Hochmittelalter stetig fortschreitende Verweltlichung des Kulturlebens aufzuhalten. Sie wurde ebenso wie der seither im Abendlande nicht mehr verstummte Streit um das Verhältnis von Staat und Kirche durch den Investiturstreit eingeleitet. Die Überspitzung des theokratischen Systems mit der völligen Unterordnung alles Irdischen unter die priesterliche Gewalt hatte naturnotwendig den Widerstand der Kräfte dieser Welt hervorgerufen.

Mögen die zeitgenössischen Dokumente die Frage, ob der Investiturstreit eine Revolution gewesen ist, vielleicht nicht eindeutig beantworten, seine Folgen waren jedenfalls revolutionär. Die abendländische Welt war nach ihm nicht mehr dieselbe wie zuvor. Die bisherigen ideellen und machtpolitischen Grundlagen waren erschüttert, Denken und Wollen der abendländischen Menschheit schlugen eine neue Richtung ein. Nicht als ob nun die Welt plötzlich einen anderen Anblick geboten hätte. Äußerlich überwog in diesem Übergangszeitalter das von früher her Festgehaltene noch bei weitem. Spürt man aber den letzten Ursachen für die Auflösung des Mittelalters und für das Emporkommen der neueren Zeit nach, dann stößt man in wesentlichen Punkten immer wieder auf die von den Kirchenreformern in der zweiten Hälfte des 11. Jahrhunderts hervorgerufene Bewegung.

Umschwung in der Wissenschaft

Der um 805 geborene sächsische Grafensohn Gottschalk weist schon in der ersten Generation nach der Christianisierung seiner Heimat wesensverwandte Züge mit Luther auf. Beiden erwuchs aus persönlicher Seelennot ein von der herrschenden Lehre abweichender Glaube, und beide traten für ihn mit unerschütterlicher Festigkeit ein. Gleichzeitig mit Gottschalk, dem sein Glaube zu seinem Schicksal wurde, lebte in Westfranken einer der kühnsten und freiesten Denker, den das Abendland je hervorgebracht hat, der Ire Johannes Eriugena. Er fühlte sich als ein „summus homo", als ein geistiger Übermensch, stellte die Logik „als höchste Weisheit über die Ethik, Physik und Theologie" und „löste die dogmatischen

Wahrheiten in rationalistische Einsichten auf". Solche religiöse und geistige Selbständigkeit war indes eine Ausnahmeerscheinung. Das Schwergewicht der wissenschaftlichen Tätigkeit lag nicht in der Forschung nach neuen Erkenntnissen oder in schöpferischer Neugestaltung des philosophischen und theologischen Weltbildes, sondern in der Sammlung und Erklärung des in der Überlieferung erhaltenen Wissensstoffes. Gerade weil das Leben in und aus dem kirchlichen Glauben so selbstverständlich war, nahm man auch keinen Anstoß daran, die in den Schriften der „Heiden", der antiken Schriftsteller, enthaltene Weisheit und ihre literarischen Ausdrucksformen zu übernehmen.

Die Unbefangenheit der Hingabe an die Tradition und des Nichtunterscheidens der einzelnen Schichten in der Überlieferung verschwanden, als das Cluniazensertum das Weltliche aus der bisherigen Klosterkultur auszumerzen begann und als die Kirchenreformer ihren Kampf gegen die weltlichen Gewalten eröffneten. Die Reformmönche empfanden das Sinnliche bei den antiken Autoren als sündhaft, nicht mehr als Schmuck und Würze der Rede und Schrift. Die geschichtlichen Überlieferungen wurden nicht mehr bloß als Erzählungen dessen, was einst war, oder als Beispiele für Frömmigkeit, Klugheit, Tapferkeit hingenommen, sondern nach Beweispunkten für die Ansprüche der eigenen Partei durchforscht, mitunter zu diesem Zwecke auch gefälscht. Uralte Rechtsgewohnheiten galten nicht mehr ohne weiteres als verpflichtende Normen, sondern die Reformer beriefen sich ihnen gegenüber auf das göttliche Recht, das in der Heiligen Schrift, in den Kirchenvätern und in den Kirchengesetzen enthalten sei. Aber auch die kaiserlich Gesinnten zitierten die Bibel und alte Rechtssatzungen. So kam man mit dem bloßen Sammeln des Wissensstoffes und seiner Ordnung für Lehrzwecke nicht mehr aus. Durch Beweisgründe waren die Anhänger der eigenen Richtung zu stärken, die Gegner zu überwinden. Die Dialektik, die Kunst der logischen Beweisführung, bisher in den Schulen zur Schärfung des Verstandes geübt, wurde nun zum Kampfmittel im öffentlichen Leben.

Länger als in den romanischen Ländern hielten verschiedene Kloster- und Domschulen zumal des rechtsrheinischen Deutschlands an der alten Wissenschaftspflege fest. Aber sie verloren allmählich ihre frühere Anziehungskraft. Während einstige Kulturmittelpunkte wie Reichenau und Fulda kaum den für ihren bloßen Fortbestand nötigen Zuwachs an jungen Kräften gewannen, nahmen die Klöster der Hirsauer Richtung einen glänzenden Aufschwung, ebenso später, in Deutschland seit 1120, die Zisterzienser, die noch schroffer als die Cluniazenser und Hirsauer die weltliche Wissenschaft ablehnten. Die Unruhe der kirchenpolitischen Kämpfe und Kriege, während der in vielen Klöstern und Domstiften die Äbte und Bischöfe nach dem Worte eines gleichzeitigen Chronisten „gedoppelt" waren, zugleich je ein päpstlich und ein kaiserlich gesinnter Abt und Bischof an der Spitze stand und die Mönchskonvente und Domherrnkapitel sich in Anhänger des Kaisers und des Papstes spalteten, besiegelte vollends den Niedergang des wissenschaftlichen

Lebens an den bisher einzigen Bildungsstätten in Deutschland, an den Klöstern und Domstiften mit ihren Schulen.

Neben den die Grundlagen des alten Wissenschaftsbetriebes zerstörenden Wirkungen gingen von der Mönchs- und Kirchenreform und dem Investiturstreit zugleich starke Antriebe und Anregungen zu einer Neugestaltung des geistigen Lebens aus. Logische Beweisführung und systematischer Aufbau der Glaubenslehre drängten mehr und mehr die alte exegetische Methode zurück, bei der die Bibel, ein heidnischer oder christlicher Autor gelesen und erklärt und der damit in Zusammenhang stehende Wissensstoff behandelt wurden. Der kirchenpolitische Kampf schärfte die Waffen der Logik, machte sie praktischen Zwecken dienstbar, und die Gregorianer führten ihr päpstlich-zentralistisches System gegen die aus der geschichtlichen Entwicklung hervorgegangene Ordnung ins Feld. Hat aber die „ratio", die Vernunft, das Überlieferungsgut kritisch zu sichten und aus ihm einen Systembau aufzurichten, dann tritt sie neben die „auctoritas", die in Bibel, Kirchengesetz, den Schriften der Kirchenväter und den antiken philosophischen Schriften enthaltene Überlieferung, ja es erhebt sich die Frage, ob die ratio nicht über der auctoritas stehe.

Die Cluniazenser hatten sich von der überkommenen Wissenschaftspflege frei gemacht, um auch im Geistigen das Weltliche möglichst auszuschalten. Damit wurde aber die Wissenschaft, wenn auch bei weitem noch nicht frei, so doch freier. Waren Kloster und Domstift nicht mehr in gleicher Weise wie früher Bildungsstätten, kam es mehr auf die logische Durchdringung und die Ordnung des Wissensstoffes nach bestimmten Gesichtspunkten als auf dessen einfache Aneignung an, dann gewann auch je nach seiner Meisterschaft in Logik und Systemaufbau der einzelne Lehrer an Bedeutung, und die Schüler strömten ihm zu. In den italienischen Städten kam es so zu einer rationalistischen Aufklärung, die Jungfrauengeburt und andere Wunder leugnete. In Frankreich, wo zu Auxerre, Reims und Chartres die Erinnerung an die Dialektik des Eriugena noch fortlebte, wandten sich im 11. Jahrhundert verschiedene Gelehrte gegen allen Wunderglauben, da er einem vernünftigen Gottesbegriff widerspreche, und sie verkündeten bereits eine Art Nominalismus, nach dem nur die Einzeldinge, nicht aber die Gattungen und Arten wirklich, „real", seien (vgl. S. 256 f.). In Deutschland wurden alle geistigen Kräfte durch den kirchenpolitischen Kampf in Anspruch genommen. Wenn hier infolgedessen eigentlich philosophische und theologische Streitfragen weniger erörtert wurden, so haben dafür deutsche Gelehrte zur formalen Vorbereitung der Scholastik, zur scholastischen Methode Wesentliches beigetragen (vgl. S. 199).

Das Gesamtergebnis der kirchlichen Reformbewegung und des durch sie hervorgerufenen Investiturstreites war in geistiger Beziehung überhaupt mehr die Auflockerung der bisherigen Einheit und Einheitlichkeit und die innere Aufgeschlossenheit für neue Entwicklungen als eigentlich schöpferisches Denken. Das

Reich des Geistes ist allerdings weniger als jedes andere, selbst als das der Kunst, an die Grenzen der eigenen Epoche gebunden. Wie sie gegen Ende der Antike von Augustin oder im 9. Jahrhundert durch Eriugena überschritten wurden, so im 11. Jahrhundert von Gerhard von York und Anselm von Canterbury. Ehe aber der Geistesbau der Hochscholastik errichtet werden konnte, mußte die bisherige Seelenhaltung auch von außen her erschüttert werden.

Der Einbruch des Orients

Die abendländische Christenheit hatte allen „Heiden" gegenüber, zu denen an erster Stelle die Moslems gerechnet wurden, ein Gefühl unendlicher geistiger und vor allem sittlicher Überlegenheit. Diese Selbstsicherheit erhielt einen schweren Stoß durch die Kreuzzüge. Obwohl sie mit höchster religiöser Begeisterung, mit dem kühnen Heldenmut einer kampffrohen Zeit und einem großen Einsatz an materiellen Mitteln unternommen wurden, ließ sich doch nur eine vorübergehende Befreiung des heiligen Landes erzwingen. Mußten die verschiedenen Mißerfolge seit dem zweiten Kreuzzuge (1147—1149) schon an und für sich Zweifel an dem Vorrang der christlichen Völker hervorrufen, so erst recht beim mittelalterlichen Menschen, der gewohnt war, den Ausgang derartiger Kämpfe als „Gottesurteil" zu betrachten. Der Folgerung, wenn die Christenheit die Heidenschaft nicht zu überwinden und ihr nicht einmal die Geburts- und Todesstätte Christi für immer zu entreißen vermöge, dann sei auch der Christenglaube nicht besser als der Heidenglaube, suchte die Kirche dadurch auszuweichen, daß sie die Schuld daran den Sünden der Christen beimaß. Über diese Sündhaftigkeit zu klagen, boten die Kreuzzüge überreichen Anlaß. Denn neben den hohen und edlen kamen auch alle niedrigen Leidenschaften zum Ausbruch bis herab zum Verrat der eigenen Glaubensgenossen an die Heiden aus Neid und Habgier. So blieb ein doppelter Stachel von den Kreuzzügen zurück: die Enttäuschung über das Mißlingen des heiligsten Werkes und die Scham über das eigene sittliche Versagen.

Die nähere Berührung zeigte außerdem die Heiden in mancher Beziehung bei weitem nicht so verworfen, wie sie sich der christliche Ritter vorgestellt hatte. Er lernte die „heidnische Ritterschaft" ob ihrer Tapferkeit achten, dazu übten der Reichtum und Glanz des Morgenlandes einen mächtigen Zauber auf ihn aus. Der vom Glück nicht Begünstigte, dem keine kostbaren Waffenstücke oder Geschmeide als Beute zufielen, brachte wenigstens neue Anschauungen und Ideen mit in die Heimat. Die ritterliche und die volkstümliche Dichtung übernahmen eine Fülle orientalischer Stoffe, und die abendländische Sagenbildung durchsetzte sich mit ihnen.

Der Haupteinbruch morgenländischer Wissenschaft in die abendländische Geisteswelt erfolgte von Spanien her. Nachdem die Christen im Jahre 1085 Toledo, einen Stützpunkt arabischer und jüdischer Gelehrsamkeit, erobert hatten, gründete der Erzbischof Raimund von Toledo (1126—1151) eine Übersetzerschule, an der besonders getaufte Juden tätig waren. Der Wissenskreis der Abendländer wurde dadurch erweitert, ihr wissenschaftliches Leben in jeder Beziehung befruchtet. Die arabischen und jüdischen Gelehrtenschulen waren im Besitze zahlreicher Werke des Aristoteles und einiger neuplatonischer Schriften, die Europa verloren gegangen waren, und hatten im Anschluß an sie Systeme entwickelt, die der christlichen Theologie und Philosophie stärkste Anregungen boten. Das positive Ergebnis dieser Auseinandersetzungen des Abendlandes mit der morgenländischen Gelehrsamkeit war die Hochscholastik (s. S. 198f.), das negative waren Skepsis und naturalistischer Unglaube. Sie machten sich in Deutschland allerdings nicht so breit wie in Frankreich. Die französische Ritterschaft, die sich in weit größerer Zahl an den Kreuzzügen beteiligt hatte, zeigte nun als Reaktionserscheinung eine starke Hinneigung zu zersetzender Kritik und frivoler Lebensauffassung, und die Pariser Universität wurde zum geistigen Schlachtfeld Europas.

Investiturstreit und die Berührung mit dem Orient schärften nicht nur Geist und Verstand, sondern machten auch viele Gemüter zur Aufnahme von Lehren bereit, die sowohl eine Absage an die bestehende kirchliche, staatliche und gesellschaftliche Ordnung wie auch die Hingabe an eine düstere kulturfeindliche Glaubenswelt bedeuteten. Im byzantinischen Reiche hatten sich die ganze Zeit her Reste altchristlicher Häresien, namentlich des Manichäismus erhalten. Gelegentlich scheinen Spuren davon auch ins Abendland eingedrungen zu sein, so wurden 1022 in Orléans und 1051 in Goslar einige Ketzer verbrannt. Das Vorgehen der Gregorianer gegen verheiratete Priester erhob die Laien gewissermaßen zu Richtern über den Klerus, untergrub die Achtung vor dem geistlichen Stande als solchem und machte den Wert der Sakramente von der Lebensführung des Spenders abhängig (vgl. S. 37f.). Dies aber war die beste Vorarbeit für die manichäische Ketzerei. Sie griff die ganze katholische Hierarchie aufs leidenschaftlichste an und lehrte, daß nur der persönlich „Heilige" die Gaben des heiligen Geistes vermitteln könne.

Vom Balkan aus, wo die byzantinischen Kaiser Manichäer aus Kleinasien als Grenztruppen gegen die Slaven angesiedelt hatten, verbreiteten sich die Katharer, die Ketzer, die Reinen, wie sich diese Gegner der Kirche selbst nannten, hauptsächlich seit der zweiten Hälfte des zwölften Jahrhunderts und gewannen in Südfrankreich, Oberitalien und Flandern zahlreiche Anhänger. Während in Südfrankreich sich vielfach der Adel dem Ketzertum zuwandte, schlossen sich ihm in den oberitalischen und flandrischen Städten mehr die Handwerker, vor allem die Weber an, wodurch es mancherorts einen sozialistischen Einschlag erhielt. In grausamen Kriegen (1209—1229) wurden die Albigenser vernichtet, auch im übrigen Europa wurden im Laufe der Zeit Tausende von Ketzern verbrannt, aber völlig überwunden hat die Kirche das Ketzertum nicht mehr.

Die Anfänge des Nationalismus

Als Kaiser Otto I. im Jahre 962 das abendländische Kaisertum erneuerte, blieben Frankreich und England außerhalb des Imperiums. Ebenso wurden die skandinavischen Staaten nach der Annahme des Christentums und Spanien nach Verdrängung der Moslems keine Glieder des Reiches. Trotzdem behauptete sich der Universalismus, der Glaube, das Imperium Romanum sei die ein für allemal von Gott der gesamten Christenheit gegebene staatliche Ordnung, als das politische Ideal des Früh- und Hochmittelalters. Denn die Lehre vom Universalreich war aufs engste mit der von der Universalkirche verknüpft und wurde von dem Hauptträger der höheren Kultur, dem Klerus, bis zum Investiturstreit hochgehalten, auch hernach mehr zugunsten der Oberhoheit des Papsttums über das Kaisertum umgebogen als grundsätzlich aufgegeben. Überdies hatte das von den deutschen Kaisern bis zum Untergang der Hohenstaufen beherrschte Staatensystem eine so große Ausdehnung und ein derartiges politisches Übergewicht über die meisten außerhalb des Imperiums stehenden christlichen Länder, daß eine Zeit, in der die staatsrechtlichen Begriffe und Beziehungen noch stark im Flusse waren, im allgemeinen an der nur teilweisen Verwirklichung des Universalreiches keinen Anstoß nahm. Wenn im Hochmittelalter vereinzelte Stimmen gegen das Kaisertum laut wurden, so richteten sie sich nicht eigentlich gegen dieses selbst, sondern dagegen, daß es die Deutschen gewissermaßen ausschließlich für sich beanspruchten und sich dadurch zum Herrenvolk über alle anderen aufwarfen. Nicht darum ging der Streit, ob ein Kaiser über die Christenheit herrschen solle, sondern darum, wer die Kaiserkrone zu tragen habe. Sobald ein französischer oder englischer König sich stark genug wähnte, sie an sich reißen zu können, streckte er die Hand darnach aus.

Vereinzelte Zeugnisse für die „Vorstellung einer an der gemeinsamen Sprache erkennbaren Nationalität" finden sich allerdings bereits im 6. Jahrhundert. Aus der Zeit König Pippins wird berichtet, ein Franke habe in seinem „odium gentilicium" (Volkshaß) keinen romanisch Sprechenden hören wollen. In der Ottonenzeit schlugen sich deutsche und französische junge Adlige wegen ihrer Sprachverschiedenheit blutig, stellte ein deutscher Schriftsteller „das blonde Germanien" das „sehnsuchtweckende, liebe Deutschland" der „buhlerischen Schönheit" Italiens gegenüber. Aber das alles waren im wesentlichen urtümliche Regungen, wie sie auch innerhalb der einzelnen Völker zwischen verschiedenen Stämmen oder zwischen Nord und Süd hervortraten. Der Nationalismus war überhaupt zunächst Feindseligkeit gegen den Fremden, den anderen, gegen den man sich in Abwehr befand oder dessen Art bei näherer Berührung auf die eigene gewissermaßen als Herausforderung wirkte, was besonders bei den Kreuzzügen zutage trat.

Diese Abneigung und Feindseligkeit waren noch weit entfernt von einem positiven Nationalismus, von der bewußten Bluts-, Schicksals- und Kulturgemeinschaft der einzelnen Völker und Nationen. Das Nationalgefühl ist das Ergebnis

2*

zahlreicher, verschiedenartiger, zum Teil einander entgegengesetzter politischer und kultureller Bestrebungen und Strömungen. So hat z. B. auch der Universalismus selbst zum Hochkommen des Nationalismus beigetragen. Dem deutschen Volke erwuchs aus seiner Führerstellung ein Gefühl der Überlegenheit über alle Völker. „Wie die Sonne an Größe und Glanz alle Gestirne des Himmels überstrahlt, so leuchtet auch das römische Kaiserreich herrlicher als alle Königreiche der Welt. Bei ihm befindet sich die Monarchia, die Alleinherrschaft, damit, wie die Sterne Licht von der Sonne, so die Könige ihre Herrschaft vom Kaiser haben", schrieb selbst ein typischer Vertreter der Klosterfrömmigkeit, der Zisterziensermönch Cäsarius von Heisterbach. Barbarossas Kanzler Rainald von Dassel nannte den französischen König „regulus", ein Königlein. Die Deutschen haben den deutschen Charakter des Kaisertums nicht so stark betont, wie wir das heute erwarten, weil der Nationalismus im heutigen Sinne ja noch gar nicht geboren war, und weil ein nationalistisches Kaisertum die Aufhebung des Universalismus, auf dem doch der sittliche Anspruch des Kaisers auf die Weltherrschaft ruhte, bedeutet hätte. Als Herrenvolk, das die Deutschen zu jener Zeit waren, besaßen sie auch die Klugheit der Herrenvölker, die immer, wie z. B. das Frankreich der revolutionären und napoleonischen Zeit und das moderne England, unter idealistischen Bannern, heißen sie nun Menschenrechte oder Zivilisation, ihre Gewalt aufrichten. Sprachen es die Deutschen des Hochmittelalters nur ganz gelegentlich aus, daß das römische und christliche Imperium eigentlich ein Reich der Deutschen sei, so riefen es Engländer und Franzosen, deren Herrscher kein höheres Sehnsuchtsziel kannten, als selbst die Kaiserkrone zu tragen, in die Welt hinaus. Mit der Frage, warum die Kaiserwürde ausschließlich bei den Deutschen sein solle, verknüpfte sich die andere, wer denn nun wirklich diesem Imperium untertan sei, wobei bereits vereinzelt an einen neuzeitlichen Nationalismus gemahnende Thesen aufgestellt wurden, wie etwa vom Franzosenpapst Clemens V. im Januar 1310: „Gott hat gemäß der Sprachen- und Völkerverschiedenheit auch verschiedene Regierungen eingesetzt."

Stärker als solche durch den Stolz auf das Kaisertum und durch den Neid auf seine Träger hervorgerufenen Stimmungen und Stimmen hatte jedoch schon der Investiturstreit zu der Zersetzung der universalistischen Idee beigetragen. Er zerriß den Universalismus des germanisch-christlichen Weltkaisertums in den Dualismus Kaisertum und Papsttum. Wohl wurde noch wiederholt ein theoretischer und praktischer Ausgleich gefunden, aber die Zeit war endgültig vorbei, in der der Kaiser, wie noch Konrad II., vom höchsten deutschen Kirchenfürsten ohne weiteres als der Stellvertreter Christi gefeiert werden konnte. Selbst ein von der Würde seines Kaiseramtes so durchdrungener Herrscher wie Friedrich I. kleidete nun seinen höchsten Machtanspruch in die Worte: „Ein Gott, ein Papst, ein Kaiser genügen". Als im 14. Jahrhundert päpstliche Kurialisten verkündeten, der Mensch erhalte alle seine Rechte und sein ganzes Eigentum von der Kirche, jeder Laie sei ihr Grundhöriger, und als gleichzeitig kaiserliche Legisten den Satz vertraten, ein Ketzer ist, wer leugnet, daß der Kaiser allüberall, wo Christus verehrt wird, der Herr sei, hatte der geistige Kampf um den Universalismus den Boden der Wirklichkeit völlig verlassen, vielleicht das deutlichste Zeichen, daß seine Zeit vorüber war.

Realpolitisch gesehen war das Hochkommen des Nationalismus die unmittelbare Folge der Erstarkung der außerdeutschen Staaten, besonders seit um die Mitte des 15. Jahrhunderts die Franzosen nach Beendigung des Hundertjährigen Krieges und die Engländer nach dem Kriege der Rosen national geeinigt waren und im Jahre 1479 auf der pyrenäischen Halbinsel die beiden Reiche Aragon und Kastilien miteinander verschmolzen. Die staatliche Entwicklung im Westen und Südwesten Europas konnte aber nur darum völlig unabhängig vom universalen Kaisertum vor sich gehen, weil das Ringen zwischen Kaisertum und Papsttum zum Angelpunkt der deutschen Innen- und Außenpolitik geworden war und die partikularen Gewalten im Reiche hatte hochkommen lassen. Allerdings hatte sich nach dem Investiturstreit das Imperium unter den Staufern noch einmal zur beherrschenden Mitte des Abendlandes erhoben. Aber dem staufischen Imperialismus ist wie nun allen universalistisch gerichteten Bestrebungen und Erscheinungen: der ritterlichen Kultur, der Hochscholastik und der Hochgotik, nur eine kurze Dauer beschieden. Die im Investiturstreit geweckten Geister und Kräfte drängen, auch wenn sie einmal in einem Sammelbecken zusammenströmen, ihrer innersten Natur nach wieder zur Sonderung, nicht zuletzt im Völkerleben.

Zweites Kapitel

Die Herrscher der Übergangszeit

Die deutsche politische Entwicklung war im früheren Mittelalter der der übrigen abendländischen Völker um Jahrhunderte vorausgeeilt. Das Reich der Deutschen hatte mit seiner riesigen Ausdehnung und der bis zur ersten großen Erschütterung über hundert Jahre währenden Dauer gewissermaßen die Schwerkraft der eigenen Epoche überwunden. Naturalwirtschaft und Feudalismus drängten mit innerer Notwendigkeit auf regionale Einengung des öffentlichen Lebens hin. Ein mehr als die Hälfte der abendländischen Menschheit umfassendes Großreich ließ sich gegen die Triebkräfte der Zeit unmöglich mit Waffenmacht allein aufrecht erhalten. So bewundernswert die kriegerischen Leistungen der deutschen Könige und Kaiser von Heinrich I. bis Heinrich III. gegen die inneren partikularen Gewalten und die äußeren Feinde sind, weit höher noch steht die überlegene Staatsführung der deutschen Herrscher. Sie hielt die verschiedenen geistigen und politischen Machtfaktoren, geistliches und weltliches Fürstentum, Bistum und Papsttum, Großvasallentum und kleineres Vasallentum, so weit im Gleichgewicht, daß die Krone mit den ihr zustehenden Rechten und mit dem unmittelbaren Reichs- und Hausgut eine Schlüsselstellung einnahm, von der aus sich das Reich zusammenhalten und im allgemeinen nach dem Willen des Staatsoberhauptes lenken ließ.

Dieses Gleichgewicht wurde nun durch den Vorstoß Gregors VII. aufs empfindlichste gestört. Denn in demselben Maße, in dem der Einfluß des Königtums auf die Reichskirche geschwächt wurde, stieg die Macht der weltlichen Großen. Darum verband sich auch der weltliche Partikularismus mit den Gregorianern. Die geistlichen Fürsten, von jeher die stärkste Stütze der Reichseinheit, hielten schon deshalb großenteils zur Krone, weil sie nicht zu bloßen Vollzugsorganen der Kurie herabsinken wollten, auch waren die weltlichen Großen immer noch ihre gefährlichsten Widersacher. Eigennutz und religiöse Beweggründe spalteten jedoch diese Gruppenbildung auf und machten sowohl die weltlichen wie die geistlichen Großen zu wenig zuverlässigen Bundesgenossen. Erwartete sich ein weltlicher Fürst mehr vom Kaiser, dann leistete er ihm, und nicht dem Papst, Gefolgschaft, und unter den geistlichen Herren waren so manche mehr darauf bedacht, aus dem Streite der beiden höchsten Gewalten für sich Vorteile zu ziehen, als die

Macht des Königtums zu stärken. Die Haltung der Männer geistlichen Standes in kaiserlichen Diensten und der hohen kirchlichen Würdenträger war indes sicher nicht nur von Herrschsucht und Habgier bestimmt. Gewissensbedenken mußten gerade die Wohlmeinenden, Recht und Gerechtigkeit Suchenden auf beiden Seiten unsicher machen. Die Schäden des bisherigen Systems für die Kirche lagen offen zutage, andererseits konnten Einsichtige nicht darüber im unklaren sein, daß die Durchführung der Pläne der Gregorianer eine politische Unmöglichkeit war, auch erregten die von Freunden und Feinden der Reform begangenen Fehler und Mißgriffe weithin Anstoß. Dabei bekannten sich die Kaiserlichen wie die Gregorianer zu der einen katholischen Kirche, die Autorität des Papsttums in Fragen der Glaubens- und Sittenlehre leugneten auch die Anhänger des Kaisers nicht, und daß die weltliche Obrigkeit den Menschen von Gott gesetzt sei, stellte selbst ein Gregor VII. nicht in Abrede.

All das: der nur mit ungeheurer Anspannung wider die Grundkräfte der Zeit aufrecht zu erhaltende Reichsaufbau, die letzten Endes unnatürliche Bundesgenossenschaft des einen übersteigerten Zentralismus anstrebenden Papsttums mit dem weltlichen Partikularismus, die Kampfgemeinschaft des deutschen Königtums mit den doch auch der geistlichen Gewalt des Papsttums unterworfenen Kirchenfürsten, das letzten Endes jegliche Autorität untergrabende Ringen der beiden höchsten Autoritäten der Christenheit, stürzte das Abendland im Investiturstreit in grenzenlose Irrungen und Wirrungen. Erst diese Erschütterung und Zerrüttung sämtlicher ideeller und machtpolitischer Grundlagen und Bindungen der bisherigen Ordnung verleihen den einzelnen Ereignissen, dem Tun und Lassen der führenden Männer ihr weit über ihre Epoche hinausreichendes, ihr weltgeschichtliches Gewicht.

Kaiser Heinrich IV.

1056—1106

Vormundschaftliche Regierung

Die zum Weihnachtsfeste in Goslar versammelten Großen des Reiches hatten auf Wunsch Kaiser Heinrichs III. seinem ersten am 11. November 1050 geborenen Sohne schon vor der Taufe gehuldigt. Die Patenschaft zu übernehmen bat der Kaiser den Abt Hugo von Cluny, der am Ostertage des Jahres 1051 zu Köln des Kaisers Sohn aus der Taufe hob. Drei Jahre alt, wurde der junge Heinrich zu Tribur in aller Form zum deutschen Könige gewählt und am 17. Juli 1054 in Aachen gekrönt. Nach dem Tode Heinrichs III., den er am 28. Oktober 1056 in der Saliergruft des Speirer Doms bestattet hatte, wiederholte Papst Viktor II. die Krönung des nun sechsjährigen Knaben in Aachen.

Für das salische Herrscherhaus war es ein Glück, daß der Papst von seinem Besuche bei Heinrich III. her noch in Deutschland weilte. Dank seiner Stellung wie auch seiner erfolgreichen Bemühungen um Ausgleich in den innerdeutschen Wirren der letzten Regierungsjahre Heinrichs III. besaß Viktor hohes Ansehen und großen Einfluß. Es ist vor allem sein Verdienst, daß kurz nach einer weit verzweigten Verschwörung und nach der Niederlage eines sächsischen Heeres, das von den wieder einmal in das Heidentum zurückgefallenen Liutizen am 10. September 1056 bei der Havelmündung eingeschlossen und aufgerieben worden war, der Übergang der Regierungsgewalt von dem Vater auf den Sohn, das heißt zunächst auf die Vormundschaft, so ruhig vor sich ging.

Die Hauptsorge der Regentschaft, die von der Mutter des Königs und dem Papste in steter Fühlungnahme mit den weltlichen und geistlichen Großen geführt wurde, galt der Beseitigung der lothringischen Opposition. Sie war schon seit Jahren der Gefahrenherd des Reiches, und sie bot schließlich den Kirchenreformern den machtpolitischen Ausgangspunkt zum Vorstoß gegen das Kaisertum. Im Jahre 1033 hatte Kaiser Konrad II. nach dem Tode des Herzogs Friedrich von Oberlothringen mit dessen Herzogtum den Herzog Gozelo von Niederlothringen belehnt, der dadurch der mächtigste Fürst in Westdeutschland wurde. Dessen Sohn Gottfried II., der Bärtige, schon zu Lebzeiten seines Vaters mit Oberlothringen belehnt und wie schon seine Vorfahren einer der treuesten und tüchtigsten Kampfgenossen der Salier gegen die immer noch auf die Eroberung Lothringens bedachten Könige Frankreichs, hoffte auch Niederlothringen zu erhalten, als sein Vater im Jahre 1044 gestorben war. Kaiser Heinrich III. gab dies jedoch Gozelos zweitem Sohne, dem unfähigen Gozelo II., dem „Faulen". Damit hatte der Kaiser Herzog Gottfried II. für immer zum Feinde seines Hauses gemacht. Heinrich III. ließ sich bei dieser Regelung der lothringischen Verhältnisse von dem an sich richtigen Gedanken leiten, an der Reichsgrenze keine übermächtige Partikulargewalt hochkommen zu lassen. Die engen Beziehungen Gottfrieds zu den Cluniazensern ließen ebenfalls noch keine Gefahr für die Zukunft ahnen, war doch der Kaiser selbst der eifrigste Förderer der Reform. Er behielt denn auch immer die Oberhand über den Lothringer, auch dann noch, als dieser 1054 Beatrix, die Witwe des Markgrafen Bonifaz von Tuscien aus dem Hause Canossa, eines der mächtigsten Herren Mittelitaliens, geheiratet hatte. Der Kaiser setzte im Jahre 1055 Beatrix und ihre Tochter aus erster Ehe, Mathilde, gefangen und legte auf seinem Italienzuge im gleichen Jahre die lothringische Partei in Rom lahm, die der Bruder Gottfrieds, Kardinal Friedrich von Lothringen, führte. Der frühe Tod des erst neununddreißigjährigen Kaisers am 5. Oktober 1056 machte dann freilich die Verbindung Lothringen-Canossa zum Verhängnis für seine Familie und für ganz Deutschland.

Heinrich III. hatte Beatrix und ihre Tochter noch kurz vor seinem Tode aus der Haft entlassen. Die Regentschaft setzte nun den Herzog Gottfried und andere lothringische Große in ihre Rechte ein. Gottfried erhielt die Güter des Hauses Canossa, Balduin von Flandern und seinem Sohn wurden die umstrittenen Reichslehen in Flandern und im Hennegau zugesprochen. Der Papst ließ sich bei seiner Rückkehr nach Italien von Beatrix und Gottfried begleiten, dem er wichtige Reichsangelegenheiten in Italien anvertraute. Viktor II. verfolgte damit eine Politik, die schon wiederholt den Feind eines Herrscherhauses zu dessen treuestem Paladin umgewandelt hatte, war doch ursprünglich auch Gottfrieds Vater Gozelo ein Widersacher Konrads II. gewesen. Aber der Papst starb bereits am 28. Juli 1057, für Deutschland ein Schicksalsschlag, der den vom 5. Oktober 1056 erst zur vollen Auswirkung brachte. Denn noch war zu wenig Zeit verflossen, um die Lothringer die von Heinrich III. erlittenen Demütigungen vergessen und auf ihre alten Pläne verzichten zu lassen. Sie nutzten jetzt ihre Machtstellung in Italien zur Stärkung ihrer Partei und zum Nachteil des deutschen Königtums aus. Der Bruder Gottfrieds, der Kardinal Friedrich, der einst vor Heinrich III. nach Monte Cassino geflohen und dort Abt geworden war, bestieg nun als Stephan IX. den päpstlichen Stuhl und schickte erst hernach eine Gesandtschaft mit Hildebrand, dem späteren Papst Gregor VII., an die Regentin Agnes nach Deutschland, so daß deren Wahlbestätigung nur noch formale Bedeutung haben konnte. Stephan starb indes schon vor der Rückkunft des Hildebrand. Die Grafen von Tusculum glaubten jetzt ihre Zeit gekommen und erhoben einen ihnen genehmen Mann, der von der Reform nichts wissen wollte, als Benedikt X. zum Papste. Die Reformer erklärten jedoch seine Erhebung für ungültig und wählten den Bischof Gerhard von Florenz. Auf Veranlassung Hildebrands wurde die Zustimmung der Kaiserin Agnes eingeholt, und der neue Papst, Nikolaus II., von Gottfried nach Rom geleitet, das Benedikt, der Macht der Lothringer weichend, räumte.

Unter Nikolaus II. (1058—1061) machten die Reformbestrebungen, insbesondere soweit sie auf die Selbständigkeit des Papsttums dem Kaisertum gegenüber abzielten, entscheidende Fortschritte. Der Normannenführer Robert Guiscard (Fuchs) wurde von Nikolaus in aller Form mit Apulien und Calabrien belehnt und leistete dafür dem Papst als seinem Lehensherrn den Treueid. Der Papst war zu diesem Vorgehen nicht berechtigt, denn diese Gebiete galten als dem Reiche zugehörig. Aber da die Kaiser hier nie auf die Dauer hatten Ordnung schaffen können, und da sie unter Leo IX. den Papst nicht vor den Normannen geschützt hatten, zog Nikolaus II. nur die aus der geschichtlichen Lage sich ergebenden Folgerungen. Um die formale Begründung solch eines Schrittes war die Kurie so wenig wie irgend eine andere geistliche oder weltliche Kanzlei des Mittelalters in ähnlichen Fällen verlegen. — Stützte sich das Papsttum im Süden auf eine durch und durch feudale Macht, eine Kriegerkaste, die vom christlichen Glauben noch nicht viel mehr als die äußeren Formen angenommen hatte, so machte es in Oberitalien mit den dem Feudalismus feindlichen Volksschichten gemeinsame Sache. In der Lombardei, namentlich in Mailand, begannen sich die unteren Schichten der Bevölkerung oft in wilden Tumulten gegen die Stadtherren zu erheben. Man nannte diese Bewegung Pataria und ihre Anhänger Patarener, wahrscheinlich nach dem Trödelmarkt in Mailand. Nun waren die Stadtherren in der Regel Bischöfe deutscher Abstammung, die sich wie Laien verheirateten und ein allen kirchlichen Satzungen widersprechendes weltliches Leben führten. Wie weit bei den Kämpfen der Patarener gegen den verhaßten deutschen Adel die religiösen oder die politischen Interessen überwogen, läßt sich heute nicht mehr feststellen, jedenfalls waren beide Motive vorhanden und gingen ineinander über. Obwohl die Patarener besonders in etwas späterer Zeit in ihrer Zuchtlosigkeit auch ausgesprochener Ketzerei zuneigten, wurden sie von den Päpsten begünstigt, zunächst, um mit ihrer Hilfe den Kirchenfürsten die Reform aufzuzwingen und die Selbständigkeit der Mailänder Kirche zu brechen, und dann, um sich ihrer als Verbündeter gegen die Kaiser zu bedienen.

Den Bestrebungen, das Papsttum vom Kaisertum ganz unabhängig zu machen, stand vor allem das bisher auch von der Kirche anerkannte Recht der Kaiser entgegen, jeweils bei der Besetzung des römischen Stuhles in entscheidender Weise mitzuwirken, sei es durch Anerkennung des von den Römern Gewählten oder auch durch unmittelbare Ernennung. Durch das auf der Lateransynode des Jahres 1059 erlassene Papstwahldekret, das sich allerdings in erster Linie gegen den römischen Adel richtete, wurde nun das eigentliche Wahlrecht auf die Kardinäle beschränkt. Die Rechte des Kaisers wagte man zwar noch nicht ganz aufzuheben, sondern man sprach in einer absichtlich dunklen Wendung davon, daß dem Könige — gemeint war damit Heinrich IV. — die schuldige Ehrfurcht vorbehalten bleiben solle. Aber dieses Dekret bot später der Kurie doch die erwünschte Handhabe, den Kaiser bei der Wahl völlig auszuschalten. Um die Zustimmung der Deutschen zu diesem Dekret zu erhalten, schickte der Papst einen Kardinal an den Hof, der aber auf die römischen Wünsche nicht einging, nachdem eine Synode der deutschen Bischöfe zu Worms gegen Nikolaus bereits in schärfster Weise Stellung genommen und ihn für abgesetzt und gebannt erklärt hatte. Der Papst starb am 27. Juli 1061 in Florenz, noch ehe er weitere Schritte zur Überwindung des deutschen Widerstandes unternehmen konnte. Selbst persönlich fromme und der Reform an sich keineswegs abgeneigte Bischöfe wie Anno von Köln hatten Nikolaus' Papstwahldekret abgelehnt.

Der deutschen Regierung bot sich nach dem Tode Nikolaus' II. noch einmal Gelegenheit, wie früher als Schiedsrichter bei einer strittigen Papstwahl und damit in gewisser Beziehung als dem Papsttum übergeordnet einzugreifen. Die Reformpartei hatte den Bischof Anselm von Lucca zum Papste gemacht und ihn mit Hilfe der Normannen den Römern aufgezwungen. Etwas später wählten die lombardischen und einige deutsche Bischöfe zu Basel den Hauptgegner der Patarener, den Bischof Cadalus von Parma. Da die Erhebung Anselms, der sich Alexander II. nannte, weder nach der bisherigen Art noch nach dem neuen Wahldekret einwandfrei war, stimmte die Kaiserin der Wahl des Cadalus, nun Honorius (II.), zu. Obwohl Alexander als Vorkämpfer der in Italien der Reichsgewalt widerstrebenden Reformer auftrat und sich auf die Normannen stützte, Cadalus aber mit dem Kaiserhaus in freundlicher Beziehung stand und auch den das Vordringen der Normannen fürchtenden römischen Adel für sich hatte, taten die Deutschen für ihren natürlichen Verbündeten nur wenig, einmal weil sie durch ihre innerpolitischen Angelegenheiten ganz in Anspruch genommen waren, und dann weil die Kaiserin und manche Bischöfe für ihre Person Anhänger der Reform waren. Honorius drang indes auch ohne fremde Hilfe nach Rom vor, schon schien es, er werde Alexander stürzen, da warf sich dem Honorius Herzog Gottfried von Lothringen entgegen und setzte die Annahme eines Waffenstillstandes bis zu der endgültigen Entscheidung der deutschen Regierung durch. Diese stand jetzt ganz unter dem Einfluß des Anno von Köln und übte zwar formell das Schiedsrichteramt aus, ebnete aber durch die Anerkennung Alexanders der Selbständigkeitsbestrebung der Kurie die Wege. Obwohl nun das Reich offiziell zu Alexander stand und Gottfried ihn mit Waffengewalt unterstützte, behielt Cadalus noch einige Zeit in dem furchtbaren Bürgerkriege, der jetzt Ober- und Mittelitalien durchtobte, die Oberhand. Nach der feierlichen Bannung und Absetzung des Cadalus auf einer Synode zu Mantua (1064), bei der auch Anno zugegen war, gestaltete sich die Lage für Alexander allerdings immer günstiger, aber erst der Tod des Cadalus im Jahre 1072 sicherte der Reformpartei den Sieg in Italien. Man sieht gewöhnlich in der nachträglichen Parteinahme des Reiches für Alexander einen unheilvollen Fehler der deutschen Politik, doch ist es bei den damaligen Machtverhältnissen in Italien, bei der Zerrüttung der Staatsgewalt in Deutschland und den mannigfachen Rückwirkungen, die bei anderem Verhalten der Reichsleitung hervorgerufen worden wären, sehr fraglich, ob ein Eintreten des Reiches für Cadalus die Fortschritte der Reformbewegung und die Loslösung der päpstlichen von der kaiserlichen Gewalt auf die Dauer hätte aufhalten können.

Nach dem Tode Papst Viktors II. war die Kaiserin Agnes alleinige Regentin geworden. Trotz ihres regen Geistes, ihrer feinen Bildung und ihres guten Willens war sie den von allen Seiten sich erhebenden Schwierigkeiten nicht gewachsen. Ihr Lebenswandel entsprach nach dem zuverlässigen Zeugnisse des Petrus Damiani ihrer großen Frömmigkeit; aber die Öffentlichkeit traute der schönen und verhältnismäßig noch jungen Witwe nicht viel Gutes zu. Man klatschte über sie: „Ihr schwaches Geschlecht, ihr Naturell, ihre Heimat (Guinne-Poitou) sind gleich verdächtig, zählt doch auch ihre Mutter nicht weniger Buhlen als Geburtstage." Zog die Kaiserin bei den Regierungsgeschäften jemand besonders heran wie den Bischof Heinrich von Augsburg, dann hieß es sofort, sie habe mit ihm ein Liebesverhältnis. Ihre Maßnahmen erschienen den Großen von ihren persönlichen Zu- und Abneigungen und augenblicklichen Launen bestimmt. Bis zu einem gewissen Grade mag dies auch so gewesen sein; aber ihr schwankendes und nicht selten widerspruchsvolles Handeln war auch zum großen Teil die Folge ihrer Unsicherheit und Ängstlichkeit. Die Fehden und Gewalttaten im Reiche nahmen erschreckend zu. In den Altaicher Annalen heißt es: „Der König war ein Knabe, die Mutter gab bald diesem bald jenem, der sie beriet, nach, und wer am Hofe mächtig war, war nur auf Geld aus. Ohne Geld konnte dort niemand seine Sache führen, zwischen Recht und Unrecht wußte man nicht mehr zu unterscheiden." Jeder suchte vom Reichsgut möglichst viel an sich zu bringen, neidete aber dem anderen, was der für sich ergatterte. Außerdem waren die weltlichen und geistlichen Großen darüber erbittert, daß sie nicht mehr so, wie während der Anwesenheit Viktors II. in Deutschland zum Fürstenrat berufen wurden, sondern daß die Reichsgeschäfte fast nur noch vom Hofe aus, wo die Ministerialen steigenden Einfluß gewannen, erledigt wurden.

Um dem angeblich des Reiches, der Kirche und der Fürsten unwürdigen Weiberregiment ein Ende zu machen, verschwor sich Erzbischof Anno von Köln, ein geborener Schwabe, mit mehreren geistlichen und weltlichen Großen. Sie bemächtigten sich Ostern 1062 des nun zwölfjährigen Königs und entführten ihn nach Köln. Die Kaiserin machte keinerlei Anstrengungen, sich in ihrer Stellung zu behaupten, sondern zog sich bald darauf als Nonne in ein italienisches Kloster zurück und suchte da ihr Gewissen, das sie nach ihren eigenen Worten mehr als Nachtgespenster schreckte, durch fromme Werke zu beruhigen. Von den während ihrer Regierung vorgenommenen Staatshandlungen hatten für die nächste Zeit besonders die Verleihung des Herzogtums Baiern an den Sachsen Otto von Nordheim, die Belehnung des Rudolf von Rheinfelden mit Schwaben, der auch Reichsverweser in Burgund wurde, und die Übertragung des Herzogtums Kärnten an Graf Berthold von Zähringen größere Bedeutung.

Die Fürsten einigten sich dahin, daß jeweils der Bischof, in dessen Diözese sich der König gerade aufhalte, die Reichsgeschäfte zu erledigen habe. Da dies natürlich nicht durchzuführen war, behielt zunächst Anno die Reichsleitung. Die hervorstechendsten Eigenschaften dieses Kirchenfürsten, der im zwölften Jahrhundert heilig gesprochen wurde, asketische Sittenstrenge, Herrschsucht und Habsucht waren wenig geeignet, ihm das Herz des jungen Heinrich zu gewinnen und den Fürsten eine lange Dauer seiner Vorherrschaft im Reiche wünschenswert erscheinen zu lassen. Bald gewann neben ihm auf den König und die Regierung Adalbert von Bremen maßgebenden Einfluß. Wie Anno verschiedene seiner Sippengenossen und Parteigänger zu Bischöfen gemacht hatte, so sicherte auch Adalbert seinen Anhängern Bischofssitze und verschaffte wie Anno seinem Erzbistum Reichsgut in großem Umfange. Aber Adalbert war doch ganz anders als Anno auf die Stärkung der königlichen Stellung und der Reichsgewalt bedacht. Ungarn erkannte dank der geschickten Politik Adalberts die Oberhoheit des Reiches wieder an. Er setzte nun seine schon unter Heinrich III. begonnenen Versuche, seine Territorialmacht auf Kosten der Laienfürsten, besonders der Billunger, in Sachsen zu erweitern, mit großer Energie fort und wollte auch die Reichsabteien Korvey und Lorsch mit ihren riesigen Besitzungen zur Mehrung seiner Macht dem Erzbistum Bremen einverleiben. Durch sein heiteres und hochgemutes Wesen fesselte er den jungen König ganz an sich, dem er auch im Gegensatz zu Anno große Freiheit in der Befriedigung seiner Neigungen ließ. Da sich nun Heinrich gern in Sachsen aufhielt, sah der sächsische Adel seine Selbständigkeit von zwei Seiten, von Adalbert und von dem Könige, her bedroht. Zu der Mißstimmung der sächsischen Großen kam noch die Eifersucht der bedeutendsten weltlichen und geistlichen Fürsten auf Adalbert, und so wurde der König auf einem Reichstage zu Tribur im Jahre 1066 gezwungen, den Erzbischof von Bremen aus dem königlichen Rate und der Regierung zu verweisen. Damit war auch dessen Stellung in Sachsen schwer erschüttert. Das Erzbistum verlor zwei Drittel seiner Besitzungen, die Billunger triumphierten. Aber sie waren nicht imstande, die nun losbrechenden Slaven niederzukämpfen. Die Bischöfe von Brandenburg, Havelberg, Oldenburg mußten ihre Sprengel verlassen, die Slaven machten sich von der Herrschaft der Sachsen frei und fielen wieder in das Heidentum zurück. Die Gebiete an der Ostsee waren für die Deutschen bis auf weiteres verloren. Eine Heerfahrt Heinrichs im Jahre 1069 gegen die Liutizen erzielte keinen Erfolg.

Heinrichs Ehestreit

Heinrich war bereits am 29. März 1065 zu Worms feierlich mit dem Schwert umgürtet und damit als volljährig erklärt worden. Es dauerte aber noch geraume Zeit, bis er wirklich selbständig regieren konnte. Die Absetzung Adalberts als des ersten königlichen Beraters hatten die Fürsten von ihm erzwungen, und auch nach dem Tage von Tribur war der König von den Reichsfürsten immer noch mehr abhängig als irgend einer der früheren deutschen Könige. Die unmittelbare Umgebung Heinrichs bildeten allerdings nicht geistliche und weltliche Fürsten, sondern Ministeriale, hauptsächlich Schwaben. Der junge König und seine Mannen erregten durch ihr Treiben schweren Unwillen. Obwohl man damals an einer etwas freien Lebensführung nicht leicht Anstoß nahm, erwartete man doch gerade von dem Könige eine ernstere Auffassung. Die Großen nötigten deshalb Heinrich, seine ihm vom Vater bestimmte Braut Bertha von Turin zu heiraten; die Hochzeit fand im Juli 1066 zu Tribur statt. Heinrich empfand aber gegen seine Frau, obwohl sie jung, schön und gebildet war, heftigste Abneigung. Wodurch diese hervorgerufen war, läßt sich aus den Quellen nicht recht erkennen, vielleicht war der Widerwille gegen die Unglückliche, die ihrem Mann nach den gleichzeitigen Zeugnissen sehr zugetan war, wenigstens teilweise dadurch bedingt, daß diese Heirat Heinrich von den ihm so verhaßten Fürsten eben zur Beschränkung seiner Freiheit aufgezwungen worden war.

Schließlich faßte Heinrich den unseligen Plan, sich von Bertha scheiden zu lassen. An und für sich war dies zwar nichts Unerhörtes, doch mußte nachgewiesen werden, daß die Ehe von vornherein ungültig war. Gewöhnlich machte man hierfür damals irgendeinen kirchlichen Grund geltend. Heinrich führte nur seine unüberwindliche Abneigung an, und daß er mit seiner Frau nie einen ehelichen Verkehr gehabt habe. Der Erzbischof Siegfried von Mainz zeigte sich in der Hoffnung auf große Vorteile für sein Bistum geneigt, den Wunsch des Königs zu erfüllen. Dagegen erschien den Reichsfürsten diese Angelegenheit „ein häßlich und mit der königlichen Würde unvereinbar Ding". Der Erzbischof konnte nur erreichen, daß die Ehescheidung nicht gleich von vornherein abgelehnt wurde. Man beschloß, die Ehefrage auf einer eigenen Synode zu behandeln und inzwischen auch Roms Urteil einzuholen. Der Papst entsandte zu der für die Erledigung des Ehestreites festgesetzten Tagung in Frankfurt (1069) Petrus Damiani. Dieser wandte sich nun voll sittlicher Entrüstung gegen den König, der sich zum Bannerträger des Verbrechens mache, obwohl er der berufene Rächer aller Vergehen sei. Nie würde der Papst den zum Kaiser weihen, der durch solch ein pestilenzialisches Beispiel den Christenglauben verrate. Da alle Fürsten dem päpstlichen Legaten zustimmten, beugte sich Heinrich mit den Worten: „Wenn ihr unweigerlich darauf besteht, will ich mir selbst Gewalt antun und die Last, die ich nicht abwerfen kann, so gut ich es vermag, weiterschleppen." Die Beziehungen des Königs zu seiner Gemahlin gestalteten sich nun besser, im August 1071 gebar ihm Bertha den ersten Sohn, und bis zu ihrem Tode leistete sie Heinrich immer treue Hilfe. Heinrich III. hatte im Jahre 1055 seinen damals fünfjährigen Sohn mit der ebenfalls noch in Kinderjahren stehenden Tochter Ottos von Savoyen und der Adelheid von Turin verlobt, um dadurch der in Ober- und Mittelitalien durch die Verbindung Lothringen-Tuscien heraufziehenden Gefahr zu begegnen. Aber schwerer als dieser Machtgewinn wog der Verlust an Ansehen, den sich der junge König durch seinen Ehestreit zugezogen hatte.

Wie weit Heinrich in den Jahren von seiner Mündigkeit bis zur Beendigung seiner Eheangelegenheit aus eigenem Antriebe und nach eigenem Willen oder unter dem Einfluß der Fürsten handelte, ist nicht genauer zu unterscheiden. Die Parteinahme des Königs für den Mainzer Erzbischof in dessen Streit um den Zehnt in Thüringen brachte der Krone erhebliche Vorteile: der Allodialbesitz des Markgrafen Dedi von der Lausitz, der sich gegen den König empört hatte und von ihm besiegt worden war, wurde zum Reichsgut geschlagen. Im Westen entstand nach dem Tode Balduins V. von Flandern (1067) ein Erbzwist, der durch einen Vertrag beigelegt wurde. Flandern wurde Robert, einem Sohne Balduins V., Hennegau einem Enkel Balduins, der ebenfalls Balduin hieß, zugesprochen. Flandern blieb zwar beim Reiche, neigte aber kulturell immer mehr Frankreich zu. Für König Heinrich war der Tod Gottfrieds von Lothringen

(1069) insofern eine Erleichterung, als dessen Sohn Gottfried der Bucklige die salierfeindliche Politik seines Vaters nicht mehr fortsetzte. Für die Stellung des Kaisertums in Italien brachte diese Änderung allerdings keinen Vorteil. Gottfried der Bucklige war schon zu Lebzeiten seines Vaters mit Mathilde von Canossa, der Tochter seiner Stiefmutter aus erster Ehe, verlobt worden. Auch nach seiner Verehelichung gewann er keinen Einfluß auf seine Gemahlin, die nach wie vor in der Ideenwelt ihrer Mutter aufging und mit ihrem körperlich mißgestalteten Manne immer nur eine Scheinehe führte.

Heinrichs Kampf mit den Sachsen

Bald nach der Frankfurter Tagung, auf der Heinrich noch ganz von fremdem Willen abhängig erschien, nahm der nun zwanzigjährige König die Zügel der Regierung fest in die Hand. Sein Versuch, am Nordrande des Harzes mit Goslar und der Harzburg als den Hauptstützpunkten eine starke wirtschaftliche und militärische Grundlage für die Königsmacht zu schaffen, und die fast völlige Ausschaltung des geistlichen und weltlichen Fürstentums bei der Reichsleitung waren staatspolitisch die größten Neuerungen seit Otto dem Großen. Gelang es, das bisherige deutsche Wanderkönigtum, bei dem der Herrscher in stetem Umherreisen seines Amtes waltete, zu einem Königtum mit einer Reichszentrale an einem bestimmten Ort umzugestalten und die Reichsgeschäfte hauptsächlich durch Ministeriale ausführen zu lassen, dann waren die ersten Voraussetzungen für einen Nationalstaat gegeben, wie er einige Jahrhunderte später in Frankreich zu entstehen begann. Ob Heinrichs Pläne wirklich schon so weit gingen, ist schwer zu sagen. Es ist aber nicht ausgeschlossen, daß in ihm der geniale Adalbert von Bremen, der ja, um ein großes nordisches Patriarchat zu errichten, auf die päpstliche Würde verzichtet hatte, solche Gedanken erweckt hatte, und jedenfalls hat Heinrich zunächst jede Gelegenheit, die ihn diesem Ziele näher bringen konnte, geschickt ausgenützt. Es war aber für ihn von vornherein verhängnisvoll, daß die schwäbischen Ministerialen, die der junge König an seinem Hofe hatte, durch ihre so ganz andere Art und ihren wilden Übermut bei den Sachsen schwersten Anstoß erregten.

Einer der mächtigsten Laienfürsten im Reiche war seit 1061 der auch in Sachsen reich begüterte Baiernherzog Otto von Nordheim. Egino, ein „zwar freigeborener, aber wegen Schandtaten aller Art übel berüchtigter Mann", erbot sich nun im Jahre 1070, durch Gottesurteil in Form eines Zweikampfes zu beweisen, daß Otto ihn mit großen Versprechungen zur Ermordung des Königs habe verleiten wollen. Der Herzog wich einem „Gottesgericht" aus und empörte sich gemeinsam mit Magnus, dem Sohne des Sachsenherzogs, gegen Heinrich. Der belehnte nun den Sohn Azzos von Este, den jungen Welf, mit Baiern (1070) und zwang Otto und Magnus zur Unterwerfung (1071). Beide wurden in Haft gehalten; Otto erhielt im nächsten Jahre seine Freiheit wieder, mußte aber dem

Könige einen Teil seiner sächsischen Besitzungen überlassen. Infolge der Niederlage des Magnus erhielt Adalbert von Bremen seine an die Billunger verlorenen Güter zurück, starb aber noch in demselben Jahr (1072).

Der fast ständige Aufenthalt des Königs in Sachsen, die stete Erweiterung des dortigen Krongutes durch Inquisition und Konfiskation, das heißt durch Nachforschung, was in früherer Zeit einmal Königsgut gewesen war, und durch Einziehung der Besitzungen von aufständischen Großen, die Auflagen, die der Hof Klöstern und Bauern für die Hofhaltung und den Burgenbau machte, die Errichtung neuer Burgen — Zwingburgen ihrer Freiheit, wie es den Sachsen schien — auf den Vorbergen des Harzes und des Thüringer Landes, die Ausübung der königlichen Gerichtsbarkeit als Folge der Anwesenheit des Königs, das Treiben der schwäbischen Dienstmannen am Hofe: all das führte schließlich zu einer großen Verschwörung des sächsischen Adels, der sich bald auch die in Sachsen noch verhältnismäßig zahlreichen freien Bauern anschlossen. Die Führung der Aufständischen übernahm nach anfänglicher Weigerung Otto von Nordheim. Den Anlaß zum Losschlagen gab die Aufforderung des Königs, zu einer Heerfahrt zu rüsten. Die sächsischen Fürsten, darunter auch verschiedene Geistliche, erklärten, sie würden erst gegen die Polen ziehen, wenn Heinrich die Ursachen für die Unzufriedenheit der Sachsen behoben hätte. Da der König die Erfüllung der Wünsche verweigerte, kam es bald zum offenen Kampfe. Der König verlor einige seiner Burgen und mußte Magnus freilassen. Die Lage Heinrichs verschlimmerte sich noch dadurch, daß ein gewisser Regenger, wahrscheinlich von den Aufständischen veranlaßt, behauptete, er wäre vom König beauftragt, Rudolf von Schwaben und Berthold von Zähringen, den Herzog von Kärnten, zu ermorden. So sah sich Heinrich am 2. Februar 1074 zum Frieden von Gerstungen gezwungen, in dem er den Sachsen die Erfüllung aller ihrer Forderungen zusagen mußte.

Eine dieser Friedensbedingungen war die Niederlegung der königlichen Burgen im Harz. In ihrer Raserei zerstörten die sächsischen Bauern nicht nur die Befestigungswerke der Harzburg, sondern auch die Burgkirche und schändeten die Gräber der dort bestatteten Angehörigen der königlichen Familie. Die Lage Heinrichs hatte sich dadurch mit einem Schlage geändert. Der junge König verstand es mit einzigartiger diplomatischer Meisterschaft, die allgemeine Entrüstung über den Religionsfrevel und die wilde Barbarei der Bauern politisch auszuwerten. Wer jetzt einer Züchtigung der unbotmäßigen Sachsen widerstrebte, machte sich verdächtig, bei diesen Untaten die Hand mit im Spiele gehabt zu haben. So konnte der König im nächsten Jahre mit einem starken Heer gegen die Sachsen ziehen. Er besiegte sie am 9. Juni auf dem Homburger Felde bei Langensalza. Sie verweigerten erst, sich auf Gnade und Ungnade zu ergeben. Als aber der König neuen Zuzug erhielt, wollten die Bauern um jeden Preis Frieden, und so mußten sich auch die sächsischen Großen unterwerfen. Sie wurden gefangen gehalten, ihre Güter großenteils konfisziert und schwäbische

Ministeriale damit belehnt. Die Burgen wurden wieder aufgebaut, und des Königs Hoflager war wieder in Sachsen. Er hielt noch im gleichen Jahre (1075) eine Reichsversammlung zu Goslar ab, bei der die Großen schwuren, im Falle von Heinrichs Tod sein Söhnlein Konrad zum Könige zu wählen.

Der Kampf Heinrichs IV. um seine Stellung in Sachsen zeigt deutlich, daß für Deutschland die Zeit noch nicht gekommen war, den Reichsaufbau von Grund aus umzugestalten. Der König war nach wie vor darauf angewiesen, seine Herrschaft durch Ausspielen der einzelnen Machtgruppen gegeneinander zu sichern. Denn nicht mit den ihm unmittelbar zur Verfügung stehenden Mitteln und seinen Ministerialen hat Heinrich die sächsische Opposition niedergerungen, sondern vor allem mit Hilfe der geistlichen Fürsten. Sie waren es, die den Frieden von Gerstungen ermöglicht und dadurch Heinrich vor einer Katastrophe bewahrt hatten, und sie boten ihm dann nach der Zerstörung der Harzburg den stärksten Rückhalt zur Wiederaufnahme und Durchführung des Kampfes gegen die Sachsen. Die deutschen Kirchenfürsten sahen damals von zwei Seiten her ihre Stellung gefährdet: von dem städtischen Bürgertum und dem Papsttum. Die Bewohner der Rheinstädte suchten die Herrschaft der Bischöfe abzuschütteln. Als Heinrich vor dem Gerstunger Frieden, von allen weltlichen und geistlichen Fürsten verlassen, am Rheine weilte, nahmen besonders die Bürger von Worms für ihn Partei und verjagten ihren Bischof, der dem Könige den Einzug in die Stadt hatte verwehren wollen. Da es bald auch in anderen Städten, namentlich in Köln, gärte, und Heinrich die Bürger begünstigte, suchten die Bischöfe wieder Anschluß an das Königtum. Die Machtmittel der geistlichen Herren waren dem nun erst allmählich zu wirtschaftlicher und politischer Bedeutung aufsteigenden Bürgertum noch immer weit überlegen. Heinrich nahm deshalb die Verbindung mit den Bischöfen gern wieder auf, ohne freilich auf seine städtefreundliche Politik ganz zu verzichten. Kaum weniger als von den Unabhängigkeitsbestrebungen der Bürger wurden die deutschen Bischöfe durch die Reformmaßnahmen Gregors VII. beunruhigt, die sich gegen ihre bisher verhältnismäßig große Selbständigkeit Rom gegenüber wandten. Da auch die Grundlagen der deutschen Monarchie durch den Kampf Gregors gegen die Investitur ernstlich bedroht waren, sahen sich Königtum und Episkopat jetzt mehr als je aufeinander angewiesen.

Beurteilung Heinrichs IV. und Gregors VII.

Hält man sich nur die geistige Seite des Investiturstreites vor Augen, dann will es scheinen, die höchste geistliche und die höchste weltliche Gewalt hätten zwischen den Lebensnotwendigkeiten der Kirche und des deutschen Staates einen friedlichen Ausgleich finden können. Aber so wie nun einmal die tatsächlichen Verhältnisse lagen, war das Ringen um die Verwirklichung der religiösen Sehnsucht der Zeit mit Begleiterscheinungen aufs engste verknüpft, die ihrer Natur nach menschliche Leidenschaften aufs höchste reizen, wildesten Fanatismus entfachen mußten: Machtkampf zwischen Priestertum und Königtum, zwischen Papsttum und Episkopat, zwischen Königtum und Fürstentum, zwischen längst miteinander verfehdeten Adelsgeschlechtern; das Recht auf Ehe und Liebe von Tausenden von Klerikern; die Frage nach dem Besitzrecht auf all das Kirchengut, das ungezählte Laien unter dem Titel der Vogtei von Haus aus hatten oder allmählich an sich gebracht hatten. Auch der Gegensatz zwischen Italien und Deutschland spielte schon herein, in seinen nationalen Grundlagen zwar noch nicht voll ausgeprägt, aber doch schon längst sowohl nach der ideellen wie der politischen Seite hin latent vorhanden. Dabei beriefen sich alle auf die Grundsätze der Religion, auf die reinsten sittlichen Ideale, auf ihr gutes Recht. Wenn dieser ungeheure Aufruhr um ideale Ziele und materielle Interessen in einer Zeit, da man um Geringstes zum Schwerte griff und den Gegner ohne weiteres der schlimmsten Dinge verdächtigte, nicht zu einem verheerenden Kriege, zu einer unermeßlichen Vergiftung der ganzen öffentlichen Meinung führen sollte, dann durften an der Spitze des Reiches und der Kirche nicht Männer wie Heinrich IV. und Gregor VII. stehen.

Die Persönlichkeit Kaiser Heinrichs IV. zählt zu den umstrittensten der Weltgeschichte. Die maßlos gehässigen und verlogenen Schmähschriften seiner Zeit, die ihn als eine Ausgeburt der Hölle schildern, jeglichem Laster ergeben und keiner guten Regung fähig, haben das Urteil über ihn während des ganzen Mittelalters und in manchen Kreisen bis zur Gegenwart stark beeinflußt. Die protestantischen Geschichtschreiber des sechzehnten und siebzehnten Jahrhunderts dagegen schenkten den Aufzeichnungen seiner Parteigänger allzu einseitig Glauben und rühmten den vermeintlichen Gegner des Papsttums als „werten Helden, desgleichen in deutschen Landen nie geboren". Jetzt gehen die Meinungen hauptsächlich über die Fähigkeiten Heinrichs als Herrscher auseinander. Während ihn die einen als genialen Staatsmann feiern, wird ihm von anderen vorgeworfen, er wäre, „der geistigen Größe seines Vaters bar", ein reaktionärer Machtpolitiker gewesen. Zwischen diesen Extremen stehen mannigfach abgestufte Urteile, die letzten Endes meist darauf hinausgehen, Heinrich IV. die Eigenschaften einer wirklichen Führernatur abzusprechen. Abgesehen von der persönlichen Einstellung des Historikers zu den Dingen, die den Inhalt von Heinrichs Leben und Kämpfen ausmachen, rührt der Widerstreit der Meinungen auch daher, daß unter allen Königen und Kaisern des deutschen Mittelalters bei ihm allein eine größere innere Entwicklung zu beobachten ist. Sein Charakter hat sich erheblich gewandelt, der Heinrich der späteren Jahre ist in manchem ein anderer als der in früheren, nicht nur gereifter, sondern auch gütiger und edler. Daß ein fast beispiellos schweres und bitteres Schicksal ihn nicht niedergezogen, sondern ethisch gereinigt und gehoben hat, ist ein überzeugender Beweis für die Größe seines Menschentums. Sie erwarb ihm auch wie keinem der Herrscher aus seinem Geschlecht die Verehrung und Liebe des Volkes.

Der hohe Wuchs, das wohlgeformte Antlitz und das feurige Auge kündeten von Heinrichs IV. salischer Abstammung. Sie gab ihm auch die Grundzüge seines Wesens: heftige Leidenschaftlichkeit, herrischen Stolz, unermüdlichen Tatendrang. Die geistig-seelische Beweglichkeit und leutselige Gutmütigkeit verdankte er wohl zum guten Teil der schmiegsamen und biegsamen Art der Mutter. Ihre innere Unsicherheit und Unselbständigkeit ließen freilich auch eine gewisse Haltlosigkeit und Schwäche in ihm aufkommen.

Bei dieser Veranlagung mußten ihm die Eindrücke und Erlebnisse der Jugendzeit besonders verhängnisvoll werden. Die Regierungsgeschäfte besorgte zwar die jeweilige Vormundschaft, aber das zum König gekrönte Kind nahm doch bei feierlichem Anlaß formell die wichtigsten Regierungshandlungen vor. „König Heinrich, noch ein kleiner Knabe, feierte Weihnachten zu Regensburg und hielt hier mit den Fürsten seines Reiches eine allgemeine Tagung ab. Seinem Vetter Konrad verlieh er das Herzogtum Kärnten. Seiner Mutter überließ er das Herzogtum Baiern." In dieser Weise berichten die Quellen immer wieder von den „Taten" des Königs. Noch nicht zehn Jahre alt, hatte Heinrich IV. zweimal eine Papstwahl bestätigt, war einmal in einer strittigen als Schiedsrichter angerufen worden, hatte verschiedene Bistümer und Herzogtümer vergeben. Vor dem Elfjährigen war die Witwe des Ungarnkönigs mit ihrem Sohne und ihrer Schwiegertochter hilfeflehend erschienen. Als Dreizehnjähriger „beschloß er nach dem Rate weiser Männer eine Heerfahrt nach Ungarn. Weil es sich um den ersten Heerzug des jugendlichen Königs handelte, bereitete sich jeder nach besten Kräften darauf vor... Der König rückte mit seinen Mannen in Ungarn ein und erfocht bei Wieselburg einen bedeutenden Sieg." Wie mußte bei all dem der Salierstolz in Heinrich geweckt und genährt werden!

Wie demütigend aber war es für den Königsknaben, daß er den das Ansehen und Wohl des Reiches schädigenden Umtrieben der geistlichen und weltlichen Fürsten tatenlos zusehen mußte und obendrein ihrer Habsucht von dem Krongut nie genug opfern konnte. Wie kränkend war der Tag von Kaiserswerth (Ostern 1062) für den Zwölfjährigen. Da er einmal nach einer großen Tafel besonders fröhlich war, lud Erzbischof Anno von Köln den völlig Arglosen zur Besichtigung eines schön geschmückten Schiffes ein. Kaum hatte Heinrich seinen Fuß darauf gesetzt, stürzten sich Annos Leute auf ihn. In dem Glauben, es handle sich um einen Anschlag auf sein Leben, sprang der Knabe in den Rhein. Mit knapper Not wurde er aus den Fluten in das Schiff gerettet. Während es ihn als Gefangenen nach Köln entführte, folgte ihm zu Lande eine Menge Menschen, die riefen, die Majestät des Königs sei verletzt und der Freiheit beraubt. Daß Herrschsucht und Habgier die Haupttriebfedern des menschlichen Tuns seien, daß Gewalt vor Recht gehe, daß man Lug, Trug, Heuchelei und Verleumdung anwenden müsse, wo Gewalt nicht oder nicht allein ausreiche, daß sich in all dem die Menschen weltlichen und geistlichen Standes völlig glichen, das waren Heinrichs Erfahrungen vom ersten Augenblick seiner erwachenden Vernunft an. Darum war für ihn auch das Problem der Investitur zunächst nur ein mit Gewalt und List auszutragender Machtkampf.

Im Gegensatz zu Heinrich IV. standen bei Gregor VII. Ideen und Ideale im Vordergrund. Alle Unternehmungen, alle Erklärungen dieses Papstes sind auf höchste Dinge bezogen. Dies allein schon läßt ihn in den Augen vieler in günstigerem Lichte erscheinen als den Kaiser. Der großartige Entwurf einer neuen Weltordnung, der in Anlehnung an Gedanken Augustins davon ausgeht, daß alles Irdische, also auch jede irdische Herrschaft böse sei, und so in eine vollständige Weltbeherrschung durch das Papsttum, als einer nicht irdischen, sondern göttlichen Institution, einmündet, und noch mehr die ungeheure Energie, mit der Gregor sich für seine Ziele einsetzte, erregen immer wieder Bewunderung. Sein Versuch, die Welt vom Geiste und Ethos her umzugestalten, der tiefe sittliche Ernst und das gewaltige prophetische Feuer seiner Persönlichkeit, sowie die Folgen seines Wirkens — wenn sie auch anders wurden als von ihm beabsichtigt — haben Gregor VII. zu weltgeschichtlicher Größe emporgehoben. An Höhe des Gedankenfluges, an der Wucht seines Wollens kann sich sein Gegenspieler Heinrich IV. nicht mit ihm messen.

Trotzdem sind bei der Tragödie Heinrich IV. und Gregor VII. — beider Ende ist tragisch — Licht und Schatten nicht so verteilt, daß dieser ausschließlich auf den sündigen Kaiser fällt und der heilige Papst immer und je in einer höheren und reineren Welt sich bewegt. Zur Erreichung seines Zweckes hat Gregor manch bedenkliches Mittel angewandt, und er hat den Kampf immer mehr in Niederungen abgleiten lassen, in denen die beste Sache durch die Gemeinheit der eigenen Parteigänger befleckt wird. Selbst die opfervolle Hingabe der sittenstrengen Mathilde von Canossa an Gregors Werk mag wohl bewundernswert sein, ist aber rein menschlich gesehen wenig ansprechend. Denn die Kampfgemeinschaft des Papstes, der mit seinen Anhängern vom Gegner ohne weiteres das moralisch Schlimmste annahm, mit einer Frau, die sich mit einem körperlich mißgestalteten Manne verheiratet hatte und mit ihm nicht in ehelicher Gemeinschaft lebte, hat etwas Peinliches an sich, auch wenn man den Verdächtigungen der Feinde Gregors und Mathildes keinen Glauben schenkt. Während Gregor in seinem Bemühen, das Gottesreich in Form der päpstlichen Weltherrschaft zu errichten, durch seine Bundesgenossen: die barbarisch grausamen Normannen, die zuchtlosen Patarener, den „römischen Gassenpöbel", die eigennützigen und treulosen deutschen Fürsten, die schamlos lügenhaften Pamphletisten, in ein immer übler werdendes weltliches Treiben verwickelt wird, ist bei Heinrich IV. im Laufe der Jahre eine stetig fortschreitende innere Läuterung zu beobachten. An die Stelle jugendlicher Unbesonnenheit und weniger edler Beweggründe wie Rache für verletzten Stolz und persönlicher Machthunger tritt gewissenhafte Pflichterfüllung für Staat und Volk, die Heinrich wohl von Anfang an nicht fremd ist, aber doch mit jenen anderen Motiven zuerst noch allzu stark vermengt erscheint. Gegen Ende seines Lebens gilt Heinrich als Friedenshort, als milder und frommer Kaiser. Er hat sich ja auch nie gegen die Kirche und das Papsttum als solche gewandt, sondern nur gegen hochkirchliche Ansprüche, die keineswegs allgemein als unzweifelhafte katholische Lehre galten, und gegen einzelne Päpste.

Gregors VII. erster Kampf gegen Simonie und Priesterehe

Bei Ausbruch des Investiturstreites war Gregor etwa fünfzig Jahre alt. Mit seiner kleinen Gestalt und dem blassen, asketischen Antlitz bildete er schon rein äußerlich den denkbar größten Gegensatz zu dem nun fünfundzwanzigjährigen deutschen König. Gregors ursprünglicher Name Hildebrand weist auf lombardische Abstammung hin; wie weit er wirklich lombardisch-germanischen Blutes war, ist ungewiß, jedenfalls zeigen seine ganze geistige Art und Einstellung römisch-romanisches und nicht germanisch-deutsches Gepräge. Von seinem Leben vor dem Pontifikat Gregors VI., den er in die Verbannung nach Deutschland begleitet hat, ist nicht viel bekannt. Hildebrand ist wohl vor seiner Tätigkeit an der Kurie Mönch gewesen. Als einer der eifrigsten Reformer trat er besonders seit Nikolaus II. hervor, hat aber länger als manch andere Angehörige der Kurie dem deutschen Königtum als dem Träger des Kaisertums Rechte bei der Besetzung des römischen Stuhles zuerkannt. Wahrscheinlich hat er sogar seine tumultuarische, gegen das Dekret Nikolaus' vom Jahr 1059 verstoßende Wahl noch vor seiner Weihe dem deutschen Könige mitgeteilt. Hildebrand war überhaupt all die Zeit, die er den Reformpäpsten diente, mehr der Mann der praktischen Tätigkeit als der geistige Vorkämpfer in dem Streite gegen Simonie und Priesterehe gewesen. Die entscheidende Wendung gegen die Laieninvestitur führte Kardinal Humbert herbei, ein geborner Burgunder und Mönch eines Reformklosters, mit seinen in den Jahren 1057/58 geschriebenen Büchern „adversus simoniacos" (gegen die Simonisten). Sie vor allem gaben den Anstoß zu dem Erlaß der Lateransynode vom Jahre 1059: „Kein Kleriker oder Priester darf in irgendeiner Form, weder umsonst noch um Geld eine Kirche durch Laien in Empfang nehmen."

Als Gregor VII. am 22. April 1073 endlich selbst Papst geworden war, ging er zunächst schärfer gegen die Priesterehe als gegen die Laieninvestitur vor. Auf der Fastensynode des Jahres 1074 forderte er die Laien auf, sich die Sakramente nicht von verheirateten Priestern spenden zu lassen und sie gewaltsam an der Ausübung ihrer amtlichen Funktionen zu hindern. Damit zeigte er bereits am Anfang seines Pontifikats, daß er die Auswirkung seiner Anordnungen nicht immer voll zu ermessen vermochte. Sie hatten nach dem Zeugnisse eines Zeitgenossen zur Folge, daß sich nun Laien gegen den Priesterstand erhoben: „Sie schütteln jegliche Unterwerfung unter die Kirche ab, schänden die heiligen Mysterien und disputieren über sie, taufen selbst die Kinder, wobei sie statt des heiligen

Öles und Chrismas schmutziges Ohrenschmalz verwenden, weisen von verheirateten Priestern in der Sterbestunde die Wegzehrung wie das übliche kirchliche Begräbnis zurück, verbrennen die für den Priester bestimmten Zehnten, und — man möge von dem einen auf alles übrige schließen — Laien zerstampfen häufig mit ihren Füßen den von verheirateten Priestern konsekrierten Leib des Herrn und gießen (aus den Kelchen) absichtlich das Blut des Herrn aus." Gregor hatte die Laien allerdings nur gegen die verheirateten Priester aufgerufen. Aber damit ebnete er den von Osten her vordringenden Katharern den Weg, welche die Sakramente der Kirche, Mönchtum, Priestertum und Hierarchie überhaupt als Teufelswerk verwarfen. Den Ketzern fiel es auch deshalb leicht, das Volk gegen die Geistlichen aufzuhetzen, weil es ein großer Irrtum Gregors war, zu glauben, mit der Beseitigung der Priesterehe würde sich der Lebenswandel der Priester bessern. In Wirklichkeit nehmen aber die Klagen über deren Unsittlichkeit seit der Durchführung des Zölibates eher noch zu, schon weil die Aufmerksamkeit des Volkes mehr auf diese Dinge gelenkt worden ist.

Der Papst verlangte unter Androhung schwerster Kirchenstrafen von den deutschen und italienischen Bischöfen, sie sollten mit allem Nachdruck gegen die verheirateten Priester ihrer Sprengel vorgehen. Die Bischöfe zeigten sich hierzu wenig geneigt. Gregor schien ihnen Unmögliches zu verlangen, außerdem waren sie über sein Vorgehen gegen sie selbst erbittert. Er nahm ohne weiteres Klagen von Geistlichen gegen ihre Bischöfe an, berief diese nach Rom und wollte sie ohne Synodalbeschluß absetzen, wenn er sie für schuldig erachtete. Da sich die der Simonie bezichtigten deutschen Bischöfe weigerten, vor seinem Richterstuhl in Rom zu erscheinen, wurden auf der Fastensynode im Februar des Jahres 1075 vier deutsche und fünf lombardische Bischöfe von ihrem Amt suspendiert oder abgesetzt, ferner fünf Räte des Königs als dem Kirchenbann verfallen erklärt, wenn sie nicht bis zum 1. Juni in Rom vor dem Papste Genugtuung leisteten. In dieser Zeit wurde auch der sogenannte „dictatus papae", siebenundzwanzig Leitsätze für die Regierung der Kirche, in die Sammlung der amtlichen Schriftstücke Gregors aufgenommen. Es heißt da unter anderem: „Dem Papst allein steht die Verfügung über die kaiserlichen Hoheitszeichen zu. Er kann die Kaiser absetzen. Er kann die Untertanen von der Treue gegen Böse entbinden. Er kann ohne Synode Bischöfe ab- und wiedereinsetzen. Die wichtigeren Angelegenheiten jeder Kirche sind an ihn zu bringen. Sein Urteilspruch kann von niemand aufgehoben werden. Er kann von niemand gerichtet werden. Ist der römische Bischof den kirchlichen Satzungen gemäß geweiht worden, so wird er durch die Verdienste des heiligen Petrus sonder Zweifel heilig. Nur des Papstes Füße müssen alle Fürsten küssen. Die römische Kirche hat nie geirrt und wird nach dem Zeugnis der Schrift auch niemals irren. Wer nicht mit der römischen Kirche übereinstimmt, ist nicht als Katholik zu betrachten."

Es ist erstaunlich, daß Gregor nach seinem wiederholten Vorgehen gegen Räte des Königs und bei diesem Programm immer noch glaubte, er habe an Heinrich eine Stütze gegen den deutschen und italienischen reformfeindlichen Episkopat. Man hatte in Rom offensichtlich eine ganz falsche Vorstellung von dem deutschen Herrscher. Man hielt ihn wohl dort nach der Unterwerfung in seiner Ehesache und einem während des Sachsenaufstandes geschriebenen Brief, worin er den Papst demütig um Vergebung der bisherigen Sünden gegen die heilige Kirche bat und unbedingten Gehorsam „in diesen Dingen wie in allen sonstigen Angelegenheiten" versprach, für leicht einzuschüchtern. Man bedachte nicht, daß Heinrich beide Male nur infolge seiner schwierigen Lage so gehandelt hatte. Wie er zu Anfang des Investiturstreites die Macht der Reformidee unterschätzte, so verkannte Gregor die des historisch Gewordenen und die Persönlichkeit des Königs. Der Papst hoffte außerdem durch einstweiliges Ausbiegen in der Investiturfrage zunächst einmal Heinrichs Unterstützung im Kampfe gegen Priesterehe, Simonie und die der Kurie unbotmäßigen Bischöfe zu gewinnen.

Am deutschen Hofe war man sich indes über die Endziele Gregors klar. Der König fühlte sich jetzt nach seinem Siege über die Sachsen dem Papste und seinen Anhängern überlegen und setzte sich über dessen Erlasse einfach hinweg. Er besetzte ohne Rücksicht auf ihn zwei italienische Bistümer mit Deutschen und entsandte den vom Papst gebannten Grafen Eberhard von Nellenburg nach Italien, um die lombardischen Bischöfe in ihrem Kampfe gegen die Pataria zu unterstützen. Die deutschen Bischöfe, die so schon nicht mit allzu großem Eifer die Durchführung des Zölibats versucht hatten, gaben jetzt diese Bemühungen ganz auf. Wenn in Diözesansynoden die Sprache auf die päpstlichen Vorschriften über den Zölibat kam, dann „erhoben sich die Kleriker rings von ihren Sitzen, schrien wider den vorsitzenden Bischof und bedrohten ihn mit ihren Fäusten derart, daß er die Hoffnung aufgab, noch lebend die Synode zu verlassen". Da mochte so mancher Bischof wie der von Mainz sagen, er wolle sich mit dieser Sache überhaupt nicht mehr befassen, der Papst solle selbst sehen, wie er damit zu Rande käme.

Ausbruch des Machtkampfes um die Investitur

Gregor VII. ging nun zum Angriff vor, sandte am 8. Dezember 1075 einen Brief mit schweren Vorwürfen an Heinrich und bedrohte ihn mit dem Kirchenbanne. Daraufhin kamen am 24. Januar 1076 sechsundzwanzig deutsche Bischöfe in Worms zusammen und hielten eine Synode ab, bei der auch der König zugegen war. Hier fand sich außerdem Kardinal Hugo ein, ehedem einer der eifrigsten Anhänger, nun ein erbitterter Gegner Gregors. Auf Hugo vor allem gehen die persönlichen Anschuldigungen zurück in dem Schreiben der versammelten deutschen Bischöfe an den Papst. Es beginnt: „Als du dich in die Leitung der Kirche eindrängtest, waren wir uns wohl darüber klar, welches verbotenen und frevelhaften Unterfangens gegen Recht und Gerechtigkeit du dich mit der dir eigenen Anmaßung erfrecht hast, doch glaubten wir stillschweigend über deinen schlimmen Amtsantritt in der Hoffnung hinweggehen zu sollen, daß der verbrecherische Anfang im Laufe einer tüchtigen und eifervollen Regierung gut gemacht werde und einigermaßen in Vergessenheit gerate. Jetzt aber entsprechen deinem bösen Beginne in noch schlimmerer Fortsetzung deine Handlungen und Erlasse mit einer unglückseligen Folgerichtigkeit und Hartnäckigkeit, wie der beklagenswerte Zustand der gesamten Kirche in alle Welt hinausschreit." Dann wird dem Papste vorgehalten, er bringe nur Zwietracht in die Kirche, nehme den Bischöfen die ihnen von Gott übertragene Gewalt, indem jetzt nur der als Bischof oder Priester anerkannt werde, der „sich sein Amt von deiner Hoffart erbettelt". „Du hast auch die gesamte Kirche mit dem Gestanke eines überaus schweren Ärgernisses erfüllt, indem du mit einer Frau (Mathilde von Canossa) vertraulicher als nötig zusammenlebst. Diese Verletzung unseres Schamgefühls empfinden wir noch schmerzlicher als den Schaden, den unsere Sache dadurch erfährt, daß man überall die Klage hört, jeder Erlaß des päpstlichen Stuhles werde von Weibern betrieben und durch diesen neuartigen Weibersenat die ganze Kirche regiert." Das Schreiben schließt: „Nachdem dein Amtsantritt mit so schweren Meineiden begonnen hat, nachdem die Kirche Gottes durch die von dir eingeführten Mißbräuche in die gefährlichsten Stürme geraten ist, ... werden wir, die wir dir keinen Gehorsam gelobt haben, auch künftig nicht gehorchen, und weil, wie du öffentlich erklärt hast, keiner von uns für dich Bischof war, wirst auch du von nun ab für keinen von uns Papst sein." Der König sandte zur Fastensynode einen Brief mit ähnlichem Inhalt nach Rom. „Steig herab!", wird darin dem Papste zugerufen, „und verlaß den angemaßten Stuhl des heiligen Petrus! Ein anderer, der nicht unter dem Mantel der Frömmigkeit seinen gewalttätigen Sinn verhüllt, sondern des heiligen Petrus gesunde Lehre verkündet, besteige den apostolischen Stuhl, denn ich, Heinrich von Gottes Gnaden König, sage dir mit allen meinen Bischöfen: 'Steige herab, steige herab'!"

Der Brief des Königs wurde auf der Fastensynode im Lateran öffentlich verlesen und rief einen Sturm der Entrüstung unter den dort versammelten Klerikern hervor. Der Papst bannte nun feierlich den König und zwar in Form eines Gebetes an den heiligen Petrus: „Zur Ehre und Verteidigung deiner Kirche, als Beauftragter des allmächtigen Gottes, des Vaters, des Sohnes und des Heiligen Geistes, kraft deiner (des heiligen Petrus) Macht und Autorität nehme ich dem Könige Heinrich, der sich gegen deine Kirche in unerhörter Anmaßung erhoben hat, die Herrschaft über das ganze Reich der Deutschen und Italien, löse alle Christen vom Bande des Treueides, den sie ihm geleistet haben oder leisten werden, und verbiete ihnen, Heinrich als ihrem Könige zu dienen."

Für Gregor bedeutet die Zeit von der römischen Fastensynode im Februar des Jahres 1076 bis zum 25. Januar 1077, dem Tage, da Heinrich vor Canossa erschien, den Höhepunkt seines Lebens. Wohl umfaßte Gregors Wirksamkeit nicht nur Italien und Deutschland, sondern erstreckt sich mit einzigartiger Energie über die gesamte abendländische Christenheit; aber sein größter äußerer Erfolg war doch der, allerdings nur vorübergehende, Sturz des deutschen Königs. Der Papst stellte nun sein Amt als die unmittelbare Statthalterschaft Gottes auf Erden hin und setzte seine Person ganz diesem Amte gleich. Wer ihn, den Papst angriff, der erhob seine Hand wider den heiligen Petrus, ja wider Gott selbst; Ungehorsam gegen das Papsttum ist nach einer etwas späteren Äußerung Gregors Abgötterei.

Die Absetzung des Papstes durch einen deutschen König war nun freilich kein so unerhörter Vorgang, wie dies Gregor jetzt hinstellte. Aber dieses Mal lagen die Verhältnisse doch anders als sonst, wenn der Kaiser oder der deutsche König als künftiger Kaiser bei der Absetzung und Ernennung von Päpsten seines Amtes als oberster Schirmherr der Christenheit waltete. Gregor war von Heinrich bereits als rechtmäßiger Papst anerkannt worden — der Hinweis auf die nicht einwandfreie Wahl kam jetzt verspätet —, der Konflikt war ferner nicht ausgebrochen, weil der Papst ein unwürdiges Leben führte oder seine Pflichten vernachlässigte, sondern aus kirchenpolitischen Gründen, auch befand sich Heinrich nicht wie sein Vater und alle seine Vorgänger bei ähnlichem Anlasse mit einem Heere in oder bei Rom und konnte nicht gleich ihnen den „unrechtmäßigen" Papst zur Abdankung zwingen und einen Mann seiner Wahl an dessen Stelle erheben.

Der König von Deutschland und der Papst standen sich also jetzt als Feinde gegenüber. Das Gefährliche für Heinrich war dabei nicht die kriegerische Macht Gregors, auch nicht dessen geistiger Einfluß auf die Mitwelt an sich, da sogar einige Reformkreise mit dem schroffen Vorgehen Gregors nicht einverstanden waren, sondern daß sich nun das Papsttum dem deutschen Königtum gegenüber völlig selbständig, ja sogar übergeordnet erklärte. Damit war das System des Gleichgewichts der verschiedenen Machtfaktoren im Reiche in einem wichtigen Punkte erschüttert. Verband sich das Papsttum mit einem dieser Faktoren, so wurde es dem Kaiser oder Könige sehr schwer, wenn nicht unmöglich, seine Herrschaft voll zur Geltung zu bringen. Die Bannung Heinrichs rief denn auch sofort seine innerdeutschen Gegner auf den Plan. Die süddeutschen Fürsten waren ihm wegen der Begünstigung der Ministerialen gram, und die Sachsen hatten sich ihm nur gezwungen gefügt. Sächsische Große, die im Auftrage des Königs von Bischof Hermann von Metz in Haft gehalten wurden, ließ dieser frei. Auch einzelne andere Kirchenfürsten, so namentlich der Trierer Erzbischof, nahmen gegen den König und seine Anhänger Stellung. Otto von Nordheim brachte einen Bund der süddeutschen und sächsischen Feinde Heinrichs zustande, der einen ergebnislosen Zug nach Sachsen unternahm. Der Tod Gottfrieds des Buckligen von Niederlothringen und von dessen Stiefmutter Beatrix im gleichen Jahre schwächte Heinrichs Stellung im Westen und in Italien, da Mathilde dem Papste noch mehr ergeben war als ihre Mutter Beatrix. Die Mark Antwerpen erhielt Gottfrieds Neffe, Gottfried von Bouillon, was eine Stärkung des französischen Einflusses in jenen Gegenden bedeutete, und Niederlothringen bekam des Königs Sohn Konrad, der aber als unmündiges Kind nur dem Namen nach regierte.

Heinrich war nicht imstande, eine Versammlung der Fürsten zu Tribur im Oktober 1076 zu verhindern, wo über ein Vorgehen von Reichs wegen gegen ihn beraten wurde. Er hielt sich während der Tagung in der Nähe von Tribur zu Oppenheim auf und einigte sich hier mit dem päpstlichen Legaten. Gregor zeigte sich nämlich im allgemeinen bei seinen Handlungen keineswegs so kompromißlos und sicher wie in seinen Theorien und Worten. Die Bannung des Königs hatte auf den größeren Teil der deutschen und italienischen Bischöfe den von der Kurie erwarteten Eindruck nicht gemacht, auch schien manchen Anhängern des Papstes eine wirkliche Absetzung Heinrichs bedenklich. So ließ denn Gregor den König durch seine Gesandten wissen, daß er ihn gegen bestimmte Zusagen vom Kirchenbanne lösen würde. Heinrich fügte sich, wie immer in ähnlicher Lage, für den Augenblick, verfaßte ein Entschuldigungsschreiben an den Papst und sicherte ihm die Erfüllung seiner Wünsche zu, gewann aber auch gleichzeitig den Episkopat durch Preisgabe der Wormser Bürgerschaft wieder mehr für sich. Als die Heinrich feindlichen Fürsten ihren Plan, den Salier zu stürzen, auf diese Weise schon so gut wie gescheitert sahen, schlugen sie dem Papst vor, den König nicht vom Kirchenbann zu lösen, sondern zu Anfang des nächsten Jahres nach Deutschland zu kommen und auf einer in Augsburg abzuhaltenden Reichsversammlung die ganze Angelegenheit zu regeln. Diese einzigartige Gelegenheit, die Überordnung des Papsttums über alle königliche und fürstliche Gewalt der ganzen Welt vor Augen zu führen und seinen Anspruch auf das oberste Schiedsrichteramt in der Christenheit in die Tat umzusetzen, wollte und konnte sich ein Mann wie Gregor natürlich nicht entgehen lassen. Er kümmerte sich also nicht mehr um die durch seine Beauftragten mit Heinrich getroffenen Abmachungen, zumal da er ihm doch wohl nach den bisherigen Erfahrungen kein volles Vertrauen schenkte, und behielt sich seine Entscheidung bis zur Augsburger Tagung vor.

Kam es wirklich zu dieser Tagung, dann ließ sich die Absetzung des Königs kaum mehr vermeiden; denn Gregor, der ihn durch die Bannung und die Entbindung der Untertanen vom Treueid schon verurteilt hatte, und die Fürsten, die ja Hochverräter waren, wenn sie sich zu Unrecht gegen ihren Herrscher erhoben hatten, mußten ihn schuldig sprechen, wozu ihnen auch so manche Handlungen Heinrichs und seine früheren dem Papste gemachten Eingeständnisse einen Vorwand boten. Heinrich durfte also nur dann auf Rettung aus seiner verzweifelten Lage hoffen, wenn es ihm gelang, den Papst am Erscheinen in Deutschland zu hindern und die Verbindung zwischen ihm und den deutschen Fürsten zu lockern. Hiefür gab es nur ein Mittel: Lösung vom Bann vor der Augsburger Tagung. Heinrich brach deshalb mit seiner Gemahlin und seinem zweijährigen Sohn mitten im strengsten Winter nach Italien auf.

Canossa

Bei der Ankunft des Königs in der Lombardei flüchtete sich der Papst auf die Burg Canossa, da sich Heinrich in jenen Gegenden sofort zahlreiche Anhänger zu bewaffneter Hilfe anboten. In der klaren Erkenntnis, daß er jetzt seine Lage durch kriegerisches Vorgehen nur verschlimmern würde, erschien Heinrich aber mit ganz geringem Gefolge am 25. Januar 1077 vor der Burg Canossa und bat, mit dem härenen Bußgewand angetan und trotz der grimmen Kälte barfuß, um Einlaß. Der Papst, der sich über die politischen Folgen der Lossprechung in diesem Zeitpunkte nicht täuschte, weigerte sich zunächst, den Büßer zu empfangen. Er mußte aber schließlich doch dem Drängen des Abtes von Cluny und der Gräfin Mathilde, die sich ebenfalls in der Burg befanden, nachgeben: dem reuigen Sünder mußte der Priester verzeihen. Einige anwesende Reichsfürsten legten für den König den Eid ab, er werde die Vermittlung oder den Schiedsspruch des Papstes in dem Streit mit den Fürsten anerkennen, worauf Gregor Heinrich vom Banne löste und ihm zum Zeichen seiner Wiederaufnahme in die kirchliche Gemeinschaft das Abendmahl reichte. Einige Tage später trafen sich der König und der Papst nochmals an einem anderen Ort und vereinbarten, auf einer Synode zu Mantua die noch ungelösten Fragen, besonders über die Investitur, zu erledigen. Die Synode kam jedoch nicht zustande, weil die lombardischen Bischöfe dem Papst den Weg nach Mantua verlegten.

Bei der Beurteilung der Buße Heinrichs IV. zu Canossa sind die unmittelbare politische Wirkung und die weltgeschichtliche Wende, die hier in Erscheinung trat, auseinanderzuhalten. Der König hat durch seine Selbstdemütigung das Gesetz des Handelns wieder an sich gebracht, es den schon ganz siegessicheren Fürsten und dem Papste entrissen. Dies und die Tatsache, daß von da ab der Kurie gegenüber überhaupt noch eine kaiserliche Politik möglich war, und zwar beinahe durch zweihundert Jahre mit manch stolzem Erfolge, stempeln dieses Opfer Heinrichs zu einem diplomatischen Sieg von großer Tragweite. Nichts zeigt aber auch den Umschwung seit dem Tode Heinrichs III. deutlicher, als daß dem deutschen König, dem künftigen Kaiser, kein anderes Mittel geblieben war, seine Krone zu retten. Die Kirchenbußen von Staatshäuptern in früherer Zeit sind politisch nicht mit der Buße von Canossa zu vergleichen, weil es sich in jenen Fällen nicht um die Vormacht von Kirche oder Staat gehandelt hatte. Die Bußübung Heinrichs verliert auch dadurch nichts von ihrer das Ende einer Epoche ankündenden Bedeutung, daß sie sich in den für die Loslösung vom Kirchenbann üblichen Formen abspielte. Die Zeitgenossen Heinrichs, Anhänger wie Feinde, waren nicht umsonst bei diesen Vorgängen zu tiefst erschüttert, sie fühlten und wußten nur zu gut, um was es hier ging. „Unser ganzer römischer Erdkreis erzitterte, als die Kunde vom Banne des Königs in die Welt hinausging", berichtet ein Gregorianer; ein kaiserlich Gesinnter klagte, die Hölle habe nun alles, was sie in ihrem Schoße berge, ausgespieen und aller Menschen Zuflucht zu zerrütten gewagt; nicht wenige erfüllte die bange Ahnung, die Würde der ganzen Christenheit werde nun dahinschwinden.

Canossa ist das sinnfälligste Symbol für die Entheiligung des Reiches als des Inbegriffs der gottgewollten Ordnung. Gewiß war das nicht Gregors Ziel. Das Reich der Christenheit sollte ja durch die Umkehrung des früheren Verhältnisses von Kaisertum und Papsttum die ideelle und tatsächliche Vollendung erhalten, indem alles und jedes dem religiösen, im Papsttum verkörperten Prinzip untergeordnet wurde. Aber es war der große Irrtum Gregors und seiner Nachfolger, daß sie glaubten, sie müßten, um dies Ziel zu erreichen, eine religiöse und politische Macht sein. Die Päpste erweckten sich dadurch nicht nur in Italien immer wieder neue Widersacher, sondern gerieten nun überhaupt in eine verhängnisvolle Zwitterstellung. Auch in dieser Beziehung ist Canossa ein Symbol. Heinrich zwang durch seine Buße den Priester zu eben der Lossprechung, die der Politiker verweigern wollte und mußte. Aber auch das Priesteransehen des Papstes wurde schwer geschädigt; denn nun zweifelten in Deutschland selbst seine Anhänger an seiner Zuverlässigkeit, und ihre Vorwürfe richteten sich gerade gegen den höchsten Priester, der die ihm Anvertrauten in Gewissensnot stürze. Nicht erst Walther von der Vogelweide hat der römischen „Pfaffen Lehre" der Zweizüngigkeit bezichtigt, schon seit den Tagen von Canossa war das unbedingte Zutrauen zum Papst erschüttert.

Heinrichs Kampf in Deutschland

Heinrich IV. verweilte noch in Oberitalien, als die ihm feindlichen Fürsten am 15. März 1077 zu Forchheim den Herzog Rudolf von Schwaben zum Gegenkönig kürten. Diese Forchheimer Wahl war der erste folgenschwere Vorstoß des Fürstentums gegen den germanischen Erbgedanken (vgl. S. 13), und von ihr leiteten die Päpste das Recht her, die Wahl des deutschen Königs zu bestätigen und ihn unter Umständen abzusetzen. Der eigentliche Leiter der Opposition und besonders ihrer kriegerischen Unternehmungen blieb Otto von Nordheim. Am 1. Mai traf Heinrich in Regensburg ein und verteidigte nun mit zäher Tatkraft und größtem diplomatischen Geschick sein Königtum. Bald konnte er eine von zahlreichen Großen besuchte Tagung in Ulm abhalten, auf der Rudolf von Schwaben, der Zähringer Berthold, Herzog von Kärnten, und Herzog Welf von Baiern des Hochverrates schuldig und all ihrer Lehen verlustig erklärt wurden. Die Herzogtümer Baiern und Schwaben behielt Heinrich vorerst selbst, das Herzogtum Kärnten hatte er schon vorher Graf Liutold von Eppenstein übergeben. In kurzer Zeit gewann Heinrich das Übergewicht über seine Feinde. Der weitaus größte Teil Oberdeutschlands und Böhmen standen ihm treu zur Seite, dazu waren die Alpenpässe und damit die Verbindung nach Oberitalien in seiner Hand. Festen Rückhalt hatten Heinrichs Gegner fast nur in Sachsen. Es nutzte ihnen nicht einmal viel, daß sie in den drei größeren Schlachten dieses Krieges am 7. August 1078 zu Mellrichstadt in Ostfranken, am 27. Januar 1080 an der Unstrut und am 15. Oktober 1080 an der Grune bei Pegau siegten. Mit dem Tode Rudolfs, der an einer an der Grune empfangenen Wunde starb, war das Gegenkönigtum so gut wie erledigt, wenn auch die Sachsen und sonstigen Feinde Heinrichs ihren Widerstand noch nicht aufgaben und am 6. August 1081 den Grafen Hermann von Salm zu ihrem Könige machten.

Eine der folgenreichsten Handlungen Heinrichs in diesen Jahren war die Übertragung des Herzogtums Schwaben an den Grafen Friedrich von Büren zu Ostern 1079 und dessen Verheiratung mit Heinrichs Tochter Agnes. Die Hohenstaufen wurden nun unter den weltlichen Fürsten die zuverlässigsten Anhänger der Salier und schließlich ihre Erben. Mit dem Herzogtum hatte Friedrich allerdings noch nicht das ganze Schwabenland in seiner Gewalt, da hier die Welfen und Zähringer reich begütert waren, und die Hirsauer Mönche einen großen Einfluß auf die Bevölkerung und einzelne Große im Sinne der Reformer ausübten. Schwaben litt wohl am schwersten unter diesem innerdeutschen Kriege, in dem sich die Hohenstaufen und Welfen zum ersten Male feindlich gegenüberstanden. In jener Zeit wurde ferner durch die Mathildische Schenkung der Grund zu unendlichen Verwicklungen gelegt. Mathilde von Canossa überließ alle ihre Eigengüter, die über das östliche Oberitalien, die Romagna und im Apenningebiet bis in die Gegend von Siena und Perugia zerstreut lagen und zusammen eine ansehnliche Herrschaft ausmachten, dem Papst, der ihr dann diese Lande als Lehen zurückgab. Außerdem befestigte jetzt Gregor neuerdings das Lehensverhältnis der Normannen zum päpstlichen Stuhl.

Während diese Maßnahmen Heinrichs und Gregors zu Angelpunkten der kaiserlichen und päpstlichen Politik der nächsten zwei Jahrhunderte wurden, war Heinrichs Versuch, die Bürger und Bauern in größerem Umfange zum Kriegsdienst zu verwenden, noch ganz verfrüht. Zuerst sammelte er zu Mainz ein Heer aus Bürgern der Rheinstädte, mit dem er sich aber den gegen den Neckar vorrückenden Berthold und Welf gar nicht entgegenzustellen wagte (1077). Die bewaffneten Bauernschaften, die Heinrich im nächsten Jahre erst im Elsaß und dann am Neckar aufstellte, wurden vollständig überwältigt, und, eben weil sie „nur" Bauern waren, von ihren „ritterlichen" Feinden mit einer noch über die Rohheit jener Zeit hinausgehenden Grausamkeit niedergemetzelt und verstümmelt.

Erneute Bannung Heinrichs. Gregors VII. Tod

Heinrich IV. hatte sich sofort nach der Aufstellung des Gegenkönigs Rudolf an Gregor gewandt, er möge gegen den Empörer einschreiten; das Gleiche tat aber auch Rudolf, der sich darauf berufen konnte, daß er in Gegenwart päpstlicher Legaten gewählt worden und nun „rechtmäßiger" König sei. Der Papst behandelte indes die ganze Angelegenheit als nicht völlig geklärt, bis sie unter seinem Vorsitz oder dem des ausdrücklich hiefür ernannten Legaten in Deutschland auf einer feierlichen Synode entschieden worden wäre. Da Heinrich dem Papsttum immer wieder seine Bereitwilligkeit, sich einem solchen Gerichte zu stellen, versicherte, auch vom Episkopat am meisten unterstützt wurde und offensichtlich die größere Macht besaß, mußte Gregor vor der geplanten Synode eine offene Stellungnahme bedenklich erscheinen. Andererseits drängten die Bischöfe dazu, die aus innerer Überzeugung Gregor anhingen, und ebenso die Sachsen, die zwar imgrunde nur aus Feindschaft gegen den Salier, aber doch unter dem Feldgeschrei „Sankt Petrus" und mit einem päpstlichen Gesandten in ihrem Lager in den Kampf zogen. In einem für Gregor nichts weniger als angenehmen und schmeichelhaften Schreiben machten ihn die sächsischen Bischöfe, also seine Anhänger, darauf aufmerksam, daß es doch keinen Sinn habe, die Sache eines Mannes, dem der Papst nach dem Spruche einer Synode schon vor drei Jahren die Regierung abgesprochen habe, abermals zu untersuchen: „Denn wie kann der regieren, dem keiner mehr die Treue zu halten verpflichtet ist? Wie steht es um jene Eide, die hernach dem König Rudolf geleistet wurden, dessen Herrschaft wir durch eure Autorität unterworfen worden sind? Seht, welch ein Wirrwarr! Alle Vernünftigen mögen zusehen, ob je so etwas geschehen ist, ob man je von solch einer Verwirrung in der Kirche gehört hat!" Nachdem Gregor schließlich nicht mehr daran zweifeln konnte, daß Heinrich ihn mit seinen Versprechungen, sich dem Schiedsspruch des Papstes zu stellen, nur hinhalte und daß längeres Zuwarten die päpstliche Sache aufs schwerste schädigen müsse, gab er endlich seine schwankende Haltung auf. Gregor bannte Heinrich abermals am 7. März 1080 und zwar wiederum in der Form eines feierlichen Gebetes. Ganz in der Rolle eines alttestamentlichen Propheten aufgehend, sagte Gregor am Osterfeste den baldigen Tod seines Gegners voraus. Doch diesmal tat der Bannstrahl überhaupt keine Wirkung, die deutschen Bischöfe hielten mehr als je zu Heinrich, erklärten Gregor für abgesetzt und wählten im Beisein des Königs am 25. Juni 1080 Wibert von Ravenna, einen Kirchenfürsten von makellosem Ruf, zum Papste, der sich Clemens III. nannte. Der Tod aber raffte nicht Heinrich, sondern den Gegenkönig hinweg, nachdem er in der Schlacht an der Grune die rechte Hand verloren hatte, die Hand, mit der er einst Heinrich die Treue geschworen hatte. Wer Gregor nicht unbedingt ergeben war, faßte dies im Geiste jener Zeit als Gottesurteil auf.

Trotz der Niederlage an der Grune war jetzt Heinrichs Stellung in Deutschland so gesichert, daß er im Frühjahr 1081 nach Italien ziehen konnte, wo er bis Sommeranfang 1084 blieb. Er gewann auch hier die Oberhand, Gregor erklärte sich bereit, ihn zum Kaiser zu krönen, wenn er öffentlich Buße tue. Heinrich ließ sich jetzt, da dreizehn Kardinäle und fast die ganze Kurie zu Clemens übergegangen waren, nicht dazu herbei, und empfing mit seiner Gemahlin von Clemens am 31. März 1084 in Rom die Kaiserkrone. Als dann bald darauf Robert Guiscard mit einem starken Heere zur Befreiung Gregors anrückte, der sich auf die Engelsburg zurückgezogen hatte, verließ Heinrich Rom. Die Römer machte das Wüten der Normannen in der ewigen Stadt erst recht zu Feinden Gregors. Bei ihrem Abzug mußte er ihnen nach dem Süden folgen. Am 25. Mai verschied er zu Salerno. Über seinen Tod sind keine zuverlässigen Nachrichten erhalten. Es heißt, er sei mit den Worten gestorben: „Ich liebte die Gerechtigkeit und haßte das Unrecht, darum sterbe ich in der Verbannung!"

In Rom und von verschiedenen abendländischen Staaten wurde zunächst Clemens anerkannt. Der von der Reformpartei im Mai 1086 gewählte Viktor III., zuvor Abt von Monte Cassino und immer auf eine Aussöhnung zwischen Heinrich und Gregor bedacht, starb bereits am 16. September 1087. Am 22. März 1088 folgte ihm Urban II., der Clemens ganz aus Rom verdrängte und bald allen mit Ausnahme Heinrichs und seiner Anhänger als der rechtmäßige Papst galt.

Heinrichs Erfolge in Deutschland

In den Jahren 1084—1090 gelang es Heinrich allmählich, die Opposition in ganz Deutschland niederzukämpfen, obwohl das Schlachtenglück auch jetzt wieder fast ausschließlich seine Gegner begünstigte. Aber die seelische und wirtschaftliche Not rief eine allgemeine Friedenssehnsucht hervor; für zahlreiche Sprengel gab es zwei Bischöfe, für viele Klöster zwei Äbte, einen, der es mit dem Kaiser und einen der es mit Gregor und Urban hielt, dazu war das Land von dem unaufhörlichen Kleinkrieg der feindlichen Parteien völlig erschöpft. Der Kaiser verstand es, durch eine maßvolle Politik sich an die Spitze der Friedensbewegung zu setzen und die öffentliche Meinung für sich zu gewinnen. Auf einem Reichstag zu Mainz wurde unter seinem Vorsitz im Jahre 1085 der Gottesfriede in der von früher her bekannten Form für das ganze Reich beschlossen. Nur die Sachsen bereiteten dem Kaiser noch größere Schwierigkeiten. Nach dem Tode Ottos von Nordheim (1083) hatte hier zunächst Hermann von Salm die Führung. Als dieser sah, er könne sich als Gegenkönig nicht behaupten, entwich er erst zu den Dänen (1085), dann nach Lothringen in seine Heimat, wo er im Jahre 1088 bei Erstürmung einer Burg sein Leben verlor. Seit 1085 leitete Eckbert von Meißen die feindlichen Unternehmungen der Sachsen gegen den Kaiser. Wratislaw von Böhmen stand diesem auch jetzt wieder treu gegen die Sachsen bei, wofür Heinrich dem Böhmenherzog den Königstitel verlieh (1085 oder 1086). Nachdem Eckbert im Kampf gegen Heinrich von der Lausitz gefallen war (1090), der nun die Mark Meißen erhielt, schien der Widerstand des Laienfürstentums gebrochen. Selbst die reformfreundlichen Bischöfe kamen jetzt Heinrich mehr entgegen, da er sie in ihrem Amte beließ und die Anerkennung Clemens III. nicht von ihnen verlangte.

Kampf Urbans II. gegen Heinrich

Alle Erfolge Heinrichs in Deutschland wurden indes durch die Entwicklung der Verhältnisse in Italien fast ganz wirkungslos gemacht. Urban II. war ein gefährlicherer Gegner als Gregor VII., dessen theokratische Ideen er als einer der größten Staatsmänner und Politiker auf dem römischen Stuhle, soweit dies überhaupt möglich war, verwirklichte. Im Jahre 1089 veranlaßte Urban die nun dreiundvierzig Jahre alte Mathilde von Canossa, den siebzehnjährigen Sohn Herzog Welfs zu heiraten. Um den Zweck dieser Ehe, die Zusammenfassung aller salierfeindlichen Elemente von Süddeutschland bis Tuscien zu verhindern, zog Heinrich im Jahre 1090 nach Italien. Er erzielte erst eine Reihe von Erfolgen, war aber nach einer an und für sich geringfügigen Niederlage bei einem Sturm auf die Burg Canossa im Oktober 1092 in seiner Entschlußkraft auf mehrere Jahre hinaus wie gelähmt.

Die Schicksalsschläge, die den Kaiser in dieser Zeit trafen, hätten wohl auch einen Mann von härterer Gemütsart zermürbt. Kurz vor dem Angriff auf Canossa war ihm ein natürlicher Sohn gefallen; wie teuer er dem Vater gewesen war, zeigt das Denkmal, das dieser ihm in Verona setzen ließ. Beim Sturm auf die Burg war das kaiserliche Banner an die Besatzung verloren gegangen. Das waren aber nur Vorzeichen des kommenden Unheils. Ende 1091 war die Schwiegermutter des Kaisers, Adelheid von Turin, gestorben und der nun neunzehnjährige, bereits zum deutschen Könige gekrönte Sohn Heinrichs, Konrad, hatte ihr Gebiet besetzt. Nun gelang es Urban und Mathilde, Konrad seinem Vater abtrünnig zu machen und zu ihrer Partei herüber zu ziehen (1093). Konrads Verhalten war wohl auch durch den widerlichen Ehehandel Heinrichs mit seiner zweiten Gemahlin Praxedis, einer Tochter des russischen Großfürsten von Kiew, bestimmt. Der Kaiser hatte sie 1089, zwei Jahre nach dem Tode seiner ersten Gattin, geheiratet. Heinrich scheint seinen Sohn im Verdacht gehabt zu haben, er stehe in unerlaubten Beziehungen zur Stiefmutter. Diese gab sich bereitwillig als Werkzeug der antikaiserlichen Partei her und schämte sich nicht, in aller Öffentlichkeit zu verkünden, sie hätte zahllose Ehebrüche begangen, aber nicht freiwillig, sondern von ihrem eigenen Mann, dem Kaiser Heinrich, dazu gezwungen. Ohne jeden Beweis schenkten ihr Mathilde von Canossa und Urban Glauben, und die Gregorianer, die extremen Vertreter der Reformbewegung, feierten die Russin Praxedis als Märtyrin. Die hochkirchliche Partei hatte das größte Interesse daran, ihren verhaßten Gegner in aller Welt als Wüstling ohnegleichen zu brandmarken, und die unglückselige Eheangelegenheit Heinrichs in seinen Jugendjahren trug natürlich viel dazu bei, daß diese Schandgeschichten Glauben fanden. Da nun die Welfen und Zähringer in Oberdeutschland wieder mächtig geworden waren und sich die meisten lombardischen Städte gegen den Kaiser zusammenschlossen, sah er sich, ohne etwas Entscheidendes unternehmen zu können, im östlichen Oberitalien festgehalten.

Während Heinrich noch immer in diesem entlegenen Winkel wie im Exil verweilte, hielt Urban II. im November 1095 zu Clermont eine der denkwürdigsten Synoden jener Zeit ab. Der Papst gab hier den begeistert aufgenommenen Anstoß zum ersten Kreuzzug. Man mag von den Kreuzzügen halten, was man will, auf jeden Fall hatte es für das Kaisertum und die Deutschen unabsehbare Folgen, daß hier zum ersten Male bei einem für das ganze Abendland epochemachenden Ereignis nicht das Kaisertum, sondern das Papsttum die Leitung übernahm, und daß diese gemeinabendländische Bewegung ungleich mehr von der romanischen als der germanischen Hälfte Europas getragen wurde. Urban II. war Franzose, die erste Kreuzzugspredigt des Papstes fand auf französischem Boden statt, der gefeiertste Held des im nächsten Jahre unternommenen Kreuzzuges, Gottfried von Bouillon, war zwar deutscher Reichsfürst, fühlte sich aber und galt als dem französischen Kulturkreis zugehörig. So begann nun das französische Volk, das deutsche in manchem an Weltgeltung zu überflügeln, obwohl der französische Staat und König an Macht und politischer Bedeutung noch lange Zeit hinter dem Reiche und dem Herrscher der Deutschen zurückstanden.

Der Kaiser als Friedensfürst

Eine Erleichterung für den Kaiser trat erst ein, als die Welfen erkannten, daß den Vorteil von dem unnatürlichen Ehebunde nicht sie, sondern ausschließlich die Kirche haben sollte. Der jüngere Welf trennte sich 1095 von Mathilde, der ältere Welf schloß mit Heinrich Frieden und erhielt im Jahr 1096 das Herzogtum Baiern. Die Alpenpässe wurden dadurch für den Kaiser frei; er verließ nach dem Osterfeste 1097 Italien. Im nächsten Jahre kam die Versöhnung mit den Zähringern zustande. Berthold II. von Zähringen gab alle Ansprüche auf das Herzogtum Schwaben auf, es wurde für ihn ein eigenes Herzogtum Zürich geschaffen. Im Jahre 1098 wurde Konrad auf einem Reichstage zu Mainz als deutscher König abgesetzt und an seiner Stelle der zweite Sohn des Kaisers, Heinrich, zum König gewählt, der sich eidlich verpflichtete, sich nur mit Genehmigung seines Vaters an den Regierungsgeschäften zu beteiligen. Der Nachfolger Urbans, Paschalis II., seit 1099 Papst, bannte den Kaiser zwar ebenfalls, doch erkannte ihn nun das ganze deutsche Volk vor allem wegen seiner erfolgreichen Bemühungen um den Landfrieden als Herrscher an. Man bedurfte jetzt in Deutschland um so mehr einer starken Regierung, als in den zwanzig Jahren des Investiturkampfes eine entsetzliche Verwilderung des kriegerischen Adels eingetreten war. Auch rief die nun auch nach Deutschland in stärkerem Maße übergreifende Kreuzzugsbewegung mit ihren Judenverfolgungen und den im Lande herumziehenden Kreuzfahrern neue Unruhen hervor.

Andererseits verließen jetzt verschiedene Anhänger der Hochkirche das Land; im Jahre 1101 brachen Welf von Baiern und zwei der hartnäckigsten Widersacher Heinrichs, der Erzbischof von Salzburg und der Bischof von Passau, nach dem

Heiligen Lande auf. In diesem Jahre starb auch des Kaisers Sohn Konrad in Italien, nachdem er, wie zuvor die Welfen, mit Mathilde in Streit geraten war. Auf einem Reichstag zu Mainz anfangs Januar 1103 versprach der Kaiser, einen Kreuzzug zu unternehmen, sobald ihn der Papst vom Banne gelöst habe. — Wie schon während der Atempause, die ihm das Schicksal um 1085 gegönnt hatte, so förderte Heinrich auch in diesen Jahren mit allem Nachdruck die Friedensbewegung. Der jetzt von ihm zu Mainz verkündete „Reichslandfriede" ist die erste für das ganze Reich geltende Friedensvereinbarung.

Kaiser Heinrichs IV. Endkampf

Die Gregorianer in Rom dachten jedoch nicht daran, Heinrich in die kirchliche Gemeinschaft wieder aufzunehmen, sondern sannen nur auf seinen Sturz. Sie knüpften mit dem unzufriedenen Adel wiederum Beziehungen an. Denn so beglückt die Bauern und Bürger über Heinrichs Bemühungen um den Frieden waren, der in erstaunlich kurzer Zeit Handel und Gewerbe in den Städten aufblühen ließ, so ungehalten waren die Großen und ihre Mannen, daß „der Kaufmann und der Schiffer frei ihres Weges zogen, daß der Räuber hungerte, weil er nicht mehr plündern durfte". Heinrich V., der Sohn des Kaisers, fürchtete, daß bei einem neuen Bunde zwischen Rom und den zur Empörung geneigten Fürsten abermals ein Gegenkönig aufgestellt und das salische Herrscherhaus endgültig zu Fall gebracht werden würde. Wie weit diese Besorgnisse berechtigt waren, und wie weit Heinrich der Junge bei seinem Vorgehen noch von anderen Beweggründen geleitet wurde, läßt sich heute nicht mehr entscheiden. Bei seiner kühl berechnenden Gemütsart war ihm jedenfalls kein Mittel zu verwerflich, um eine ihm schädliche Katastrophe zu verhindern oder ein seinen Ehrgeiz und seine Herrschsucht lockendes Ziel zu erreichen. So machte er mit den zum Aufstand Geneigten gemeinsame Sache und ließ auch den Papst wissen, daß er das gottlose Treiben seines Vaters verabscheue, der ja noch immer in mancherlei Streitigkeiten und Fehden mit den deutschen Gregorianern verwickelt war. Bereitwillig löste Paschalis II. Heinrich den Jungen, der wie alle Mitarbeiter des Kaisers von der Kirche ausgeschlossen war, vom Banne und der Verpflichtung, den seinem Vater bei der Königskrönung geleisteten Eid zu halten.

König Heinrich verließ im Jahr 1104 den Kaiser und nahm von Baiern aus offen gegen ihn Stellung. Der Aufruhr breitete sich schnell aus. In Sachsen und Thüringen erhoben sich die Heinrich IV. von jeher abgeneigten Elemente und der Episkopat, der über die städtefreundliche Politik des Kaisers und über die großen Leistungen an die Krone ungehalten war, zog sich von ihm zurück. Im Jahre 1105 kämpften die feindlichen Parteien um einzelne Städte, dann gelang es König Heinrich, durch ein an Niedertracht nicht zu überbietendes Ränkespiel den Kaiser in seine Gewalt zu bringen. Er wurde erst auf der Burg Böckelheim gefangen gehalten und dann vor einen Reichstag zu Ingelheim gezerrt. Da mußte er ein ihm vorgelegtes Sündenregister mit den unglaublichsten Anschuldigungen, wie etwa, daß er Götzen angebetet habe, vorlesen und dann auf alle seine Güter verzichten. Die Absetzung als Herrscher hielt man überhaupt nicht mehr für nötig, da der Kaiser schon vorher die Reichsinsignien ausgeliefert hatte. Trotz dieser ungeheuren Selbstdemütigung wurde Heinrich IV. nicht vom Banne gelöst, die päpstlichen Legaten erklärten, sie hätten keine Vollmacht dazu.

Bald darauf gelang es dem Kaiser, aus Ingelheim zu entkommen. Über Köln ritt er nach Lüttich. Dort sammelten sich schnell wieder Getreue um ihn. Schon war die kaiserliche Sache am Niederrhein wieder im Vordringen. Heinrich V. erlitt in Niederlothringen bei einem Treffen eine Niederlage und belagerte hierauf vergeblich Köln. Auf beiden Seiten rüstete man zu einer großen Schlacht. Da starb der Kaiser am 7. August 1106 in Lüttich. Dem Sohne ließ er sein Schwert und seinen Ring mit der Bitte überbringen, seinen Anhängern zu verzeihen und ihn im Dom zu Speier zu bestatten, den er wie andere Gotteshäuser mit reichsten Mitteln hatte ausbauen lassen.

Die Unrast des Rastlosen hatte indes mit dem Tode noch kein Ende gefunden. Seine Leiche wurde zunächst vom Lütticher Bischof im Dom seiner Stadt beigesetzt, dann auf Verlangen anderer Bischöfe schon am 15. August wieder ausgegraben und in der Nähe von Lüttich in einer ungeweihten Kapelle ohne jede Feierlichkeit beerdigt. Nur ein einsamer fremder Mönch, der auf der Rückkehr von seiner Jerusalemreise eben hier verweilte, sang am Grabe des toten Kaisers Tag und Nacht die Trauerpsalmen. Nach neun Tagen wurde auf Geheiß Heinrichs V. die Leiche in einem Steinsarg nach Speier gebracht. Man gab ihm im Dom einen Platz neben den Gräbern Heinrichs III. und Konrads II., stellte ihn aber dann in die noch ungeweihte Afrakapelle, weil ein Gebannter nicht in einer Kirche ruhen dürfe. Es dauerte noch fünf Jahre, bis der Tote vom Banne gelöst und im Beisein seines Sohnes mit dem größten kirchlichen und weltlichen Pomp in der Kaisergruft des Domes bestattet wurde.

Die lange Zeit verschollen gebliebene Lebensbeschreibung Heinrichs IV., wohl von einem seiner geistlichen Mitarbeiter verfaßt und eine der besten mittelalterlichen Schriften dieser Art, schildert die Trauer des Volkes um den heimgegangenen Kaiser und schließt: „Doch sein Tod ist nicht zu beweinen. Denn es ging ihm ein gutes Leben voraus. Rechten Glauben, starkes Hoffen, bittere Herzenszerknirschung hielt er in seiner letzten Stunde fest. Er schämte sich nicht, seine beschämenden Sünden in öffentlicher Buße zu bekennen, mit innigster Herzensinbrunst empfing er im Abendmahle den Fronleichnam des Herrn. Glückselig bist du, Kaiser Heinrich, der du dir solche Wächter, solche Fürbitter an deinem Grabe erworben hast! Reichlich erhältst du aus der Hand Gottes zurück, was du in der Verborgenheit den Armen gegeben hast".

Auch in der Erinnerung des Volkes lebte Heinrich IV. als der fromme, der

4*

gütige, milde und barmherzige Kaiser fort; es hatte sich zu Lüttich um seinen Sarg gedrängt, um durch dessen Berührung wie bei einer heiligen Reliquie Heil und Segen zu erlangen, die Bauern hatten darauf Saatkorn gelegt, um ihm besondere Fruchtkraft zu geben, und die Erde, darin der Tote vorübergehend geruht hatte, sammelten sie und streuten sie über ihre Äcker. Der Ackerkrume und dem Saatkorn mag man ihn wohl vergleichen, diesen so oft von Leid und Schmach Zertretenen und wie kein anderer deutscher Herrscher von der Wurfschaufel des Schicksals Gerüttelten, der sich immer wieder aus tiefster Erniedrigung erhob, der in zähem Kampfe die Grundlagen des Reiches soweit sicherte, daß es seinen Feinden noch zweihundert Jahre standhielt und der den neuaufstrebenden Ständen, den Reichsdienstmannen und Bürgern, den Weg in die Zukunft bereiten half.

Kaiser Heinrich V.

1106—1125

Heinrichs V. Kampf um die Investitur mit Paschalis II.

Nach dem Tode Heinrichs IV. war sein Sohn unumstrittener Herrscher des Reiches. Durch den Verrat an seinem Vater hatte Heinrich V. den Gegnern seines Hauses und den Gregorianern jeden Vorwand genommen, ihm die Anerkennung zu versagen, und für die Freunde und Anhänger Heinrichs IV. war ein weiterer Widerstand gegen Heinrich V. als den einzigen männlichen Erben des verstorbenen Kaisers sinnlos geworden. Da Heinrich V. schon früher gewählt und gekrönt worden war, fand jetzt nur noch ein feierlicher Huldigungsakt der Großen statt.

Paschalis II. und die Gregorianer wähnten, der Investiturstreit müsse sich jetzt unschwer ganz nach ihren Wünschen beilegen lassen. Als die Ideologen, die sie waren, hatten sie immer noch nicht erkannt, daß kein deutscher König auf die Investitur verzichten konnte, ohne damit die Grundlagen des Reiches zu zerstören, und nicht bedacht, daß ein Mann wie Heinrich V. am allerwenigsten zu einem freiwilligen Verzicht auf irgendwelche Herrscherrechte bereit sein würde. Es läßt sich so manches zur Entschuldigung des jüngeren Heinrich anführen, politische Notwendigkeiten oder mindestens Vorteile, die entsittlichenden Wirkungen des Investiturstreites mit der Entbindung von Eiden, der Aufhetzung der nächsten Familienangehörigen gegeneinander und der von allen Seiten geübten schamlosen Verleumdung. Aber nur ein „unheimlich kühler und klarer Kopf", für den selbst die elementarsten menschlichen Empfindungen keine Hemmung bedeuten, und der alles und jedes — sei es der Befriedigung des eigenen Machtdranges oder den Interessen des Staates — zu opfern bereit ist, konnte den eigenen Vater in einer Weise hintergehen, überlisten und nach seinem Sturze demütigen und peinigen, wie es Heinrich V. getan hat.

Eine wie große Rolle damals bei einer doch grundsätzlichen Frage wie die des Investiturrechtes das persönliche Element spielte, ersieht man auch daraus, daß die Gregorianer in Deutschland von Heinrich V., weil er als Freund der Kirche galt, Verstöße gegen das päpstliche Investiturverbot ohne ernsteren Einspruch hinnahmen. Auch der Papst brach die friedlichen Beziehungen mit ihm nicht ab. Im August 1110 unternahm Heinrich mit einem außergewöhnlich großen Aufgebot seine erste Italienfahrt. Die Italiener fügten sich, wie bisher immer, wenn die Deutschen mit einer hinreichend starken Macht bei ihnen erschienen, selbst die Markgräfin Mathilde versicherte den König ihres Gehorsams gegen das Reich, und die wenigen Städte und festen Plätze, die einen Widerstand wagten, wurden mit Gewalt unterworfen.

Die schon lange Zeit durch Boten geführten Verhandlungen zwischen Papst und König nahmen jetzt bei der Annäherung der Deutschen an Rom eine überraschende Wendung. Heinrich hatte Paschalis sein unbedingtes Festhalten an dem Investiturrecht erklärt. Truppen konnte der Papst dem König nicht entgegenstellen. Die Normannen hatten der Aufforderung, ihm zu Hilfe zu kommen, nicht Folge geleistet. Außerdem mochte er im Laufe der Unterhandlungen sich endlich davon überzeugt haben, daß die deutschen Herrscher ein historisches Recht auf die Investitur hatten, und daß ohne sie die Monarchie unter den gegebenen Verhältnissen nicht bestehen könne. Da aber Paschalis jegliche Art von Laieninvestitur mit seinen Grundsätzen für unvereinbar hielt, so versuchte er die seit Jahrhunderten bestehenden Verhältnisse selbst zu ändern und schlug vor, die Kirche solle auf die ihr von den Kaisern und Königen verliehenen Reichsgüter und Staatsrechte verzichten, so daß für die Krone die Notwendigkeit wegfalle, bei der Amtseinsetzung geistlicher Personen mitzuwirken. Heinrich war mit dieser Regelung einverstanden, und so kam es am 4. Februar 1111 hierüber zu einem Vertrag zwischen ihm und Paschalis.

Diese Lösung entsprach theoretisch durchaus der Gerechtigkeit und den Bestrebungen gewisser vorgregorianischer Reformkreise, die in einem reichen Besitze mancherlei Gefahren für die Kirche sahen, schädigte aber mit Ausnahme des Königs und des Papstes, — das Patrimonium Sancti Petri war von der Zurückgabe an den Kaiser ausgenommen worden — alle Beteiligten. Die kirchlichen Würdenträger hätten auch so noch keine Not zu leiden gebraucht, da ihnen alle Privatschenkungen und die Einkünfte aus dem Kirchenzehnt blieben und Heinrich sich sogar bereit erklärte, den derzeitigen Inhabern ihre Regalien zu lassen; aber mit der fürstlichen Stellung der Bischöfe und Reichsäbte wäre es vorbei gewesen. Den weltlichen Großen dünkte die ungeheure Mehrung der Königsmacht, die eine solche Regelung zur Folge haben mußte, unerträglich, außerdem hätten ja dann auch sie wohl viel von dem auf dem Wege der Unterbelehnung durch die Kirche in ihre Hände gekommene Reichsgut dem König zurückgeben müssen. Die Gregorianer betrachteten jede Preisgabe kirchlicher Besitzungen und Gerechtsame als Verrat an der Kirche selbst. Man darf wohl annehmen, daß Heinrich sich von vornherein über die Undurchführbarkeit der Abmachungen klar war. Da aber der Vorschlag vom Papst ausgegangen war, mußte aller dadurch hervorgerufene Unwille auf diesen zurückfallen. Ferner hätte sich der König bei einer Zurückweisung von päpstlicher Seite dem Vorwurf der Unversöhnlichkeit ausgesetzt, auch konnte er nach dem Mißlingen des Versuches unter weit günstigeren Verhältnissen seine Ansprüche auf das Investiturrecht erneuern.

Der Kaiserkrönung schien nichts mehr im Wege zu stehen. Sie sollte am 12. Februar stattfinden. Der Papst und der König begaben sich an diesem Tage mit zahlreichen kirchlichen und weltlichen Fürsten in die Sankt Peterskirche. Die Zeremonien nahmen den üblichen Verlauf bis zu der feierlichen Verlesung des Vertrages von Paschalis und Heinrich. Da entstand in der Kirche ein ungeheurer Tumult. Man schrie, das Dekret enthalte schlimmste Ketzereien. Der König forderte gebieterisch seine sofortige Krönung und Anerkennung der Investitur. Der Papst widersetzte sich. Heinrich erklärte den Vertrag als gebrochen, seine Paschalis gegebenen Zusagen für dessen Sicherheit hinfällig und nahm ihn mitsamt dreizehn Kardinälen gefangen. Um wieder frei zu werden und die Kirche vor einem gefährlichen Schisma zu bewahren, verstand sich Paschalis am 11. April dazu, Heinrich das Investiturrecht in der bisher üblichen Form zuzuerkennen und ihm eidlich zu versprechen, er werde ihn niemals mit dem Kirchenbann belegen und sofort zum Kaiser krönen, was am übernächsten Tage geschah.

Gegen Paschalis erhoben nun die Gregorianer die schwersten Anklagen und zwangen ihn 1112, das dem Kaiser gegebene Investiturprivileg, das sie ein Pravileg, ein Schanddokument nannten, zurückzunehmen. Für Deutschland blieb dies vorerst ohne Folgen. Im Februar 1116 begab sich der Kaiser abermals nach Italien, um das Erbe der im Jahre 1115 gestorbenen Mathilde von Canossa anzutreten. Sie hatte ihr Eigengut dem Papste zugewendet, der aber auch die durch das Aussterben des Hauses Canossa freiwerdenden Reichslehen an sich nehmen wollte. Nun ergriff Heinrich sowohl von diesen, als auch vom Eigengut Besitz. Von kirchlicher Seite erfolgte kein Einspruch, wahrscheinlich weil beim Aufenthalt des Kaiser 1111 Abmachungen zwischen ihm, Mathilde und dem Papste, der damals endlich auch den toten Heinrich IV. hatte vom Banne lösen müssen, getroffen worden waren. Der Kaiser machte in diesen Gebieten dem Adel große Zugeständnisse und verlieh den Städten eine Reihe von Freiheiten. Dann kam es abermals zu Feindseligkeiten zwischen dem Kaiser und Paschalis, die sich nach dessen Tod unter seinem Nachfolger Gelasius II. fortsetzten.

Das Wormser Konkordat

Als Gelasius 1119 gestorben war, bestieg Guido von Vienne als Calixt II. den päpstlichen Stuhl. Obwohl Anhänger der hochkirchlichen Bewegung, zeigte er sich mehr als Gelasius zu einer Versöhnung mit dem Kaiser bereit. In der Jahrzehnte lang von beiden Parteien geführten Polemik war endlich auch eine

Klärung der Meinungen erfolgt; man unterschied nun richtig zwischen der geistlichen und weltlichen Seite der Investitur, der Einsetzung in das kirchliche Amt und der Einsetzung in die weltlichen Besitzungen und Gerechtsame, und erkannte diese dem Kaiser, jene der Kirche zu. Die Verhandlungen zwischen dem Kaiser und Calixt scheiterten zwar noch einmal. Da aber sowohl dem Papste, um endlich die Wirrungen in der Kirche zu beheben, als auch dem Kaiser, der nach seiner Rückkehr aus Italien eine schon seit längerem hervorgetretene Opposition der Fürsten beseitigen wollte, alles an einem befriedigenden Vergleich lag, einigte man sich auf den Abschluß eines Konkordates, der in Deutschland auf einer Reichsversammlung in Gegenwart eines päpstlichen Legaten vollzogen werden sollte. Die Tagung begann am 8. September 1122 zu Worms und endete am 23. September.

Das Wormser Konkordat gestattete dem Könige oder einem von ihm Beauftragten, bei der Wahl der kirchlichen Würdenträger zugegen zu sein. Da nun die Wahlhandlung damals auch von kirchlicher Seite keineswegs in juristisch klar bestimmter Form geregelt war, sicherte allein schon das Recht zur Anwesenheit dem Könige einen großen Einfluß bei der Wahl. Für Deutschland wurde es dadurch von ausschlaggebender Bedeutung, daß hier der Gewählte erst dann zum Bischof oder Abt geweiht werden durfte, wenn er vom Könige mit den Regalien belehnt worden war. Erklärte also der König oder sein Stellvertreter bei der Wahl, diesem oder jenem Kandidaten werde die königliche Investitur verweigert, so konnte er das Bistum oder die Reichsabtei nicht erhalten. In Burgund und Italien hatte der König dem Gewählten innerhalb von sechs Monaten nach der Weihe die Regalien zu übergeben; in diesen Ländern war also der König an das Ergebnis der Wahl gebunden. Bei zwiespältiger Wahl sollte der König nach dem Rate des Erzbischofs und der ihm untergeordneten Bischöfe der Kirchenprovinz, in der das erledigte Bistum lag, einen Vergleich herbeiführen oder kraft seiner richterlichen Gewalt dem Manne mit dem besseren Recht zu seinem Amte verhelfen. Diese Bestimmung änderte die königliche Partei zu einem Schiedsspruchrecht des Königs bei strittiger Wahl überhaupt um. Bei der Unklarheit, wer denn eigentlich alles zur Wahl berechtigt sei, gab diese Fassung vom königlichen Schiedsrichteramt die Wahl so gut wie ganz in die Hand des Königs, wenn er innerhalb der irgendwie zur Wahl Befugten nur einige Anhänger hatte. — Die Investitur durch den König sollte durch Überreichung eines Zepters erfolgen, da es sich um die Belehnung mit weltlichem Gut und weltlichen Rechten handelte, mit dem Stab durfte nur mehr der Papst oder sonst eine kirchliche Amtsperson die Investitur vornehmen. Im Kirchenstaat hatte einzig und allein der Papst das Investiturrecht. — Von der historischen Forschung ist die Frage sehr umstritten, ob das Konkordat nur persönlich mit Heinrich V. oder für unbegrenzte Zeit abgeschlossen wurde. In der Praxis wurde jedenfalls an dem Abkommen sowohl von der Kirche wie vom Reiche auch nach dem Tode Heinrichs V. festgehalten, wenn auch beide Seiten Unklarheiten zum eigenen Vorteil auszunutzen suchten und die jeweiligen Machtverhältnisse im einzelnen Falle den Ausschlag gaben.

Heinrichs V. Außen- und Innenpolitik

Die außenpolitischen Unternehmungen Heinrichs V. im Osten und Westen, verschiedene Heerfahrten gegen Polen, Böhmen und Ungarn infolge von Unruhen in diesen Ländern und das Eingreifen in den Streit zwischen dem französischen und dem englischen König, erzielten keine nennenswerten Erfolge. England und Frankreich versöhnten sich, noch ehe Heinrichs Heer, der als Schwiegersohn des englischen Königs für diesen Partei genommen hatte, zum Kampfe gekommen war. Polen und Ungarn waren zu jener Zeit vom Reiche fast ganz unabhängig, auch Böhmen nicht mehr so eng damit verbunden wie unter Heinrich IV. Dagegen bedeutete es für das Deutschtum im Osten einen Fortschritt, daß nun in Pommern das Christentum größere Verbreitung fand. Während eines kurzen Aufenthaltes (1124/1125) konnte hier der Bischof Otto von Bamberg Tausende taufen und die ersten Grundlagen einer kirchlichen Organisation schaffen.

Im Innern festigte Heinrich die Stellung des Königtums namentlich am Oberrhein. Speier mit seinem gewaltigen Dom als Erbbegräbnisstätte der Salier bildete sozusagen den Mittelpunkt des salischen Königtums, dessen Hausgüter großenteils in diesen Gegenden lagen. Die den Bürgern von Speier verliehenen Freiheiten hatten nicht nur lokale Bedeutung, da derartige Privilegien bald meist auch auf andere Städte übertragen wurden. Auf Vermehrung und Zusammenfassung des Haus- und Krongutes und dessen wirtschaftliche Verwaltung war Heinrich ebenso bedacht wie auf eine engere Verbindung der Städte mit dem Königtum. Wie immer bei solchen Dingen kann man allerdings nur von einer allgemeinen Richtung sprechen. Die straffe Durchführung derartiger Maßnahmen war bei der Zersplitterung des ganzen öffentlichen Lebens im Mittelalter eine Unmöglichkeit. So erhoben sich z. B. im Jahre 1114 die Bürger von Köln, weil sie bei einem kriegerischen Unternehmen des Reiches gegen die Friesen schwere Verluste erlitten und dies als Folge eines kaiserlichen Verrates betrachteten. Die Kölner verbanden sich mit ihrem Erzbischof und den Gegnern Heinrichs in Lothringen und Sachsen. Die Empörer besiegten ihn am 11. Februar 1115 am Welfesholze bei Mansfeld.

Die größten Schwierigkeiten bereitete dem Kaiser Lothar von Supplinburg. Nach dem Aussterben der Billunger (1106) hatte er das Herzogtum Sachsen und durch Heirat und Erbschaft allmählich den größten Teil der reichen sächsischen Hausgüter der Billunger, Ottos von Nordheim und Eckberts von Braunschweig an sich gebracht. Mit großer Tatkraft und Rücksichtslosigkeit faßte er die einzelnen Teile zusammen und schuf seit den Zeiten Ottos des Großen zum ersten Male wieder eine weitausgedehnte Partikulargewalt in Niederdeutschland. Sein Einfluß erstreckte sich auch auf die Abotriten und Liutizen. Der Kaiser war ihm gegenüber machtlos. Nach dem Tode Heinrichs von Meißen (1123) erbte Lothar dessen Hausgüter; er gab die Lausitz Albrecht von Ballenstedt und Meißen Konrad von Wettin, obwohl der Kaiser den Wiprecht von Groitzsch mit der Lausitz und Hermann von Winzenburg mit der Mark Meißen belehnt hatte. — Wulfhild, eine der Töchter des letzten Billunger, heiratete Heinrich, den Bruder des Baiernherzogs Welf. Dadurch wurde des Kaisers Stellung im Norden wenigstens mittelbar etwas gestärkt, weil die Welfen ebenso wie die Hohenstaufen und Pfalzgraf Otto von Wittelsbach seine treuesten Helfer waren.

Der Kaiser starb am 23. Mai 1125 zu Utrecht an einem krebsartigen Leiden, das ihn schon in früher Jugend befallen haben soll. Er erreichte ein Alter von vierundvierzig Jahren, Nachkommen hinterließ er nicht. An der Seite seines Vaters und seiner Ahnen im Dom zu Speier fand er seine letzte Ruhe. Mit ihm erlosch das Herrscherhaus der Salier. Ihre Familiengüter gingen auf den Neffen Heinrichs V., auf Friedrich von Hohenstaufen, Herzog von Schwaben, über.

Auswirkung des Investiturstreites. Leistung des salischen Herrscherhauses

Hundert Jahre und acht Monate haben die Salier die deutsche Königskrone getragen. Fast die ganze zweite Hälfte dieses Jahrhunderts von 1075 bis 1122 dauerte der Investiturkampf. Er hat zwar das ottonische System keineswegs völlig beseitigt, aber doch einen bedeutsamen Wandel in den Machtverhältnissen des Reiches bewirkt. Die größte Veränderung ergab sich in dem Verhältnis zwischen Papsttum und Kaisertum. Der Kaiser ist nicht mehr wie ehedem der Herr der römischen Kirche, sondern Papst und Kaiser stehen sich als die Träger von Gewalten gegenüber, die zwar nach wie vor einem Ziele, der Verwirklichung des Gottesstaates auf Erden, dienen sollen, aber nun doch jeder mehr in seiner eigenen Sphäre. Die größere reale Macht besitzt immer noch das Kaisertum, aber das Papsttum hat jetzt noch mehr als früher den Ehrenvorrang und ist, da die religiöse Sphäre als die ungleich höhere gilt, in gewisser Beziehung dem Kaisertum übergeordnet. Der Anspruch des deutschen Königs auf die Kaiserkrone ist noch nicht erloschen, doch kann sie ihm der Papst unter Umständen verweigern. Das Eigenkirchenrecht hat seine frühere Bedeutung verloren. Nicht mehr auf ihm, sondern auf dem Lehensrecht beruht jetzt die Oberhoheit des Königs in Deutschland über die Bistümer und Reichsabteien und erstreckt sich nur noch auf deren weltliche Besitzungen und Funktionen; außerdem ist in Burgund und Italien die Macht des Königs über die Kirche weit mehr als in Deutschland beschränkt. Ebenso beginnt das Fürstentum infolge des Investiturstreites dem Königtum gegenüber eine selbständigere Stellung zu gewinnen (vgl. S. 81). Das wichtigste Ergebnis in dieser Beziehung ist die Abschwächung des Erbgedankens gegenüber dem Wahlprinzip bei der Thronfolge und die stärkere Betonung des Widerstandsrechtes im Falle einer schlechten und ungerechten Regierung. Ob eine „bedingte" Anerkennung des Königs, dem nur unter der Voraussetzung eines gerechten Regiments Gehorsam zu leisten sei, schon bei der Wahl Heinrichs IV. von den Fürsten ausgesprochen wurde, steht nicht fest, sicher ist sie bei der Wahl Heinrichs V. erfolgt.

Über die Schuld der einzelnen Herrscher aus salischem Geschlecht an dieser Entwicklung gehen die Meinungen der Historiker bis in die neueste Zeit sehr auseinander; auf manche dieser Streitfragen haben wir bereits hingewiesen. Jedenfalls lag dieser Umschwung viel mehr in den Verhältnissen selbst und in der schicksalhaften Fügung begründet, daß gerade in den Jahren von 1056 bis etwa 1070 dem Reiche eine feste Herrscherhand fehlte, als an einem Versagen der Kaiser. Alle vier Salier haben sich mit einer den Durchschnitt ihrer Zeitgenossen weit überragenden Tatkraft und Fähigkeit für Reich, Königtum und Kaisertum eingesetzt und soviel von der alten Macht in die Zukunft hinübergerettet und durch die Begünstigung der städtischen Freiheit und der Reichsministerialität, durch die Zusammenfassung des Krongutes und die Erbauung von Burgen die Stellung der Monarchie besonders am Rheine so gefestigt, daß schon ein Menschenalter später Tage neuen Ruhmes und Glanzes, wie einst unter Konrad II. und Heinrich III. für das Reich anbrechen konnten. Übrigens läßt sich an den innen- und außenpolitischen Leistungen allein die Größe der Salier nicht ermessen. Ihr dem Erhabenen und Gewaltigen zugewandtes Sinnen und Wollen spricht sich deutlicher noch in den Bauwerken aus, die, wie etwa der Dom zu Speier am Rheinstrom oder das Limburger Münster auf den Höhen der Haardt, ihre ureigensten Schöpfungen sind, oder wie, die Dome von Worms und Mainz, ihrer königlichen Freigebigkeit ihren weiteren Ausbau während der romanischen Periode verdanken.

Kaiser Lothar von Supplinburg

1125—1137

Wahl und erste Regierungsjahre

Nach dem Tode des letzten Saliers besaß das nächste Erbrecht auf die deutsche Königskrone Herzog Friedrich II. von Schwaben, der Sohn des ersten Schwabenherzogs aus dem Hause der Hohenstaufen, und von Agnes, der Tochter Kaiser Heinrichs IV. Friedrich hatte unter den weltlichen Reichsfürsten den größten Anhang. Aber verschiedene kirchliche Würdenträger, darunter die beiden einflußreichsten Erzbischöfe, Adalbert von Mainz und Friedrich von Köln, befürchteten, der Hohenstaufe würde die Kirchenpolitik der Salier fortführen. Mit einem das eigentliche Ziel noch im Dunkel lassenden Rundschreiben bearbeiteten die Gegner des Schwabenherzogs zunächst die öffentliche Meinung. Bei der Wahlhandlung in Mainz, bei der auch zwei päpstliche Legaten zugegen waren, wußte Erzbischof Adalbert von Mainz durch ein taktisch äußerst geschicktes Vorgehen erst die Wahl des Schwabenherzogs zu hintertreiben und dann am 30. August 1125 die Lothars von Supplinburg durchzusetzen. Wie ehedem die Päpste bei den Kaisern um Bestätigung ihrer Wahl nachsuchten, so tat es jetzt der deutsche König bei Honorius II. Auf die Rechte, die das Wormser Konkordat der Krone noch ließ, hat Lothar allerdings nicht verzichtet, wie dies eine gleichzeitige Quelle vorzutäuschen sucht. Die Salbung und Krönung fand am 13. September in Aachen durch den Erzbischof von Köln statt.

Lothar war bei seiner Erhebung auf den Thron fünfzig Jahre alt. Die Vertreter der hochkirchlichen Richtung waren für ihn eingetreten, weil er seit langem gegen die Salier gekämpft hatte und als Mann von streng kirchlicher Gesinnung galt. Die weltlichen Fürsten hatten ihm schließlich ihre Stimme gegeben, weil damit bei der Thronfolge in entscheidender Weise das Erbprinzip zugunsten des Wahlrechtes durchbrochen wurde. Außerdem schien das Aufleben einer den Großen unerwünschten Hausmachtpolitik von der Art der salischen nicht sehr wahrscheinlich, da Lothar keinen Sohn besaß. Dazu hatte Lothar in Krieg und Frieden Tüchtigkeit und Umsicht bewiesen. Mit den überragenden salischen Herrscherpersönlichkeiten ist er freilich nicht zu vergleichen.

Kurz nach der Krönung begann der Streit Lothars mit Friedrich von Schwaben um das salische Erbe, da man sich nicht darüber einigen konnte, was davon den Hohenstaufen verbleibendes Hausgut oder was Reichsgut sei. Über Friedrich wurde die Reichsacht verhängt und eine Reichsheerfahrt gegen ihn beschlossen. Da aber Lothar schon im Februar 1126 auf einem Feldzug in Böhmen, wo es zu Thronstreitigkeiten gekommen war, eine schwere Niederlage erlitt, und dann auch noch vom Baiernherzog im Stiche gelassen wurde, konnte er gegen Friedrichs Bruder Konrad, der nun zum Gegenkönig gewählt wurde und einige Zeit in Oberitalien bedeutende Erfolge erzielte, zunächst nichts ausrichten. Erst als Konrad die Mittel zu weiteren Unternehmungen ausgingen und Speier, sowie Nürnberg sich ergeben mußten (1129 und 1130), besserte sich Lothars Lage in Deutschland.

In Niederlothringen, wo nach dem Tode Karls von Flandern (1127) langwierige Kämpfe ausbrachen, konnte Lothar den Zerfall des Herzogtums in einzelne Herrschaften nicht aufhalten. Die Grafen von Brabant und Limburg führten nun wohl den Herzogstitel, doch waren ihnen die Grafen jener Gegenden nicht untergeordnet. Auch in Sachsen und Baiern kam es zu Unruhen. Wiprecht von Groitzsch und Albrecht von Ballenstedt kämpften um die Mark Lausitz, Hermann von Winzenburg und Konrad von Wettin um die Mark Meißen. Zum ersten Male taucht jetzt der Titel Landgraf von Thüringen auf, den zuerst Hermann von Winzenburg und nach dessen Absetzung Graf Ludwig, Ludwig des Springers Sohn aus dem Hause der Ludowinger, die sich erst Grafen von Schaumburg nannten und aus dem Maingau eingewandert waren, erhielten (1130). Eines der folgenreichsten innerdeutschen Ereignisse in diesen Jahren war die Vermählung des einundzwanzigjährigen Baiernherzogs Heinrichs des Stolzen mit der zwölfjährigen Erbtochter Lothars, Gertrud, an Pfingsten 1127.

Die Vereinigung der Herzogtümer Sachsen und Baiern war damit in die Wege geleitet. Wie stark allerdings einzelne dem Herzogtum Baiern untergeordnete partikulare Gewalten waren, zeigte sich bei einem Zwiste zwischen Herzog Heinrich dem Stolzen und Graf Friedrich von Bogen. Es dauerte mehrere Jahre, bis die bei dieser Gelegenheit entbrannten Fehden der bairischen Großen beigelegt werden konnten.

Strittige Papstwahl. Lothars erster Italienzug

Als Honorius II. am 13. Februar 1130 starb, wurden schon am nächsten Tage zwei Päpste auf den Stuhl Petri erhoben, der eine, Kardinal Petrus aus der ursprünglich jüdischen Familie der Pierleoni, als Anaklet II., der andere, Kardinal Gregor, Kandidat der Frangipani, als Innozenz II. Beide waren Anhänger der hochkirchlichen Richtung. Innozenz II. konnte für sich geltend machen, daß er einige Stunden vor seinem Gegner gewählt worden war, Anaklet II., daß ihm die Mehrheit der Kardinäle, und zwar anders als bei Innozenz' Wahl, in geordnetem Verfahren ihre Stimme gegeben hatte. Beide, Anaklet wie Innozenz, suchten die Anerkennung des deutschen Königs zu gewinnen. Der wollte aber nicht von sich aus Stellung nehmen und übertrug die Entscheidung dem deutschen Episkopat. Auf einer Synode zu Würzburg erklärte sich die deutsche Kirche für Innozenz. Im März 1131 fand eine weitere Synode zu Lüttich statt, bei der Innozenz und Lothar zugegen waren. Der Franzose Suger von Saint-Denis berichtet unter anderem darüber: „Der deutsche König leistete bei dieser Gelegenheit auf der Straße vor dem Dome demütigst die Dienste eines Marschalls, eilte zu Fuß mitten durch die heilige Prozession auf den Papst zu, hielt in der einen Hand eine Rute zur Abwehr des Volkes, ergriff mit der anderen die Zügel des päpstlichen Schimmels und gab Innozenz als seinem Herren das Ehrengeleite. Als der Papst abstieg, schob Lothar seine Hand unter dessen Arm und stützte ihn, womit er aller Welt die Erhabenheit des heiligen Vaters kundtat".

In Lüttich verpflichtete sich der König, zur Unterstützung von Innozenz eine Romfahrt zu unternehmen. Ehe es dazu kam, rückte Lothar mit einem Aufgebot gegen die Dänen, weil sich ihr König Niels an der Ermordung des Herzogs von Schleswig, eines deutschen Vasallen, mitschuldig gemacht hatte. Da Niels Sühne leistete und dem deutschen König als seinem Oberherrn huldigte, unterblieben weitere feindliche Handlungen. Die Häupter der Wagrier und Abotriten, die sich im Zusammenhang mit diesen Ereignissen gegen die Deutschen erhoben hatten, unterwarfen sich nun ebenfalls. So konnte Lothar im nächsten Jahr nach Italien ziehen, er erhielt mit seiner Gemahlin Richenza am 4. Juni 1133 die Kaiserkrone im Lateran; die Peterskirche befand sich in der Hand Anaklets, der sich auf den Normannen Roger II. von Sizilien stützte. Am 8. Juni ließ der Kaiser sich und seinem Schwiegersohn, dem Baiernherzog Heinrich, von Innozenz die Mathildischen Güter als Lehen des heiligen Petrus übertragen. Den Lehenseid leisteten ein Stellvertreter des Kaisers für Italien und Herzog Heinrich. Innozenz forderte Lothar auf, nun gegen Roger vorzugehen, doch der Kaiser kehrte alsbald nach Deutschland zurück, nachdem er die Mathildischen Güter in seinen Besitz gebracht hatte.

Erfolge in der Innen- und Außenpolitik

In den nächsten Jahren war dem Kaiser eine Reihe schöner Erfolge beschieden. Er eroberte gemeinsam mit Heinrich dem Stolzen Ulm. Auf der Bamberger Tagung im März 1135 unterwarf sich der Hohenstaufe Friedrich. Er erhielt unter sehr gnädigen Bedingungen Verzeihung und durfte das Herzogtum Schwaben behalten. Sein Bruder Konrad gab im Oktober alle Ansprüche auf das Königtum auf. — In Dänemark war Erich Edmund, der Gegner des Königs Niels, nach dessen Tod auf den Thron gekommen; er entsandte zu einem Hoftag nach Magdeburg am Pfingstfest 1135 Boten, um seine Ergebenheit zu versichern und wahrscheinlich auch um die deutsche Oberhoheit anzuerkennen.

Nach der Niederlage in Böhmen, zu Anfang seiner Regierung, hatte sich Lothar mit Herzog Sobeslaw, der trotz seines Sieges die deutsche Oberhoheit anerkannte, vollständig ausgesöhnt. Diese Friedenspolitik verschaffte nun dem Kaiser das Übergewicht, als es in Ungarn zu Thronstreitigkeiten kam und Boleslaw III. von Polen und Sobeslaw von Böhmen für je einen der beiden ungarischen Rivalen Partei ergriffen. Sobeslaw und der von ihm unterstütze Ungarnkönig Bela wandten sich an den Kaiser als Schiedsrichter. Der Polenherzog mußte sich daraufhin am Pfingstfest zu Magdeburg dem Kaiser stellen, Pommern und Rügen von ihm zu Lehen zu nehmen und den für die vergangenen zwölf Jahre fälligen Tribut nachträglich entrichten. Zu einem anderen Hoftag, der im gleichen Jahre am 1. August zu Merseburg stattfand, trafen Gesandte aus Venedig und vom byzantinischen Kaiser ein, die Lothars Hilfe gegen Roger von Sizilien erbaten. — Auch in Sachsen herrschte nun endlich Ruhe. Der Askanier Albrecht der Bär, Graf von Ballenstedt, war im Jahre 1134 mit der Nordmark belehnt worden. Er stieß alsbald gegen die Slaven an seiner Grenze vor und gliederte seinem Gebiete die Prignitz an. Er wußte auch Pribislaw von Brandenburg zu veranlassen, ihn als Erben der Havellande einzusetzen, im Jahre 1150 konnte es Albrecht nach dem Tode des Slavenfürsten in Besitz nehmen. Konrad von Wettin wurde im Jahr 1136 zu der Markgrafschaft Meißen noch die Lausitz verliehen.

Askanier und Wettiner nahmen in der großzügigsten Weise die *Kolonisierung und Christianisierung des slavischen Ostens* in Angriff. Die Hemmungen, die früher die Ausdehnung der Deutschen in jenen Gegenden behindert hatten, fielen jetzt weg. Die deutsche Bevölkerung war für die Besiedlung neuen Raumes im Norden und Osten zahlreich genug geworden. Die Prämonstratenser und Zisterzienser, die sich mit Sachkenntnis, unermüdlicher Geduld und größtem Opfermut der Urbarmachung von Ödland widmeten, boten dem ganzen Kolonisationswerk den wirtschaftlichen Rückhalt. Schließlich vermochten einzelne hinreichend starke partikulare Gewalten den Kampf gegen die Slaven und die Organisation des eroberten Landes mit ungleich mehr Nachdruck durchzuführen als die doch mehr von der Reichsleitung in Anspruch genommenen Könige.

Zweiter Italienzug. Tod des Kaisers

Auf die dringenden Bitten des Papstes Innozenz brach Lothar im Frühherbst des Jahres 1136 mit starker Heeresmacht nach Italien auf. Mit Ausnahme Neapels hatte Roger ganz Süditalien in seine Gewalt gebracht. Innozenz hielt sich deshalb in Oberitalien auf, wo ihn jetzt zwar Mailand anerkannte, aber die verschiedenen miteinander verfeindeten Städte seiner Mahnung, sich zu versöhnen, kein Gehör schenkten. Sobald der Kaiser in der Lombardei erschien, fügten sich ihm alle Städte, nur Cremona verharrte in der Feindschaft gegen Mailand und konnte auch nicht zur Ergebung gezwungen werden. Der Baiernherzog Heinrich erhielt nun die Markgrafschaften Verona und Tuscien und übernahm die Mathildischen Güter. Im folgenden Jahre erzielte Lothar Erfolge in Süditalien wie kaum je ein Kaiser vor ihm. Roger zeigte sich zu Friedensunterhandlungen bereit, nicht aber Innozenz. Zwischen ihm, einem ausgesprochen gregorianischen Machtpolitiker, und Lothar drohte es jetzt zu einem ernsteren Zwist zu kommen. Nachdem der Kaiser diese Gegenden mit Waffengewalt erobert hatte, machte er auf sie mit Recht wieder die alten Ansprüche des Reiches geltend. Innozenz aber behauptete, dem römischen Stuhl stände für immer die Lehenshoheit über die Normannen zu. Erst kam es zum Streit um Monte Cassino, das bisher zu Anaklet gehalten hatte, wo nun Lothar, da es eine alte Reichsabtei war, einen Abt aus seiner Umgebung einsetzte, und dann bei der Belehnung Rainulfs von Alife mit Apulien. Man einigte sich in diesem Falle vorläufig in der Weise, daß bei der Übergabe des Banners an Rainulf Innozenz die Spitze, Lothar das Ende des Schaftes hielt. Das deutsche Heer hatte keine Lust mehr, den Kampf fortzusetzen, besonders drängte Heinrich, der wohl den leidenden Zustand seines Schwiegervaters richtig erkannte und bei dessen etwaigem Tode in Deutschland sein wollte, zur Rückkehr. Papst und Kaiser zogen gemeinsam nach Norden, die Spannung zwischen ihnen wuchs ständig infolge der Rücksichtslosigkeit von Innozenz. Unter anderem betraute er nach dem Tode des Erzbischofs Adalbert von Mainz mit dessen Amt als ständigen Legaten in Deutschland den Erzbischof Albero von Trier, einen Gegner Lothars. In Farfa trennten sich Innozenz und Lothar.

Der Kaiser kam nur noch bis zu dem Tiroler Dorf Breitenwang bei Reutte. Hier starb er am 4. Dezember 1137. Kurz zuvor hatte er die Reichsinsignien seinem Schwiegersohn, Heinrich dem Stolzen, übergeben und ihn auch zu seinem Nachfolger als Herzog in Sachsen bestimmt.

Lothars Kirchen- und Italienpolitik

Man macht Lothar in der Regel den Vorwurf, er habe dem Papsttum unnötig Rechte des deutschen Königtums und Kaisertums preisgegeben und das päpstliche Schisma nicht dazu benutzt, das Investiturrecht in seiner alten Form zu erneuern oder wenigstens dem Wormser Konkordat gegenüber etwas zu verbessern. Die Mitteilung seiner Wahl an den Papst und noch mehr die Bitte, er möge sie bestätigen, ferner die Art, wie er Innozenz zu Lüttich die Marschalldienste leistete, gingen in der Tat über das Maß des politisch Notwendigen hinaus. Ob es klug war, sich die Mathildischen Güter von Innozenz als Lehen des heiligen Petrus übertragen zu lassen, ist ebenfalls sehr fraglich. Rechtlich hatte der römische Stuhl ursprünglich Anspruch auf das Mathildische Eigengut, man konnte aber geltend machen, er sei durch die ohne Einspruch erfolgte Besitzergreifung Heinrichs V. erloschen (vgl. S. 54). Andererseits gab es keinen einfacheren Weg als den von Lothar eingeschlagenen, sich in den Besitz dieses für die deutsche Herrschaft in Italien so wichtigen Gebietes zu setzen. Hatten einmal Lothar und sein Nachfolger diese Güter, wenn auch nur als Lehen, dann war es wie auch sonst in ähnlichen Fällen für den Oberlehensherren sehr schwer, das Vergebene wieder an sich zu bringen. Daß freilich Innozenz die Belehnung mit den mathildischen Gütern zu einer mit dem Kaisertum umbog, den Kaiser deshalb als Lehensmann des Papstes hinstellte und obendrein diese historische Fälschung in einem Bilde mit irreführender Unterschrift festhielt (vgl. S. 91), war einer der bei den Gregorianern üblichen Kniffe.

Bei der Beurteilung von Lothars Verhalten in der strittigen Papstwahl und zum Papsttum überhaupt, darf man die damalige Zeitströmung nicht unberücksichtigt lassen. Tatsächlich hatten die Reformer zwar nur Kompromisse erreicht, aber ihre Ideen beherrschten für die nächsten Jahrzehnte die Geister. Noch nie hatte in der abendländischen Christenheit der Gedanke, alles Irdische sei dem Überirdischen unterzuordnen, einen solchen Zauber ausgeübt. Ihm verdanken die strengen Orden der Prämonstratenser, Zisterzienser und Karthäuser ihre Entstehung (vgl. S. 203); er gab dem Rittertum die religiöse Weihe. Und diese Zeitstimmung fand in dem heiligen Bernhard von Clairvaux so beredten, so mitreißenden Ausdruck, wie nur selten eine Epoche von einem Mann verkörpert und geformt worden ist. Für eine einfache und persönlich fromme Natur wie Lothar — er pflegte z. B. am Tage drei Messen zu hören — war es ausgeschlossen, sich dem Einfluß des Zeitgeistes und des ihn repräsentierenden Mannes zu entziehen. Nun hatte aber der heilige Bernhard Partei für Innozenz genommen und warb für ihn mit seiner einzigartigen Überzeugungskraft in Wort und Schrift, gewann auch im Verein mit dem heiligen Norbert den deutschen Episkopat für „seinen" Papst. Wie hätte sich da Lothar für Anaklet entscheiden sollen oder auch nur die Papstfrage als Druck auf die Kirche benutzen können? Lothar hat dies übrigens gelegentlich versucht, aber da erhob sich sofort ein Sturm der Entrüstung, und „der heilige Abt Bernhard stellte sich wie eine Mauer wider den König, widerlegte mit bewundernswertem Freimut das böse Wort (von der Schädigung des Reiches durch den Verzicht auf das alte Investiturrecht) und nahm ihm kraft seines wunderbaren Ansehens jede Wirkung". Außerdem mußte Lothar befürchten, die hochkirchliche Partei würde sofort das hohenstaufische Gegenkönigtum unterstützen, wenn er ihr nicht zu Willen wäre. Immerhin hat Lothar auf dem ersten Römerzug von Innozenz die ausdrückliche Anerkennung der dem deutschen Königtum im Wormser Konkordat zugebilligten Rechte erreicht. Im Laufe des zweiten Italienzuges ist der Kaiser noch mehr auf die Linie der salischen Kirchenpolitik zurückgekommen. Wäre Heinrich der Stolze sein Nachfolger geworden, wie Lothar gehofft und worauf seine ganze Politik abgezielt hatte, dann erschiene des Supplinburgers Regierung wohl den meisten Beurteilern in weit günstigerem Lichte, und er gälte gleich dem ersten König aus dem Hause der Liudolfinger, König Heinrich I., als ein bedeutender Wegbereiter.

König Konrad III.

1138—1152

Wahl und Auseinandersetzung mit den Welfen

Hatten die Vertreter der hochkirchlichen Kreise bei der Wahl Lothars wenigstens den Anschein rechtmäßigen Vorgehens zu wahren gesucht, so verfolgten sie jetzt ihr Ziel, einen von ihnen als König stets abhängigen und ihnen darum willfährigen Mann auf den Thron zu erheben, ohne jede Rücksicht auf Herkommen und Recht. Die Fürsten hatten als Wahltag den 22. Mai, das Pfingstfest des Jahres 1138, und als Wahlort Mainz bestimmt. Albero von Trier, päpstlicher Legat und eben einzig amtierender Erzbischof auf fränkischem Boden — Mainz war gerade unbesetzt und der Kölner Erzbischof noch nicht geweiht — lud aber die geistlichen und weltlichen Großen, deren Übereinstimmung mit seinen Plänen er sicher war, nach Koblenz ein. Obwohl die hier Versammelten nur die Minderzahl der deutschen Fürsten ausmachten, kürten sie am 7. März den früheren Gegenkönig Lothars, Konrad von Staufen. Ein in Deutschland eben anwesender Kardinallegat krönte ihn schon am 13. März in Aachen.

Albero hatte sich in seiner Berechnung nicht getäuscht, daß die deutschen Fürsten den Rechtsbruch ruhig hinnehmen würden, wenn an Stelle des mächtigen und willensstarken Heinrichs des Stolzen ein ihren Selbständigkeitsbestrebungen ungefährlicher Mann zur Regierung kommen würde. Konrad III. hatte nicht einmal das ganze staufische Erbgut, der größere Teil davon war in der Hand seines Bruders, des Schwabenherzogs Friedrich. Da innerhalb eines Vierteljahres die meisten Fürsten Konrad anerkannten, erklärte sich auch Heinrich der Stolze bereit, auf die Königswürde zu verzichten und lieferte die Reichsinsignien an ihn aus. Huldigen aber wollte Heinrich ihm erst, wenn man ihm die beiden Herzogtümer Baiern und Sachsen lasse. Damit war aber Konrad nicht einverstanden. Heinrich wurde auf einem Fürstentag wegen Verweigerung der Huldigung geächtet. Das Herzogtum Sachsen wurde Albrecht dem Bären zugesprochen, der sich schon gleich nach Lothars Tod der Besitzergreifung Sachsens durch die Welfen mit Waffengewalt widersetzt hatte. Das Herzogtum Baiern erhielt im nächsten Jahre Markgraf Liutpold von Österreich, ein Stiefbruder des Königs.

Die Welfen setzten sich nun zur Wehr. Albrecht der Bär mußte vor Heinrich aus Sachsen weichen. Allerdings starb Heinrich der Stolze noch im gleichen Jahre (1139), aber sein zehnjähriger Sohn, Heinrich der Löwe, blieb dank der Unterstützung seiner Großmutter, der Kaiserinwitwe Richenza, im Besitze von Sachsen. In Baiern besiegte der Bruder Heinrichs des Stolzen, Welf VI., 1140 den Liutpold. Die Welfenburg Weinsberg bei Heilbronn mußte sich allerdings Konrad ergeben. Die Weiber von Weinsberg retteten ihre Männer vor Hinrichtung oder Gefangenschaft, indem sie sie auf ihren Schultern ins Freie schleppten, nachdem vereinbart worden war, sie dürften von ihrer Habe mitnehmen, was sie wegzutragen vermöchten. Nachdem Richenza und Liutpold im Jahre 1141 gestorben waren, wurde die Angelegenheit der Welfen auf einem Fürstentag zu Frankfurt am Pfingstfeste 1142 geregelt. Heinrich der Löwe wurde mit dem Herzogtum Sachsen belehnt, Albrecht der Bär gab sich mit der Nordmark zufrieden und nannte sich, seit ihn Pribislaw zum Erben eingesetzt hatte, Markgraf von Brandenburg. Das Herzogtum Baiern kam an den Bruder Liutpolds, an Heinrich Jasomirgott (1143), der Gertrud, die Witwe Heinrichs des Stolzen, heiratete. Trotz dieser Verbindung der Hohenstaufen mit den Welfen hielt Welf VI. keine Ruhe und stand mit allen Feinden des Königs, so auch mit Roger II. von Sizilien und dem Ungarnkönig Geisa II., in Beziehung. Selbst Friedrich von Schwaben, den späteren Kaiser Barbarossa, der seinem Vater als Herzog von Schwaben 1147 nachfolgte, wußte der rührige Welf für seine Unternehmungen gegen den König zu gewinnen.

Kirchenpolitik. Ohnmacht des Papsttums in Italien

Die Erwartungen Alberos von Trier und seiner Anhänger, Konrad werde bei seiner geringen Hausmacht und aus Furcht vor einem welfischen Gegenkönigtum nicht in die Bahnen der salischen Politik einschwenken, erfüllten sich vollauf. Kein anderer deutscher Herrscher zeigte sich der Kirche so willfährig wie der erste König aus dem Hause der Hohenstaufen, den das Volk den „Pfaffenkönig" nannte. Aber die Schwäche des Königtums hatte für die Kirche auch große Nachteile. Da keine starke Hand da war, den Landfrieden zu schirmen, wurde das Reich, abgesehen von den Kämpfen zwischen den Hohenstaufen und Welfen, noch durch zahllose andere Fehden, besonders auch zwischen geistlichen und weltlichen Fürsten, beunruhigt. Die Sitten verwilderten, Kirchen und Klöster wurden geplündert, ihre Felder verheert. Vor allem konnte der König, der sich kaum im eigenen Lande behauptete, dem Papste nicht zu Hilfe kommen.

Von der weltlichen Macht des mittelalterlichen Papsttums seit Gregor VII. macht man sich meist eine falsche Vorstellung. Die kirchenpolitischen Erfolge der Päpste, die Bereitwilligkeit, mit der manche Könige, zum Beispiel die von Ungarn, Spanien, Sizilien, die Stellvertreter des heiligen Petrus als ihre Oberlehensherren anerkannten, die Marschalldienste, die die Kaiser seit Lothar bei besonderen Gelegenheiten den Päpsten leisteten, die Sprache der päpstlichen Urkunden und Erlasse erwecken den Anschein, als ob sich das ganze Abendland dem Willen des römischen Stuhles gebeugt hätte. In Wirklichkeit ging aber das Papsttum zum guten Teil sogar bei kirchlichen Angelegenheiten und erst recht bei Dingen weltlicher Natur auf den Krücken fremder Interessenpolitik. Man huldigte dem heiligen Vater und kam seinen Wünschen entgegen, um das eigene Machtstreben zu legalisieren, um sich dem Feinde oder Rivalen gegenüber des Einflusses der Kirche zu bedienen oder sich sonst Vorteile zu verschaffen. Wo aber die Päpste sich nicht auf auswärtige Hilfe stützen konnten und ihre Gegenspieler Herren im eigenen Lande waren, vermochte die Kurie nicht viel auszurichten. Selbst die vielgerühmten „gewaltigen" Päpste wie ein Alexander III. und Innozenz III. waren für sich allein nicht einmal den italienischen Stadtstaaten gewachsen.

Zur Zeit Konrads III. erging es dem Papsttum in Italien besonders übel. Da der König von Oberitalien nicht Besitz ergreifen konnte und der mit den Mathildischen Gütern belehnte Heinrich der Stolze schon 1139 gestorben war, machten die während des Investiturstreites von den Päpsten selbst geförderten Unabhängigkeitsbestrebungen der ober- und mittelitalischen Städte große Fortschritte. Man kümmerte sich hier um die Reichsrechte überhaupt nicht mehr. Diese Bewegung griff aber auch bald auf Rom über. Wie die Bürger der lombardischen Städte von ihren Bischöfen den Verzicht auf die weltliche Herrschaft verlangten, so nun auch die Römer vom Papste. Sie riefen die Erinnerung an die alte römische republikanische Freiheit wieder wach, und unter dem Vorsitz eines Pierleoni gaben sie sich einen Senat. Im Jahre 1146 mußte Eugen III., der seit dem 15. Februar 1145 Papst war, aus Rom weichen. Und nun erhob in der Stadt des heiligen Petrus unter dem Beifall allen Volkes Arnold von Brescia seine Stimme, lief gegen die Herrschsucht der Päpste und die Habgier der Kardinäle Sturm. Selbst in äußerster Armut und sittenrein lebend wie ein Heiliger, predigte er, die Kirche und die Priester müßten besitzlos sein, wie es die Apostel gewesen, und geißelte die Ausschweifungen des Klerus, der sich seit der Einführung des Zölibates keineswegs gebessert hatte.

An den Normannen hatten die Päpste in dieser Zeit keine Hilfe. Anaklet II. war anfangs 1138 gestorben, daraufhin hatte sich Innozenz II. mit einem Heere aufgemacht, um Roger von Sizilien für seine dem Gegenpapst geleisteten Dienste zu züchtigen. Der Normanne besiegte aber den Papst, nahm ihn gefangen und zwang ihn, die von Anaklet zu seinen Gunsten getroffenen Verfügungen — Erhebung von Rogers Reich zum Königtum und die Belehnung mit Capua, Neapel und Benevent — zu bestätigen. Durch Rogers geniale Maßnahmen wurde das Königreich Sizilien in Kürze der bestorganisierte abendländische Staat jener Zeit. Eine engere Verbindung mit dem sizilischen König kam indes damals für den Papst nicht in Frage, weil Roger in seinen Landen dem Klerus die in den übrigen abendländischen Reichen üblichen Sonderrechte nicht zugestand und nach seinem Belieben auf Gebiete des Kirchenstaates übergriff. Wollte Eugen III. wieder nach Rom zurückkehren, so konnte dies nur mit Hilfe des deutschen Königs geschehen.

Zweiter Kreuzzug und Wendenfahrt

Da übte Bernhard von Clairvaux, der „größte Redner und unglückseligste Politiker der abendländischen Welt" (Hauck), auf Konrad III. einen moralischen Zwang aus, sich am zweiten Kreuzzug zu beteiligen. Im Jahre 1144 hatte der Sultan Zenki von Mosul das beim ersten Kreuzzug gegründete christliche Fürstentum Edessa erobert. Die Kreuzzugsbewegung im Abendland flammte wieder mächtig auf. Eugen III. bewog den französischen König, sich zur Beteiligung an der Kreuzfahrt zu verpflichten. Wie bei den Vorbereitungen zum ersten Kreuzzug entstanden auch jetzt mancherlei Unruhen, insbesondere kam es wieder zu Judenverfolgungen. Das Volk sagte sich, und Wanderprediger bestärkten es in der Auffassung, daß, wenn es schon ein so überaus gottgefälliges Werk sei, die Ungläubigen zu erschlagen, es das Beste sei, in der Heimat mit den Juden zu beginnen. In den Rheinlanden peitschte Radulf, ein Mönch von Clairvaux, die Massen zu wildestem Fanatismus auf. Bernhard zwang ihn schließlich, in sein Kloster zurückzukehren. Bernhard selbst wurde nun auch in Deutschland die Haupttriebfeder der Kreuzzugsbewegung, die er in geordnete Bahnen zu lenken versuchte. Vor allem kam es ihm darauf an, den deutschen König für seine Pläne zu gewinnen. Bei einer Unterredung in Frankfurt machte dieser seine Bedenken wegen der schwierigen Lage im Reiche geltend. Bernhard erreichte aber doch sein Ziel, indem er auf den König außer mit religiösen Beweggründen und geschickter Schmeichelei auch noch mit den erfolgreichsten Propagandamitteln, der Massensuggestion und der öffentlichen Meinung einwirkte. Einer der Zeitgenossen berichtet über die entscheidenden Vorgänge im Dom zu Speier am Weihnachtsfeste des Jahres 1146:

„Gottes Geist trieb während des Hochamtes den heiligen Vater Bernhard an, ohne Aufforderung von irgendeiner Seite und wider alles Herkommen zu erklären, dieser Tag dürfe nicht ohne Predigt verstreichen. An ihrem Schlusse wandte er sich an den König und sprach zu ihm nicht wie zu einem Fürsten, sondern von Mensch zu Mensch. Er hielt ihm das Jüngste Gericht vor Augen, wie er da

5*

vor Christus als einfacher Mensch stehen und dieser ihn fragen werde: 'Was hätte ich dir Gutes tun können und habe dir nicht getan?' Bernhard malte Konrad die Erhabenheit seines Königtums, seinen Reichtum, seine Klugheit, seinen mannhaften Sinn und seine Körperstärke aus. Diese Worte trafen den Menschen in König Konrad so, daß er mitten während Bernhards Ausführungen unter Tränen ausrief: 'Ich erkenne Gottes Gnadengeschenke, und — gibt's der Herr — will ich mich von jetzt an nicht mehr undankbar zeigen. Ich bin bereit Ihm zu dienen, wann immer Er mich ruft.' Sprach's, das Volk nahm ihm das Wort von den Lippen, brach in Gottes Lobpreis aus, und die Erde widerhallte von dem Jubel der Menge. — Dem Könige wurde sofort das Kreuz angeheftet, der heilige Abt trug das Banner von dem Altare weg und gab es dem Könige in die Hand, auf daß er es im Heere des Herrn persönlich trage. Mit dem Könige empfingen dessen Neffe, der junge Herzog Friedrich, und zahllose andere Fürsten das Kreuz."

Man braucht sich nicht darüber zu wundern, daß Konrad und so viele andere Fürsten trotz besserer Einsicht das Kreuz nahmen, mußte ja auch der Papst, der ungleich lieber einen Romzug als einen Kreuzfahrt des deutschen Königs gesehen hätte, der politischen Torheit Bernhards ihren Lauf lassen. Nachdem Konrad mit seinem fast nur aus Süddeutschen bestehenden Heere durch Ungarn und Bulgarien gezogen war und bei dem mit ihm verschwägerten Kaiser Manuel von Byzanz die beste Aufnahme und Unterstützung gefunden hatte, setzten die Kreuzfahrer Ende September 1147 über den Bosporus nach Asien über. Bis Nicäa, dem heutigen Isnik, blieb das deutsche Heer beisammen, dann trennte es sich in zwei Abteilungen, wovon die eine unter Führung des Bischofs Otto von Freising mit etwa fünfzehntausend Mann zu Fuß die Küste entlang zog, während die Hauptmacht unter der Führung des Königs und seines Neffen, des Schwabenherzogs Friedrich, den Weg landeinwärts nahm und zunächst Iconium erreichen wollte. Nachdem aber das Heer durch Hunger, Durst und Hitze, plötzlich angeschwollene Flüsse, Krankheiten und feindliche Angriffe Unsägliches gelitten hatte, kehrte Konrad, der selbst durch einen Pfeilschuß am Kopfe verletzt worden war, mit seinen Leuten nach Nicäa zurück und schloß sich den hier noch immer verweilenden Franzosen an. Die Tausende unter Otto von Freising waren inzwischen fast völlig aufgerieben worden. Den Winter brachte Konrad, an seiner Wunde leidend, in Konstantinopel zu, begab sich hierauf nach Jerusalem, das noch vom ersten Kreuzzug her in der Hand der Christen war, und versuchte gemeinsam mit den Franzosen, Damaskus und Askalon zu nehmen. Nachdem auch diese Unternehmungen mißglückt waren, blieb Konrad auch den zweiten Winter in Konstantinopel und traf dann im Frühjahr 1149 in Aquileja ein.

Der unglückliche Verlauf, die vergeblichen, ungeheuren Opfer des zweiten Kreuzzuges schadeten der Kirche ungleich mehr als dem Reiche (vgl. S. 17). Die Deutschen hatten zwar Abertausende von Menschen verloren, und die Verwirrung und Unsicherheit im Lande hatten sich durch die lange Abwesenheit des Königs und vieler Fürsten noch gesteigert, aber eine entscheidende Wendung zum Schlimmeren war dadurch doch nicht eingetreten. Der Kreuzzug hatte im Gegenteil für Königtum und Reich auch manche gute Folgen. Zunächst gab die Kreuzzugsbewegung dem deutschen Herrscher Gelegenheit, seine Stellung dem Papsttum und den Fürsten gegenüber zu festigen. Konrad hatte vor Beginn des Kreuzzuges erreicht, daß sein zehnjähriger Sohn Heinrich zum König gewählt und gekrönt wurde. Eine ähnliche Zurückdrängung oder Abschwächung des Wahlprinzipes zugunsten der Erbfolge findet nun im Zusammenhang mit den Kreuzzügen öfter statt. Sie bieten außerdem den deutschen Herrschern manche Gelegenheit, die Päpste ihren Wünschen gefügig zu machen. Der neuerwachte Eifer, die heidnischen Völker dem Kreuze Christi zu unterwerfen, kam ferner der Ausdehnung des Deutschtums im Nordosten sehr zu statten. Die „Wendenfahrt" wird der Fahrt ins Heilige Land gleichgestellt und wie diese durch Verleihung von Ablässen und irdischen Vorteilen gefördert. So hatten sich am zweiten Kreuzzug nur wenig Norddeutsche beteiligt und dafür gleichzeitig einen Slavenkreuzzug unternommen. Der Abotritenfürst Niklot wurde gezwungen, das Christentum anzunehmen, gefangene Christen, hauptsächlich Dänen, freizugeben, und Herzog Heinrich dem Löwen Tribut zu entrichten. Auch der Pommernfürst Ratibor wurde durch diesen Wendenkreuzzug veranlaßt, die Verbreitung des Christentums und die Gründung von Benediktiner- und Prämonstratenserklöstern in seinem Lande zu erleichtern.

Die Kreuzfahrten in das Slavenland konnten die Eingliederung slavischen Landes und Volkes in das Reich und das Vordringen der Deutschen allerdings nur mittelbar fördern. Die eigentliche Durchführung lag nach wie vor in der Hand der einzelnen lokalen und partikularen Gewalten. Graf Adolf von Holstein siedelte in dem Wagrierland Holsaten, Stormarer, Westfalen, Friesländer und Holländer an und gründete Lübeck. Heinrich von Badwide, der erste Graf von Ratzeburg, kolonisierte das Polaberland zwischen Lauenburg an der Elbe und der Lübecker Bucht, Albrecht der Bär nahm im Jahr 1150 Brandenburg in Besitz. Der junge Heinrich der Löwe erzielte in Oldenburg und Mecklenburg, zum Teil im Wettstreit mit Adolf von Holstein und Heinrich von Badwide, große Fortschritte und beherrschte hier auch die Kirche, über die er unabhängig vom Bremer Erzbischof das Investiturrecht ausübte.

Konrads Tod. Sein Charakter

Welf, der sich ebenfalls an dem Kreuzzuge in das Heilige Land beteiligt hatte, nahm nach seiner Ankunft in Deutschland alsbald den Kampf gegen die Hohenstaufen wieder auf. Der König war damals längere Zeit infolge einer schweren Erkrankung an jeder kriegerischen Unternehmung gehindert. Er hielt sich eben in Speier auf, als sein Sohn König Heinrich und der Schwabenherzog

Friedrich den Welf bei der Burg Flochberg besiegten (1150). Die Lage Konrads besserte sich indes dadurch nicht. Sein Sohn Heinrich starb bald nach dieser Schlacht, außerdem machte Heinrich der Löwe seine Ansprüche auf das Herzogtum Baiern wieder geltend. Konrad richtete gegen ihn so wenig aus wie gegen verschiedene andere Fürsten, die unter Mißachtung des Landfriedens miteinander in Fehde lagen. Trotzdem wollte er eine Romfahrt unternehmen, um dem schwerbedrängten Papst Eugen zuhilfe zu kommen. Der König starb aber, noch ehe er sein Vorhaben ausführen konnte, am 15. Februar 1152 zu Bamberg und wurde hier neben dem Grabe Kaiser Heinrichs II. bestattet. Konrad hinterließ einen siebenjährigen Sohn Friedrich, später Friedrich von Rothenburg genannt, übersandte indes in der Erkenntnis, daß sich der Knabe bei den ungeheuren Schwierigkeiten doch nicht durchsetzen könne, die Reichsinsignien dem Herzog Friedrich von Schwaben und designierte ihn zu seinem Nachfolger.

Zu der Ergebnislosigkeit der Bemühungen des „Pfaffenkönigs" während seiner ganzen Regierungszeit steht der hochtrabende Schwung der amtlichen Schriftstücke aus seiner Kanzlei in einem seltsamen Gegensatz. So heißt es z. B. in einem Brief an den byzantinischen Kaiser Johannes: jedes Reich wisse, daß das griechische Neu-Rom aus dem Rom, dessen König er, Konrad, sei, hervorgegangen wäre, Mutter und Tochter müßten gemeinsam vorgehen und Altrom, die Mutter, sei dazu um so mehr bereit, als sie wüßte, daß die Tochter ihren Vorrang anerkenne, und wenn „wir mit Gottes Hilfe unsere Schwingen regen, dann greifen wir den Feind im Fluge und reißen aus seinem Herzen die Verwegenheit, mit der er sich gegen die Ehre und den Ruhm unserer Reiche erhebt". Diese Stilblüten sind nicht nur Ergüsse des leitenden Staatsmannes unter Konrad, des mehr in der Schreibstube als im Rate der Fürsten und auf dem Schlachtfelde tüchtigen Abtes Wibald von Stablo, sondern entsprachen dem Wesen des Königs selbst. Im Planen weitausgreifender Unternehmungen und in dem Erfassen der weltpolitischen Lage ist Konrad schon ein echter Hohenstaufe. Bei dem Ringen Rogers von Sizilien mit Byzanz um die Vormacht in den christlichen Mittelmeergegenden schloß sich Konrad an die Griechen an und nahm die Verbindung mit den seegewaltigen Städten Venedig und Pisa auf, während sich Roger mit den Welfen und dem König von Frankreich verbündete. Über Pläne und Vorbereitungen ist Konrad, abgesehen von dem unglückseligen Kreuzzug, allerdings nicht hinausgekommen. Es fehlten ihm, was die folgenden Hohenstaufen alle auszeichnet: der harte Wille, die Beharrlichkeit und der Blick für das Erreichbare. Konrads Festhalten an der Idee vom altrömisch-deutschen Kaisertum als dem ersten Reich der Christenheit trug immerhin dazu bei, daß im deutschen Volke wenigstens der Wille zur Weltgeltung nicht erstarb, und Konrad hat damit, daß er die deutschen Fürsten mit solchem Nachdruck auf Friedrich I. als seinen Nachfolger hinwies, noch in letzter Stunde eine bessere Zukunft für das Reich vorbereiten helfen.

Zweites Buch

Das Hochmittelalter

Neubildungen im Gesellschafts- und Wirtschaftsleben. — Die Herrscher des Hochmittelalters: Friedrich I. Heinrich VI. Philipp von Schwaben. Otto IV. Friedrich II. — Die Kultur des Hochmittelalters

Erstes Kapitel

Neubildungen im Gesellschafts- und Wirtschaftsleben

Die Kultur des bäuerlich-aristokratischen Zeitalters hat ihren Höhepunkt mit der Ausdehnung der Grundherrschaft über den weitaus größten Teil des Volkes und der unbedingten Vorherrschaft einer Schicht, der Aristokratie, in Staat und Kirche, Gesellschaft und Wirtschaft erreicht. Eine Umgestaltung dieser Kultur mußte naturnotwendig erfolgen, als neben der bisher einzig herrschenden noch andere Gruppen im staatlichen und gesellschaftlichen Leben Bedeutung gewannen und als neben dem grundherrlichen noch andere Wirtschaftssysteme aufkamen. Die Erforschung der Einzelheiten dieses Vorganges gehört zu den schwierigsten Aufgaben der Geschichtswissenschaft, weil sich diese Entwicklung nicht gradlinig vollzog und das Neue das bisher Bestehende nicht völlig ablöste. In jeder der späteren Bildungen sind die früheren mit enthalten, alte Rechte und Vorrechte werden vielfach nicht abgeschafft, sondern nur abgewandelt, das Neue übernimmt oft die bisherigen Formen, Rückschläge mancherlei Art stellen sich ein, dazu schreiten die einzelnen Bewegungen in den verschiedenen Gegenden in ganz ungleichem Zeitmaße vorwärts. Wenn wir also hier einiges über die Entstehung des niederen Adels, des Bürgertums, der Stadtwirtschaft und von anderem berichten, was an die Stelle der früheren Zustände trat, so möge man immer im Auge behalten, daß nur ein sozusagen vereinfachter Durchschnitt geschildert wird und daß das Alte oft dem Umfange nach viel mehr in Geltung blieb, als es nach der notwendigerweise jeweils das Neue hervorhebenden Darstellung erscheint.

Entstehung des Ministerialadels

Die Aristokratie, von der wir bisher gesprochen haben, deckt sich zwar verfassungsrechtlich nicht mit dem späteren sogenannten Hochadel, setzt sich aber doch im wesentlichen in ihm fort. Soweit er nicht zu landesherrlicher Stellung im Fürstentum hochsteigt, geht von ihm kulturell keine besondere Wirkung mehr aus. Er pflegt einerseits die alten aristokratischen Überlieferungen, andererseits kann sich natürlich auch der Hochadel den Wandlungen der geistigen und seelischen Haltung nicht völlig entziehen, die zum großen Teil gerade dadurch bedingt sind, daß sich zwischen Bauerntum und Aristokratie neue Stände einschieben. Der erste von ihnen, den man später als niederen Adel oder Kleinadel bezeichnete, umfaßt verschiedene Gruppen. In diesem Zusammenhange kommt es jedoch nicht auf die Darlegung davon an, wie sie sich nach ihrer Herkunft und ihren besonderen Rechten voneinander unterscheiden, sondern auf ihre Bedeutung für die politische und kulturgeschichtliche Entwicklung, und in dieser Beziehung kann man sie alle als Einheit betrachten. Immerhin ist unter ihnen eine Gruppe, der Ministerialadel, der für die Standwerdung und für die Ausbildung der Standesgesinnung des niederen Adels besonders ausschlaggebend wurde, weshalb wir auf seine Entstehungsgeschichte etwas näher eingehen, um daran den Entwicklungsgang dieser ständischen Neubildung und seine Einwirkung auf die allgemeine Kulturgestaltung zu zeigen.

Der König, die geistlichen und weltlichen Grundherren und Kronvasallen bedurften bei der Bewirtschaftung ihrer Güter Männer, die den Arbeiten auf den Herrenhöfen vorstanden und darüber zu wachen hatten, daß die Grundholden ihre Abgaben und Arbeitsdienste richtig leisteten. Bereits im „capitulare de villis“ aus der Zeit Karls des Großen war angeordnet, diese „Beamten“ sollten nicht selbst Handarbeiten verrichten, sondern nur ihre Ämter sorgsam verwalten. Ferner war hier bestimmt, daß sie Leute aus einfacheren Verhältnissen, nicht Angehörige vornehmer Geschlechter sein sollten und ihren Herren einen Treueid ablegen mußten. Schon damals erhielten sie zur Entlohnung Landstücke als Lehen zugewiesen. Von der Karolingerzeit an hießen diese Leute „ministeriales“. Aus ihren Reihen wählten sich die Könige und Großgrundherren in erster Linie die Männer, die sie mit Afterlehen und einem eigenen Sitz ausstatteten und zum Wachdienst auf einige Wochen im Jahre auf den herrschaftlichen Burgen und zur Erbauung eigener Burgen auf ihren Lehen, zu Hofdiensten, zu Heerfahrten nah und fern und dergleichen mehr verpflichteten.

Bei der den Menschen des Mittelalters eigentümlichen Neigung und Fähigkeit zu körperschaftlichem Zusammenschluß und dem durch die Naturalwirtschaft bedingten Streben, Lehensbesitz, Ämter und Rechte aller Art in der eigenen Familie weiter zu vererben, für die man nicht durch Pensionen und Kapitalrenten sorgen konnte, wurden die Ministerialen allmählich ein eigener Stand, ein Geburtsstand. Deutliche Ansätze hierzu sind bereits unter Konrad II. zu beobachten, der die Erblichkeit der niederen Lehen durch ein eigenes Gesetz sicherte; Heinrich III. und Heinrich IV. ziehen schon Ministeriale als Berater zur Reichsleitung heran. Die Bestimmung Friedrichs I., Söhne von Priestern, Diakonen und Bauern dürften den Rittergürtel nicht mehr erhalten, trug viel dazu bei, die Ministerialität zu einem bevorzugten Stand im strengen Sinne zu erheben, da gerade die Ritterfähigkeit eine der auszeichnendsten Eigenschaften der Ministerialen geworden war. Standesbildend wirkte sodann besonders die rechtliche Sonderstellung der Ministerialen. Schon in der Salierzeit erhielten sie eine Art Genossenschaftsrecht, das allerdings, zumal ursprünglich, je nach der Zugehörigkeit zum Reiche, zu einem Laienfürsten, zu Grafen und freien Herrn und auch je nach den einzelnen Gegenden und Herrschaften, in deren Dienst die Ministerialen standen, sehr verschieden war. Die Ministerialen der geistlichen Reichsfürsten waren den als Zubehör der Krone betrachteten Reichsdienstmannen gleichgestellt und errangen in manchen Bistümern, z. B. in Hildesheim und Bremen, auch das Recht, bei der Bischofswahl mitzustimmen.

Ihrer Abstammung nach fanden sich Leute der verschiedensten Herkunft unter den Ministerialen: Nachkommen einst unfreier Herrenknechte, Gemeinfreie und Freie höheren Ranges, wie manche schöffenbar Freie Ostfalens, die um wirtschaftlicher Vorteile willen oder um die Standesrechte der Ministerialität zu erlangen, sich dem Könige, einem geistlichen oder weltlichen Großen nach dem Dienstmannenrecht ergaben. Der Geburtsstand des einzelnen wirkte zwar auch dann noch in manchem für ihn und seine Familie nach; für die rechtliche und soziale Stellung war es ferner nicht gleichgültig, ob jemand Reichsministeriale, Ministeriale eines weltlichen Reichsfürsten oder bloß eines freien Herren war, aber bis zu einem gewissen Grade bildeten die Ministerialen doch eine gesellschaftliche Schicht, bestimmt durch „eine besondere Form der herrschaftlichen Abhängigkeit, die den Mann zu unmittelbarem höheren Dienste verpflichtete". Dabei war, ob Waffen- oder Verwaltungsdienst, nicht die Art des Dienstes, sondern der gehobene Herrendienst an sich „das entscheidende Moment, das im Rahmen der Grundherrschaft die Dienstmannenschaft entstehen ließ."

Von der alten Herrenschicht trennte die Dienstmannen die größere persönliche Abhängigkeit und in der Regel viel geringerer Besitz, von der landarbeitenden Bevölkerung die besondere Art des Treuverhältnisses zu einem hohen Herrn und die Zugehörigkeit zur Kriegerkaste. Gerade diese gab schließlich den Ausschlag für die gesellschaftliche Stellung der Ministerialität, gleichviel ob sie im einzelnen Falle auf die Verpflichtung zu militärischen oder beamtenartigen Leistungen zurückging. Denn als Ritter wurde der Ministeriale dem Angehörigen des Hochadels, selbst dem Kaiser in dem gleich, was als höchste Auszeichnung des Mannes galt: Recht und Pflicht zum Waffenwerk. In seiner Ehre als Ritter, vergleichbar der späteren Offiziersehre, stand der mit dem Rittergürtel ausgezeichnete, oder, wie später üblich, zum Ritter geschlagene Ministeriale hinter dem größten und mächtigsten Herrn nicht zurück. War auch der Ministeriale unfreier Herkunft dem Herrn von freiem oder gar aus altaristokratischem Geschlechte nicht ebenbürtig, ritterbürtig war selbst der letzte der Dienstmannen, und das hob sie über das gemeine Volk hinaus, machte sie schließlich adlig.

Wegen besonderer körperlicher, geistiger, charakterlicher Eignung für eine mittlere Befehlsstellung in Haus und Hof oder für das Waffenwerk, gewöhnlich wohl für beides zugleich, waren also von Königen und Großgrundherren dieser und jener freie Mann in Dienst genommen, manch ein höriger Knecht aus der übrigen Schar der „schalke" zu wichtigeren Obliegenheiten in Krieg und Frieden herangezogen worden. Mit der weiteren Ausdehnung des grundherrschaftlichen Systems hatte sich dann die Zahl dieser Leute stark gemehrt, zumal da ihre Nachkommen vielfach in ähnlicher Weise Verwendung fanden; auch ihr Wirkungskreis erweiterte sich immer mehr. Dienende und Gebietende zugleich, bedacht, durch genossenschaftlichen Zusammenschluß eine höhere rechtliche und gesellschaftliche Stellung zu erringen, in gewisser Beziehung selbst edel, adlig zu werden, werden die Ministerialen zu Dynamikern, sie durchbrechen die beharrende Art und Haltung des bäuerlich-aristokratischen Zeitalters und führen ein neues Zeitalter, das ritterliche, herauf.

Die Städte

Ungefähr gleichzeitig mit der Standwerdung der Ministerialität auf dem platten Lande vollzogen sich in den Städten Änderungen, die ebenfalls viel dazu beitrugen, eine Wandlung des Lebensgefühles anzubahnen. Schon im romfreien Innergermanien hat es größere Ortschaften gegeben und in verschiedenen Römerstädten der deutschgewordenen Gebiete hatten sich außer allerlei Mauerwerk auch Reste des städtischen Lebens, etwas Handel und Handwerk erhalten. Ein Städter wurde indes der in oder bei einer alten Römerstadt wohnende Germane und Deutsche noch lange nicht. Auch hier gewann er seinen Lebensunterhalt ganz überwiegend durch Landarbeit, außerdem wurde die Stadt großenteils dem grundherrschaftlichen System eingefügt. Der Herr aller Städte war ursprünglich der König, und seine Grafen walteten in ihnen ihres Amtes. Und wie das Königtum weite Strecken bebauten und unbebauten Landes an die Großen des Reiches vergab und durch Verleihung der Immunität, der Gerichtshoheit und des Rechtes zur Abgabenerhebung, und anderer Privilegien dem unmittelbaren Einfluß und Zugriff der Krongewalt entzog, so geschah es auch mit den Städten, die in die Hand von Bischöfen oder weltlichen Großen kamen.

In der Ursachenreihe, der die mittelalterliche Stadt die Ausbildung ihrer eigentümlichen wirtschaftlichen, gesellschaftlichen und rechtlichen Verhältnisse verdankt, steht das Marktwesen wohl an erster Stelle. Da die Grundherrschaften oft weit entfernt von ihrem Mittelpunkt Güter besaßen — das Kloster St. Denis bei Paris hatte, um nur dies eine Beispiel zu nennen, Besitzungen zu Eßlingen am Neckar — und da die Beförderung von Massengütern, falls sie nicht ausschließlich auf dem Wasserwege erfolgen konnte, mit den größten Schwierigkeiten verbunden war, so veranlaßten namentlich Bischöfe und Klöster an Orten und zu Gelegenheiten, zu denen größere Menschenmengen zusammenströmten, die Abhaltung von Märkten. Sie wurden vielfach als „Messen" bezeichnet, weil sie oft an kirchlichen Festtagen in Verbindung mit Gottesdiensten, Messen, stattfanden. Die regelmäßige Wiederkehr solcher Markttage ließ manche neue städtische Siedlung entstehen und entwickelte in den schon bestehenden größeren Ortschaften bei Bischofssitzen, bei größeren Burganlagen und an Verkehrsmittelpunkten ein reges Leben. Händler nahmen hier in steigendem Maße dauernden Aufenthalt, die Zahl der Handwerker mehrte sich. In den Städten des neunten und zehnten Jahrhunderts wohnten zwar immer noch wenig Menschen, meist einige Hundert, selten nur ein paar Tausend, aber das Zusammenleben von einem halben Tausend Menschen schafft doch schon andere wirtschaftliche Bedingungen als das von kaum hundert in den damaligen Dörfern. Außerdem hatten die Bischöfe mit ihren Klerikern, die Grafen mit ihren Familien und Leuten größere und mannigfachere Bedürfnisse als die Bauern. Schließlich lockte auch die größere Sicherheit in der Stadt Kaufleute und Handwerker zur Niederlassung an, seit die Ummauerung der Stadt allgemein üblich wurde.

Unter den Ottonen waren die meisten bedeutenderen Städte unter die Gewalt von Bischöfen und Reichsäbten gekommen. Sie ernannten für die Ausübung der Gerichtsbarkeit Vögte, Burggrafen; ursprünglich war das Burggrafenamt ein Reichsamt gewesen. Auch sonst bedurften die Stadtherren für die Verwaltung sowohl der ihnen von der Krone übertragenen Gerechtsame, Zollerhebung, Schlagen von Münzen und andere Regalien, wie für ihre Hofhaltung verschiedene Leute in gehobener Stellung. Mit der bischöflichen Kammer waren öfters Gewerbebetriebe verbunden, Kürschnerei, Gerberei, Weberei und dergleichen. Die Vorstände dieser Werkstätten scheinen auch über die sonstigen Handwerker der Stadt eine Art Aufsicht ausgeübt zu haben. Manche dieser Leute, zumal soweit sie zum eigentlichen Stadtregiment verwendet wurden, mußten auch Kriegsdienste zu Roß und in schwerer Rüstung leisten, da ja die Bischöfe einen beträchtlichen Teil des Reichsheeres zu stellen hatten.

Nach all dem waren mancherlei Voraussetzungen für die Ausbildung einer bischöflich **städtischen Ministerialität** gegeben. Sie nahm dem gemeinen Stadtvolke gegenüber in einzelnen Punkten eine ähnliche Stellung ein wie die Ministerialen auf dem platten Lande gegenüber dem Bauerntum. Ebenso spiegeln sich die übrigen Standesverhältnisse, wenn auch mit gewissen Besonderheiten, in der Frühzeit der Städte wider. Besonders in den alten Römerstädten gab es von jeher eine Schicht freier Leute, die je nach ihrer Abstammung, ihrem Besitz, ihren Rechten innerhalb der Stadtgemeinde z. B. als Gerichtsumstand und Schöffen von höherem oder gemeinfreiem Range waren. Aus den gehobenen freien Elementen und (später) in den Stadtverband aufgenommenen Ministerialen setzt sich im Laufe der Zeit das Patriziat und das Honoratiorentum zusammen. Das Patriziat freiadliger und ministerialer Herkunft stand im allgemeinen dem Niederadel des platten Landes gleich, wurde jedoch von ihm, weil es sich mit mancherlei für den adligen Mann nicht so recht geziemenden Geschäften befaßte, oft nicht als ganz vollwertig betrachtet. Die Stellung des Honoratiorentums ist noch wenig erforscht. Es geht wohl auf die alteingesessene freie, begüterte Stadtbevölkerung zurück und hatte mancherlei Rechte in der Stadtverwaltung. Mit dem Patriziat wird es durch gelegentliche Einheirat, auch durch die einen oder anderen gemeinsamen Rechte verbunden; mit der unteren Bevölkerung hat es insofern Berührungspunkte, als von ihr nicht selten reich gewordene Leute zum Honoratiorentum aufstiegen. Außerdem gab es dann noch die einfachen Bürger, die aber ebenfalls alle in dem der Stadt gehörigen Gebiet irgend einen, wenn auch noch so kleinen Grundbesitz haben mußten, denn das Bürgerrecht ist an ihn geknüpft. Wer in dem städtischen Bereich keinerlei Grund und Boden hat, ist nicht Bürger, sondern nur Einwohner. Die Stadt als eigenes Gemeinwesen erstreckt sich so weit, wie ihr Weichbild, das Stadtrecht, Geltung hat.

In den Städten saßen außer den eigentlichen Bürgern noch verschiedene Leute mannigfacher Herkunft. Schon die mittelalterliche Stadt war jederzeit auf Zuzug vom platten Lande angewiesen. Wohl waren die städtischen Familien oft sehr kinderreich, aber die große Kindersterblichkeit infolge der schlimmen gesundheitlichen Zustände wies die Städte immer wieder auf Ergänzung von außen her an. In der Frühzeit, unter den ottonischen und salischen Kaisern, machte sich dieser Ausfall vielleicht noch weniger geltend, dafür mußte da erst ein größerer Stamm arbeitender Leute in der Stadt angesiedelt werden. Den Bischöfen bot das Asylrecht Gelegenheit, Verfolgte in den Frieden ihrer Kirche und Stadt aufzunehmen, und vom Landvolk drängten Leute der verschiedensten Abhängigkeitsgrade in die Stadt. Blieb ein Höriger Jahr und Tag in einem Ort mit Marktrecht, ohne daß sein Herr Widerspruch dagegen erhob, so verlor der Herr seine Rechte über den bisher Unfreien. Oft wurde auch vom Grundherrn gegen Loskauf oder in späterer Zeit gegen einen regelmäßigen Leibzins die Erlaubnis zur Übersiedlung in eine Stadt erteilt. Wenn nun auch Zugezogene, falls sie nicht Grund und Boden in der Stadt erwerben konnten, nicht Bürger im eigentlichen Sinne waren, so verknechtete doch die Zinsleistung an den Besitzer des städtischen Bodens, auf dem der Zugezogene sich ansiedelte, nicht wie die Zugehörigkeit zu einem Herrenhofe. Daher der Satz „Stadtluft macht frei!". Er galt auch insofern, als bei gleicher Berufsart der ursprünglich Unfreie, wenigstens in der unteren Schicht, dieselbe soziale Stellung errang wie der von jeher Freie, und der Aufstieg auch aus niederen Verhältnissen in das Honoratiorentum und Patriziat innerhalb einiger Generationen unter Umständen möglich war. Besonders um ihre Wehrkraft zu erhöhen, aber auch aus anderen Gründen verliehen die Städte das Bürgerrecht oft an Auswärtige. Ihre bisherigen Herren nannten solche „Ausbürger" Falschbürger, bal- oder palburger, in der Volkssprache zu Pfahlbürger umgewandelt. Da sich diese Ausbürger ihren Verpflichtungen gegenüber ihren früheren Herren entzogen, bekämpften die Fürsten die Einrichtung des Ausbürgertums und veranlaßten die Könige immer wieder, dagegen durch Reichsgesetze einzuschreiten. Es wurden deshalb von Rechts wegen im allgemeinen nur nicht abgabepflichtige Ausbürger ritterlichen oder geistlichen Standes anerkannt.

Von der Zeit an, da durch Aufrichtung eines Kreuzes, gelegentlich mit daran gehängtem Handschuh oder Schwert als Zeichen des Königsbannes, irgend ein Ort für wenige Tage unter den Königsfrieden für die Kaufmannschaft gestellt wurde, bis zur vollen Ausbildung der städtischen Freiheit und eines eigenen Stadtrechtes war es zu mancherlei Auseinandersetzungen und Kämpfen der Bürger mit den Stadtherren, meistens kirchlichen Großen, gekommen. Denn so sehr diese ein Aufblühen ihrer Städte wünschten, und soviel sie dafür taten, so wenig waren sie natürlich mit deren Selbständigkeitsbestrebungen einverstanden. Sie entsprangen sowohl den besonderen städtischen Verhältnissen wie derselben sozialen Bewegung, die den Ministerialen auf dem platten Lande seinem Herrn gegenüber selbständiger machte und ihm eine adelsähnliche Stellung verlieh. Es handelte sich dabei nicht um eine bürgerliche Bewegung in unserem Sinne, geschweige denn um eine proletarische, sondern um die des Patriziates und mitunter des Honoratiorentums. Die Gruppen, welche eine gehobene rechtliche und soziale Stellung in der Stadt einnahmen, suchten den bisherigen Stadtherren das Regiment zu entreißen und an sich zu bringen, dachten aber nicht daran, die unteren Schichten an ihm teilnehmen zu lassen. In vielen Fällen erreichte das Patriziat sein Kampfziel und hatte dann in gewisser Beziehung mehr gewonnen als die Ministerialität auf dem Lande, die trotz mancher Sonderrechte in einem Lehens- und Abhängigkeitsverhältnis zu ihren Herren blieb.

Wie die Reichsministerialen ihre bevorzugte Stellung großenteils dem Kampfe des Königtums mit den Kronvasallen und dem Papsttum verdanken, so auch das städtische Patriziat. Um an ihm während des Investiturstreites gegen die Stadtherren, die Bischöfe, eine Hilfe zu haben, begannen die Kaiser die Städte in ihrem Kampf um die Selbständigkeit zu unterstützen. Nachdem die Wormser im Jahr 1073 ihren Bischof verjagt hatten, verlieh ihnen Heinrich IV. Privilegien, die die Grundlage für die städtische Freiheit bildeten. Hier wie in den nun bald folgenden weiteren Auseinandersetzungen zwischen den Bischöfen und ihren Städten ging übrigens die Initiative nicht vom Königtum aus, sondern von den führenden städtischen Geschlechtern. Für die Könige und Kaiser waren diese Gegensätze in erster Linie ein Mittel mehr, zu ihren eigenen Gunsten die Gleichgewichtslage der verschiedenen Kräfte und Gewalten zu erhalten, und so begünstigten sie je nach der augenblicklichen politischen Lage bald die Stadtherren, bald die Städte. Immerhin neigten die Kaiser im großen ganzen wohl mehr den Städten zu und übertrugen oder ließen ihnen gelegentlich manche der Regalien, in deren Genuß die Bischöfe als Stadtherren gewesen waren.

Alles in allem wurde der städtische Freiheitskampf von den Bürgern selbst, das heißt den führenden Geschlechtern ausgetragen. Wenn natürlich auch jeweils die Erfolge und Mißerfolge des Bürgertums an einem Orte einigen Einfluß auf die Gesamtentwicklung hatten, so stand doch im wesentlichen jede Stadt, in der es zu solch einem Ringen kam, für sich allein. Darum erreichten auch nicht alle Städte denselben Grad von Freiheit. Manchen, wie etwa Worms, Speier, Straßburg, Basel gelang es, das bischöfliche Regiment vollständig abzuschütteln. Sie wurden Reichsstädte, die nur noch dem König unterstanden. Außer der Erhebung von mancherlei Abgaben mischte er sich wenig in ihre innere Verwaltung ein, andere Städte trotzten ihren Herren nur einzelne Rechte ab und blieben den von der grundherrlichen zur landesherrlichen Gewalt fortgeschrittenen partikularen Mächten untertan. Aber auch diese „Landstädte" durften manche ihrer Gemeindeangelegenheiten mehr oder minder selbständig verwalten, wie überhaupt die Fürsten die von ihnen gegründeten und die ihnen verbliebenen „guten" Städte weitgehend förderten, so namentlich im nördlichen und östlichen Kolonialgebiet.

Das Entstehen der mittelalterlichen Stadt mit der ihr eigentümlichen auf Ort und Personen sich erstreckenden Rechtsstellung innerhalb des Reiches und der Länder und ihrer besonderen wirtschaftlichen Funktion (vgl. S. 216ff.) hat die Gestaltung des deutschen Wesens ungemein stark und nachhaltig beeinflußt. Während die Germanen und ursprünglich auch noch die Deutschen der Stadt im allgemeinen ablehnend, mißtrauisch oder zum mindesten gleichgültig gegenüberstanden, galt sie nun Abertausenden als das Ziel ihrer Sehnsucht. In weit höherem Maße als das platte Land bot die Stadt mannigfache Möglichkeit zu wirtschaftlichem und sozialem Aufstieg. Die Anziehungskraft der Stadt ist schon aus dem steten Anwachsen der Zahl der Städte zu erkennen: um das Jahr 900 waren es in Deutschland etwa vierzig, um 1200 an die zweihundertfünfzig, im dreizehnten Jahrhundert wurden etwa achthundert Städte gegründet, und bis gegen Ende des Mittelalters haben an die dreitausend Orte Stadtrecht erhalten. Im Süden und Westen Deutschlands kam auf je vier bis fünf Wegstunden, im Norden und Osten auf sieben bis acht eine Stadt. Im Rahmen des grundherrlichen Systems und durch die Notwendigkeit zu roden hatten die unteren Schichten ausdauerndes Arbeiten gelernt, in der Stadt wurden nun die Arbeitsfähigkeit und die Arbeitslust vielseitiger und mehr dem Fortschritt zugewandt. Allerdings stellten sich auch hier, wie etwa beim Zunftwesen, von Zeit zu Zeit Versteifungen ein, aber die Stadt drängte doch immer wieder auf eine Umformung des privaten und öffentlichen Lebens hin. Der Mittel- und Schwerpunkt der Kulturgestaltung und Kulturentfaltung verlegte sich mehr und mehr in die Stadt, selbst vieles von der ländlich-bäuerlichen Kultur erweist sich bei genauerem Nachforschen als Niederschlag der städtischen, oft freilich einer längst entschwundenen und bäuerlich umgewandelten. Für den mittelalterlichen Standesdünkel ist es ungemein bezeichnend, daß der Dörfler, der „törpel", zunächst im Munde des dichtenden Ritters zum Tölpel und dann im

a

b

Deutsche Herrschergestalten

a. Kaiserbild des bäuerlich=aristokratischen Zeitalters. Gemalt in Reichenau; jetzt Staatsbibliothek München — b. Herrscherbild des ritterlich=staufischen Zeitalters: Bamberger Reiter. Siehe Text S. 177

a

b

Deutsche Herrschergestalten

a. Deutscher König nach dem Interregnum: Rudolf von Habsburg. Speirer Dom. Siehe Text S. 243, 312 — b. Kaiser am Ende des Mittelalters: Grabmal Friedrichs III. im Wiener Stephansdom, von Nikolaus von Leyen, 1470—1480. Siehe Text S. 243, 245, 377 späteren Mittelalter „bäurisch" für den Städter zum Inbegriff des Rohen und Gemeinen wurde (vgl. S. 232).

Das Fürstentum

Infolge der Fehden während des Investiturstreites sind viele aristokratische Geschlechter im Mannesstamm ausgestorben, nicht wenige wohl auch durch den Eintritt zahlreicher Mitglieder der uradligen Geschlechter in die Reformklöster, andere alte, einst mächtige Sippen sanken zur Bedeutungslosigkeit herab. Jene aristokratischen Familien aber, die über die ihnen einst gleichgestellten das Übergewicht gewonnen hatten, stiegen nun wie die meisten Bischöfe großenteils zu fürstlicher Stellung auf. Die fortschreitende Feudalisierung trug dazu ebenso bei wie die Auswirkung des Investiturstreites, indem namentlich die Herzöge und Markgrafen aus ursprünglich absetzbaren Beamten zu erblichen Kronlehensträgern wurden, gewannen sie dem König gegenüber mehr und mehr an Selbständigkeit. Sie wurde noch gesteigert durch das Zurücktreten des Erb- zugunsten des Wahlprinzips und durch die Vorgänge bei der Aufstellung eines Gegenkönigs im Jahre 1077, bei der Wahl Lothars von Supplinburg 1125 und Konrads III. 1138. Daß Heinrich IV. im Investiturstreit und Konrad III. im Kampfe gegen die Welfen gezwungen waren, durch besondere Gunsterweise möglichst viele Große für sich zu gewinnen, hob deren Ansehen und reizte sie zu immer weiter ausgreifenden Machtansprüchen. Seit dem Investiturstreit erschienen die Bischöfe nicht mehr in dem Maße wie früher als Organe des Königtums, und durch die Beschränkung der Investitur auf die Belehnung mit den weltlichen Gütern, nicht mehr auch mit dem Bischofsamte, wurden die Kirchenfürsten noch stärker in den Feudalisierungsprozeß einbezogen. Der geistliche Kronlehensträger betrachtete sich nun erst recht als Hüter der mit seinem Sprengel verbundenen Besitzungen und Rechte. Jede Minderung, auch durch den König, galt als Raub an Gott und dem Heiligen, dem das Bistum geweiht war, die Mehrung gewissermaßen als religiöse Pflicht, wozu noch der persönliche Machthunger der fast ausschließlich aus aristokratischen Geschlechtern stammenden großen Kirchenherren trat. Bei ihnen findet sich zuerst jenes fürstliche Hochgefühl, das zwar den Kaiser und König als Lehensherrn anerkennt, sich aber zugleich mehr und mehr als gottgesetzte Obrigkeit mit und neben dem König und Kaiser betrachtet. „Maiestas nostra", unsere Majestät, nennt sich z. B. der Bischof Friedrich von Bremen in einer Urkunde aus dem Todesjahre Kaiser Heinrichs IV., nachdem der Investiturstreit den Großen des Reiches eine solche Macht in die Hand gespielt hatte, daß sich ihr Herr, der Kaiser, nur zu oft gezwungen sah, mit ihnen wie mit Gleichgestellten zu verhandeln.

Ein halbes Jahrhundert nach dem Tode Heinrichs IV., im Jahre 1156, erhob Friedrich I. seinen Oheim Heinrich Jasomirgott bei der Übertragung der Ostmark als Herzogtum Österreich zu einem wirklichen Fürsten, zum Landesherrn im eigentlichen Sinne. Alle Immunitäten, die den geistlichen und weltlichen Herren verliehenen königlichen Rechte, besonders die Gerichtshoheit, wurden in dem neuen Herzogtum aufgehoben und dem Herzog selbst übertragen, er sollte sein Land auch in weiblicher Linie forterben können. Im Jahre 1168 wurden die rechtlichen Befugnisse des Bischofs von Würzburg für seinen Sprengel und das Herzogtum Franken, im Jahre 1180 die des Erzbistums Köln für das Herzogtum Westfalen so erweitert, daß auch diese beiden Kirchenfürsten eine Art landesherrlicher Stellung einnahmen. Um das Jahr 1180 war diese Entwicklung überhaupt so weit fortgeschritten, daß man von da ab von einem neuen Reichsfürstenstand sprechen kann. Ihm gehören die Reichsbischöfe und Reichsäbte, die Herzöge und Markgrafen an. Die meisten Grafen gelten nun nicht mehr als Fürsten. Nicht das Amt als solches ist jetzt für die Zugehörigkeit zum Reichsfürstenstand ausschlaggebend, sondern die unmittelbare Belehnung durch den König: der Feudalismus hat den Amtscharakter des Reichsbistums, des Herzogtums und der Markgrafschaft verdrängt. Da der König bei der Belehnung mit den großen Kronlehen weitgehend an die Erbfolge gebunden war, auch die solchen Lehen oder ihren Trägern einmal verliehenen Rechte in der Regel nicht mehr zurücknehmen konnte, da ferner die Kronlehensträger mit minderen Rechten die höheren Rechte der bevorzugten Standesgenossen anstrebten, machte die Feudalisierung trotz der scheinbaren engen persönlichen Beziehungen des Kronlehensträgers zur Krone die Fürsten in steigendem Maße vom König unabhängig und stellte sie als Reichsfürstenstand neben ihn.

Auflösung der Fronhofverfassung. Zunahme der Geldwirtschaft

Die Fronhofverfassung, die Betriebsform des grundherrlichen Wirtschaftssystems, zerfiel seit dem Aufsteigen der Ministerialität und dem wachsenden Einfluß der Städte im Wirtschaftsleben. In vielen Fällen waren die Verwalter der Fronhöfe Ministerialen geworden, und ihre Herren hatten ihnen gern und ungern Land und Leute zu Lehen gegeben. Um auf diese Weise nicht noch mehr von ihrem Besitz in die Hände der Dienstmannen kommen zu lassen, gingen die Grundherrschaften dazu über, in größerem Ausmaße als bisher einzelne Äcker und ganze Höfe auf eine bestimmte Zeit zu verpachten. Die Inhaber dieser Pachthöfe hießen nun ebenfalls Meier, die von den Meiern alter Ordnung, den vielfach zu Ministerialen und Lehensträgern gewordenen früheren Fronhofverwaltern, zu unterscheiden sind und im wesentlichen Bauern blieben und regelmäßige Abgaben zu leisten hatten. Zu den verpachteten Herrschaftshöfen gehörte meist mehr Land als zu den gewöhnlichen Bauernstellen, oft auch mancherlei vom ehemaligen Herrenhof überkommene Rechte; in vielen Gegenden wurde auch aus der Zeitpacht eine Erbpacht. Übrigens gab es auch später noch zahlreiche herrschaftliche Güter in Eigenbewirtschaftung, auf denen die Grundholden fronen und an die sie einen Teil ihrer Erträgnisse abliefern mußten, aber das alte Fronhofsystem war nun doch stark durchbrochen und die Gesamtentwicklung bewegte sich in anderer Richtung.

Die Grundherren widerstrebten dieser Umwandlung um so weniger, als durch die Städte — in Deutschland seit dem 13. Jahrhundert, in Italien schon erheblich früher — neben der Natural- die Geldwirtschaft steigende Bedeutung gewann. Schon immer hatten die Grundherren aus den Landstücken, die sie Hörigen oder sonstwie abhängigen Leuten überlassen hatten, größere Überschüsse als aus den Gütern in Eigenbetrieb erzielt. Als nun in den Städten die Nachfrage nach landwirtschaftlichen Erzeugnissen wuchs und dafür Bargeld bezahlt wurde, konnte den Grund- und Leibherren nichts angenehmer sein, als wenn sie sich um die Produktion möglichst wenig zu kümmern hatten und ihnen ihre Leute die Abgaben in marktgängigem Zustande oder noch besser einen Teil des Markterlöses abliefern mußten.

Gegen Ende der Hohenstaufenzeit sind die Grundlagen des bäuerlich-aristokratischen Zeitalters entweder verschwunden oder stark verschoben. Die Auffassung von der hausherrlichen Gewalt des Königtums ist der lehensrechtlichen gewichen. Neben der Grundherrschaft bestimmt nun die Landesherrschaft das Untertanenverhältnis des gemeinen Volkes, der Landesherr wird als Gerichtsherr politisch und durch das Recht der Abgabenerhebung teilweise auch wirtschaftlich mehr und mehr der Herr der in seinem Gebiete Wohnenden. Durch die Pachtleihe und die Umwandlung der Arbeits- in Geldleistung büßt auch sonst die Grundherrschaft viel von ihren bisherigen politischen und wirtschaftlichen Funktionen ein, wenn sie auch nicht ganz aufgehoben sind. Die Gliederung des gesellschaftlichen Aufbaues im Reichsganzen und in der Stadt wie auf dem Lande, wenn auch im Lauf der Zeit erst recht wieder geburts- und berufsständisch gebunden, wird vielgestaltiger und damit auch die materielle und geistige Kultur.

Von den drei Standesgruppen: dem Rittertum, das den ganzen Adel, den hohen und niederen, umfaßt und seine stärksten Antriebe von der Ministerialität erhält, dem Bürgertum und Fürstentum, gibt die erste dem Hochmittelalter das eigentümliche Gepräge, macht das Hochmittelalter zum ritterlichen Zeitalter im Tun und Denken, während die zweite und dritte Gruppe im Hochmittelalter aus den vorbereitenden Verhältnissen zwar schon zu einem schärfer umrissenen Eigensein fortschreiten, aber doch erst im späteren Mittelalter den deutschen Lebensrhythmus bestimmen. Wenigstens ein knapper Überblick über die seit dem Investiturstreit sich beschleunigt um- und neubildenden Gesellschafts- und Wirtschaftsformen war der Geschichte des staufischen Kaisertums vorauszuschicken, denn unerläßlich zum Verständnis von Richtung, Erfolg und Grenzen der staufischen Politik ist das Erkennen ihrer Kraftquellen: des Rittertums und des aufsteigenden Städtetums, und der Widerstände, die ihr die bereits stark entwickelte Eigenstellung der Großen bot. Der Kultur des Hochmittelalters selbst aber wenden wir uns erst nach den Taten der großen Stauferkaiser zu. So hoch die Leistung Frankreichs und die Kreuzzüge für die Entstehung und Ausbildung der ritterlichen Kultur zu bewerten sind, hat das hohenstaufische Kaisertum, indem es sein gewaltiges Imperium auf die Waffenkraft des Rittertums aufbaute, haben die kühnen Waffentaten der staufischen Ritterschaft doch erst so recht den ritterlichen Geist erweckt und zu dem des Hochmittelalters werden lassen, der noch über den Sturz der staufischen Macht hinaus der Dichtung, Kunst und Wissenschaft, dem ganzen deutschen Leben in Stadt und Land, in der Klosterzelle wie auf der Burg das hochgemute ritterliche Wesen verliehen.

Zweites Kapitel

Die Kaiser und Könige des Hochmittelalters

Kaiser Friedrich I. Barbarossa
1152—1190

Wahl und Art Friedrichs I.

Die von einem Franzosen in den Jahren 1161—1163 verfaßte „Papstgeschichte" gibt einen anschaulichen Bericht, wie es gegen Ende der Regierung Konrads III. zwei Kardinäle als Legaten des römischen Stuhles in Deutschland trieben. Sie hatten vom Papste strengste Anweisung erhalten, in ihrem Aufwand Maß zu halten, bei der Erhebung von Abgaben äußerst behutsam zu Werke zu gehen und in Streitsachen gerecht und mit gegenseitiger Übereinstimmung zu entscheiden. Aber die zwei „waren in allem uneins und machten so die römische Kirche zum Gespött. Stritten zwei Parteien, dann suchte jeder Legat eine andere auf, und wen der eine freisprach, den verurteilte der andere. Sie verkehrten die Unschuld und kehrten den Deutschen den Geldbeutel um, sie preßten die Menschen und erpreßten Geld. Sie beuteten die Kirchen aus, wie man die Bienenstöcke zur Gewinnung von Honig auszubeuteln pflegt". Als die Legaten abberufen wurden, unterschlugen sie erst das päpstliche Schreiben, und als sie schließlich doch nach Rom zurückkehren mußten, „hinterließen sie in jenem Lande Haß und Verachtung gegen die römische Kirche". Solches Gebaren römischer Sendboten war keineswegs eine Ausnahme, es ist auch nicht anzunehmen, daß der Papst gerade die Ungeeignetsten zu den Deutschen schickte, die man angeblich „noch vorsichtiger als den König von Sizilien behandeln mußte." Dazu hatte man, als Papst Eugen III. während Konrads III. Kreuzzug zu Trier Hof hielt, die Kurie aus nächster Nähe kennen gelernt, was auf Jahre hinaus ernüchternd wirkte. Die Deutschen waren also mißtrauisch gegen Rom und die hochkirchliche Partei geworden, nachdem sie sich davon überzeugt hatten, daß die Diener der gregorianisch reformierten Kirche nicht gerade viel besser als andere Menschen waren, und daß ein schwacher „Pfaffenkönig" das größte Unheil für das Reich, Machtlosigkeit nach außen und unaufhörlichen Krieg im Innern bedeute. Darum gelang es auch dem Erzbischof Heinrich von Mainz nicht, die Wahl des Schwabenherzogs zu verhindern, und darum konnte auch dessen Regierung von vorneherein einen anderen Charakter als zur Zeit seiner beiden Vorgänger tragen. Die Übergangszeit nach dem Investiturstreit und die Herrschaft des unter hochkirchlichem Einfluß stehenden Königtums waren nun vorüber.

Die Wahl des Schwabenherzogs Friedrich zum deutschen König fand am 4. März 1152 zu Frankfurt, die Krönung am 9. März in Aachen statt. Der bedeutendste Geschichtschreiber dieser Zeit, Bischof Otto von Freising, der als Sohn der Tochter Kaiser Heinrichs IV. aus ihrer zweiten Ehe mit dem Markgrafen Liutpold III. von Österreich, dem Hause der Hohenstaufen persönlich nahe stand, hebt bei seinem Bericht über Friedrichs Wahl ausdrücklich hervor, die hohe Würde des Kaisertums schließe das besondere Vorrecht in sich, daß die Könige nicht nach der Erbfolge des Blutes zur Regierung kämen, sondern durch die Fürsten erkoren würden. Aber Otto betrachtete ebenso wie die damalige allgemeine Meinung das Geschlecht der Salier mit dem der Hohenstaufen als genealogische Einheit, weil die Kaisertochter Agnes ihrem ersten Manne, Friedrich von Büren, das salische Erbe zugebracht hatte, und durch ihre Heirat mit ihm die Stammutter aller folgenden Staufen wurde (vgl. S. 45). So bedeutete es doch auch eine Stärkung des Erbgedankens, daß mit der einzigen Unterbrechung durch Lothar die Hohenstaufen nach den Saliern auf den Thron kamen, obwohl bei der Wahl Konrads III. und nun Friedrichs I. deren Verwandtschaft mit den letzten Saliern keine ausschlaggebende Rolle spielte.

Wie zuvor bei den Saliern, so gingen nun bei den Hohenstaufen aus einem Geschlechte vier den Durchschnitt ihrer Zeitgenossen an Begabung weit überragende Herrscherpersönlichkeiten hervor. Und wie bei den Saliern, so ist auch bei den Hohenstaufen schon rein äußerlich die von der väterlichen Seite her bestimmte Familienähnlichkeit unverkennbar. Während aber die Salier mit ihrem riesigen Wuchs einem Typ gleich dem der Heerkönige der späteren Völkerwanderungszeit angehören, sind die Hohenstaufen bei auffallendem Ebenmaß der Glieder von mittlerer Größe, nur Friedrich I. war etwas größer. Gleichviel welcher König dieser Epoche der berühmte Reiter im Bamberger Dom nun eigentlich sein soll (vgl. S. 191), jedenfalls dürfen wir uns die Hohenstaufen im allgemeinen wie diesen vollendeten Ritter vorstellen. In ihrem inneren Wesen kamen dem Ritterideal Kaiser Friedrich I. und sein Sohn Philipp am nächsten. Beide verkörpern die „mâze", jenes Ebenmaß von körperlicher, geistiger und seelischer Ausgeglichenheit, das durch die Pflege aller Kräfte und edlen Eigenschaften erreicht wird und in mancher Beziehung an die Kalokagathie der griechischen Aristokratie erinnert. Tritt bei den Ottonen die germanische Unrast der Völkerwanderungszeit noch stark hervor, lassen sich die Salier mit Ausnahme Heinrichs V. gelegentlich noch von augenblicklichen Gemütswallungen ganz und gar überwältigen, so verlieren die Hohenstaufen dank ihrer ritterlichen „Zucht" die innere Ruhe und die Selbstbeherrschung kaum je. Sie sind bereits deutsche Menschen, geformt auf der alten germanischen Grundlage durch das christliche Ethos und durch die bei Barbarossas Wahl schon zwei Jahrhunderte währende deutsche Herrscherstellung im Abendlande mit ihren Anforderungen an die führende Schicht.

Wie die Begründer der großen Dynastien vor ihm: Pippin, Heinrich I., Konrad II., war auch Kaiser Friedrich I. ohne wissenschaftliche Erziehung aufgewachsen. Aber die weltliche, die „höfische" Bildung hatte seit Konrad II. bedeutende Fortschritte gemacht. Friedrich hatte sie sich in hohem Grade angeeignet. Der Barbarossa pflegte nicht nur sein rötlich-blondes, etwas krauses Haar und seinen Vollbart nach der Mode und übte alle ritterlichen Tugenden in der für den Herrscher geziemenden Weise: Tapferkeit und Milde, Gerechtigkeit und Güte, Mannszucht und Liebenswürdigkeit und die „staete", den Gleichmut in Glück und Unglück, sondern er nahm auch regen Anteil an dem aufblühenden deutschen Geistesleben weltlich-ritterlicher Art. Dazu hatte Friedrich, bei seiner Wahl an die dreißig Jahre alt, während der kampferfüllten Regierung seines Oheims reichlich Gelegenheit gehabt, seine hervorragenden kriegerischen und politischen Fähigkeiten auszubilden.

Die Befriedung Deutschlands

Die Voraussetzung für die Befriedung des durch die unaufhörlichen und zahllosen Fehden zerrütteten Deutschland war ein Ausgleich zwischen den Hohenstaufen und Welfen. Die Fürsten hatten Friedrich nicht zuletzt deshalb gewählt, weil sie von ihm die Aussöhnung der beiden Geschlechter erwarteten. Seine Mutter Judith war eine Schwester Welfs VI., und Friedrich hatte mit ihm schon früher gegen Konrads Willen Fühlung genommen. Friedrich belehnte nun Welf mit der Markgrafschaft Tuscien und dem Herzogtum Spoleto und trat dafür ein, daß Heinrich der Löwe das Herzogtum Baiern erhalten sollte, doch kam es hierüber zunächst nur zu einer vorläufigen Regelung. Immerhin waren die Welfen einstweilen zufriedengestellt, zumal da Heinrich dem Löwen volle Freiheit in der Besetzung der Bistümer im Slavenlande gelassen wurde. Einen Zwist im eigenen Hause vermied der König dadurch, daß er Konrads Sohn Friedrich das Herzogtum Schwaben überließ, das aber bei dessen Unmündigkeit doch in der Hand Friedrichs verblieb. Mit Herzog Berthold IV. von Zähringen, dem „Rektor" von Burgund, wurden nähere Vereinbarungen über dessen und des Königs Rechte in Burgund getroffen.

Die starke Betonung des Rechtsstandpunktes und die geflissentliche Heranziehung auch der weltlichen Fürsten, des Fürstenrates, sind mit die auffallendsten Züge der Politik Friedrichs. Er hielt sich an den Grundsatz, daß, was seine Vorgänger von ihren Rechten aufgegeben hatten, den Fürsten bleiben solle, alles übrige aber von der Krone festzuhalten und, was ihr widerrechtlich entrissen, ihr zurückzugewinnen sei. Da nun die geistlichen und weltlichen Gewalten von den Kronrechten sehr vieles widerrechtlich an sich gebracht hatten, bot die Anwendung dieses Grundsatzes dem Herrscher eine vorzügliche Handhabe, die Macht des Königtums wieder zu stärken. Barbarossa kamen bei diesem Vorgehen seine Gewandtheit, die verbindliche Art, Verhandlungen zu führen und seine Bereitwilligkeit, unter Umständen auch nachzugeben, ebenso die zur juristischen Regelung des öffentlichen Lebens hinneigende Zeitströmung sehr zu statten, lebte doch eben jetzt in Italien die Rechtswissenschaft nach Jahrhunderten des Verfalls wieder auf. Die Fürsten aber, die den Rechtsstandpunkt als solchen nicht ablehnen konnten und auf den Reichstagen Gelegenheit hatten, ihre Meinung offen zur Geltung zu bringen, leisteten bei der überlegenen Führung der Staatsgeschäfte durch Barbarossa seinen Bestrebungen nur wenig Widerstand.

Die salische Kirchenpolitik setzte Friedrich fort, soweit es nur die veränderten Verhältnisse zuließen. Seine maßgebenden Helfer waren hohe kirchliche Würdenträger. Am religiösen und kirchlichen Leben nahm er regen Anteil. „Er pflegt vor Tagesanbruch entweder allein oder mit ganz kleinem Gefolge die Kirchen und seine (zum Gottesdienst) versammelten Kleriker aufzusuchen und ehrt sie mit solchem Eifer, daß er allen Italienern das beste Beispiel gibt, wie man den Bischöfen und Klerikern voll Ehrerbietung zu begegnen hat. Er schätzt den Gottesdienst so hoch, daß er zu jeder Stunde, da vor Gott der Chorgesang verrichtet wird, Stillschweigen hält, und niemand wagt es da, sich ihm in irgendwelchen Geschäften zu nahen. Nach Beendigung seines Gebetes, der Messe, und nachdem er sich mit den heiligen Reliquien hat bekreuzen lassen, widmet er den Rest des Vormittags den Regierungsgeschäften."

Die Laisierung der Kultur bedeutet zunächst und vor allem im öffentlichen Leben keineswegs einen Gegensatz zu der bisherigen Entwicklung, sondern nur die Entstehung von etwas Neuem: die Beschäftigung des Adels mit Kunst und Literatur in der Landessprache und der überwiegend weltliche Inhalt der von ihm verfaßten Dichtungen (vgl. S. 181ff.). Nicht weil er dem Klerus weniger zugetan war als die früheren Kaiser, hat Friedrich I. von vornherein auf die Laienfürsten so sehr Rücksicht genommen, sondern weil er sich nicht mit einem langwierigen Kampf gegen die von ihnen während des Investiturstreites errungene Stellung belasten wollte, und weil er ihrer zu Beginn seiner Regierung als Gegengewicht gegen die geistlichen Fürsten bedurfte. Durch seine maßvolle, den Umständen klug angepaßte Politik erreichte Friedrich in etwa zwei Jahren die Befriedung Deutschlands und brachte den Episkopat in seine Gewalt. Die Vergebung der Regalien an die geistlichen Fürsten durch die Hand des Königs ließ bei fortschreitender Ausbildung des Lehensrechtes sie immer mehr als Kronvasallen erscheinen. Unter der kraftvollen Herrschaft Barbarossas und später seines Sohnes dienten die geistlichen Fürsten dem Kaiser wieder wie einst, wenn auch auf veränderter Grundlage. Erst als nach dem Tode Heinrichs VI. die einzelnen

Fürsten zuerkannten Vorrechte mehr und mehr Rechte des ganzen Fürstenstandes wurden und schließlich die von den Domkapiteln gewählten Bischöfe ähnlich wie die erbberechtigten Kronvasallen Anspruch auf die Belehnung hatten, verlor das deutsche Königtum jeglichen Rückhalt am Episkopat.

Erste Verhandlungen mit der Kurie

Friedrich hatte bei seiner Wahl zwar nicht bei dem Papste um Bestätigung nachgesucht, aber ihm doch einen Bericht über Wahl und Krönung gesandt, da es „dem Vater des Vaterlandes gezieme, die ehrwürdigen Gebräuche der früheren Könige mit zähem Eifer zu beobachten." Er versicherte in diesem Schreiben dem Papste auch seine Ergebenheit und seine Bereitwilligkeit, eine Romfahrt zu unternehmen: „Da es vornehmlich zwei Gewalten sind, welche diese Welt lenken, die heilige Autorität der Päpste und die königliche Macht, so erklären wir uns bereit, unseren Nacken demütig unter den Gehorsam aller Priester Christi zu beugen, damit Gottes Huld Sein Wort zur Zeit unserer Herrschaft ungehemmt durch die Lande eilen lasse, und es niemand wage, ohne sich der schwersten Strafe auszusetzen, die Vorschriften der Väter und die auf den hochheiligen Konzilien erlassenen Gesetze zu verletzen. So möge denn durch unseren rastlosen Eifer die katholische Kirche die Vorrechte ihrer Würde und Ehre genießen und dem erhabenen römischen Reiche mit Gottes Hilfe seine alte Kraft und sein Vorrang wiedergegeben werden ... Was Konrad für die Freiheit und Ehre des apostolischen Stuhles geplant und vorbereitet hatte, das auszuführen werden wir uns standhaft bemühen." Am Tage nach der Krönung hatten die Bischöfe den König aufgefordert, die Romfahrt sofort zu unternehmen, doch war Friedrich dem Rate der Laienfürsten gefolgt, erst in Deutschland Ruhe und Ordnung zu schaffen. Die Verhandlungen mit Rom und auch mit Konstantinopel gingen in der bereits von Konrad eingeleiteten Weise fort. In einem zwischen Friedrich und dem päpstlichen Gesandten zu Konstanz am 23. März 1153 abgeschlossenen Vertrag wurde bestimmt, der Papst werde den König zum Kaiser krönen, gegen alle seine Feinde mit den kirchlichen Strafmitteln vorgehen und nicht zugeben, daß die Griechen in Italien wieder festen Fuß fassen. Der König verpflichtete sich, dem Papst wider alle seine Gegner Beistand zu leisten, mit den Römern und mit Roger von Sizilien ohne Genehmigung der Kurie keinen Frieden oder auch nur Waffenstillstand zu schließen und sich gegen die Griechen genau so wie der Papst zu verhalten.

Die Hilfsbedürftigkeit der Kurie und die bestimmte Zusage Friedrichs, so bald als möglich nach Italien zu kommen, haben wesentlich dazu beigetragen, ihn die Herrschaft über die deutsche Kirche gewinnen zu lassen. Als Eugen III. am 8. Juli 1153 gestorben war, folgte ihm Anastasius IV. Der sandte alsbald einen Kardinal zum König, um in den Streit einzugreifen, der um die Besetzung des Magdeburger Erzbistums entstanden war. „Da aber der Kardinal etwas anderes als der König wollte, erregte er seinen Unwillen und ward unverrichteter Dinge unter heftigem Tadel ruhmlos heimgeschickt." Friedrich setzte in dieser Angelegenheit seinen Willen bei der Kurie vollständig durch. „Daran nahmen (in Deutschland) einige Anstoß, da die Römer zu ihnen gesagt hatten, sie würden unerschütterlich auf ihrem Standpunkt beharren und so etwas nie zulassen. Seitdem wuchs des Königs Ansehen bei all seinen Maßnahmen nicht nur auf weltlichem Gebiete, sondern auch auf kirchlichem ganz erheblich."

Erster Italienzug

Nachdem Friedrich auf diese Weise schon von Deutschland aus seine Stellung gegenüber der Kurie weit mehr als seine beiden Vorgänger gefestigt hatte, brach er im Oktober 1154 zur Italienfahrt mit achtzehnhundert Rittern auf. Mit dieser geringen Macht konnte er in Oberitalien nicht viel ausrichten; Mailand verschloß den Deutschen die Tore. Trotz einzelner Waffenerfolge mußte er, wie schon Konrad III., die lombardischen Stadtstaaten sich selbst überlassen. Im Juni des nächsten Jahres rückte der König nach Rom vor. Hier war nach dem Tode Anastasius IV. seit Anfang Dezember 1154 Hadrian IV., ein geborner Engländer namens Nikolaus Breakspeare, Papst. Mit seinem Kanzler, dem Kardinal Roland aus Siena, nahm er die gregorianische Machtpolitik wieder in schrofferer Form auf, vermied aber vorerst einen offenen Bruch mit dem deutschen König, da er sich von ihm Hilfe gegen die Römer, die Normannen und die Griechen erhoffte. Der Papst beschränkte sich also nur darauf, von dem gegen Rom vorrückenden Barbarossa Auslieferung des Arnold von Brescia und die Garantie voller Sicherheit für den Papst und die Kirche zu verlangen. Mit Recht hatten sowohl Konrad III. wie dann Friedrich selbst von einer Wiedererrichtung des alten Imperiums durch die Römer mit Ausschaltung des Papsttums nicht viel gehalten und mit ihnen in dieser Angelegenheit nur einige höfliche Briefe gewechselt, ohne sich irgendwie zu binden. Barbarossa ließ jetzt den sich in Tuscien aufhaltenden Arnold von Brescia gefangen nehmen und lieferte ihn dem Papste aus, ferner erklärte sich der König bereit, die gewünschte Sicherheit zu leisten und an der Konstanzer Vereinbarung festzuhalten.

Der Kaiserkrönung schien nun Barbarossa sicher. Da erhob sich plötzlich anfangs Juni 1155 bei einer Zusammenkunft des Königs und Papstes bei Sutri eine unvorhergesehene Schwierigkeit. Barbarossa weigerte sich, dem Papste die Marschallsdienste zu leisten. Die mit Hadrian gekommenen Kardinäle entfernten sich, zogen sich „voll Verwirrung und Schreck nach Civita Castellana zurück und ließen den Papst beim Zelte des Königs allein. Der Herr Papst, der ganz betroffen nicht wußte, was er tun sollte, stieg traurig von seinem Reittier und setzte sich auf den für ihn bereitgestellten Klappstuhl. Nun fiel der König vor ihm nieder, küßte ihm die Füße und wollte sich ihm zum Friedenskusse nahen. Da sprach zu ihm der Papst: 'Solange du mir den herkömmlichen und schuldigen Ehrendienst nicht erweisest, den deine Vorgänger, die rechtgläubigen Kaiser, aus Ehrerbietung gegen die Apostel Petrus und Paulus, meinen Vorgängern, den römischen Päpsten geleistet haben, lasse ich dich zum Friedenskusse nicht zu.' Der König antwortete darauf, er sei hiezu nicht verpflichtet. Das Heer blieb deshalb bei Sutri, und der ganze folgende Tag verstrich unter Verhandlungen". Nachdem der Papst ausdrücklich erklärt hatte, es handle sich nur um einen Ehrendienst und er werde das irrige Vorstellungen erweckende Bild von der Huldigung Lothars (vgl. S. 63) entfernen lassen, nachdem ferner die Fürsten, die es mit eigenen Augen gesehen hatten, bestätigten, Lothar habe die Marschalldienste geleistet, gab Friedrich sein Sträuben auf. „Am folgenden Tage wurde das Lager des Königs abgebrochen und im Gebiet von Nepi am Janulasee wieder aufgeschlagen. Hier ritt der König nach Anordnung der Fürsten etwas voraus, und als sich der Herr Papst auf einem anderen Wege dem Zelte näherte, stieg der König vom Pferde, ging dem Papste einen Steinwurf weit entgegen und leistete fröhlich im Angesicht des Heeres den Marschalldienst, indem er kräftig den Steigbügel hielt, worauf ihn der Papst zum Friedenskusse zuließ." Das fröhliche Antlitz dürfen wir dem zeitgenössischen Bericht schon glauben. Barbarossa war immer bereit, sich dem Rechte zu fügen, und die klare Festlegung, daß der dem Papste vom deutschen Könige geleistete Ehrendienst rein formaler Natur sei und keinerlei Abhängigkeit beweise, bedeutete keinen geringen diplomatischen Erfolg gegenüber der gregorianischen Auffassung von der Überordnung der päpstlichen über alle andere Gewalt.

Am 18. Juni 1155 fand die feierliche Kaiserkrönung statt. Welchen Wert die Deutschen darauf legten, daß ihrem Herrscher diese Würde zuteil werde, zeigt deutlich ein Satz aus der Lebensbeschreibung Hadrians IV.: „In dem Augenblick, da der König zur Krönung vor den Papst hintrat und aus dessen Hand Schwert, Zepter und die Kaiserkrone empfing, stimmten die Deutschen ein solch gewaltiges Freuden- und Jubelgeschrei an, daß es dröhnte, als ob urplötzlich ein entsetzliches Gewitter vom Himmel herniederdonnere". Die Römer waren über die Entwicklung der Dinge sehr erbittert. Sie hatten gehofft, Friedrich werde auf ihre Auffassung vom Kaisertum eingehen, und hatten verlangt, er solle ihnen ihren Senat und sonstige Rechte bestätigen, ihnen auch für die Krönung eine bedeutende Summe zahlen. Nun aber war wieder der alte Zustand hergestellt, Papsttum und Kaisertum hatten sich unter Ausschaltung der Römer geeinigt. Diese erregten deshalb einen Aufstand. Der Kaiser schrieb hierüber an den Bischof Otto von Freising: „Als wir nach der Krönung von der Anstrengung und Hitze erschöpft zu unseren Zelten zurückkehrten und speisen wollten, sprangen die Römer von der Tiberbrücke herab und versuchten den Herrn Papst im Kloster des heiligen Petrus zu greifen, wobei sie zwei von unseren Knechten erschlugen und die Kardinäle ausraubten. Der Lärm drang zu uns hinaus, worauf wir uns bewaffnet in die

Stadt stürzten. Den ganzen Tag kämpften wir mit den Römern, von denen wir an tausend Mann teils erschlugen, teils in der Tiber ertränkten, teils gefangen abführten, bis die Nacht uns trennte. Da wir nicht genügend Lebensmittel hatten, zogen wir am nächsten Morgen mit dem Papste und den Kardinälen voll Freude über unseren Sieg ab. Rings um die Stadt ergaben sich uns alle Burgen und Festungen. Dann ritten wir nach Alba, wo wir uns einige Tage gemeinsam mit dem Papste aufhielten". In diesen Tagen wurde Arnold von Brescia hingerichtet.

Der Papst erwartete jetzt ein Eingreifen des Kaisers in Süditalien. Da Roger im Februar 1154 gestorben war und sich gegen seinen Sohn Wilhelm I. verschiedene Schwierigkeiten erhoben — in Apulien und Calabrien kam es zu Aufständen, die Griechen drangen vor —, hätte sich dort trotz der verhältnismäßig geringen Streitmacht der Deutschen wohl manches erreichen lassen. Der Kaiser zeigte sich auch bereit, dem Konstanzer Vertrag gemäß gegen die Feinde des Papstes vorzugehen, aber die deutschen Fürsten verweigerten die Beteiligung an weiteren Unternehmungen. Friedrich entließ deshalb sein Heer. Im Gebiet von Verona suchte ihn ein Teil der einheimischen Bevölkerung erst beim Überschreiten der Etschbrücke und dann beim Durchzug durch den Engpaß von Ceraino am Weitermarsch zu hindern. Aber die Schiffbrücke hielt bei dem Übergang stand, obwohl sie die Veroneser wie eine „Mausefalle" hergerichtet hatten, und in dem Engpaß, der „Veroneser Klause", bewahrte der kühne Handstreich des Pfalzgrafen Otto von Baiern den Kaiser davor, die entehrenden Bedingungen Alberichs, eines Ritters aus Verona — Ablieferung der Pferde und Panzer, Zahlung eines Lösegeldes — erfüllen zu müssen.

Friedrich hatte auf seinem ersten Romzug die Kaiserkrone gewonnen, sonst aber nichts erreicht. Das Verhalten der deutschen Fürsten nach der Krönung zeitigte ähnliche Folgen wie ihre Weigerung, unter Heinrich III. nach dem Süden zu ziehen. Der Papst, durch einen Vorstoß Wilhelms in die Enge getrieben, versöhnte sich mit ihm und belehnte ihn mit Sizilien, Apulien und Capua. Wilhelm stellte nun auch erträgliche Beziehungen zwischen dem Papst und den Römern her. Die Griechen behaupteten, ihre Unternehmungen in Italien wären im Einverständnis mit dem Kaiser geschehen, der darüber sehr empört war, weil dies einen Verstoß gegen die Abmachungen mit dem Papste bedeutet hätte. Hadrian und Friedrich warfen einander Bruch des Konstanzer Vertrages vor, ein neuer Gegensatz zwischen Papsttum und Kaisertum begann sich herauszubilden. Dazu war das seit Konrad bestehende freundschaftliche Verhältnis zwischen dem abendländischen und dem morgenländischen Kaisertum empfindlich gestört.

Das Herzogtum Österreich. Sieg über Polen

Nach seiner Ankunft in Deutschland stellte der Kaiser sofort wieder den Landfrieden her, den bairische und sächsische Große durch Angriffe auf die Gebiete Heinrichs des Löwen und der Pfalzgraf am Rhein gegen den Mainzer Erzbischof gebrochen hatten. Die Pfalzgrafschaft am Rhein erhielt Friedrichs Halbbruder Konrad. — Dann wurde der Streit um das bairische Herzogtum beigelegt. Dieses war vor Friedrichs Romreise Heinrich dem Löwen zugesprochen worden, während der bisherige Baiernherzog Heinrich Jasomirgott in die Reichsacht erklärt wurde, weil er sich dem Fürstengericht in Goslar (1154), auf dem über diese Angelegenheiten beraten worden war, nicht gestellt hatte. Die damalige Entscheidung der Fürsten hatte bei allen Angehörigen und Freunden des Babenberger Geschlechtes, dem Heinrich Jasomirgott entstammte, große Unzufriedenheit erregt. Auf einer Reichsversammlung zu Regensburg Mitte September 1156 wurde bestimmt, Heinrich der Löwe solle das Herzogtum Baiern erhalten, von dem nun die Mark Österreich völlig getrennt wurde. Österreich wurde ein eigenes selbständiges Herzogtum und Heinrich Jasomirgott damit belehnt (vgl. S. 81 f.). Damit war nicht nur die seit Konrad III. bestehende Spannung zwischen Welfen und Babenbergern beseitigt, sondern auch für den deutschen Südosten ein politischer und kultureller Mittelpunkt geschaffen.

Friedrich hatte, wahrscheinlich im Jahre 1149, als er noch nicht daran dachte, auf den deutschen Thron erhoben zu werden, Adela, eine Tochter des bairischen Grafen Dietpold von Vohburg, geheiratet. Auf dem Konstanzer Hoftag von 1153 hatte er sie, wie Otto von Sankt Blasien berichtet, „im Chore des Münsters vor dem Bischof Hermann verstoßen, weil sie wiederholt wegen Ehebruch in schlimmen Ruf gekommen war". Nach anderen Quellen war der Grund zur Ehescheidung zu nahe Verwandtschaft, außerdem hatte Adela Friedrich keine Kinder geschenkt. Er vermählte sich nun in der zweiten Woche nach Pfingsten 1156 mit Beatrix von Burgund. Damit gewann er bedeutenden Machtzuwachs in Hochburgund, Savoyen und in der Provence. Den Zähringern, die ebenfalls Erbansprüche auf Burgund geltend machten, trat er die Vogteien und Königsrechte über mehrere burgundische Bistümer ab, doch wurden die Zähringer dadurch nicht völlig zufriedengestellt und gerieten allmählich in eine gegnerische Stellung zu dem Kaiser.

Bereits vor der ersten Romfahrt hatte Friedrich in die dänischen Verhältnisse eingegriffen durch die Bestätigung des Sven als König, der sich nur mühsam gegen seine Rivalen behauptete und bereitwillig die deutsche Oberhoheit anerkannte. Sven war inzwischen von Waldemar I. gestürzt worden (1157), der sich aber ebenfalls um die Gunst des Kaisers bemühte.

Der Polenherzog Boleslaw IV. wollte dem Kaiser nicht huldigen und ließ ihm erklären, er werde ihm auch auf dem nächsten Romzug keine Gefolgschaft leisten. Daraufhin unternahm Friedrich eine Heerfahrt gegen Polen. Er berichtet hierüber in einem Brief an Wibald von Stablo, der übrigens seine frühere einflußreiche Stellung am Hofe (vgl. S. 70) längst eingebüßt hatte: „Wenn auch Polen von Natur und durch künstliche Anlagen sehr stark geschützt ist, so daß unsere Vorgänger, die Kaiser und Könige, mit großer Mühe kaum bis zur Oder vordringen konnten, so haben wir doch in der Kraft Gottes, die uns sichtbar voraufging, die polnischen Verschanzungen durchbrochen, die an den schmalen Übergängen mit großer Kunstfertigkeit durch Verhaue aus gefällten Bäumen errichtet waren. An der Oktav von Mariae Himmelfahrt (August 1157) haben wir die Oder, die ihr ganzes Land wie ein Mauerwall schützt, und die durch ihre Tiefe jeden Zugang versperrt, mit unserem ganzen Heer überschritten ... Als dies die Polen sahen, befiel sie gewaltiger Schreck, und da sie nun nur noch den Untergang und die Verheerung ihres Landes erwarteten, steckten sie aus Furcht vor uns die äußerst festen Burgen Glogau und Beuthen, sowie noch andere, die bisher kein Feind genommen hatte, in Brand und flohen vor unserem Antlitz, obwohl sie mit Hilfe ihrer Nachbarvölker, der Russen, Ungarn und Preußen, ein sehr starkes Heer aufgestellt hatten. Wir verfolgten die Fliehenden und durcheilten die Bistümer Breslau und Posen, wobei wir fast das ganze Land mit Feuer und Schwert verheerten". Boleslaw unterwarf sich zwar in aller Form und sagte die Heeresfolge für Friedrichs nächste Italienfahrt zu, verweigerte sie aber im entscheidenden Augenblick doch. Er mußte deshalb nach der Rückkehr des Kaisers aus Italien Schlesien an die Söhne seines von ihm vertriebenen Bruders abtreten, wodurch dieses Land, wenn es auch noch mit Polen vereinigt blieb, unter deutschen Einfluß kam. Damit öffnete sich nun auch Schlesien der deutschen Kolonisation.

Geisa II. von Ungarn, an und für sich den Deutschen feindlich gesinnt, hielt es nach Ausbruch eines Streites mit seinem Bruder Stephan und seinem Oheim Bela für geraten, den Kaiser zu gewinnen, und bot ihm deshalb an, Truppen für den Zug nach Italien zu stellen.

Auf einer Reichsversammlung zu Würzburg im September 1157 kam die von Friedrich in den fünf Jahren seiner bisherigen Regierung erzielte Befestigung der königlichen Macht und des deutschen Ansehens nach außen besonders deutlich zum Ausdruck. Außer zahlreichen deutschen Fürsten waren hier Gesandte aus Italien, Ungarn, Böhmen, Dänemark, England und Konstantinopel zugegen. „Als sich diese Boten gegenseitig sahen und in Überreichung von Geschenken sowie im Vortragen von Bitten miteinander wetteiferten, wurden sie alle von gewaltigem Staunen und großer Bewunderung erfüllt." In dem von den englischen Gesandten überbrachten Brief ihres Königs Heinrichs II. hieß es, er lege dem Kaiser sein Königreich zu Füßen. „Ihr, die ihr uns an Würde überragt, habt uns zu gebieten, der Wille zu gehorchen wird uns nicht fehlen." Die zwischen dem Kaiser und den Griechen bestehende Spannung trat allerdings auch hier etwas in Erscheinung. Der griechische Kaiser hatte zwar ebenfalls Boten und Geschenke übersandt, als aber die Worte der Griechen „Anmaßung, und ihre gezierten Redewendungen griechische Geschwollenheit verrieten, zeigte ihnen der Kaiser seine Verachtung". Er verzieh ihnen jedoch, als sie versprachen, „künftig nicht mehr so zu prahlen und in ihren Ansprachen ihm die Ehre zu zollen, die ihm als römischem Kaiser, als dem Beherrscher Roms und der Welt, gebühre".

Grundsätzliches zu Friedrichs I. Reichspolitik

Bei den verschiedenen Regierungsmaßnahmen während der Jahre 1155 bis 1158 hatte Friedrich immer den von ihm geplanten Italienzug im Auge behalten. Der Friede nach innen und außen, die stärkere Betonung der Hoheit des Reiches über die östlichen Staaten und die Neubefestigung der deutschen Herrschaft in Burgund sollten dazu dienen, dem Kaiser freie Hand für seine italienischen Unternehmungen zu geben und ihm seine Truppenmacht zu vermehren. Während bis zu Friedrich I., mit einziger Ausnahme des mißglückten Versuches Ottos III., für den deutschen Herrscher trotz seines Titels römischer Kaiser und gelegentlich auch römischer König das Schwergewicht des Reiches und der Tätigkeit in Deutschland gelegen war, beginnt seit dem zweiten Italienzug Barbarossas Italien immer mehr Hauptgegenstand der kaiserlichen Politik zu werden, und auf italischem Boden fällt schließlich die Entscheidung über das deutsche Kaisertum und die deutsche Monarchie des Mittelalters.

Es ist nicht wahrscheinlich, daß Friedrich I. absichtlich diesen Umschwung in der Reichspolitik herbeigeführt und gegenüber dem Kaisertum der sächsischen und salischen Kaiser, das trotz der fast nie aufhörenden Kampfhandlungen der Idee nach ein Friedenskaisertum ohne eigentlichen Eroberungscharakter gewesen war, den „staufischen Imperialismus" begründet habe. Wir haben schon hervorgehoben, daß die damalige Zeit und die Staufer selbst sich als die Erben und Fortsetzer der Salier und ihrer Politik betrachteten. Friedrich ist wie alle seine Vorgänger erst dann nach Italien gezogen, als seine Herrschaft und die innere Ruhe Deutschlands gesichert waren, und das Ziel seiner Italienpolitik war ursprünglich kein anderes als bisher, sich die Kaiserkrone zu holen und dann die Kronrechte über Reichsitalien auszuüben. Er hat auch während seiner ganzen Regierungszeit die Macht seines Hauses und damit die des Kaisertums in Deutschland gemehrt, soweit es nur die Verhältnisse erlaubten, und im Laufe seiner Regierung eine weit größere unmittelbare Königsgewalt in Deutschland geschaffen, als sie je einer der Kaiser nach Heinrich III. besessen hatte, ja vielleicht übertraf sie die fast aller Kaiser vor ihm. Aber auch die Selbständigkeit der Fürsten war während des Investiturstreites und der Übergangszeit unter Lothar und Konrad III. bedeutend gewachsen. Der Kaiser konnte kein Gegengewicht mehr einsetzen, das schwer genug gewesen wäre, die Macht der vereinigten deutschen Fürsten aufzuheben. Er spielte deshalb Fürsten und Fürstengruppen gegeneinander aus, soweit dies unter formaler Wahrung des Rechtes und des inneren Friedens nur einigermaßen anging: erst die Welfen gegen sächsische und bairische Dynasten, dann gegen die Welfen die mit ihnen verfeindeten Fürsten. Wäre Friedrich I. der reaktionäre Politiker gewesen, als den ihn manche Historiker hinstellen, dann hätte er nicht die Entwicklung des Landesfürstentums so ruhig hingenommen und die unter den gegebenen Verhältnissen einzig vernünftige innerdeutsche Politik getrieben: gutes Einvernehmen mit den mächtigsten Dynastengeschlechtern im allgemeinen und dabei geschickte Auswertung ihrer Sonderwünsche und ihrer gegenseitigen Streitigkeiten im Interesse der Krone.

Bedenkt man den Tatendrang eines Herrschers wie Barbarossa, ferner die Macht, die er durch Mehrung und straffe Zusammenfassung des Königs- und staufischen Hausgutes der Krone errang, auf der anderen Seite aber die Unmöglichkeit, die partikularen Gewalten in die Stellung zurückzudrängen, die sie unter Otto I. und zum Teil noch unter den ersten Saliern eingenommen hatten, dann wird ohne weiteres klar, weshalb nun unter den Hohenstaufen die Italienpolitik zum Kernproblem der Reichspolitik wird. In Italien lockte der größte Gewinn, und hier schien für den Kaiser die schwächste Stelle des Widerstandes gegen eine umfassende Machterweiterung zu sein. Gewiß hat Friedrich diesen Widerstand unterschätzt, aber geringer war er jedenfalls als der, auf den jetzt ein Kaiser gestoßen wäre, der in Deutschland den Versuch unternommen hätte, eine starke Zentralgewalt über alle Fürsten zu errichten. Und gelang es Friedrich, wenigstens die Lombardei fest in die Hand zu bekommen, dann hatte er nicht nur eines der wirtschaftlich am meisten aufblühenden Gebiete des Abendlandes, sondern auch zugleich ein entscheidendes Übergewicht über die deutschen Fürsten. Es war dann gar nicht mehr so wichtig, welche Zugeständnisse er ihrem Selbständigkeitsstreben gemacht hatte; mit seiner Hausmacht in Deutschland und im Besitz von Reichsitalien hätte er ihnen schließlich doch seinen Willen aufzwingen können.

Moderne Kritiker der Italienpolitik der mittelalterlichen Kaiser und namentlich Barbarossas meinen allerdings, er hätte Italien zugunsten eines noch zielbewußteren Ausbaus der königlichen Stellung in Deutschland und noch weiter ausgreifender Unternehmungen im Osten aufgeben sollen. Wie dies hätte geschehen können, ohne in Deutschland einen Kampf aller gegen alle heraufzubeschwören, wissen diese Historiker jedoch nicht anzugeben. Es ist nicht eine unbegründete Annahme, sondern durch den Ablauf der Ereignisse vor und nach Friedrich I. erwiesen, daß die Fürsten, so uneinig sie sonst waren, sofort geschlossen zusammenstanden, wenn sie ihre gemeinsamen Interessen von der Krone bedroht glaubten. Übrigens hat Friedrich I. durch Mehrung der staufischen Hausmacht in Deutschland die Reichsgewalt erheblich gestärkt (vgl. S. 118ff.), und seine und seiner Anhänger von der Linie Magdeburg-Halle-Eger vorstoßende Ostmarkenpolitik war nicht weniger planvoll und erfolgreich als Heinrichs des Löwen Kolonialpolitik in den nördlicheren Gegenden. Ein Übergreifen auf sie aber hätte den Hohenstaufen in unabsehbare Streitigkeiten mit den dortigen partikularen Gewalten gestürzt. Oder hätte Barbarossa vielleicht Böhmen, Polen und Ungarn obendrein gegen eine durch solche Unternehmungen sicherlich hervorgerufene Opposition deutscher Fürsten im eigentlichen Sinne erobern sollen? Es war für Deutschland doch wohl besser, die Kolonisation in den slavischen Gebieten nahm in der Form, wie sie sich im Laufe des letzten Jahrhunderts ergeben hatte, ruhig ihren Fortgang, und der kriegerische Unternehmungsgeist, von jeher in der herrschenden Schicht lebendig und nun durch das aufblühende Rittertum und die Kreuzzugsbewegung ins Grenzenlose gesteigert, tobte sich nicht in Deutschland selbst aus, sondern wurde nach Italien abgelenkt.

Die Reichsversammlung von Besançon 1157

Die Spannung zwischen Friedrich I. und Hadrian IV. kam noch vor der zweiten Italienfahrt des Kaisers auf einer Reichsversammlung zu Besançon im Oktober 1157 deutlich zum Ausdruck. Außer zahlreichen burgundischen Großen waren Gesandte aus allen Teilen Italiens, aus Frankreich, Spanien und England erschienen. Der Papst benützte diese Gelegenheit, um durch zwei Legaten — der eine war der päpstliche Kanzler und Kardinal Roland — sich darüber zu beklagen, daß der Erzbischof Eskil von Lund, der im vorigen Jahre auf der Rückreise von Rom im Reichsgebiet gefangen genommen worden war, immer noch festgehalten werde. Eskil hatte in seiner Heimat antideutsche Politik getrieben und dann in Rom Beistand gegen etwaige deutsche Vergeltungsmaßnahmen gesucht. Das Schreiben des Papstes in dieser Angelegenheit war sehr herausfordernd gehalten. Schon die Anrede an den Kaiser war „auffallend", wie ein gleichzeitiger Bericht sagt. Es hieß da: „Es grüßt euch (den Kaiser) unser heiligster Vater Papst Hadrian und das Kardinalskollegium der heiligen römischen Kirche, der Papst als Vater, die Kardinäle als Brüder." Der Überfall auf den Erzbischof und seine Haft werden als „schändliche Untat von viehischer Wildheit", als „ungeheuerliches Verbrechen" hingestellt, das der Kaiser unbedingt hätte bestrafen müssen. Das „Verbrechen" bestand darin, daß ein hoher geistlicher Würdenträger auf einer Romreise aufgegriffen worden war, den politischen Hintergrund des ganzen Vorganges läßt der Brief des Papstes absichtlich ganz außer Acht, ein von der Kirche ungezählte Male angewandtes Mittel, ihre Diener den Folgen ihrer politischen Tätigkeit zu entziehen. Der Beschwerde folgt eine Aufzählung, was der „hochheiligen römischen Kirche" ihr „ruhmreichster Sohn", der Kaiser, alles zu verdanken hat. „Und es reut uns auch nicht im mindesten, in allem deinen Wunsch und Willen erfüllt zu haben, ja, bei dem Gedanken, was die Kirche Gottes und wir selbst durch dich an Vorteilen gewinnen könnten, würden wir uns mit Recht freuen, wenn es möglich gewesen wäre, daß deiner Herrlichkeit aus unserer Hand noch größere ‚beneficia' zuteil geworden wären."

Das päpstliche Schreiben wurde in Gegenwart des Kaisers und der Fürsten verlesen und von dem kaiserlichen Kanzler Rainald von Dassel verdeutscht. Er übersetzte „beneficia", das nach dem damaligen Sprachgebrauch Wohltaten oder Lehen bedeuten konnte, ohne weiteres mit Lehen, was die Zuhörer auch richtig fanden, „weil man wußte, daß manche Römer die verwegene Behauptung aufstellten, unsere Könige besäßen das Kaisertum und italische Reich durch päpstliche Schenkung". Die Empörung der Versammlung über die „unerhörte Botschaft" war ungeheuer. Mit Mühe stellte der Kaiser die Ruhe wieder her und bewahrte die Legaten vor Mißhandlungen. Am nächsten Tage befahl er ihnen, sofort abzureisen und den kürzesten Weg in ihre Heimat zu nehmen. Um die nun sicher zu erwartende päpstliche Propaganda von vorneherein möglichst unwirksam zu machen, ließ der Kaiser einen Sendbrief durch das ganze Reich über diesen Zwischenfall gehen. Es heißt da von den päpstlichen Legaten: „Sie legten uns, als wären sie vom Teufel der Bosheit aufgebläht, so ganz von oben herab, voll Stolz und Anmaßung, das Herz verfluchter Überhebung übervoll, ihre Botschaft in einem päpstlichen Handschreiben vor ... Das also war die Botschaft der väterlichen Liebe, dadurch sollte die Einheit zwischen Reich und Kirche gefördert, das Band des Friedens um uns beide geschlungen werden." Grundsätzlich erklärte hierauf der kaiserliche Brief: „Da uns das Königtum und Kaisertum einzig von Gott durch die Wahl der Fürsten zuteil wurde, von Gott, der bei dem Leiden seines Sohnes Christi die Welt der Regierung durch die beiden notwendigen Schwerter unterwarf, und da der Apostel Petrus der Welt die Lehre gab: ‚Fürchtet Gott, ehret den König!' so ist jeder, der da sagt, wir hätten die Kaiserkrone vom Herrn Papste, ein Widersacher der göttlichen Ordnung und der Lehre Petri und ein überwiesener Lügner."

Der Kaiser hielt sich noch einige Zeit in Burgund auf, das ihm bereitwillig huldigte, und kehrte dann nach Deutschland zurück. Hadrian suchte nun auf die deutschen Bischöfe einzuwirken, erhielt aber von ihnen zur Antwort: „Wir haben euren Sohn, unseren Herrn Kaiser, eurer Weisung folgend ermahnt, und von ihm Gott sei Dank folgenden Bescheid erhalten, wie es sich für einen katholischen Fürsten geziemt: 'Zwei Rechtsquellen gibt es für die Regierung unseres Reiches, die heiligen Gesetze der Kaiser und das gute Gewohnheitsrecht unserer Vorgänger und Väter. Die Schranken der Kirche wollen und können wir nicht überschreiten .... Unserem Vater (dem Papste) erweisen wir gern die schuldige Ehrfurcht; die freie Krone unseres Kaiserreiches jedoch erachten wir einzig als Gottes Gabe (beneficium). Bei der Wahl erkennen wir dem Mainzer Erzbischof die erste Stimme zu, dem die übrigen Fürsten der Reihe nach folgen, die Salbung zum Könige dem Erzbischof von Köln, und die höchste, die zum Kaiser dem Papste; was darüber hinausgeht, ist zuviel, ist vom Übel ... In der Hauptstadt des Erdkreises hat Gott die Kirche durch das Kaisertum erhöht, in der Hauptstadt des Erdkreises zerstört nun die Kirche, wie wir glauben nicht durch

Gott, das Kaisertum'. Wir (die Bischöfe) bitten und beschwören eure Heiligkeit, unserer Schwäche zu schonen und wie ein guter Hirte euren hochherzigen Sohn durch ein neues Schreiben zu besänftigen, welches das frühere versüßt, damit die Kirche Gottes sich der Ruhe und Frömmigkeit erfreue, und damit das Reich seinen erhabenen Ruhm genieße. Möge Der vermitteln und helfen, der zur Vermittlung zwischen Gott und den Menschen Mensch geworden ist, Jesus Christus." Daraufhin lenkte der Papst ein und schickte Legaten nach Deutschland. Sie brachten „ehrerbietig, mit gesenktem Antlitz und bescheidener Stimme" die Grüße des Papstes, als dem „seiner Hoheit (dem Kaiser) in Christo ergebensten Vater" an den „teuersten geistigen Sohn des heiligen Petrus". „Es grüßen euch auch alle Kardinäle, unsere ehrwürdigen Brüder und eure Kleriker, als den Herrn und Kaiser der Stadt und des Erdkreises." In dem päpstlichen Schreiben hieß es dann, mit „beneficium" wäre lediglich der ursprüngliche Wortsinn „gute Tat" keineswegs aber „feudum", Lehen, und mit der „Übertragung der Kaiserkrone" (contulimus) nichts anderes gemeint gewesen, als der Papst habe dem Kaiser die Krone aufs Haupt gesetzt. Der Zwist war damit einstweilen beigelegt.

Rainald von Dassel

Seit den Tagen von Besançon tritt in der Leitung der Reichspolitik neben dem Kaiser Rainald von Dassel immer mehr hervor, Friedrich hatte ihn im Jahr 1156 zum Vorsteher der Reichskanzlei ernannt. Rainald entstammte einem niedersächsischen Geschlechte, war früh zum geistlichen Stand bestimmt worden und hatte sich zu Hildesheim und zu Paris eine vorzügliche Bildung erworben. Als Gönner des „Erzpoeten" (vgl. S. 207) ist sein Name für immer auch mit der deutschen Literaturgeschichte verbunden. Rainald besaß hervorragende Geistesgaben; die unter seiner Führung verfaßten amtlichen Schriftstücke, wie etwa der schon erwähnte Sendbrief von Besançon, weisen scharfe Logik, einen hohen edlen Schwung und völlige Beherrschung des jeweiligen Gegenstandes auf. Dabei haben die Studier- und Schreibstube das kühne adlige Blut in Rainald nicht verdorben. Als Feldherr und verwegener Kämpe zeichnete er sich gleichermaßen aus; mit zehn Rittern hat er einmal an die dreihundert Italiener überrumpelt und gefangen. Ebenso leistete er dem Kaiser als Diplomat und Organisator des Reichsgutes treffliche Dienste. Es war nicht leere Schmeichelei, wenn der Erzpoet von ihm sang:

Kanzler, der du größer bist, als es andre Menschen sind.
Der, was sonst kein Weiser sieht, hellen Geists allein ersinnt,
So bist du der Kirche Licht, wie's die Sonn' im Äther ist . . . .
Deiner Sitten Vornehmheit mehrt des Adels Ruhm und Glanz,
Dir reicht jede Wissenschaft, jede freie Kunst den Kranz . . .
Du ersinnst und leitest es, was im Reiche soll geschehen.

Aber der blonde Niedersachse, der mit seiner kräftig gedrungenen Gestalt körperlich der fälischen Rasse angehört zu haben scheint, stellte geistig jenen nordischen Typ dar, der über der Höhe des lockenden Zieles die Kraft der eigenen Waffen nicht mehr so recht zu ermessen vermag und infolge des an sich berechtigten Gefühles einer kühnen Überlegenheit Zeit und Gelegenheit übersieht, einen zu weit vorgetragenen Angriff vor der katastrophalen Wendung abzubrechen. Mag sein, daß Barbarossa erst durch die Zusammenarbeit mit Rainald den Zug zum Großen bekam und „von diesem Könner technisch viel gelernt hat", aber er ist durch ihn doch auch in jene Sackgasse geraten, aus der den geschmeidigen Schwaben nur der Mut zur Selbstdemütigung (vgl. S. 112f.) wieder ins Freie führte.

Zweiter und dritter Italienzug

Im Juni 1158 rückte der Kaiser mit einem großen Heere auf mehreren Straßen nach Italien vor. Wladislaw II., dem Friedrich im Januar dieses Jahres die Königskrone verliehen hatte, war mit seinen böhmischen Truppen zu ihm gestoßen, und der Ungarnkönig hatte ihm sechshundert auserwählte Bogenschützen gesandt. In der Lombardei hatte sich Mailand unter offensichtlicher Mißachtung der Reichsrechte eine führende Stellung erkämpft, und verschiedene Städte hatten sich ihm teils freiwillig, teils gezwungen angeschlossen. Nach der Ankunft des Kaisers in Oberitalien leisteten ihm die Städte, die mit der Vorherrschaft Mailands unzufrieden waren und sich mit den Gesandten Barbarossas, Rainald von Dassel und Otto von Wittelsbach, bereits geeinigt hatten, bereitwillig Gefolgschaft. Mailand ergab sich nach einmonatlicher Belagerung dem Kaiser am 7. September und nahm dessen Friedensbedingungen an, die die Aufhebung der Selbständigkeit Mailands bedeuteten.

Am 11. November fand auf den Ronkalischen Feldern, nördlich vom Po, etwas oberhalb von Piacenza, eine große Reichsversammlung statt. Hier hatten die Kaiser schon früher bei ihren Italienzügen wiederholt Heerschau gehalten: „Da wird auf einem hochragenden Holzpfosten ein Schild befestigt, und der Herold des Hofes ruft jeden Ritter auf, der ein Lehen vom Kaiser hat, die nächste Nacht vor dem Könige zu wachen. In gleicher Weise lassen die Fürsten, die den König begleiten, durch ihre Herolde auch ihre Lehensträger einzeln aufrufen. Am nächsten Tage wird festgestellt, wer bei der Wache gefehlt hat. Diese werden nochmals vor den König, die Fürsten und Großen gerufen, und dann alle, die ohne Erlaubnis ihrer Herren zuhause geblieben sind, ihrer Lehen verlustig erklärt."

Der Hauptzweck der Tagung war dieses Mal die Feststellung, welche Rechte dem Kaiser in Reichsitalien zukämen, und die lombardischen Städte zur Anerkennung dieser Rechte zu veranlassen. Friedrich hatte dazu vier Juristen aus Bologna und achtundzwanzig Vertreter der Städte berufen. Dem Kaiser wurden als Regalien zugesprochen: die Landeshoheit über die Herzogtümer, Markgrafschaften und andere Gebiete, die in früherer Zeit von der Krone verliehen worden waren, Zölle und andere Abgaben, das Münzrecht und die sonst üblichen Hoheitsrechte. Zur Durchführung dieser Beschlüsse sollte der Kaiser in den Städten, die sich eine autonome Verfassung gegeben hatten und seit geraumer Zeit Konsuln wählten, Beamte, Rektoren oder Podestà, genannt, aufstellen. Die Versammlung währte drei Tage. Am vierten Tag, dem 14. November, „erschien der Kaiser in einer Vollversammlung, und von einem erhöhten Sitze aus, auf dem er von allen gesehen und verstanden werden konnte, hielt er an das gesamte Volk eine Ansprache, die verdolmetscht wurde, während seine Helden rings um ihn saßen. Seinen Worten folgte allgemeiner begeisterter Beifall." Dann sprachen die Italiener, endlos, wie bei ihnen üblich, bis in die Nacht hinein. „Der allgemeinen Stimmung verlieh schließlich der Erzbischof von Mailand Ausdruck. Er schloß: Dein Wille ist das Recht, wie es (bei Justinian) heißt: 'Was dem Fürsten gefällt, hat Gesetzeskraft, weil ihm das Volk die ganze Befehlsgewalt und alle Macht übertragen hat' ... Es ist ganz natürlich, daß die Vorteile jeglichen Dinges dem zufallen, der auch die Nachteile zu tragen hat. So gebührt dir der Befehl über alle, da auf deinen Schultern die Last des Schutzes von uns allen ruht." „Hierauf wurde die Versammlung aufgelöst; der Tag war bereits zu Ende gegangen. So mancher feierte nun noch die Taten des Kaisers öffentlich in Heldenliedern." Da mag auch der Erzpoet sein Lied zum Preise Friedrichs gesungen haben, das schließt:

Hoher kaiserlicher Herr, schreite rüstig weiter!
Steige höher stets empor auf der Ruhmesleiter!
Sei den Deinen gnädig hold, vor dem Feind ein Streiter,
Der zermalmend Rache übt, treffend Roß und Reiter!

Der Hinweis des Mailänder Erzbischofs auf die Allgewalt des Herrschers nach den Grundsätzen von Kaiser Justinians († 565) Gesetzbuch entsprang den schon unter Konrad III. einsetzenden Bestrebungen, das Majestätsrecht der römischen Kaiserzeit auf das römisch-deutsche Kaisertum zu übertragen. Sie gingen von den Rechtsgelehrten Italiens und dem Neuaufleben des alten römischen Rechtes und nicht vom deutschen Hofe aus. Friedrich I. selbst hat sich bei diesem Reichstag auf dem ronkalischen Felde noch zu der germanisch-deutschen Auffassung des Königstums als eines Hortes der Freiheit und des Rechtes für jedermann bekannt. Aber die juristisch-römischen Vorstellungen gewannen nun doch allgemein unter dem Einfluß einer neu heraufkommenden Zeitströmung (vgl. S. 129) immer mehr an Boden, das Sacrum Imperium und die Sacra Maiestas die Bedeutung, wie sie sich im altrömischen Reich besonders seit Diokletian ausgebildet hatte. Damit vollzog sich eine stärkere Loslösung des mittelalterlichen Kaisertums von dem deutschen Volke, in dem es bisher trotz des universalistischen Charakters fest verwurzelt gewesen war, und gewann die übernationale Form, wie sie unter Heinrich VI. und Friedrich II. voll ausgebildet erscheint.

Trotz der in manchem neuen Methoden, mit denen Barbarossa die Kraft des Kaisertums zu stärken und Reichsitalien wieder fest in die Hand zu bekommen trachtete, hält man doch vielfach beides für ein verfehltes Festhalten an einem veralteten System, als einen reaktionären Versuch, der letzten Endes scheitern mußte. Mit dieser Beurteilung wird man indes der Politik Friedrichs I. und seiner Nachfolger nicht gerecht. Denn eben jetzt brach für das Abendland die Zeit eines Imperialismus an, der nur insofern national gebunden war, als er den anderen Völkern die Machterweiterung nicht gönnte, selbst aber völlig unbekümmert um landschaftliche und volkheitliche Grenzen um die Vorherrschaft über Europa und womöglich noch darüber hinaus rang. Auch in Italien kam der Gegensatz: einheimisch und fremd erst in zweiter Linie in Betracht. Hier ging es vor allem um die Freiheit der Stadtstaaten, wobei sich aber ebenfalls die imperialistische Zeitströmung geltend machte. Wohl wollten die einzelnen Kommunen für sich unabhängig sein, aber wo sie selbst es immer vermochten, knechteten sie die Schwächeren. Der Plan Friedrichs, in Italien eine starke kaiserliche Herrschaft zu errichten und damit dem Lande den Frieden zu geben, war an sich nicht reaktionär, sondern hätte bei seinem Gelingen, vielleicht eher als es so geschehen ist, eine wirtschaftliche und kulturelle Blüte im Gebiete von Reichsitalien herbeigeführt. Denn der Kaiser war auf das Gedeihen dieses Landes sehr bedacht, wollte er doch z. B. das zerrüttete Münzwesen durch Einführung eines hochwertigen kaiserlichen Denars ordnen. Die Anwendung des Grundsatzes, Staatseigentum könne durch Verjährung nicht in andere Hände übergehen, und die Aufstellung fremder Beamter aus Deutschland in den Städten mußte freilich zahllose Reibungen und Hemmungen zur Folge haben. Aber es ist doch eine völlige Verkennung der wirtschaftlichen und politischen Entwicklungsgesetze, wenn man glaubt, die kaiserliche Herrschaft hätte das aufstrebende Bürgertum und Städtewesen, von deren Fortschritten sie selbst den größten Vorteil gehabt hätte, durch einen für diese Gebiete veralteten Feudalismus erdrücken wollen und können. Übrigens haben die Deutschen jener Zeit es sehr wohl verstanden, sich den Verhältnissen anderer Länder anzupassen, ohne auf sie die Einrichtungen der Heimat sinnlos zu übertragen oder das Fremde für Deutschland zu übernehmen. Die Oberherrlichkeit, die sie seit Jahrhunderten über fremde Völker und Staaten ausübten, hatte ihnen in dieser Beziehung, ähnlich wie den Engländern der Neuzeit, Erfahrung und Übung gegeben.

Weder das italienische Volkstum, noch die italienischen wirtschaftlichen und gesellschaftlichen Verhältnisse bedeuteten an sich für die hohenstaufische Politik unüberwindliche Schwierigkeiten. Die eigentliche Gefahr drohte vom Papsttum. Es fürchtete und mußte fürchten, daß es durch die Errichtung einer machtvollen kaiserlichen Herrschaft in Italien wieder unter die Abhängigkeit vom Kaisertum wie unter den Ottonen und den ersten Saliern zurückgeworfen würde. Sobald sich aber das Papsttum mit den italienischen Stadtstaaten verband und seinen geistigen und kirchenpolitischen, seit dem Investiturstreit gewaltig gewachsenen Einfluß gegen das Kaisertum in die Waagschale warf, war das ganze hohenstaufische Kaisertum und zwar nicht nur in Italien in Frage gestellt. Dies nicht richtig erkannt zu haben, war der grundlegende und verhängnisvolle Fehler der staufischen Politik. In diesem Punkte war sie zu ihrem Unheil reaktionär, zu sehr an die salische Überlieferung gebunden. Ein Ausweg war hier freilich nicht leicht zu finden. Barbarossa stand auf dem Standpunkt, da er „nach Gottes Anordnung römischer Kaiser heiße und sei, wäre er nur ein Schattenkaiser mit leerem Namen" ohne den Besitz von Rom; die Päpste aber erklärten, in Rom gehörten jegliches Amt und alle Regalien dem heiligen Petrus. Der Kaiser hatte nicht nur das historische Recht für sich, sondern sozusagen auch das sachliche, da ja die Päpste damals noch immer nicht imstande waren, den Kirchenstaat aus eigener Kraft zu behaupten und hierfür auf fremde Hilfe angewiesen waren. Diese zu leisten und sich trotzdem mit dem bloßen Titel des Kaisers zufrieden zu geben, wäre wohl die einzige Möglichkeit gewesen, die päpstliche Opposition gegen die kaiserliche Italienpolitik auszuschalten. Aber wie sich die Päpste die Freiheit der Kirche nicht ohne Territorialmacht vorstellen konnten, so Friedrich und seine Vorgänger und Nachfolger das Kaisertum nicht ohne die Herrschaft über Rom.

Die Fortschritte der kaiserlichen Macht in Oberitalien riefen alsbald das Mißtrauen der Kurie hervor. Die Gegensätze spitzten sich trotz beiderseitiger Verhandlungen so zu, daß Hadrian IV. den Kaiser bannen wollte. Da starb der Papst am 1. September 1159. Der Kaiser belagerte damals gerade die Stadt Crema, die sich ebenso wie Mailand der Durchführung der ronkalischen Beschlüsse widersetzte. Bei der Wahl in Rom standen sich zwei Parteien gegenüber. Die Kardinäle der einen waren normannisch-sizilisch, die der anderen kaiserlich gesinnt. Die Mehrzahl der Stimmen erhielt der Kanzler Roland, der sich Alexander III. nannte, die Minderzahl war für den deutschfreundlichen Kardinal Oktavian, Viktor IV. Wer nun eigentlich rechtmäßiger Papst war, ließ sich nicht ohne weiteres entscheiden, weil immer noch nicht genau festgelegt war, was eigentlich die Gültigkeit einer Papstwahl entschied. Die Anhänger der gregorianischen Richtung hätten jedenfalls Viktor IV. anerkennen müssen, wenn sie sich die Vorgänge bei und nach der Wahl Innozenz' II. zum Vorbild nahmen. Denn auch Viktor war wie Innozenz zwar von einer Minorität gewählt, aber wie dieser vor seinem Gegner „immantiert und inthronisiert", mit dem päpstlichen Mantel bekleidet und auf den päpstlichen Thron erhoben worden, worauf die damaligen hochkirchlichen Anhänger Innozenz' II. das entscheidende Gewicht gelegt hatten. Alexander III. hatte allerdings außer der Majorität die frühere

„Konsekration" für sich, was die deutschfeindliche Richtung an der Kurie in ihrer Auffassung von der Rechtmäßigkeit des Pontifikates Alexanders III. bestärkte.

Friedrich I. berief eine Kirchenversammlung nach Pavia, da es ihm, wie er in einem Sendschreiben an die Bischöfe ausführte, nach seinem Amte und seiner Würde als Kaiser zustand, Konzilien zu berufen, zumal bei einer solchen Gefährdung der Kirche. Die Entscheidung übertrug er allerdings von vorneherein den Geistlichen. „Denn Gott hat euch zu Priestern gesetzt und euch die Gewalt gegeben, selbst über uns zu urteilen." Die Eröffnung der Synode fand am 5. Februar 1160 statt. Dazu war wohl Viktor IV., nicht aber Alexander III. erschienen. Dieser handelte nach dem gregorianischen Grundsatz, daß der rechtmäßige Papst, für den er sich selbstverständlich hielt, von niemand gerichtet werden könne. Mit weit überwiegender Mehrheit erklärte die Synode Viktor IV. zum Oberhaupt der Kirche und belegte Alexander mit dem Kirchenbann, weil er sich der Kirchenversammlung nicht gestellt und Zwietracht in der Christenheit hervorgerufen habe. Daraufhin bannte Alexander den Kaiser am 24. März.

An der Tagung zu Pavia hatten hauptsächlich Geistliche aus Deutschland und der Lombardei teilgenommen, während sich die übrigen Länder fast nur durch Gesandte hatten vertreten lassen. Mit Ausnahme Deutschlands — wo zunächst nur der Erzbischof von Salzburg Viktor als Papst ablehnte — ferner Böhmens und Dänemarks gewann Alexander die ganze Christenheit für sich. Die einen hingen ihm an als dem Erneuerer gregorianischer Ideen, die anderen, die Mehrzahl, weil sie fürchteten, die Anerkennung Viktors bedeute zugleich die des Kaisertums. Zwar waren die Staatshäupter auch jetzt noch bereit, dem Kaiser einen Ehrenvorrang vor allen anderen Herrschern zuzugestehen, aber gegen eine wirkliche Oberhoheit des Kaisertums wandte sich die öffentliche Meinung West- und Südeuropas in leidenschaftlicher Abwehr. Das Auftreten des Kaisers in Burgund hatte den französischen König schon sehr beunruhigt, und man traute es Barbarossa zu, er werde dem Kaisertum einen Umfang und Inhalt geben gleich denen des alten römischen Imperiums. Man betrachtet diese Stellungnahme namentlich französischer und englischer Schriftsteller gegen das römisch-deutsche Kaisertum gewöhnlich als eine Folge des erwachenden Nationalgeistes dieser Völker. Um Nationalismus im heutigen Sinne handelte es sich indessen noch nicht. Denn wie wäre es sonst möglich gewesen, daß gerade jetzt immer mehr vom französischen Boden, schließlich über die Hälfte Frankreichs an die englische Krone kam, und daß andererseits der englische Hof und Adel so vollständig das in der Normandie angenommene französische Wesen beibehielten, daß ihre Sprache und ihre gesellschaftlichen Formen französisch waren? König Richard Löwenherz, mit seinem riesigen Wuchs, seinen blonden Haaren, blauen Augen und seiner wilden Kampflust ein Urbild des germanischen Reckentums, hat das Angelsächsische überhaupt kaum verstanden.

Der Gegensatz, der seit längerem vorhanden, erstmals unter Papst Urban II.

(1088—1099) deutlicher hervortrat (vgl. S. 49) und sich nun immer mehr vertiefte, war zum mindesten nicht in erster Linie durch Nationalität und Volkstum, sondern vor allem kulturell bestimmt. Auf der einen Seite stand das Deutschtum, auf der anderen das Romanentum, dessen führende Schicht zwar blutmäßig ganz überwiegend ebenfalls germanisch, aber sonst völlig verwelscht war und zwar in den Ländern germanischer Bevölkerung, in West-Lothringen, Flandern, der nördlichen Champagne, der Normandie und in England ebenso, wie in den Ländern romanischer Bevölkerung. Kulturell fühlte sich das Romanentum durchaus überlegen. Dieser romanischen, nicht eigentlich national-englischen Gesinnung gab Johann von Salisbury mit den Worten Ausdruck: „Wer hat die Deutschen zu Richtern der Nationen bestellt? Wer hat diesen rohen und trotzigen Menschen das Recht gegeben, nach ihrer Willkür einen Fürsten über die Häupter der Menschenkinder zu setzen?" Alexander III. nutzte diese Stimmung für seine Zwecke und bestärkte die Könige von Frankreich, England und der christlichen Staaten Spaniens in ihrer Furcht, der Kaiser werde, wenn er erst die Lombardei ganz in seine Gewalt gebracht habe, auch sie unterwerfen wollen. Das war mit ein Grund, warum alle Versuche Friedrichs, so aussichtsvoll sie vorübergehend schienen, scheiterten, den König von Frankreich für Viktor IV. zu gewinnen.

Die diplomatischen Mißerfolge trafen Friedrich nicht allzu schwer, da ihm das Waffenglück noch mehrere Jahre treu blieb. Nach der im März 1162 erfolgten bedingungslosen Übergabe Mailands, das sich seit der Vertreibung der kaiserlichen Gesandten im Februar 1159 gegen die Deutschen heldenhaft gewehrt hatte, war nun Barbarossa für einige Zeit der Herr Ober- und Mittelitaliens geworden. Mailand hatte seinen Abfall und Widerstand furchtbar zu büßen. Zuerst mußten die Mailänder in den demütigendsten Formen Genugtuung leisten, dann wurden die Stadtmauern, Festungsgräben und Wehrtürme zerstört. Außerdem erhielten alle Mailänder den Befehl, die Stadt für immer zu verlassen und außerhalb von ihr bei ihren Äckern als Landleute zu wohnen. Das stärkste und stolzeste Gemeinwesen Italiens war vernichtet und sollte sich nach dem Willen des Kaisers nie wieder erheben. Man hat dessen Vorgehen gegen Mailand eine Sünde wider den heiligen Geist der geschichtlichen Entwicklung genannt, aber Barbarossa und die Deutschen waren nicht von sich aus auf diese barbarische Art der Bestrafung gekommen, sondern erfüllten damit nur den Willen der mit Mailand wetteifernden lombardischen Städte und taten nichts anderes als die Mailänder selbst gegen ihnen feindliche Städte. Jede Nachgiebigkeit reizte die Lombarden nur zu neuem Abfall, wie Barbarossa nun aus eigener Erfahrung wußte und wie es schon immer gewesen war, und machte die eigenen Bundesgenossen in ihrer Treue wankend. Friedrich I. bewies übrigens gerade nach seinem Siege über Mailand, daß er keineswegs nur auf seine Waffenmacht pochte, sondern sich auch auf die Kunst zweckvollen Nachgebens verstand. So verlieh er den Seestädten Genua und Pisa große Privilegien, um sie für eine Expedition nach Sizilien, die er damals plante, zu gewinnen. Ebenso gewährte er den ihm treu gebliebenen Städten gegen jährliche Abgaben große Selbständigkeit.

Nach einem Aufenthalt vom September 1162 bis Oktober 1163 in Deutschland, wo Friedrich einen Bund sächsischer und einiger anderer deutscher Fürsten, sowie des Böhmenkönigs gegen Heinrich den Löwen aufgelöst und den Mainzern alle ihre städtischen Freiheiten wegen der Ermordung ihres Erzbischofes genommen hatte, wollte der Kaiser das sizilische Reich zu Lande und zur See angreifen. Während der Vorbereitungen hiezu starb Viktor IV. am 20. April 1164. Der Ausgleich zwischen Friedrich und Alexander schien nun in greifbare Nähe gerückt, da sich dieser schon seit einiger Zeit um die Versöhnung ernstlich bemühte und der Kaiser nach dem Tode Viktors einer Anerkennung Alexanders sich nicht mehr völlig abgeneigt zeigte. Da betrieb Rainald in größter Eile durch die Alexander feindlichen Kardinäle die Neuwahl eines Papstes, der sich Paschalis III. nannte. Friedrich billigte nachträglich die Handlungsweise seines Kanzlers. Es war dies ein verhängnisvoller politischer Mißgriff. Manche, die zu Viktor gehalten hatten, zeigten sich jetzt mit der Fortsetzung des Schismas unzufrieden. Außerdem schlossen sich auf Veranlassung Venedigs einige kaiserfeindliche Städte zu dem Veroneserbunde zusammen, der von dem griechischen Kaiser Manuel mit beträchtlichen Geldmitteln unterstützt wurde und zu Wilhelm von Sizilien in engere Beziehungen trat. Die Friedrich ergebenen lombardischen Städte benutzten diese Gelegenheit, die Verleihung weiterer Privilegien durchzusetzen. Sie stellten ihm zwar eine größere Truppenmacht, doch wagte er mit ihnen allein — er hatte damals nur wenig deutsche Krieger bei sich — keinen entscheidenden Schlag gegen die Aufständischen. Er kehrte am 1. Oktober 1164 nach Deutschland zurück, um hier ein starkes Heer für eine neue Italienfahrt zusammenzuziehen, wurde aber zwei Jahre in der Heimat festgehalten.

Regierungsmaßnahmen in Deutschland. Bund mit England 1164—1166

In Schwaben war es zwischen Herzog Welf und dem Pfalzgrafen Hugo von Tübingen, den der jugendliche Herzog Friedrich von Schwaben unterstützte, zu einem blutigen Kampfe gekommen. Der Kaiser legte zwar alsbald nach seinem Erscheinen in Deutschland diesen Zwist bei, doch brach die Fehde im nächsten Jahr von neuem los, wobei nun auch die Zähringer für die Welfen Partei nahmen. Erst auf einer Ulmer Tagung im März 1166 konnte der Kaiser den Frieden herbeiführen, in dem Welf gegen Hugo von Tübingen die strittigen Besitzungen zugesprochen wurden.

Im Jahre 1165 gelang es Friedrich, England für die Anerkennung Paschalis III. zu gewinnen. Der englische König Heinrich II. hatte sich infolge der Ausübung der königlichen Rechte über die Kirche seines Landes mit dem Erzbischof von

Canterbury Thomas Becket und mit Alexander III. verfeindet. Rainald von Dassel ging als Gesandter nach England und bewog den König zu einem Bündnis mit dem Kaiser. In Deutschland selbst dagegen gewann Alexander immer mehr Anhänger unter den Geistlichen. Auf einer großen Reichsversammlung in Würzburg am Pfingstfeste 1165 wurde deshalb eine Reihe von Beschlüssen zur Durchführung des Kampfes gegen Alexander gefaßt. Der Kaiser, alle anwesenden geistlichen und weltlichen Fürsten, sowie die Gesandten des englischen Königs schworen, unter keinen Umständen Paschalis zu verlassen und zu Alexander überzugehen. Innerhalb sechs Wochen sollten alle Fürsten, die in Würzburg nicht erschienen waren, einen Eid gleichen Inhaltes ablegen, und wer dies verweigerte, der Reichsacht verfallen. Zahlreiche Zisterzienser, die allenthalben für Alexander warben, wurden aus ihren Klöstern verjagt, für den abgesetzten Erzbischof Konrad von Mainz wurde Christian ernannt, der im Jahre 1162 Rainald in seinem Amte als Reichskanzler nachgefolgt war. Der Erzbischof Konrad von Salzburg, den der Kaiser selbst eingesetzt hatte, wurde mitsamt seinem ganzen Klerus geächtet, sein Bistum zwei Jahre lang durch kriegerische Einfälle verheert. Zu einer Schwächung der königlichen Gewalt wie einst im Investiturstreit kam es infolge dieser Ereignisse jedoch nicht, wenn auch der Kaiser natürlich nun erst recht auf ein gutes Verhältnis zu den Fürsten bedacht sein mußte. Der schon seit Jahren zum Erzbischof von Köln erwählte Rainald von Dassel empfing am 2. Oktober in Gegenwart des Kaisers und der Kaiserin die Bischofsweihe. Das Weihnachtsfest feierte der Kaiser in Aachen. Bei dieser Gelegenheit sprach Paschalis III. Karl den Großen heilig, und Barbarossa ließ am 29. Dezember in Gegenwart zahlreicher Bischöfe und Fürsten unter großem Jubel von Klerus und Volk den Sarkophag des neuen Heiligen öffnen. An der Ausschmückung des Prachtsarges, in dem nun Karl der Große beigesetzt wurde, arbeiteten die Aachener Goldschmiede fast ein halbes Jahrhundert.

Vierter Italienzug 1166—1168

Im Oktober des Jahres 1166 konnte der Kaiser endlich abermals nach Italien aufbrechen. Er hatte ein großes, wohlgerüstetes Heer bei sich, bei dem nun zum erstenmal in der Geschichte des deutschen Heerwesens um Sold dienende Krieger, Brabanzonen genannt, waren. Noch vor dem Auszug des Kaisers hatte Rainald von Dassel mit hundert gepanzerten Reitern seines Sprengels die Alpen überschritten. In Italien hatte sich die Lage für den Kaiser in seiner Abwesenheit verschlimmert. Alexander war November 1165 in Rom eingezogen. Die Unzufriedenheit der lombardischen Städte über die kaiserlichen Beamten und die Abgaben an das Reich hatte zugenommen. Friedrich gewährte jedoch bei diesem Aufenthalt in der Lombardei den Städten keine Erleichterungen und war nur darauf bedacht, die Würzburger Beschlüsse auch in Reichsitalien durchzuführen und die Bürgerschaften zu Leistungen für den Kampf gegen Alexander heranzuziehen. Ende Mai 1167 erfochten Rainald von Dassel und Erzbischof Christian von Mainz bei Tusculum einen großen Sieg über weit zahlreichere römische Truppen. Nun rückte auch der Kaiser, der inzwischen Ancona belagert und genommen hatte, vor Rom. Ende Juli fiel die Ewige Stadt in die Hände der Deutschen. Alexander entwich nach Benevent. Es war einer der Höhepunkte im Leben Barbarossas, als er nun Paschalis III. in die Peterskirche einführen und sich von ihm mit seiner Gemahlin nochmals zum Kaiser krönen lassen konnte. Die Unterwerfung ganz Italiens schien nur noch eine Frage der Zeit. Da wurde das deutsche Heer wenige Tage später in der Augusthitze von der „im römischen Gebiet immerdar heimischen Pestilenz befallen". Sie raffte über zweitausend Ritter hinweg. Auch Rainald von Dassel, Herzog Friedrich von Schwaben und der junge Graf Welf VII. fielen ihr zum Opfer. Die Reste des Heeres waren völlig kampfunfähig und retteten sich mit Mühe nach Pavia.

Noch ehe der Kaiser den Marsch nach Ancona angetreten hatte, begann die Abfallsbewegung der lombardischen Städte mehr und mehr um sich zu greifen. Barbarossa unternahm nichts dagegen, in der Voraussetzung, daß nach der Unterwerfung Mittelitaliens die Zurückgewinnung der Lombardei keine große Schwierigkeit bereiten würde. Durch den Verlust seines Heeres erwies sich diese Berechnung als trügerisch. Die acht Städte der mittleren Lombardei, die sich unter Führung Cremonas gegen den Kaiser zusammengeschlossen hatten, vereinigten sich mit dem Veroneser Bund, dem ebenfalls acht Städte, darunter Verona, Venedig, Bologna angehörten. Alexander machte mit dem nun zu einer Einheit zusammengefaßten lombardischen Bund gemeinsame Sache. Ihm zu Ehren erhielt eine neu gegründete Festung den Namen Alessandria, auch wurde Mailand wieder aufgebaut. Einige Gegenstöße des Kaisers, darunter ein Angriff auf Mailand, verliefen ergebnislos. Da die Feinde die Alpenpässe beherrschten, drohte es Barbarossa wie Heinrich IV. 1095 (vgl. S. 48 f.) zu gehen. Im März 1168 gelang es Friedrich aber doch, sich der Einkreisung zu entziehen und den Mont Cenis zu überschreiten. Unmittelbar vor dem Übergang hatten ihn noch die Bürger des Städtchens Susa überfallen wollen. Von diesem Anschlag unterrichtet, verkleidete sich der Kaiser als Diener und entkam mit zwei Begleitern über den Paß, während der Ritter Hartmann von Siebeneichen, der ihm sehr ähnlich sah, in seinem Bette ruhte. Aus Furcht vor Barbarossa wagten die Bewohner von Susa keine weiteren Feindseligkeiten gegen die Zurückgebliebenen und ließen sie ruhig weiterziehen.

Innenpolitische Maßnahmen 1168—1169. Fortschritte der Ostkolonisation

Wie festgefügt Friedrichs I. Macht in Deutschland war, und wie sehr die deutschen Fürsten seine Italienpolitik billigten, zeigte sich besonders nach der Katastrophe des Jahres 1167. Als der Kaiser im Frühjahr 1168 in Deutschland eintraf, fand er bei der Ausübung seines Amtes als oberster Schiedsrichter und

Schirmer des Landfriedens willige Anerkennung, kaum anders als wenn er als Herr Italiens zurückgekehrt wäre. Die Hauptschwierigkeit bereitete wiederum die Beilegung der Streitigkeiten zwischen Heinrich dem Löwen und den sächsischen Großen, unter diesen namentlich Erzbischof Wichmann von Magdeburg und Albrecht der Bär. In diesem Kampfe spielte Goslar, das sich gegen Heinrich erhoben hatte, eine große Rolle. Auf einem Hoftag zu Würzburg im Juni 1168 wußte der Kaiser die Gegner Heinrichs, der sich nur noch mit Mühe seiner Feinde hatte erwehren können, zu einem für diesen günstigen Frieden zu bestimmen. Heinrich mußte Goslar allerdings dem Kaiser als Reichsstadt überlassen. Durch kluge Rücksichtnahme wußte der Kaiser die um ihr Wahlrecht besorgten Fürsten für die Wahl seines Söhnchens Heinrich zu gewinnen. Dem Zweitgeborenen, der nicht einmal ein Herzogtum zu erwarten hatte — das Herzogtum Schwaben hatte Barbarossa seinem älteren Sohne Friedrich nach dem Tode des bisherigen Inhabers Friedrich von Rothenburg übertragen — gaben sie bereitwillig ihre Stimme. Am 15. August (Mariae Himmelfahrt) 1169 fand die Krönung des vierjährigen Knaben in Aachen statt.

Trotz der verschiedenen Fehden und Streitigkeiten hatten die Kolonisierung und Christianisierung im Norden und Osten die ganze Zeit über gute Fortschritte gemacht. Als Albrecht der Bär am 18. November 1170 starb, wurden seine weit ausgedehnten Lande unter seine Söhne geteilt. Ein gleichzeitiger Geschichtsschreiber faßt das Ergebnis der Tätigkeit Heinrichs des Löwen und der übrigen um jene Gegenden verdienten Fürsten in den Worten zusammen: „Das ganze Slavenland, das an der Eider, der Dänengrenze, beginnt und sich zwischen dem Baltischen Meere (der Ostsee) und der Elbe über weite Strecken bis Schwerin ausdehnt, dies Land, einst infolge der räuberischen Überfälle eine Stätte des Grauens und eine Wüstenei, ist jetzt durch Gottes Huld eine einzige große Sachsenkolonie, in der Städte und Dörfer entstehen, und sich die Zahl der Kirchen und Diener Christi stetig mehrt. Auch Pribislaw, der Abotritenfürst, gab seinen langen Widerstand auf, da er einsah, es nütze ihm nichts, wider den Stachel zu löcken, hielt sich ruhig, zufrieden mit seinem Teile und erbaute Mecklenburg, Ilow und Rostock, in deren Gebiete er Slaven aufnahm. Und weil die slavischen Räuber die Deutschen in Schwerin und Umgebung beunruhigten, wies der Burghauptmann Gunzelin, ein tapferer Mann und Vasall des Herzogs (Heinrichs des Löwen), seine Leute an, jeden Slaven, den sie anderswo als auf der richtigen Straße anträfen und der keinen stichhaltigen Grund dafür nachweisen könne, aufzugreifen und auf der Stelle aufzuhängen. So brachte man, wie es eben ging, die Slaven vom Stehlen und Rauben ab." Die Kolonisation erstreckte sich — wenn auch noch nicht überall zusammenhängend — bis Danzig hin, in dessen Nähe 1170 das Zisterzienserkloster Oliva gegründet wurde. Den Hauptrückhalt für die ganze

Kolonisationstätigkeit bildete die machtvolle Persönlichkeit Heinrichs des Löwen.

Wie in Deutschland selbst, wußte der Kaiser auch in Böhmen und Polen, wo es neuerdings zu Erbstreitigkeiten gekommen war, seine Autorität zu wahren. Ungarn, das ebenfalls unter inneren Unruhen litt, hielt unter Stephan III. allerdings zu Alexander, was jedoch für Deutschland ohne Bedeutung war. — Die internationale Lage begann sich für den Kaiser in diesen Jahren wieder günstiger zu gestalten. Zwischen dem griechischen Kaiser Manuel, der an der Gründung des Veroneser Bundes tätigen Anteil genommen hatte, und Venedig kam es infolge der Handelskonkurrenz 1170—1171 zu einem Kriege. Die zwischen England und Frankreich im Jahr 1167 wieder ausgebrochenen Kämpfe boten Friedrich Gelegenheit zu Verhandlungen auch mit Frankreich, das nun zu Deutschland wieder in freundlichere Beziehungen trat. König Heinrich II. von England erkannte freilich 1172 Alexander an, nachdem die Ermordung des Erzbischofs Thomas Becket wegen dessen Festhalten an den gregorianischen Grundsätzen in der ganzen abendländischen Welt eine ungeheure Aufregung verursacht hatte. Dadurch wurde zwar der Geltungsbereich Calixtus III., der nach dem Tode Paschalis III. 1168 ohne Zutun des Kaisers gewählt worden war, noch weiter eingeengt, an den politischen Machtverhältnissen aber kaum etwas geändert.

Fünfter Italienzug 1174—1178

In Italien hatte Alexander seit 1170 die Oberleitung über den lombardischen Bund selbst in die Hand genommen und verhinderte, daß ihn die Rivalität zwischen Cremona und Mailand sprengte. Ähnlichen Bemühungen des deutschen Kanzlers Christian von Mainz, der 1171 nach Italien kam, um die beiden mit dem Kaiser befreundeten Städte Pisa und Genua miteinander zu versöhnen, die wegen Sardiniens in Fehde lagen, war kein Erfolg beschieden. Christians sonstige Unternehmungen wie etwa die Belagerung von Ancona 1173 blieben ohne größere Wirkung. Immerhin erreichte er, daß die Sache des Kaisers in Rom und Mittelitalien sowie bei den Pisanern und Genuesern nicht völlig aufgegeben wurde. Im September 1174 zog dann Friedrich I. selbst wieder mit einem starken deutschen Aufgebot nach Italien. Verschiedene Städte des lombardischen Bundes gingen zu ihm über. Nach einer längeren ergebnislosen Belagerung Alessandrias brach im Herbst der Kampf von neuem los. Da nun auch der König von Sizilien, Wilhelm II., eingriff und nach Tuscien vorzurücken drohte, sandte der Kaiser den Erzbischof Philipp von Köln nach Deutschland, um ein neues Heer heranzuholen.

Der Kaiser rechnete jetzt vor allem auf Heinrichs des Löwen Hilfe; der konnte zwar bei der großen Selbständigkeit, die die Kronlehensträger bereits besaßen, zur Beteiligung an der Italienfahrt nicht gezwungen werden, doch durfte der Kaiser erwarten, Heinrich der Löwe, für den er schon so viel getan hatte, werde ihn nicht im Stiche lassen. Zu Anfang 1176 trafen sich Friedrich und Heinrich in Chiavenna. Der Herzog zeigte sich aus verschiedenen Gründen schwierig. Welf VI. war nun hochbetagt. Da er Friedrichs wie Heinrichs Oheim war und sein Sohn Welf VII. bereits gestorben, bestanden wegen der künftigen Erbschaftsregelung wohl bereits zwischen den beiden Vettern Spannungen. Die zielbewußte Hausmachtpolitik, die Friedrich trieb, und die Heinrich mit Mißtrauen beobachtete, ließ ihn in dieser Angelegenheit nichts Gutes ahnen. Außerdem stand der Herzog in Beziehungen zu England — im Jahre 1168 hatte er Heinrichs II. Tochter Mathilde geheiratet — und zu Konstantinopel, und beiden Mächten war ein Sieg Barbarossas in Italien nicht erwünscht, England, weil es nun zu Alexander III. stand, und Konstantinopel, weil es immer noch auf Landerwerbungen in Italien rechnete. All das hätte nun freilich Heinrich den Löwen nicht gehindert, den Wunsch des Kaisers zu erfüllen, wenn eine ausgiebige Entschädigung dafür erfolgte. Und so verlangte der Herzog vom Kaiser die Rückgabe Goslars. Bei dem Charakter Heinrichs darf man wohl annehmen, daß dabei auch Prestigegründe mitgespielt haben, und er eine Genugtuung für den ihm abgezwungenen Verzicht vom Jahre 1168 haben wollte, aber das Ausschlaggebende war wohl, daß Goslar damals Sachsens reichste Stadt war. Dem Kaiser war aber Goslar nicht weniger wert als dem Herzog. So verlief die Zusammenkunft in Chiavenna ergebnislos, Friedrich mußte auf die Hilfe Heinrichs verzichten, und dieser erhielt Goslar nicht. Eine ernste Verstimmung auf beiden Seiten war die Folge. — Davon, daß Heinrich mit Rücksicht auf seine Kolonialpolitik so gehandelt hat, kann keine Rede sein. Hätte er Goslar, die Silberstadt, bekommen, dann wäre er unbedenklich nach Italien gezogen. Es ist auch gar nicht ersichtlich, wieso dadurch seine Fortschritte bei den Slaven hätten gehemmt werden sollen. Hatte er doch auch 1172 sein Land auf ein ganzes Jahr verlassen und eine Pilgerfahrt nach Jerusalem gemacht. Dagegen ist für die Beurteilung der Einstellung Friedrichs I. zum Reiche sein Verhalten in Chiavenna sehr aufschlußreich, was viel zu wenig beachtet wird. Wäre ihm Italien wirklich soviel mehr am Herzen gelegen gewesen als Deutschland, wie dies oft behauptet wird, dann hätte er doch wohl die *eine* Stadt für eine Hilfe hingegeben, die ihm der ganzen damaligen Lage nach den Besitz Italiens fast sicher hätte verschaffen müssen.

Mit den Truppen, die ihm Philipp von Köln aus Deutschland zuführte, wollte nun der Kaiser Mailand bezwingen; ein zweites lombardisches Heer sollte von Pavia aus vorstoßen. Die Mailänder erhielten jedoch vor ihrer Einschließung starken Zuzug, und so sah sich Friedrich am 29. Mai 1176 mit tausend deutschen Rittern und fünfhundert Bewaffneten aus Como bei *Legnano* einer mehrfachen Übermacht gegenüber. Er wagte trotzdem den Angriff. Es mag ihn dazu auch die seit Jahrhunderten bewährte Erfahrung ermutigt haben, daß sich noch immer das schwer bewaffnete Ritterheer bürgerlichen und bäuerlichen Fußtruppen weit überlegen erwiesen hatte. Hier aber *siegten zum erstenmal* in einer großen Schlacht Städter über eisengepanzerte und berittene Gegner. Die Lombarden hatten in ihren nun schon seit Jahrzehnten währenden Kämpfen gegeneinander und für und wider den Kaiser sich im Waffenwerk geübt und gelernt, eng aneinander geschart mit Schild und Lanze den Anprall der Ritter aufzufangen und dann, wenn deren Reihen sich aufgelöst hatten, selbst zum Angriff überzugehen. Das Neuartige und Unerwartete dieses Sieges ließ ihn im ersten Augenblick noch größer erscheinen, als er in Wirklichkeit war. Weder hatte der Kaiser im Kampfe den Tod gefunden, wie die Mailänder und ihre Verbündeten erst wähnten, noch hatten seine Truppen allzu schwere Verluste erlitten.

Trotzdem war die Schlacht von Legnano in gewissem Sinne zu einer Entscheidungsschlacht geworden. Barbarossa sah ein, daß sich mit Ritterheeren, bei denen die Aufstellung und die Dauer der Dienstleistung großenteils vom guten Willen der Kronvasallen abhängig waren, der Widerstand der militärisch und wirtschaftlich erstarkten lombardischen Stadtstaaten nicht ein für allemal niederwerfen ließ. Der Kaiser gab deshalb seine bisherige Politik auf und suchte sich mit Alexander zu verständigen. Gelang dies, so verlor der lombardische Bund seinen geistigen Führer und militärischen Organisator, und bei den dann sicher zu erwartenden Feindseligkeiten der Städte untereinander ließ sich so manches erzielen, was auf dem bisherigen Wege nicht zu erreichen war. Auch Alexander war eine Einigung mit dem Kaiser sehr erwünscht. Eine geordnete Leitung der Kirche war unter den schon siebzehn Jahre währenden Unruhen in Italien und bei dem immer noch nicht beigelegten Schisma nicht möglich.

Die Verhandlungen zwischen Papst und Kaiser wurden von deutscher Seite mit großem politischen Geschick geführt. Im November 1176 kam es zu Anagni zwischen dem Papst und den Vertretern des Kaisers zu einem Vorvertrag, dem im August 1177 der **Friede von Venedig** folgte. Bei den mannigfachen sich zum Teil überschneidenden Interessen, wie sie sich aus der großen Zahl der Vertragschließenden und der langen Dauer des Streites ergaben, fehlte es bis zum letzten Augenblick nicht an aufregenden und ein friedliches Ergebnis immer wieder in Frage stellenden Zwischenfällen. Am 24. Juli war es endlich so weit, daß der Papst an den in der unmittelbaren Nähe Venedigs sich aufhaltenden Kaiser Kardinäle schickte, die ihn und die Seinen vom Kirchenbanne lösten. Hierauf brachte der Doge von Venedig Barbarossa in seiner Staatsgaleere „höchst ehrenvoll und unter großer Prunkentfaltung" an das Ufer von Sankt Markus. Am Eingange des Domes erwartete Alexander sitzend den Kaiser.

Es spielte sich nun eine Reihe hochdramatischer Vorgänge ab, wie sie die mittelalterlichen Menschen so sehr liebten, und denen sich alle dabei Beteiligten mit größter Ergriffenheit hingaben: „Den Kaiser packte Gottes Geist, als er sich dem Papste näherte. Friedrich ehrte Gott in Alexander, vergaß seiner kaiserlichen Würde, legte den Mantel ab und warf sich ausgestreckt dem Papst zu Füßen. Unter Tränen hob ihn dieser huldvoll auf, küßte ihn und segnete ihn, worauf die

Deutschen mit lauter Stimme das ‚Te Deum' sangen". Der Kaiser nahm hierauf im Palaste des Dogen Aufenthalt. Am Abend ließ Barbarossa „den Papst durch Boten inständig bitten, am folgenden Tage im Dome des heiligen Markus die feierliche Messe zu singen". Vor deren Beginn „übernahm der Kaiser das Amt eines Marschalls, legte seinen Mantel ab, ergriff eine Rute, trieb die Laien aus dem Chore und schaffte wie ein Türhüter freien Weg für den Papst, der in feierlicher Prozession zum Altare zog". Groß war auch der Eindruck einer Rede des Kaisers bei einer Versammlung am 1. August in einem Saale des Patriarchenpalastes in Gegenwart des Papstes und zahlreicher geistlicher und weltlicher Fürsten. „Alle Welt möge wissen", führte Barbarossa aus, „daß, wenn uns auch der Glanz und Ruhm der Kaiserwürde umstrahlt, wir trotz dieser Würde ein Mensch geblieben sind und die kaiserliche Majestät ein Irren von unserer Seite nicht ausgeschlossen hat. Der Rat schlechter Menschen hüllte uns in das Dunkel der Unwissenheit, und während wir den Weg der Wahrheit zu gehen wähnten, befanden wir uns außerhalb der Pfade der Gerechtigkeit. Denn die Kirche Gottes, die wir zu verteidigen glaubten, haben wir bekämpft, und sie, die wir zu erheben hofften, haben wir fast zerstört ... Wir wollten die Angelegenheiten der Kirche mehr kraft unserer Macht als nach den Grundsätzen des Rechtes regeln, und so verfielen wir naturgemäß in Irrtum. Denn das Recht weist bloße Tatkraft zurück, die Billigkeit läßt Gewalt nicht zu ... Doch da Gottes Güte uns zu unserer Besserung nur für einige Zeit und nicht für immer in die Irre gehen ließ, so mögen alle hier versammelten Gläubigen wissen, daß wir den falschen Wahn ganz von uns geworfen haben ... Den hier gegenwärtigen Herrn Alexander und seine Nachfolger erkennen wir als katholischen Papst an und wollen ihm wie einem Vater die schuldige Ehrerbietung leisten. Wir geben der Kirche, dem erlauchten Könige von Sizilien und den Lombarden, wie vereinbart, den Frieden". Am 14. August fand nochmals eine kirchliche Feier im Markusdom statt, wobei der Papst unter der Zeremonie des Kerzenauslöschens den Bannfluch über alle aussprach, die den Vertrag nicht halten würden.

So rückhaltlos sich bei Anlässen dieser Art die Menschen des Mittelalters von Rührung und edlen Gefühlen ergreifen ließen, verloren sie doch dabei kaum je ihren Vorteil aus den Augen. Keine der am Vertrag von Venedig beteiligten Parteien hatte mehr nachgegeben, als es die gegenseitigen Machtverhältnisse für den Augenblick notwendig erscheinen ließen, und jede hatte sich für die künftige Entwicklung möglichst viele Chancen offen gelassen. Der Kaiser schnitt dabei für seinen Teil jedenfalls nicht schlecht ab. Mit Ausnahme des Halberstädter durften alle deutschen Bischöfe, die der Kaiser während der Kampfzeit eingesetzt hatte, ihre Sprengel behalten, sie mußten nur Alexander als den rechtmäßigen Papst anerkennen. Konrad von Wittelsbach, welcher der eifrigste Anhänger Alexanders in Deutschland gewesen und deshalb aus seinem Erzbistum Köln vom Kaiser vertrieben worden war, erhielt das Erzbistum Salzburg und wurde einer seiner zuverlässigsten Freunde. Mit den lombardischen Städten schloß Barbarossa einen sechsjährigen Waffenstillstand. Der Streit um die Mathildischen Güter wurde nach mißglücktem Ausgleichsversuch in dem Venediger Friedensprotokoll überhaupt nicht erwähnt, sie blieben in der Gewalt des Kaisers, der das von Welf VI. lange vernachlässigte Tuscien schon seit 1162 wieder enger an das Reich anzugliedern begonnen und vor kurzem einen seiner schwäbischen Ministerialen, Konrad von Urslingen, zum Herzog von Spoleto ernannt hatte. Der Plan des Kaisers ging offensichtlich dahin, seine Stellung in Italien ebenso wie in Deutschland durch die Begründung einer starken Hausmacht zu festigen. Der größte Umschwung fand in der Politik gegenüber dem sizilischen Normannenreich statt. Mit Wilhelm II. wurde ein fünfzehnjähriger Waffenstillstand geschlossen, aus dem enge freundschaftliche Beziehungen zwischen Barbarossa und dem sizilischen Könige erwuchsen. Dem Papste gegenüber verzichtete Friedrich I. auf die Reichshoheit über das Patrimonium Petri. Unter dem Schutz der deutschen Waffen zog Alexander im März 1178 in Rom ein, einige Monate darnach erkannte ihn auch Calixt III. an. Auf einer großen Kirchenversammlung im März 1179 zu Rom, wo Alexander noch immer auf die Hilfe von Barbarossas Feldherrn, des Erzbischofs Christian von Mainz, angewiesen war, wurde dann bestimmt: für die Gültigkeit einer Papstwahl sei von nun an eine Zweidrittelmehrheit der abstimmenden Kardinäle notwendig.

Der Kaiser in Burgund. Sturz Heinrichs des Löwen

Der Kaiser war bis zum 18. September 1177 gemeinsam mit Alexander III. in Venedig geblieben, hatte in Italien noch einiges geordnet und war dann im Sommer 1178 nach Burgund geritten. Auch hier zeigte es sich, daß der Friede von Venedig keineswegs eine Minderung seiner Macht bedeutete. Zu Arles, einer der burgundischen Königsstädte, hielt Friedrich einen glanzvollen Hoftag ab, auf dem er sich feierlich die burgundische Königskrone aufs Haupt setzen ließ. Nachdem er noch verschiedene Städte in diesen Gegenden zur Huldigung gezwungen hatte, ritt er nach Deutschland. Ende Oktober traf er in Speier ein. Hier trugen ihm die mit Heinrich dem Löwen verfeindeten Kirchenfürsten von Halberstadt und Köln und Boten Heinrichs des Löwen ihre Klagen vor.

Der Sturz Heinrichs des Löwen gewährt wie kaum ein anderes Ereignis dieser Art Einblick in die Rechts- und Machtverhältnisse dieser Zeit. Auf das Fließende der damaligen Rechtszustände, das uns heut als Unbestimmtheit und Verworrenheit erscheint, wirft schon die Tatsache ein eigentümliches Licht, daß es kaum noch zu ermitteln ist, ob die juristische Grundlage dieses für jene Zeit doch höchst bedeutsamen Prozesses mehr lehensrechtlicher oder mehr landrechtlicher Natur war. Das Landrecht kam wegen Landfriedensbruch in Frage, das Lehensrecht, weil Heinrich durch Veranlassung eines Wendeneinfalls in die Lausitz und verschiedene andere Taten und Unterlassungen sich des Hochverrates und des

Ungehorsams gegen den obersten Lehensherrn schuldig gemacht haben soll. Dabei war aber in den letzten Jahren im wesentlichen nichts anderes vorgefallen als früher schon wiederholt während des Aufenthaltes Barbarossas in Italien. Der Unterschied war nur, daß der Kaiser jetzt nicht mehr zugunsten Heinrichs vermittelte, sondern das förmliche Rechtsverfahren gegen ihn durchführte. Diese Wendung in der Politik Friedrichs war ohne Zweifel durch das Verhalten Heinrichs zu Chiavenna veranlaßt. Da aber damals für diesen keine zwingende lehensrechtliche Verpflichtung vorlag, sich an der Italienfahrt zu beteiligen, wurde diese Angelegenheit im Laufe des Prozesses gar nicht erwähnt.

Wie üblich wurde Heinrich der Löwe zur Verantwortung vor Gericht geladen. Nachdem er dieser Aufforderung zweimal nicht Folge geleistet hatte, wurde er bei dem zweiten Termin, der am 24. Juni 1179 in Magdeburg stattfand, wegen Landfriedensbruch der Reichsacht verfallen erklärt. Die Ankläger waren hier die von Heinrich befehdeten und geschädigten Fürsten, die Urteiler die in Magdeburg anwesenden schwäbischen Großen, da er nach dem noch immer geltenden Stammesrecht als Angehöriger des schwäbischen Hauses der Welfen in dieser Sache nur von Schwaben gerichtet werden durfte. Nun erst wurde das lehensrechtliche Verfahren gegen Heinrich eröffnet, wobei der Kaiser die Klage zu erheben und die Reichsfürsten als Richter zu amten hatten. Es wurden hiefür drei Termine festgesetzt, Heinrich erschien zu keinem; auf dem dritten — im Januar 1180 zu Würzburg — erfolgte die Verurteilung Heinrichs, wobei ihm alle seine Lehen abgesprochen wurden. Am 24. Juni 1180, ein Jahr nach der ersten Ächtung, verfiel er der Aberacht, und der Reichskrieg gegen ihn wurde beschlossen.

Heinrich der Löwe setzte sich zur Wehr. Es gelang ihm auch, die Thüringer zu schlagen und den Landgrafen Ludwig mit vielen Rittern gefangen zu nehmen. Durch sein hochfahrendes, unnachgiebiges Wesen kam Heinrich jedoch jetzt auch mit seinen treuesten Anhängern in Streit. Außerdem machte sich neben den Angriffen der alten sächsischen Gegner das Übergewicht des Kaisers immer mehr fühlbar. Verschiedene fremde Mächte, auf deren Hilfe der Herzog gerechnet hatte, ließen ihn im Stich. England und Dänemark rührten keinen Finger für ihn; der französische König und der Graf von Flandern ließen den Kaiser wissen, daß sie wegen des Sachsenherzogs keinesfalls gegen ihn Stellung nehmen würden. Im Jahr 1181 fiel Friedrich I. in Nordsachsen ein, die Fürsten der Abotriten und Pommern erkannten ihn als ihren Lehensherrn an, Lübeck öffnete ihm die Tore und wurde Reichsstadt. So ergab sich Heinrich auf einem Fürstentag zu Erfurt im November 1181 dem Kaiser, warf sich ihm zu Füßen und überließ sich dessen Gnade. „Der Kaiser hob ihn vom Boden auf, gab ihm einen Kuß und vergoß Tränen darüber, daß zwischen ihnen der Zwist so lange gedauert und sich der Herzog selbst einen so tiefen Sturz zugezogen habe."

Am Schicksal Heinrichs konnte diese rein persönliche und wohl nur durch eine augenblickliche Gemütsbewegung hervorgerufene Anteilnahme des Kaisers nichts mehr ändern. Über die Herzogtümer Heinrichs des Löwen war von Friedrich und den Fürsten schon im Jahr 1180 verfügt worden. Auf einem Reichstag zu Gelnhausen im April war Westfalen vom Herzogtum Sachsen losgelöst und dem Erzbistum Köln angegliedert und Ostsachsen als Herzogtum dem Sohne Albrechts des Bären, Bernhard von Anhalt, übergeben worden. Im September hatte der Kaiser einen seiner Getreuesten, den Pfalzgrafen Otto von Wittelsbach, mit Baiern belehnt, nachdem, wie einst die Ostmark (1156), nun die Steiermark als eigenes Herzogtum davon getrennt worden war. Jetzt wurden Heinrich lediglich seine Eigengüter Braunschweig und Lüneburg zugesprochen, und er mußte sich verpflichten, so lange in die Verbannung zu gehen, bis ihm der Kaiser die Rückkehr gestattete. Heinrich begab sich in das Reich seines Schwiegervaters, erst in die Normandie, dann nach England.

Die deutsche Geschichtsschreibung hat mit Recht von jeher der Auseinandersetzung Kaiser Friedrichs I. mit Heinrich dem Löwen besondere Aufmerksamkeit zugewandt. Für den innerdeutschen Aufbau wurde die Übertragung des um die Steiermark verkleinerten Baierns an die Wittelsbacher, die Errichtung eines eigenen Herzogtums Steiermark und die Neuregelung in Sachsen, die nun dessen Einigung unter einem Herzogshaus erst recht ausschloß und Westfalen dem Rheinlande angliederte, von großer Bedeutung. Daß nun bis zum Interregnum die Entstehung einer übergroßen partikularen Gewalt verhindert wurde, stärkte die Stellung der Monarchie in hohem Maße, dafür wurde das Wiederaufleben des Zwiespaltes Hohenstaufen—Welfen dem Kaisertum und Reich zum Verhängnis. Es handelte sich aber dabei um einen rein dynastischen, keineswegs um einen staatspolitischen Gegensatz.

Die von der Forschung längst als irrig erwiesene Behauptung, die Welfen wären grundsätzlich mehr national und kirchenfreundlich und weniger universalistisch, imperialistisch und papstfeindlich gewesen als die Hohenstaufen, wird dadurch nicht richtig, daß man sie bis zum Überdruß wiederholt, und daß sie zu gewissen vorgefaßten Meinungen so gut paßt. Wie der erste Hohenstaufe auf dem Throne, Konrad III., von den Gregorianern gegen den Welfen Heinrich den Stolzen erhoben worden war und den Erwartungen der Hochkirche dann auch tatsächlich als „Pfaffenkönig" entsprochen hatte, so bekämpfte der erste und einzige Welfe, der die Kaiserkrone gewann, Heinrichs des Löwen Sohn Otto IV., den Papst so schroff und gewalttätig wie kaum je ein Salier oder Staufe. Heinrich der Löwe trieb nur deshalb mit solcher Energie Ostpolitik und versagte sich der Reichspolitik, weil nicht er, sondern Barbarossa die Kaiserkrone trug. Es war aber für die Deutschen jener Zeit ein Glück, daß die Staufer und nicht die Welfen die Träger des Kaisertums waren. Denn — um von Otto IV. ganz zu schweigen — Heinrich der Löwe stand trotz seiner großen Tatkraft und organisatorischen Tüchtigkeit an allgemein politischer Begabung und Herrscherfähigkeit hinter Kaiser Friedrich I. und Heinrich VI.

zurück. Die „wilde Wut“ der Welfen — sie gehörten zu dem Typ des halsstarrigen und unbeherrschten Schwaben wie die Staufen zu dem des geschmeidigen — hätte unter welfischer Reichsleitung wohl schon früher zu der Katastrophe führen müssen, der zwei Menschenalter später die Hohenstaufen nach ruhmvollen und für die deutsche Entwicklung in mancher Beziehung doch sehr segensreichen Taten erlegen sind.

Für die deutsche Ostpolitik bedeutet der Sturz Heinrichs des Löwen, der nicht nur ein großer Machtpolitiker und Kolonisator, sondern auch ein Förderer des höheren Kulturlebens in seinen Ländern war, wenigstens vorübergehend allerdings einen schweren Schlag. Der Heinrich als Sachsenherzog folgende Bernhard von Anhalt besaß nicht die Macht, des Löwen Werk fortzuführen. Bei der Beurteilung der politischen Voraussetzungen für diese Tätigkeit Heinrichs darf man jedoch nicht außer acht lassen, daß auch er nicht aus eigener Kraft allein so Großes hatte schaffen können. Hätte er nicht durch Jahrzehnte an Barbarossa einen so starken Rückhalt gehabt, so hätte sich auch der Welfe nur mit Mühe der ihm feindlichen Gewalten erwehren können. Als Kaiser wären für ihn, auch abgesehen von der Italienpolitik, die ihn bei seinem Charakter und der ganzen Sachlage nach erst recht in Anspruch genommen hätte, die Schwierigkeiten noch mehr angewachsen, weil in den Kämpfen, die sein Leben erfüllten, sich dann der Gegensatz des Herzogs Heinrich zu den sächsischen partikularen Gewalten zu einem Gegensatz des Königs Heinrich zu den partikularen Gewalten im Reich erweitert hätte. Übrigens war bei dem Vordringen der Deutschen nach Osten nicht die einzelne politische Aktion, sondern die deutsche Volkskraft das Ausschlaggebende, und sie hat dann im Laufe der Zeit den von Heinrich dem Löwen beherrschten Raum wirklich dem Deutschtum gewonnen und ist noch weit darüber hinaus vorgestoßen.

Historiker, die die mittelalterliche Kaiserpolitik als verfehlt betrachten, wollen eine Schwächung der königlichen Macht darin sehen, daß die Nutznießer des Sturzes nicht die Krone, sondern einzelne Fürsten, namentlich Otto von Wittelsbach, Bernhard von Anhalt und Philipp von Köln gewesen seien. Die Italienzüge hätten demnach Barbarossa soviele Kräfte entzogen und ihn dem Fürstentum gegenüber so gebunden, daß er keines der beiden erledigten Herzogtümer, weder Baiern noch Sachsen, einem seiner Söhne hätte verleihen können. Nun ist es aber doch erstaunlich, daß Heinrich der Löwe, obwohl er die beiden größten Herzogtümer besaß, nur so lange sich behaupten konnte, als er die kaiserliche Huld genoß, und daß hernach seine Absetzung mit einem nur geringen Aufwand an kriegerischen Mitteln gelang. Das zeigt, was das Königtum trotz der Italienpolitik unter geschickter Ausnützung seiner Schlüsselstellung gegenüber den geistlichen und weltlichen Großen und den miteinander rivalisierenden Dynastenfamilien wirklich durchzusetzen vermochte.

Der Ausbau der staufischen Reichs- und Hausmacht

Dadurch, daß Barbarossa nach dem Sturze Heinrichs des Löwen auf den Versuch verzichtete, dessen Herzogtum an seine Familie zu bringen, beruhigte er die Eifersucht der Fürsten und behielt freie Hand für den Ausbau des Reichsgutes und der staufischen Hausmacht, die damals noch eine organische Einheit bildeten. Der Kaiser bewies damit einen scharfen Blick für den im Aufbau der öffentlichen Gewalten sich anbahnenden Strukturwandel. Dieser wurde durch eine Reihe von Ursachen herbeigeführt, die in beträchtlichem Umfange selbst wieder aufeinander wirkten. Infolge des Aufstiegs der Ministerialen von Gutsverwaltern zu ritterlichen Lehensträgern, des stetig fortschreitenden Überganges vom Fronhof- zum Pachtsystem und des zunehmenden Einflusses der Städte auf das Wirtschaftsleben büßte die Großgrundherrschaft viel von ihrer wirtschaftlichen und staatspolitischen Stellung ein. Aber wenn auch der Ministeriale seinem Lehensherrn gegenüber in manchem freier und selbständiger war als früher, und wenn sich die Einkünfte der Grundherren wenigstens vorübergehend mengenmäßig minderten, so bot dafür dem Lehensherrn seine in den Waffen geübte, ihm zum Wehrdienst verpflichtete und oft mehrere hundert Mann zählende Ritterschaft ein vorzügliches Machtinstrument, auch ließ sich ein beträchtlicher Teil der Einkünfte leichter und nutzbringender verwerten. Die Bezeichnung „Landesherr" kam zwar erst gegen Ende des staufischen Kaisertums auf, aber das Landesherrentum, das sich vornehmlich auf den Erwerb der Gerichtshoheit über die in den Gebieten eines geistlichen oder weltlichen Großen Wohnenden gründete, war schon seit dem Investiturstreit im Werden. Die Herzogtümer, Reichsmarkgrafschaften, Reichsbistümer bildeten dabei nur den Ausgangspunkt, im übrigen mußte in jedem Territorium die Landesherrschaft durch Kauf, Tausch, Erbschaft, Übergriffe auf die bisherigen Rechte des gemeinen Volkes und durch Kämpfe mit den untergeordneten partikularen Gewalten, besonders den Grafen, und mit fürstlichen Rivalen mühsam Stück um Stück aufgebaut werden, wobei sowohl die finanziellen Mittel, als auch die dem einzelnen Herrn zur Verfügung stehende ritterliche Dienstmannenschaft eine gewichtige Rolle spielten.

Nicht die Erwerbung von Herzogtümern, welche die Opposition der Fürsten und unabsehbare Kämpfe hervorgerufen hätte, sondern die Umgestaltung und Vergrößerung des Reichs- und Hausgutes nach Art der sich eben entwickelnden Landesherrschaften war unter den veränderten Verhältnissen der einzige Weg zur Stärkung des Königtums. Man konnte dem Träger der Krone nicht verwehren, dasselbe wie alle Fürsten zu tun, zumal wenn er ihnen durch sofortige Weiterverleihung frei werdender Kronlehen und durch die Bestätigung und Vermehrung ihrer Rechte entgegenkam. Während der Regierung Barbarossas starben mehrere reich begüterte Dynastenfamilien aus, zum Teil als Folge der vielen Todesopfer, welche die Italienzüge forderten. Der Kaiser brachte von diesen Hinterlassenschaften so viel als möglich an sein Haus oder sicherte ihm die Anwartschaft darauf, wenn ein letzter Erbe, wie der hochbetagte Welf VI. († 1191), noch lebte. Friedrich I. ließ sich ferner von vielen Bistümern und Abteien die Vogtei als Lehen übertragen. Auf diese Weise gewann er Regalien, die an die Kirche vergeben waren, für die Krone zurück. Diese Vogteien schlossen vor allem die Gerichtshoheit in sich, die Grundlage des neuen Landesherrentums.

Die Reichs- und staufischen Güter, Gebiete und Gerechtsame „erstreckten sich vom Vogt- und Egerlande, geringfügig unterbrochen, über die an den Südabhängen des Fichtelgebirges liegenden oberpfälzischen Besitzungen und über das Reichsgut um Nürnberg zu den fränkischen Komplexen um Rothenburg und zum Herzogtum Schwaben. Dieses hatten die Staufer in eigener Hand, und in ihm schufen sie sich die festesten materiellen Stützen. Im nördlichen Schwaben lag das Hausschloß Staufen mit dem alten Eigen des Geschlechtes in enger Nachbarschaft zu den Reichsstädten von Gmünd bis Nördlingen und Donauwörth. Wichtiger aber als diese alten Hausgüter war der neuerworbene Besitz aus dem welfischen Erbe, das Heinrich VI. antrat. Es waren die weit ausgedehnten Ländereien und Grafenrechte am oberen Iller und oberen Lech, von Ravensburg und Buchhorn am Bodensee bis Füssen und von der Bregenzer Ache bis Memmingen und Augsburg." Dazu kamen die von verschiedenen aussterbenden oberschwäbischen Geschlechtern, z. B. dem der Pfullendorfer, erworbenen Güter, ferner die Vogteien des Bistums Augsburg und der Abteien Sankt Gallen und Füssen. Die von Otto von Freising in den „Taten Friedrichs I." (Gesta I, 12) als „Hauptkraft des Reiches" bezeichnete Landschaft, das Rheintal von Basel bis Mainz, wurde ebenfalls weithin staufisch. Das Elsaß war von früheren Erbschaften her, und wirtschaftlich und strategisch wichtige Teile des Speier- und Wormsgaues waren von der salischen Erbschaft her im Besitz des staufischen Hauses. Bereits der Schwabenherzog Friedrich II. († 1147) hatte mit großer Tatkraft begonnen, diese Gegenden zum staufischen Machtmittelpunkt auszugestalten, und sein Sohn, Kaiser Friedrich I., setzte mit gleichem Eifer das Werk seines Vaters fort.

Nur weil diese von der Forschung in ihren Einzelheiten längst ermittelte Tätigkeit Friedrichs I., Heinrichs VI. und Friedrichs II. in den meisten Darstellungen übergangen oder doch nur nebenher erwähnt wird, konnte sich das Vorurteil festsetzen, die Staufer hätten die Stärkung der deutschen Königsmacht ihrer Italienpolitik wegen vernachlässigt. Sie hat ihnen im Gegenteil den Ausbau ihrer innerdeutschen Machtstellung wesentlich erleichtert. Denn Italien lieferte ihnen, besonders Heinrich VI. und Friedrich II., bedeutende Geldmittel hierzu. Der voll gerüstete Ritter mit seinem ebenfalls schwer gepanzerten Schlachtroß war gewissermaßen eine bewegliche Festung. Mit einigen Hunderten solcher Streiter ließen sich große und wichtige Dinge unternehmen. Damit aber die Sammlung und der Auszug der eisernen Scharen ungestört vor sich gehen konnte, mußten die Heerstraßen fest in der Hand des Herrschers sein. Außerdem bedurfte er zur Sicherung der Kron- und Reichsgüter in einer Zeit, in der die Kriege hauptsächlich durch plötzliche Überfälle und durch Verheerung des feindlichen Gebietes geführt wurden, starker Stützpunkte. Darum wurden nun die Burgen auf Höhen, die Strom, Straße und die fruchtbare Ebene beherrschten, zum Rückgrat der fürstlichen und namentlich der königlichen Herrschaft. Schon Herzog Friedrich II., von dem man sagte, er schleife am Schwanze seines Rosses immer eine Burg mit, hatte besonders im nördlichen Elsaß und im Bergland der Südwestpfalz mit der Anlage von Burgen begonnen, und seine Nachkommen waren in dem weitausgedehnten staufischen Bereich nicht minder eifrige und umsichtige Burgenbauer; Barbarossa allein brachte allmählich 350 Burgen im Reiche an sich. Nur ein reiches Geschlecht konnte seine Ritterschaft in Wehr und Waffen so glänzend ausstatten, eine so großzügige Burgenpolitik treiben — reich aber wurden die Staufer, zumal von Heinrich VI. an, vor allem durch die Schätze Süditaliens. Die staufische Kaiserherrlichkeit in und außerhalb Deutschlands ruhte auf dem hochgemuten Sinn, der Tapferkeit und Dienstwilligkeit der staufischen Ritterschaft, die das, was sie war, nicht zuletzt auf den Schlachtfeldern Italiens und als Verwalter der kaiserlichen Besitzungen in Italien wurde.

Konstanzer Reichstag 1183. Erwerbung Siziliens. Das Mainzer Pfingstfest 1184

Im Jahr 1183 lief der mit den Lombarden geschlossene Waffenstillstand ab. In äußerst langwierigen Verhandlungen war man zu einer Einigung gekommen. Auf einem Reichstag zu Konstanz fand am 25. Juni der feierliche Friedensschluß statt. Er war, wie seiner Zeit das Wormser Konkordat, ein Kompromiß und trug in vernünftiger Weise den veränderten Verhältnissen Rechnung. Die Oberhoheit des Reiches über die Lombardei blieb gewahrt. Die Städte huldigten dem Kaiser und seinem Sohne König Heinrich, verpflichteten sich beim Aufenthalt des Kaisers in Italien zur Leistung des Fodrums (Lieferung der Lebensmittel für Mensch und Tier) und zur Instandsetzung der Heerstraßen und Brücken. Die von den Bürgern gewählten Konsuln mußten vom Kaiser investiert werden und zwar immer wieder von fünf zu fünf Jahren. Von den städtischen Gerichten konnte man an die kaiserlichen Appellationsgerichtshöfe, die nun in Italien errichtet wurden, Berufung einlegen. Das einst dem Kaiser zum Trutz gegründete Alessandria nahm den Namen Cäsarea, Kaiserstadt, an. Alle übrigen in der Reichsversammlung auf den ronkalischen Feldern 1158 aufgestellten Forderungen gab Barbarossa auf, die Regalien wurden den Städten zugesprochen, ebenso erhielten sie die Gerichtsbarkeit und das Recht, ihre Beamten zu wählen. Der Selbstverwaltung und freien Entwicklung der lombardischen Städte stand also nichts mehr im Wege. Sie waren nun in gewisser Beziehung den Ländern der deutschen

Fürsten gleichgestellt, wo der Kaiser ja auch in der Regel keine unmittelbare Gewalt mehr ausübte. Die lombardischen Städte waren eigentlich nur noch insoweit von dem Kaiser abhängig, als dies für dessen unbehinderte Regierung über Tuscien, das immer mehr zu einem hohenstaufischen Territorium ausgebaut wurde, und für die Verbindung zwischen Deutschland und dem mittleren und südlichen Italien notwendig war.

Die Erwerbung des Königreiches beider Sizilien für sein Haus wurde nun überhaupt der Mittelpunkt der Politik Barbarossas. Da jetzt dieses Reich für die Hohenstaufen und Deutschland eine entscheidende Bedeutung gewann, sei an die Hauptdaten der Geschichte dieses Landes seit seiner Eroberung durch die Langobarden erinnert. Diese hatten 571 ein Herzogtum Benevent gegründet, zu dem mit Ausnahme der noch immer von den Oströmern beherrschten Teile (Gaëta, Neapel, Amalfi, Calabrien) ganz Unteritalien gehörte. Im achten Jahrhundert setzten sich an verschiedenen Punkten dieses Landes die Araber (Sarazenen) fest, die im neunten Jahrhundert das bis dahin oströmisch gebliebene Sizilien eroberten. Im Jahre 870 teilte sich das Herzogtum Benevent in die Fürstentümer Benevent, Salerno und Capua. Verschiedene Versuche der deutschen Kaiser, diese Lande ihrem Reiche anzugliedern, erzielten nur vorübergehende Erfolge. Im 11. Jahrhundert ließen sich, aufgefordert von dem Fürst Waimar von Salerno, 250 normannische Krieger in Unteritalien nieder, die geraume Zeit aus ihrer französischen Heimat Zuzug erhielten. Mit den Päpsten gerieten die Normannen wiederholt in Streit, da sie aber den päpstlichen Truppen weit überlegen waren, einigten sich die Päpste schließlich mit ihnen und gewannen sie als Bundesgenossen. Dem Normannenherzog Robert Guiscard von Apulien (1060—1085) gelang es, die griechische Herrschaft in Unteritalien vollständig zu beseitigen, er bemächtigte sich allmählich überhaupt des ganzen unteritalischen Festlandes, doch blieben hier unter seiner Oberhoheit die bisherigen Feudalgewalten bestehen. Im Jahr 1060 begannen er und sein Bruder Roger auch die Araber auf Sizilien anzugreifen; bei diesen Unternehmungen übernahm Roger mehr und mehr die Führung, 1072 fiel Palermo in seine Hand, 1091 hatte er ganz Sizilien gewonnen, wo er nun bis zu seinem Tode 1101 herrschte. Nach dem Aussterben der Linie Robert Guiscards, der sein Reich unter seine beiden Söhne geteilt hatte, erhielt der Sohn Rogers I., Roger II., im Jahre 1130 als Lehensmann des Papstes zu Sizilien noch Unteritalien, sein Reich hieß nun das Königreich beider Sizilien. Roger II. (1101—1154, 1101—1112 unter Vormundschaft) gelang es, durch eine in seiner Zeit einzig dastehende Duldung in Glaubenssachen und durch kluge Rücksichtnahme auf die Eigenart der verschiedenen in seinem Lande wohnenden Rassen und Völker, der Italiener, Griechen, Langobarden, Normannen, Araber und Juden, alle Teile mit seiner Herrschaft zu versöhnen und zugleich durch eine kraftvolle Regierung, namentlich durch seine fortschrittliche Gesetzgebung und Verwaltung, die den Übergang vom

Lehens- zum Beamtenstaat vorbereitete, einheitlich zusammenzufassen. Wilhelm I. (1154—1166) und Wilhelm II. (1166—1189) setzten die Innenpolitik ihres Vaters und Großvaters fort, doch gewannen unter der vormundschaftlichen Regierung vor Wilhelms II. Volljährigkeit die feudalen Gewalten wieder mehr Selbständigkeit. Der engere Anschluß an die Kurie unter Hadrian IV. (vgl. S. 92) führte zu den Kämpfen der beiden letzten sizilischen Könige mit Barbarossa.

Der Friede von Venedig (1177), der für Deutschland und Sizilien ursprünglich nur in der Form eines Waffenstillstandes für fünfzehn Jahre geschlossen war, brachte nicht nur ein Ende der Kämpfe zwischen Kaiser Friedrich I. und König Wilhelm II., sondern stellte das Verhältnis zwischen Deutschland und dem Königreich beider Sizilien auf eine völlig veränderte Grundlage. Bis dahin galt den Deutschen die Herrschaft der sizilischen Könige nicht als rechtmäßig, weil diese ehemaliges Reichsland in Unteritalien sich vom Papste hatten zu Lehen geben lassen. Die langwierigen Verhandlungen zwischen Barbarossa und dem sizilischen Gesandten in Venedig hatten zur Anerkennung des sizilischen Königtums durch den Kaiser geführt. Als dieser seine Machtposition in Mittelitalien-Tuscien immer mehr ausbaute und nach dem Konstanzer Friedensschluß mit den lombardischen Städten (1183) dem Papsttum gegenüber eine überlegene Stellung hatte, mußte dem sizilischen Könige an der Freundschaft des Kaisers mehr als an der des Papstes gelegen sein. Wilhelm II., der ohne Leibeserben war, glaubte nun sich und die Zukunft seines Reiches am besten dadurch zu sichern, daß er seine Einwilligung gab zur Verlobung der künftigen Thronerbin Konstanze, einer nachgeborenen Tochter König Rogers II., mit Heinrich, dem bereits zum Könige von Deutschland erhobenen zweiten Sohn Barbarossas. An dem höheren Alter der Braut, sie zählte elf Jahre mehr als ihr neunzehnjähriger Bräutigam, nahm man bei solchen lediglich aus politischen Rücksichten geschlossenen Verbindungen keinen Anstoß. Die Verlobung fand während eines Aufenthaltes des Kaisers in Italien am 29. Oktober 1184 statt, auch die Vermählung wurde in Italien und zwar am 27. Januar 1186 vollzogen. Die Deutschen sahen in diesem Übergreifen auf Sizilien nicht etwa eine abenteuerliche Politik, sondern nur die Wiedergutmachung eines Unrechtes. „So kamen diese Lande", schreibt ein Chronist aus jener Zeit, „wieder an das deutsche Reich, nachdem sie von Roger II., der den Papst Innozenz II. gefangen genommen und ihm den Königstitel abgepreßt hatte, nach Lothars Tod dem Reiche entrissen worden waren."

Drei Monate vor Abschluß der Verlobung Heinrichs mit Konstanze, am Pfingstfeste 1184, hatte der Kaiser seinen beiden ältesten Söhnen, Herzog Friedrich und König Heinrich die Schwertleite erteilt, sie „zu Rittern geschlagen", wie es nun heißt. Eine große Zahl Fürsten und Tausende von Rittern waren zu diesem Mainzer Hochfeste erschienen, einem der glänzendsten des ganzen Mittelalters. Mit verschwenderischer Freigebigkeit verteilten der Kaiser und die Großen reiche Gaben an fahrende Ritter, Spielleute, Gaukler und Gauklerinnen. Voll Staunen berichtete der Dichter Heinrich von Veldeke darüber: „Für viel tausend Mark ward dort verzehrt und verschenkt. Ich glaube, alle jetzt Lebenden haben nie ein größeres Fest gesehen. Was freilich später noch geschehen wird, weiß ich nicht, kann es auch nicht schildern... Dem Kaiser Friedrich wurden soviel Ehren zuteil, daß man ohne zu lügen immer mehr Wunderbares davon erzählen kann bis an den jüngsten Tag". Nicht mit Unrecht zählen die zeitgenössischen Aufzeichner bei solchen Anlässen mit großem Eifer auf, wer zu dem Feste kam, und welcher Aufwand dabei getrieben wurde. Denn solche Tage bedeuteten mehr als eine Gelegenheit zu prunken und zu prassen. Man strengte sich nicht an, von weit her mit großem Kostenaufwand am Hofe eines Herrschers zu erscheinen, von dem man nichts zu erwarten und nichts zu fürchten hatte. Der nachhaltige Eindruck, den das Mainzer Pfingstfest bei allen Beteiligten hinterließ und überall hervorrief, wohin die Kunde davon drang, ist ein Zeugnis für die überragende Persönlichkeit Barbarossas und für die Macht und die Herrlichkeit, die das Reich unter ihm und durch ihn wieder gewonnen hatte.

Kriegsgefahr mit Frankreich. Opposition der Kurie und des Kölner Erzbischofs

In Polen hatte Kasimir II. seinen Bruder, Herzog Mesico III., verjagt, wurde aber zur Anerkennung der deutschen Oberhoheit gezwungen. Dänemark, wo seit Waldemar I. (1157—1182) und unter dessen Sohn Knut VI. (1182—1202) geordnete Verhältnisse herrschten, entzog sich dem deutschen Einfluß; Knut machte sogar den Pommernfürsten Bogislaw I., der gegen ihn auf Veranlassung des Kaisers zu Felde gezogen war, zum dänischen Vasallen. Im Westen kam es unter den Grafen und Herzogen von Flandern, Hennegau, Limburg und Brabant zu verschiedenen Verwicklungen, die zu einem Kriege mit Frankreich zu führen drohten. „Über ganz Gallien ging dieser Sturm und erschütterte es allenthalben; nördlich der Alpen gab es keinen Ort, an dem man das Grollen nicht vernommen hätte", bemerkt ein Chronist schon zum Jahr 1182. Im Sommer 1185 war es so weit, daß König Heinrich losschlagen wollte, da verbot es ihm sein Vater Barbarossa von Italien aus. Im Frühjahr 1186 wurde in aller Form zwischen den niederrheinischen Fürsten und Frankreich Frieden geschlossen.

Obwohl die Deutschen Alexander III., der am 30. August 1181 starb, und Lucius III. (1181—1185) gegen ihre italienischen Feinde unterstützten, kam es zwischen dem Kaiser und der Kurie immer wieder zu Zwistigkeiten. Erst konnte man sich über die Mathildischen Lehen nicht einigen, und als durch die Verlobung des deutschen Königs mit Konstanze von Sizilien die völlige Umklammerung des Kirchenstaates durch die Hohenstaufen in unmittelbare Nähe gerückt wurde, legte es die Kurie geradezu auf den Ausbruch eines Streites an. Das gewalttätige Vorgehen König Heinrichs in Deutschland und Italien gab allerdings der Kurie berechtigten Grund zu Klagen. Andererseits mußte der Kaiser das Verhalten des Papstes bei der Neubesetzung des Trierer Bischofsstuhles im Jahre 1183 als offene Verletzung seines guten Rechtes betrachten. Er hatte den von der Majorität Gewählten investiert, der Gegenkandidat Folmar aber wandte sich an den Papst, der für ihn Partei nahm. Nach dem Tode Lucius III. wählten die Kardinäle einen ausgesprochenen Feind Barbarossas, Urban III., zum Papste. Der war besonders auch darüber erbittert, daß die Hochzeit König Heinrichs in Mailand (1186) gefeiert wurde. Die Mailänder hatten den Kaiser darum gebeten. Die Feier, zu der außer zahlreichen Deutschen Italiener aus der ganzen Lombardei, aus Tuscien, Campanien, Apulien und Sizilien herbeiströmten, wurde „zu einem Ruhmestag für das Reich", zu einem Friedens- und Versöhnungsfeste. „Der Kaiser schwamm in Freude über die mannigfachen Beweise der Ergebenheit und des Gehorsams der Lombarden." Da sich Mailand bereits 1185 verpflichtet hatte, dem Kaiser bei seinem Kampf um die Mathildischen Güter beizustehen, und nur noch wenige Städte wie Cremona und Verona in ihrer Feindschaft gegen ihn verharrten, nahm die Kurie, wie immer in solchem Falle, die Verbindung mit den Gegnern des deutschen Herrschers in seinem eigenen Lande auf.

In Deutschland hatte Erzbischof Philipp von Köln allmählich alle unzufriedenen weltlichen und geistlichen Großen um sich gesammelt. Der eigentliche Anlaß hierzu hatte sich aus seiner Belehnung mit Westfalen (vgl. S. 116) ergeben. Philipp war damit sozusagen auch der Erbe des sächsischen Partikularismus geworden, da es bei der wirtschaftlichen und politischen Organisation des neugewonnenen Gebietes und seiner Eingliederung in das Territorium des Erzstiftes Köln zu mancherlei Zusammenstößen mit den hohenstaufischen Reichsinteressen kam. Geschickt gebärdete sich Philipp dabei als Vorkämpfer der Kurie und der deutschen Kirche. Urban III. verlangte nämlich, der Kaiser solle das Spolienrecht aufgeben, nach dem beim Tode eines Bischofs oder Reichsabtes dessen persönliche Habe und, während der Sedisvakanz eines Stiftes, dessen Einkünfte an den König fielen; ferner forderte der Papst den Verzicht auf verschiedene andere das Kirchengut betreffende Rechte des deutschen Königs. Die Verbindung Philipps mit Ludwig III. von Thüringen, der eine Frau aus dem dänischen Königshause hatte, ferner mit den Grafen von Holstein und Flandern und dem Herzog von Brabant, das Hereinspielen des Trierer Kirchenstreites, da Urban III. Folmar und den Erzbischof Philipp zu seinen Legaten in Deutschland machte, ließen die antistaufische Bewegung einige Zeit bedrohlich anschwellen. Als aber der Kaiser nach Deutschland zurückkehrte und Ende November 1186 zu Gelnhausen eine stark besuchte Reichsversammlung abhielt, stand der deutsche Klerus in seiner überwältigenden Mehrheit zum Kaiser. Im Laufe eines Jahres gelang es ihm, fast alle Anhänger des Kölner Erzbischofs zu sich herüberzuziehen. Auch Urban, der wegen Streitigkeiten mit den Römern schon seit längerem in Verona wie in einer Art Verbannung lebte und in seiner Bewegungsfreiheit sehr gehemmt war, lenkte nun ein, starb aber, ehe er die von ihm geplante Absetzung seines Trierer Erzbischofs Folmar vorgenommen hatte.

Barbarossas Kreuzzug und Tod

Der Sieg Sultan Saladins über die Christen in Palästina und die Eroberung Jerusalems am 3. Oktober 1187 führte nach Urbans III. Tod einen vollständigen Umschwung der Politik der Kurie herbei. Die Kardinäle wählten Gregor VIII. (Oktober bis Dezember 1187) und dann Clemens III. (1187—1191). Beide Päpste kamen den Wünschen des Kaisers in jeder Beziehung entgegen, um einen gemeinsamen Kreuzzug des Abendlandes zu ermöglichen. König Heinrich, den sein Vater auf der Hochzeit in Mailand 1186 gegen den Willen Urbans III. zum „Cäsar" ernannt hatte, wurde nun von Gregor als „erwählter Kaiser der Römer" anerkannt, und Clemens III. versprach auch dessen Krönung zum Kaiser. Auf einer Reichsversammlung zu Mainz im März 1188, die er als den „Hoftag Jesu Christi" einberufen hatte, nahm der Kaiser das Kreuz. Erzbischof Philipp von Köln fügte sich hier dem Kaiser und zahlte gemeinsam mit den Kölner Bürgern ein Bußgeld.

Als Ausgangspunkt für den Kreuzzug wurde Regensburg gewählt. Vom Anfang des Jahres 1189 bis zum 11. Mai sammelten sich hier die Kreuzfahrer. Es war diesmal ein vorzüglich ausgerüstetes Ritterheer von etwa zwanzigtausend Mann, nicht wie unter Konrad III. eine bunte Mischung von allerlei Volk. Der Kaiser traf in Regensburg noch die letzten Bestimmungen für seine Söhne: Herzog Friedrich von Schwaben wurden die Erbschaft des Grafen von Pfullendorf und die Güter des alten Welf VI. zugesprochen; König Heinrich wurde zum Regenten des ganzen Reiches ernannt, Otto erhielt Burgund als Erbe der im Jahr 1184 verstorbenen Kaiserin Beatrix, Konrad die zur Herrschaft Rothenburg gehörenden Güter, der jüngste Sohn Philipp war für die geistliche Laufbahn bestimmt.

Das Kreuzheer zog unter des Kaisers Führung die Donau hinab bis Semlin, hierauf quer durch den Balkan bis Adrianopel, das von Barbarossa wegen der verräterischen Haltung des griechischen Kaisers Isaak Angelos im Sturm genommen wurde. Barbarossa besetzte das ganze Land von Adrianopel bis Mazedonien hin und überwinterte hier. Im März 1190 setzte er auf Schiffen, die Isaak hatte stellen müssen, bei Gallipoli über das Meer. Das deutsche Heer konnte ohne größere Verluste das Innere von Kleinasien durchqueren, eine militärische und organisatorische Leistung höchsten Ranges, die den alten Kaiser nochmals in seiner ganzen Größe erkennen läßt. Am 14. Mai erfocht er einen glänzenden Sieg über die Türken. Wenn man auch noch auf schwere Mühen und manche blutige Schlacht gefaßt sein mußte, war man des endgültigen Erfolges im deutschen Heere doch schon gewiß. Da ertrank der Kaiser am 10. Juni, als er in der Nähe von Seleukia in Kilikien bei glühender Hitze in den kalten Gebirgswassern des Saleph sich erfrischen wollte. Daraufhin gaben viele Deutsche den Kreuzzug auf und kehrten in die Heimat zurück. Die übrigen folgten Friedrich von Schwaben, der die Gebeine seines Vaters in Tyrus bestattete.

Von Kaiser Heinrich V. hatte sich das Volk erzählt, er sei nicht gestorben, sondern lebe in einer Wüstenei oder in einem englischen Kloster, und mancher schenkte einem Betrüger Glauben, der sich im Jahre 1138 in Solothurn für diesen Kaiser ausgab. Viel weitere Verbreitung fand später der Glaube an die Wiederkehr Kaiser Friedrichs II. Beide Male hat sich die Sage einer dem Volksempfinden rätselhaften Persönlichkeit bemächtigt, auf deren Tod Notzeiten folgten mit Schwäche des Reiches nach außen und Fehden und Unruhen im Innern, die gerade dem Bauern und Bürger Tränen und Blut erpreßten. Allmählich gingen die Sagen und Prophezeiungen von dem hehren und milden Kaiser, der nach Gottes Willen wiederkommen, seinen Schild an einem dürren Baum aufhängen, Friede und Wohlfahrt bringen werde, von Kaiser Friedrich II. auf Friedrich I., den Barbarossa, über. Diese „Verwechslung" war keine zufällige. Denn Ruhm, Glanz und Macht der mittelalterlichen deutschen Kaiserherrlichkeit verkörpert, zumal in einer das Volk unmittelbar überzeugenden Form, keiner so wie Kaiser Friedrich Rotbart. Die Theokratie Kaiser Heinrichs III., das Weltreich Kaiser Heinrichs VI., die Staatsallmacht Kaiser Friedrichs II. im fernen Lande sind letzten Endes für das deutsche Volk etwas Wesensfremdes geblieben. Der Barbarossa hat seinen Enkel, den „stupor mundi", das Erstaunen der Welt, aus dem Kyffhäuser verdrängt, weil sich die unvergängliche Hoffnung nicht an den Komplizierten, nicht an den Vollender eines Zeitalters, sondern immer wieder an den einfachen, kraftvollen Helden knüpft, der seinem Volk ein neues Zeitalter heraufführt. Das deutsche Volk erwartete Barbarossa gerade deshalb als seinen Retter, weil er, mochte ihm auch ein eisgrauer Bart im Bergesschacht gewachsen sein, der beste deutsche Ritter mit ewig jungem, immerdar frohem und kühnem Herzen war.

Kaiser Heinrich VI.

1190—1197

Die weltpolitische Lage bei Heinrichs VI. Regierungsantritt

Weltpolitik, die Europa, Vorderasien und Nordafrika umfaßte, gab es seit dem Ende der Antike erst wieder von der Zeit der Kreuzzüge, namentlich vom dritten Kreuzzuge (1189—1192), an. Es war allerdings schon vorher des öfteren innerhalb dieser fast ständig von irgendwelchen Kämpfen erfüllten Welt zur Zusammenfassung und zu Zusammenstößen größerer Machtgruppen gekommen. Das oströmische, das karolingische und das römisch-deutsche Kaisertum und, seit Gregor VII., das Papsttum hatten auch bis dahin eine Art Weltpolitik getrieben, wenn man gelegentlichen Gesandtschaftsaustausch und Vereinbarungen über einzelne Angelegenheiten so nennen will. Aber eine internationale und imperialistische Politik in unserem heutigen Sinne war doch erst wieder möglich, als die Beziehungen der einzelnen Reiche untereinander und auch die Zustände innerhalb der einzelnen Länder auf die gesamte Weltlage einwirkten und von dieser Rückwirkungen auf die verschiedenen Reiche erfolgten, ferner nachdem die Herrscher in Ministerialität, Rittertum und Söldnertum Werkzeuge für eine internationale und imperialistische Politik erhalten hatten.

In Deutschland schien zu Beginn des dritten Kreuzzuges der Frieden gesichert. Erzbischof Philipp von Köln stand König Heinrich in der Reichsleitung treu zur Seite, und Heinrich der Löwe, der im Jahre 1185 mit Genehmigung des Kaisers aus der Verbannung zurückgekehrt war, hatte sich 1188 durch einen Schwur verpflichtet, Deutschland während des Kreuzzuges nochmals auf drei Jahre zu verlassen. Aber der Welfe kümmerte sich schon wenige Monate nach dem Aufbruche Barbarossas ins Heilige Land um den Eid nicht mehr und fiel in Sachsen ein. Heinrich dem Löwen schlossen sich nicht nur in Deutschland manche Große an, sondern er fand nun auch, anders als bei seinem Sturze, von Dänemark und England Hilfe. Knut VI. hatte eine Tochter Heinrichs des Löwen geheiratet und stand seit seinem Regierungsantritt (1182) mit Kaiser Friedrich I. auf gespanntem Fuß. König Richard Löwenherz von England betrachtete sich nicht nur als Schwager Heinrichs des Löwen, dem er sehr zugetan war, sondern auch, da er der Bruder Johannas, der Witwe des am 18. November 1189 gestorbenen König Wilhelms II. von Sizilien, war, als Gegner der Hohenstaufen.

Außer dem hohenstaufisch-welfischen Gegensatz erschütterte Europa noch der französisch-englische oder richtiger der zwischen dem Hause der Capetinger und dem der Anjou-Plantagenet, das als Erbe der normannischen Herzöge die Normandie und die Bretagne, ferner von Heinrich II. her, dem Sohn des Grafen Gottfried von Anjou und der Mathilde, Tochter König Heinrichs I. von England, Anjou, Maine und Touraine, und durch Heinrichs II. Ehe mit Eleonore Poitou, Guyenne und die Gascogne auf französischem Boden als Lehen der Krone Frankreichs besaß. König Philipp II. Augustus von Frankreich (1180—1223), der mit unermüdlicher Tatkraft und großem politischen Geschick sich um die Unterordnung der partikularen Gewalten unter die Krone bemühte, kam natürlich bald mit dem mächtigsten Kronlehensträger seines Reiches, der ihm zudem als König von England gleichgestellt war, in Streit. Die Auseinandersetzung zwischen Philipp August und König Heinrich II. und Richard Löwenherz brachte noch dadurch eine besondere Verwirrung in die europäischen Verhältnisse, daß das englische Königshaus in sich selbst gespalten war und so der französische Herrscher erst mit den drei älteren Söhnen Heinrichs II. und dann unter Richard Löwenherz mit dessen Bruder Johann ohne Land in Verbindung trat. Es ergab sich daraus zeitweilig eine Machtgruppierung, bei der auf der einen Seite Heinrich VI. von Deutschland, Philipp August und Johann ohne Land, auf der anderen die Welfen mit ihrem Anhang in England und Dänemark und die sizilischen Gegner Heinrichs VI. standen.

Ebenso war die islamitische Welt in starker Bewegung. Im elften Jahrhundert hatten die Seldschuken, ein türkischer Stamm aus der Bucharei, die Herrschaft über Persien an sich gerissen. Saladin, ein Neffe Seldschuks, des Begründers der Macht seines Stammes, vertrieb im Jahr 1171 die ägyptischen Fatimiden und unterwarf sich 1174 Syrien. Saladins Sieg über die Christen im Heiligen Lande und seine Eroberung Jerusalems waren der Anlaß zum dritten Kreuzzug gewesen. Vor allem wegen des englisch-französischen Gegensatzes haben ihn die christlichen Völker des Abendlandes nicht gemeinsam unternommen, sondern erst war Barbarossa allein, dann Richard Löwenherz von Marseille aus, das damals noch nicht zu Frankreich gehörte, und schließlich Philipp II. von Genua aus aufgebrochen. Im September 1190 trafen beide Könige in Messina ein, Richard Löwenherz sechs Tage nach Philipp. Das Land befand sich in hellem Aufruhr. König Wilhelm II. war am 18. November 1189 gestorben und hatte, wie schon mit Barbarossa vereinbart war, sein Reich der Gemahlin des deutschen Königs hinterlassen. Gegen Konstanze und vor allem wegen der zu erwartenden Herrschaft Heinrichs VI. hatte sich bald nach Wilhelms Tod eine starke Opposition gebildet, die wiederum in zwei Parteien gespalten war. Die eine trat für den bisherigen Großkämmerer Roger von Andria, die andere für den Grafen Tankred von Lecce ein, der einer illegitimen Seitenlinie des Königshauses entstammte. Bei der Landung der Kreuzfahrer auf Sizilien hatte Tankred bereits das Übergewicht gewonnen, doch herrschte noch keineswegs Ruhe im Lande. Richard Löwenherz machte als Schwager des verstorbenen Königs allerlei Ansprüche geltend, nahm Messina mit stürmender Hand und scheint ursprünglich an die dauernde Besitzergreifung wenigstens eines Teiles von Sizilien gedacht zu haben. Schließlich einigte er sich aber doch mit Tankred, dem er eine ungeheure Summe erpreßte, wofür Richard ein Schutz- und Trutzbündnis mit ihm schloß.

Bereits auf Sizilien verletzte Richard durch hochfahrendes Wesen den französischen König. Ende März 1191 segelten beide getrennt nach Palästina, wo es dann wiederum verschiedentlich zu Reibungen zwischen ihnen kam. Philipp fuhr im August 1191 nach Frankreich zurück. Abgesehen von der Eroberung Akkons im Juli 1191, die hauptsächlich das Verdienst Richards war, hatte das Kreuzheer keine größeren Erfolge errungen. Der englische König, der wegen seiner persönlichen Tapferkeit und kriegerischen Tüchtigkeit schon bisher der weitaus angesehenste Fürst unter den Kreuzfahrern war, galt nach Philipps Abreise als ihr eigentliches Oberhaupt. Da aber Richard Löwenherz durch seinen Hochmut und seine Ungerechtigkeit bei der Beuteverteilung die Angehörigen aller anderen Nationen aufs schwerste gekränkt hatte, konnte er keinen entscheidenden Schlag mehr gegen Saladin führen und schloß mit ihm am 1. September 1192 einen Waffenstillstand auf drei Jahre. Es war ohne Zweifel die Schuld Richards, daß durch den dritten Kreuzzug nicht mehr erreicht wurde, als daß den Christen Antiochia und die Küstenstädte blieben, und daß sie zum Heiligen Grabe in Jerusalem pilgern durften. Richard und der Rest des Kreuzheeres kehrten in die Heimat zurück.

Wenn auch infolge des Todes Barbarossas und der Mißhelligkeiten der Christen untereinander der Ausgang des Kreuzzuges keineswegs den großen Erwartungen bei seinem Beginn und den gewaltigen Anstrengungen während seines Verlaufes entsprach, so hatte doch die Eroberungslust und Kriegsbegeisterung im Abendlande erneut einen starken Antrieb bekommen. Die Idee, sich des ganzen Morgenlandes und auch des oströmischen Kaiserreiches zu bemächtigen, dessen Herrscher den Kreuzheeren, namentlich dem Barbarossas gegenüber eine so zweifelhafte Rolle gespielt hatten, und dessen innere Schwäche bei dieser Gelegenheit offen zutage getreten war, übte auf die ganze ritterliche Welt einen unwiderstehlichen Zauber aus. Man vergaß darüber nicht das alte Ziel der Kreuzzugsbewegung, die Befreiung des Heiligen Landes und den Kampf gegen die „Ungläubigen", aber man lenkte immer mehr in imperialistische Bahnen ein. Was früher nur ein gelegentlich auftauchendes Wunschbild war, schien in greifbare Nähe gerückt: die Errichtung eines Abend- und Morgenland umfassenden Weltkaisertums. Diese Pläne, die das abenteuersüchtige, seinem innersten Wesen nach international gerichtete Rittertum so mächtig erregten, traten nach Saladins Tod, der schon fünf Monate nach Abschluß des Waffenstillstandes starb, noch mehr in den Vordergrund. Nun, da der kühne und gewaltige Held der „Heidenschaft" nicht mehr am Leben war, mußte das große Werk gelingen.

Wir können das Umsichgreifen dieser Idee deutlich an der zunehmenden Verbreitung des Sonnen- und Mondsymbols beobachten. Ursprünglich, in Babylon, dann im Mithraskult, der auch im römischen Reich weite Verbreitung fand, hatte es rein religiöse Bedeutung. Auf dem Kaisermantel Heinrichs II., der noch im Domschatz zu Bamberg erhalten ist, war es ebenso wie die dreihundertfünfundsechzig Schellen am Mantel der sächsischen Kaiser wohl noch in erster Linie ein kosmisches Symbol. Im Zeitalter des ritterlichen Imperialismus gewinnt es einen ausgesprochen imperialistischen Charakter. Richard Löwenherz hat auf seinen Siegeln rechts und links vom thronenden König erst eine Mondsichel mit einem Stern, später aber Sonne und Mond. Ebenso ließ sich der Welfe Otto IV. mit Sonne und Mond darstellen.

Man muß sich die hier kurz skizzierte Weltlage und Weltstimmung vor Augen halten, um Heinrichs VI. weit ausgreifende, in den letzten Jahren sich scheinbar im Uferlosen verlierende Politik zu verstehen. Wenn man sagt, sie wäre nichts anderes, als die folgerichtige Fortführung und Ausgestaltung der bisherigen Kaiser- und Italienpolitik der deutschen Herrscher gewesen, so ist dies insoweit richtig, als das römische Kaisertum von jeher und auch noch in seiner mittelalterlich-deutschen Abwandlung den Anspruch auf die Oberhoheit über die ganze Welt, die schon christliche und die noch zum Glauben zu bekehrende heidnische, in sich schloß. Aber das Weltkaisertum, wie es jetzt unter dem Einfluß der eben geschilderten Verhältnisse und der Lehre der Juristen aufgefaßt zu werden begann, war nicht mehr das Ottos des Großen und seiner Nachfolger. Ihr Kaisertum mit den unmittelbar zum Reiche gehörenden Gebieten und mit den seiner Oberhoheit sich beugenden Vasallenstaaten wie Böhmen und Polen, ferner mit den selbständigen Reichen wie Frankreich und England zeigte ursprünglich eine gewisse Ähnlichkeit mit der altgermanischen Hausherrlichkeit des Familienhauptes. Ihr entsprachen die mannigfachen Abstufungen: Gehorsamsverpflichtung der der Hausgewalt völlig Unterstehenden; Einordnung der in loserem Zusammenhang mit der Hausgemeinschaft Lebenden; und die Anerkennung eines bloßen Ehrenvorrangs mit gelegentlichen schiedsrichterlichen Funktionen gegenüber unabhängig gewordenen Familienvorständen. Das neue Kaisertum kannte der Idee nach nur noch einen Herrn, den Kaiser. Für die Stellung seiner Untertanen wäre es gleichgültig geworden, ob sie von dem ehemaligen Herrenvolke abstammten oder den unterworfenen Provinzen angehörten.

Der Imperialismus des staufischen Zeitalters wird oft auf das Wiederaufleben des alten römischen Rechtes zurückgeführt. Bücher einer entschwundenen Epoche, ob sie nun der religiösen, philosophischen oder sonst einer Sphäre angehören, treten aber nur dann wieder in den Kreislauf des Geschehens ein und wirken als Zünd- und Gärstoff, wenn ihre Ideen der neuen Zeitstimmung entgegenkommen. Diese aber haben damals nicht die italienischen Ausleger des römischen Corpus iuris geschaffen, sondern der ritterliche Weltimperialismus, der dann freilich für seine juristische Begründung auf die römische Form zurückgriff, wie er auch die Helden der römischen Dichtung gern zu seinen eigenen machte. Der Kaiser Herr der Welt und zwar im wörtlichen, nicht mehr in jenem weiten und unbestimmten Sinne des germanischen früheren Mittelalters, das ist die Kaiseridee der ritterlichen Epoche, des ritterlichen Staatsmannes wie Rainald von Dassel, des ritterlichen Sängers wie Walther von der Vogelweide und ebenso des weltabgewandten Mönches in der Klosterzelle, eines Cäsarius von Heisterbach, dem das römische Kaiserreich alle Königreiche an Glanz und Größe so herrlich überstrahlt wie die Sonne alle Gestirne, und der liebenden Frau, die wie die Heloise des Abälard keinen stärkeren Ausdruck für die Hingabe an den Geliebten weiß, als daß sie es „für würdiger und süßer erachtet, seine Geliebte zu heißen, als wenn sie heute der Kaiser, der Herr der Welt, der Ehre seines Ehebettes teilhaft machte und für immer über die ganze Welt gebieten ließe".

Die Weltherrschaftspläne Heinrichs VI. bedeuteten also doch dem früheren Kaisertum gegenüber etwas Neues, und ihr Gelingen hätte die Entwicklung des deutschen Nationalstaates schwer gehemmt. In Wirklichkeit kam es infolge der kurzen Regierungszeit Heinrichs VI. nicht zu diesem Umschwung. Heinrich VI. aber darum zu schelten, daß er sich dem Zauber dieser Weltreichspläne hingegeben hat oder daß er, wie andere meinen, die angeblich von vornherein verfehlte mittelalterliche Kaiser- und Italienpolitik der katastrophalen Wendung entgegengeführt hat, ist lebensfremde, papierene Wissenschaft. Die begreift freilich nie, daß der geborene Herrscher dem Ruf seiner Zeit zu weltwendender Tat, selbst auf die Gefahr hin, alles zu verlieren, aus innerer Notwendigkeit folgt. Im übrigen wurde außerdem für Heinrich VI. aus denselben Gründen wie für seinen Vater Italien zum Kernproblem seiner Reichspolitik.

Erster Italienzug. Schwierigkeiten in Deutschland

Zunächst hatte Heinrich VI. freilich ganz andere Sorgen als die um die Gewinnung der Weltherrschaft. Sollte ihm Sizilien nicht verlorengehen, dann mußte er so bald als möglich nach dem Süden aufbrechen. Er kam deshalb im Juli 1190 in einem zu Fulda abgeschlossenen Vertrag den Welfen sehr entgegen. Im Januar 1191 begab er sich nach Italien, wo ihm zwar die meisten lombardischen Städte huldigten, aber der eben neu gewählte Papst Coelestin III. die Kaiserkrone verweigern wollte. Die Kurie begünstigte Tankred von Lecce, außerdem erhob sich beim Erscheinen Heinrichs in Italien sofort wieder die Frage um die Mathildischen Länder. Heinrich lieferte die kaisertreue Feste Tusculum den Römern aus, die schon seit langem einen leidenschaftlichen Haß auf deren Bewohner hatten. Diese Übergabe war zwar, wie ein zeitgenössischer Chronist bemerkt, eine große Schmach für das Reich, aber der Realpolitiker Heinrich kümmerte sich wenig um die Preisgabe von Kleinerem, wenn er damit Größeres erreichen konnte. Die Römer standen nun zu ihm, und um sich in der Ewigen Stadt behaupten zu können, mußte Coelestin am 14. April ihn und seine Gemahlin Konstanze krönen. Heinrich wandte sich gegen Neapel, das er von der Landseite aus angriff, während eine pisanische Flotte den Hafen blockierte und eine genuesische zu seiner Unterstützung herbeieilte. Aber Tankreds Admiral durchstieß die Sperre, und Neapel, das sich vorsichtig nur auf die Verteidigung beschränkte, war nicht zu nehmen. Als eine Seuche im kaiserlichen Heer ausbrach, die auch Heinrich ergriff, sah er sich gezwungen, die Belagerung aufzugeben. Der kranke Kaiser begab sich nach Mailand. Da sich auch hier die Lage durch die Feindseligkeiten der miteinander im Streit liegenden lombardischen Städte für Heinrich bedrohlich gestaltete, trat er im Dezember 1191 die Heimreise nach Deutschland an. Er hatte zwar die Kaiserkrone gewonnen, aber im übrigen war seine Italienfahrt mißglückt. Selbst die Kaiserin war in die Hände seiner sizilischen Feinde gefallen; die Bewohner Salernos, in deren Stadt sie sich während der Belagerung Neapels aufhielt, hatten sie Tankred übergeben.

Der Kaiser fand bei seiner Ankunft Nordostdeutschland in hellem Aufruhr. Heinrichs des Löwen Sohn Heinrich, der den Kaiser auf seiner Italienfahrt als welfische Geisel begleitet hatte, war nach Ausbruch der Seuche entwichen und verbreitete in Deutschland das Gerücht, der Kaiser sei gestorben. Auch die Dänen griffen zugunsten der Welfen ein, und die schroffe und zugleich schwankende Haltung des Kaisers bei der Neubesetzung einer Reihe westdeutscher Bistümer erregte allenthalben auch bei hohenstaufisch gesinnten Fürsten Unzufriedenheit. Dazu kam es wegen des flandrischen Erbes zu Verwicklungen. Philipp von Flandern war vor Akkon gestorben. Auf seine Lande erhoben Anspruch: seine Witwe, der König von Frankreich, der damals nicht nur wegen der Zwistigkeiten mit Richard Löwenherz, sondern auch wegen dieser Angelegenheit das Kreuzheer verlassen hatte, und Heinrich von Brabant, der dann vom Kaiser Reichsflandern erhielt. Ein schwerer Schlag für den Kaiser war der Tod des dem staufischen Hause immer treu ergebenen Erzbischofs Wichmann von Magdeburg am 24. August 1192.

Am verhängnisvollsten aber wurde für Heinrich VI. die Ermordung des Bischofs Albert von Lüttich am 24. November 1192 durch deutsche Ritter. Albert, ein Bruder Herzog Heinrichs von Brabant, hatte bei einer zwiespältigen Wahl die Mehrzahl der Stimmen erhalten, Heinrich VI. jedoch, unter Berufung auf das angebliche Recht des Kaisers, bei strittiger Wahl nach eigenem Ermessen einen Bischof ernennen zu dürfen (vgl. S. 55), hatte Lothar von Hochstaden das Bistum Lüttich verliehen. Als Albert nun von Mörderhand fiel, bezeichnete man allgemein den Kaiser als den Anstifter. Heinrich hat zwar später einen Reinigungseid geleistet, und es ist nicht wahrscheinlich, daß er bei dieser Tat irgendwie beteiligt war. Aber sie war ihm bei seiner sonstigen Neigung zu gewalttätigem und rücksichtslosem Vorgehen schon zuzutrauen, und die Behandlung der Mörder, die erst nur verbannt wurden — vielleicht weil sie sich nur an einem außerhalb allen Rechtes stehenden Majestätsverbrecher vergangen hatten — und später Grafschaften in Apulien erhielten, bestärkte die öffentliche Meinung in ihrem Verdacht. Gegen den Kaiser standen nun fast der ganze Osten und Westen des Reiches. Baiern und Österreich, deren Herzöge mit den Grafen von Bogen und Ortenburg in Fehde lagen, konnten ihm keine Hilfe leisten, und das Herzogtum Schwaben unter des Kaisers Bruder Konrad, sowie die staufische Ministerialität waren der riesigen feindlichen Übermacht in keiner Weise gewachsen. Trotz der ungeheuren Anspannung all seiner Kräfte und seiner vielfachen diplomatischen Bemühungen, die wenigstens bei dem Landgrafen Hermann von Thüringen und dem Markgrafen Albrecht von Meißen einigen Erfolg erzielten, schien die Sache Heinrichs VI. verloren; auch die Kurie nahm gegen ihn Stellung und förderte den Plan, den Herzog von Brabant zum deutschen König zu wählen.

Gefangennahme und Lehenshuldigung von Richard Löwenherz. Ausgleich mit den Welfen

Wer sich nicht unabhängig von den modernen Vorstellungen über Schwäche oder Stärke eines Staates in den eigentümlich schwankenden und doch auch wieder festen Charakter des früh- und hochmittelalterlichen Reiches der Deutschen einzufühlen vermag, dem wird es immer ein Rätsel bleiben, wie damals ein an sich nicht allzu belangreiches Ereignis das Reich in seinen Grundfesten erschüttern konnte oder es sich plötzlich in gewaltiger Machtfülle entfalten ließ. Die Gefangennahme des Königs Richard Löwenherz von England bot zwar seinen Gegnern nicht zu unterschätzende Vorteile, aber daß sie einen völligen Umschwung der Lage Heinrichs VI. herbeizuführen vermochte, war doch nur deshalb möglich, weil dem deutschen König und römischen Kaiser an sich sehr beträchtliche Machtmittel zur Verfügung standen und einem genialen Herrscher nur ein günstiger Zufall wie dieser den Hebel in die Hand zu geben brauchte, um sie ungemein wirksam einsetzen zu können.

Der englische König hatte auf seiner Rückkehr vom Heiligen Lande bei Aquileja Schiffbruch gelitten und hoffte, als Kaufmann verkleidet, an den Hof König Belas von Ungarn in Gran zu gelangen. Wahrscheinlich aus Unkenntnis der Wegeverhältnisse kam Richard in die Nähe von Wien. Beim Einkauf von Lebensmitteln fiel des Königs Page auf, und man erpreßte von ihm durch die Folter die Angabe von der Herberge seines Herrn. Sie wurde umzingelt und Richard am 21. Dezember 1192 gefangen vor Herzog Leopold von Österreich gebracht, den er vor Akkon wahrscheinlich durch Beschimpfung seines Banners und durch andere Ungerechtigkeiten tödlich beleidigt hatte. Leopold legte ihn auf der Feste Dürnstein ob Krems in Haft, benachrichtigte den Kaiser und war gerne bereit, ihm Richard gegen eine hohe Abfindung auszuliefern. Im Februar 1193 wurden die näheren Bedingungen über die Herausgabe des Gefangenen vereinbart und dieser am 23. März 1193 auf einem Reichstag zu Speier dem Kaiser überlassen.

Am nächsten Tage kam der englische König vor ein Gericht von Reichsfürsten, wo folgende Klagen gegen ihn vorgebracht wurden: trotz seiner eidlich übernommenen Verpflichtungen, die Interessen des Kaisers in Sizilien nicht zu schädigen, habe Richard während seines Aufenthaltes auf der Insel mit Tankred ein Schutz- und Trutzbündnis geschlossen und von ihm eine ungeheure Summe erpreßt, die dem eigentlich dem Kaiser gehörenden Normannenschatz entnommen worden sei. Ferner habe Richard auf Cypern den dortigen christlichen Herrscher zu Unrecht vom Thron gestoßen und in Fesseln gelegt. Im Heiligen Lande angekommen, habe Richard Konrad von Montfort, einen Verwandten Leopolds von Österreich, Heinrichs VI. und Philipps von Frankreich, durch Meuchelmord beseitigen lassen, außerdem Leopold und die Deutschen schwer gekränkt, dem Leben des Königs von Frankreich mit Gift und anderen Anschlägen nachgestellt und schließlich das Heilige Land an die Ungläubigen verraten. Einige dieser Anschuldigungen, wie die des Wortbruches und der Schädigung der deutschen Interessen in Sizilien und im Heiligen Lande wurden sicherlich zu Recht erhoben, andere stützten sich wohl nur auf allerlei Gerede und auf die Mißstimmung über den unglücklichen Ausgang des Kreuzzuges, der allerdings nicht durch einen Verrat Richards, aber doch durch sein herrisches Verhalten gegenüber den nichtenglischen Kreuzfahrern bedingt war. Die Zuständigkeit eines aus dem Kaiser und den deutschen Fürsten bestehenden Gerichtes ließ sich damit begründen, daß es sich zum Teil um Angelegenheiten des Reiches handelte, und daß der Kaiser als weltliches Oberhaupt über die Christenheit doch wohl in einer Sache wie dieser einzuschreiten habe.

Richard ließ sich auf keinerlei Verteidigung ein, die ihm wenigstens in einigen Punkten auch schwer genug gefallen wäre, sondern kehrte erst den stolzen König und mutigen Recken hervor und erklärte, wäre er nicht gefangen, so wollte er gegen jeden, der ihn des Verrates oder Mordes beschuldige, mit dem Schwerte in der Hand sein gutes Recht verteidigen oder „vor einem ordentlichen Gericht die Haltlosigkeit der gegen ihn erhobenen Beschuldigungen erweisen". Nachdem er sich so als den Löwenherzigen gezeigt hatte, warf er sich dem Kaiser zu Füßen und erregte durch diesen Übergang von der herrischsten Haltung zur größten Demut bei allen Anwesenden tiefe Rührung. Da blieb dem Kaiser, wollte er nicht als kaltherziger Tyrann erscheinen, nichts anderes übrig, als vom Throne zu steigen und seinen Gefangenen zu umarmen. Sehr gewandt erklärte Heinrich dabei, er wollte zwischen Philipp August und Richard vermitteln, womit der Kaiser zum Ausdruck brachte, selbst wenn er für seine Person verzeihe, wäre die Sache damit noch nicht beigelegt, es müsse auch dem französischen Könige sein Recht werden. Und nicht minder geschickt versicherte Richard, die Freundschaft des Kaisers wäre ihm über alles wert, er zahle deshalb gerne und freiwillig die verlangten hunderttausend Mark. Sie sollten zwar zur Entschädigung für den von Richard in Sizilien dem Reiche zugefügten Schaden und als Buße für die Beleidigung Leopolds und der Deutschen im Heiligen Lande dienen, doch schien jetzt das Lösegeld mehr eine freiwillige Leistung und Anerkennung für eine freundschaftliche Vermittlung zu sein, als eine von dem königlichen Kreuzfahrer in Zwangslage erpreßte Buße. Damit hatte die ganze Angelegenheit eine für beide Teile verhältnismäßig günstige Wendung genommen. Aus einer für Richard doch in manchem recht peinlichen Gerichtssache war eine gutwillige Vereinbarung geworden.

Trotz dieser Abmachung blieb Richard Löwenherz vom 23. März 1193 bis zum 4. Februar 1194 in der Gefangenschaft des Kaisers, großenteils wohl auf der festen Burg Trifels bei Annweiler in der Pfalz. Wir können hier nicht den ganzen Ablauf dieses Dramas schildern, dessen Schauplatz fast das ganze christliche Abendland umfaßte: Deutschland, in dem sich die Haupthandlung abspielte, Frankreich, dessen König zusammen mit Richards Bruder Johann ohne Land sozusagen die Rolle der Intriganten übernommen hatte, Rom mit dem Papste, der von der Mutter und den Freunden des Gefangenen um ein Einschreiten und um Vermittlung bestürmt wurde, und England, das durch die Umtriebe der Feinde Richards, namentlich seines Bruders Johann, schwer erschüttert wurde und schließlich die ungeheuren Kosten der Angelegenheit zu tragen hatte. Das Ergebnis der sich fast ein Jahr hinziehenden Verhandlungen war: der englische König hatte hundertfünfzigtausend Mark zu bezahlen, nach heutiger Währung etwa vier Millionen, in dem kapitalarmen Mittelalter aber nach unseren Begriffen eine ungeheuere Summe. Hunderttausend Mark waren das schon von vorneherein vereinbarte Lösegeld, fünfzigtausend Mark, von denen Herzog Leopold zwanzigtausend erhalten sollte, waren Ersatz für die Beteiligung Richards an dem gegen Tankred von Lecce geplanten Feldzug. Ferner mußte der englische König am 4. Februar 1194 zu Mainz in Gegenwart seiner Mutter und einiger englischer Großer sein Reich dem Kaiser als „dem Herrn über alle", wie ein englischer Chronist schreibt, übergeben und erhielt es dann als Lehen zurück. Für den bis zur Freilassung noch nicht eingegangenen Teil des Lösegeldes stellte Richard Geiseln. Es dauerte bis Ende 1195, ehe die ganze Summe abgeliefert war, von der Heinrich nach der Besitzergreifung des reichen Apuliens siebzehntausend Mark erließ.

Die Zeitgenossen waren zwar nach dem wenig befriedigenden Ausgang des Kreuzzuges über Richard Löwenherz sehr empört gewesen, aber seit der Speirer Tagung nahm die öffentliche Meinung doch mehr und mehr zu seinen Gunsten Stellung. Man stieß sich vor allem daran, daß Richard bei der Heimkehr von einem Kreuzzug, also sozusagen unter dem Gottesfrieden stehend, aufgegriffen worden war, und dann fand man es unerträglich, daß ein König, der, mochte er noch so viele Fehler haben, doch einer der ritterlichsten Helden des Abendlandes war, zu einem Gegenstand rein politischen Schachers herabgewürdigt wurde, und er „gleich als wäre er ein Ochs oder ein Esel" verkauft wurde. Eine gerechte historische Würdigung wird indes Heinrich VI. keine Vorwürfe machen. Gegen das Vorgehen des Kaisers ließe sich wohl von manchen der damals geltenden Anschauungen aus allerlei einwenden, und es ist dies von den Anhängern Richards und vielen, denen seine Gefangenschaft keinen Vorteil brachte, auch reichlich geschehen, aber gehandelt — und darauf kommt es ja schließlich an — haben die Großen allgemein so wie Heinrich VI. Herzog Leopold von Österreich, Philipp August von Frankreich, Richards Bruder Johann von England suchten nicht weniger ihren Nutzen bei Richards Unglück und waren in der Wahl ihrer Mittel nicht gewissenhafter als der Kaiser. Auf der anderen Seite schreckte Richard Löwenherz so wenig wie Heinrich der Löwe vor einem Eidbruch zurück. Keinesfalls erscheint der auch nach modernem englischen Urteil „schlechte König" Richard, dem „jeder Sinn für Verantwortlichkeit und Pflicht abging", dem weit ausschauenden und sein Ziel mit unerschütterlicher Folgerichtigkeit verfolgenden Staatsmann Heinrich VI. gegenüber in günstigerem Lichte.

Durch die meisterhafte Ausnützung der ihm mit der Gefangennahme des englischen Königs gebotenen Gelegenheit, auf den er besonders durch die Drohung, ihn dem französischen Könige auszuliefern und ihn so der Gefahr der Hinrichtung oder der lebenslänglichen Haft auszusetzen, einen höchst wirksamen Druck ausüben konnte, hat Heinrich VI. allmählich die welfische und schließlich die ganze deutsche Opposition lahmgelegt und sich für seine weiteren Unternehmungen reiche Mittel verschafft. Die politischen Fähigkeiten des Kaisers erwiesen sich gleichzeitig noch bei einem anderen, ihm zunächst freilich ganz unerwünschten Anlaß. Heinrichs Onkel Konrad, Pfalzgraf bei Rhein, hatte eine Tochter Agnes, die ihn dereinst beerben sollte. Um diese bewarb sich König Philipp von Frankreich, und der Kaiser war nicht abgeneigt, dessen Bemühungen zu unterstützen. Daß dadurch der französische König deutsches Land als Lehen erhalten würde, störte nicht im geringsten in einer Zeit, in der man sich um die nationale Zugehörigkeit eines Lehensträgers überhaupt nicht, dagegen um die unmittelbaren politischen Auswirkungen der Lehensverhältnisse sehr stark kümmerte. Aber diesmal ging es anders als sonst in ähnlichen Fällen; die Liebe bestimmte die Politik, Heinrichs des Löwen Sohn, Heinrich von Braunschweig, heiratete heimlich die Pfalzgrafentochter. Der Kaiser war darüber zuerst maßlos empört, lenkte dann aber klug ein, verzieh dem jungen Ehemann Ende Januar 1194 und hatte nun die Welfen nicht nur durch Richard Löwenherz machtpolitisch überwunden, sondern durch die nachträgliche Einwilligung zur Heirat und die Anerkennung ihrer lehensrechtlichen Folgen die Welfen mit sich versöhnt.

In den dreieinhalb Jahren, die Kaiser Heinrich noch lebte, erfolgte ein Aufschwung der deutschen Macht, wie ihn die deutsche Geschichte weder vorher noch nachher je gesehen hat. Im Mai 1194 trat der Kaiser von der Feste Trifels aus seine zweite Italienfahrt an. Bei den reichen Mitteln, die ihm nun zur Verfügung standen, konnte er ein gewaltiges Heer aufstellen. In Italien hatten Markward von Annweiler in Genua und Bischof Heinrich von Worms in Tuscien bereits Vorbereitungen für die Ankunft des Kaisers getroffen. In Pisa stießen seine Getreuen aus Apulien zu ihm. In drei Heersäulen rückte man nach Süden vor. Im September ward Salerno erobert und für seinen Verrat an der Kaiserin furchtbar gestraft. Am 20. November konnte Heinrich in Palermo einziehen, am Weihnachtsfeste wurde mit einem Prunke, wie er nur in dem reichen Sizilien möglich war, die Krönung Heinrichs in dem Dom von Palermo gefeiert. Am Tage nach diesem Feste gebar die Kaiserin einen Sohn, den späteren Kaiser Friedrich II.

Tankred war bereits am 20. Februar 1194 gestorben. Mit Einwilligung der Kurie hatte eine national-sizilische Partei seinen noch unmündigen Sohn Wilhelm III. zum Könige beider Sizilien erhoben, seine Mutter Sibylle sollte für ihn die Regierung führen. Nach dem Erscheinen Heinrichs in Sizilien hatte sich Sibylle unterworfen und dem Kaiser den für damalige deutsche Begriffe sagenhaft reichen Normannenschatz übergeben. Einige Tage nach der Krönung Heinrichs kam eine Verschwörung der sizilischen Großen an den Tag, in die auch die Familie Tankreds verwickelt war. Der Kaiser ließ die Führer und die bedeutendsten Beteiligten nach Deutschland bringen: Sibylle mit ihrer Tochter in ein elsässisches Nonnenkloster, Wilhelm nach Hohenems in Vorarlberg, die übrigen mit dem Normannenschatz auf den Trifels. Die Phantasie der Südländer erdichtete über das Vorgehen Heinrichs VI. allerlei Greuellügen, die jedoch jeder tatsächlichen Grundlage entbehren, wenn auch der Kaiser hier wie immer in solchen Fällen rücksichtslos durchgegriffen hat.

Kaiser Heinrich VI. besaß nun eine zahlreiche erlesene Ritterschaft, als König beider Sizilien und durch Genua und Pisa eine mächtige Flotte und infolge der englischen Zahlungen und noch mehr durch den Normannenschatz alles in Fülle, was Geldeswert hatte: gemünztes Geld, Edelmetalle, Juwelen und kostbare Stoffe. Da ging der Kaiser daran, eine Weltherrschaft gleich der der großen römischen Kaiser des Altertums zu errichten. Deutschland und ganz Italien waren in seiner Hand. England war bereits Lehensstaat des Reiches. Das sollte nun auch Frankreich werden, und zwar bediente sich Heinrich hierfür des mit Philipp August tödlich verfeindeten Richard Löwenherz, den er immer wieder zum Kampf gegen jenen anspornte. Heinrich sprach bereits offen davon, er werde Philipp noch zur Leistung des Lehenseides zwingen. Man sieht daraus, wie wenig der Kaiser daran gedacht hat, Philipp die Pfalz als freies Eigentum zu überlassen. Kastilien und Aragon, das einige Teile der nominell immer noch zum Reiche gehörigen Provence besaß, sollten ebenfalls Lehenstaaten des Reiches werden. Die normannischen Könige hatten einst vorübergehend Tunis und Tripolis besessen. Als deren Rechtsnachfolger gedachte der Kaiser diese Länder an sich zu bringen, was bei den dort ausgebrochenen Kämpfen zwischen den beiden maurischen Dynastien der Almoraviden und Almohaden, von denen diese die Hilfe des Kaisers erbaten, nicht allzu schwierig schien. Heinrichs Bruder Philipp, der seine geistliche Laufbahn aufgegeben hatte, wurde um diese Zeit mit Irene, einer Tochter des oströmischen Kaisers Isaak Angelos verlobt. Als dieser von seinen Gegnern geblendet und verjagt wurde, erhob Heinrich Anspruch auf oströmische Gebiete, zumal auf die schon einmal von König Wilhelm II. eroberten. Auch zwei christliche Fürstentümer im Orient, Cypern und Armenien, vergab der Kaiser als Lehen. Im Frühjahr 1195 nahm er zu Bari das Kreuz. Coelestin III., dem wie manch anderen Päpsten das Heilige Land doch noch mehr als der Kirchenstaat am Herzen lag, bereitete Heinrich beim Ausbau seiner italienischen Macht keine Schwierigkeiten.

Heinrichs Erbfolgeplan

Im Juni 1195 kehrte der Kaiser auf ein Jahr nach Deutschland zurück. Die Begeisterung, die auch hier für den Kreuzzug herrschte, und die Unterstützung der päpstlichen Legaten ließen Heinrich eine unter den Fürsten entstandene Mißstimmung, weil er die frei gewordene Mark Meißen nicht, wie es bereits lehensrechtliche Gewohnheit geworden war, binnen Jahr und Tag wieder vergeben hatte, leicht überwinden. Der Kaiser wandte jetzt seine ganze Aufmerksamkeit seinem Erbfolgeplan zu. Wie es Sizilien schon war, sollte auch Deutschland eine Erbmonarchie werden. Als Entschädigung für ihr bisheriges Wahlrecht bot er den weltlichen Fürsten die völlige Erblichkeit der Reichslehen an, also in der männlichen und weiblichen Linie und, falls auch diese ausgestorben war, in der Seitenlinie. Die geistlichen Fürsten hoffte er durch den Verzicht auf das Spolienrecht (vgl. S. 124) zu gewinnen. Trotz des Sträubens verschiedener Reichsfürsten, namentlich des Erzbischofs Adolf von Köln, konnte der Kaiser auf dem Würzburger Reichstag vom 31. März 1196 die Mehrzahl der anwesenden Fürsten für diese Änderung der Reichsverfassung gewinnen, jedoch mehr dadurch, daß sie dem Druck des übermächtigen Kaisers nachgaben, als weil sie wirklich mit dieser Regelung einverstanden gewesen wären. Darum hat Heinrichs Erbfolgeplan auch nie praktische Bedeutung erlangt.

Ende Juni 1196 ritt der Kaiser wieder nach Italien, um auch den Papst zur Einwilligung in die neue Regelung der Erbfolge zu bewegen. Heinrich kam ihm weit entgegen, er bot ihm nicht nur an, durch ihn seinen Sohn Friedrich in Rom zum deutschen König krönen zu lassen, sondern nach seinen eigenen Worten auch „solches, wie weder von unserem Vater Friedrich seligen Angedenkens, dem siegreichen Kaiser der Römer, noch von irgendeinem unserer Vorgänger je einem Papste" gegeben wurden. Über die Bedeutung von „solches", „talia", hat man schon alle möglichen Vermutungen aufgestellt. Wahrscheinlich besagt es, wie Girald von Cambrai angibt, daß der Kirchenstaat wohl auf ein verhältnismäßig kleines Gebiet beschränkt werden, der Papst aber dafür aus den Kirchen des Reiches ganz bedeutende und regelmäßige Einkünfte erhalten sollte. Die Kurie wollte jedoch von einer derartigen Regelung nichts wissen. Die „Finanzgebarung der Papstkirche hat sich zwar im folgenden Jahrhundert tatsächlich in ähnlicher Richtung entwickelt", aber dies war unter den nach dem Zusammenbruch des hohenstaufischen Kaisertums völlig veränderten Verhältnissen etwas ganz anderes, als es die gutwillige Ergebung in die Gewalt eines übermächtigen Imperators gewesen wäre. Denn wer bürgte dem Papsttum dafür, daß er nicht, wenn es ihm aus irgendeinem Grunde vorteilhaft erschien, die Auszahlung der nach Rom zu liefernden Gelder sperrte, wie dies auch später gelegentlich sowohl von den französischen Königen wie von deutschen Fürsten geschehen ist. Alles in allem hatte Heinrich in dieser Angelegenheit nicht mehr erreicht, als daß die Fürsten, wie früher schon oft, ihre Zustimmung zur Nachfolge des Sohnes auf den Thron gaben.

Niederwerfung des sizilischen Aufstandes. Tod des Kaisers

Im Februar 1197 erschien der Kaiser wieder in Sizilien. Es war hier ein Aufstand ausgebrochen, bei dem wohl der Papst und auch die Kaiserin die Hand im Spiele hatten. Diesmal ging Heinrich mit südländisch-italienischer Grausamkeit vor. Die Marbacher Jahrbücher berichten, er habe dem gefangenen Gegenkönig vor den Augen der Konstanze eine Krone mit eisernen Nägeln aufs Haupt schlagen, andere Rebellen verbrennen und ins Meer werfen lassen. Man darf wohl annehmen, daß der Kaiser, nachdem sein Versuch gescheitert war, seinen Erbreichsplan auf friedlichem und verfassungsmäßigem Wege durchzusetzen, sein Ziel durch Gewaltpolitik zu erreichen hoffte. Und da mußte er vor allem in Sizilien, seinem reichsten Lande, womöglich jeden Keim der Empörung ersticken. Seine Weltreichspläne machten gute Fortschritte. Sein Bruder Philipp, der nach Konrads Tode Herzog von Schwaben geworden war, feierte am Pfingstfeste des Jahres 1197 in Augsburg die Hochzeit mit Irene. Ihr Vater Isaak Angelos war allerdings inzwischen von Alexios III. gestürzt; da sich aber dieser zu einer beträchtlichen jährlichen Tributleistung an Kaiser Heinrich VI. verstand, war nun tatsächlich die Tochter „Neurom" zu dem Gehorsam gegen ihre Mutter „Altrom" zurückgekehrt (vgl. S. 70). In Unteritalien und Sizilien sammelten sich Abertausende ritterlicher Kreuzfahrer. Auch die Führung der Kreuzzugsbewegung war nun ganz in die Hand des deutschen Herrschers gekommen. Mit den aus seinen unerschöpflichen Mitteln vorzüglich ausgerüsteten, zu jedem kühnen Abenteuer bereiten, den Kampf als ihr Lebenselement betrachtenden ritterlichen Kriegern mochte ein Mann wie Heinrich VI. gleich einem Alexander oder Cäsar ein Weltreich gründen von den Ufern des Euphrat bis zu der Mündung des Tajo und Duero, von Tripolis und Tunis bis Island. Schon waren die ersten Schiffe mit Kreuzfahrern in See gestochen, da starb der Kaiser zweiunddreißigjährig am 28. September 1197. Im Dome zu Palermo ward ihm ein kaiserliches Grab. Mit Heinrich VI. fand das hohenstaufische, das mittelalterlich-ritterliche Weltkaisertum ein Ende, noch ehe es sich zeigen konnte, ob es mehr als einer der grandiosesten Träume war, der die Menschheit je bezaubert hat. Papst Coelestin brachte jetzt den Mut auf, den Toten zu bannen — weil er vor mehr als vier Jahren den Kreuzfahrer Richard Löwenherz gefangen gehalten hatte —; an den Lebenden hatte sich der Papst nicht gewagt.

„Im Jahre der Menschwerdung des Herrn 1197 ward Kaiser Heinrich, nachdem er allum die Feinde des Reiches niedergeworfen hatte, ein machtvoller

Herrscher zu Lande und zur See, im fernen Sizilien von einem vorzeitigen Tode weggerafft. Seinen Hingang mögen das Volk der Deutschen und alle Stämme Germaniens in Ewigkeit beklagen. Denn er hat ihren Namen durch die Reichtümer der übrigen Länder berühmt gemacht, hat allen Nationen ringsum durch seine kriegerische Tüchtigkeit Schrecken vor den Deutschen eingejagt und hätte ihre Überlegenheit über sämtliche andere Völker noch erwiesen und durch seine Tüchtigkeit und Tatkraft das Reich in seinem alten Glanze aufblühen lassen, wenn er noch länger am Leben geblieben wäre .... Unter maßlosen Klagen des ganzen Heeres wurde er in Palermo begraben." So schrieb ein deutscher Mönch in dem Schwarzwaldkloster Sankt Blasien etwa zwanzig Jahre nach dem Tode Heinrichs VI. Wer will da noch behaupten, das hohenstaufische Kaisertum sei für die Entwicklung des deutschen Nationalgefühles bedeutungslos gewesen, und das deutsche Volk sei den weltweiten Plänen seiner Kaiser verständnislos und gleichgültig gegenüber gestanden? Die Sage brachte auch den gewaltigsten Kaiser des deutschen Mittelalters in Beziehung zu dem größten germanischen Heerkönig der Völkerwanderung. „Zu jener Zeit erschien einigen Personen, die sich an der Mosel ergingen, ein riesiges Menschengespenst auf einem Rappen. Als die Leute erschraken, ritt es näher an sie heran und redete ihnen zu, sich nicht zu fürchten. Es nannte sich Dietrich, weiland König von Bern, und sagte, in Bälde werde viel Unglück und Elend über das ganze römische Reich kommen."

Persönlichkeit Heinrichs VI.

Eine deutsche Chronik schildert Kaiser Heinrich VI. als „einen klugen, beredten Mann mit einem schönen, aber ziemlich hagren Antlitz, mittelgroß, mager und schwächlich, aber von feurigem Geiste und darum seinen Feinden furchtbar und schrecklich." Ein gleichzeitiger griechischer Schriftsteller berichtet von ihm: „Man sah ihn immer in Sorgen angespannt, wie er eine Monarchie errichten und sich zum Herrn aller Reiche ringsum machen würde. Im Geiste dachte er an die Cäsaren Antonius und Augustus, er trachtete verlangend nach ihrem Reiche und sprach beinahe wie Alexander: 'dieses und jenes, alles ist mein'. Bleich und gedankenvoll sah er aus." In der Tat verkörpert kein deutscher Fürst so wie Kaiser Heinrich VI. den Typ des imperialistischen Weltherrschers. Das liegt natürlich zum guten Teil auch an den Verhältnissen der Weltlage, in die ihn das Schicksal hineingestellt hat. Wer sich in Kämpfen wie Kaiser Friedrich II. aufreiben oder wie König Friedrich der Große von Preußen sich auf einen engeren Wirkungskreis beschränken muß, vermag sich die Weltstellung und Weltgeltung eines Heinrich VI. nicht zu erringen. Er hat sie jedoch keineswegs durch ein bloßes Zufallsgeschenk gewonnen, sondern durch die im höchsten Maß ausgebildeten Eigenschaften des großen Eroberers und Herrschers: grenzenloses Machtstreben vereint mit einem klaren Blick für das im jeweiligen Zeitpunkt mit den verfügbaren Mitteln Erreichbare, rücksichtslose Härte, die auch dann, wenn sie zur Grausamkeit wird, dem Endzweck dient. Heinrich VI. kam es ferner sehr zustatten, daß ihm sein Vater eine vorzügliche geistige Ausbildung zuteil werden ließ und ihm frühzeitig wichtige Regierungsgeschäfte übertrug. Heinrich VI. beherrschte die lateinische Sprache, das Kirchenrecht und das römische Recht wie ein Kleriker. Auch die Minnelieder in deutscher Sprache, die in mittelalterlichen Sammelhandschriften unter seinem Namen gehen, sind wohl in erster Linie als Zeugnisse seiner Bildung und zwar der weltlichen zu bewerten. Keiner der in neuerer Zeit vorgebrachten Gründe, er wäre nicht der Verfasser, ist zwingend. Das „Dichten" gehörte ebenso wie etwa Jagd und Ritterspiele zu den Kennzeichen des „höfischen" Mannes und wurde vielfach von Fürsten und Fürstensöhnen, so auch von Richard Löwenherz, geübt. Die aus der Zeit Barbarossas stammenden Berichte über Heinrich heben besonders die grausame Härte des Zwanzigjährigen hervor. Aber wenn er wirklich einem der Diener Urbans III. die Nase abschneiden und in der Lombardei einen Bischof mißhandeln ließ, wie „man dergleichen seit dem Christenverfolger Kaiser Decius nicht mehr vernommen hatte", so war diese Einschüchterungstaktik gerade diesem Papst und den Italienern gegenüber nicht ganz unangebracht. Übrigens hat Barbarossa den Ungestüm seines Sohnes in Schranken gehalten und ihn, wenngleich nicht Mäßigung, so doch das jeweils notwendige Maßhalten gelehrt.

Schon Kaiser Friedrich I. hatte begonnen, das Kernland der heutigen Rheinpfalz zu einem Mittelpunkt der kaiserlichen Macht auszugestalten. In Kaiserslautern erstand eine prächtige Pfalz, und der Trifels wurde besonders unter Heinrich VI. zur Feste des sacrum Imperium, des heiligen Reiches. Hier wurden nun der Staatsschatz und die Reichsinsignien aufbewahrt, Krone, Schwert und Reichsapfel, die Festgewänder und die hochheiligen Reliquien. Die Staatsgefangenen, Richard Löwenherz, Sizilianer, andere Italiener und Deutsche wurden hier in Haft gehalten. Noch im Jahre 1263 erklärte Urban IV. in einem Schreiben, dem rechtmäßig gekrönten Könige müsse der Trifels übergeben werden. Bedenkt man die Einfachheit der damaligen Hilfsmittel für Verkehr und Technik, dann wird einem erst die Großartigkeit dieser auf schwer zugänglicher Bergeshöhe errichteten Burg so recht klar. Daß sie nicht nur zu Schutz und Trutz dienen, sondern auch von der Reichsherrlichkeit und dem Herrschersinn der Erbauer künden sollte, zeigt auf den ersten Blick neben der ganzen Anlage die sorgfältige Ausführung des Mauerwerks. Für ein großes Gefolge war hier nicht Raum. Diese Burg hatte anderen Zwecken zu dienen als etwa die Pfalzen zu Hagenau und zu Lautern. Aber so wie im Marmorsaale des Trifels ließ sich wohl kaum irgendwo Weltreichsplänen nachsinnen. Und stieg der Kaiser den Bergfried hinauf, dann mochte ihm das schweifende Auge — durch das, was es unmittelbar sah, und das, was es in sein Gedächtnis rief — Gewähr bieten, daß die deutschen Lande dem vom Schicksal Erkorenen unerschöpfliche Kräfte lieferten, die auf Hirn und Herz einstürmenden übergewaltigen Gedanken zu verwirklichen: im Süden, namentlich Südwesten unendlicher Wald, noch heute der größte Laubwald auf deutscher Erde mit all dem Großen, Starken und Geheimnisvollen, das Waldeseinsamkeit für den germanisch-deutschen Menschen in sich birgt, mit den Bergeshäuptern des Wasichen, darauf sein Großvater so manche wehrhafte Burg erbaut hatte, im Osten der Reichtum der fruchtbaren Rheinebene und der aufblühenden kaisertreuen Städte, an der Haardt das deutsche Sonnenland, wo der Mandelbaum und die Edelkastanie blühen und reifen, die Rebe den köstlichsten Wein spendet, und weiter gen Worms zu der „Wonnegau" des Reiches, das Nibelungenland mit seinen Sagen und den üppigen Gaben des Weinstocks, des Obstbaums und der Felder. Und von den Burgen und aus den Tälern der Trifels-Umgebung berief Heinrich VI. so manchen seiner Getreuen, die ihm das Weltreich gründen helfen sollten. Neben die führenden Reichsministerialen aus Schwaben und der Wetterau treten nun Angehörige der Pfälzer Geschlechter, ein Trushard von der Kestenburg, ein Werner von Bolanden, Eberhard und Heinrich von Lautern und der gewaltigste und listenreichste unter ihnen allen, Markward von Annweiler. Manchem von ihnen hatten in der Heimat nur wenige Knappen gehorcht, und manchem hatte nur ein schmales Stück Land gehört; im Süden aber stiegen jetzt diese Ritter zu Fürsten empor, vor denen sich der Apulier und Sizilier in scheuer Furcht gehorsam beugte.

Das Schicksal hat Heinrich VI. aus der Welt abberufen, ehe er sich zu ihrem Herrn hat machen können. War dies ein Unglück, ein Segen für das deutsche Volk? Hätte das ritterlich imperialistische Weltreich einen wesentlichen Teil des deutschen verschlungen wie einst das römische zahlreiche Germanenstämme und das merowingisch-karolingische Großreich wohl die Hälfte der Franken? Wären die Deutschen in dem von ihnen selbst geschaffenen Reiche zu einem Randvolk herabgesunken oder nun erst so recht ein Volk der Mitte geworden?

Ein näheres Eingehen auf die etwaigen Folgen von Heinrichs Weltreichsplänen für das deutsche Volk ist müßig, da sein früher Tod keine dieser Möglichkeiten zur Wirklichkeit werden ließ. Auf jeden Fall ist dieser Kaiser für uns Deutsche eine unserer größten Herrschergestalten. Der imperialistische Typus, wie ihn Heinrich VI. darstellt, findet sich in dieser Weise nicht wieder in der deutschen Geschichte. Immerhin ist es ein Beweis für die Vielgestaltigkeit des deutschen Menschentums, daß neben den nicht wenigen deutschen „Augusti", den großen Mehrern und Organisatoren des Reichs, wenigstens diese eine Alexander-Natur steht. Es will uns allerdings eine eigentümliche Fügung des Schicksals dünken, daß der eine deutsche Alexander die Welt hat verlassen müssen, noch ehe er sein Werk hat so weit ausführen können wie der Begründer der griechischen Ökumene.

König Philipp und Kaiser Otto IV.

1198—1208; 1198—1212

Heinrich VI. hinterließ einen noch nicht ganz drei Jahre alten Sohn Friedrich, Erbkönig von Sizilien und erwählten König von Deutschland. Der Kaiser gab sich beim Herannahen des Todes keiner Täuschung über die furchtbare Gefahr hin, die sein Scheiden aus dieser Welt für sein Haus gerade in diesem Augenblick heraufbeschwören werde. Noch auf dem Sterbebette erwies er sich als ein Meister der Politik, indem er seinen Erben gebot, das Königreich Sizilien von der Kurie als Lehen des heiligen Petrus entgegenzunehmen und ihr die Mathildischen Güter abzutreten; ebenso sollte Markward von Annweiler, Markgraf von Ancona und Graf der Romagna, für diese Lande die Lehenshoheit des römischen Stuhles anerkennen. Damit wäre dem Papsttum jeder Vorwand zu einem Vorgehen gegen die Staufer entzogen gewesen, und diese hätten einen günstigen Zeitpunkt zu neuem Vorstoß abwarten können. Aber Markward, ein so tüchtiger Kämpe und „findiger und verschlagener Kopf" er sonst war, vermochte die ungeheure Tragweite dieser Angelegenheit nicht zu überschauen und unterschlug das Testament. Der hochbetagte Coelestin, der gegen Heinrich VI. in vielem so nachgiebig gewesen war, erschien ihm nicht als der Mann, dem man mit so großen Zugeständnissen entgegenzukommen brauche. Doch der Papst starb wenige Monate nach dem Kaiser am 8. Januar 1198. Noch am gleichen Tage erhoben die Kardinäle Innozenz III. auf den apostolischen Stuhl, und nun war die Unterlassungssünde Markwards nicht wieder gut zu machen.

In dem halben Jahrhundert, das nun folgte, vollzog sich der Untergang des hohenstaufischen Kaisertums, ja des römisch-deutschen Kaisertums als der tragenden Kraft des deutschen Volkes überhaupt. Die nichts weniger als unrühmliche Art und die lange Dauer dieses von zeitweiliger Erholung unterbrochenen Auflösungsprozesses erweisen die überragende Bedeutung der Persönlichkeiten, namentlich Kaiser Friedrichs II., die ihn aufzuhalten suchten, und die innere und äußere Stärke des von Kaiser Otto dem Großen geschaffenen Reiches. Da aber die Entscheidungen dieses Ringens hauptsächlich in Italien fielen und wir sowohl von der Entstehung wie der Wirkungsweise der meisten hierfür in Betracht kommenden Faktoren wiederholt zu sprechen hatten, erübrigt es sich hier, den Ab- und Ausklang der ersten über dreihundert Jahre umfassenden Periode der deutschen Geschichte in allen Einzelheiten zu schildern. Wir dürfen dabei allerdings nicht vergessen, daß diese kriegerische und politische Auseinandersetzung auf italischem Boden großenteils von Deutschen durchgeführt wurde.

Nach Heinrichs VI. Tod führte die Kaiserin-Witwe Konstanze in ihrem Heimatlande eine national-süditalische Regentschaft. In Mittel- und Oberitalien suchte Innozenz III. mit geschickter Ausnutzung der deutschfeindlichen

Stimmung eine päpstliche Herrschaft zu errichten. Wir wollen Innozenz' III., des gewaltigsten mittelalterlichen Papstes, große politische Fähigkeiten und bewundernswerte Tatkraft gewiß nicht verkleinern; aber auch in diesem Falle zeigte es sich, daß die mittelalterlichen Träger der Tiara und ihre priesterlichen Beamten nicht imstande waren, aus eigener Kraft auch nur ein verhältnismäßig kleines Reich zu gründen und darin Ordnung zu halten. Eine gleichzeitige, die Taten Innozenz' verherrlichende Schrift gleitet über diese Dinge möglichst unauffällig mit den Worten hinweg: „Dem Papst war diese Aufgabe ziemlich verhaßt und zwar vor allem deshalb, weil die Arbeit groß und der Erfolg gering war, und weil sich die Menschen bei dem derzeitigen Anwachsen des Bösen nicht leicht zügeln lassen." Da war es schon leichter und brachte auch ungleich höheren Ruhm und Gewinn ein, durch wechselnde Stellungnahme zu den einzelnen Parteien in fremden Ländern den heiligen Stuhl zur höchsten Instanz in allen weltlichen und geistlichen Dingen zu erheben. Durch Innozenz bekamen in den Kreisen der Kurie die alten Symbole geistlicher und weltlicher Gewalt, Sonne und Mond, eine neue Bedeutung: der Mond, das Imperium, erhält sein Licht von der Sonne und ist darum dieser untertan. Der Propst Burchard des schwäbischen Klosters Ursberg hatte mit seinem Aufruf an Rom nicht so ganz Unrecht: „Stimme an den Jubelgesang, denn nun hast du den Erdkreis besiegt, freilich durch der Menschen Bosheit und nicht durch deine Frömmigkeit! Nicht ihr frommer Sinn oder ihr reines Gewissen ziehen die Menschen zu dir, sondern ihre mancherlei Verbrechen, und daß sie sich bei Dir die Entscheidung in ihren Streitsachen um schweres Geld erkaufen müssen." Andererseits ist es auch klar, daß, wenn der Glaube an die göttliche Sendung des Papsttums nicht in weitesten Kreisen so feste Wurzeln geschlagen hätte und Innozenz nicht eine so überragende Persönlichkeit gewesen wäre, das Papsttum damals nicht eine so bedeutungsvolle Stellung innerhalb der abendländischen Christenheit hätte gewinnen können.

Doppelwahl 1198. Philipps und Ottos IV. Kampf

In Deutschland erhob nach Heinrichs Tod sofort wieder die nordwestdeutsche Opposition unter Führung des Erzbischofs Adolf von Köln gegen die Hohenstaufen ihr Haupt. Die staufische Partei konnte unter diesen Umständen nicht an dem bereits zum König erkorenen Kinde Friedrich festhalten, sondern wählte am 8. März zu Mühlhausen in Thüringen den letzten von Friedrichs I. Söhnen, Philipp von Schwaben, und zwar nicht nur zum deutschen Könige, sondern auch zugleich zum Kaiser, um eine Einmischung der Kurie von vorneherein auszuschalten. Die Gegner der Hohenstaufen wollten erst den Herzog Bernhard von Anhalt und dann den Zähringer Herzog Berthold auf den Thron erheben. Als aber beide mit Rücksicht auf die große Macht des staufischen Hauses ablehnten, wurde von einer Minorität deutscher Fürsten der zweite Sohn Hein=

richs des Löwen, Otto IV., der Liebling seines Oheims Richard Löwenherz, der ihn mit der Grafschaft Poitou belehnt hatte, am 9. Juni in Köln als Gegenkönig aufgestellt.

Der Kampf der beiden Könige dauerte bis zum Tode König Philipps, also zehn Jahre lang. Ganz Norddeutschland und Thüringen wurden entsetzlich verheert. Mehr noch als diese Verwüstung war für das Reich die Schädigung der königlichen Gewalt verhängnisvoll. Philipp wie Otto gaben in einer bisher unerhörten Weise Kronrechte und Reichsgut den Fürsten preis, um möglichst viele Anhänger zu gewinnen. Am Ende des grauenvollen Bürgerkrieges war außerdem ein großer Teil des einst so weit ausgedehnten und vorzüglich organisierten hohenstaufischen Hausgutes verschleudert. — Philipp war an Begabung, Bildung und Charakter Otto weit überlegen, mehr noch als Barbarossa Heinrich dem Löwen. Walther von der Vogelweide schildert den Staufer, wie er am Weihnachtsfeste des Jahres 1198, ein Ebenbild ritterlichen Wesens, mit seiner Gemahlin, der Griechin Irene, zu Magdeburg in königlichem Aufzuge einherschritt:

> Zu Magdeburg ging an dem Tag, da Gott geboren
> ward von der Magd, die er zur Mutter sich erkoren,
> der König Philipp schön und tadelsohne:
> Da gingen König, Kaisersbruder, Kaiserskind
> in einem Kleid, ob auch der Namen dreie sind:
> er trug des Reiches Zepter und die Krone.
> Gemeßnen Schritts ging er dahin,
> ihm folgte sacht die hochgeborne Königin,
> Ros ohne Dorn, ein Täublein sonder Gallen.
> Solch Fest noch sah man nirgendwo,
> es dienten ihm die Thüringer und Sachsen so,
> daß es den Weisen mußte wohlgefallen.

Die ersten zweieinhalb Jahre, von Juni 1198 bis Ende 1200, hatte Philipp entschieden das Übergewicht über Otto. Dieser hatte nur die braunschweigischen Lande, den Landgrafen Hermann von Thüringen, die niederrheinischen Fürsten und einige mittel- und oberrheinische Gebiete am linken Ufer für sich. Die beiderseitigen Bundesgenossenschaften, Philipps französische und Ottos englische, hielten sich ungefähr die Waage. Der Tod von Richard Löwenherz am 6. April 1199 verschlimmerte die Lage Ottos sehr, da Frankreich jetzt freie Hand gegen das mit den Welfen verbündete Flandern gewann und Johann ohne Land nichts für seinen Neffen tun wollte. Andererseits brachte die Rückkehr des Mainzer Erzbischofs Konrad von seiner Fahrt ins Heilige Land Verwirrung in die staufische Partei. Er griff nämlich wieder die Kandidatur Friedrichs II. auf, der als Kind im sizilischen Reiche lebte. Konrad setzte sich dafür ein, daß man sich auf ihn als den schon gewählten König einigen sollte. Während der ergebnislosen Verhandlungen mißglückte ein Angriff Philipps auf Braunschweig, dazu kam es infolge des Zwistes Ottokars I. von Böhmen mit seiner Gemahlin aus dem Hause Wettin zu einer Spaltung der Anhänger Philipps, der obendrein nach dem Tode des Konrad von Mainz Oktober 1200 durch die Einsetzung des allerdings von der Majorität gewählten Bischofs Lupold von Worms zum Erzbischof Innozenz Gelegenheit gab, sich einzumischen. Der Übergang eines Bischofs von einem Bistum in ein anderes war nämlich nur mit päpstlicher Genehmigung gestattet. In den Jahren 1201 bis 1203 erfolgte nun ein großer Aufschwung der Sache Ottos, hauptsächlich infolge der ungemein eifrigen Werbetätigkeit des Papstes für den Welfen.

Im Jahre 1204 trat eine abermalige Wendung ein. Die niederrheinischen Fürsten stritten sich nach dem Tode des Grafen Dietrich von Holland um dessen Erbe und kümmerten sich um die Angelegenheiten ihres Königs Otto nur noch wenig. Außerdem ging Ottos Bruder, Pfalzgraf Heinrich, aus Furcht die Pfalz zu verlieren, zu Philipp über, der ihn auch zum Reichsvogt von Goslar einsetzte. Philipp unterwarf sich oder zog durch friedliche Vereinbarung zu sich herüber: den Landgrafen Hermann von Thüringen, Ottokar I. von Böhmen, Erzbischof Adolf von Köln, Heinrich von Brabant. Philipp ließ sich jetzt in Aachen noch einmal in aller Form wählen und mit seiner Gemahlin am 6. Januar 1205 feierlich krönen. Im nächsten Jahre unterlag Otto in einer Schlacht, und Köln öffnete Philipp die Tore. Auch in Italien erzielte Lupold als Reichslegat Erfolge; nach Osten hin erweiterte Philipp im Jahre 1207 den deutschen Raum durch die Angliederung Livlands als Lehensstaat an das Reich. Der endgültige Sieg des staufischen Königs war bereits so gut wie sicher; da ermordete ihn am 21. Juni 1208 in Bamberg der bairische Pfalzgraf Otto VIII. von Wittelsbach, weil er sich vom König schwer in seiner Ehre gekränkt fühlte. Philipp wurde zunächst in Bamberg bestattet; im Jahre 1213 ließ Friedrich II. seine Leiche nach Speier übertragen. Die Königin-Witwe Irene kam nach der Schreckensnachricht auf der Burg Staufen mit einer Frühgeburt nieder und verlor dabei mit ihrem Kinde das Leben.

„Philipp", so schreibt ein deutscher Chronist, „besaß ein sanftes Herz und milden Sinn. Er war leutselig, gütig, sehr freigebig und klug. Trotz seines zarten Körpers zeigte er sich durchaus männlich, soweit es bei seiner Macht möglich war. Er hatte ein schönes Antlitz, blondes Haar, mittlere Größe und eine mehr schlanke als beleibte Gestalt". „Diesen Philipp wollten die Römer, zumal die Angehörigen der Kurie, nicht in das Verzeichnis der Kaiser aufnehmen, sie nennen ihn bloß Herzog von Schwaben. Es steht aber aus dem Vorhergehenden fest, daß er nicht minder machtvoll als andere seines Geschlechtes geherrscht hätte, wäre ihm nicht der Tod in den Arm gefallen."

Innozenz III. hatte während der deutschen Thronwirren eine wenig rühmliche und ziemlich erfolglose Politik betrieben. Erst hielt er sich in dem Streite zurück in der Hoffnung, daß, solange in Deutschland keiner der Rivalen die Oberhand gewänne, die päpstliche Herrschaft in Italien die besten Fortschritte machen könne. Am 28. Mai 1199 sandten zahlreiche in Speier versammelte geistliche und weltliche Fürsten eine im Ton zwar sehr gemäßigte, sachlich aber durchaus entschiedene Erklärung für Philipp ab. In seiner berühmten „deliberatio super facto imperii de tribus electis", der Erwägung über die für das Reich geschaffene Lage durch die dreifache Wahl (Friedrich II., Philipp und Otto), nahm um die Jahreswende 1200/1201 Innozenz unter dem Schein größter Objektivität für Otto Partei und beanspruchte überhaupt für den Papst bei einer strittigen Königswahl das Recht der Entscheidung. Auf einen Protest der zu Halle versammelten deutschen Fürsten, in dem auf das ehemalige „kaiserliche Kronrecht", „daß die Wahl der römischen Bischöfe nicht im Gegensatz zum Willen der römischen Kaiser ausgeübt werden dürfe", und deren „bescheidenen Verzicht auf dieses Vorrecht" hingewiesen wurde, antwortete der Papst, den Fürsten sei das Wahlrecht durch das Papsttum verliehen worden, da dieses das Kaisertum von den Griechen auf die Germanen übertragen habe; außerdem stehe es dem Papste zu, das Wahlergebnis zu prüfen, da er den Erkorenen zum Kaiser zu krönen habe. Als aber Innozenz mit seinen stolzen Plänen der Errichtung eines mächtigen Kirchenstaates nicht recht vorwärts kam, als ferner beim Erscheinen Lupolds in Mittelitalien die so schon schwache päpstliche Herrschaft in Ancona und Spoleto jämmerlich zusammenbrach, und nun die Vereinigung Lupolds mit Diepold von Schweinspoint, dem Grafen von Acerra, also die Vereinigung des kaiserlichen Mittelitaliens mit dem Königreich Sizilien drohte, ließ sich der Papst in friedliche Verhandlungen mit dem in Deutschland siegreichen Philipp ein. Vor dessen Ermordung war die Aussöhnung des Papstes mit den Hohenstaufen ganz nahe gerückt. Der Papst war sogar bereit, auf die Reichslande in Mittelitalien zu verzichten, sein Neffe sollte mit einer Tochter Philipps vermählt werden und das Herzogtum Tuscien als Reichslehen erhalten.

Wie aber hatte Innozenz sechs Jahre zuvor in seiner „deliberatio" geschrieben? „Da Philipp ein Verfolger der Kirche ist und aus einem Geschlechte von Kirchenverfolgern stammt, würden wir einem Rasenden gegen uns die Waffe in die Hand drücken und ihm ein Schwert gegen unser Haupt reichen, wenn wir nicht gegen ihn vorgingen ... Otto aber ist selbst der Kirche ergeben und stammt von einem ihr ergebenen Geschlecht (Lothar) her, darum wenden wir ihm offen unsere Huld zu, erkennen ihn als König an und berufen ihn zur Kaiserkrönung, wenn er alles getan hat, was vorher zur Ehre der römischen Kirche zu leisten ist." Als aber alle Otto verließen, tat es auch der Papst, ja er hätte nun nicht einmal mehr Bedenken getragen, einen Angehörigen seines eigenen Hauses mit dem Geschlechte zu versippen, auf das er selbst das Bibelwort angewandt hatte, der Herr suche die Sünden der Väter an den Kindern bis ins dritte und vierte Glied heim. Gewiß behielten Innozenz III. und seine Nachfolger bei ihrer Politik immer auch religiöse Grundsätze im Auge, aber die Art, wie sie die Kirchenpolitik mit ihren persönlichen Vorteilen und Stimmungen und einem sehr weltlichen Machtstreben verquickten, raubte dem deutschen Volke mehr und mehr den Glauben an die Gerechtigkeit und Selbstlosigkeit des heiligen Stuhles.

Alleinregierung Ottos IV.

Nach Philipps Ermordung bat Otto IV. die deutschen Fürsten nochmals um seine Wahl und berief sich dabei in keiner Weise auf die frühere, was auch die staufisch Gesinnten mit seiner Kandidatur versöhnte. Außerdem gewann Otto die zahlreichen staufischen Dienstmannen durch seine Verlobung mit Beatrix, der ältesten Tochter Philipps. Da Otto in der Öffentlichkeit noch immer als der vom Papst begünstigte König galt, verstummte bald der von verschiedenen Seiten anfänglich erhobene Widerspruch. Am 11. November 1208 fand unter großer Beteiligung der Reichsfürsten die einmütige Wahl Ottos zum römischen König statt.

Als König Otto im nächsten Jahre in Italien erschien, krönte ihn der Papst am 4. Oktober zum Kaiser. Wie so oft, mußten die deutschen Krieger während der feierlichen Zeremonie auch diesmal die Römer mit Waffengewalt zurückschlagen; so gering war die Macht Innozenz III. in „seiner" Stadt. Auch auf seine Schein-eroberungen in Mittelitalien verzichtete er, obwohl sie ihm Otto in einem von den Fürsten allerdings nicht bestätigten Vertrage, dem Speirer Abkommen vom 22. März 1209, überlassen hatte. Die Art, wie nun Otto ohne jede Rücksicht auf den Papst Mittelitalien wieder in seine Gewalt nahm, verstimmte diesen allerdings. Dazu hatten die lombardischen Städte Otto gleich bei seiner Ankunft in Italien gehuldigt. Und nun machte er sich im Frühjahr 1210 an die Eroberung des sizilischen Reiches, wahrscheinlich eingeladen von den deutschen Statthaltern in Apulien, die, wie Diepold von Acerra, in ihren Markgrafschaften eine Gewaltherrschaft errichtet hatten. Natürlich waren damit Innozenz III. und die Kurie nicht einverstanden, da ja durch eine Vereinigung Siziliens mit dem Reiche alle ihre Bemühungen seit Heinrichs VI. Tod umsonst gewesen wären. Als der Kaiser in Süd-Tuscien von der Kirche beanspruchtes Gebiet betrat, warnte ihn Innozenz. Doch der Kaiser rückte unbekümmert um die päpstlichen Mahnungen vor, zumal da ihm die apulischen Großen willig Gefolgschaft leisteten. Der Papst sprach nun zweimal den Bann über ihn aus, am 18. November 1210 und am 31. März 1211.

Innozenz klagte in einem Brief an den Bischof Konrad von Regensburg: „Mit Schmerz und Scham heben wir nur Weniges von dem Vielem hervor, was wir von dem Kaiser für soviel Gutes an Bösem erleiden. Manche verhöhnen uns und sagen, wir müßten das mit Recht dulden, da wir alle unsere Kräfte eingesetzt hätten, ihn auf den Kaiserthron zu erheben, und uns so das Schwert selbst geschmiedet hätten, das uns nun so schwere Wunden schlägt. Aber den Spöttern antwortete für uns der Allerhöchste, der die Reinheit unserer Seele genau kennt. Nicht ohne Grund hat Er das Wort gesprochen, das man von Ihm liest: 'Es reuet mich, den Menschen gemacht zu haben'." Die Deutschen aber waren von der Reinheit der päpstlichen Gesinnung und von der Berechtigung zur Gleichsetzung des Falles Gottvater-Adam und Papst Innozenz-Otto IV. nicht so ganz überzeugt. Wohl hatte Otto IV. treulos am Papste gehandelt, nicht minder aber dieser an ihm, als er zu Philipp übergegangen war. So bestimmt und unbedingt waren die Äußerungen Roms zugunsten Ottos bisher gewesen, daß bei dem erneuten Umschwung der päpstlichen Politik unzählige Deutsche dem Liede Walthers von der Vogelweide zustimmen mochten, der sang:

„Gott gibt zum König, wen er will!"
Das glaub ich gern und schweige still,
uns Laien wundert um der Pfaffen Lehre:
Was sie vor kurzem uns gelehrt,
wird nun ins Widerspiel verkehrt:
nun tuts um Gott und eure eigne Ehre
und sagt bei eurer Treue,
mit welchem Wort ihr uns betrogt.
Beweiset uns das eine recht von Grunde,
das Alte oder Neue:
gewiß ist, daß ihr eines logt.
Zwei Zungen stehen schlecht in einem Munde.

Kaiser Friedrich II. und der Untergang des hohenstaufischen Kaisertums

1212—1250; 1250—1268

Friedrichs II. Jugendjahre und Zug nach Deutschland

Otto IV. hatte sich von seiner „wildwütenden Welfenart", die zur Führung einer Politik großen Stiles wenig geeignet war, Innozenz III. gegenüber viel zu sehr fortreißen lassen. Der Kaiser hatte nicht bedacht, daß, wenn auch seine Macht der des Papstes augenblicklich überlegen war, diesem immer noch Mittel genug zu gebote standen, in Deutschland einen Widerstand gegen den Welfen hervorzurufen und außerdem gegen ihn, den natürlichen Bundesgenossen Englands, den französischen König ins Feld zu führen. Sobald sich im Frühjahr 1210 das Bestreben Ottos, Reichsitalien und Sizilien in seine Gewalt zu bekommen, deutlich erkennen ließ, begannen der Papst die geistlichen und Philipp August von Frankreich die weltlichen deutschen Fürsten gegen den Kaiser aufzuwiegeln. Der Papst stellte den hohenstaufischen König von Sizilien, Heinrichs VI.

Sohn Friedrich, als Gegenkönig auf; er wurde auf einem Reichstag zu Nürnberg im Herbst 1211 von einer Reihe deutscher Fürsten zum „Kaiser" gewählt. Auch in Oberitalien gingen sofort verschiedene Städte zu dem Staufer über. Als aber Otto im Frühjahr 1212 in Deutschland erschien, gewann er schnell wieder das Übergewicht und glaubte, mit dem „Pfaffenkaiser" Friedrich leichtes Spiel zu haben. Zunächst standen auch noch die hohenstaufischen Dienstmannen zu Otto, weil er sich eben jetzt, am 22. Juli, mit Beatrix, der staufischen Erbherrin, vermählte. Da diese aber bereits am 11. August starb, wandten sich erst die Schwaben und dann die Baiern von ihm ab. Der Waffengang mit Friedrich, der im Sommer den deutschen Boden betrat, war nun für Otto keine so einfache Sache mehr, wie es noch kurz zuvor den Anschein gehabt hatte.

Friedrich II., König von Sizilien und erwählter römischer Kaiser, stand in seinem achtzehnten Lebensjahr. Papst Innozenz III. hatte auf Wunsch Konstanzes nach deren Tod (1198) die Vormundschaft übernommen, aber bei seiner geringen unmittelbaren Macht seinem Mündel nie sicheren Schutz bieten können und dessen Interessen nicht nur in kirchenpolitischen Angelegenheiten geschädigt. Zum Verständnis des Charakters Heinrichs IV. haben wir auf dessen Jugend hingewiesen (S. 35). Man möchte sie im Vergleich zu der Friedrichs II. fast eine wohlbehütete und friedliche nennen. Als Knabe und heranreifender Jüngling lebte Friedrich in einem Hexenkessel politischer Leidenschaften und Machtkämpfe. In seinem Reiche rangen mit rohester Gewalt und abgefeimtester Hinterlist miteinander Sizilier, Sarazenen, Apulier, ferner die zu einer Art Kondottieri gewordenen Mannen Heinrichs VI., wie Markward von Annweiler und Diepold von Schweinspoint, französische, vom Papste begünstigte Abenteurer, Pisaner und Genuesen, die hier wegen ihres Handels festen Fuß fassen wollten; auch päpstliche Legaten erschienen von Zeit zu Zeit, schließlich kamen noch spanische Ritter, als Innozenz seinem vierzehnjährigen Mündel Konstanze als Gattin aufgedrängt hatte, die Witwe des Königs von Ungarn und Tochter des Königs von Aragon, eines päpstlichen Lehensmannes. „Nur ein einziger Trieb war diesen Parteien gemein: dem plattesten Gewinn nachzugehen und sich möglichst auf Kosten des wehrlosen Königs zu bereichern, der dadurch freilich mittelbar oder unmittelbar zum Glutpunkt all dieser Kämpfe wurde." Einsam, ohne jede liebevolle Teilnahme, voll Gefahren, die nicht selten sein Leben bedrohten, war Friedrichs Jugend. Aber der Sohn des schwäbischen Weltkaisers und der normannischen Königin wuchs gerade unter den mancherlei Demütigungen und Bedrängnissen zu einer außerordentlich vielseitigen und an Geist und Willen überragenden Persönlichkeit heran.

Über das Aussehen und das Wesen des noch unmündigen sizilischen Königs ist der Brief eines Mannes aus seiner unmittelbaren Umgebung erhalten. Es heißt darin: „Die Gestalt des Königs hast du dir gerade seinem Alter entsprechend vorzustellen, nicht kleiner und nicht größer. Doch verlieh ihm die Natur als besonderen Vorzug nie und durch nichts zu ermüdende, kräftige Glieder an einem kräftigen Körper. Nie ruhig, ist er den ganzen Tag in Bewegung, und um seine Kraft durch Übung zu mehren, schult er seinen an sich schon für jede Waffengattung gelenken Körper. Jetzt hat er eine Waffe in der Hand, jetzt an der Seite, jetzt schwingt er das Schwert, mit dem er am besten umzugehen weiß ... Den Bogen zu spannen und den Pfeil auf das Ziel abzuschnellen, hat er durch vielfache Übung gut gelernt. Erlesene, schnelle Rosse sind seine Freude. Kein Mensch übertrifft den König in der Handhabung des Zügels und des Spornes. Indem er sich bald mit dieser, bald mit jener Waffe übt, verbringt er den ganzen Tag bis zum Einbruch der Nacht, worauf er noch einige Stunden dem Lesen von Geschichtswerken widmet.

Dazu verrät sein Wesen königliche Würde, seine Miene und seine gebieterische Majestät sind die eines Herrschers. Seine heitere Stirn und seine noch fröhlich blitzenden Augen ziehen den Blick des Beschauers auf sich, man sehnt sich förmlich nach seinem Anblick. Feurig, scharfsinnig und gelehrig, benimmt er sich allerdings etwas unziemlich, doch liegt dies weniger in seiner eigenen Natur begründet als in dem Umgang mit rohen Menschen. Aber seine königliche Art und seine glückliche Anlage, sich leicht dem Besseren zuzuwenden, werden ihn das von anderen übernommene Unpassende allmählich ablegen lassen. Allerdings erträgt er keine Mahnungen, folgt lediglich seinem eigenen Kopfe, und, soviel man sehen kann, dünkt es ihn eine Schande, daß er noch einem Vormund untersteht und für einen Knaben statt für einen König gehalten wird. Infolgedessen entzieht er sich des öfteren der Leitung seines Vormundes und überschreitet das Maß dessen, was einem Könige geziemt, (worunter natürlich sein Ansehen leidet).

Seine Tüchtigkeit aber eilt seinem Alter so sehr voraus, daß er, noch ehe er zum Manne herangereift ist, bereits ein Maß von Weisheit besitzt, das sich sonst nur im Laufe der Jahre erreichen läßt. So darfst du bei ihm nicht die Jahre zählen und nicht auf die Zeit seiner Vollreife warten, da er bereits an Wissen ein Mann und an Majestät ein Herrscher ist."

Friedrich II. stürzte sich keineswegs mit jugendlichem Ungestüm in den Kampf, als ihn Innozenz aufforderte, sich Otto IV. entgegenzustellen. Der Hohenstaufe war sich über die Gefahr klar, die ein Vorgehen gegen den mächtigen und siegreichen Kaiser in sich schloß, der eben im Begriffe war, ihm sein sizilisches Reich zu entreißen. Dem Papste gelang es erst nach längerem Drängen, Friedrich für seinen Plan zu gewinnen. Da Innozenz natürlich auch jetzt eine Vereinigung des sizilischen mit dem deutschen Reiche unerwünscht war, krönte er den eben erst geborenen Sohn Friedrichs, Heinrich, zum Könige von Sizilien.

Friedrich brach im Sommer 1212 mit geringem Gefolge nach Deutschland auf. Er zog rheinabwärts, und wo er sich zeigte, schlossen sich ihm Fürsten und Volk an. Otto wurde von fast allen seinen Anhängern verlassen. Friedrich konnte sich, ohne daß es zu nennenswerten kriegerischen Handlungen gekommen war, am 5. Dezember 1212 in Frankfurt „zum König" wählen und am 9. Dezember in Mainz krönen lassen. Kaiser Otto entwich in seine sächsischen Erblande.

Bedenkt man, daß Otto seine Stellung noch kurz vor dem Erscheinen Friedrichs in Deutschlands aufs neue hatte befestigen können, dann scheint dessen müheloser und entscheidender Erfolg fast unbegreiflich. Er erklärt sich wohl hauptsächlich daraus, daß das hohenstaufische Kaisertum als solches im deutschen Volke schon feste Wurzeln geschlagen hatte, und daß die Bemühungen von Barbarossa bis Philipp um ihre Dynastie trotz aller Schicksalsschläge nicht vergeblich gewesen waren. Friedrichs gewinnende Persönlichkeit und seine Herrscherfähigkeiten trugen selbstverständlich nicht wenig zu dieser die Zeitgenossen wie ein Wunder anmutenden Wiederherstellung der staufischen Monarchie bei. Dazu wurde die öffentliche Meinung zugunsten Friedrichs beeinflußt durch die Gefühlsmomente, die infolge des gleichzeitigen Kinderkreuzzuges erweckt waren. Da die Erwachsenen wegen ihres gegenseitigen Haders und, wie man annahm, ihrer Sünden das Heilige Land den Heiden nicht zu entreißen vermochten, glaubten viele, den Kindern müsse dies gelingen. So empfing das Volk den „puer Apuliae", den Knaben von Apulien, mit grenzenloser, mit religiöser Schwärmerei und hoffte, das „Kind von Pulle", „unser Kind", werde endlich das Weltkaisertum in friedlichem Zusammenwirken mit dem Papsttum errichten. Man sah in dem geschmeidigen, mittelgroßen Hohenstaufen den David, im riesigen Welfen Otto den gottlosen Goliath; daß Friedrich nun immerhin schon über achtzehn Jahr alt war und bereits der Vater eines Königs, störte das Volk in seinem Glauben an das „Kind" nicht.

Ottos IV. Zurückdrängung und Tod

Solange Innozenz III. lebte, nannte sich Friedrich II. „König von Gottes und des Papstes Gnaden". Gegen den rechtmäßig gewählten und gekrönten Kaiser, der die Reichsgewalt innerhalb und außerhalb Deutschlands wieder aufzurichten bemüht gewesen war, hatte der Papst Friedrich ausgespielt. Und in der klaren Erkenntnis seiner Lage nannte er sich nicht nur König von des Papstes Gnaden, sondern gab auch alle Kronrechte auf die vom Papst beanspruchten Länder Mittelitaliens und auf die deutsche Kirche preis. Wohl hatte bereits Otto IV. auf die Rechte verzichtet, die das Wormser Konkordat dem deutschen Könige bei der Besetzung der Bistümer und Reichsabteien gelassen hatte, auch das Spolienrecht war schon vorübergehend aufgegeben worden, aber die Wiederholung dieser Zugeständnisse durch Friedrich trug wesentlich dazu bei, daß die deutsche Kirche auch in reinen Verwaltungssachen immer mehr unter den unmittelbaren Einfluß Roms kam.

Innozenz hätte von sich aus nie den Hohenstaufen auf den deutschen Königsthron zu erheben vermocht. Machtpolitisch konnte nur das Eingreifen Frankreichs den Ausschlag geben, und darum hatte der Papst eine Verbindung zwischen König Philipp August und Friedrich angebahnt. Am 18. November 1212 hatten dieser und König Philipps Sohn Ludwig zu Vaucouleurs einen Vertrag zur Bekämpfung Ottos geschlossen. Seitdem arbeiteten französisches Geld und französische Gesandte in Deutschland für Friedrich. Da Otto seit Ende 1212 nicht mehr hoffen konnte, auf deutschem Boden einen entscheidenden Schlag gegen Friedrich führen zu können, nahm der Welfe regen Anteil an den Unternehmungen eines großen englisch-niederrheinischen Bundes gegen Philipp August. In der Nähe von Lille bei Bouvines kam es am 27. Juli 1214 zu einer großen Schlacht. Als Friedrich mit einem starken Aufgebot zur Unterstützung seines Bundesgenossen auf dem Kampfplatz erschien, hatten die Franzosen über Otto mit seinen deutschen Truppen schon gesiegt. Philipp ließ die zerbrochenen Flügel des erbeuteten goldenen Kaiseradlers wieder ganz machen und sandte ihn Friedrich zum Zeichen, „daß ihm jetzt durch Gottes Huld die Herrschaft übertragen sei". Die Franzosen betrachteten aber ihren Sieg über Otto doch als einen über die Deutschen überhaupt, und „seit jener Zeit schwand ihr Ruhm bei den Franzosen".

Otto hielt sich noch einige Zeit in Köln auf, mußte es aber bald vor dem anrückenden Friedrich verlassen. Aachen öffnete jetzt diesem seine Tore. Er wurde hier „am rechten Ort" am 25. Juli 1215 nochmals gekrönt. Am nächsten Tage „ließ der König die Leiche des heiligen Karl des Großen, den schon sein Großvater Friedrich hatte ausgraben lassen, in den von den Aachenern prachtvoll aus Gold und Silber gearbeiteten Sarkophag legen. Dann nahm der König einen Hammer zur Hand, legte seinen Mantel ab, bestieg mit dem Werkmeister das Gerüst und trieb gemeinsam mit ihm vor aller Augen die Nägel, die am Sarge staken, fest und sicher ein. Den übrigen Teil des Tages wurde gepredigt". Friedrich verpflichtete sich hier zur Teilnahme an dem von Innozenz III. geplanten Kreuzzug, der nun nach dessen Anschauungen von der Stellung des Papsttumes unter seiner Oberleitung und nicht der irgendeines Fürsten ausgeführt werden sollte.

Die Welfen hatten durch ihr schroffes und unpolitisches Verhalten selbst die traditionelle Freundschaft Dänemarks mit ihrem Hause zerstört. Friedrich gewann daraufhin den dänischen König Waldemar II. durch allerdings sehr weitgehendes Entgegenkommen für sich: die Dänen erhielten Ende 1214 alles deutsche Reichsland nördlich der Elde und Elbe. Die Auseinandersetzung zwischen Friedrich und Otto beschränkte sich auf gelegentliche unbedeutende Kampfhandlungen. Infolge mancherlei Fehden der Fürsten untereinander und des Zuges zahlreicher staufisch Gesinnter ins Heilige Land vermochte Friedrich Otto, so machtlos er geworden war, nicht in seine Hand zu bekommen. So war der Tod des sechsunddreißigjährigen Kaisers am 19. Mai 1218 auf der Harzburg zwar kein großes Ereignis, trug aber doch zur völligen Klärung der Lage bei; Friedrich war jetzt nicht nur in der Tat, sondern auch dem Namen nach der einzige Herrscher in Deutschland. Die gesamten welfischen Besitzungen fielen an Otto „das Kind", den Sohn des jüngsten Bruders Ottos IV., und an seinen ältesten Bruder, den ehemaligen Pfalzgrafen Heinrich bei Rhein, der auch die Vormundschaft über den jüngeren Otto führte. Die rheinische Pfalzgrafschaft hatte Friedrich im Herbst, wahrscheinlich im Oktober 1214 einem Wittelsbacher, namens Otto, übertragen, der mit Agnes, einer Schwester des 1214 gestorbenen Welfen Heinrich II., von 1213—1214 rheinischer Pfalzgraf, verlobt war. Mit dieser Belehnung wurde sowohl auf die Rechte der weiblichen Nachkommenschaft des welfischen Pfalzgrafen wie auf die sich immer mehr durchsetzende Gepflogenheit Rücksicht genommen, daß die Reichslehen und der Eigenbesitz eines Fürstenhauses zu einer organischen Einheit zusammengefaßt wurden.

Friedrich II. und Honorius III. Fortführung der staufischen Hausmachtpolitik.

Wie einst Heinrich VI., lebte Innozenz III. ganz in den imperialistischen Weltreichsplänen seiner Zeit, nur daß bei ihm als Papst das theokratische Element noch stärker in den Vordergrund trat. Neben den Vorbereitungen zu dem Kreuzzug, der ihn so recht als den Herrn der Welt beweisen sollte, beschäftigte Innozenz vor allem die Sorge, Sizilien und Deutschland könnten in der Hand Friedrichs wieder vereinigt werden. Um den Papst zu beschwichtigen und sein Eingreifen in die innerdeutschen Verhältnisse zu verhindern, das den jahrelangen entsetzlichen Bürgerkrieg unter Philipp und Otto heraufbeschworen hatte, erklärte sich Friedrich bereit, seinem schon vom Papste zum König von Sizilien gekrönten Sohn Heinrich das süditalische Reich ganz abzutreten, das dieser aus der Hand des Papstes als Lehen erhalten sollte. Am 16. Juli 1216 starb aber Innozenz III., und sein Nachfolger, der greise Honorius III., kam Friedrich bald sehr entgegen, als es sich herausstellte, daß der „päpstliche" Kreuzzug gegen Ägypten, dessen Eroberung der Kurie das sicherste Mittel erschien, sich auch Jerusalems zu bemächtigen, mit einem noch schlimmeren Mißerfolg als die bisherigen zu enden drohte. Ehe der deutsche König sich an einem Kreuzzug beteiligen konnte, war in der Heimat allerdings noch manches zu erledigen.

Unter König Philipp war im Kampfe gegen Otto IV. ein beträchtlicher Teil des staufischen Gutes in fremde Hände gekommen, am meisten in Schwaben, am wenigsten wohl im Elsaß. So groß wie im Anschluß an eine Nachricht der Ursberger Chronik vielfach angenommen wurde, waren die Verluste jedoch nicht, und Friedrich II. hat sie wieder mehr als wett gemacht. Schon 1213 begann er nach dem Vorbilde Friedrichs I., Vogteien zu erwerben. Der Tod des letzten Zähringers im Jahre 1218 bot Friedrich II. Gelegenheit, das Reichsgut besonders im Gebiet der heutigen Schweiz weiter auszubauen. Unter anderem kamen von den zähringischen Lehen Bern, Zürich, Solothurn und Freiburg an das Reich zurück und unter staufische Verwaltung. Auf dem Reichstag zu Ulm im September fand diese Regelung die Zustimmung der Fürsten.

Auch darin folgte der junge König dem Beispiel seines Vaters und Großvaters, daß er im Hinblick auf den bevorstehenden Kreuzzug die Fürsten zur Wahl seines Sohnes zu bewegen suchte. Friedrich gelang es im April 1220, die Wahl wirklich durchzusetzen. Im Verfolg dieser staufischen Macht- und Erbpolitik mußte er sich freilich auch zu ihrer Kehrseite bekennen, zum Einverständnis mit der fortschreitenden Territorialpolitik der Fürsten, zunächst der geistlichen Fürsten. In dem vom 26. April 1220 datierten Privileg, der „Confoederatio cum principibus ecclesiasticis", werden die Lande der Kirchenfürsten, also Kronlehen, zum ersten Male als „Territorien" bezeichnet, von denen nur noch ein Schritt zum Landesfürstentum war. In den geistlichen Territorien durfte der König keine neuen Zoll- und Münzstätten errichten, niemand außer dem Kirchenfürsten selbst eine Burg oder Stadt bauen, die königliche Gerichtsbarkeit ging mit Ausnahme einer kurzen Frist vor, während und nach der Abhaltung eines Hoftages in bischöflichem Gebiet ganz auf den geistlichen Landesherren über, und wen dieser mit dem Kirchenbann belegte, der verfiel nach sechs Wochen der Reichsacht, „weil das weltliche Schwert zum Schutze des geistlichen eingesetzt ist".

Kaiserkrönung. Der Kaiser in Sizilien

Mit der Wahl Heinrichs zum deutschen Könige war der Plan der Kurie, Sizilien auf die Dauer vom Reiche zu lösen, zunichte geworden. Honorius wagte, da sich das von einem päpstlichen Legaten geführte Kreuzzugsheer eben jetzt in sehr schwieriger Lage befand, keinen ernsthaften Widerspruch. Nachdem noch Erzbischof Engelbert von Köln, einer der tüchtigsten und tatkräftigsten Fürsten, für die Zeit der Minderjährigkeit Heinrichs als Reichsverweser in Deutschland aufgestellt worden war, machte sich Friedrich im August 1220 nach Italien auf. Am 22. November wurde er von Honorius zum Kaiser gekrönt. Das Versprechen Friedrichs, im März nächsten Jahres Truppen nach Damiette zu entsenden und im August selbst aufzubrechen, sowie verschiedene Begünstigungen des sizilischen Klerus in Gerichts- und Steuersachen und ein strenges Gesetz gegen die Ketzer hatten die Kurie und den Papst gefügig gemacht, obwohl sie sich darüber keiner Täuschung hingeben konnten, daß trotz all der von Friedrich gemachten Zusagen und gegebenen Garantien der Kernpunkt der staufischen Politik, die Vereinigung Siziliens mit Deutschland, erreicht war.

Der Kaiser mühte sich redlich um die Unterstützung des christlichen Heeres in Ägypten und gab keineswegs den Plan auf, das Heilige Land der Christenheit zu gewinnen. Aber so, wie es sich Honorius vorgestellt hatte, ging Friedrich doch nicht vor. Im Königreich Sizilien war seit dem Tode Kaiser Heinrichs VI. die staatliche Ordnung fast ganz in Verfall geraten. Sie wieder herzustellen war des Kaisers erste Sorge, und es war dies auch vom Standpunkt der Kreuzzugsbewegung aus das einzige Vernünftige. Denn daß sich die Herrschaft der „Heiden" nicht durch einzelne kühne, ritterliche Vorstöße brechen ließ, sondern daß man ihr eine starke, festgegründete christliche Macht entgegenstellen mußte, hätte man eigentlich im Abendland erkennen müssen. Es gab kein besseres Sprungbrett, kein günstiger gelegenes Bollwerk, den Islam in Syrien und Ägypten zu stürzen, als ein starkes Königreich Sizilien, nachdem das oströmische Reich nur noch mühsam seinen Bestand wahren konnte und keinesfalls zu größeren auswärtigen Unternehmungen fähig war. Aber die meisten Christen hatten von derlei Dingen keine Ahnung, und die Kurie wollte sie nicht einsehen, da sie ja sonst das verhaßte staufische Weltreich grundsätzlich hätte anerkennen müssen. Darum gab man auch Friedrich die Schuld und bezichtigte ihn des Verrates, als am 30. August 1221 infolge der militärischen Unfähigkeit des päpstlichen Legaten und der übrigen christlichen Führer das kaum zwei Jahre zuvor eroberte Damiette von den Truppen des Sultans wieder genommen wurde. Es war das erstemal, daß sich die öffentliche Meinung des Abendlandes gegen Friedrich wandte, Troubadours höhnten und schmähten ihn, weil er sich nicht Hals über Kopf in das afrikanische Abenteuer gestürzt hatte.

Unbekümmert um all diese Vorwürfe, setzte der Kaiser die Wiederherstellung der Ordnung seines sizilischen Reiches fort, wobei er an die Tätigkeit Rogers II. anknüpfte (vgl. S. 121). Zu einem Konflikt zwischen Kaiser und Papst kam es indes vorerst noch nicht. Der Papst war wieder einmal von den aufständischen Römern vertrieben worden; so ließ er es weder wegen des Kreuzzuges, noch wegen des eigenmächtigen Vorgehens Friedrichs bei der Besetzung sizilischer Bistümer zum Bruche kommen. Außerdem versicherte der Kaiser immer wieder, er werde, sobald es ihm nur möglich sei, den beschworenen Kreuzzug unternehmen. Er heiratete nach dem Tode seiner ersten Gemahlin im Jahre 1225 die Tochter des vertriebenen Königs von Jerusalem und machte für den August 1227 ganz bestimmte Zusagen für einen Kreuzzug, den er mit tausend Rittern und den nötigen Schiffen ausführen werde. Zur Erhaltung eines leidlichen Verhältnisses zwischen Honorius III. und dem Kaiser trug ferner bei, daß er dem Papst das Schiedsrichteramt überließ, als es zu einem Zwist mit den lombardischen Städten kam, die sich sträubten, die Oberhoheit des Reiches gemäß den Vereinbarungen des Konstanzer Friedens vom Jahre 1183 wieder anzuerkennen.

Außenpolitik unter Engelberts Führung. Berufung der Deutschordensritter nach Preußen

In Deutschland waltete Erzbischof Engelbert 1220 bis 1227 seines Amtes als Reichsverweser mit großem Erfolg. Durch sein entschlossenes Vorgehen herrschte im Lande Ruhe und Sicherheit wie schon seit langem nicht mehr. Die Reichspolitik stützte sich vornehmlich auf die geistlichen Fürsten, im Gegensatz zu den aufstrebenden Städten. In der Außenpolitik hielt sich Engelbert allerdings nicht an die Wünsche des Kaisers. Im Mai 1223 war zwischen Waldemar II. von Dänemark und seinem Vasallen Graf Heinrich von Schwerin ein Streit ausgebrochen. Der Graf überrumpelte seinen Lehensherren bei einer Jagd und nahm ihn gefangen. Als der Kaiser davon erfuhr, hielt er die Gelegenheit für gekommen, Waldemar die Reichslande, die er ihm einst abgetreten hatte, wieder zu nehmen, und schrieb deshalb an den Bischof von Hildesheim: „Da wir mit allen Mitteln nach der Wiedergewinnung der Reichsgüter streben, bitten und mahnen wir euer Liebden, zu sehen, wie ihr den König in eure Hand bringen könnt". Engelbert aber nahm sich Waldemars an und zog sogar den Papst in die Angelegenheit hinein, da Waldemar das Kreuz genommen hatte. Es kam zu Verwicklungen, die mehrere Jahre dauerten. Nachdem der Dänenkönig die bei seiner Freilassung eingegangenen Verpflichtungen nicht gehalten hatte, taten sich verschiedene norddeutsche Fürsten zusammen und besiegten die Dänen am 22. Juli 1227 in der Schlacht bei Bornhövede. Mit Ausnahme von Rügen und Estland mußte Waldemar alles, was er von den Deutschen gewonnen hatte, herausgeben. Im Zusammenhang mit einem schon vor der Schlacht von Bornhövede zu Mölln (1225) errungenen Siege deutscher Fürsten über den Neffen Waldemars, Albrecht von Orlamünde, waren die Völker von Livland, Estland, Samland, Preußen und Kurland, bei denen deutsche Kaufleute, namentlich aus Lübeck, Kolonien gegründet hatten, nominell unter die Oberhoheit des Reiches gekommen.

Das bedeutsamste Ereignis in jenen Landen aber war die Berufung der Deutschordensritter unter Hermann von Salza durch den Herzog Konrad von Masowien nach Preußen im Jahre 1226. Die kaiserliche Bestätigungsurkunde dieses für die deutsche Zukunft ungemein wichtigen Staatsaktes begann: „Im Namen der heiligen und ungeteilten Dreifaltigkeit, Amen. Friedrich II. von Gottes Gnaden Kaiser der Römer, zu allen Zeiten Augustus, König von Jerusalem und Sizilien. Gott hat darum unser Kaisertum über alle Könige der Erde erhöht und den Machtbereich unserer Herrschaft über verschiedene Zonen hin ausgedehnt, damit sein Name in dieser Welt verherrlicht und der Glaube unter den Heidenvölkern verbreitet werde. Wie er das heilige römische Reich zur Verkündigung des Evangeliums geschaffen hat, so haben wir unsere Sorge und Aufmerksamkeit ebenso der Unterwerfung wie der Bekehrung der Heidenvölker zuzuwenden". Der Kaiser erklärte das Deutschordensland ausdrücklich als Reichsland, bewilligte aber dem jeweiligen Ordensgroßmeister so große Freiheiten und Gerechtsame, daß es sich bald zu einem im wesentlichen ganz selbständigen Staatswesen entwickeln konnte (vgl. S. 293).

Als unter dem Sohne und Nachfolger Philipps II. August, Ludwig VIII. (1223—1226), sich das Verhältnis Frankreichs zu England neuerdings verschlechterte, wollte Erzbischof Engelbert eine mehr englandfreundliche Politik einschlagen, weil Köln einen regen Handel mit England führte. Der Kaiser hielt jedoch an dem Bündnis mit Frankreich fest und lehnte die von Engelbert vorgeschlagene Vermählung seines Sohnes Heinrich, der am 8. Mai 1222 in Aachen zum deutschen König gekrönt worden war, mit einer englischen Prinzessin ab. Friedrich, der wie schon zuvor im Westen so nun auch im Osten des Reiches die Begründung einer großen staufischen Hausmacht vorzubereiten begann, gab dem erst fünfzehnjährigen Heinrich Margarethe, die Tochter Herzog Leopolds VI. von Österreich, zur Frau. Als die Hochzeit am 18. November 1225 in Nürnberg mit großem Gepränge gefeiert wurde, traf dort die Nachricht ein, daß Graf Friedrich von Isenburg am 7. November den Erzbischof Engelbert aus Privatrache ermordet hatte.

Die Lage in Deutschland begann sich nach dem Tode des um den Landfrieden hochverdienten Kirchenfürsten neuerdings zu verwirren. Der Kaiser bestimmte erst den Herzog Leopold von Österreich zum Reichsverweser, und als dieser eine Kreuzfahrt unternahm, im Juli 1226 den Herzog Ludwig von Baiern zum Vormund Heinrichs und damit zum stellvertretenden Reichsregenten. Nun war aber der Wittelsbacher bei den übrigen Fürsten wenig beliebt, und der junge König zeigte bei seinen ersten Versuchen, neben seinem Vormund in die Reichsleitung einzugreifen, eine wenig glückliche Hand. Schon hieß es: „Wehe dem Lande, dessen König ein Kind ist!" Die Städte am Mittelrhein schlossen sich gegen den Erzbischof von Mainz zusammen, ihr Bund, der erste Städtebund, wurde auf einem Reichstage Ende 1226 aufgelöst. Als der Welfe Heinrich I. im Jahre 1227 starb, kam es um dessen Erbschaft zu blutigen Kämpfen. Die Verwirrung wurde noch dadurch gesteigert, daß sowohl König Heinrich wie Herzog Ludwig Ansprüche auf welfisches Gut erhoben, dieser wegen verwandtschaftlicher Beziehungen, und Heinrich, weil der Kaiser die Erbrechte der Irmgard, einer Schwester des gestorbenen Pfalzgrafen Heinrich II., auf die pfälzischen Allodialgüter um Geld abgelöst hatte. Als Heinrich und Ludwig in Braunschweig einfielen, wurden sie zurückgeschlagen.

Auseinandersetzungen Friedrichs mit Gregor IX. Des Kaisers Kreuzzug

Der Nachfolger Honorius' III., Papst Gregor IX. (1227—1241), war wohl von vornherein entschlossen, den Kampf mit dem Kaiser aufzunehmen, falls er sich seinen Wünschen nicht willig füge. Zunächst sandte ihm der Papst eine Epistel voll frommer Ermahnungen, in der geflissentlich darauf hingewiesen wurde, daß der deutsche König seine Krone nicht einem Rechtstitel, sondern der freien Wahl der Fürsten zu verdanken habe, und daß die Kaiserkrone, „die Krone des Ruhmes, die einen Vorrang vor allen Gewalten der Welt gibt" und die ihren Träger „an Ansehen und Ehre über alle Fürsten der Erde erhebt", vom Vater, dem Papste, verliehen werde. Vorerst schien allerdings nochmals alles gut zu gehen. Friedrich bereitete mit großem Eifer einen Kreuzzug vor. Aber das Kreuzheer wurde schon am Sammelort, in Brindisi, von einer schnell um sich greifenden Seuche befallen. Obwohl auch der Kaiser und der Landgraf Ludwig von Thüringen von ihr ergriffen wurden, fuhren beide am 8. September 1227 ab. Als sich aber ihre Krankheit verschlimmerte, gingen sie einige Tage hernach wieder an Land. Der Landgraf starb am 11. September, und der Kaiser suchte die Bäder von Pozzuoli auf, um sich zu heilen. Wenn er je einen begründeten Anlaß gehabt hatte, den Kreuzzug zu verschieben, so diesmal. Aber der Papst ließ keine Entschuldigung gelten, sondern bannte Friedrich am 29. September und verbot ihm als einem aus der kirchlichen Gemeinschaft Ausgeschlossenen den Kreuzzug. Beide schritten jetzt zu verschiedenen feindlichen Maßnahmen. So untersagte der Papst Friedrich, weiterhin Steuern für die Kreuzfahrt zu erheben, während dieser die Rückgewinnung des ehemaligen kaiserlichen Besitzes in Mittelitalien vorbereitete und hierfür Rainald von Urslingen zum Reichslegaten einsetzte.

Nachdem die Gesundheit des Kaisers wieder hergestellt und ihm am 26. April 1228 ein zweiter Sohn, Konrad, geboren war, unternahm Friedrich trotz des päpstlichen Verbotes die Kreuzfahrt. Gregor zettelte in Palästina durch die Templer allerlei Intrigen gegen den Kaiser an und besetzte in dessen Abwesenheit die apulischen Lande. Viele sahen darin einen schmählichen Verrat der christlichen Sache, und ein deutscher Chronist bemerkte dazu: „Jeder, der diese Dinge recht betrachtet, muß sie beklagen und verabscheuen, denn sie scheinen ein sicheres Anzeichen für den Fall der Kirche zu sein".

Der Kaiser erreichte durch diplomatische Verhandlungen mit dem ägyptischen Sultan mehr als die Kreuzfahrer seit langen Jahren. Der Sultan trat an die Christen verschiedene feste Plätze und vor allem Jerusalem, Bethlehem und Nazareth ab. In Jerusalem blieb nur das Kloster, das der Tempel des Herrn hieß, unter sarazenischer Bewachung, weil dort die Sarazenen schon seit langem zu beten pflegten, diese und die Christen sollten hier ungestört ihre Andacht verrichten dürfen. Auch die Christen, die bei Damiette gefangen genommen worden waren, gab der Sultan frei. Der Deutschordensmeister Hermann von Salza sandte über diese Dinge einen ausführlichen, sachlich gehaltenen Bericht an den Papst, erreichte aber nichts damit, weil diesem der Wille zu einer friedlichen Verständigung fehlte. Wohl jubelten die Christen beim Einzug des Kaisers in Jerusalem, aber schon am nächsten Tage belegte der Erzbischof von Cäsarea die heiligen Orte mit dem Interdikt, wodurch alle gottesdienstlichen Handlungen und die Spendung der Sakramente untersagt wurden. Die Anhänger der Kurie verbreiteten die wildesten Gerüchte über den Kaiser, weil er friedliche Unterhandlungen mit dem Sultan geführt und den Sarazenen die Obhut im Tempel des Herrn überlassen hatte. Spöttisch schrieb der Patriarch Gerold von Jerusalem an den Papst, daß es den Deutschen einzig darauf ankäme, das Heilige Grab zu besuchen. „Wenn auch alle anderen dagegen waren, so glaubte Friedrich doch, sich mit der Meinung seiner Deutschen zufrieden geben zu dürfen, und forderte sie auf, sich an seiner

Ehre zu freuen und den Lob- und Freudengesang anzustimmen. Und so erhob die deutsche Nation allein den Gesang und entzündete die Kerzen, während alle anderen für Torheit hielten, was da geschah, und viele erkannten, daß es sich um einen offenen Betrug handle." Gerold merkte nicht, welch vernichtendes Urteil er mit der Anführung des kaiserlichen Wortes: „Ich habe die heilige Stadt gewonnen, die der Patriarch und der Legat der römischen Kirche verloren haben, ich begann Jaffa zu befestigen, und es ging durch eben diese verloren", über die päpstliche Politik fällte. In Deutschland aber sang man:

„Was mag ein Kaiser schaffen,
wenn die Heiden und die Pfaffen
streiten zahllos wider ihn?
Da verdürbe Salomonis Sinn ...
Gott und der Kaiser haben frei gemacht
ein Grab und allen Christen Trost gebracht.
Da er das Beste hat getan,
Sollt man ihn lösen aus dem Bann;
Vielleicht daß man's in Rom nicht will;
denn ohn' ihre Erlaubnis Gutes schaffen,
das hätt' nicht Bestand, sagen die Pfaffen.
Und dies war wider ihren Willen!"

Die Sache des Papstes machte in Abwesenheit des Kaisers überall große Fortschritte. In Mittelitalien wurde Rainald von Urslingen zurückgedrängt, die Söldner des Papstes, die nach ihrem Abzeichen Schlüsselsoldaten hießen, fielen in das Königreich Sizilien ein. In Deutschland ließ sich der Reichsverweser Herzog Ludwig von Baiern in hochverräterische Umtriebe ein. Die ganze Lage änderte sich aber sofort beim Erscheinen des Kaisers in Italien im Sommer 1229. Das Königreich Sizilien leistete seinem Herrn Gehorsam, und als Friedrich mit seinen Truppen gegen den Kirchenstaat vorrückte, brach die Scheinmacht Gregors zusammen. Er war nun zu Friedensverhandlungen um so mehr geneigt, als der Kaiser sich bereit erklärte, die Mark Ancona, Spoleto und andere Orte beim Kirchenstaat zu lassen. Friedrich wurde vom Banne freigesprochen und behielt über die Kirche von Sizilien bedeutende Rechte. Auch die lombardischen Städte wurden in den Frieden von Ceperano, der am 28. August 1230 geschlossen wurde, und dem langwierige Verhandlungen in San Germano vorausgegangen waren, mit einbezogen.

König Heinrichs Politik und Absetzung

In Deutschland kam es infolge verschiedener Maßnahmen des seit 1228 selbständig regierenden Königs Heinrich zu ernsteren Verwicklungen. Er erkannte ganz richtig, daß die Städte den Fürsten gegenüber immer mehr an Bedeutung

a

b

Burg und Denkmal Heinrichs des Löwen

a. Burg Dankwarderode in Braunschweig. Siehe Text S. 196 — b. Denkmal Heinrichs des Löwen in Braunschweig. 1166. Siehe Text S. 188

a

b

Französische und deutsche Kunst des Hochmittelalters

a. Elisabeth von der Rheimser Kathedrale — b. Elisabeth im Bamberger Dom. Siehe Text S. 191

gewannen, täuschte sich aber über die tatsächlichen Machtverhältnisse. Mit den doch vor allem auf den Vorteil ihrer einzelnen Städte bedachten Bürgern ließ sich die Stellung der vereinigten Fürsten, denen viele Tausende im Kriege erprobter Ritter dienten, nicht erschüttern. Die städtefreundliche Politik des jugendlichen Herrschers veranlaßte den Kaiser zur weiteren Stärkung des Fürstentums, dem er zum großen Teil den günstigen Ausgang des Ringens mit Gregor verdankte. Friedrichs Eingreifen ist es wohl vor allem zuzuschreiben, daß Heinrich trotz seines glänzenden Erfolges über den Baiernherzog am 1. Mai 1231 auf einem Reichstag zu Worms den Fürsten in dem „statutum in favorem principum" wichtige Vorrechte zubilligte. Das Pfahlbürgertum (vgl. S. 78), wonach Leute, die auf dem platten Lande blieben, aber sich rechtlich in den Verband einer Stadt aufnehmen ließen, ihrer Verpflichtungen gegen ihre bisherigen Herren ledig werden sollten, wurde aufgehoben. Dazu kam noch eine Reihe von Bestimmungen über Gerichtshoheit und die Regelung wirtschaftlicher Verhältnisse, wie z. B. über das Marktwesen. Diese Konstitution schuf im allgemeinen kein neues Recht, sondern bestätigte nur das schon bestehende Gewohnheitsrecht. Sie bedeutete aber mit ihrer genauen juristischen Festlegung doch einen weiteren Schritt vorwärts in der Entwicklung zum Landesfürstentum.

Als der Baiernherzog auf der Kelheimer Brücke am 15. September 1231 ermordet wurde, kam es im ganzen Reich zu einer starken Erregung. Es hieß, der Kaiser habe ihn durch einen Sarazenen beseitigen lassen, einen Assassinen des „Alten vom Berge", eines Scheich vom Libanon, mit dem der Kaiser angeblich freundschaftliche Beziehungen unterhielt. Dazu trat der Gegensatz zwischen dem Kaiser und seinem Sohne Heinrich immer schärfer hervor, in dem die unruhige und unbeständige Art, wie sie sich in dem Staufer Konrad III. gezeigt hatte, wieder aufzuleben schien. Während Friedrich II. durch die Heirat seines Sohnes mit der österreichischen Herzogstochter eine starke staufische Hausmacht im Südosten des Reiches errichten zu können hoffte, wollte sich Heinrich von seiner Gemahlin scheiden lassen. Außerdem setzte er trotz des Wormser Privilegs seine städtefreundliche Politik zu ungunsten der Fürsten fort. Zur Beilegung verschiedener Streitigkeiten mit den lombardischen Städten und zur Regelung deutscher Angelegenheiten berief der Kaiser für den März 1232 einen Reichstag nach Friaul, auf dem sich auch König Heinrich verantworten sollte. Der erschien aber erst auf einen strengen Befehl seines Vaters hin im April in Cividale, wo er sich dem Kaiser unterwarf. Hier bestätigte der Kaiser auch mit geringen Abänderungen das statutum in favorem principum. Ein befriedigender Ausgleich mit den lombardischen Städten kam allerdings nicht zustande, dafür gewann Friedrich den Ezzelin da Romano, einen Gewaltherren vom Schlage der späteren Renaissancetyrannen, für sich und stärkte damit seine Stellung im Gebiete von Treviso und Verona, das als Verbindungsland zwischen Italien und Deutschland für den Kaiser von größter Wichtigkeit war.

Sobald Heinrich nach Deutschland zurückgekehrt war, lenkte er wieder in die alten Bahnen ein. Im September 1234 empörte er sich offen gegen den Kaiser, außerdem knüpfte er hochverräterische Beziehungen mit den Lombarden an. Zu Heinrich hielten die schwäbischen Ministerialen. Um diese Zeit bewarb sich Friedrich, nachdem seine zweite Gemahlin Isabella im Jahre 1228 gestorben war, um eine englische Prinzessin. Da er durch die Vermittlung des Papstes trotzdem die Freundschaft mit Frankreich aufrecht erhalten konnte, gewann Heinrich mit Ausnahme der Lombarden keine auswärtigen Bundesgenossen. Aber auch die Vereinigung mit den Lombarden nützte ihm nichts, da jetzt Gregor IX. in jeder Weise für den Kaiser Partei ergriff. Der Papst brauchte seine Hilfe gegen die aufständischen Römer, sodann hatte ihn Friedrich als Schiedsrichter in seinen Streitigkeiten mit den Lombarden aufgestellt. Der Papst war ferner mit Heinrichs Verhalten in der Ketzerfrage unzufrieden. Im Anschluß an die Gesetzgebung des Kaisers gegen die Ketzer hatten von einer Art religiösen Wahnsinns befallene „Ketzerrichter" Schuldige und Unschuldige, den gemeinen Mann und hochgestellte Personen, zu verfolgen begonnen. Die seit 1229 als Ketzer mit dem Kirchenbann belegten Stedinger Bauern, etwa zweitausend Mann im Sumpfland zwischen Sachsen und Friesland, wurden am 27. Mai 1234 von einem gegen sie aufgebotenen Kreuzheer fast vollständig aufgerieben. Die Kurie war zwar mit diesem Wüten nicht ganz einverstanden, nahm es aber König Heinrich doch übel, daß er sich gegen die Raserei der geistlichen Ketzerrichterwandte. Der Kaiser brach im Sommer 1235 nach Deutschland auf, und da er seinen Sohn auf diplomatischem Wege bereits isoliert hatte, konnte dieser keinen Widerstand mehr wagen. Heinrich unterwarf sich seinem Vater, wurde im Juli abgesetzt und bis zu seinem Tode (1242) in Apulien in Gefangenschaft gehalten. Ein eigentliches Gerichtsverfahren war gegen Heinrich nicht mehr notwendig gewesen, weil schon 1232 in Cividale festgesetzt worden war, daß er im Falle nochmaligen Ungehorsams als Empörer zu behandeln sei und die Fürsten vom Treueid gegen ihn entbunden wären.

Man hat in Heinrichs Politik einen planmäßigen Versuch zur Schaffung einer „wirklichen königlichen Zentralgewalt" sehen wollen. Die Mittel hierzu seien „Pflege der Ministerialität und des städtischen Bürgertums" gewesen. Die Begünstigung der Städte durch Heinrich habe den Zweck verfolgt, auf diese Weise bei der vordringenden Geldwirtschaft durch die städtischen Steuern dem Staate systematisch eine neue Einnahmequelle zu erschließen und ihn so von dem Fürstentum unabhängiger zu machen. Theoretisch war Heinrich mit seinen Maßnahmen ohne Zweifel auf dem richtigen Wege, aber er verkannte die tatsächlichen Machtverhältnisse, worauf es in der Politik letzten Endes immer ankommt. Die Entwicklung des Territorialfürstentums war nicht mehr aufzuhalten. Ein großes Verdienst hat sich König Heinrich während seiner sonst wenig glücklichen Regierung jedenfalls erworben: die Niederwerfung der staufenfeindlichen Opposition unter Herzog Ludwig von Baiern im Jahre 1229.

Die Mainzer Tagung 1235. Österreich als Reichsgut eingezogen. Konrads Wahl zum König

In Worms, wo er seinen Sohn hatte gefangen nehmen lassen, feierte der Kaiser seine Hochzeit mit Elisabeth von England. Mitte August 1235 hielt er noch einmal auf deutschem Boden einen großen Reichstag ab. Durch den auf ihm erlassenen Reichslandfrieden hat die Mainzer Tagung für die deutsche Rechtsgeschichte große Bedeutung erlangt. Dies Reichsfriedensgesetz diente nicht nur den nächsten Herrschern als Vorbild für ähnliche Gesetze, sondern es war auch das erste offiziell in deutscher Sprache aufgezeichnete Reichsgesetz. Außer verschiedenen Vorschriften über das Fehdewesen, das möglichst eingeschränkt und dem zum mindesten der Charakter des wilden Faustrechtes mit form- und gesetzlosen Überfällen auf einen politischen Gegner oder persönlichen Feind genommen werden sollte, wurden verschiedene frühere Gesetze bestätigt, besonders solche im Sinne des statutum in favorem principum, ferner das Hofrichteramt eingeführt und die in Verfall geratene Hofgerichtskanzlei neu eingerichtet. Der Reichshofrichter, iustitiarius curiae regiae, war ständiger Vertreter des Königs in allen Rechtsangelegenheiten mit Ausnahme der Reichsacht und der Fürstensachen. Der vom König für mindestens ein Jahr zu ernennende Hofrichter sollte dem Herrenstand angehören und war bereits eigentlicher Beamter, hatte also sein Amt nicht als Lehen. Diese Hofgerichtsreform und eine allerdings nur angekündigte Sammlung aller geltenden Reichsgesetze erinnern an die gesetzgebende Tätigkeit Friedrichs in Sizilien, doch ist umstritten, wie weit er dabei wirklich an sizilische Einrichtungen angeknüpft hat. Die Verwendung des Deutschen nun auch für Gesetze und Rechtsbücher und ihre weite Verbreitung ist eines der Zeugnisse, wie jetzt die kulturelle Einheit des deutschen Volkes fortschritt, während sich das staatliche Gefüge durch das Hochkommen der Landesfürsten immer mehr auflockerte. So wurde auf dem Mainzer Hof- und Reichstag der Enkel Heinrichs des Löwen, Otto von Lüneburg, als neuer Herzog und Fürst erklärt. „Der Kaiser forderte auf, diesen Tag in allen Jahrbüchern zu verzeichnen, weil er an ihm mit der Zustimmung aller Fürsten das römische Reich durch Einsetzung eines neuen Fürsten gemehrt habe." Das neue Herzogtum Sachsen umfaßte Braunschweig, Lüneburg, die Grafschaft Stade und Goslar. Damit schien der Ausgleich zwischen Hohenstaufen und Welfen völlig abgeschlossen.

Am 1. Mai des Jahres 1236 begannen zu Marburg unter großem Zulauf des Volkes die Feierlichkeiten zu Ehren der 1231 gestorbenen und 1235 heilig gesprochenen Landgräfin Elisabeth von Thüringen. „Der glorreiche Körper" der Heiligen „wurde auf Anordnung des Papstes in einen goldenen Reliquienschrein übertragen .... Der Kaiser hob als erster den Stein vom Sarkophage und setzte eine goldene Krone aus seinem Schatze auf das heilige Haupt der hochheiligen Witwe. Neben vielen anderen Wundern floß Öl aus dem heiligen Körper, das die Brüder vom Deutschen Orden andächtig und sorgfältig an die frommen Männer verteilten, die Kirchen und Altäre zu Ehren der heiligen Elisabeth errichten wollten."

Der Kaiser begab sich von Marburg aus über Konstanz nach Italien, doch riefen ihn noch im gleichen Jahre die in Österreich infolge der Ächtung Friedrichs des Streitbaren entstandenen Wirren nach Deutschland zurück; dieser hatte bei der Empörung Heinrichs zum mindesten eine zweifelhafte Rolle gespielt. Der Kaiser brachte Österreich, Steiermark und Krain in seine Gewalt und erklärte diese Lande als dem Reiche heimgefallen und damit de facto als hohenstaufisch. Wien wurde reichsunmittelbar und so ebenfalls der kaiserlichen Gewalt unterworfen. Allerdings versuchte Friedrich der Streitbare immer wieder, sein Land zurückzugewinnen. Auf einem Reichstag zu Wien Ende Februar 1237 wählten die Fürsten Friedrichs II. jetzt neunjährigen Sohn Konrad, der schon seit 1235 mit dem Herzogtum Schwaben belehnt und zur Stärkung der staufischen Stellung im Südosten des Reiches mit einer Tochter des bairischen Herzogs Ottos II. verlobt worden war, zum „römischen König und künftigen Kaiser." Auf einem Reichstag zu Speier wurde hierauf Erzbischof Siegfried von Mainz zum Reichsverweser in Deutschland eingesetzt; im September brach dann der Kaiser nach Italien auf.

Krieg gegen die Lombarden. Zerwürfnis mit Gregor IX.

Obwohl die Mainzer Tagung vom 15. August 1235 für den Kaiser ruhmreich verlaufen war, hatte sie für ihn und sein Haus wie für ganz Deutschland die verhängnisvollsten Folgen, denn auf ihr wurde der Reichskrieg gegen die lombardischen Städte beschlossen, die sich in die Empörung König Heinrichs hatten verwickeln lassen. Matthäus von Paris überliefert aus dieser Zeit einen Brief des Kaisers an den Papst. Selbst wenn dieses Schreiben nur erdichtet ist, kennzeichnet es doch aufs treffendste, wie der Kaiser die Lage sehen mußte, und es stimmt auch sachlich mit einem authentischen, jedoch förmlicheren Brief des Kaisers überein. Das Schreiben lautet in der von Matthäus angegebenen Fassung: „Italien ist mein Erbe, das weiß die ganze Welt. Keuchend nach Fremdem (nach dem Heiligen Lande) zu greifen und das Eigene fahren zu lassen, wäre sinnloser Ehrgeiz, zumal da mich der Hochmut der Italiener und namentlich der Mailänder gereizt hat und sie mir in keiner Weise die schuldige Ehrfurcht erweisen. Außerdem bin ich, ein Christ und ein wenn auch unwürdiger Diener Christi, bereit, die Feinde des Kreuzes zu bekämpfen. Da ferner so viele Ketzereien in Italien nicht nur keimen, sondern schon wie Wälder dastehen .... so hieße es, wollte man diese ungebessert lassen und die Sarazenen angreifen, eine Wunde, in der noch das Eisen steckt, nur so obenhin verbinden ... Auch stehe ich allein und bin ein Mensch, kann also nicht ohne großes Gefolge die Feinde des Kreuzes bekämpfen, nicht allein die Ungläubigen besiegen, die so zahlreich und tapfer sind. Da ich ferner nicht an ein so schwieriges Werk ohne große Schätze gehen kann, habe ich beschlossen, die Reichtümer Italiens zum Schutze und zur Rache des Gekreuzigten zu verwenden. Italien hat Überfluß an Pferden, an Waffen und an Schätzen, das weiß man auf der ganzen Welt."

Diese Worte enthalten offensichtlich das Programm des Kaisers für die nächsten Jahre. Bei seiner politischen Klugheit und Erfahrung konnte sich Friedrich indes nicht darüber täuschen, daß es eine Herausforderung Gregors IX. bedeutete, der von jeher das Schiedsrichteramt zwischen den Lombarden und dem Kaiser für sich beansprucht hatte und den möglichst sofortigen Beginn einer Kreuzfahrt wünschte. Aber die damaligen Erfolge in Deutschland ließen Friedrich die Gefahr, den Papst und die Lombarden gleichzeitig zu Gegnern zu haben, unterschätzen. Nach verschiedenen für den Kaiser günstig verlaufenen Kämpfen und mancherlei ergebnislosen Verhandlungen erstritt Friedrich am 27. November 1237 bei Cortenuova einen glänzenden Sieg über die vereinigten lombardischen Truppen. Außerdem gelang es dem Reichslegaten Gebhard von Arnstein, ganz Tuscien zu besetzen. Da nur noch ein Teil der oberitalischen Städte zum lombardischen Bund stand, mochte Friedrich auf dem zahlreich besuchten Hoftag von Verona im Frühjahr 1238 den baldigen Endsieg erwarten.

Friedrich brachte jetzt das größte und bunteste Heer zusammen, das je seinen Befehlen gehorchte. Er mochte sich nun wirklich als den Herrn der Welt fühlen, Heinrichs VI. Weltreichsplan schien sich doch noch zu erfüllen.

Nur zu bald stellte es sich indes heraus, daß die Lombardei für den Angelpunkt der kaiserlichen Machtpolitik denkbar ungünstig gewählt war, und daß ein derart zusammengewürfeltes Heer, bei dem die Zahl der Völkerschaftsnamen nicht der Stärke der einzelnen Kontingente entsprach, kein geeignetes Machtinstrument für die Errichtung einer Weltmonarchie war. Drei Monate lang lagen Friedrichs Truppen vergeblich vor der einen festen Stadt Brescia. Als sie unverrichteter Dinge abziehen mußten, setzte Gregor IX. mit einer umfassenden antistaufischen Propaganda ein. Nachdem Friedrich seinen natürlichen Sohn Enzio mit der Erbin Sardiniens verheiratet und zum König dieses Landes, das die Kurie als päpstlichen Lehensstaat beanspruchte, ernannt hatte, belegte der Papst am Palmsonntag den 20. März 1239 den Kaiser mit dem Kirchenbanne. Am gleichen Tage starb der Hochmeister des Deutschen Ordens, Hermann von Salza, der bisher so manchen Zwiespalt zwischen dem Kaiser und den Päpsten — er war diesen wie jenem treu ergeben — beizulegen verstanden hatte. Wie einst in den Tagen Kaiser Heinrichs IV. erhob sich jetzt ein leidenschaftlich geführter Federkrieg zwischen Papsttum und Kaisertum. Im Kampf mit der Feder erwies sich Friedrich II. der Kurie gegenüber zum mindesten nicht unterlegen, mit den Waffen gewann er mehr und mehr das Übergewicht. Fast ganz Italien war in seiner Hand, als Gregor IX. am 21. August 1241 starb.

In Deutschland richteten die päpstlichen Werber, deren eifrigster Albert

Behaim war, nicht viel aus. Die Versuche, einen Gegenkönig aufzustellen, wofür die deutschen Feinde der Hohenstaufen und die Kurie bezeichnenderweise Ausländer, erst einen Dänen, Abel, den zweiten Sohn König Waldemars, und dann Robert von Artois, einen Bruder des französischen Königs, zu gewinnen hofften, scheiterten von vornherein an der Ablehnung der beiden Prinzen selbst. In Deutschland war man übrigens viel mehr darauf bedacht, sich der andringenden Tataren zu erwehren, als durch Bekämpfung des Kaisers die Geschäfte der Kurie zu besorgen. Für die Skrupellosigkeit der Feinde Friedrichs ist es bezeichnend, daß sie die Tatarengefahr, die doch eigentlich die ganze Christenheit zu einmütigem Vorgehen hätte anspornen sollen, als einen Schwindel dieses Bösewichts erklärten. Man habe doch bisher von diesen Tataren nichts gehört, und da man durch die seefahrenden Kaufleute alle Völker der bewohnten Erde kenne, hätte ein so zahlreiches Volk doch nicht verborgen bleiben können.

In Frankreich erreichte Gregor mit seinem Sendbrief, in dem er von Friedrich „diesem Tiere" spricht, der es „gerne hört, wenn man ihn den Vorläufer des Antichrist nennt", und der „offen gesagt hat: durch drei Betrüger Christus Jesus, Moses und Mohammed hat sich die ganze Welt täuschen lassen", so wenig wie die päpstlichen Legaten mit ihren Verdächtigungen. Die Franzosen gaben den Gesandten Gregors unter anderem zur Antwort: „Aus welcher Gesinnung heraus und mit welcher Keckheit hat der Papst durch seinen Bannfluch einen so großen Fürsten, dem kein anderer unter den Christen gleichkommt, seines Erbes beraubt und vom Kaiserthrone gestoßen, ohne daß er der ihm vorgeworfenen Vergehen überführt ist? Den Anklagen seiner Feinde, und der Papst ist doch sein ärgster, darf man nicht ohne weiteres Glauben schenken. Für uns ist der Kaiser noch unschuldig, bis jetzt war er uns ein guter Nachbar, und wir haben nichts von ihm gesehen, was gegen Treu und Glauben in der Welt oder gegen den christlichen Glauben verstoßen hätte. Dagegen wissen wir, daß er für unseren Herrn Jesus Christus zu Felde gezogen ist und sich dabei mutig den Gefahren des Meeres und des Krieges ausgesetzt hat. Beim Papste aber haben wir bis jetzt solche Frömmigkeit nicht gefunden. Wir wollen uns auch nicht der Gefahr eines Kampfes gegen den mächtigen Friedrich aussetzen, dem so viele Königreiche gegen uns helfen würden, und der an seiner gerechten Sache eine Stütze finden wird. Was kümmert es die Römer, wenn wir unser Blut verschwenden, befriedigen wir nur ihren Haß. Würde der Papst den Friedrich durch uns und andere besiegen, dann wird der Papst alle Fürsten der Welt mit Füßen treten, seine Hörner prahlerisch erheben, und sein Stolz wird anwachsen, weil er den großen Kaiser Friedrich zerschmettert hat."

Wirren in Deutschland. Bannung des Kaisers auf dem Lyoner Konzil

Für Friedrich trat erst dann die Wendung zum Schlimmeren ein, als in Deutschland infolge seiner langen Abwesenheit im Laufe des Jahres 1241 allerlei innere Wirren entstanden, und sich eine größere Zahl von Kirchenfürsten, so der Reichsverweser Erzbischof Siegfried von Mainz und der Erzbischof von Köln gegen die Staufer zusammenschloß. An Stelle des Mainzer Erzbischofs ernannte der Kaiser Heinrich Raspe von Thüringen zum Reichsverweser, der Herzog von Brabant und der Graf von Jülich wurden zum Kampf gegen den Kölner aufgestachelt; den Städten wurden gegen die bischöflichen Stadtherren wichtige Privilegien verliehen, und gegen den Mainzer zog König Konrad zu Felde.

In Italien verzögerte sich nach Gregors Tod und einem kurzen Pontifikat Coelestins IV. die Wahl eines Papstes längere Zeit; man gab später dem Kaiser die Schuld daran. Erst im Juni 1243 wurde Innozenz IV. auf den heiligen Stuhl erhoben. Die Verhandlungen mit ihm machten infolge der Nachgiebigkeit des Kaisers gute Fortschritte. Nur über die Reichsrechte in der Lombardei war noch keine Einigung erzielt, als der Papst im Juli 1244 heimlich aus Italien entwich. Er begab sich nach Lyon und sagte hier für den 21. Juni 1245 ein Konzil an.

Der Hauptzweck des Lyoner Konzils war ein entscheidender Schlag gegen den Kaiser. Innozenz war sehr verstimmt, als zu Beginn der Kirchenversammlung englische Geistliche wegen der Habgier der päpstlichen Gesandten, die, um Geld für die Kurie einzutreiben, nach England geschickt worden waren, Klage erhoben, ferner die Bevollmächtigten des französischen und englischen Königs allerlei Einwendungen gegen ein Vorgehen wider den Kaiser machten und dessen Vertreter Thaddäus von Suessa — Friedrich selbst hatte der Vorladung vor das Konzil nicht Folge geleistet — gegen die Zuständigkeit dieser Kirchenversammlung für ein gerichtliches Vorgehen gegen den Kaiser Verwahrung einlegte. Innozenz wußte aber bei der dritten Hauptsitzung durch die Schilderung aller Nöte der Christenheit in dieser Zeit die Anwesenden zu Tränen zu rühren und durch Aufzählung aller gegen Friedrich umlaufenden Gerüchte eine diesem feindliche Stimmung hervorzurufen. Da dem Falschen geschickt Wahres und Halbwahres beigemischt war, erzielte Innozenz mit seinen rührseligen und entrüsteten Ausführungen einen großen Eindruck, und so konnte er noch an diesem Tage, dem 17. Juli 1245, in feierlicher Weise den Bann über den Kaiser verhängen, obwohl Thaddäus in würdiger und überzeugender Weise Einspruch dagegen einlegte. Aber mit seinen Hinweisen, wie dem, der Kaiser könne kein Ketzer sein, da er weder in seinem Kaiserreich noch in seinen Königreichen einen Wucherer dulde, ein für alle verständlicher Vorwurf gegen die Kurie, „die bekanntlich an diesem Übel am meisten krankt", wurde der Zorn des Papstes nur noch mehr erregt.

Die Bannung und Absetzung des Kaisers, die Entbindung der Untertanen vom Treueid, die Aufforderung, einen neuen König zu wählen, vollzogen sich in der bei solchen Anlässen üblichen Weise. Trotzdem schlug bei der Versammlung die Verlesung der Bannsentenz „wie ein Blitz ein und rief einen ungeheuren Schrecken hervor. Der Meister Thaddäus von Suessa und die übrigen Vertreter des Kaisers brachen mit ihrem Gefolge in laute Klagerufe aus, schlugen zum Zeichen des Schmerzes auf Schenkel und Brust und konnten sich nur mit Mühe der hervorbrechenden Tränen erwehren. Thaddäus rief: 'Das ist der Tag des Zornes, des Unglücks und des Elends'! Der Herr Papst aber und die anwesenden Prälaten verfluchten, die angezündeten Kerzen in der Hand, den Kaiser, der nicht mehr Kaiser zu nennen sei, schrecklich und furchtbar, während die Sachwalter des Kaisers die Versammlung bestürzt verließen." Dann löschten der Papst und die Geistlichen die Kerzen in ihren Händen, warfen sie zu Boden und sangen das Tedeum.

Endkampf und Tod des Kaisers

Es war nicht Angst, was die kaiserlichen Vertreter so klagen ließ, sondern die Überzeugung, daß unermeßliches Leid über die Christenheit hereinbrechen werde. Denn es war mit Sicherheit vorauszusehen, daß sich ein Friedrich II. diesem Verfahren, das den Stempel parteiischer Willkür allzu offenkundig verriet, wenn sich auch diese Art des Vorgehens gegen den vielgewandten und nie zu fassenden Feind vom päpstlichen Standpunkt aus begreifen läßt, nicht fügen werde und sich wehren würde, wie noch kein mit der Kurie in Zwist geratener Kaiser. Friedrich leitete den Kampf mit einem Schreiben ein, in dem er verkündete: „Nachdem wir in Geduld und Frömmigkeit bisher die Rolle des Amboßes gespielt haben, müssen wir jetzt Hammer sein." Den Staufern treu ergebene Große und Dienstmannen erklärten: „Der Papst hat uns keinen Kaiser zu geben und keinen zu nehmen, sondern den von den Fürsten hiezu Erkorenen zu krönen." Die antistaufischen Fürsten, wie die Erzbischöfe von Mainz und Köln, aber wählten den Landgrafen Heinrich Raspe von Thüringen am 22. Mai 1246 zum Gegenkönig, der alsbald von einem großen Teil des deutschen Volkes als Pfaffenkönig verhöhnt wurde.

Die letzten fünf Jahre Kaiser Friedrichs II. waren erfüllt von dem mit der Feder und mit den Waffen geführten Krieg gegen die Kurie. König Konrad unterlag anfangs August 1246 in einem Kampf gegen Heinrich Raspe und seine bischöflichen Helfer. Nach dem Tode Heinrichs im Februar 1247 wurde Graf Wilhelm von Holland als Gegenkönig aufgestellt und von Siegfried von Mainz gekrönt. Die Dominikaner und Franziskaner wirkten als Boten des Papstes in Deutschland, der rücksichtslos in die Verhältnisse der deutschen Kirche eingriff und ihr Unsummen für seinen Streit mit dem Kaiser erpreßte. Parma fiel im Juni 1247 in die Hände der Gegner Friedrichs, ein schwerer Schlag für ihn. Im nächsten Jahre kamen ungeheuerliche Unterschlagungen des Vorstehers der sizilischen und kaiserlichen Kanzlei, Petrus de Vinea, zutage. Er wurde geblendet und starb im Kerker. Am 26. Mai 1249 wurde König Enzio von den

Bolognesern gefangen. Der Kaiser, der an ihm mit besonderer Liebe hing, machte ihnen vergeblich die größten Anerbietungen für die Freilassung seines Sohnes. Trotz alledem behaupteten die Staufer in Deutschland und in Italien das Übergewicht. Der Baiernherzog Otto, Schwiegervater König Konrads, stand treu zur Sache des Kaisers, ebenso die oberrheinischen Großen und die Grafen von Jülich und Luxemburg. Die meisten rheinischen Städte, die nun vom Kaiser und von König Konrad sehr begünstigt wurden, hielten zur staufischen Partei. Seit dem Tode Herzog Friedrichs des Streitbaren im Jahre 1246 waren die Staufer auch tatsächlich Herren Österreichs. Als der Kaiser die sizilischen Machtmittel wieder voll einsetzen konnte, errang er in Norditalien wieder größere Erfolge. Schon mochte der Kaiser auf einen baldigen entscheidenden Sieg über Innozenz IV. hoffen, da starb er am 13. Dezember zu Fiorentino in Apulien kurz vor Vollendung seines sechsundfünfzigsten Lebensjahres.

Die Persönlichkeit Friedrichs II.

Mit unendlichem Jubel und voll grenzenloser Hoffnung hatte das deutsche Volk den „puer Apuliae“, das „Wunderkind von Pulle“, auf dem Boden seiner Väter empfangen; als „Gottes Auserwählter“, als „Herr der Welt“, als „Hammer der Erde“, aber auch als „Antichrist“, als „Stab des Bösen“ verschied der Kaiser in Italien, dem Schicksalslande seines Geschlechtes. Er hat wie kein anderer Mensch seiner Zeit die Bewunderung und den Haß der Mitlebenden auf sich gezogen, ist in seinen letzten Kampfjahren und noch das ganze Mittelalter hindurch den einen die Verkörperung des Bösen, den anderen ein Heilbringer gewesen, an dessen Tod man nicht glaubte und auf dessen Wiederkehr als die eines Messias man wartete. In neuerer Zeit gehen die Meinungsverschiedenheiten darum, ob Friedrich II. noch mehr dem Mittelalter zuzurechnen oder als Bahnbrecher zu Neuem oder wenigstens für seine eigene Person bereits als Renaissancemensch zu betrachten sei.

Einer zutreffenden Würdigung von Kaiser Friedrichs II. Wesen und Leistungen stehen große Schwierigkeiten entgegen. Er hat zwar anders als sein Vater fast die Schwelle des Greisenalters erreicht und seine ihn den großen Herrschern der Weltgeschichte einreihenden politischen und ausgezeichneten kriegerischen Fähigkeiten durch vier Jahrzehnte bewähren können, aber auch er wurde von Dysenterie und Fieber weggerafft, ehe er die Früchte seiner deutschen und italienischen Politik ernten konnte. Vergegenwärtigen wir uns die riesige Ausdehnung und die gute Organisation des gegen Ende seiner Regierung große Teile der Schweiz, des Elsasses, der Rheinpfalz, Schwabens, Mitteldeutschlands und Österreichs umfassenden staufischen Reichs- und Hausgutes, dann stellt sich seine deutsche Politik doch ungleich erfolgreicher dar, als sie im Lichte der bald nach seinem Tode hereinbrechenden Katastrophe erscheint. Von einer Vernachlässigung der deutschen Verhältnisse zugunsten der italienischen darf man, wenn überhaupt, doch nur sehr bedingt sprechen. Denn die Reichs- und Hausmachtpolitik hat er so weit vorgetrieben, wie es überhaupt möglich war, die Rechte aber, die er den Fürsten gewährte, waren diesen nach Lage der Verhältnisse kaum zu versagen und ließen ihm selbst freie Hand zum Ausbau seiner Territorialmacht, die sich an und für sich als eine Stärkung des deutschen Königtums auswirken mußte.

Friedrichs Hoffnung, mit dem Papsttum schließlich doch noch zu einem für das Reich günstigen Ausgleich zu kommen, war keineswegs völlig unbegründet; denn innerhalb und außerhalb Deutschlands griff die Mißstimmung über die Finanzgebarung der Kurie und die Verweltlichung der Kirche immer mehr um sich. Der Kaiser wies bei seiner Bearbeitung der öffentlichen Meinung geschickt auf diese Dinge hin und bezeichnete es dabei als seine Aufgabe, als oberster Schirmherr der Christenheit die Kirche zu apostolischer Einfachheit und Sittenreinheit zurückzuführen. Es war zu erwarten, daß, wenn der Papst erst einmal mit den Waffen überwunden war, die Kurie dem Kaisertum gegenüber wieder gefügig wurde. Hatte sie doch bisher, selbst unter Innozenz III., stets eingelenkt, wenn es die Machtverhältnisse und die öffentliche Meinung rätlich erscheinen ließen.

Bei der Beantwortung der Frage, ob Friedrich II. als Neuerer im eigentlichen Sinne aufgetreten ist, darf man ihn vor allem nicht zu sehr für sich allein betrachten. Wenn man den überaus schwungvollen und mit den erhabensten Titeln und Vorstellungen prunkenden Kanzleistil, der von den Zeiten der alten römischen Kaiser bis über das Mittelalter hinaus die Herrscher in die unmittelbare Nähe Gottes rückt, nicht genauer kennt, ist man bei der Durchsicht der Unmasse der in Kaiser Friedrichs Namen verfaßten Dokumente und Urkunden allerdings von deren hochfliegender Ausdrucksweise überrascht, ja überwältigt. Und in der Tat hat diese Art Schrifttum unter Friedrich II. ihren Höhepunkt erreicht. Besonders aus den Sendbriefen seiner letzten Jahre tönt eine gewaltige, oft auch unmittelbar persönlich wirkende Sprache. Aber die ganze Art ist doch überlieferungsgebunden, und man muß sich hüten, aus den einzelnen Schriftstücken allzu weitgehende Schlüsse auf die Art und das Wesen des Mannes zu ziehen, der sie im Angriff oder in der Abwehr in alle Welt hinausgehen ließ.

Sehr zu beachten ist ferner, daß alle wirklich authentischen Äußerungen Friedrichs sich durchaus im Rahmen seiner Zeit bewegen. Sein Stil ist wohl wie der dieser Schriftstücke überhaupt und der der ganzen Epoche oftmals überschwenglich, aber der Inhalt weicht im allgemeinen nicht von dem ab, was frühere Kaiser bei gleichen oder ähnlichen Anlässen äußerten. Gelegentlich fällt in den Schreiben Friedrichs, auch solchen ganz persönlicher Natur, eine geradezu hausbackene Moral auf, so etwa in den Briefen an den jungen Konrad. Die Freude an prunkvollem Auftreten, an der Befriedigung der Schaulust des Volkes durch das Mitführen von allerlei seltsamen Tieren, furchteinflößenden Panthern und anderen Großkatzen, sowie von Menschen aus südlichen Zonen, war nicht nur Friedrich II. eigen, und all das diente ihm wie anderen Herrschern dazu, sich mit einem geheimnisvollen Nimbus zu umgeben. Der König von Sizilien und Freund des ägyptischen Sultans konnte in diesen Dingen freilich alle seine Vorgänger auf dem deutschen Thron überbieten.

Ebenso bewegte sich Friedrich in seiner Regierungsweise in den herkömmlichen Bahnen. Er verfolgte die Ketzer, ließ sich in die Gebetsbrüderschaft der Zisterzienser aufnehmen, hielt gute Freundschaft mit dem Deutschordens-Großmeister Hermann von Salza, dem er auch großen politischen Einfluß gewährte. Das lange Zusammenarbeiten mit diesem bei aller Größe biederen und frommen Manne wäre kaum zu verstehen, wenn der Kaiser wirklich der gottlose Mensch gewesen wäre, als den ihn seine Gegner hinstellten. Bei der eigentlich deutschen Politik blieb er in dem Gedankenkreis, der sich infolge der Entwicklung seit dem Investiturstreit ergeben hatte: die Deutschen sind das Herrenvolk der Erde, die Regierungsgewalt liegt in den Händen des Kaisers und der Fürsten. Sätze wie die folgenden darf man nach allen sonstigen Äußerungen Friedrichs wirklich als programmatische Erklärungen auffassen: „Es erhebe sich das unbesiegte Deutschland, erhebt euch ihr deutschen Völker, verteidigt uns unser Kaisertum, um das euch alle Nationen beneiden und durch das ihr alle Würden und die Oberherrschaft über die Welt habt. ... Wir schlagen für euch unser Leben in die Schanze, öffnen den Schatz unseres sizilischen Reiches, unseres mütterlichen Erbes.... und erachten den Tod als Pflichterfüllung und das Leben als Ruhm, wenn wir für euch und das Kaisertum unser Blut vergießen und unser Leben für die Erhöhung des römischen Namens und des Vorranges von Deutschland hingeben müssen." Und die Fürsten erklärten im Einverständnis mit dem Kaiser, ihrem Zusammenhalten verdanke der Kaiserthron seine Stärke, und er ruhe auf ihren Schultern wie das Haupt auf den Gliedern.

Das Regierungssystem Friedrichs war je nach den Überlieferungen der einzelnen Reiche verschieden. Gelegentlich nimmt er allerdings einen Anlauf zu strafferer Zusammenfassung seiner Länder, so, als er in Deutschland einen Reichshofjustiziar einsetzte (vgl. S. 163) oder nach dem Tode Gregors IX. ganz Italien zu einer einheitlichen Monarchie umzugestalten suchte. Aber abgesehen von seinen Maßnahmen im sizilischen Reiche, wo Friedrich an die gesetzgeberische und organisatorische Tätigkeit Rogers II. anknüpfte, erscheint der Kaiser als Regent kaum irgendwo dem Neuen zugewandt. Auch seine Auffassung vom Kaisertum, so sehr sie sich der Sprache des neueren Imperialismus bedient, nähert sich sachlich viel mehr den Vorstellungen der früheren Zeit als den Weltreichsplänen seines Vaters Heinrichs VI. Die Freundschaft mit dem Sultan Ägyptens, die Art der Beziehungen zu den Königen von Frankreich und England deuten wenigstens nicht auf Absichten hin, sich die Beherrscher dieser Länder, wie Heinrich VI. geplant hatte, als eigentliche Vasallen zu unterwerfen. Gewiß ist auch Friedrich von der Machtgier der mittelalterlichen weltlichen und geistlichen großen Herren besessen. Aber dies Festhalten an dem, was man hat, und die Besitzergreifung alles dessen, was man jeweils an sich bringen kann, ist noch lange nicht der Imperialismus eines Alexanders, Cäsars oder auch Heinrichs VI. „Augustus, Mehrer des Reiches" war nach Möglichkeit jeder deutsche Kaiser, auch noch nach dem Interregnum.

Zu diesem Konservativismus Friedrichs II. stehen nun freilich nicht wenige seiner Worte und Handlungen im Widerspruch. Seine religiöse Toleranz gegenüber den Sarazenen im sizilischen Reiche und seine Freundschaft mit dem ägyptischen Sultan Al Kamil und dessen Nachfolger Saleh Ejub beweisen indes, so sehr die Päpste und ihre Sendboten darüber zeterten, nichts für eine grundsätzliche Gleichgültigkeit gegenüber dem Christentum. Schon seit Roger II. erwiesen sich die Sarazenen im sizilischen Reiche zuverlässiger als irgendwelche andere Untertanen, und Friedrich II. hatte in seinem ganzen Leben wenig so treue Freunde wie die Sultane Ägyptens. Übrigens hätte sich auch Innozenz IV. nur zu gerne der „Ungläubigen" für seine politischen Zwecke bedient. So sandte er nach dem Lyoner Konzil an Saleh Ejub Boten, um ihn gegen den Kaiser einzunehmen. Die Antwort des Sultans, die Friedrich natürlich geflissentlich in Deutschland verbreitete, ist ein sehr aufschlußreiches Kulturdokument. Die Anrede des Sultans an den Papst ist echt orientalisch höflich, er wird da unter anderem „der Große, der Geistliche, der Liebevolle, der Heilige, der allgemeine Sprecher der Christen" genannt. Der „großmächtige Sultan, der Herrscher auf dem Nacken der Völker, der die beiden Kräfte des Schwertes und der Feder hält", versichert Innozenz: „Wir haben von eurer Schrift mit großem Eifer Kenntnis genommen und die einzelnen Abschnitte gut verstanden; ihr Inhalt hat uns gut gefallen, und unser Ohr freute sich, als wir dem Vorleser lauschten ... Wir schenkten den Ohren eures Boten gern Gehör und seinem Berichte über Christus, der gelobt sei, Glauben. Übrigens wissen wir von diesem Christus mehr als ihr und verherrlichen ihn auch mehr als ihr." Und dann fährt das Schreiben des „Heiden", eine bittere Pille für Innozenz, fort: „Dem Papst, den Gott erhalten möge, ist bekannt, daß schon von der Zeit unserer Väter her zwischen uns und dem Kaiser Freundschaft geschlossen ist ... Es wäre darum für uns unschicklich, mit den Christen eine Vereinbarung zu treffen, ohne vorher seinen Rat und seine Zustimmung erhalten zu haben. Wir haben also unsrem Boten am Hofe des Kaisers über den Vortrag eures Gesandten und seine Vorschläge geschrieben."

Vieles von dem, was man sich am päpstlichen Hofe, in den Klöstern der Dominikaner und Franziskaner über die Gottlosigkeit des Kaisers erzählte, und was man darüber von den Kanzeln und sonst dem Volke verkündete, erschiene in ganz anderem Lichte, wenn wir darüber, ähnlich wie über die Beziehungen des Kaisers zum Sultan, genauere und zuverlässige Quellen besäßen. Immerhin hat Friedrich II. von seinem sizilischen Reich und dem Aufenthalt in Syrien her die Liebesfreuden des Orients kennen und üben gelernt; doch haben es die großen Herren, und übrigens auch das Volk, mit den christlichen Sittengesetzen auch sonst oft nicht sehr genau genommen, was ja auch schon die mancherlei naturwidrigen Heiraten mit sich brachten. Manches frommen Ohren lästerlich klingende Wort mag er an froher Tafel oder auch um einen Geistlichen zu ärgern gesprochen haben. Verdächtig erschien ferner sein Eifer für naturwissenschaftliche Studien, die zu mancherlei Gerede Anlaß gaben. Der Mann, der soviel Blut in Schlachten hat fließen sehen und nach damaligem Brauch grausamste Strafen über Staatsverbrecher und andere Missetäter verhängte, ist vielleicht auch zur Befriedigung seines Wissensdranges oder seiner Neugier vor dem einen oder anderen das Entsetzen der Mitwelt erregenden und wenig humanen Experiment nicht zurückgeschreckt.

Wenn Friedrich sich trotzdem als christlicher Herrscher gebärdet, so braucht darum sein Wesen doch nicht von innerem Zwiespalt zerrissen, braucht er kein Lügner und Heuchler gewesen zu sein. Von manchem Papst der folgenden Zeit sind uns merkwürdige Aussprüche überliefert, die an dem rechten Glauben, ja überhaupt an einem christlichen Glauben einzelner Träger der Tiara zweifeln lassen. Im Mittelalter und in Ländern ohne konfessionelle Spaltung, vor allem in romanischen, betrachteten und betrachten viele den Katholizismus als eine Lebensform, an der man zäh festhält und die man auch dem Ketzer gegenüber leidenschaftlich verteidigt, obwohl man in allen inneren Dingen eine religiöse Freiheit besitzt, von der zumal der germanisch-deutsche Mensch nicht recht zu sagen weiß, ist sie nun wirklich Religionslosigkeit und Unglauben oder erscheint sie nur so. Friedrich II. ist in dieser Beziehung wenigstens einigermaßen Italiener gewesen. Außerdem gab es in jener Zeit nicht nur zahlreiche Ketzer, sondern auch Skeptiker und Ungläubige die Menge (vgl. S. 207). Nicht wenige der damaligen Gewaltherren in Italien wiesen in der Sterbestunde den Empfang der Sakramente mit Hohn zurück. Kein Wunder, wenn man dem „Stab des Bösen", dem von der Kurie so gefürchteten und verfemten Mann die beißendsten der damals umlaufenden Hohnworte und Witze in den Mund legte, und wenn man ferner all das, was man sich mit Grausen und bebender Neugier von schwarzer Magie und unerhörten Lüsten erzählte, dem „Antichristen" zutraute und zuschrieb.

Bei aller Leidenschaftlichkeit, die ohne Zweifel in Friedrichs Brust wohnte, bei all dem Sündigen und Bösen, das er getan, scheint er uns nicht der Dämon gewesen zu sein, als den ehedem seine Feinde und jetzt manche seiner Bewunderer ihn hinstellen möchten. Friedrich war wohl mit dem Wissen seiner Zeit, auch der arabischen Wissenschaft, die eben jetzt eine Quelle und ein Vorbild der abendländischen wurde, wie kaum ein damaliger Herrscher vertraut, und er genoß wohl auch alle Früchte, die die Bäume des Guten und Bösen zu bieten vermochten. Aber ein wirklicher Freigeist, ein Hasser des Guten, ein Liebhaber des

Bösen um des Bösen willen, war der Mann, der als Angehöriger der Gebetsbrüderschaft der Zisterzienser, angetan mit der Kutte dieses Ordens, in die Ewigkeit hinüberging, Zeit seines Lebens nie. Ungleich näher als die Klatschgeschichten, die der Franziskaner Salimbene mit offensichtlicher Freude am Skandalösen über Friedrich gesammelt hat, kommt der Wahrheit über das Wesen und Wirken des großen Kaisers der Bericht seines Sohnes Manfred an den Stiefbruder, König Konrad: „Die Sonne der Welt mit ihrem hellen Glanze unter den Völkern, die Sonne der Gerechtigkeit, der Hort des Friedens sind untergegangen. Wenn ihr jedoch die näheren Umstände erwägt, werdet ihr Trost finden. Es lebte nämlich unser Herr Vater allzeit glücklich und siegreich; die Majestät Gottes zeigte ihm während seines Lebens durch Ihren Beistand bei seinen Erfolgen Ihre Anerkennung und Billigung, Sie wollte ihm diese auch bei seinem Tode nicht versagen. Als sich die Anzeichen seines Endes einstellten, bestimmte der Kaiser in seinem Testamente für seine Getreuen bereitwilligst kostbare und herrliche Geschenke, gedachte aber auch zerknirschten Herzens demütig seiner Mutter, der hochheiligen römischen Kirche als ein rechter Eiferer für den wahren Glauben und ordnete an, daß der Schaden, den er den Kirchen wohl ungern und herausgefordert zugefügt hatte, vollständig ersetzt werde."

Hat Kaiser Heinrich III. das Ideal des mittelalterlichen Kaisertums am reinsten verkörpert, ist Kaiser Friedrich I. der machtvollste Herrscher auf dem deutschen Throne gewesen, umspannte der gewaltige Heinrich VI. mit seinen Plänen den ganzen Umkreis der alten Welt, so übertrifft der aus germanisch-deutschem und nordisch-sizilischem Blute Geborene alle Könige und Kaiser des Mittelalters durch den Reichtum und den Glanz seines Menschentums.

Der Untergang der letzten Staufer

Der Kampf zwischen dem Papsttum und den Hohenstaufen ging nach Friedrichs II. Tod weiter. Die Kurie setzte — diesmal mit entscheidendem Erfolge — wie einst nach Kaiser Heinrichs VI. Ende alle ihre Machtmittel und ihren ganzen religiösen Einfluß ein für die Vernichtung dieses „Viperngeschlechtes", wie nun wieder päpstliche Urkunden das Geschlecht der Staufer nannten. Zunächst stritt Manfred im Süden für das sizilische Reich und Konrad wehrte sich wider den Gegenkönig Wilhelm von Holland, der aber ebenso wie seine Nachfolger Richard von Cornwall (Mai 1257—April 1272) und Alfons von Kastilien (seit April 1257, gestorben 1284, nachdem Rudolf von Habsburg schon zehn Jahre lang deutscher König war) in Deutschland nie zu wirklicher Macht gelangte. Während des Interregnums, das man gewöhnlich vom Tode Wilhelms von Holland (28. Januar 1256) — Konrad IV. war 1251 nach Italien gezogen und dort am 20. Mai 1254 gestorben — bis zur Wahl Rudolfs von Habsburg am 24. Oktober 1273 rechnet, litt Deutschland unter entsetzlichen Fehden. Die Grundlagen des bisherigen Kaisertums und deutschen Königtums wurden nun endgültig zerstört und das Übergewicht der partikularen Gewalten besiegelt.

Konrads IV. Sohn Konradin blieb bis 1268 unter der Vormundschaft seines Oheims, des Baiernherzogs Ludwig, in der Heimat. Zwei Jahre nachdem Manfred im Kampfe gegen den von Papst Urban IV. herbeigerufenen Karl von Anjou gefallen war, zog Konradin nach Italien. Am 23. August 1268 kam es bei Tagliacozzo zur Entscheidung. Schon schien dem stärkeren und besser bewaffneten staufischen Heer der Sieg sicher, doch als es sich zur Verfolgung aufmachte, brachen Karls Reserven aus dem Hinterhalt hervor. Schnell waren nun die schon über das Schlachtfeld hin zerstreuten staufischen Truppen völlig auseinandergesprengt. Konradin fiel in die Hand seiner Feinde und wurde am 29. Oktober des gleichen Jahres, ebenso wie Herzog Friedrich von Steiermark und einige andere Getreue, „von dem Franzosenkönig Karl wie ein Räuber verurteilt und hingerichtet. Sie beichteten noch mehrmals einem Bruder vom Orden der Franziskaner, hörten die Messe und nahmen das heilige Abendmahl. Nachdem die Sterbegebete für sie beendet waren, sprach Konradin zum Henker: ‚Ich verzeihe dir, daß du mich tötest,' machte lang hingestreckt dreimal das Kreuzzeichen und ward dann (mit seinen Getreuen) enthauptet. Die Völker in jenen Gegenden scheinen darüber größeren Schmerz zu empfinden und es tiefer zu bedauern als die Deutschen".

Einiges von dem, was das ganze christliche Abendland, was besonders das deutsche Volk dem mittelalterlichen Kaisertum zu verdanken hat, haben wir dem Bericht über die Regierung Ottos I. eingefügt, der die deutsche Königskrone mit der römischen Kaiserkrone für achthundert Jahre verband. Nach dem Tode Friedrichs II. büßte die Kaiser- und Reichsidee vor allem ihre innenpolitische Bedeutung für das deutsche Volk noch lange nicht in dem Grade ein, wie dies von vielen angenommen wird. Aber die Kaiserkrone war nun doch mehr ein Sinnbild dafür, daß das deutsche Volk ehedem das Führervolk des Abendlandes gewesen war, als für eine tatsächliche Herrscherstellung über den anderen christlichen Völkern. Wenn auch ein politisch denkendes und auf seine Vergangenheit stolzes Volk diesen Erinnerungs- und Symbolwert nicht gering schätzen wird, haben wir den Schmerz über den Sturz des staufischen Kaisertums, mit dem der Übergang der Kaiserkrone vom Macht- zum Erinnerungssymbol verknüpft ist, bis heute nicht verwunden. Daß jenes Verhängnis nicht, wie in Zeiten mit niederem und engem Blickkreis angenommen wurde, die Folge einer von Anfang an und von Grund auf verkehrten Politik war, sondern daß eine Kette schicksalhafter Wendungen, der Tod Heinrichs III., Heinrichs VI. und Friedrichs II. zur Unzeit und der Verlust der glücklich begonnenen Schlacht bei Tagliacozzo, eine große, starke und glanzvolle Wirklichkeit vernichtete und noch größere Zukunftsmöglichkeiten abschnitt, scheint ein geringer Trost. Sobald wir jedoch an die Geschichte nicht wie an ein Rechenbeispiel herantreten und nicht von irgendeiner der doch stets wechselnden politischen und kulturellen Lagen aus das Ergebnis als richtig oder falsch bezeichnen, sondern die Geschichte als das nehmen, was sie ist, als einen großen Lebensvorgang, bei dem, wie immer im Leben, Welken neben Blühen und Reifen steht, dann können und dürfen wir uns stolz über das deutsche Kaisertum und Königtum des früheren und des Hochmittelalters freuen. Diese an sich großen und hohen Zeiten haben unserem Volke vor allen anderen Nationen das Größte und Höchste gegeben, was das bäuerlich-aristokratische und das ritterliche Zeitalter hervorzubringen vermochten. Es folgte nun freilich ein Niedergang in dem, worin während dreier Jahrhunderte fast Übermenschliches geleistet worden war, in der Reichspolitik. Aber wenn von nun an auch das Politische ganz überwiegend auf die engeren Grenzen des Landesfürstentums eingeschränkt wurde, so wirkte dafür der Aufschwung, den das deutsche Volk in seiner Kaiserzeit genommen hatte, in den kulturellen und kolonisatorischen Hochleistungen fort.

Drittes Kapitel

Die Kultur des Hochmittelalters

Betrachtet man die Seelenhaltung der Menschen eines Zeitalters als das Entscheidende im Kulturleben, dann ist das Hochmittelalter einer der denkwürdigsten Abschnitte in der Geschichte des germanisch-deutschen Menschen. Im ersten Kapitel des ersten Buches haben wir gezeigt, wie sich die allmähliche Auflösung der bäuerlich-aristokratischen Kultur vollzog. Aber so deutlich die Übergänge zu verfolgen sind, ist es doch erstaunlich, in welch verhältnismäßig kurzer Zeit die einzelnen weit auseinanderliegenden Ansätze — die cluniazensische Reform begann am Anfang des zehnten Jahrhunderts, die Geldwirtschaft gewann erst im dreizehnten größere Bedeutung — zu einer neuen Welt und zu einem neuen Weltbild sich formten. Der ungeheure Umschwung offenbart sich am sinnfälligsten, wenn man das ottonische Kaiserbild mit der staufischen Herrschergestalt zusammenhält (vgl. die Abbildungen Taf. I). Dort die heilige, unbewegte, ewige Majestät auf dem Throne sitzend, hier der jugendliche Reiter, menschlich-edel, in „vielgliedriger Bewegtheit", lässig und gespannt zugleich, den Blick in die Ferne gerichtet, zu jedem Wagnis bereit. Nachdem der germanisch-deutsche Mensch an die dreitausend Jahre in einem typisch bäuerlichen Seelenzustand verharrt hatte, von dem der alte aristokratische nur die herrenmäßige Abart darstellt, wird nun der Deutsche fast mit einem Male zum Dynamiker und zwar in jener besonderen Weise, die von Wolfram von Eschenbachs Parzival zu Goethes Faust führt.

Man könnte die dem bäuerlich-aristokratischen Zeitalter folgende Epoche mit gutem Grunde die ritterliche nennen. Da aber dadurch die Vorstellung erweckt würde, das Rittertum habe in gleicher Weise einen Kulturabschnitt bestimmt wie Bauerntum und Aristokratie, ist doch die allgemeine Bezeichnung Hochmittelalter vorzuziehen. Denn das Rittertum hat seiner Zeit, kaum einem vollen Jahrhundert, nur den besonderen Akzent, nicht den eigentlichen Inhalt gegeben. Das dreizehnte Jahrhundert, natürlich nicht in genauer zeitlicher Abgrenzung, sondern als ein Begriff genommen, steht zwischen dem bäuerlich-aristokratischen des früheren und dem städtisch-fürstlichen des späteren Mittelalters. Das Hochmittelalter setzt die bäuerliche Kultur insofern fort, als immer noch der weitaus größte Teil des deutschen Volkes von der Landarbeit lebt und die Selbstversorgung des Produzenten im Wirtschaftsleben wenigstens mengenmäßig noch bei weitem überwiegt, und die aristokratische Haltung, insoweit als die aufstrebenden Schichten kein höheres Ziel kennen, als gesellschaftlich der Aristokratie nahe zu kommen und ihrer Lebensführung sich möglichst anzugleichen. Andererseits leitet aber auch das dreizehnte Jahrhundert die spätmittelalterliche Entwicklung ein. Die kampferfüllte Regierung Friedrichs II., der Untergang der Hohenstaufen und das Interregnum lassen die partikularen Gewalten fast selbständig werden; im Jahr 1254 schließt eine Reihe von Städten den Rheinischen Bund und stellt so neben die fürstliche die städtische Macht, und gegen Ende dieses Jahrhunderts erstarken in den Städten bis dahin vom Stadtregiment ausgeschlossene Gruppen so sehr, daß sie wenige Jahrzehnte später mit den „Geschlechtern" um die Herrschaft zu ringen beginnen.

Trotz alledem ist das Hochmittelalter keine Übergangszeit in dem üblichen Sinne des Wortes, sondern hat seine eigene Wesenheit. Und wenn man den inneren Wert einer Zeit nach der Stärke des in ihr pulsenden Lebensgefühles und der Kraft, ihm in der Dichtung und den bildenden Künsten, in Wissenschaft und Religion Ausdruck zu verleihen, bemißt, dann trägt diese Epoche den Namen Hochmittelalter als Höhe- und Scheitelpunkt des Mittelalters zu Recht. In politischer Beziehung zählt sie seit dem Sturze des Kaisertums der Hohenstaufen und dem Interregnum freilich zu den Zeiten des Niedergangs, und in der Erweiterung des Kulturschaffens und in der Einbeziehung breiterer Volksschichten in das Kulturleben zeigt sich das spätere Mittelalter dem Hochmittelalter erheblich überlegen.

Der Geist des Rittertums

Dem Rittertum gehört der einzelne zunächst nur für seine Person an. Ritter ist nur der, der durch einen besonderen Akt, meist unter feierlichen Zeremonien wie Verleihung des Rittergürtels oder Erteilung des Ritterschlages, in die Ritterschaft aufgenommen wurde. Als aber schließlich die Abstammung von bestimmten Kreisen als Voraussetzung für die Zulassung zur Ritterwürde gefordert wird und so für die gesellschaftliche und rechtliche Stellung eben diese ritterbürtige Herkunft, nicht der Empfang des Ritterschlages, das entscheidende ist, kann man in gewisser Beziehung von einem Ritterstande sprechen. Er umfaßt den gesamten Adel in seinen verschiedenen Abstufungen. Gerade dieser Zusammenschluß der alten aristokratischen Geschlechter, des freien und ministerialen Niederadels und des städtischen Patriziates zu einer mehr auf gesellschaftlichen und sittlichen Idealen als auf wirtschaftlichen und politischen Zwecken beruhenden höheren Einheit hat den besonderen Geist des Rittertums entstehen lassen. Er vereinigt in sich den kühnen Mut und den Stolz der Kriegerkaste, das selbstsichere Herrenbewußtsein der alten Aristokratie und die Beweglichkeit und Tatenlust des neuen Adels in Stadt und Land. Die Kirche sucht die wilde Kampfbegier des Rittertums zu bändigen, setzt ihr mit dem Gottesfrieden und mancherlei Geboten und Verboten

Grenzen, steckt ihr aber auch weite und hohe Ziele. Aller Unterdrückten und Schwachen Schirmer und Retter soll der Ritter sein, ein Streiter Christi wider die Un- und Irrgläubigen. Doch auch die „Frau Welt“ weiß den Ritter in ihren Dienst zu zwingen. Waffenwerk und das Verweilen an fürstlichen Höfen wecken immer wieder in ihm alle Leidenschaften, erfüllen ihn mit irdischer Daseinsfreude. Alles zusammen, die sittigende Einwirkung der Religion, die äußere Selbstzucht heischenden „höfischen“ Formen, die stete Übung in dem körperliche Kraft und Gewandtheit erfordernden Waffenwerk, das mehr und mehr zu einer Kunst wird, an deren Regeln man sich auch in der blutigsten Schlacht zu halten hat, die ritterliche Standesehre, die Freund und Feind, schließlich auch Christen und „Heiden“ gleichermaßen umfaßt, wenn sie nur der „Ritterschaft“ angehören, läßt in gewisser Beziehung das alte griechische Ideal der kalokagathia, der harmonisch ausgeglichenen Schönheit und Tüchtigkeit, wieder erstehen.

Das Rittertum selbst stellte als sein Ideal die „mâze“ auf, das Maßhalten in allem, oft mit dem Nebensinne von Bescheidenheit, christlicher Demut und höfischer Zucht. Rein äußerlich betrachtet hat das Rittertum diesem seinem Ideale wirklich in vielem nachgelebt, und die besten künstlerischen Leistungen dieser Epoche weisen auch ein erstaunliches Ebenmaß der Gesamtgestaltung auf. Aber nur die Form ist gebändigt. Kaum eine andere Zeit ist so wie die ritterliche im Denken und Tun ins Grenzenlose vorgestoßen. Zum ersten Male sehen wir den germanisch-deutschen Menschen in jugendlichem Überschwang. Denn von jenen frühen Epochen, in denen Völker des Nordens, vielleicht schon Germanen oder doch ihre Ahnen, den riesigen indogermanischen Raum mit ihrer Schöpferkraft erfüllten, haben wir doch zu wenig Kunde, als daß sich von dem Insgesamt des damaligen Lebens, namentlich den Regungen der Seele, eine anschauliche und wirklich zuverlässige Vorstellung gewinnen ließe, und zur Zeit der Völkerwanderung, ja schon bei dem ersten Zusammentreffen mit den Römern befanden sich die Germanen längst in einem Kulturzustand, der in vielem von jugendlicher Haltung weit entfernt war.

Es ist eine seltene und überraschende Erscheinung, daß einem Auflösungsprozeß, wie es die Auflockerung der bäuerlich-aristokratischen Kultur war, nicht ein Zeitalter der Krisen und Übergänge, sondern eine neue Kultur mit allen Merkmalen jugendlicher Kraft folgte. Dies rührt daher, daß die bisherigen Träger der Kultur nicht auf eine tiefere wirtschaftliche und soziale Stufe herabgedrückt wurden, und vor allem, daß nun in jeder Beziehung aufstrebende Schichten die Kulturgestaltung aufs stärkste beeinflußten. Die Lage der landarbeitenden Bevölkerung besserte sich in mancher Beziehung (vgl. S. 229), die alten aristokratischen Geschlechter behaupteten sich, soweit sie nicht völlig verschwanden, in einer immerhin noch gehobenen Stellung, außerdem gingen aus ihren Reihen die Territorialfürsten hervor, eine zwar erheblich kleinere Gruppe als es der alte Geschlechteradel gewesen war, aber dafür zu immer größerer Macht und Selbständigkeit aufsteigend.

Die Eingliederung der Ministerialität in das Rittertum und das Hochkommen des Patriziates in den Städten weckte in diesen Schichten gewaltige vorwärtsdrängende Kräfte und hier liegt, wie wir schon hervorgehoben haben, die entscheidende Wendung zum Dynamischen. Ihr widersetzte sich auch die alte herrschende Schicht nicht, sondern schloß sich ihr mit voller innerer Zustimmung an. Die Vereinigung uralten in sich gefestigten, doch nun zu neuem Aufbruch bereiten Herrentums mit den jugendfrischen Kreisen, die alles daran setzten, es nicht zu verdrängen und niederzuziehen, sondern sich neben ihm aufzuschwingen, und die darum gelegentlich auch mannhaft mit ihm zu ringen hatten, gab der Kultur des Hochmittelalters die ungeheure, welterobernde, himmelstürmende Leidenschaftlichkeit, aber auch den Willen zur mâze, zur Form.

Während der Universalismus des bäuerlich-aristokratischen Zeitalters dahinschwand, der von der karolingischen und dann der deutschen Kaiseridee und Kaisermacht und von der Germanentum und Romanentum umfassenden aristokratischen Schicht getragen war, fügten sich mancherlei Elemente zu einem neuen Universalismus, dem des Hochmittelalters zusammen. Im Gegensatz zu den „Heiden" des Ostens und den Byzantinern betrachtete sich die abendländische Christenheit als eine Einheit, als das Volk des Westens, als „populus occidentalis". Das Rittertum ist nicht weniger übernational, als es die alte Aristokratie gewesen war. Es weist in seiner Lebensauffassung und Lebensführung in allen Ländern viele gemeinsame Züge auf und fühlt sich darum über die Grenzen der einzelnen Staaten hinweg innerlich verbunden. Kunst und Wissenschaft sind abendländisch-europäisch. Die höfische Dichtung behandelt allenthalben großenteils dieselben Stoffe nach gleichen Formgesetzen, und die Angehörigen der „Bauhütten", die Dombaumeister und ihre Gesellen, wandern von Land zu Land. An den Universitäten, zumal an den hochberühmten hohen Schulen von Paris lehren und lernen Angehörige aller Nationen des Abendlandes. Wie wir schon gesehen haben (vgl. S. 17), nimmt der christliche Westen aber auch vom islamitischen Osten und Süden begierig Anregungen auf, fallen weithin die Scheidewände zwischen den Kriegern und den Gelehrten hier und dort, ja es werden trotz des Fanatismus in Glaubenssachen selbst im Volke gelegentlich Stimmen laut, der Heide sei im Grunde kein anderer Mensch als der Christ. Aber es ist doch nicht ein und dasselbe, ob der Deutsche, der Südfranzose, der Araber das ritterliche Schwert schwingt, Minnelieder singt und sich in den höfischen Formen bewegt; ob in deutschen, italischen, spanischen Landen Dome erbaut, Gottes Schöpfung mit Hammer und Meißel nachgebildet werden; wessen Volkes Söhne sich um die Frage nach Sinn und Ziel allen Seins mühen. Dies Ineinander, Miteinander, Gegeneinander von Artgleichen, Artverwandten und Artfremden innerhalb eines so großen Bereiches verleiht dem Hochmittelalter weltweite Großzügigkeit und sprühende Lebendigkeit, läßt das einzelne Volk teilnehmen an dem Reichtum einer Abend- und Morgenland umspannenden universalen Kultur und Zivilisation, weckt aber auch zugleich die besonderen Kräfte und Fähigkeiten der einzelnen Völker und drückt den bedeutenderen Gestaltungen des geistigen und künstlerischen Schaffens den Stempel ihrer nationalen Wesenheit auf.

Die Dichtung

Ein halbes Jahrtausend lang war die Schriftsprache des germanisch-deutschen Volkes wie überhaupt des Abendlandes lateinisch gewesen. Es lag dies an der Führung des Geisteslebens durch den Klerus. Jetzt treten neben den Geistlichen die Ritter als Dichter hervor. Den Unterschied zwischen dem mehr oder minder gelehrten lateinischen Schrifttum und der ritterlichen Dichtung zeigen am offensichtlichsten: die Verwendung der Volkssprache, die mit dem Übergang von alt- zu mitteldeutsch um 1100 ebenfalls den Anbruch eines neuen Kulturzeitalters offenbart, ferner die Behandlung meist weltlicher Stoffe und die Zurückdrängung des Schreibens zugunsten des lebendigen Wortes, als Quelle und Überlieferungsmittel spielt das Buch bei den Rittern nur eine nebensächliche Rolle.

Epik

Vorstufen der deutschen höfisch-ritterlichen Epik sind der „Ruodlieb", „Alexanders Leben und Taten" und das „Rolandslied". Diese drei Epen sind insofern Übergangserscheinungen, als ihre Verfasser noch dem Mönchs- und Klerikerstande angehören, ferner das erste davon noch in lateinischer Sprache geschrieben ist und die beiden anderen sich auf welsche Vorbilder berufen, wobei Konrad für sein Alexanderlied obendrein den Umweg über das Lateinische nahm. Der Wille zu belehren und zu erziehen dagegen findet sich auch später in manchen der hervorragendsten Ritterepen, und ihrem Inhalt nach sind die drei Dichtungen schon ganz aus dem ritterlichen Lebenskreise hervorgegangen. Der Ruodlieb (Anfang des elften Jahrhunderts) schildert in lateinischen Hexametern, von denen ungefähr zweitausend erhalten sind, wie ein deutscher Ritter aus dem Dienste des Königs von Ägypten scheidet, von ihm zwölf Lebensregeln mit auf den Weg erhält, und wie sich diese bei den verschiedensten Anlässen bewähren. Der Ruodlieb ist so gewissermaßen der erste deutsche Erziehungs- und Abenteuerroman. Das Alexanderlied hat um das Jahr 1130 der mittelfränkische Kleriker Lamprecht verfaßt und zwar in deutscher Sprache, aber in engem Anschluß an eine welsche Vorlage aus Burgund. Der Gegenstand, die wundersamen Taten Alexanders des Großen, bewegt sich auch hier schon durchaus im ritterlichen Lebenskreis, doch bricht immer wieder die geistliche Tendenz mit den mancherlei Hinweisen auf die Eitelkeit alles Irdischen durch. Das ungefähr gleichzeitig (um 1135) von dem Regensburger „Pfaffen Konrad" gedichtete Rolandslied hat erst die in „französischer Zungen" verherrlichten Taten des reckenhaftesten der Paladine Karls des Großen „in Latein bezwungen" und dann „davon in das Deutsche gekehret", dabei „dran nichts gemehret" und „nichts übergangen".

Wie gesagt bewegen sich diese drei vor der eigentlich ritterlichen Zeit entstandenen Dichtungen inhaltlich bereits ganz in den Kreisen der hochmittelalterlichen Epik und zwar in den drei wichtigsten: den griechisch-römischen Überlieferungen (Alexanderlied), den Sagen um Karl den Großen (Rolandslied) und der Welt des Orients, von der der Ruodlieb ausgeht. Dazu kommen noch Stoffe aus der Zeit der Völkerwanderung, mit denen sich vorwiegend die unteren Schichten und die Spielleute beschäftigt hatten, und vom Westen her die ursprünglich keltische Tristansage. Die Artus-Gralsage stammt wahrscheinlich aus Persien. Die Ereignisse und Persönlichkeiten der Völkerwanderung reizten die Phantasie der ritterlichen Dichter verhältnismäßig wenig, ein deutliches Zeichen, wie sehr die Erinnerung an die eigentliche germanische Vergangenheit in den oberen Schichten verblaßt war. Am meisten regte der Orient die dichterische Phantasie an, da ja die Kreuzzüge gerade damals das Erlebnis der abendländischen Menschheit und namentlich des Rittertums waren, und so verflocht man nach Möglichkeit auch die antiken, keltischen und karolingischen Motive mit den morgenländischen, was schon deshalb sehr einfach war, weil bei den geringen geographischen, naturwissenschaftlichen und geschichtlichen Kenntnissen der meisten Menschen der dichterischen Freiheit so gut wie keine sachlichen Grenzen gezogen waren. Was sonst noch im Volke an Sagengut vorhanden war und gelegentlich dichterisch gestaltet wurde, wie etwa die Schicksale des Herzogs Ernst von Schwaben, brachte man ebenfalls gern in Beziehung zu den Kreuzzügen. — Die geflissentliche Hervorhebung der romanisch-französischen Vorbilder bei Lamprecht und dem Pfaffen Konrad weist darauf hin, daß die neue höfisch-ritterliche Dichtung von Frankreich und den unmittelbar unter seinem kulturellen Einfluß stehenden Gebieten ausging. Seit den letzten Jahren Kaiser Heinrich IV. hatte Frankreich überhaupt mehr und mehr die Führung im Kulturleben des Abendlandes gewonnen, hier hatte die Kreuzzugsbewegung ihren stärksten Rückhalt gefunden und das höfisch-ritterliche Wesen seine erste Ausbildung erhalten. Frankreich war indes in der Dichtung und in einzelnen Zweigen der bildenden Künste Deutschland nur zeitlich und vielleicht mengenmäßig voraus, die vollendetsten Werke der Dichtkunst und der Plastik schufen Deutsche.

Das Nibelungenlied, für das mittelalterliche deutsche Heldenepos „epochemachend und gattungsschöpferisch" zugleich, nimmt nach seinem Lebensgefühl in der ritterlichen Dichtung eine Sonderstellung ein. Hervorgegangen aus volkstümlichen Überlieferungen der Völkerwanderungszeit, zeigt es noch mannigfache Spuren altgermanischen Wesens und Reckentumes. Mannentreue, Feindeshaß, Weiberlist und Weiberrache, der tragische Ausgang mit der an die Götterdämmerung gemahnenden Vernichtung von Freund und Feind in ungeheuerlich blutigem Ringen erinnern an die noch ganz im Naturhaften verwurzelte Leidenschaftlichkeit, an den Schicksalsglauben von Menschen und Zeiten, da ganze Volksstämme in Not und Drang untergingen. Der österreichische Dichter, der gegen Ende des zwölften Jahrhunderts die Erzählungen von Siegfrieds Tod, von der Fahrt ins Hunnenland und von Kriemhildens schauerlicher Rache in „der Nibelungen Not" gestaltete, hat zwar den seelischen Untergrund der alten „Mär" nicht vollkommen verdeckt, aber nur zu oft wechseln die ungefügen Recken höfische Worte und erschlagen sich nach dem ritterlichen Komment. Ähnliches gilt von dem, dem Dietrich-Sagenkreis entnommenen „Ecke", der, aufgefordert von den drei Bergköniginnen von Jochgrimme, den Helden Dietrich von Bern zu erschlagen versucht, und von dem Epos „Kudrun", das von einer nordischen Brautsage ausgeht und ebenfalls in Österreich im ersten Drittel des dreizehnten Jahrhunderts die uns überlieferte Form erhielt.

Die rein höfische Dichtungsweise fand in Deutschland in der zweiten Hälfte des zwölften Jahrhunderts Eingang durch Heinrich von Veldeke, der einem ritterbürtigen Geschlecht am Niederrhein entstammte. Nach einem Wort Gottfrieds von Straßburg „pfropfte er das erste Reis (dieser Dichtungsart) auf unsere deutsche Zunge". Noch derselben oder der folgenden Generation gehören die größten Meister des ritterlich höfischen Epos an: der klare und helle Hartmann, Ministeriale der schwäbischen Herren von Aue („Erik" und „Enit" um 1192, „Iwein" 1202), der gedankenreiche und gedankenschwere Wolfram von Eschenbach, der um 1200 seinen Parzival begann, und der Künder von der Liebe bitterer Lust und süßem Leid, Gottfried von Straßburg („Tristan und Isolde" um 1210). Wir haben schon erwähnt, daß das Ideal des Rittertums mit dem der Kalokagathia des Griechentums eine gewisse innere Verwandtschaft hat. Dies gilt auch für das griechische Drama und das ritterliche Epos. Hier wie dort kommt es nicht auf die Erfindung neuer Stoffe und Motive an, die offensichtliche Abweichung von der Überlieferung, bei den Griechen von der volkstümlich-religiösen, bei den deutschen Epikern von der zuerst von den Franzosen gebotenen „Märe", ist geradezu verpönt. Die wahre Kunst hat sich lediglich in der Beherrschung der dichterischen Form und Sprache zu erweisen. Darin allerdings sind die höfisch-ritterliche Epik und Lyrik in hohem Grade schöpferisch, leiten die deutsche Literatur im strengen Sinne des Wortes ein und erreichen innerhalb weniger Jahrzehnte eine Vollendung, der erst die Leistungen der deutschen Klassik sechshundert Jahre später gleichkommen. In der deutschen Epik offenbart sich so ganz deutlich ein Wesenszug der höfisch-ritterlichen Kultur: sie stellt zwar an sich etwas Neues dar und durchbricht die frühere Traditionsgebundenheit, gleichzeitig wird aber doch auch großes Gewicht auf die Traditionsverbundenheit gelegt, ebenso wie der neue niedere Adel Annäherung an die alte Aristokratie erstrebt.

Lyrik

Gleich dem Nibelungenlied wurzelt die erste deutsche ritterliche Lyrik im germanisch-deutschen Empfinden. Bei dem um 1150 dichtenden Österreicher, der sich „der von Kürenberg" nennt, steht der Mann im Mittelpunkt; die Frau bewundert ihn, sehnt sich nach ihm, ist ihm in Treue ergeben. Heinrich von Veldeke führt auch in die Lyrik die französisierende Richtung ein. Alles dreht sich nun darum, die Gunst der Frau zu gewinnen. Da die geliebte „Herrin" meist schon verheiratet, oft auch von höherem Stande und von Wächtern, „Merkern", umgeben ist, muß man ihr heimlich dienen. Das launische Weib verlangt von seinem Verehrer oft die unsinnigsten Beweise der Ergebenheit. Deutscher Humor und deutsche Geradheit verleiden indes dem ritterlichen Sänger gar oft die stickige Alkovenluft und die Verwicklung ehebrecherischer Verhältnisse, und so wendet er sich nicht selten der „niederen" Minne, den unkomplizierten und leicht zugänglichen Dorfschönen zu, tanzt mit ihnen um die Dorflinde und rauft sich lieber mit den Bauernburschen ab, als daß er die Burg der vom eifersüchtigen Gemahl behüteten Dame umschleicht. Manch einer besonders der späteren Dichter pries auch die sehr realen Dinge des Lebens, ein deftiges Mahl, starken Männertrunk und zog den Blüten des Mai die Früchte des Herbstes und die gemästeten Schweine der ersten Wintermonate vor. Solcher Sang kam den fahrenden Rittern, die als nachgeborene Söhne durch die Lande zogen, an fürstlichen Höfen um gütige Gabe eines „milden" Herren ihre Lieder vortrugen und, wenn sie das Glück besonders begünstigte, ein kleines Lehen erhielten, oft mehr von Herzen, als die meisten Lobredner der Ritterromantik ahnen.

Groß und reich war sie aber doch, diese Zeit, sonst hätte sie nicht einen Walther von der Vogelweide hervorbringen können. Der um 1167 vielleicht im Eisacktal bei Bozen nahe der Grenzscheide zwischen Deutschtum und Welschtum Geborene ward ein Künder deutschen Wesens wie wenige und neben Goethe der größte deutsche Lyriker. Was bei manchen der ritterlichen Sänger nur als kunstfertige Wiedergabe von hundertmal Gesagtem anmutet, ist bei ihm Einmaliges, Ewiggültiges. Ihm lachen die aus dem Grase dringenden Blumen am frühen Morgen eines Maientages hinauf zur Sonne; doch der Mai mit allen Wundergaben kann nichts so Wonnigliches haben wie den minniglichen Leib eines schönen Edelfräuleins, in ihrem fürstlichen Geleite wie die Sonne neben den Sternen anzusehen. Da lassen wir die Blumen alle stehen und blicken nach der Holden. Dies tut dem Manne „an den Augen" wohl, so oft er es erschaut, doch mehr als solch ein Augen-, ein richtiger Herztrost war dem Dorfmädel beschieden, das Walther singen läßt: „Unter der Linden, / an der Heiden, / wo ich mit meinem Trauten saß, / da mögt ihr finden, / wie wir beide / die Blumen brachen und das Gras. / Vor dem Wald mit süßem Schall / Tandaradei / sang im Tal die Nachtigall. — Ich kam gegangen / zu der Stelle, / mein Liebster war schon vor mir dort. / Mich hat empfangen / mein Geselle / daß ich bin selig immerfort. / Ob er mir auch Küsse bot? / Tandaradei / Seht wie ist mein Mund so rot! — Da ging er machen / uns ein Bette / aus süßen Blumen mancherlei; / des wird man lachen / noch, ich wette, / so jemand wandelt dort vorbei: / bei den Rosen er wohl mag / Tandaradei / merken, wo das Haupt mir lag. — Wie ich da ruhte, /

wüßt es einer, / behüte Gott, ich schämte mich. / Wie mich der Gute / herzte keiner / erfahre das, als er und ich / und ein kleines Vögelein, / Tandaradei / das wird wohl verschwiegen sein."

Wenn auch die deutsche Lyrik ebenso wie die Epik des Hochmittelalters nicht eigentlich deutschen Ursprungs ist, und die weniger bedeutenden Minnedichter lange an fremdländischen Formen und Motiven festhielten, so ist doch die Schilderung deutschen Frühlings und Herbstes, deutschen Liebens und Sehnens im wesentlichen der Ausdruck deutschen Empfindens. Es herrscht hier überhaupt nicht so sehr die Traditionsgebundenheit im strengen Sinne wie eine gewisse Gleichförmigkeit, hervorgerufen durch die oftmalige Wiederkehr derselben Motive, Bilder, Vergleiche, Ausdrücke. Man stellte in der Lyrik ganz anders als in der Epik die Forderung nach dem Erfinden von Neuem, freilich hauptsächlich in bezug auf die Form. Das Lied wurde gesungen, wozu man die Fidel oder Geige spielte und beim „Reihen" auch tanzte. Wort, Versmaß und Melodie sollten eine innere Einheit bilden, und da der „Ton" möglichst neu sein sollte, so kamen doch großenteils wirkliche Neuschöpfungen zustande, mehr als uns dies beim bloßen Lesen der Lieder zum Bewußtsein kommt. Walther von der Vogelweide hat allein mehr als hundert verschiedene „Töne" erfunden.

Vor allem sind die politischen Lieder vom Geiste ihrer Zeit beseelt. Der Ritter oder wehrhafte Bürger, der für den Kaiser die Waffen führte, ließ sich nicht wie die streitenden Theologen und Juristen auf schwierige gelehrte Fragen ein, sondern wies auf die für den Laienverstand unvereinbaren Widersprüche in der päpstlichen Politik hin. Walther von der Vogelweide übertrifft auch auf diesem Gebiete alle gleichzeitigen Dichter. Eines seiner Kampflieder haben wir schon angeführt (S. 149). Von manchen seiner Worte wie: „owê der bâbest ist ze junc: hilf, hêrre, dîner Kristenheit", „ahî, wie kristenlîche nû der bâbest lachet, swenne er sînen Walhen seit: ‚ich hânz alsô gemachet, . . . ir Pfaffen, ezzent hüenr und trinkent wîn, unde lânt die tiutschen (Ochsen) vasten'", „zwô zungen stânt unebne in einem munde" ging eine zündende Wirkung aus. Tausend Mann hat er betört, sagte darum einer seiner politischen Gegner, der Domherr Thomasin. Auf das Mißverhältnis zwischen päpstlichem Machtanspruch und der Machtlosigkeit der Kurie in Rom wies der unter dem Namen Freidank (freie Denker) bekannte Dichter hin „der Papst der ist ein irdscher Gott, und ist doch oft der Römer Spott", „Römisch Boten und ihr Gebot sind jetzt Pfaffen und Laienspott". Schon werden Gedanken laut, wie sie die öffentliche Meinung der Reformation beherrschten: Sünden kann nur Gott allein vergeben, „die Gnade dem Esel wohl geziemt, daß er dem Ochsen die Sünde nimmt", oder „Das Netz ist nie nach Rom gekommen, mit dem Sankt Peter einst gefischt, . . . dort braucht ein Netz man, das erwischt Silber, Gold, Burgen und auch Land." Unreligiös oder auch nur eigentlich unkirchlich waren indes die ritterlichen und die ihnen nacheifernden bürgerlichen Dichter keineswegs. War doch das Kreuzzugserlebnis, dessen religiösen Charakter besonders die Deutschen festhielten (vgl. S. 159f.), Sehnsucht und Krone des Rittertums. Nirgends kam die eigene innere Empfindung des einzelnen Dichters stärker zum Ausdruck als in der Kreuzzugslyrik. Und kein Mönch oder Priester fand zartere Worte für die reine Magd Maria, flehte inniger zur „auserkorenen barmherzigen Mutter", sie möge Gottes Zorn „senften", besänftigen als Walther von der Vogelweide und andere ritterliche Sänger.

Die Spruchdichtung trug lehrhaft praktische Lebensweisheit vor, geißelte wie die eben angeführten Worte Freidanks die päpstliche Politik und wandte sich überhaupt gegen die politischen und sozialen Schäden der Zeit: „Die deutschen Lande sind voller Raub, Gericht, Vögte, Münze, Zoll wurden einst zum Segen erdacht, nun sind sie zum Raub geworden ... Die Fürsten zwingen Fels, Gestein, Wasser, und Wald, dazu wildes und zahmes Getier unter ihre Herrschaft. Mit der Luft würden sie es gern ebenso machen ... Auch Sonnenschein, Wind und Regen möchten sie uns verbieten oder sich mit Gold Zins dafür zahlen lassen"; „Fürsten sind wie Esel, ohne Treibstecken tun sie für niemand etwas" (Freidank). Der Dichter Frauenlob fordert vom Herrn dieselbe Treue gegen den Diener, die der Herr von diesem verlangt. Der um 1270 dichtende Boppe zählt in einem Spruch alle geistigen, seelischen und körperlichen Vollkommenheiten auf und schließt bitter: wenn einer auch alles dieses hätte, es nützte ihm nichts, wenn er arm ist.

Neben der höfisch-ritterlichen Dichtung gingen die geistlich-erbauliche, nun ebenfalls oft in deutscher Sprache, und eine mehr volkstümliche Lieder-, Tier-, Schwank- und Abenteuerdichtung her, die nach Form und Inhalt sich ebenfalls vielfach an die ritterliche Lyrik und Epik anlehnt und in manchem, so besonders in der meist erotische Stoffe behandelnden Versnovelle bereits auf das Lebensgefühl und die Weltanschauung des neu-heraufkommenden Bürgertums hindeutet. Doch wir wollen so wenig eine eigentliche Literaturgeschichte, wie im folgenden eine Kunst- und Wissenschaftsgeschichte schreiben. Wir konnten hier lediglich in allgemeinsten Umrissen und an einigen wenigen Beispielen darlegen, wie sich während des Hochmittelalters das deutsche Wesen weiter geformt und ausgesprochen hat. Seine treibenden und tragenden Kräfte waren in jener Zeit das staufische Kaisertum und das Rittertum. Das Kaisertum kommt für die zweite Hälfte dieser Epoche allerdings nur noch nachwirkend in Betracht, insofern als die Erhöhung und Erweiterung des deutschen Lebensgefühles, die durch die staufische Machtentfaltung hervorgerufen waren, mit deren Ende keineswegs in ein Nichts herabgerissen wurden. Wie schon erwähnt, hat das Rittertum selbst nur in der Dichtung Eigenes geschaffen, aber mit seinem Geiste und Willen alle an der Kulturgestaltung beteiligten Kreise erfüllt.

Die bildenden Künste

Malerei

Bei den bildenden Künsten kommt der gegen früher freilich erheblich abgeschwächte überlieferungsgebundene Zug des Hochmittelalters noch am meisten in der Malerei, die innere Bereitschaft und Fähigkeit, Neues hervorzubringen, am stärksten in der Plastik zur Geltung. In gewisser Beziehung findet allerdings auch in der Malerei ein größerer Umschwung statt. In der zweiten Hälfte des elften Jahrhunderts „verhallte auf allen Feldern der deutschen Kunst der letzte Ausklang der Antike". Damit soll nicht gesagt sein, daß sie von nun ab für die deutsche und die abendländische Kunst keine Bedeutung mehr hatte. Die Antike wurde erst recht immer wieder stärkste Anregerin, aber eben Anregerin, in vielem auch Vorbild, doch wird sie nicht mehr wie bisher einfach fortgesetzt. Dadurch büßte die Buchmalerei für das Hochmittelalter ihre Rolle als ein formgebendes Prinzip ein. Denn sie hätte nun gleich den übrigen Kunstzweigen von sich aus zu Neuem fortschreiten müssen, was aber schon deshalb unterblieb, weil die Benediktiner alter Ordnung, die in ihren Klöstern die Buchmalerei mit großem Eifer gepflegt hatten, von den Zisterziensern und den Bettelorden überflügelt wurden. Diese, allem Prunk in der kirchlichen Kunst abgewandt, dachten wenig daran, kostbare Bücher herzustellen. Die Benediktiner statteten zwar noch immer so manche ihrer Pergamenthandschriften mit reichem Miniaturschmuck aus, ferner wurden jetzt bei fortschreitender Laienbildung die vornehmen Herren und Damen Liebhaber des schönen Buches; aber die Miniaturmalerei führte doch nicht mehr wie ehedem ein Eigenleben, sondern lehnte sich an die „große Kunst" an.

Dafür erfährt die Wandmalerei, so lange der romanische Baustil vorherrscht, einen großartigen Aufschwung. Die dem zwölften Jahrhundert eigentümliche Fähigkeit „aus den alten theologischen Quellen neue Bildvorstellungen zu schöpfen", erweiterte den Stoffkreis. Von der byzantinischen Kunst, mit der das Abendland immer in Berührung geblieben war, und die man auf den Kreuzzügen genauer kennen lernte, zog die Deutschen der Stauferzeit die abgeklärte Würde der Einzelgestalten besonders an. Wir können hier die einzelnen Stilwandlungen der Wandmalerei während dieses Abschnittes nicht verfolgen, sondern beschränken uns auf den Hinweis, daß sie im dreizehnten Jahrhundert, ehe in der letzten Periode der Romanik die Zerlegung der Wandflächen mehr um sich griff, mit ihren gewaltigen Zyklen ein getreues Abbild des weltumspannenden Herrscherwillens der Stauferkaiser war. Und wie seitdem das deutsche Volk keine wahrhaft monumentale Zeit mehr erlebt hat, so kam auch die Monumentalmalerei keiner späteren Zeit mehr der des dreizehnten Jahrhunderts gleich. Allerdings herrscht darin noch die Einbildungskraft, nicht die Anschauungskraft vor, und insofern wurde in der Malerei die Traditionsgebundenheit zunächst noch nicht in demselben Grade wie in der Plastik aufgegeben, die ja in gewisser Beziehung für die Deutschen etwas völlig Neues war und darum das eben aufkommende Lebensgefühl von vornherein freier auszudrücken vermochte. Nachdem sich jedoch das Auge von der Plastik her an das Sehen des Körperhaften gewöhnt hatte, wollte man auch vom Bild mehr als Anregung für die Phantasie, also anschauliche Darstellung haben. Ferner zergliederte der gotische Baustil die Wandfläche, so daß die Monumentalmalerei in der zweiten Hälfte des dreizehnten Jahrhunderts großenteils von der Glasmalerei verdrängt wurde. Soweit die Wandmalerei jetzt noch in den Kathedralen gepflegt wurde, lösten sich die Bilder von der zyklischen Reihenfolge, und das einzelne Bild erhielt mit dem Eigenraum auch ein Eigendasein.

Plastik

Ein inneres Verhältnis zum Körperhaften und damit zum Sinnenhaften überhaupt erwuchs den Deutschen in den bildenden Künsten erst aus der Plastik des Hochmittelalters. Mancherlei Versuche waren in der Groß- und Kleinplastik schon längst vorausgegangen. Man war aber entweder an den antiken Vorbildern allzusehr haften geblieben, so die karolingische Elfenbeinplastik für Buchdeckel, die Bronzefiguren an der Augsburger Domtür (um 1060), oder man wollte, ähnlich wie bei der Malerei, nicht eigentlich Wirkliches gestalten, sondern die Phantasie anregen, wie etwa die bronzenen figurierten Türflügel des Domes zu Hildesheim, die unter Bischof Bernward im Jahre 1015 fertiggestellt wurden. Die großartigste Leistung dieser Ausdruckskunst ist der riesige Bronzelöwe, den Heinrich der Löwe im Jahre 1166 vor seiner Burg in Braunschweig aufstellen ließ. Ein gleichzeitiger Dichter sang: „Er (Heinrich der Löwe) hatte gießen lassen aus Erz / eines großen Löwen Bild. / Dem eiferte er in Taten nach / und wütete so wild, / wie es die Welfenart / von jeher sich gewahrt." Der Braunschweiger Löwe ist wie alle Löwendarstellungen jener Zeit stilisiert, nicht der Wirklichkeit nachgeformt, eine Verkörperung des Raubtierhaften an sich und des herrscherlichen Willens des gewaltigsten Welfen zugleich, wie dies kaum die naturgetreue Nachbildung eines Löwen so wiederzugeben vermöchte.

Der Übergang von dieser reinen Ausdruckskunst, die sich vorzüglich der Bronze als Werkmaterials bediente, zur hochmittelalterlichen Plastik, die in ihren reifsten Schöpfungen stärkste Betonung des Geistig-Seelischen mit der allerdings oft noch sehr freien Anlehnung an die Wirklichkeit vereinigte, vollzog sich an den Portalen und Säulen der Kirchen, am Altarschmuck und an den Grabdenkmälern. Hier überwiegen die Arbeiten in Stein bei weitem, doch wurden für Grabdenkmäler und Statuen auch Metalle und Holz verwendet. Figuren und Ornamente zogen sich in Relief und Vollplastik vom Bogenfeld über der Türöffnung aus mehr und mehr über die ganze Portalpartie mit ihren Säulen und dem anstoßenden Mauerwerk hin, das bei seiner Dicke eine reiche Gliederung des Portals auch nach der Tiefe ermöglichte. Unter anderem tauchten an die alte Tierornamentik gemahnende Gestalten auf. Waren sie auch wahrscheinlich nicht die unmittelbare Fortsetzung des Völkerwanderungsstiles und der fast in Vergessenheit geratenen germanischen Holzschnitzkunst, so zeigten sie doch ein Wiederaufleben der Freude des germanischen Menschen an phantastischen, oft in irgend einem Zusammenhang mit der Tierwelt stehenden Formen. Die eigenartigste Reliefplastik jener Periode ist eine vier Meter breite und fünf Meter hohe Kreuzabnahme aus dem Jahr 1115, die die Mönche des Paderborner Benediktinerklosters Abdinghof am Eingang zu einer Heiliggrabkapelle aus dem Stein herausmeißeln ließen. Vielleicht waren hier noch Erinnerungen aus uralter Vergangenheit lebendig, da an dieser Stelle — die aus dem Felsen gehauene Kapelle befindet sich am Nordrande des Teutoburgerwaldes unweit Detmold — eine germanische Kultstätte gewesen war. Den reichsten Portalschmuck aus der Zeit des Übergangs zum Hochmittelalter zeigt das Portal der Regensburger Jakobskirche (1180—1190). Da sie zu der von „Schottenmönchen" bewohnten Abtei gehörte, machte sich der Einschlag der keltisch-irischen Geschmacksrichtung, wie sie schon in vorkarolingischen Miniaturen hervortritt, deutlich geltend. Die figürlichen Darstellungen in den Türbogenfeldern und bei den Altarplastiken, darunter sehr ausdrucksvolle Köpfe, wie etwa beim Braunschweiger Holz- und bei dem Mindener Bronzekruzifix oder der Paderborner Madonnenstatue aus dem elften Jahrhundert, sind noch stark stilisiert, auch sind da und dort byzantinische Einflüsse unverkennbar, doch wirkt all das nicht so sehr als unbeholfene Starrheit, wie als eine Betonung des hieratischen Charakters dieser Kunst.

Am frühesten führten die Grabdenkmäler zu einer mehr realistischen Haltung hin, obwohl ihre das ganze Mittelalter hindurch und darüber hinaus festgehaltene eigentümliche Zwischenform von „gelegter Standfigur" und wirklicher Liegfigur eine gewisse Gleichartigkeit aller dieser Gestalten bedingt. Das bald nach 1080 aus Bronze gegossene Grabbild Rudolfs von Schwaben im Dom zu Merseburg ist noch ganz typisch gehalten und bringt als besonderes Kennzeichen den Vollbart dieses Gegenkönigs von Heinrich IV. Dagegen scheint der Kopf am Grabmal des 1152 gestorbenen Wettiners Friedrich, Erzbischofs von Magdeburg, bereits ein mehr persönliches Gepräge zu haben.

Im Bereiche der bildenden Künste veranschaulicht den Unterschied zwischen dem bäuerlich-aristokratischen Zeitalter und dem Hochmittelalter besonders deutlich der plötzliche Aufschwung der Bildhauerkunst im dreizehnten Jahrhundert. Gewiß ist auch von den Karolingern an bis gegen Ende des zwölften Jahrhunderts eine stete Entwicklung wahrnehmbar, aber wie langsam schreitet sie in ein und derselben Richtung vorwärts! Nun aber geschieht, — wir meinen damit vor allem den Gestaltwandel in der Form, doch auch mengenmäßig ist eine gewaltige Zunahme zu verzeichnen — in drei Jahrzehnten mehr als ehedem in drei Jahrhunderten. Sache der kunstgeschichtlichen Forschung ist es, den von Byzanz und Frankreich gekommenen Anregungen nachzugehen, uns genügt die Feststellung, daß die Deutschen in überraschend kurzer Zeit ihre Lehrer überflügelten. Die entscheidenden Tatsachen für den Umschwung waren die schon im zwölften Jahrhundert vollzogene Abkehr von der Spätantike, die das plastische Formgefühl der klassischen Antike verloren hatte, und das für den germanisch-deutschen Menschen völlig neue Erlebnis des Sinnenhaften in der Kunst und der Wille, es in seiner Ganzheit in eine Form zu bannen. Während bisher „das Sichtbare nur als Hieroglyphe des Unsichtbaren, die sinnliche Form nur als Verständigungsmittel für den unsinnlichen Inhalt einen Wert gehabt hatte", suchte man jetzt das Sichtbare in seiner körperhaften Gestaltung als Ausdruck des ganzen Seins zu erfassen. Aber nicht, weil man das Übersinnliche weniger schätzte, wandte man sich dem Sinnenhaften zu, sondern weil man den Sinn der Dinge nun in ihnen und durch sie selbst erschaute. Die Kunst deutete Wesenhaftes nicht mehr bloß an, sondern suchte durch Formung des Sichtbaren auch die Wesenheit auszudeuten. Die Plastik des Hochmittelalters wurde eben dadurch zu einem Scheitelpunkt des Kunstschaffens überhaupt: ihre Bildungen sind Leib und Seele, Natur und Übernatur.

Die herrlichsten Leistungen der hochmittelalterlichen Plastik sind in einer Zeit entstanden, in der das staufische Kaisertum den Höhepunkt seiner Macht bereits überschritten hatte und schließlich in Italien sein tragisches Ende fand. Es ist hier ähnlich wie so manches Mal, wo die politische Entwicklung der kulturellen vorangeht, dieser erst die materiellen und geistigen Voraussetzungen schafft, so daß sie ihren Weg vollenden kann, während die ihr zugrunde liegende politische Entwicklung in Ansätzen stecken bleibt und ihre Kräfte weit früher erschöpft. Nur einiges wenige können wir hier aus dem ungeheuren Reichtum der von den Deutschen während kaum eines halben Jahrhunderts in Stein körperhaft geformten Gedanken- und Gefühlswelt herausgreifen, um die in sich abgeschlossene Vollendung und nebenher auch die Überlegenheit gegenüber den französischen Vorbildern zu zeigen.

Vergleicht man das oben erwähnte Portal von Sankt Jakob in Regensburg mit dem Straßburger Südportal und der goldenen Pforte in Freiberg in Sachsen, dann erscheint es beinahe unfaßbar, daß nur etwa ein Menschenalter zwischen den Kunstschöpfungen hier und dort liegt. Läßt man die Figuren der Ecclesia, der Kirche, und der Synagoge am Südportal oder der Apostel und der Engel vom Engelspfeiler des Straßburger Münsters auf sich wirken, dann gehört schon mehr als der Mut der Voreingenommenheit dazu, den Einbruch fremder Anregungen als ein Unglück für die deutsche Kunst jener Zeit anzusehen. Wie deutsch sie ist, kommt dem Betrachter überwältigend vor den Plastiken des Bamberger Doms zum Bewußtsein und zwar ebenso vor den älteren Figuren an den Chorschranken, Aposteln und Propheten, deren Stil an die spätromanische Buchmalerei gemahnt und bei denen der Nachdruck mehr auf der Gesamthaltung als auf der individuellen Ausprägung liegt, wie vor den Gipfelpunkten der hochmittelalterlichen Plastik aus der Mitte des dreizehnten Jahrhunderts: dem Reiter, der Maria und Elisabeth.

Man kann kaum ein augenfälligeres Beispiel für den Unterschied deutschen und französischen Kunstschaffens finden, als wenn man die Reimser und die Bamberger Maria und Elisabeth nebeneinander hält (Tafel IV). Beide Male ist dasselbe Motiv in ungefähr derselben Zeit und unter gleichen künstlerischen Voraussetzungen gestaltet, und doch wie ganz andersartig ist der Genius der Völker, der sich hier und dort ausspricht! Das Äußerliche, der Vorwurf und Zweck, repräsentieren den abendländisch-christlichen Universalismus des dreizehnten Jahrhunderts, innerlich aber sind der Deutsche und der Franzose schon weltenweit voneinander geschieden, das Römisch-Gallische und das Germanisch-Deutsche stehen da mit Händen greifbar einander gegenüber, der zwingendste Beweis für die Unsinnigkeit allen Geredes vom „gotischen" Menschen schlechthin. Wie französisch lächelt, um noch dies eine Beispiel anzuführen, der Männerkopf vom Reimser Westportal in die Welt hinein, und wie deutsch schaut der Jüngling vom Westlettner des Mainzer Domes oder gar der Bamberger Reiter in die Welt hinaus! Wohl haben sich manche deutschen Meister vom fremden Einfluß nicht so frei zu machen vermocht oder sind mehr im Konventionellen stecken geblieben, wie dies ja auch bei der Dichtkunst der Fall war, aber das deutsche Element überwiegt doch bei weitem. Dies gilt nicht nur für die höfisch-ritterliche Welt und Weltauffassung, wie sie uns in der Plastik der meisten Dome, vorzüglich des Bambergers, entgegentritt, sondern kaum weniger da, wo die verschiedenen Personen, selbst Christus, wie bei den Gestalten am Lettner des Naumburger Domes, von mehr bäuerlicher Art sind und, wenn man so sagen will, einen ostischen Einschlag verraten.

Deutsch sind auch die Wucht und eine gewisse Fülle, die bei so manchen Denkmälern der hohen Herren und Frauen auffallen, teils porträtähnlichen oder idealisierten Darstellungen der Toten in herkömmlicher Weise auf oder über den Gräbern, teils eigentliche Statuen von Heiligen und von Kirchenstiftern wie die Stifterfiguren im Westchor des Naumburger Domes. Sind die Bamberger Plastiken, der Reiter, die heilige Elisabeth und Maria, eine Verkörperung des ritterlichen Idealismus, so stellen die bäuerlichen Figuren am Lettner und die hochadligen Gestalten an den Chorwänden des Naumburger Domes gewissermaßen das ganze deutsche Volk dar in seinen mannigfachen äußeren Erscheinungen und in seinem seelischen Reichtum. In der fast drei Meter hohen Grabfigur des 1247 verstorbenen Grafen von Sayn vereinigen sich germanisches Reckentum und christliches mittelalterliches Deutschtum in einzigartiger Weise. Wie ein aus den Gräbern der Vorzeit entstiegener Riese steht der Sproß uradligen Geschlechtes auf seinem Sockel, die die Gesamterscheinung und vor allem das gewaltige Antlitz von innen her formende „mâze" steigert noch den

Ausdruck heldischen Herrentums: der germanische Recke ist deutscher Fürst geworden.

Die Architektur

Ähnlich wie die Entwicklung der Malerei ist auch die der Plastik großenteils von der Architektur her bedingt. Die Verminderung und Zerteilung der Wandfläche boten mancherlei Anreiz zu figürlichem Schmuck, zur Betonung und Herausarbeitung des einzelnen. Trotzdem sind wir bei unserer Darstellung der bildenden Künste nicht von der Architektur ausgegangen und haben bisher nicht zwischen Romanik und Gotik unterschieden. Wir wollten damit vermeiden, daß bei der Gesamtwürdigung des künstlerischen Schaffens als Ausdruckes des Lebensgefühles in dieser Periode nicht, wie es oft geschieht, die Stilwandlung von der Romanik zur Gotik als das Epochemachende betrachtet wird. Denn in beiden Stilgattungen spricht sich, wenigstens noch bis etwas über die Mitte des dreizehnten Jahrhunderts hinaus, in gleicher Weise das Wesentliche jener Zeit aus: die stärkere Hinwendung zum Dynamischen und der Wille und die Fähigkeit, Vollendetes hervorzubringen.

Die romanische Kirche mit der Flachdecke aus Holz war noch eine reine Verkörperung des Statischen, wenn auch mit einer gewissen Bewegtheit in der Linienführung und im Grundrisse der Bauwerke gewesen. So hatte noch Konrad II. den Kaiserdom zu Speier als Flachdeckenbasilika begonnen. Unter seinem Sohn Heinrich III. hatte sich die alte Auffassung vom Heiligen Reiche zwar in den Tagen von Sutri noch einmal vollständig durchzusetzen vermocht, aber es waren doch schon jene Kräfte am Werke, die bald darauf den Reichsaufbau schwer erschütterten und durch Ministerialität und Städtetum zu neuen gesellschaftlichen Bildungen hinüberleiteten. Da ist es bezeichnend, daß unter diesem Kaiser bei der Fortführung des Speirer Dombaues durch die „engen und schlanken Arkadenöffnungen", durch die eigentümlichen Halbsäulen vor den breiten Pfeilern und die Blenden (vgl. Abb. Taf. VII) die waagerechten durch die senkrechten Linien verdrängt zu werden beginnen. Es handelt sich da natürlich nicht um ein eigentliches Ursachenverhältnis von Politischem, Soziologischem und Künstlerischem, aber doch um einigermaßen gleichlaufende Erscheinungen, um die bewußte oder unbewußte Aufgabe des Statischen zugunsten des Dynamischen. Ein bedeutsamer Schritt vorwärts in dieser Beziehung war die Verwendung des Gewölbes anstelle der flachen Holzdecke. Das Mittelschiff des Speirer Domes wurde unter Heinrich IV. eingewölbt, bei dem riesigen Ausmaß dieser Kirche eine ungemein schwierige Aufgabe. Am Ende des elften und während des zwölften Jahrhunderts wurde der Gewölbebau allmählich vorherrschend. Der im Jahr 1081 niedergebrannte Dom von Mainz, das eigenartige Münster des Benediktinerklosters zu Maria Laach, Sankt Mauritius in Köln und viele Kirchen in Westfalen und dann in ganz Deutschland, die um- oder neugebaut wurden, bekamen Gewölbe. Die zahlreichen Klöster, die die Hirsauer Gebräuche annahmen, hielten allerdings auch bei ihren Neugründungen an der Flachdecke fest, darin echte Söhne des heiligen Benedikt, der ja in allem so großes Gewicht auf das Beispiel der „Alten" legte. Dafür kamen die Hirsauer beim Grundriß zu einer Änderung der bisher üblichen Anlage. Nach dem Muster von Cluny machte in den Hirsauer Klöstern der Gottesdienst einen großen Teil des Tagewerkes aus und wurde mit möglichster Prachtentfaltung gefeiert. So kam man dazu, den Kirchen vier Abteilungen zu geben: das Presbyterium an der Ostseite des Querschiffes als Altarraum, den großen und den kleinen Chor in der Vierung und bis zum ersten Pfeiler des Langhauses, dessen übriger Teil das Schiff bildete; dazu kam dann noch der Vorhof. Außerdem haben die Hirsauer Kirchen außer der Apside noch zwei Nebenchöre.

Der Kirchenbau zu Ende der salischen und am Anfang der staufischen Epoche spiegelt die Gesamtlage in Deutschland überraschend wider. Es herrschte ein ungemein reiches Leben, mit großem Eifer arbeitete man an den begonnenen Domen und Münstern fort, viele neue Kirchen entstanden. Die traditionalistische Haltung gab man weithin auf, in der Linienführung und der Verwendung von Gewölben sprach sich bereits die kommende Zeit aus. Man empfand beim Bauwerk mehr und mehr das Dynamische, die von unten nach oben, von oben nach unten wirkenden Kräfte, das Tragen der Lasten, das Abschließen des Raumes. Aber man war der Bewegung nicht als solcher hörig, war weltweit von dem Lessingschen Suchen um des Suchens willen entfernt. Alle Unruhe, alle Bewegung, selbst das Abenteuern waren zweckbestimmt, und das Endziel sollte irgendwie bei jeder Regung und Bewegung, das Ganze in jedem einzelnen Teil zum Ausdruck kommen. In dieser Beziehung, im wesentlichen also, stimmen die Romanik und die Gotik des Hochmittelalters vollkommen miteinander überein. Das romanische System dieser Epoche, nach seiner Hauptschule auch das kölnische genannt, griff das Problem vom Kircheninnern aus an, es zog die Widerlager nach innen und gliederte das Mauermassiv „durch Nischen, Blenden und flache Galerien", schritt also auf der zu Speier eingeschlagenen Bahn fort, nur daß nun auch das Gewölbe, Tonnen- und Kuppelgewölbe, mit dem Mauerbau eine wirkliche Einheit bildete. Die Franzosen dagegen waren die ersten, die die Widerlager zum Auffangen des Gewölbedruckes und Seitenschubes außen an der Kirche hochführten, das Gewölbe noch mehr zerlegten und durch mancherlei Vorrichtungen, wie Gurte in der Querrichtung, Aufsetzen der Bogenteile nicht unmittelbar auf die Wand, sondern auf Schildbogen, in sich tragfähiger machten und die dadurch verminderte Last auf die vier Ecken verlegten. So entstand in Frankreich das gotische System, bei dem die tragenden Teile von außen durch Widerlager, durch Strebebogen und Strebepfeiler, nach innen durch Dienste gestützt wurden. Die Einführung des Spitzbogens war nicht so wesentlich wie die eben erwähnten Änderungen, auch finden sich Spitzbogen gelegentlich vor und unabhängig von der Gotik. Immerhin kann man sie wegen ihrer charakteristischen Form als das Kennzeichen des gotischen Baustiles, ja der Gotik überhaupt gelten lassen.

In Deutschland weisen verschiedene Bauwerke aus der Zeit um 1200 bei noch überwiegend romanischer Konstruktion und Formgebung im einzelnen französische, gotische Einflüsse auf. Die ersten, die in Deutschland rein gotisch bauten, waren die Zisterzienser. Nachdem sie sich zunächst an die in den verschiedenen Gegenden übliche Bauweise gehalten hatten, nur daß sie sich gemäß ihrer Ordensvorschrift unter Vermeidung allen Schmuckes auf das Notwendige und Nützliche beschränkten, wurden seit etwa 1220 wie überall so auch in Deutschland die Zisterzienserkirchen in Anlehnung an die burgundische Gotik — Burgund war ja die Heimat der Zisterzienser — möglichst einheitlich ausgeführt, was sich bei der zentralistischen Leitung des Ordens leicht bewerkstelligen ließ. Sowohl für die Klosteranlage wie für die Kirche der Zisterzienser ist uns in Maulbronn ein geradezu mustergültiges Beispiel erhalten, wenn natürlich auch nicht alle Klöster so großartig waren. Hier sieht man auch, daß strengste Gotik sehr gut ohne Spitzbogen möglich ist. Die Einfachheit der Zisterzienserkirchen wurde durch den Verzicht auf Türme, die man nur durch einen Dachreiter ersetzte, noch besonders betont, wofür aber dann bei großen Kirchen, wie bei der zu Maulbronn, die waagerechte Linienführung um so stärker wirkt.

Seit etwa 1220 fand in ganz Deutschland die Gotik in verstärktem Maße Aufnahme. Es lassen sich hierfür verschiedene Gründe angeben, bautechnische und liturgische, das Entscheidende war indes jedenfalls, daß Frankreich und das romanisierte Burgund in der Architektur wie auf so vielen anderen Gebieten des kulturellen Lebens den Ton angaben, der von den Deutschen bereitwilligst aufgenommen, aber dann selbständig abgewandelt wurde. Betrachteten es die Studierenden als ein Glück, die hohen Schulen von Paris besuchen zu können, so war es für den künftigen Baumeister eine Selbstverständlichkeit, einige Zeit Mitglied einer französischen Bauhütte, etwa der am Dome von Lâon oder Reims, zu sein. Von den verschiedenen deutschen Bauten aus dieser Stilperiode, die von etwa 1220 bis um die Mitte des dreizehnten Jahrhunderts währte, seien hier nur vier genannt: die Stiftskirche Sankt Georg in Limburg an der Lahn, wo auf romanischer Grundlage gotisch weitergebaut wurde in fast einzigartiger Eingliederung in die umgebende Natur und in Fortführung der echt deutschen „rhythmischen Massengruppierung", wie sie die Romanik gepflegt hatte; der Dom von Bamberg, wo die Westtürme sowohl die Anlehnung an das Vorbild von Lâon, wie auch dessen selbständige Umarbeitung deutlich zeigen; die Trierer Liebfrauenkirche, als gotischer Zentralbau in der Gesamtanlage von Frankreich ganz unabhängig, in Einzelheiten aber auf die Schulung des Meisters in Soissons und Reims hinweisend; die Elisabethkirche der Deutschordensritter in Marburg, die in ihren Anfängen zu den frühesten voll ausgebildeten gotischen Bauten Deutschlands zählt, auch hier ging der Meister offensichtlich aus der Schule von Soissons hervor, aber unter Fortführung von deutschen Überlieferungen ist ein ganz eigenartiges Werk entstanden.

In der staufischen Epoche machte die Kolonisation des Nordens und Ostens große Fortschritte. Als nun hier der Deutsche festen Fuß gefaßt hatte, die staatlichen und kirchlichen Verhältnisse einigermaßen geregelt waren und in den neugegründeten Städten bald auch ein wirtschaftlicher Aufschwung einsetzte, erwachte in diesen Gebieten ähnlich wie im übrigen Deutschland ein starker monumentaler Bauwille. Nun fehlten aber im norddeutschen Tiefland weithin für eine rege Bautätigkeit geeignete und hinreichende Natursteine. Für die Fähigkeit der damaligen Deutschen, sich gegebenen Verhältnissen anzupassen und sie der eigenen Art gemäß zu meistern, ist die schnelle Entwicklung der nord- und ostdeutschen Backsteinarchitektur ungemein bezeichnend. Das Ziegelbrennen hatten die Germanen von den Römern gelernt, und die gelegentliche Verwendung von Ziegeln in Deutschland ist für alle Jahrhunderte nachzuweisen, aber größere Verbreitung hatte sie nicht gefunden. Auf einmal, um die Mitte des zwölften Jahrhunderts, als es eben das Bedürfnis mit sich brachte, eroberte sich der Backstein die norddeutsche Tiefebene. Man übernahm dabei wohl für die Herstellung der Steine, für die Bautechnik und die Formgebung manches aus dem klassischen Lande des Backsteins, aus der Lombardei, ging aber doch von Anfang an eigene Wege und schuf in der romanischen und in der gotischen Epoche einen aus dem Wesen des Baustoffes, der Landschaft und des deutschen Menschen geborenen Stil. Die Städte und Dörfer, Orden wie die Prämonstratenser und Zisterzienser und später die Deutschordensritter wetteiferten in den von Kiel bis Memel deutsch gewordenen und über Reval hinaus unter deutschem Einfluß stehenden Landen mit der Errichtung von Gotteshäusern, die von der wuchtigen Dorfkirche bis zum hochragenden Dom den Sieg des Kreuzes, der abendländischen Kultur, des Deutschtums in ehemals slavischen Landen verkünden.

Eine Mittelstellung zwischen Sakral- und reinem Wohnbau nehmen die Klöster der Benediktiner, Zisterzienser, Augustiner Chorherren und Prämonstratenser ein, für die alle unmittelbar und mittelbar die Regel des heiligen Benedikt maßgebend war. Der Idealplan einer Klosteranlage, wie ihn der Bauriß von Sankt Gallen aus der Karolingerzeit aufweist, wurde im wesentlichen noch immer eingehalten, weil ja auch die äußere Lebensform der Mönche auf benediktinischer Grundlage trotz der mancherlei Wandlungen in der Auffassung über die Lebensführung alles in allem dieselbe geblieben war. Außerhalb der Kirche versammelten sich die Mönche zu gemeinsamem Tun im Kapitelsaal, wo die Beratungen und mancherlei religiöse Übungen stattfanden, im Refektorium, dem Remter, Speisesaal und gelegentlich auch im Kreuzgang, der seinen Namen vielleicht von der Kreuzprozession in ihm hatte. Mit der stärkeren Betonung des Gemeinschafts-

13*

lebens und der Ausdehnung der gemeinschaftlichen religiösen Übungen nicht nur in der Kirche selbst ging die künstlerische Ausgestaltung der Kreuzgänge, der Kapitelsäle und Refektorien Hand in Hand. Natürlich kamen den Mönchen dabei ihre Erfahrungen und die Fortschritte im Kirchenbau sehr zustatten. Die „civitas Dei“, die Stadt Gottes, das himmlische Jerusalem, war die Sehnsucht nicht nur der Mönche. Die Stille und Beschaulichkeit der Kreuzgänge, wo die reichgegliederte Architektur und die Blütenpracht der Klostergärten ineinander übergingen, der Ernst und die Erhabenheit des Kapitelsaales, die freien weiten Hallen des Remters gaben eine Vorahnung von dem seligen Wohnen in den himmlischen Höhen, das Hymnen, Predigten und Visionen so anschaulich schilderten.

Von den reinen Profanbauten ist in ihrer ursprünglichen Form viel zu wenig erhalten, als daß man aus ihnen wie aus den Kirchen und Klöstern eine genaue Vorstellung von der geistig-seelischen Haltung ihrer Bauherren gewinnen könnte. Immerhin bestätigen die Reste der königlichen und fürstlichen Wohnsitze und der Burgen das Bild der Gesamtentwicklung, wie es sich aus anderen Zeugnissen ergibt, und ergänzen es in manchen Einzelheiten. Kaiser Friedrich I. ließ die alten karolingischen Pfalzen in Aachen, Nymwegen und Ingelheim wieder herstellen, von seinen zu Hagenau, Kaiserswerth, Kaiserslautern, Gelnhausen neu erbauten Palästen stehen größere Überreste nur noch in Gelnhausen. An Formschönheit, besonders in den Einzelheiten des reicheren Schmuckes, übertrifft die staufische die salische Pfalz, dagegen wird nun die Großartigkeit und symmetrische Geschlossenheit der früheren Epoche nicht mehr erreicht. Bei der Pfalz zu Wimpfen bestimmt der Wehrzweck die Anlage, doch selbst eine Burg auf engem Raum, wie die auf dem Trifels (vgl. S. 141), kündet von dem Machtwillen und der Freude an prunkvoller Ausstattung des staufischen Zeitalters.

Das unter den Staufern hochkommende Fürstentum begann ebenfalls eine rege Bautätigkeit zu entfalten. Heinrichs des Löwen Burganlage Dankwarderode ist in der Ausführung einfacher gehalten als die staufischen Bauten, dafür kommen die Größenmaße fast an die der alten Kaiserpfalz zu Goslar heran. Die im Anfang des dreizehnten Jahrhunderts ausgebaute Wartburg des Landgrafen Hermann von Thüringen aber ist schon eine Verkörperung des höfisch-ritterlichen Wesens. Das Wohngebäude, der Palas, ist mit Steinmetzarbeiten reich verziert, die Burg dient nicht mehr bloß dem Schutz und Trutz, sie ist auch eine Stätte adligen Lebensgenusses, darin man von Lenz und Liebe singt, dem Vortrag heldischer Epen lauscht, in höfischer Kleidung den Reigen tanzt, und so soll sich die Burg selbst dem Auge wehrhaft und schön zugleich darbieten. Für den Gang der Kulturentwicklung ist es bezeichnend, daß unmittelbar nach dem dreizehnten Jahrhundert mit dem Niedergang der höfisch-ritterlichen Lebensform die Burgen wieder mehr Zweckbau, Wehrbau werden, während das Patrizierhaus in der Stadt, das eben jetzt mit seinem hohen Giebel und seinen vorspringenden Stockwerken zur Straßenseite hin ein repräsentatives Aussehen zu gewinnen begonnen hatte, in der Folgezeit immer reicher ausgestattet wurde.

Die Wissenschaft

Die höfisch-ritterlichen Kreise ließen sich auf wissenschaftliche Dinge fast nur im Zusammenhang mit der Dichtung ein und zwar zu künstlerisch-ästhetischen Zwecken, in der Lehr- und Spruchdichtung zur Begründung und Darlegung einer dem Rittertum angemessenen Lebensweisheit. So war die Wissenschaft auch noch während des Hochmittelalters fast ausschließlich eine Angelegenheit der Priester und Mönche und diente hauptsächlich der Standesbildung der Geistlichen. Wenn sie die Philosophie eine Magd der Theologie nannten, so taten sie damit dasselbe wie heute noch jeder Wissenschaftler, der die Disziplinen, auf die er sich bei seinen Arbeiten stützt, als Hilfswissenschaften bezeichnet. Mit jenem Vergleich sollte allerdings auch der Primat der Theologie, die Überordnung der Glaubenswissenschaft über alle bloßen Vernunftwissenschaften betont werden, doch ist dies nicht eine nur dem Mittelalter eigentümliche Auffassung; denn zu allen Zeiten hat der Katholizismus an ihr festgehalten, und andererseits haben auch schon manche Gelehrte des Hochmittelalters sie ganz entschieden abgelehnt (vgl. S. 207). Übrigens hat gerade der Glaube an den Primat der Theologie die philosophische Gedankenarbeit des Mittelalters ungemein befruchtet und die Aufmerksamkeit auf die verschiedensten Wissenszweige, auch auf die Dinge der Natur hingelenkt. Man darf nicht vergessen, daß damals eigentlich nur der Geistliche für die wissenschaftliche Arbeit geschult war und daß ihn nicht zuletzt die Überzeugung, jegliches Wissen fördere die Erkenntnis der Glaubenswahrheiten und sei für das Kirchenregiment nützlich, zur Beschäftigung mit Fragen bewog, die an sich außerhalb des theologischen Interessengebietes lagen. Daß die Bindung an das kirchliche Dogma, das damals noch lange nicht so engmaschig wie später war und darum der philosophischen Spekulation noch eine verhältnismäßig große Freiheit ließ, und daß überhaupt die theologisch-geistliche Einstellung die freie Forschung vielfach beeinträchtigte, kann den Gelehrten jener Zeit nur eine völlig unhistorische Betrachtungsweise zum Vorwurf machen. Denn es war doch besser, Theologen philosophierten, als daß gar nicht philosophiert wurde, und viele der von ihnen erzielten Ergebnisse hatten dauernden Bestand oder boten wenigstens den Ausgangspunkt für die Geistesarbeit der folgenden Jahrhunderte und nachhaltige Anregungen gerade auch in den Punkten, die bei Mehrung des Wissensstoffes zur Auseinandersetzung mit den früheren Lehrmeinungen reizten.

Die Scholastik

Man pflegt die Wissenschaftsepoche des Hochmittelalters als die Blütezeit der Scholastik zu bezeichnen. Scholastik besagt an und für sich nicht viel, es heißt lediglich „Schulbetrieb“, genauer die schulmäßige Behandlung der Glaubenswahrheiten, die bis an die Schwelle des christlichen Altertums und des Mittelalters zurückreicht. Während man aber im früheren theologischen Unterricht hauptsächlich den Text der Bibel an Hand der altchristlichen Autoren, eines Hieronymus, Ambrosius, Augustin und der aus ihnen zusammengetragenen Kompilationen erklärte, arbeitete man nun mehr und mehr ein in sich geschlossenes System der Glaubenslehre aus und trug es den Studierenden vor. Neben der „auctoritas", welche die Heilige Schrift, die zum Dogma verdichtete Überlieferung, die Werke der „Väter", den Philosophen Aristoteles, die Vorschriften der kirchlichen Gesetzgebung und anderes mehr umfaßt, gewinnt nun auch die „ratio", die Vernunft, eine entscheidende Bedeutung. Mit Hilfe der Logik ringt man der auctoritas neue Erkenntnisse ab, beseitigt die scheinbaren und sucht etwa vorhandene wirkliche Widersprüche in ihr zu überbrücken. Gewiß ist die Scholastik von Haus aus stark formalistisch, ihre Lösungen sind nicht immer Antworten, oft nur Worte, sie überwindet den Andersmeinenden vielfach nur dialektisch, nicht sachlich, und setzt wie die ritterliche Kriegführung voraus, daß man sich an die genau vorgeschriebenen Waffen und Kampfregeln hält, weshalb Scholastiker und Nicht-Scholastiker in vielen Fällen aneinander vorbeireden. Obwohl weniger ursprünglich als die großartigen philosophisch-theologischen Versuche eines Eriugena (vgl. S. 14) und noch eines Anselm von Canterbury (1037—1109), ist die Hochscholastik doch eine der großartigsten Leistungen menschlichen Denkens, sie ist Imperialismus und hochgemutes Rittertum des Geistes. Ein Weltreich des Glaubens und Wissens will sie errichten, das alles in sich schließt: antike Philosophie und christliche Offenbarungsreligion, die Weisheit des Morgen- und Abendlandes.

Das Studium der theologischen und philosophischen Fächer nach der scholastischen Methode brachte im höheren Schulwesen organisatorische Neuerungen mit sich: aus bedeutenden Kloster-, Dom- und Pfarrschulen gingen mancherorts Hochschulen hervor. Man nannte sie „studia privilegiata", weil sie anderen Schulen gegenüber mit großen Privilegien ausgezeichnet wurden, auch „studia generalia", weil an ihnen nicht nur der Nachwuchs für ein bestimmtes Kloster oder Stift herangezogen wurde, sondern Schüler aus aller Herren Länder sie besuchen konnten. Wie im Mittelalter die Angehörigen eines Standes sich allgemein in Korporationen zusammenschlossen, so auch die Lehrer und Schüler an einem studium generale. Die Lehrer und Schüler einer solchen Lehranstalt umfassende Korporation bezeichnete man als „universitas", erst in nachmittelalterlicher Zeit verstand man unter Universität die Hochschule selbst. Daß sich nun die Pflegestätten der Wissenschaften ganz überwiegend in den Städten, nicht mehr wie einst zum großen Teil in den auf dem freien Lande gelegenen Abteien befanden, daß ferner die Lehrer, Weltgeistliche und vor allem Bettelmönche, im städtischen Kulturkreis standen, und daß jetzt die Schüler, von der strengen Klosterzucht losgelöst, ein freieres Studentenleben führten, waren scheinbar zwar nur äußerliche

Änderungen, die aber doch den Geist der Wissenschaftspflege tiefgreifend beeinflußten. Während des Hochmittelalters gab es solche „studia generalia“ in Deutschland noch nicht. Hier erlangten nur einzelne Ordensschulen, die organisatorisch noch der alten Ordnung angehörten, aber nach der neuen scholastischen Art unterrichteten, zum Beispiel die Schule der Dominikaner in Köln, größere Bedeutung.

Aber wenn auch die Mehrzahl der führenden Scholastiker fremden Nationen angehörte, so waren doch Deutsche an der Ausbildung der scholastischen Methode in vorderster Linie beteiligt und als Lehrer und Schüler an den bedeutendsten Universitäten des Auslandes, so zu Bologna und Paris, die in der Jurisprudenz beziehungsweise der Theologie eine beherrschende Stellung einnahmen, immer in größerer Zahl vertreten. Die wichtigste Sammlung kirchlicher Gesetze der vorscholastischen Epoche rührt von einem Deutschen her, dem 1025 verstorbenen Bischof Burkhart von Worms. Sein „decretum“ ist insofern schon eine Überleitung zur Scholastik, als hier die kirchlichen Gesetze nach bestimmten Gesichtspunkten, Standesrecht, Sakramentspendung und Behandlung der Vergehen gegen die kirchliche Disziplin, geordnet sind. Bei den Bemühungen, die aus verschiedenen Zeiten stammenden und aus verschiedenen Anlässen entstandenen kirchlichen Gesetze miteinander in Einklang zu bringen, steht Bernold von Konstanz († 1100) mit an der Spitze. Dieses „Harmonisieren“ nach festen methodischen Regeln übertrug man auf die Theologie, als das Abendland mit weiteren Aristotelestexten und der jüdischen und arabischen Spekulation bekannt wurde. Man kam dabei in vielem über eine Synthese des alten und neuen Stoffes hinaus, wandte sich einer Fülle bisher kaum beachteter Probleme zu und schuf die Systeme, die „Summen“ der Hochscholastik. Sie ruht zum guten Teil auf den Schultern Alberts des Großen (1193—1280), der dem schwäbischen Rittergeschlecht derer von Bollstädt entstammte. Er war wie keiner vor ihm mit dem hauptsächlich über Spanien zuströmenden Wissensstoff vertraut, machte ihn in einer Lebensarbeit von erstaunlichem Umfange der christlichen Theologie und Philosophie zugänglich und tat selbst den folgenreichen Schritt zu einem gemäßigten Aristotelismus, der nun zunächst bei den Dominikanern den in den theologischen Schulen bis dahin vorherrschenden Augustinismus-Platonismus verdrängte. Als Achtzigjähriger setzte Albert, nachdem er eigens zu diesem Zwecke von Köln nach Paris gereist war, das ganze Gewicht seines Namens und seiner Persönlichkeit für den 1274 gestorbenen Thomas von Aquin ein, seinen hervorragendsten Schüler und den größten Systematiker der katholischen Philosophie und Theologie, verteidigte dessen Lehre, die in manchen Punkten von kirchlichen Oberen als „verdächtig“, wenn nicht ketzerisch, verurteilt worden war, und machte damit erst für das Werk des Thomas die Bahn frei.

Die von „auctoritates" ausgehende und in philosophisch-theologische Spekulation einmündende Arbeitsweise und überhaupt die ganze Denkrichtung des Hochmittelalters war einem auf experimenteller Beobachtung ruhenden Aufbau der Naturwissenschaften wenig günstig. Es finden sich allerdings, namentlich bei Albert dem Großen, bereits manche modern anmutende Grundsätze, wie etwa, daß ein im Widerspruch mit der Sinneswahrnehmung stehender logischer Schluß abzulehnen sei, ferner eine Menge zum Teil aus eigener Anschauung gewonnener naturwissenschaftlicher Einzelerkenntnisse, aber alles in allem war man von einer exakten Erforschung der Natur noch weit entfernt. „Ehrenrettungen" des Mittelalters in dieser Beziehung durch Hinweise auf mancherlei zutreffende Aussprüche und Beobachtungen geben darum immer ein schiefes Bild. Die wissenschaftliche Stärke des Hochmittelalters liegt nun einmal auf den philosophisch-theologischen und juristischen Gebieten. Solche Einseitigkeit eignet ja den meisten Epochen, und nicht jede war in den von ihr gepflegten Wissenszweigen so fruchtbar wie das Hochmittelalter.

Die Rechtsbücher

An der Grenze vom Hoch- zum Spätmittelalter stehen die Rechtsbücher. Das älteste von ihnen, der Sachsenspiegel, ist allerdings nach Abfassungszeit (zwischen 1215 und 1235) und Geist noch eine echt hochmittelalterliche Erscheinung. Der anhaltische schöffenbar Freie Eike von Repgow, der zwischen 1215 und 1218 Ministeriale der Grafen Hoyer von Falkenstein wurde, hat den Sachsenspiegel zunächst in lateinischer Sprache niedergeschrieben und dann auf Bitten seines Lehensherren ins Deutsche übertragen. Nach Eikes eigener Angabe enthält sein Werk das von den Vätern überkommene Gewohnheitsrecht. In Wirklichkeit war er aber nichts weniger als ein bloßer Sammler. Als genialer und eigenwilliger Rechtsdenker griff er weiter in die Vergangenheit zurück und in die Zukunft voraus. Rechtsanschauungen, die längst aufgegeben waren, stellte er ebenso als geltendes Recht dar, wie Rechtsformen, zu denen erst Ansätze vorhanden waren und deren weitere Entwicklung er in seiner Darstellung gewissermaßen vorwegnahm. Der Sachsenspiegel zerfällt in das „Landrecht", das Recht, wie es auf Grundlage des alten Volksrechtes in den sächsischen Landen gehandhabt wurde, und in das Lehensrecht. Dieses galt bald als ein Gesetz Friedrichs I., das Landrecht aber als ein Privileg Karls des Großen, des vermeintlichen Begründers alles weltlichen Rechtes. Dadurch und auf dem Wege der gewohnheitsrechtlichen Annahme gewann der Sachsenspiegel weithin Gesetzeskraft, und so wurde vieles von dem, was Eike in der echt hochmittelalterlichen Freude an konstruktivem Denken und Wissensaufbau fälschlich als zu seiner Zeit geübtes Gewohnheitsrecht ausgab, später tatsächlich herrschendes Recht. Das „Dienst"- und das „Hofrecht", worin die rechtlichen Beziehungen der unfreien Ministerialen und der Grundhörigen

— beide Gruppen waren je nach den einzelnen Herrschaften sehr verschieden — geregelt waren, ferner das „Stadtrecht" hat Eike nicht behandelt.

Der Sachsenspiegel gab die Grundlage ab für eine Reihe ähnlicher Sammlungen, wie für das Meißner Rechtsbuch, das auch das „Weichbild" — so hieß vielfach das Markt- und Stadtrecht — aufnahm; für den „Deutschenspiegel", für den um 1274 vielleicht in Augsburg vollendeten „Schwabenspiegel", im Mittelalter „Land- und Lehnsrechtbuch" oder „Kaiserrecht" genannt, weil in ihm hauptsächlich das allgemeine deutsche Recht berücksichtigt wurde. Zu diesen Rechtsbüchern wurden zahlreiche Glossen und Kommentare verfaßt — der erste von ihnen stammt aus dem Jahre 1325, — wobei auch auf die seither erlassenen Gesetze, namentlich die Landfriedensgesetze bezug genommen wurde.

Die Geschichtschreibung

Das Hochmittelalter hielt im allgemeinen an der seit dem heiligen Augustin herrschenden Geschichtsauffassung fest. Nach ihr begann mit Christus ein neues Zeitalter, das letzte bis zum Weltuntergang. Gegen das augustinische Geschichtbild wandten sich die Averroisten, welche die Ewigkeit der Materie und die dauernde Wiederkehr des Gleichen lehrten, und am Ende des 12. Jahrhunderts Joachim von Floris, der noch ein dem Zeitalter Christi folgendes drittes Reich prophezeite. Averroisten und Joachimiten blieben ohne Einfluß auf die deutsche Geschichtschreibung, nur in einigen staatspolitischen Schriften finden sich Anklänge an joachimitische Gedanken (vgl. S. 276).

Geschichtswissenschaft, die Erforschung der Vergangenheit nach sorgfältig ausgearbeiteten methodischen Grundsätzen, hat das Mittelalter überhaupt nicht gekannt. Selbst in der Geschichtschreibung, der Aufzeichnung zeitgenössischer Ereignisse oder der Darstellung früherer Geschehnisse hat Deutschland nach den von geschichtsphilosophischen Gedanken getragenen Werken des Bischofs Otto von Freising († 1158) und der Fortsetzung seiner „Taten Friedrichs I." durch den Kaplan Rahewin keine überragende Leistung während des Hochmittelalters mehr hervorgebracht. Dies lag wohl nicht so sehr daran, daß die Scholastik die besten Köpfe in ihren Bann zog, als an dem Niedergang der kaiserlichen Macht nach Heinrichs VI. Tode. Anreiz und Gelegenheit, wahrhaft Großes zu gestalten, wie einst unter Otto I. oder noch unter Friedrich I., fehlten nun. Erst wurden die deutschen Lande in dem staufisch-welfischen Ringen entsetzlich verheert, dann berührten Friedrichs II. Erfolge und Mißerfolge die deutsche Heimat vielfach nur mittelbar, schließlich ging seit dem Anbruch des Interregnums „das Reich betteln", wie in der Fortsetzung der um die Mitte des zwölften Jahrhunderts in deutscher Sprache begonnenen „Kaiserchronik" geklagt wird. Immerhin entstand eine Reihe gut geschriebener Aufzeichnungen, zum Teil mit entschieden persönlicher Stellungnahme der Verfasser, so des Otto von Sankt Blasien († 1223) Fortsetzung der Chronik Ottos von Freising, die Chronik des Propstes Burchhard von Ursberg

(† 1230), beide staufisch und kaiserlich, die namentlich für Norddeutschland aufschlußreiche Chronik des Albert von Stade, der 1240 auf seine Abtwürde verzichtete und in ein Minoritenkloster eintrat, und die wertvolle Fortsetzung von Helmolds Slavenchronik durch den Abt Arnold vom Johanniskloster in Lübeck († 1212). Werke wie die des Cäsarius, der um 1228 Prior des Zisterzienserklosters Heisterbach wurde, zählen zwar nicht zur eigentlich geschichtlichen, sondern zur erbaulichen Literatur, bieten aber eine Fülle kulturhistorisch wertvollen Stoffes. Erhalten wir durch Cäsarius Einblick hauptsächlich in das Tun und Treiben der Kleriker, Mönche und Ritter, so geben die Predigten des Berthold von Regensburg († 1272) anschauliche Schilderungen vom Leben in Dorf und Stadt und auf den Burgen. Gegen Ende des dreizehnten Jahrhunderts wurde eine Reihe umfangreicher Reimchroniken in deutscher Sprache verfaßt, nachdem bereits in der ersten Hälfte des Jahrhunderts ein Mönch Eberhard in seiner niederdeutschen Mundart für die Dienstmannen des Stiftes Gandersheim, wohl auf Veranlassung der Äbtissin, die Geschichte dieses Klosters in Reime gebracht hatte. Die bedeutendste dieser Reimchroniken ist die bis 1309 reichende, einem Ministerialen Ottokar aus Steiermark zugeschriebene, mit einem überreichen, freilich an vielen Stellen nicht zuverlässig verarbeiteten Stoff.

Chroniken, Heiligengeschichten, Predigten zeigen, daß man nun in deutschen Landen vortrefflich und oft recht unterhaltsam zu erzählen versteht. Was hatte man alles in diesen Zeiten abenteuernder Ritter, wundertätiger Heiliger, derber Bauern, habgieriger Städter, grausamer Fehden, üppiger Feste, krassesten Aberglaubens und materialistischer Skepsis zu erzählen! Man muß die Kleinwelt, die da vor Augen geführt wird, diese Auflösung des großen geschichtlichen Werdens und furchtbarer Katastrophen in Anekdoten, auch Zoten, mit den großartigen Schöpfungen der Kunst und Wissenschaft zusammenhalten, um eine wenigstens einigermaßen richtige Vorstellung vom Hochmittelalter zu gewinnen. Vergegenwärtigt man sich das ganze damalige Leben, nicht nur einzelne Erscheinungen, dann wird man sich bald von der Zwecklosigkeit der Bemühungen überzeugen, die seelische Haltung der Menschen des Hochmittelalters in Begriffsformen wie „typisch" oder „konventionell" pressen zu wollen. Nur von einem einheitlichen Lebensrhythmus, dem jugendlichen, kann die Rede sein, der jedoch schärfste und tiefste Gegensätze keineswegs ausschließt, wie sie ja auch gerade bei der Jugend immer am unvermitteltsten hervortreten.

Das religiöse Leben

Die Mönchsorden

Während das Rittertum Zucht und Maß als seine Ideale erklärt, ist Maßlosigkeit in der Askese oder in der Hingabe an ein Ziel das Kennzeichen der meisten Orden der Kirche aus dieser Zeit. Cluny, dessen Blütezeit mit seinem letzten großen Abt

Peter dem Ehrwürdigen (1122—1156) eben noch an die Schwelle des Hochmittelalters heranreicht, hat zwar viel zum Entstehen der neuen Geistesrichtung beigetragen, aber in der Lebensführung der Mönche die altbenediktinische Überlieferung der „discretio“, des Maßhaltens, nicht völlig aufgegeben. Gerade deshalb wurden die Cluniazenser von dem heiligen Bernhard, der im Jahre 1112 in das 1098 gestiftete Kloster Citeaux bei Dijon eingetreten war, aufs heftigste angegriffen. Zurückgehen auf den Buchstaben der Regel des heiligen Benedikt, Verzicht auf alle Freiheiten und Erleichterungen, die sie selbst je nach Ort und Klima empfiehlt, kurz, möglichste Strenge in der ganzen Lebensweise und darum auch Ablehnung jeder Prachtentfaltung beim Gottesdienst, des kostbaren Schmuckes der kirchlichen Geräte, der Beschäftigung mit der Wissenschaft, soweit sie nicht unmittelbar der Frömmigkeit diente, zählten zu den Grundsätzen der Zisterzienser. Da auch die Priestermönche bei ihnen zur Handarbeit verpflichtet waren, und da sie die bereits von den Hirsauern eingeführte Einrichtung der Laienbrüder weiter ausbauten, standen ihnen reichlich Arbeitskräfte zur Urbarmachung von Wäldern, Sümpfen und sonstigem Ödland zur Verfügung. Es wurden deshalb den Zisterziensern im Norden und Nordosten weite Landstriche überlassen. Abteien wie Lehnin in der Mark Brandenburg, Doberan in Mecklenburg, Leubus in Preußisch-Schlesien, Oliva bei Danzig wurden Mittelpunkte der deutschen Kolonisation. Der Orden der Prämonstratenser, gegründet im Jahr 1120 vom heiligen Norbert aus Xanten, weist in seiner Auffassung des Ordenslebens und in seiner Wirksamkeit auch im deutschen Osten viel Gemeinsames mit den Zisterziensern auf, von denen er sich fast nur dadurch unterscheidet, daß er sich — ausgehend von der sogenannten Regel des heiligen Augustin — von Anfang an auch der Seelsorge widmete. Zisterzienser wie Prämonstratenser waren straff zentralistisch organisiert, sämtliche Äbte mußten die regelmäßig in den Mutterklöstern Citeaux und Prémontré (bei Lâon) abgehaltenen Generalkapitel besuchen und die dort gefaßten Beschlüsse in ihren Klöstern durchführen. Dadurch nahm der Einfluß des romanischen Wesens im deutschen Katholizismus noch mehr zu; in dem großenteils politischen Kampf Friedrichs II. mit den Päpsten haben besonders auch Zisterzienser die Kurie unterstützt. Neben den Mönchsklöstern bestanden zahlreiche Frauenklöster, die den Regeln der Benediktiner, Zisterzienser und Prämonstratenser folgten.

Bis zu Beginn des dreizehnten Jahrhunderts war allen Orden, gleichviel welche Regel sie hatten und welchen Namen sie trugen, die individualistische Einstellung in bezug auf den Zweck des Klosterlebens, dagegen eine Art von Kollektivismus in der Lebensführung und den Frömmigkeitsübungen eigentümlich. Das Kloster mit seinem Abschluß von der Außenwelt und der Erzeugung der meisten für den Lebensunterhalt nötigen Gebrauchsgüter in der Klosterwirtschaft war im vollsten Sinne eine Gemeinde für sich, in der fast alle Verrichtungen gemeinschaftlich vollzogen wurden. Zu persönlichen Frömmigkeitsübungen, wie zum stillen Gebet des einzelnen, zur besinnlichen Betrachtung der Heilswahrheiten und dergleichen fand sich zwar mancherlei Gelegenheit, doch war auch dies der allgemein verpflichtenden Tagesordnung eingegliedert, und der Hauptnachdruck lag auf dem von allen Mönchen als gemeinsames Werk geübten liturgischen Gottesdienst. Alles aber zielte neben der Verherrlichung Gottes und der Heiligen auf das eine ab: Rette deine Seele. Selbstheiligung war der Sinn dieses Klosterlebens; soweit man sich überhaupt in den Dienst der Caritas und der Seelsorge stellte, geschah dies ebenfalls, um sich selbst zu vervollkommnen, wozu auch die Erfüllung des Gebotes der Nächstenliebe gehörte. Darum definierte das spätere Mittelalter den Mönch alter Ordnung: „est ens qui sedet in cella sua et clamat ach!" (Der Mönch ist ein Wesen, das in seiner Zelle sitzt und ach seufzt.)

Der heilige Franz von Assisi und der heilige Dominikus kehrten mit ihren Ordensgründungen in den ersten Jahrzehnten des dreizehnten Jahrhunderts dieses Verhältnis vollständig um. Den Orden der Franziskaner und Dominikaner liegt der Leitgedanke zugrunde: rette die Seele deines Nächsten, aller Menschen, und du rettest damit auch deine eigene, wobei der heilige Franz das Hauptgewicht auf das vorgelebte Beispiel, der heilige Dominikus auf die Lehrverkündigung legte, weshalb sein Orden bald den Namen Predigerorden erhielt. Die Ritterorden, die so recht aus dem Geiste des Hochmittelalters geboren sind, haben ebenfalls diese auf das Wohl anderer bedachte Zielsetzung: zunächst Pflege der kranken Pilger im heiligen Land, dann Kampf mit der Waffe gegen die Ungläubigen zum Schutze der Christenheit und zur Ausbreitung des Glaubens. In manchem bleiben sich die alten und neuen Orden allerdings gleich, auch vollzieht sich von beiden Seiten her eine gewisse Annäherung. Die ursprünglich größere Ungebundenheit und der völlige Verzicht auf Eigentum auch in Wohnung, Lebensmitteln, Kleidern der Franziskaner, der Minderbrüder, wie sie sich mit besonderer Betonung der christlichen Demut und dienenden Hilfsbereitschaft nannten, mußten auf päpstlichen Befehl eingeschränkt werden; auf das gemeinsame Chorgebet wollten oder durften auch die neuen Orden nicht ganz verzichten, sie verwandten nur weniger Zeit darauf (erst die Jesuiten haben es ganz aufgegeben); dafür zog in manche alte Klöster ein Geist regerer Tätigkeit in der Seelsorge und dergleichen ein. Aber alles in allem unterschieden sich altes und neues Klosterwesen so sehr, wie dies bei ihrer gemeinsamen Grundlage, der Eingliederung in Glauben und Organisation der katholischen Kirche, nur möglich war. Rein äußerlich kam dies schon dadurch zum Ausdruck, daß Franziskaner und Dominikaner sich meist in den Städten niederließen, und ihre Klosterbauten nach Umfang und Ausstattung mit den alten Abteien in der Regel gar nicht zu vergleichen sind. Die Bekämpfung der Ketzer und die Seelsorge wiesen die Dominikaner von Anfang an, die Franziskaner erst später und gegen die ursprüngliche Absicht ihres Gründers auf die Pflege der Wissenschaft hin; beide Orden wurden in der Scholastik führend.

Es ist einer der vielen Widersprüche der geschichtlichen Entwicklung, daß das an und für sich auf Individualismus eingestellte alte Mönchtum zu einer kollektivistischen Lebensführung der Klostergemeinde, zu hieratischer Geschlossenheit und Abgeschlossenheit hinführte, während die aus stärkstem kollektivistischem Erleben entsprungene, alle Kreatur umfassende Liebe des heiligen Franz und die straffe Geistesdisziplin des heiligen Dominikus die Ausbildung des abendländischen Individualismus wesentlich förderten. Schon die Stadt ist — selbst im Zeitalter korporativer Einungen — der individualistischen Geisteshaltung ungleich günstiger als das platte Land mit der Gleichförmigkeit seiner Beschäftigungen und Lebensführung. Der scholastische Wissenschaftsbetrieb mit disputatio und argumentatio, der Auseinandersetzung mit dem Gegner und der logischen Beweisführung, rückte die Persönlichkeit des einzelnen Lehrers in den Vordergrund. Der Bettelmönch, der Gaben sammelnd die Bürgerhäuser besuchte und durch die Dörfer zog, die Prediger und Beichtiger bedurften ungleich größerer Bewegungsfreiheit, waren weit mehr auf sich selbst gestellt als der Mönch alter Ordnung. Da sich die Bettelorden wie im ganzen Abendland, so auch in Deutschland ungemein rasch verbreiteten, und bald kein größerer Ort ohne eine oder mehrere ihrer Niederlassungen war, für deren Errichtung ja verhältnismäßig geringe Mittel hinreichten, so kann man die Entwicklung des neuen Klosterwesens auf die deutsche Volksseele jener Zeit kaum überschätzen. Der Minder- oder Predigerbruder, meist selbst aus dem Bürgertum oder dem wohlhabenderen Bauerntum hervorgegangen, war mit dem einfachen Volke aufs engste verwachsen, fühlte mit ihm, sprach seine Sprache, hob es zu sich herauf und sank zu ihm hinab. Die Bettelmönche rissen damit eine der Mauern nieder, die bis dahin einer freien Entfaltung volkstümlicher Frömmigkeit, die immer auch starke individualistische Züge aufweist, im Wege gestanden hatten. Hat aber einmal der Individualismus das religiöse Leben aufgelockert, dann greift er auch auf allen anderen Gebieten unaufhaltsam um sich. Bei der späteren Rückschau nimmt man den Anfangspunkt solcher entscheidenden Wendungen allerdings nur zu oft nicht wahr, weil es gewöhnlich lange Zeit währt, bis derartige Umlagerungen im Seelenleben deutlicher sichtbar werden.

Die Mystik

Einer der mit den neuen Orden in engstem Zusammenhang stehenden Form der Frömmigkeit, der Mystik, wendet man seit einigen Jahrzehnten besondere Aufmerksamkeit zu. Versteht man unter Mystik die persönliche innere Begegnung des einzelnen mit dem Göttlichen über rein verstandesmäßige Erkenntnisse hinaus, so hat es Mystik im Christentum von jeher und nicht zuletzt auch im Mönchtum alter Ordnung gegeben. Sie hatte da wesentlich visionären und prophetischen Charakter, wurzelte in der Schau religiöser Bilder, die hierfür veranlagte Seelen bei der Versenkung in den Text der Bibel, sonstiger frommer Bücher und in den liturgischen Gottesdiensten als überirdische Wirklichkeit erlebten. Teilten solche

Menschen anderen von den Vorgängen in ihrer Seele etwas mit, so geschah dies gewöhnlich in Formen, die an die Offenbarungen und Mahnungen der Propheten erinnern. Die größten Mystiker in diesem Sinne waren der heilige Bernhard von Clairvaux, der in seiner sich gelegentlich in innigen Gedichten aussprechenden Christus-Mystik schon manche später in den verschiedensten Abwandlungen wiederholte Töne anschlug, und die heilige Hildegard von Bingen, die größte Seherin des deutschen Mittelalters, die in ihren Gesichten den ganzen Kosmos, Welt und Überwelt, umspannte, und deren Unterweisungen und Ermahnungen Päpste und Kaiser, so auch Friedrich I., achtungsvoll Gehör schenkten.

Als Bettelmönche, namentlich Dominikaner, in großer Zahl Beichtväter in den massenhaft neu entstehenden Nonnenklöstern wurden, suchten die gelehrten Scholastiker die frommen Frauen in ihre Wissenschaft einzuführen. Der Nachdruck lag dabei naturgemäß auf dem Erbaulichen, auf der Anleitung zu innerem religiösen Erleben. Ihm sollten die dem Verständnis der Nonnen angepaßten theologischen Ausführungen einen reicheren Inhalt geben. Diese Bestrebungen wurden für die Beichtväter und Lehrer der Nonnen selbst sehr fruchtbar, indem sie dadurch von dem Schulstreit und den Schulmeinungen mehr und mehr ab- und zum Erleben des Göttlichen hingelenkt wurden. Aus der Vereinigung klösterlicher Askese, Elementen der neu aufblühenden Volksfrömmigkeit und der eben angedeuteten Umwandlung der theologischen Spekulation formte sich die Mystik des Hoch- und Spätmittelalters. Von ihrem bedeutendsten Meister, dem Dominikaner Eckart (1295—1366), gingen stärkste, bis zu den Pietisten des siebzehnten Jahrhunderts reichende Anregungen aus. Eckart selbst steht an der Wende des Hochmittelalters zum Spätmittelalter. In der Kühnheit und der Weite seiner Spekulation ist er ein echter hochmittelalterlicher Vertreter des geistigen Imperialismus, in der Überspitzung einzelner Formulierungen und der Symbolisierung einzelner Offenbarungswahrheiten zu Seelenvorgängen verläßt er bereits die innere Harmonie der Hochscholastik und überschreitet, ihm selbst wohl unbewußt, die Grenzen des Dogmas und der kirchlichen Lehre.

Die Mystik Eckarts und seiner Schüler, die wie Seuse (um 1295—1366) das Hauptgewicht auf fromme Übungen und Empfindungen und sinnige Betrachtungen legten, oder wie Tauler (um 1300 bis 1361) die Ergebnisse der hohen Spekulation für eine vernünftige, tüchtige Lebensauffassung und Lebensführung verwerteten, drang mehr und mehr über die Klostermauern hinaus und erfaßte durch Predigt und Seelsorge breitere Kreise, deren Religiosität nun verinnerlicht wurde und damit auch einen mehr persönlichen, subjektiven Charakter erhielt. Außerdem setzten die Mystiker, freilich von anderer Grundlage aus und mit anderen Zielen, die sprachschöpferische Leistung der ritterlichen Dichtung eines Walthers von der Vogelweide und Wolframs von Eschenbach fort. Denn in den Erbauungsschriften und Predigten der Mystiker, ebenso in den Briefen, die in inniger Seelenfreundschaft miteinander verbundene Mönche und Nonnen, wie etwa Heinrich

Seuse und Elsbeth Stagel, miteinander austauschten, war nun von den höchsten, tiefsten und zartesten Dingen die Rede. Was um das Jahr 1000 bei dem Mönche Notker dem Deutschen von Sankt Gallen noch ein freilich schon weit vorstoßender Versuch hatte bleiben müssen, war jetzt am Ende des Hochmittelalters geglückt: Denken und Fühlen der Deutschen fand in ihrer eigenen Sprache vollgültigen Ausdruck.

Gegenkirchliche Strömungen und Bewegungen

Die der Kirche und teilweise dem Christentum überhaupt feindlichen Strömungen des Hochmittelalters entsprangen nicht der Weltlichkeit des Rittertums, das ja gerade christliche und kirchliche Grundsätze zur Richtschnur seines Standesidealismus gemacht hatte, sondern der Scholastik und der Ketzerbewegung. Als die jüdische und arabische Philosophie und namentlich die Werke des Averroes (1126—1198) im Abendlande bekannt wurden, nahmen deren Lehren nicht wenige Theologen begeistert an und zogen daraus nach der dialektisch-scholastischen Methode dem christlichen Glauben vielfach ganz entgegengesetzte Folgerungen. Man nannte die Vertreter dieser Richtung Averroisten. Sie fanden auch an der Pariser Universität zahlreichen Anhang. In Deutschland selbst machte sich der Averroismus hauptsächlich in einer Begleit- und Folgeerscheinung bemerkbar.

Schon einige Zeit vor dem Eindringen der arabischen Philosophie hatte man in Frankreich mit erneutem Eifer begonnen, die antiken Dichter zu lesen und nachzuahmen. Deutsche Studenten, die französische Schulen aufsuchten, wetteiferten bald mit den Angehörigen anderer Nationen in der neuen Dichtart, die sich zunächst ausschließlich der lateinischen Sprache bediente, weil ja diese Studenten fast ausnahmslos Geistliche waren oder sich auf den Mönchs- oder Priesterberuf vorbereiteten. Zunächst findet sich in diesen Liedern nur übersprudelnde Lebenslust, gelegentlich auch übermütiger Witz. Der größte Dichter der nach den vagierenden, den fahrenden Schülern benannten Vagantenpoesie, ein Deutscher, ist noch dieser früheren Epoche zuzuzählen. Neben politischen Liedern (vgl. S. 99) gehen auf ihn, den „Erzpoeten" (archipoeta), auch Trinklieder wie das heute noch viel gesungene „meum est propositum in taberna mori" (mein Begehr und Willen ist, in der Kneipe sterben) zurück. Beim Auftreten des Averroismus in Paris waren dann natürlich gerade die Studenten nur allzu bereit, aus Thesen wie: die christliche Lehre enthält Fabeln und Irrtümer und hemmt den wissenschaftlichen Fortschritt, oder: Glückseligkeit gibt es nur in diesem Leben, nicht nach dem Tode, oder: Geschlechtsverkehr zwischen Unverheirateten ist keine Sünde — praktische Folgerungen zu ziehen, das Laster in Liedern zu verherrlichen und die kirchlichen Gebräuche in Parodien zu verspotten. Bibeltexte travestierten die Vaganten z. B. so: „Zu jener Zeit lebte ein Pharisäer Lucius, ein abgrundtiefer Säuferfürst. Da nun seine Schüler versammelt waren, fragte ihn einer: ‚Meister, was muß ich tun, daß ich ein fröhlich Leben ererbe?' Er antwortete und sprach: ‚Du sollst nicht töten, sondern ehebrechen, nicht die Habe, sondern das Weib deines Nächsten begehren, denn verflucht ist der Baum, der keine Frucht trägt ...". Als die ritterliche Poesie sich in Deutschland verbreitete, verfaßten die Vaganten auch Lieder, in denen lateinische und deutsche Verse miteinander abwechselten. Eines dieser Lieder, das beginnt: „Ich was ein Kind so wolgetan / virgo dum florebam / do briste mich die werlt al / omnibus placebam"[1]) behandelt ein ähnliches Motiv wie das von uns aufgenommene Gedicht Walthers von der Vogelweide (S. 184). Aber wie zurückhaltend und fein ist dabei der Ritter, wie überdeutlich der Kleriker! Diese Vaganten wurden schließlich auch in Deutschland zu einer Landplage. Viele von ihnen verfielen ganz und gar der Landstraße, beendeten ihre Studien nie, trieben sich zeitlebens als Bettler und Betrüger herum und schreckten auch vor Gewalttaten nicht zurück.

Bei der Ketzerbewegung sind zwei Hauptgruppen zu unterscheiden. Die eine, von Waldes, einem reichen Kaufmann in Lyon, ins Leben gerufen, war ursprünglich lediglich der Versuch, die Kirche nach dem Wortlaut der Evangelien zu reformieren und zwar durch Laien, da sich der Klerus in so hohem Grade in das weltliche Treiben und in weltliche Laster verstrickt hatte. Waldes, der am Feste Mariae Himmelfahrt 1176 seine bewegliche Habe auf der Straße verteilte, nachdem er seinen Grundbesitz seiner Frau überlassen und seine beiden Töchter in ein Nonnenkloster gegeben hatte, ist in seiner Rückkehr zur apostolischen Armut, im Kampf gegen Habgier und Habsucht durch Laienprediger, die ihn als ihren Meister anerkannten und ihm nachfolgten, ein Vorläufer des heiligen Franz von Assisi. Waldes, dem älteren Manne, fehlte allerdings die beschwingte Art des Poverello von Assisi, auch übten er und seine Jünger ganz anders als dieser herbe Kritik an den kirchlichen Mißständen. Vor allem aber unterwarfen sich die Waldenser nicht der kirchlichen Hierarchie, als diese in der Sorge um ihre beherrschende Stellung Maß und Ziel der Bewegung bestimmen wollte. Seit Lucius III. 1184 die Waldenser gebannt hatte, wichen viele von ihnen auch mehr und mehr von der Lehre der Kirche ab. Die Waldenser verbreiteten sich weithin nach Südfrankreich, wo sie teilweise mit den Katharern verschmolzen, nach Oberitalien und nach Deutschland, wo sie, wie in den übrigen Ländern, als die „Leute von Lyon" gleich den eigentlichen Ketzern, den Katharern, verfolgt wurden.

Die von Südosteuropa herandringenden Katharer (vgl. S. 18) fanden zwar während des Hochmittelalters in Deutschland keinen so großen Anhang wie in Südfrankreich, immerhin schwoll in verschiedenen deutschen Gegenden die Zahl der Ketzer so an, daß den kirchlichen Behörden angst und bange wurde. In einem amtlichen Erlaß des Erzbistums Mainz aus dem Jahre 1233 heißt es zum Beispiel: „Zu unserer Zeit ist in die deutschen Lande heimlich — man weiß nicht

[1]) Ich war ein ganz hübsches Kind; wie ich als Jungfrau blühte, da zerbrach mich schon die Welt; allen gefiel ich wohl.

wie und woher — giftige, böse Ketzerei gekommen und hat sich so ausgedehnt, daß kaum noch eine Stadt, ein Dorf oder ein Flecken ohne dies garstige Wesen sind". Die damaligen Ketzer hingen großenteils einem seltsamen Gemisch aus gnostischen und sektiererischen Ideen, zum Teil aus altchristlicher Zeit an; die einen trieben eine maßlose, die strengsten Vorschriften der Orden weit hinter sich lassende Askese, andere hielten sich an keinerlei sittliches Gebot gebunden. Jedenfalls ist die Begeisterung, mit der Tausende für ihre Überzeugung in einen oft qualvollen Tod gingen, bewundernswert. Andererseits ist das Vorgehen der Kirche und der Kaiser, auch eines Friedrich II., gegen die Ketzer nur zu begreiflich, denn ihre in manchen Punkten geradezu nihilistischen Lehren bedrohten nicht nur den Bestand der Kirche, sondern auch Staat und Gesellschaft. Die Inquisitoren richteten mit ihren Maßlosigkeiten allerdings oft kaum geringeres Unheil an als die Ketzer. Als sich Konrad von Marburg, „der Richter ohne Erbarmen", seit 1226 Beichtvater der heiligen Elisabeth, sogar an zahlreichen Rechtgläubigen, auch Herren vom hohen Adel, vergriff, wurde er 1232 erschlagen. Die Kämpfe zwischen Kaisertum und Papsttum, Mißstände in der Kirche und persönliche Auffassungen entfremdeten übrigens, unabhängig von den eigentlichen Ketzern, manchen der Kirche und ließen ihn ohne Rücksicht auf sie seinen Lebensweg gehen. So berichtet Cäsarius von einem Thüringer Landgrafen, er habe allen Mahnungen der Geistlichen und Mönche den Psalmenvers entgegenhalten: „Der Himmel allenthalben ist des Herrn, aber die Erde hat er den Menschenkindern gegeben".

Vielgestaltige Entwicklung des Hochmittelalters auf einheitlicher Grundlage

Bei näherem Zusehen löst sich die Welt des Hochmittelalters in mancherlei miteinander in Widerspruch stehende Erscheinungen auf. Gewiß ist die Kirche noch ein das Leben beherrschendes Element, auch die Kulturleistung dieses Zeitalters trägt vorwiegend religiös-kirchliches Gepräge. Aber die Neben-, Unter- und Gegenströmungen treten schon viel deutlicher hervor als früher, in Frankreich allerdings noch weit mehr als in Deutschland. Auch fallen drei das Mittelalter von Grund auf umgestaltende Ereignisse in diese Periode: der Zusammenbruch des Imperiums und damit der ideellen Einheit des Abendlandes, wie sie Karl der Große begründet und Kaiser Otto I. wenigstens teilweise wiederhergestellt hatte, zweitens ein stärkeres Vordringen der Geld- gegenüber der Naturalwirtschaft und drittens das allmähliche Bewußt- und Greifbarwerden des Individualistischen. Ferner stellt das Hochmittelalter insofern keine in sich geschlossene Einheit dar, als die Höchstleistungen auf einzelnen Gebieten zeitlich zum Teil weit auseinanderliegen; denn auch in dieser Epoche gehen Aufstieg und Verfall nebeneinander her. Der staufische Imperialismus konnte sich von dem Schicksalsschlage, der ihn durch den vorzeitigen Tod Heinrichs VI. im Jahre 1197 betroffen hatte, nie wieder ganz erholen. Die Kraft des alten Mönchtums, das durch Bernhard von Clairvaux und die Zisterzienser noch einmal einen ungeheuren Aufschwung genommen hatte, war bereits um 1200 erlahmt. Die Blüte der ritterlichen Dichtung und überhaupt der höfisch-ritterlichen Kultur währte kaum ein halbes Jahrhundert; seit etwa 1225 war sie in unaufhaltsamem Niedergang begriffen, da mit der Zunahme der Geldwirtschaft, dem steigenden Einfluß des Städtewesens und der Ausbildung des Landesfürstentums dem Rittertum die materiellen und politischen Grundlagen seiner Stellung entzogen wurden, womit auch sein frohes und stolzes Lebensgefühl teilweise dahinschwand.

In Baukunst und Plastik wird in der zweiten Hälfte des dreizehnten Jahrhunderts ein Nachlassen der schöpferischen Kräfte fühlbar. Im Jahr 1265 hatte Thomas von Aquin das klassische Werk der Scholastik, seine „summa theologica" begonnen, doch schon um 1304 war der gefeiertste Lehrer zu Paris der Engländer Johannes Duns Scotus (gestorben 1308 zu Köln), der Thomas scharf kritisierte und als Grundprinzip allen Seins mehr den Willen, die voluntas, als die Vernunft, die ratio, betonte und damit die Geschlossenheit des thomistischen Systems auszuhöhlen begann. Gleichzeitig suchte die Mystik Eckarts zum Wesensgrund der Gottheit und aller Kreatur vorzustoßen und verwischte den Unterschied zwischen Schöpfer und Geschöpf, Menschheit und Gottheit.

So befindet sich auch die Kultur des Hochmittelalters in einem Zustande steter Entwicklung. Die Auflösung der früheren, vor allem durch die Einfachheit der Verhältnisse bedingten Einheit setzt sich in dem Maße fort, in dem das Leben des abendländischen Menschen mannigfaltiger, vielgestaltiger wird. Mit der sachlichen wird auch die innere, wenn man so sagen will, die metaphysische Einheit und Einheitlichkeit der Kultur mehr und mehr aufgelockert. Da aber die Kultur des Hochmittelalters immerhin von einem in seinen tiefsten Untergründen einheitlichen Lebensgefühl getragen wird, erscheint sie der mancher anderen Epochen gegenüber, in denen auch dieses mehrfach gespalten ist, als in sich geschlossen.

Um etwa 430 v. Chr., im Perikleischen Zeitalter und schon einmal vierhundert Jahre früher, als die Sonne Homers der griechischen Welt leuchtete, hatten im Südosten unseres Erdteils die Menschen einen Frühling, eine Jugend erlebt. Jetzt im Hochmittelalter ward zum ersten Male solch ein Frühling, solch eine Jugendzeit den christlichen Völkern des Abendlandes beschieden. An Kraft, an Kühnheit des Wollens und Wagens standen sie hinter den Achäern und Athenern nicht zurück. Gerade weil alle bedeutenden Lebensäußerungen des Hochmittelalters von dieser Jugendlichkeit beschwingt sind, weisen sie eine gewisse innere Verwandtschaft auf, mögen sie im übrigen voneinander noch so verschieden sein, ja einander feindlich gegenüberstehen. Die bereitwillige Aufnahme der von fernher kommenden Anregungen, Änderungen im Wirtschaftsleben, der Aufstieg des Rittertums und des Städtetums verleihen dem Hochmittelalter seine

Jugendlichkeit. Werke reifster Meisterschaft aber brachte diese jugendliche Epoche hervor, weil sie von dem Gegensatz der Generationen fast ganz unberührt blieb und das Überkommene in das eigene Schaffen mit einbezog, weil der hochmittelalterliche Universalismus jede große Leistung zum Gemeingut des Abendlandes werden ließ, und weil dabei doch in der Dichtung und den bildenden Künsten Vollendetes aus dem Blute und dem Geiste des deutschen Volkes geboren wurde.

Drittes Buch

Das Spätmittelalter

Die Kultur des Spätmittelalters. — Grundlagen und Aufgaben der spätmittelalterlichen Politik: das Königtum; die partikularen Gewalten. — Die Könige und Kaiser des späteren Mittelalters.

Erstes Kapitel

Die Kultur des Spätmittelalters

Der Zeitcharakter

Die Bezeichnung Spätmittelalter, an und für sich eine Zeitangabe, wird oft auch im Sinne einer Wertung gebraucht. Man versteht dann darunter die Epoche, in der die Kräfte des Hochmittelalters erlahmten, einen „Herbst" mit „dem Ableben überreifer Kulturformen". Zu dieser Auffassung kann man indes nur kommen, wenn man die einzelnen Lebensäußerungen getrennt betrachtet und die einen, die Aus- und Abklang des früheren sind, als noch mittelalterlich anspricht, während man andere als Übergangserscheinungen und als Vorbereitung des Kommenden einer eigenen Lebenssphäre zuweist. Ist ein solches Auseinanderreißen schon an sich mißlich, weil im Spätmittelalter Altes und Neues besonders eng miteinander verflochten waren, und die Mehrzahl der Menschen verschiedene Elemente der Zeit in sich vereinigte, so führt es bei der Beurteilung des Spätmittelalters auch deshalb in die Irre, weil sich, je tiefer man in sein Wesen eindringt, desto mehr herausstellt, daß auch so manches von dem als noch typisch mittelalterlich Geltenden nicht minder aus dem Geiste dieser Epoche geboren ist und an Wert hinter dem angeblich oder wirklich Neuen nicht zurücksteht. Gegensätze mancherlei Art sind hier wie im Hochmittelalter vorhanden, aber hier wie dort beherrscht den ganzen Lebensprozeß je ein Prinzip, das der Fortführung des Überkommenen, der Ausbildung von Neuem und der Anbahnung des Künftigen einen bestimmten, deutlich hervortretenden Zeitcharakter verleiht.

Als den Wesenskern des Hochmittelalters stellten wir jugendliche Beschwingtheit fest, die auf allen Gebieten das Absolute erstrebte. In ähnlicher Weise kennzeichnet männliche Tüchtigkeit das spätere Mittelalter. Dieser Wechsel in der Zeitstimmung und im Lebensrhythmus war zunächst eine natürliche Folge der Ernüchterung, die immer nach einer Epoche seelischer Hochspannung eintritt. Verstärkt wurde die Wirkung dieses Vorgangs durch verschiedene Ereignisse und Erfahrungen, von denen an dieser Stelle nur einige angeführt seien. Wir haben schon wiederholt davon gesprochen, daß der Sieg des Papsttums über das Kaisertum die kirchlichen Mißstände keineswegs beseitigte, auch verging seit der Hinrichtung des letzten Hohenstaufen Konradin im Jahr 1268 zu Neapel nur ein Menschenalter, bis die Päpste Frankreich hörig wurden und ihren Aufenthalt von Rom nach Avignon verlegten (1309—1377). Im Jahre 1291 mußten die Christen ihre letzten festen Plätze im Heiligen Lande räumen, nachdem ein „heiliger" König, Ludwig IX. von Frankreich, zweimal vergebens einen Kreuzzug unternommen hatte (1248—1254 und 1270). Die Orden der Bettelmönche, von denen man geglaubt hatte, sie würden ein neues christliches Zeitalter heraufführen, befehdeten sich bald in leidenschaftlicher Eifersucht, und ihr Lebenswandel erregte oft noch mehr Anstoß als der der Weltgeistlichen und der Angehörigen der alten Orden. In Deutschland kam es wie in Italien zu häufigen Zusammenstößen zwischen der Geistlichkeit und den Laien. So kümmerten sich z. B. die Ministerialen und Bürger von Eichstätt über ein Jahr lang nicht um den Kirchenbann, den der Bischof über sie ausgesprochen hatte, warfen ihn und alle Kleriker aus der Stadt und setzten Ungeweihte als Bischof, Propst und Dekan ein, raubten den Schatz der Domkirche, brachten bei Todesfällen die Leichen unter Musik und Späßen auf den Friedhof. Nachdem sich solches schon unter der Regierung Friedrichs II. zugetragen hatte (1238), schienen sich während des Interregnums, da „Friede und Recht darnieder lag", alle Bande der staatlichen und gesellschaftlichen Ordnung zu lösen. Die Menschen des ausgehenden dreizehnten und des vierzehnten Jahrhunderts sahen sich im ganzen Abendland und namentlich in Deutschland vor schwerste Aufgaben gestellt, die nur zäher, bedachtsamer und entsagungsbereiter Arbeitswille so weit bewältigen konnte, wie es tatsächlich geglückt ist.

Die Stadt

Nach dem Niedergang der ritterlich-höfischen Kultur, also seit ungefähr der Mitte des dreizehnten Jahrhunderts, wurden die Städte für die Kulturgestaltung ausschlaggebend. Diese Stellung behaupteten sie das ganze spätere Mittelalter hindurch und bauten sie immer mehr aus. Die Bedeutung der mittelalterlichen Stadt beruht indes nicht so sehr auf dieser Tatsache an sich; denn in manch anderen Epochen, z. B. in der neuesten Zeit, beherrschen die Städte das Kulturleben eher in noch höherem Grade. Die spätmittelalterliche Stadt erhält vielmehr ihren eigentümlichen Charakter von ihrer besonderen wirtschaftlichen Funktion, von der Erweiterung der „geschlossenen Hauswirtschaft" zur „Stadtwirtschaft", auf der die spätmittelalterliche Kultur in ähnlicher Weise ruht wie die Kultur des bäuerlich-aristokratischen Zeitalters auf dem grundherrlichen System.

Man darf nun freilich den Begriff der Stadtwirtschaft so wenig wie den der geschlossenen Hauswirtschaft zu einer bloßen Theorie verknöchern, die, wie alles Theoretisieren und Verallgemeinern, dem Reichtum des geschichtlichen Lebens niemals gerecht werden würde. Noch weniger als bei der früheren sogenannten geschlossenen Hauswirtschaft in jedem Dorfe oder auf jedem Gutshofe wurden nun in jeder einzelnen Stadt und dem dazu gehörenden Umlande alle Wirtschaftsgüter erzeugt und im Warenaustausch und Geldverkehr umgesetzt. Von den etwa dreitausend deutschen Städten des späteren Mittelalters zählten nur etwa hundertfünfzig über tausend, also so viele Bewohner, daß die meisten Wirtschaftszweige in ihnen hätten gepflegt werden können. Außerdem kam auch diesen größeren Städten je nach ihrer wirtschaftsgeographischen Lage, den bei ihnen vorhandenen Rohstoffen, der geschichtlichen Entwicklung, dem Unternehmungsgeist einzelner vielfach eine besondere wirtschaftliche Bedeutung zu. Dies bezeugt schon der alt-hansische Spruch, der allerdings in einigen Fällen nicht das Wesentliche hervorhebt: Lübeck ein Kaufhaus, Köln ein Weinhaus, Braunschweig ein Zeughaus, Danzig ein Kornhaus, Hamburg ein Brauhaus, Magdeburg ein Backhaus, Rostock ein Malzhaus, Lüneburg ein Salzhaus, Stettin ein Fischhaus, Halberstadt ein Frauenhaus, Riga ein Hanf- und Butterhaus, Reval ein Wachs- und Flachshaus, Krakau ein Kupferhaus, Wisby ein Pech- und Teerhaus. Ein ähnliches Verzeichnis ließe sich auch für Süddeutschland aufstellen. So waren z. B. Ulm und Regensburg wegen ihrer Baumwollweberei, Konstanz wegen seiner Leinenweberei, Straßburg und Speier wegen ihrer Wollweberei, Nürnberg wegen seiner Metallarbeiten berühmt. Der Handel blühte nicht nur in größeren Städten wie in Augsburg, auch kleinere wie Ravensburg, Nördlingen hatten weitreichende Handelsbeziehungen. Es muß also doch Ein- und Ausfuhr in größeren Mengen gegeben haben, so daß man nicht mehr von einer autarken Wirtschaft dieser Städte reden kann, zumal wenn wie in Brügge, über zwei Drittel der erwachsenen männlichen Bevölkerung in e i n e m Gewerbezweig, der Woll- und Tuchbearbeitung, beschäftigt waren. Gegen die Autarkie der spätmittelalterlichen städtischen Wirtschaft hat man ferner geltend gemacht, daß in den etwa zweitausendfünfhundert deutschen Städten mit hundert bis fünfhundert Einwohnern, dann in den weiteren dreihundertfünfzig Städten mit fünfhundert bis tausend Menschen gewerbliche Produkte nur in verhältnismäßig geringem Umfange hergestellt werden konnten. In den Orten der ersten Gruppe waren bis 90% der Bevölkerung mit der Landwirtschaft beschäftigt, und auch in denen der zweiten überwog gewöhnlich noch die Feldarbeit. Gewerbliche Erzeugnisse hätten also für die Städte selbst und die umliegenden Dörfer in beträchtlichem Umfange eingeführt werden müssen.

Sobald man indes das Gesamtvolumen des Wirtschaftslebens mit der damaligen Güterbewegung über größere Entfernungen hin vergleicht — über den Sankt Gotthard ging z. B. pro Jahr der Inhalt von etwa zwei heutigen Güterzügen — und vor allem, wenn man sich die Einfachheit in den breiteren Volksschichten vor Augen hält, dann hat man, abgesehen von den wenigen deutschen Städten, deren Einwohnerzahl über fünftausend hinausging, und von einzelnen Städten, in denen irgendeine besondere Erwerbstätigkeit vorherrschte, z. B. die Salzgewinnung, wenn nicht gerade wortwörtlich, so doch in einer für das tatsächliche Leben ausschlaggebenden Weise für die meisten deutschen Gebiete wirtschaftliche Autarkie der einzelnen Städte und des zu ihnen gehörenden Umlandes anzunehmen. Und auch in den größeren Städten mit ihren Bezirken waren in der Regel Erzeugung und Verbrauch der hauptsächlichsten Bedarfsgüter in beträchtlichem Umfange ortsgebunden.

Aus den Nachrichten der Chroniken, aus Predigten, Vorschriften und Verboten der Kleiderordnungen läßt sich nicht ohne weiteres auf die Menge der von auswärts eingeführten Luxusgegenstände schließen, da gewöhnlich das Auffallende aufgezeichnet und man oft bei der Bekämpfung wirklicher oder vermeintlicher Übelstände durch Übertreibung zu wirken versuchte. Vor allem darf man solche Quellen nicht für sich allein sprechen lassen, sondern muß sie dem sonst Bekannten einordnen. Vieles, was heute auch die ärmeren Schichten besitzen, war damals noch eine Seltenheit, wie etwa ein Hemd; Handwerker mußten eigens darauf aufmerksam gemacht werden, die Zunftversammlung, die es doch nur in den größeren Städten gab, nicht ohne Hosen zu besuchen oder wenigstens in einem Kamisol, lang genug, die Beine zu bedecken. Das ungeheuerlich verworrene Münzwesen mit dem Vielerlei von Geldsorten, Falschgeld, ungleichem Metallwert und dem Grundsatz: „Der Pfennig gilt nur dort, wo er geschlagen ist" — dabei zählte Deutschland mehrere hundert Münzstätten — weist ebenfalls darauf hin, daß das Wirtschaftsleben sich im allgemeinen in einem engen Rahmen abspielte. Zusammenfassend läßt sich wohl sagen, daß die Anschaffung kostbarer Kleider und sonstiger Luxusgegenstände nur einem ziemlich kleinen Teil der Bevölkerung in größerem Umfange möglich war. Den Leuten in einfacheren Verhältnissen diente ein Festgewand aus gutem Tuch oder Pelzwerk, das bei dem damaligen Reichtum an Großwild und Raubzeug einen viel geringeren Wert als heute hatte, oft über ein Menschenalter, und sehr viele mußten sich ihr Leben lang mit den in ihrer Gegend hergestellten Dingen zufriedengeben.

Obwohl also die einzelne Stadt mit ihrem Umlande einen mehr oder minder in sich abgeschlossenen Wirtschaftskörper darstellte und die Einwirkung der Städte auf die Kulturgestaltung je nach der Zahl der Einwohner, dem besonderen Charakter, ob Handel oder Gewerbe überwog, der rechtlichen Lage, ob Reichs- oder Landstadt (vgl. S. 80), sehr verschieden war, hat das Städtewesen auch als Ganzes genommen das Kulturleben und das Wesen des spätmittelalterlichen deutschen Menschen tiefgreifend beeinflußt. Daß nun fast überall in Deutschland die landarbeitende Bevölkerung den Überschuß ihrer Erzeugnisse, soweit sie ihn nicht an einen Herrn abliefern mußte, in der nächsten Stadt absetzen konnte, hatte für Dorf und Stadt weitreichende Folgen, auch wenn es sich dabei im einzelnen meist nur um Pfennigwerte handelte. Die dadurch möglich gewordene Ablösung oder Umwandlung von Verpflichtungen, welche die persönliche Freiheit erheblich beeinträchtigten, lockerte die Abhängigkeit der Grundholden. Die mancherlei Berührungen der Bauern mit der Stadt hoben seine bisherige Weltabgeschiedenheit wenigstens einigermaßen auf, machten ihn mit Dingen vertraut, die er früher kaum dem Namen nach gekannt hatte, gaben ihm Gelegenheit, sich einiges durch Kauf für seinen Hausrat, seine Kleidung zu verschaffen. Von den städtischen

Pfarreien, Klöstern, Schulen gingen zum Teil starke Anregungen auf das Landvolk aus. So groß der Unterschied zwischen Dorf und Stadt, auch der kleinsten Stadt, vielfach ist, übernimmt der Dorfbewohner doch einiges vom städtischen Wesen und einzelne Einrichtungen der Stadt, wie etwa mancherorts Schulen. Da von den etwa zwölf Millionen Deutschen des Spätmittelalters 10 bis 15% in Städten wohnten und namentlich die Städte mit mehreren tausend Einwohnern wegen der großen Kindersterblichkeit auf Zuzug vom Lande angewiesen waren, fanden auch dann, als die Zahl der Städte nicht mehr so zunahm, viele Leute vom Lande Gelegenheit, sich in ihnen niederzulassen, wodurch sie oft ihre rechtliche, gelegentlich auch ihre wirtschaftliche Stellung verbesserten.

Die mehr oder minder große Selbständigkeit und die wirtschaftliche Funktion der Städte, selbst wenn sie sich im einzelnen Falle in noch so bescheidenem Rahmen abspielte, erforderte einen Ausbau des städtischen Rechtswesens und der städtischen Verwaltung. Der das ganze Mittelalter beherrschende Zug zu körperschaftlicher Einung führte in den größeren Städten, in denen verschiedene Gewerbe von mehreren Meistern getrieben wurden, dazu, daß sich die Angehörigen derselben oder nahe miteinander verwandter Berufszweige in Gilden und Zünften zusammenschlossen. Jede Zunft stand für sich und folgte ihren eigenen Gesetzen und Gewohnheiten. Mit der Spezialisierung der Handwerke nahm auch die Zahl der Zünfte ständig zu. Die Zünfte bildeten aber doch gewissermaßen eine ständische Einheit. Zur Erreichung bestimmter wirtschaftlicher oder politischer Ziele schlossen sich oft mehrere oder alle Zünfte einer Stadt zusammen. Außerdem traten die Zünfte bei festlichen Gelegenheiten, bei Prozessionen und dergleichen gemeinsam auf.

Wie einst in vielen Städten die Oberschicht den Stadtherren Selbständigkeit in Gericht und Verwaltung abgerungen hatte (vgl. S. 79), so begannen sich in der ersten Hälfte des vierzehnten Jahrhunderts die Zünfte gegen die „Geschlechter" zu erheben. Den Anlaß hierzu bot gewöhnlich der Streit um das „Ungeld", die indirekten Verbrauchssteuern, aus deren Ertrag großenteils die Kosten für die Stadtverwaltung bestritten wurden. Die Erhöhung des Ungeldes rief naturgemäß den Unwillen der am Stadtregiment nicht Beteiligten hervor. Die in den Zünften vereinigten Handwerker und Gewerbetreibenden verlangten Rechnungsablegung des von den Geschlechtern, mancherorts auch von den „Honoratioren" (vgl. S. 77f.), gewählten Rates und der „consules", der Bürgermeister, ferner aktives und passives Wahlrecht. In den Städten, in denen Gewerbe, gelegentlich schon in der Form der Hausindustrie betrieben, stark vertreten waren, setzten die Zünfte in den meisten Fällen, vielfach in gewaltsamem Aufruhr, ihre Forderungen durch. Mancherorts konnten nur noch Angehörige von Zünften in den Stadtrat gewählt werden, und so ließen sich da auch Patrizier und Honoratioren in eine Zunft aufnehmen. Da in den Städten Süd- und Westdeutschlands Handwerk und Gewerbe, im Norden und Osten der Großhandel überwog, so wurde schon damals der Süden und Westen, wo sich nur in Nürnberg, Rothenburg o. T., Bern und Köln das Patriziat behaupten konnte, demokratisiert. Allmählich vollzog sich auch im Norden und Osten ein Ausgleich zwischen Geschlechtern und Zünften. Das Bürgertum, das sich in seiner wirtschaftlichen und sozialen Struktur nun schon mehr den uns vertrauten Verhältnissen der neueren Zeit annäherte, bestimmte so den Lebensrhythmus der deutschen Stadt.

Die Städte, namentlich die größeren und reichsunmittelbaren, sahen sich vor viele Aufgaben gestellt, die das bäuerlich-aristokratische und dann das höfisch-ritterliche Zeitalter wenigstens in dieser Weise noch gar nicht kannten, oder die bis dahin die von alters her herrschende Schicht, die Könige und die Großen des Reiches, zu bewältigen hatten. Schon die städtische Verwaltung, deren Grundlage der Ausgleich von Einnahmen und Ausgaben zu bilden hatte, war etwas Neues. Die Stadtrechnungen stimmten lange Zeit fast nie und nirgends. Man mußte sich erst den Sinn für eine über den nächsten Tag hinausdenkende Finanzgebarung, ja überhaupt erst ein kommunales Verantwortungsgefühl und die für die Führung öffentlicher Ämter nötige Moral erwerben. Gemeinhin empfanden es zunächst nur die Geschädigten als Unrecht, wenn die Verwalter öffentlicher Kassen ihr Amt zur eigenen Bereicherung und der ihrer Sippe und ihrer Standesgenossen ausnützten. Die Zünfte bekämpften nicht zuletzt aus diesem Grunde die Geschlechter. Aber wenn deren Alleinherrschaft gebrochen war, fiel es den Ratsmitgliedern aus den Zünften nicht weniger schwer, ihr Streben nach persönlichem, familienhaften und klassenmäßigen Eigennutz dem Gemeinnutz auch nur einigermaßen unterzuordnen.

Das Rechtswesen war bisher im wesentlichen auf die Bedürfnisse des platten Landes zugeschnitten gewesen. Da nun das Erwerbsleben und die soziale Gliederung in den Städten sich von den ländlichen Verhältnissen in vielem unterschieden, mußte die städtische Rechtspflege zum Teil neue Bahnen einschlagen. Als Ausgangspunkt dienten die „Handfesten", die von den Königen und Stadtherren verliehenen Privilegien, durch die das Marktrecht und oft auch die Funktion der städtischen Behörden geregelt waren. Als die städtischen Gemeinwesen immer mehr Selbständigkeit gewannen, erließ der Rat Satzungen, Küren, Willküren oder Schraen genannt, zeichnete man die Rechtsgewohnheiten und die Urteile des Stadtgerichtes auf, die dadurch eine Art Gesetzeskraft erhielten. Erhoben die Könige oder sonst ein Großer einen Ort zur Stadt, so gaben sie ihm oft das Recht einer älteren Stadt, auch sonst übernahmen neu entstandene Städte in der Regel von der Stadt, von der aus sie besiedelt wurden oder die in jener Gegend das meiste Ansehen genoß, das Recht. In schwierigeren Fällen und für Berufungen wandte man sich häufig auch später an die Mutterstadt, deren Gerichtshof auf diese Weise zum „Oberhof" für mehrere Städte wurde. Magdeburg z. B. war Oberhof für Halle, Leipzig, Brandenburg, Stendal, Kulm, Breslau, Görlitz,

Krakau, Lemberg, Olmütz und viele andere nordostdeutsche Städte, von denen manche, wie etwa Kulm, für das Deutschordensland wieder selbst Oberhof wurden. Lübeck waltete als Oberhof fast aller Ostseestädte von Holstein bis Kurland, bloß Riga hatte das Hamburgische Recht angenommen. Am Rhein bildeten Aachen, Kleve, Frankfurt, Wimpfen, Freiburg i. Br., in Sachsen Goslar, in Böhmen Prag, in Mähren Brünn Mittelpunkte des Rechtslebens. Mitunter galt wohl das Recht einer anderen Stadt als Muster, ohne daß diese die Bedeutung eines Oberhofes erhielt. Köln richtete schon im zwölften Jahrhundert das „Schreinsamt" für den Grundstückverkehr (Kauf, Verkauf, Verpfändung) ein und wurde hiefür weithin normgebend. Die Territorialfürstentümer ahmten für ihre Landgerichte in vielen Punkten das städtische Rechtswesen nach, seitdem in den Ländern ähnlich wie schon früher in den Städten für das soziale und wirtschaftliche Leben eine mannigfaltigere Gliederung und zugleich straffere Zusammenfassung notwendig geworden waren. Die Verbreitung und der Geltungsbereich der einzelnen Stadtrechte geben unter anderem auch Aufschluß über wichtige politische und kulturelle Vorgänge, über die wir aus anderen Quellen nichts erfahren. Das mittelalterliche Rechtswesen war und blieb freilich in vielem unzulänglich. Und doch hat das deutsche Volk in den Städten während des Hoch- und Spätmittelalters auch auf diesem Gebiete Großes geleistet und seine schöpferische Kraft erwiesen. Denn das, was neuerdings wieder eine der vordringlichsten Aufgaben ist, wurde damals wenigstens soweit erreicht, daß ein steter Aufstieg der Kultur möglich war: die Einordnung der wirtschaftlichen, gesellschaftlichen und staatlichen Neubildungen in das Recht.

Die Schule, die Wohlfahrtspflege und den Kirchenbau überließen die Bürger nicht mehr ausschließlich der Geistlichkeit, mit der es wegen ihrer Steuerfreiheit, der Sonderstellung den Gerichten gegenüber und aus anderen ähnlichen Ursachen zu allerlei Streitigkeiten kam. Gelang auch die völlige Eingliederung des Klerus in das städtische Gemeinwesen noch nicht, so mußte er sich doch schon mehr als früher dem Rate fügen. Neben der Innenpolitik, deren Hauptaufgaben die Stadtverwaltung und der Ausgleich zwischen den verschiedenen Standesgruppen waren, wurde eine oft weit ausgreifende Außenpolitik notwendig. Zahlreiche Städte schlossen sich zusammen gegen die Fürsten, die von ihnen auf alle Weise Abgaben zu erpressen suchten, gegen die „Raubritter" und zu gemeinsamen Handelsunternehmungen. Der Rheinische Bund, schon im Hochmittelalter gegründet, der Schwäbische, der Preußische Bund und vor allem die Hansa wurden zu wichtigen, nicht selten ausschlaggebenden Faktoren in der Reichspolitik. Die Städte haben zur Umgestaltung des Heerwesens viel beigetragen, einmal indem sie bewaffnete Bürger wider Ritterheere ins Feld stellten und dann durch die Anwerbung von Söldnertruppen, die eigenen Hauptleuten unterstellt wurden.

Das Königtum und Kaisertum hat die in Deutschland wohnenden Stämme germanischer Abkunft zu einem Volke, zum deutschen Volke zusammengefügt.

Die die ganze Volksgemeinschaft umschließende Kultur, die deutsche Kultur aber erwuchs aus der Stadt des späteren Mittelalters. Früher hatten nur die einzelnen Stände eine ihren Lebensverhältnissen entsprechende Kultur, so daß es also nur Standeskulturen, eine bäuerliche, eine geistlich-mönchische und aristokratisch-ritterliche gegeben hat. Jetzt aber entstand in der Stadt und durch die Stadt eine eigentliche Volkskultur, indem alle Schichten, wenn auch in sehr verschiedenem Ausmaße und in der besonderen standesmäßigen Ausprägung, an der Ausgestaltung und dem Genusse der über die ständischen Grenzen hinausreichenden und über sie sich erhebenden Kultur Anteil nahmen und auch wirklich hatten.

Die Fürsten

Wie die Stadt das deutsche Volk in dem soeben angegebenen Sinne zu einem Kulturvolk machte, so nahm nun das Landesfürstentum die Ausgestaltung des Staates zum Kulturstaat in Angriff. Die Leistungen auf diesem Gebiet sind allerdings mehr nach den zu überwindenden Schwierigkeiten zu bemessen, als nach dem, was schon in diesem Zeitraum erreicht wurde. In den etwa achthundert Jahren, die von dem Ende der Völkerwanderung in den germanisch-deutschen Landen bis zum Untergang des staufischen Kaisertums verstrichen waren, hatte sich die rechtliche und gesellschaftliche Stellung der einzelnen Bevölkerungsteile vielfach geändert. Auch die Grundlagen des Herrschafts- und Abhängigkeitsverhältnisses zwischen den einzelnen Gruppen waren nicht gleich geblieben. Andererseits machte sich auch in den Zeiten von mehr dynamischem Charakter ein weit stärkeres Beharrungsvermögen geltend als etwa in unserer Gegenwart, und es lebte und wirkte in allem Neuen doch recht viel von früheren Zuständen und Einrichtungen fort. So setzte sich das Einkommen einer Herrschaft aus den mannigfachsten Rechtstiteln zusammen. Da mußten Untertanen, deren Voreltern vielleicht schon vor tausend Jahren versklavt worden waren, noch einen Leibzins zahlen, andere waren als Grundholden zu mancherlei Leistungen verpflichtet, die höhere und niedere Gerichtsbarkeit schlossen das Recht zur Abgabenerhebung in sich. Es konnte „ein und derselbe Bauer Leibeigener des Landesherrn, Hintersasse eines Klosters, Zehentpflichtiger einer anderen Kirche, Gerichtsuntertan eines Adligen, am Ende gar noch mit der Vogtei (Vogtzins) einem anderen Edelmann unterworfen sein; es gab in diesen Verhältnissen Variationen und Verwicklungen, welche zur nie versiegenden Quelle von Rechtsstreitigkeiten wurden". Dazu kamen noch die Einkünfte, die den Immunitätsherren und Fürsten aus den ihnen von den Königen überlassenen Regalien, aus Zöllen, Münzstätten usw. zuflossen.

Wenn nun auch die Landesherren das Übereinander und Durcheinander von Rechten nicht ohne weiteres zu beseitigen und dafür eine einheitliche Grundlage zu schaffen vermochten, so suchten sie doch die Verwaltung selbst möglichst zu vereinfachen. Sie richteten in ihren Gebieten genau abgegrenzte Bezirke ein und stellten über jeden einen Amtmann, oft auch Pfleger, Vogt, Landrichter genannt, der mit Hilfe seiner Unterbeamten, den Rentmeistern, Kastnern, Gegenschreibern, Kastenknechten, Krautmeistern, Heumeistern, Landschreibern, Richtern, Zöllnern, Büchsenmeistern, Mautnern, Forstmeistern usw., den Verwaltungs- und Justizdienst in den ihnen angewiesenen Sprengeln besorgten. Der Amtmann war meist ein Niederadliger, als Wohnsitz wurde ihm gewöhnlich eine der landesherrlichen Burgen zugewiesen. Je nach der Größe des Landes war er entweder dem Hofe direkt oder durch eine Mittelbehörde, die mehrere Pflegeämter umfaßte, untergeordnet. Die Amtsverleihung fand zwar zunächst noch in der alten Form der Lehensvergabung statt, doch waren weder die Pfleger noch ihre Unterbeamten Lehensmannen im alten Sinne. Sie alle erhielten feste Bezüge in Naturalien und Geld und konnten nach dem Willen des Fürsten ein- und abgesetzt werden. Damit war eine der wichtigsten Grundlagen zur Entwicklung des modernen Staatswesens geschaffen. Wie einst den auf der hausherrlichen Gewalt beruhenden Staat der Lehensstaat abgelöst hatte, so folgte diesem in den Landesfürstentümern der Beamtenstaat. Damit ist natürlich nur die Art der Verwaltung gemeint; denn nach den Inhabern der Staatsgewalt und nach der Regierungsform sind die Territorien des späteren Mittelalters als Fürsten-, genauer als Fürsten- und Ständestaaten, die reichsunmittelbaren Städte und Bauernschaften als Republiken auf körperschaftlicher Grundlage unter der allen gemeinsamen Spitze des Königtums zu bezeichnen, dessen Rechte gegenüber den einzelnen Staaten oder staatsähnlichen Gebilden sehr verschieden waren.

In den größeren Fürstentümern hatten zahlreiche Einzelpersonen und Korporationen, die selbst in höherem oder geringerem Grade von der landesherrlichen Gewalt abhängig waren, eigen- oder lehenherrliche obrigkeitliche Befugnisse, namentlich auch im Rechtswesen, über die zu ihrem Gutsbezirk gehörenden oder ihnen sonstwie untergebenen Leute. Selbst die hohe Gerichtsbarkeit, den Blutbann, besaßen mitunter einem Landesfürsten untergeordnete Grafen und Edelherren. In Baiern nannte man die mit eigener Gerichtsbarkeit, allerdings meist ohne den Blutbann ausgestatteten Grundherrschaften, von denen die größten in der Hand von Klöstern und Stiften waren, Hofmarken. Es gab ihrer eine Unzahl, in einem etwa den achten Teil des damaligen doch verhältnismäßig kleinen Baiern umfassenden Bezirk rund sechshundert. Außerdem wurde die Gerichtshoheit der Fürsten eingeschränkt oder durchbrochen durch die Gerichtsoberhoheit des Königs (vgl. S. 273f.), die verschiedenen Standesgerichte (vgl. S. 269), die Feme und die kirchliche Gerichtsbarkeit. Die Kirche erhob den Anspruch, daß alle Verstöße wider die christliche Moral vor ihren Richterstuhl gehörten. Mit dieser Forderung ist sie freilich nie ganz durchgedrungen, immerhin unterstand vieles der geistlichen Gerichtsbarkeit, z. B. alle Ehesachen, was heute selbstverständlich Gegenstand des weltlichen Rechtes ist. Die kirchliche Gerichtsbarkeit über das Volk wurde zunächst unter den Karolingern von den

Bischöfen auf ihren jährlichen Visitationsreisen in den einzelnen Pfarreien geübt, später erhielten diese selbst „Sendgerichte", deren von Synode abgeleiteter Name an den Ursprung erinnerte. Der Vorstand dieses Gerichtes war ein geistlicher Richter, der Sendherr, vor den die „testes synodales", vereidigte Personen mit gutem Leumund, von Amts wegen alle Vergehen gegen die Kirchenzucht zu bringen hatten.

Den Fürsten waren bei ihrem Bestreben, in ihren Ländern einheitliche Gesetzgebung und Rechtsprechung zu schaffen — für die sie als Oberinstanz Hofgerichte einführten — und das Steuer- und Heerwesen zu ordnen, die Hände weit mehr gebunden als bei der Regelung der ihnen aus ihrem Eigenbesitz und den Regalien zufließenden Einkünfte. Das Fürstenprivileg Kaiser Friedrich II. vom Jahre 1232, die „magna charta des Landesfürstentumes", hatte bereits ausdrücklich bestimmt, daß die Fürsten ohne Zustimmung der „meliores et maiores terrae", der Besseren und Größeren ihres Landes, keine Abgaben erheben dürften. Die Prälaten, die Herren vom höheren und niederen Adel und die Städte gewannen als „Landstände" in den einzelnen Territorien bald weitreichenden Einfluß, indem sie sich für Steuerbewilligungen ihre bisherigen Freiheiten und Rechte bestätigen ließen und immer wieder neue dazu verlangten. Bei der Ämterbesetzung, Verwendung der Steuern, Kriegserklärung und Friedensschluß, Aushebung von Truppen, Teilung des Landes und bei der Gesetzgebung waren die Fürsten nun oft an die Mitwirkung der Stände gebunden, die so vielfach eine eigentliche Mitregierung wurde. Die Stellung und Macht der Stände beruhte vor allem auf ihrem Zusammenhalt gegenüber den Fürsten. Diese befanden sich hierin in einer ähnlichen Lage wie die Könige und Kaiser den Fürsten gegenüber. Auch insofern verlief die Entwicklung in gleicher Richtung, als sich die Fürsten in erster Linie auf ihre unmittelbare Hausmacht stützen mußten und dann auch an ihren Städten einen Rückhalt gegen ihren Adel hatten, nur war ihnen schließlich mehr Erfolg als dem Königtum und Kaisertum beschieden. Gegen Ende des Mittelalters hatten die Landesherren so sehr das Übergewicht über ihre Stände gewonnen, daß diese mehr und mehr von der Staatsleitung ausgeschlossen werden konnten und der Weg für den fürstlichen Absolutismus frei wurde, der sich im nächsten Zeitalter voll entfaltete. Dabei geriet auch die Kirche in Abhängigkeit vom Landesherrentum, wodurch der Verlauf der Reformation in Deutschland, welche Länder sie annahmen und welche sie ablehnten, entscheidend bestimmt wurde.

Die eigentlichen Träger des deutschen Kulturlebens im späteren Mittelalter waren, wie wir gesehen haben, die Städte und das Bürgertum; denn die Fürstentümer waren trotz mannigfacher das Wirtschaftsleben ihrer Länder berührende Maßnahmen noch weit davon entfernt, die Stadtwirtschaft durch eine die wirtschaftlichen Kräfte und Funktionen ihres ganzen Landes zusammenfassende Territorialwirtschaft zu verdrängen und dem Geistesleben und der Kunst anstelle des bürgerlichen einen fürstlichen Charakter zu geben. Aber nicht zu unterschätzende Antriebe und eine beträchtliche Erweiterung haben die Fürsten der städtischen Kultur und Wirtschaft doch gegeben. Am deutlichsten zeigen dies die Haupt- und Residenzstädte der Länder. Das deutsche Königtum war infolge der besonderen wirtschaftlichen und politischen Bedingungen notwendig ein Wanderkönigtum. Die einzelnen Herrscher hatten zwar bestimmte Orte für ihren Aufenthalt bevorzugt und diese durch Errichtung von Kaiserpfalzen ausgezeichnet, aber sie konnten das weite Reich schon wegen der damaligen Verkehrsverhältnisse nicht von einem Mittelpunkt aus verwalten. In den verhältnismäßig kleinen Landesfürstentümern dagegen ließ sich die Regierungsgewalt ungleich besser zentralisieren und damit örtlich festlegen. Die den alten königlichen nachgebildeten fürstlichen Hofämter des Marschalls, Kämmerers usw. wurden zwar mitunter mit erblichen Lehen verbunden, aber daneben begannen in manchen Ländern schon seit dem dreizehnten Jahrhundert die Fürsten bestimmte Personen, überwiegend Laien, von Zeit zu Zeit als Räte an den Hof zu rufen, woraus im fünfzehnten Jahrhundert „tägliche Räte", zu Regierungszwecken regelmäßig verwandte Beamte, wurden.

Die weltlichen Fürsten ließen nun Kanzleien einrichten, Archive und Registraturen anlegen, wie sie Klöster und andere kirchliche Institute teilweise schon seit langem besaßen. Die Landesherren umgaben sich außerdem mit einer ständigen Hofgesellschaft, die z. B. in München aus zweiunddreißig Edelleuten bestand. Wenn auch die größeren Territorien zahlreiche fürstliche Burgen und Orte aufwiesen und die Landesherren zur Jagd und zu anderen Zwecken bald kürzere, bald längere Zeit in einzelnen von ihnen verweilten, so machten doch die neue Art der Hofhaltung und der wachsende Ämterapparat die Wahl einer bestimmten Stadt, in der bereits eine größere fürstliche Burg war oder neu angelegt wurde, zur Residenz notwendig. Die Aufwendungen der Fürsten für den Ausbau und die Ausstattung der Hofburg kamen dem Handel und dem Gewerbe der Residenzstädte zugute, die auch sonst von der Hofhaltung mancherlei materiellen und geistigen Nutzen hatten. Die meisten Regierungsbeamten waren nun weltlichen Standes, die höheren schon teilweise Doktoren des römischen Rechtes, und auch ihre Hilfskräfte mußten außer in den Elementarfächern einigermaßen in der lateinischen Sprache unterrichtet sein.

Die Landesherren wandten dem Schulwesen immer mehr ihre Aufmerksamkeit zu, wobei neben den allgemeinen wirtschaftlichen und staatspolitischen immer noch religiöse Gründe mit maßgebend waren. Dies kam besonders in den Stiftungsurkunden der Universitäten zum Ausdruck, die seit der Mitte des vierzehnten Jahrhunderts die Fürsten hauptsächlich in ihren Residenzstädten z. B. 1348 in Prag, 1365 in Wien, 1386 in Heidelberg, 1472 in Ingolstadt gründeten. So heißt es im Stiftungsbrief der von den Habsburgern im Jahre 1457 zu Freiburg im Breisgau errichteten Universität: „Mit anderen christlichen Fürsten wollen wir den Brunnen des Lebens graben helfen, daraus unversiegbar von allen Enden der Welt erleuchtendes Wasser tröstlicher und heilsamer Weisheit geschöpft werden möge zum Löschen des verderblichen Feuers menschlicher Unvernunft und Blindheit. Unter allen guten Werken haben wir die Stiftung einer hohen allgemeinen Schule und Universität in unserer Stadt Freiburg ausgewählt und vorgenommen". Auch die freien Reichsstädte verdankten den weltlichen wie den geistlichen Fürsten als reichen und großzügigen Auftraggebern für Kunst und Kunsthandwerk viel.

In welch hohem Grade nun das Landesfürstentum, das mit seiner Gesetzgebung, der Ausübung der Polizeigewalt, seinem Finanz- und Heerwesen, seinen kirchenpolitischen Maßnahmen, wie Aufsicht über das Kirchenvermögen, Eingreifen in die Reformbestrebungen der Klöster und des Weltklerus auf alle Seiten des öffentlichen und privaten Lebens entscheidenden Einfluß nahm, zum Träger der Entwicklung in Deutschland geworden war, zeigt auch die Geschichtschreibung, indem sie einen neuen Zweig hervorbrachte und mit besonderer Vorliebe pflegte: die Fürsten- und Landesgeschichte. Das „Land", die zu einem Territorialfürstentum gehörenden Gebiete, bot ja nun ähnlich wie die Stadt, die in den Städtechroniken jetzt ebenfalls eine eigene Geschichtschreibung hatte, einen Rahmen für die Zusammenfassung der verschiedenen Volksteile zu einer staatlichen und kulturellen Gemeinschaft, obwohl der ständische Charakter des Gesellschaftsaufbaues und des Berufslebens noch immer gewahrt blieb und in manchem noch weiter ausgebildet wurde.

Der Adel

Die größten Veränderungen rief das Landesfürstentum beim Adel hervor. Die dem Hochadel angehörigen Geschlechter stiegen selbst zu landesherrlicher Stellung empor, wenn sie Träger von Reichslehen waren. Dazu sind in gewisser Beziehung auch die Nachkommen der Reichsministerialen, die Reichsritter, zu rechnen. Sie erhielten zwar nicht Sitz und Stimme bei den Reichsversammlungen wie die Landesfürsten, geboten aber in ihren Dörfern wie diese und hatten ebenfalls nur den König oder Kaiser über sich. Manche Dienstmannen, bei denen es zweifelhaft war, ob sie eigentlich der Ministerialität des Reiches oder eines Landesherren zugehörten, wurden im fünfzehnten Jahrhundert von dem Kaiser in den Reichsfreiherrnstand erhoben, um die Gewalt der Landesfürsten zu schwächen. Andererseits gerieten mitunter Grafen und Reichsritter in eine gewisse Abhängigkeit von einem großen Landesfürsten, zumal einem Herzoge, von dem sie Lehen annahmen und in dessen Landstandschaft sie eintraten. Im übrigen verwischten sich die Unterschiede zwischen den Ministerialen freier und unfreier Abstammung mehr und mehr, doch wurden noch um die Wende vom dreizehnten zum vierzehnten Jahrhundert eigene Privilegien verliehen, wenn „ein dem freien Stamme der Barone Entsprossener" eine Ministerialentochter heiratete und verhindern wollte, daß seine Nachkommenschaft „der schlechteren Hand" folge und als unfrei angesehen würde. Für die nachgeborenen Söhne des niederen Adels bedeutete es eine große Erleichterung, daß sich ihnen nun oft die Gelegenheit bot, als Beamte oder Truppenführer in den Dienst eines Herzogs oder anderen mächtigen Landesfürsten zu treten. Im allgemeinen verschlechterten sich freilich die wirtschaftlichen Verhältnisse des niederen Adels, da der Landedelmann mit seinen Gütern bei der Zunahme der Geldwirtschaft dem städtischen Patriziat gegenüber im Nachteil war. Er teilte hier in etwas das Los der Bauernschaft, wenn er auch im allgemeinen nicht zu ihrer drückenden Armut herabsank. Und so hielten es die adligen Herren vielfach für einen Akt ausgleichender Gerechtigkeit, wenn sie dem „Pfeffersack" auflauerten und ihn beraubten. In gewisser Beziehung waren seit dem 13. Jahrhundert jedoch auch die nicht gefürsteten Grafen und die Ministerialen im Aufstieg. Sie „errichteten und verlegten Zollstätten, erhoben Abgaben, übten Vogteirechte aus", ohne daß ihnen diese von einem höheren Herrn übertragen waren, führten Fehden ohne Rücksicht auf König und Landesherren, „bauten Burgen auf fremdem Boden und gegen Fürsten und Städte und hießen sich wie die ganz Großen: von Gottes Gnaden".

Das Rittertum verlor nach dem Ende der Kreuzzüge seine frühere Bedeutung. Ritter hießen nur die wenigen, die „den zu prunkvollem Auftreten verpflichtenden und nur auf Schlachtfeldern wohlfeilen, sonst aber mit hohen Kosten verbundenen Ritterschlag empfangen haben; wer dies nicht vermocht hat, bleibt sein Leben lang Edelknecht". Überhaupt führte nun das Vermögen eine neue Gliederung des niederen Adels herbei, nachdem sich ein gewisser geburtsständischer Ausgleich vollzogen hatte. Die alte Heerschildordnung, wonach der Adel in geistliche Fürsten, weltliche Fürsten, nicht gefürstete Grafen mit einem Reichsafterlehen, die freien Herren, deren ritterliche Vasallen und schließlich die Aftervasallen zerfiel, verlor durch die Zurückdrängung des staatlichen Einflusses des Lehenswesens ihre frühere Bedeutung.

Ihren äußeren Ausdruck fand diese Wandlung in den Turnieren, an denen sich nur reicher begüterte Herren beteiligen konnten. Alsbald drang aber auch hier wieder der mittelalterliche Korporations- und Erbgedanke durch. Als turnierfähig und damit zu einer Art höheren Adels gehörig wollte man nur den gelten lassen, der nachweisen konnte, daß schon sein Vater oder seine Ahnen Turniere mitgemacht hatten. Seit dem vierzehnten Jahrhundert bildeten sich Turniergenossenschaften, die die Abhaltung von Turnieren und sonstigen höfischen Festen besorgten und darüber wachten, daß die hierfür geltenden Gewohnheiten eingehalten wurden. Daneben verfolgten die Turniergenossenschaften die gleichen Ziele wie die verschiedenen, jetzt zahlreich entstehenden Adelsbündnisse: Unterstützung in Notfällen, Wahrung der Adelsrechte gegenüber Fürsten und Städten, kriegerische Unternehmungen gegen sie oder im Bunde mit ihnen, religiöse Veranstaltungen, Beteiligung an Leichenbegängnissen und dergleichen. Die Adelsbündnisse gleichen also in vielem den Zünften in den Städten, wie sich ja die einem Zeitalter das besondere Gepräge gebenden Bestrebungen und Einrichtungen bei allen Klassen und Gruppen trotz der Verschiedenheiten und Gegensätze im einzelnen immer wieder finden.

Der Adel des späteren Mittelalters ist nicht mehr kulturschöpferisch wie zu Anfang des Hochmittelalters, doch nahmen viele seiner Mitglieder am Kulturleben regen Anteil. Soweit er die Mittel dazu besitzt, ist der Adel ähnlich wie das Landesfürstentum durch Auftragserteilung ein Förderer der Kunst und des Kunsthandwerks. In der Lebensführung ist der Landadel, dessen untere, nicht turnierfähige Schicht oft nur ein karges Auskommen hatte, freilich nicht immer ein Vorbild der Vornehmheit. So wird von bairischen Edelleuten berichtet, die zu einem Hoffeste nach München gekommen waren, daß sie in das feine Gebäck „dareinfielen und wie die Säue fraßen mit beiden Fäusten". Aber alles in allem nahm der Adel in der Gesellschaft noch immer die führende Stellung ein. Adlige Art und Gesinnung waren nicht leerer Schall, sondern trotz des vielen Veralteten, das die Adligen noch mit sich fortschleppten, eine der stärksten Triebfedern zur Höherführung des Staats- und Gesellschaftsethos gerade im späteren Mittelalter.

Die Bauern

Ähnlich wie beim niederen Adel hat das Landesfürstentum auch die geburtsständischen Unterschiede innerhalb des Bauerntums großenteils beseitigt, hier freilich mehr zum Nachteil als zum Vorteil des ganzen Standes. Die aus der ursprünglichen Sklaverei hervorgegangenen Verpflichtungen der Leibeigenen wurden vielfach auf die Grundhörigen übertragen, und die Reste der freien Bauernschaften gerieten bis auf geringe Ausnahmen unter die landesherrliche Vogtei und Gerichtsbarkeit. Die Lasten wurden zwar nicht für alle Gruppen gleich, da ja die einmal vorhandenen Abhängigkeiten immer noch Abgaben zur Folge hatten, aber die ganze landarbeitende Bevölkerung, soweit sie nicht dem städtischen Ackerbürgertum angehörte, galt nun als ein Stand. Die geringe Erleichterung, die den Bauern die Fürsten gelegentlich dadurch verschafften, daß sie den Edelleuten ihres Landes unmäßige Bedrückung verboten, fällt gegenüber der nicht zuletzt durch das Landesfürstentum herbeigeführten Verschlechterung der allgemeinen Lage des Bauerntums kaum ins Gewicht.

Die Frage nach der Lage der Bauern überhaupt ist für eine Gesamtwürdigung des deutschen Kulturlebens besonders deshalb wichtig, weil sie ja den größten Teil der Bevölkerung ausmachten, ihr Kulturstand also der der meisten Deutschen war. Hierin zu einem klaren abschließenden Urteil zu kommen, ist freilich mit großen Schwierigkeiten verbunden. Zunächst sind die einzelnen Epochen des Mittelalters auseinander zu halten. Von den bäuerlichen Verhältnissen des Frühmittelalters haben wir im ersten Bande ausführlicher gesprochen.

Im Hochmittelalter brachten die zunehmende Geldwirtschaft, ferner die Abwanderung vieler Landleute in die Städte, vor allem auch die Kolonisierung des Nordens und Ostens mancherlei Besserungen nach dem zu jeder Zeit gültigen Wirtschaftsgesetz, daß die größere Nachfrage nach Arbeitskräften diesen günstigere Bedingungen verschafft. Im späteren Mittelalter machten sich auch auf dem platten Lande die allgemeinen Fortschritte der materiellen und geistigen Kultur geltend. Zu berücksichtigen sind ferner die örtlichen Unterschiede, wie größere oder geringere Fruchtbarkeit des Bodens, die Bevölkerungsdichte, ob der Bauernschaft, wie in vielen Gegenden Schwabens, Frankens und am Rhein die Obrigkeiten hart auf dem Nacken saßen oder, wie in den einsameren Alpen und Moorländern, weit entfernt waren; auch der Stammescharakter spielte mit herein, ob die unteren Schichten der Herrenwillkür zähen Widerstand entgegensetzten oder ob Untertanen wie Gebietern eine gewisse lässige Lebensart eignet. Zu den einzelnen Gruppenunterschieden, die ja nicht völlig aufgehoben und bei Pachtverhältnissen, besonders bei Erbpacht, recht bedeutend sein konnten, kamen die unzählbaren und unwägbaren individuellen Verschiedenheiten, Tüchtigkeit, Glück im Stall und auf dem Felde, Kinderzahl, Verheiratung, Geschick im Handel, Herrengunst usw. So glaubt sich der eine und andere Forscher mit dem Verzicht bescheiden zu sollen, daß sich „über die ökonomische Lage des Bauern in früheren Jahrhunderten nie klare und unwiderlegliche Feststellungen werden treffen lassen. Zuviele Faktoren können wir heute kaum oder gar nicht mehr nachprüfen (Verschuldung, Bodenertrag, Marktlage, Existenzminimum)". Man will deshalb das Problem vom Wirtschaftsgeschichtlichen auf das Geistesgeschichtliche verschieben: „Bedeutsamer als der tatsächliche Bestand ist jedoch der psychologische Befund. Wichtiger als die Frage, ob es den Bauern gut oder schlecht ging, ist es zu wissen, ob er selbst seinen Zustand erträglich fand oder nicht" (G. Franz).

So ausschlaggebend in vielen Fällen die seelische Haltung für das Tun ist und z. B. für die gutwillige Einfügung der meisten Bauern in die Verhältnisse des früheren Mittelalters und für die verschiedenen Aufstände der landarbeitenden Bevölkerung im Spätmittelalter war, so wenig darf sich die wertende Geschichtsbetrachtung mit der Betonung der psychischen Unter- und Hintergründe begnügen. Ein Zustand ist nicht deshalb als erträglich zu erklären, weil die Größe des Elends Gefühl und Empfindung so abgestumpft haben, daß gar nicht mehr geklagt wird, und man wird andererseits nicht schon deshalb von großer, echter Not sprechen dürfen, weil heftig geklagt wird. Es gibt auch hier gewisse objektive Maßstäbe: wenn Gewalt vor Recht geht, wenn Habe und Weib des Kleinen der Willkür des Großen preisgegeben sind, wenn eine dünne Oberschicht in Reichtum schwelgt, die breiten Massen buchstäblich hungern und unter Umständen Tausende verhungern; dann wird man eine solche gesellschaftliche Ordnung kaum billigen, ob nun die Leidenden und Darbenden vor Schmerz und Wut aufschreien oder sich stillschweigend in ihr Schicksal ergeben. Für eine erschöpfende Darstellung der Lage des Bauerntums ist freilich noch eine Fülle von Einzeluntersuchungen notwendig, die literarischen Quellen müßten weit kritischer, als dies in der Regel geschehen ist, behandelt werden, vieles wird auch wohl für immer ungeklärt bleiben, aber nach dem bisher Bekannten läßt sich die Lage der landarbeitenden Bevölkerung im Mittelalter immerhin so weit ermitteln, als dies für eine allgemeine kulturelle Würdigung notwendig ist.

Die Zahl der landarbeitenden Bevölkerung war wie die aller Kreise während des Mittelalters mancherlei Schwankungen unterworfen: erst stark zunehmend, bis eine gewisse Siedelungsdichte erreicht war, dann je nach den Umständen steigend, wie nach der Erschließung neuen Koloniallandes im Osten, oder schnell fallend, wie in Pestzeiten, zumal als der „Schwarze Tod" über das Abendland hereinbrach. Immerhin läßt sich das deutsche Landvolk — die unter anderen Verhältnissen lebenden städtischen Ackerbürger nicht mitgerechnet — seit dem Hochmittelalter auf durchschnittlich rund zehn Millionen schätzen, also auf ungefähr zwei Drittel unserer Zeit. Da der Ertrag der Felder noch im Spätmittelalter nicht annähernd den vierten Teil von heute ausmachen konnte, so hätte die Lebensführung der Bauern selbst dann sehr einfach sein müssen, wenn sie alles hätten für sich behalten und verwerten dürfen. Nun waren aber im allgemeinen bis zu zwei Drittel an die verschiedenen weltlichen und kirchlichen Obrigkeiten in Naturalien und Geld abzuliefern. Dazu kamen noch die Fronarbeiten und Auflagen wie Salzzwang, der nur beim Landschreiber den Salzkauf gestattete, der Weinzwang, wonach herrschaftlicher Wein zu festgesetzten Preisen in vorgeschriebenen Mengen gekauft werden mußte, und anderes dieser Art mehr. Setzt man diese Nebenleistungen den gegenwärtigen Steuerverpflichtungen der Klein- und Mittelbauern gleich, dann ergibt sich, daß die einzelne bäuerliche Familie im Mittelalter durchschnittlich kaum den sechsten Teil dessen für sich zu verbrauchen hatte, was heute auf sie trifft. Jahre geringen Ernteertrags oder völligen Mißwuchses und die vielen Kriege und Fehden, in denen planmäßig die Felder verwüstet, die Dörfer niedergebrannt und das Vieh geraubt wurden, steigerten die Dürftigkeit zu furchtbarer Not. Nach all dem mag man sich eine der Wirklichkeit einigermaßen nahekommende Vorstellung von der wirtschaftlichen Lage des Bauern im Mittelalter machen.

Die ungeheuerliche Belastung des Bauern kam daher, daß Landesfürstentum, Adel und Geistlichkeit ganz überwiegend von der Arbeit des Bauern lebten und zwar zum Teil sehr gut lebten, und daß die geistlichen und weltlichen Großgrundbesitzer die Landessteuern auf ihn abwälzten. Und diese schwollen nun mehr und mehr an: die Hofhaltung der Fürsten wurde immer kostspieliger, Söldnerwesen, Befestigungswerke und Geschütze verschlangen immer größere Summen, die Aufwendungen für die Sicherheitspolizei, Straßen, Schulen und andere kulturelle Zwecke stiegen. Die Bürger der unter fürstlicher Landeshoheit stehenden Städte mußten zwar auch zu den Steuern beitragen, aber das meiste hatten doch mittelbar und unmittelbar die Landleute zu leisten. Sie waren die einzigen, die die ihnen aufgezwungenen Lasten ganz zu tragen hatten und nichts davon auf andere Schultern legen konnten. Die reichsunmittelbaren Städte nützten die zu ihnen gehörenden Dörfer wie nur irgendein adliger Bauernschinder aus. Dazu diktierte die Stadt zwangsweise großenteils die Marktpreise für die landwirtschaftlichen Erzeugnisse und andererseits für die in der Stadt zu beschaffenden Bedarfsgegenstände, wobei die Preisschere rücksichtslos zu ungunsten der Bauern gehandhabt wurde. Im späteren Mittelalter verwandten die Großkaufleute ihre Gewinne vielfach zur Erwerbung von Dörfern und bäuerlichen Anwesen und lebten nun wie der Landadel von der Arbeit der Bauern. Die kleinen Leute legten ihre Sparpfennige oft gegen Rentenbriefe bei Bauern an, so daß diese neben den Abgaben an die Obrigkeiten noch Zinsen an die Geldgeber zu entrichten hatten. Dies führte erst recht zu einer weiteren Verknappung der Barmittel beim Landvolk. Zu all dem kam noch die brutale Willkür vieler Herren gegen ihre Bauern. Deren Rechte waren zwar durch Gewohnheit festgelegt und in „Weistümern“ aufgezeichnet, auch bot die Einung, Genossenschaft innerhalb eines Dorfes oder einer „Hofmark“ (vgl. S. 223), einen gewissen Schutz gegenüber den Herrschaften, aber der Bauer als unterstes Glied im staatlichen und gesellschaftlichen Aufbau litt doch mehr als alle anderen unter der mangelhaften Rechtspflege, der Gleichgültigkeit, mit der sich der Mächtige nur zu oft über alles Recht und Gesetz hinwegsetzte, und der Härte des Gesetzes gegenüber dem gemeinen Mann. Vielleicht das Schlimmste war, daß der bäuerliche Nachwuchs massenhaft zum Elendsproletariat herabsank, ob er nun auf dem flachen Lande blieb oder in die Stadt abwanderte, nachdem die Anwesen in vielen Gegenden über jedes erträgliche Maß zerteilt waren, in den Städten die Zünfte für alle nicht aus ihren Kreisen Kommenden den Zugang zum Handwerk möglichst erschwerten und die Kolonisationsmöglichkeiten im Osten durch den slavischen Gegenstoß namentlich von Polen her abgeschnitten waren.

Soziale Abstufungen bei Bauern und Städtern

Es bestanden allerdings, wie schon erwähnt, auch bei den Bauern nach Recht und Besitz mancherlei Abstufungen. Nicht wenige einwandfreie Zeugnisse beweisen eine bescheidene Wohlhabenheit einzelner bäuerlicher Familien, auch ganzer Bauernschaften, besonders der königlichen Freibauern, und mitunter hört man auch von einem Bauern, daß er es z. B. durch Viehhandel zu ansehnlichem Reichtum gebracht hat. Wie groß freilich der Prozentsatz der so vom Schicksal begünstigten landarbeitenden Bevölkerung war, von der manche Töchter von Angehörigen des niederen Adels geheiratet wurden und manche Söhne durch Studium in eine höhere Gesellschaftsklasse aufstiegen, läßt sich wohl kaum je feststellen. Da aber die Gesamtzahl der Bauern und ihre Gesamtleistung für die übrigen Stände sich einigermaßen abschätzen läßt und der Ertrag der Landwirtschaft viel geringer als heute war, so kann die bäuerliche Oberschicht nicht sehr groß gewesen sein, und je zahlreicher sie war, desto drückender und dürftiger mußten die Verhältnisse der übrigen Bauern, auf jeden Fall der weit überwiegenden Mehrheit, sein. Die Verachtung und Verspottung des Bauern durch alle anderen Stände und besonders durch die städtischen Kleinbürger haben ihren Hauptgrund in der wirtschaftlichen, rechtlichen und sozialen Not des Landvolkes als ganzen Standes, die auf dessen Charakter und ganze Lebensart eine nachteilige Wirkung ausübten. Seit der zweiten Hälfte des vierzehnten Jahrhunderts mehrten sich allerdings die Stimmen, die auf das Hochkommen eines bäuerlichen Selbstbewußtseins hinweisen, wie der in England entstandene und unzählige Male wiederholte Spruch: „Als Adam grub und Eva spann, wo war denn da der Edelmann?" Noch immer als die komische Figur wird zwar der Bauer in Wittenweilers „Ring" (vgl. S. 266) gezeigt, aber auch er rückt doch von einer Verallgemeinerung: Bauer gleich Tölpel ab. Zur Hebung des bäuerlichen Ansehens gegen Ausgang des Mittelalters mag auch ihre, freilich nach den einzelnen Gegenden sehr ungleiche und immer nur einen nicht eben großen Teil umfassende Verwendung im Kriegsdienst der Landesfürsten beigetragen haben. Jedenfalls wurde dadurch der wehrhafte Sinn der Bauern wieder mehr geweckt, ihnen selbst, wie sich im Bauernkrieg herausstellte, freilich auch zum Unheil.

Im allgemeinen lebten die **Städter** ebenfalls nicht gerade behaglich und im Überflusse. Am sorglosesten gestaltete sich noch das Los des Ackerbürgers in den zahlreichen Kleinstädten. Die städtische Freiheit bewahrte ihn vor den meisten Bedrückungen, denen die Landbevölkerung ausgesetzt war; er hatte auch mehr Erwerbsmöglichkeiten als sie, ohne die Gefahren und Rückschläge, denen je nach Marktkonjunktur die Kaufleute und Handwerker der größeren Städte schon damals ausgesetzt waren. Diese versuchten den Schwierigkeiten einmal durch Handelspolitik zu begegnen, in manchem vergleichbar der modernen Zollpolitik; ferner mit verschiedenen Auflagen für die Fremden, die „Gäste", zugunsten der Einheimischen, wie Einfuhrverbote, Stapelvorschriften, nach denen erst die Waren der eigenen Bürger verkauft oder wenigstens auf den Markt gebracht wurden; aber auch durch Zusammengehen mit anderen Städten, so vor allem in der Hanse; auch innerhalb der einzelnen Stadt schränkten die Zünfte mit Geboten und Verboten den freien Wettbewerb stark ein. Die Arbeitszeit betrug gewöhnlich vierzehn bis sechzehn Stunden; dabei wurde in der Regel nicht mehr als das zu einer bescheidenen Lebensführung Notwendige verdient, wie schon daraus hervorgeht, daß in den größeren Städten der Mittelstand es ganz überwiegend zu keinem oder nur zu einem geringen Vermögen brachte. Etwa 2—7% Reichen, in deren Händen die Hälfte bis zwei Drittel, ja, wie in Ravensburg, drei Viertel des gesamten in der Stadt vorhandenen Besitzes waren, standen in Städten mit starkem Gewerbebetrieb ungefähr 10% auf die öffentliche Mildtätigkeit Angewiesene gegenüber.

Die selbständigen Handwerk- und Gewerbetreibenden hatten die notwendigen Werkzeuge und sonstigen Einrichtungen vielfach in eigenen Häusern, und, wenn es gut ging, einige hundert Gulden, nur verhältnismäßig wenige brachten es über tausend Gulden. Die Häuser selbst waren armselig gebaut, gewöhnlich aus Holz auf Steinuntermauerung mit Strohdächern, Schindeln kamen erst allmählich auf. Fast nur am Markt und den unmittelbar anstoßenden Straßen und Plätzen, wo die öffentlichen Gebäude und die reicher ausgestatteten Patrizierhäuser standen, bot die Stadt einen „stattlichen und volkreichen" Anblick, die übrigen Viertel sahen gewöhnlich recht armselig und verwahrlost aus. Nur in den größten Städten wurden einzelne Straßen gepflastert, und nur vor den Hochfesten und bei sonstigen besonderen Anlässen entfernte man die Misthaufen von den Hauptstraßen und Plätzen.

Die Grundlagen der mittelalterlichen Volkskultur

Diese Zustände scheinen ebenso wie die drückende Lage der Bauern mit unserer Behauptung, die Stadt des späteren Mittelalters habe das deutsche Volk zu einem Kulturvolk gemacht, nicht recht vereinbar und zu den tatsächlichen Leistungen, namentlich in den bildenden Künsten und dem Kunsthandwerk, im Widerspruch zu stehen. In Wirklichkeit aber ist die Kulturentfaltung gerade durch dieses Verhältnis von Arbeit und Gewinn bei den die Urprodukte Erzeugenden und den Handwerk und Gewerbe treibenden Ständen, zu denen bis gegen Ende des Mittelalters auch die Künstler zu rechnen sind, ermöglicht worden. Die vielen herrlichen Kirchen und sonstigen öffentlichen Gebäude mit ihrer reichen Ausstattung, die zahllosen hochwertigen Gegenstände selbst für den täglichen Gebrauch der Oberschicht und in einzelnen Stücken für den Mittelstand konnten nur infolge der ärmlichen oder wenigstens sehr bescheidenen Lebenshaltung des weitaus größten Volksteiles und bei langer Arbeitszeit hervorgebracht werden. Denn auch das spätere Mittelalter war noch eine Epoche mit sehr mühevollen Arbeitsweisen auf fast allen Gebieten und mit verhältnismäßig geringen maschinellen Behelfen. Das meiste Werkmaterial war kostbar, es wurde wie viele Metalle, die Rohprodukte für die feineren Gewebe, die Farbstoffe in umständlicher Herstellung und im Vergleich zu der darauf verwandten Arbeit in geringen Mengen gewonnen und mußte auch oft von weither beschafft werden.

Wenn es im späteren Mittelalter trotzdem zu einer wahren Volkskultur kam, so lag dies zum großen Teil an der körperschaftlichen Gliederung des Gesellschaftsaufbaues und an der Öffentlichkeit des Gemeinschaftslebens. Wiederholt schon haben wir auf den Korporationsgeist der Menschen des Mittelalters hingewiesen. Gleichviel um welche Stände und Berufe es sich dabei handelte, immer ging es dabei ursprünglich um die Erwerbung besonderer Vorteile und Rechte im politischen und wirtschaftlichen Leben und dann um die Sicherung des Errungenen für eine bestimmte Klasse oder Gruppe. Der Eigennutz bildete selbst bei den religiösen Zwecken der Einungen mehr oder minder den Ausgangspunkt. Man erwartete ja vor allem für sich und die Seinen von den guten Werken, Andachtsübungen, Messen für die Lebenden und Toten, Almosen und dergleichen das Heil in dieser und der anderen Welt. In all dem konnte die Standes- und Berufsorganisation weit mehr als der einzelne erzielen; was aber die Gemeinschaft als solche vollbrachte, war gewissermaßen das Werk jedes einzelnen Mitgliedes. Neben der Wahrung der irdischen und ewigen Wohlfahrt kam den Einungen große allgemein-kulturelle Bedeutung zu. Sie hoben zum guten Teil die Wirkungen der Besitzungleichheit auf, die damals noch größer war als heute. Die Zünfte, Bauernschaften, Adelsgenossenschaften und sonstigen Bünde entwickelten bei den einzelnen Gruppen eine verhältnismäßig hochstehende Ethik und ein in der Berufsleistung gegründetes Selbstbewußtsein. So wenig der einzelne Bauer und Handwerker dem großen Herrn gegenüber war und galt, die Dorfschaft oder Hofmarkgenossenschaft und ebenso die Zunft gaben ihren Angehörigen außer dem wirtschaftlichen Rückhalt ein Gemeinschaftsgefühl, das sie vor dem Versinken in Stumpfheit bewahrte und namentlich in der Stadt zur tätigen Anteilnahme am Kulturleben anspornte. Und so armselig die Häuser, so einfach der Hausrat vieler städtischer Handwerker waren, so bescheiden sie sich für gewöhnlich kleideten, die Zunft konnte doch nicht selten ein stolzes Gemeinschaftshaus errichten, hatte einen eigenen Altar in der Kirche, trat bei festlichem Anlasse stattlich auf.

Die Gefahr allzu starrer Absonderung der einzelnen Gruppen gegeneinander wurde vor allem durch die Kirche zwar nicht beseitigt, aber doch sehr gemindert. Sie betonte immer wieder, daß alle Gruppen zusammen der eine Leib der Christenheit, der mystische Leib Christi wären, und daß jede von ihnen gleich den Chören der Engel die ihnen von Gott zum Wohle aller zugewiesenen Aufgaben zu erfüllen habe. Jeder Stand von dem stolzen Ritter bis herab zu den „wandelbaren Frauen", den Freudenmädchen, hatte seinen eigenen Schutzheiligen, und alle hofften dermaleinst im himmlischen Jerusalem miteinander vereinigt zu werden, wie sie schon jetzt bei den Prozessionen mit den Bildnissen und Kennzeichen ihrer Heiligen die eine große christliche Gemeinschaft bildeten. Nur das fahrende Volk der Gaukler und Spielleute, das überhaupt als rechtlos galt, betrachtete man als von vornherein der Hölle verfallen, als Genossen des Teufels, nicht der lieben Heiligen.

Die Gliederung der Gesellschaft in festgefügte Gruppen und deren Zusammenfassung zu einer organischen Einheit boten die Hauptvoraussetzung für die Öffentlichkeit des spätmittelalterlichen Kulturlebens. Sie vor allem erklärt neben der großen Arbeitsleistung bei geringem Lohn den erstaunlichen Reichtum an hervorragenden Schöpfungen der bildenden Künste und des Kunsthandwerks, sowie den volkstümlichen Charakter dieser Kultur. So einfach die Lebenshaltung für gewöhnlich war, so großen Wert legten hoch und nieder auf prunkvolles Auftreten, sobald man sich bei besonderem Anlasse in der Öffentlichkeit bewegte. Dafür erachtete man keinen Aufwand, keine Kosten zu hoch, Fürsten und Adel stürzten sich in Schulden, die unteren Schichten darbten oft das Jahr über, um an den gemeinsam gefeierten Festen im Festgewande sich zeigen und schwelgen zu können. Aus einem sicheren Stilgefühl heraus stattete man die Orte, an denen sich das öffentliche Leben abspielte, fast verschwenderisch aus: die für die Einwohnerzahl noch immer unverhältnismäßig zahlreichen großen Kirchen, das Rathaus und die Zunfthäuser, den Marktplatz, den nun häufig ein herrlicher Brunnen zierte. Und was alles und wie feierte man! Das vor Zeugen vorgenommene hochzeitliche Beilager fürstlicher Personen war ebenso ein Volksfest wie die Folterung und Hinrichtung eines Verbrechers oder das Leichenbegängnis eines großen Herrn. Bei den Schauessen hochgestellter Persönlichkeiten unter freiem Himmel wurden die Speisen in riesigen, kostbaren Schüsseln von Berittenen aufgetragen. Man vergaß bei solchen Gelegenheiten auch die Armen nicht; Wein wurde von Springbrunnen gespendet oder aus riesigen Bottichen geschöpft, jedermann erhielt Fleisch und Brot. Was Augen zu sehen und Ohren zu hören hatte, ergötzte sich an den prunkvollen Aufzügen kirchlicher und weltlicher Art, an den sich oft über mehrere Tage hinziehenden Passionsspielen und an den Possen der Fastnachtszeit. Die Künste des Wortes, der Töne, des Steines und der Farben sprachen zu allen und jedem.

Dadurch, daß im späteren Mittelalter alle Stände am Kulturleben Anteil nehmen, wird es so vielgestaltig und werden die Leistungen auf den verschiedenen Gebieten so zahlreich, daß es kaum möglich ist, innerhalb des hier gebotenen Rahmens einen Überblick zu geben, der nicht nur aufzählt, sondern eine der damaligen Wirklichkeit wenigstens einigermaßen nahe kommende Vorstellung vermittelt. Denn hierfür würde die Anführung des Bedeutendsten und Auffallendsten keineswegs genügen, da ja das Bild vom Kulturzustand einer Zeit kaum etwas so fälscht wie die Hervorhebung von Einzelheiten ohne stete Rücksichtnahme auf die Gesamtheit der Erscheinungen. Dazu kommt für dieses Werk noch eine besondere Schwierigkeit: der nächste Band soll als Kernstück die Reformation und die von ihr hervorgerufenen Bewegungen und Gegenbewegungen enthalten. Ob man nun die Reformation als eine Folge der Mißstände des Spätmittelalters betrachtet oder als seine stärkste Lebensäußerung, auf jeden Fall sind das Spätmittelalter und die aufs engste damit verflochtenen Epochen des Humanismus und der Renaissance in einer Geschichte des deutschen Volkes im Zeitalter der Reformation eingehend zu würdigen. Um nun Wiederholungen möglichst zu vermeiden und den inneren Aufbau des geschichtlichen Werdens der Stoffverteilung unserer Bände zugrunde zu legen, behandeln wir hier nur noch das vierzehnte Jahrhundert mit gelegentlichen Ausblicken auf das fünfzehnte, dessen Kulturleben wir im folgenden Bande eingehender darstellen werden.

Die bildenden Künste

Architektur

Die Auseinandersetzungen über das Ende des Mittelalters und den Beginn der neueren Zeit sind seit Jahrzehnten in vollem Flusse. Zu einer allgemein anerkannten Abgrenzung ist es bis heute noch nicht gekommen, doch haben diese Untersuchungen bereits zu wichtigen Erkenntnissen geführt. So hat sich unter anderem herausgestellt, daß das vierzehnte Jahrhundert in höherem Grade, als man früher annahm, eine Zeit des Übergangs war. Es schließt in manchem das Hochmittelalter ab und zeigt verschiedene Ansätze zu Neuem. Man hat dies besonders bei den bildenden Künsten beobachtet, geht aber jetzt freilich nicht selten bei den Schlüssen daraus auf die allgemeine Kulturlage zu weit. Denn so reizvoll und aufschlußreich es ist, dem Verhältnis der Kunst zur Gesamtheit der übrigen Kulturerscheinungen nachzugehen, darf man doch nie außer acht lassen, daß jedem Lebensbereich seine eigenen Gesetze innewohnen, und daß diese sich, zum Teil unabhängig von der Allgemeinentwicklung, ja im Gegensatz zu ihr auswirken können. Während z. B. in der ersten Hälfte des vierzehnten Jahrhunderts die Differenzierung auf verschiedenen Gebieten des staatlichen und gesellschaftlichen Aufbaus, der Wirtschaft, der Philosophie und Theologie entscheidende Fortschritte machte, gewann die Architektur der Hochgotik die größte innere Geschlossenheit und zwang die Kirchenmalerei und Kirchenplastik vollständig in ihren Dienst. So bedeutet die Zeit von etwa 1250—1350 für die Architektur und die Bauplastik den Abschluß der Hochgotik und in gewisser Beziehung des Mittelalters überhaupt.

Die Gotik war, wenn wir von Technischem ganz absehen, Ausdruck des gesamt-abendländischen hochmittelalterlichen Lebensgefühles. Deutschland hatte die Gotik zuerst nur zögernd aufgenommen und dabei noch in vielem an seiner romanischen Bauüberlieferung festgehalten. Erst seit der Mitte des dreizehnten Jahrhunderts richten sich die deutschen Meister, die nun noch mehr als früher die Schulung in den französischen Bauhütten verraten, ganz und gar nach den großen Kathedralen Frankreichs. Sicherlich war hierfür die künstlerische Vorbildlichkeit, die klassische Vollendung dieser Bauwerke maßgebend; doch verhinderten wohl die politischen Verhältnisse in Deutschland, daß man in den nächsten Jahrzehnten, ähnlich wie es in der Plastik gelungen war, zu einem eigenen deutschen Stil der Hochgotik gelangte. Denn als mit dem Chorbau des Kölner Doms (1248) und dem Langhaus des Straßburger Münsters (1250) begonnen wurde, war die staufische Macht bereits in ihren Endkampf verwickelt. Die Fortführung dieser großartigsten deutschen Bauwerke des hochgotischen Stiles fiel in die Stürme des Interregnums und in die Zeit des mühsamen Wiederaufbaus unter Rudolf von Habsburg. Kein Wunder, daß da die deutschen Meister namentlich in der Architektur die Selbständigkeit und Selbstsicherheit früherer Epochen nicht erlangten.

Auch erstreckte sich damals die Bautätigkeit hauptsächlich auf Werke von geringerem Range, Pfarrkirchen und Kirchen der Bettelorden. Immerhin findet sich wenigstens bei dem Straßburger Münster, trotz der Gleichartigkeit in der Gesamtanlage mit den französischen Bauwerken, in den Einzelheiten soviel ausgesprochen Deutsches, daß es den Ehrentitel eines monumentum Germaniae mit Recht trägt.

Das Verhältnis zwischen den verschiedenen innerstaatlichen Gewalten und Machtfaktoren, zwischen den Geschlechtern und Zünften in den Städten, zwischen Königtum und Landesfürstentum, den Fürsten untereinander usw. war nach heftigen Kämpfen und Auseinandersetzungen um die Mitte des vierzehnten Jahrhunderts so weit geregelt, daß sich das deutsche Volks- und Kulturleben in der dem Spätmittelalter eigentümlichen Form frei entwickeln konnte. Trotz der mancherlei noch immer vorhandenen internationalen Beziehungen und Bindungen wurde nun die Kultur infolge ihres volkstümlichen und volksnahen Charakters so wesenhaft deutsch wie vordem noch nie und später kaum je wieder, zumal wenn man das Augenmerk nicht bloß auf einzelne Leistungen, sondern auf die Gesamtheit der Erscheinungen richtet.

An erster Stelle sind in dieser Beziehung die Hallenkirchen zu nennen, die einen bedeutsamen Stilwandel der Architektur erkennen lassen. Hallenkirchen hat es zwar schon in der romanischen Epoche gegeben, auch im dreizehnten Jahrhundert wurden gelegentlich welche gebaut. In dem Jahrzehnt von 1350—1360 wächst aber ihre Zahl auf einmal sprunghaft, und die Spätgotik des fünfzehnten und sechzehnten Jahrhunderts hält trotz einer gewissen abermaligen Abwandlung des Stilgefühles an der Hallenkirche fest. Alle Schiffe sind bei ihr gleich hoch, das mittlere hat also seine beherrschende Stellung verloren, die „eine begrenzte Blickrichtung im Hauptschiff der Basilika" ist der „Richtungslosigkeit der Raumstille in der Sondergotik" gewichen, und man kann nun ohne Änderung des Standortes fast von überall her den ganzen Kirchenraum und die ganze Gemeinde ins Auge fassen. Dies änderte sich auch nicht, als später mancherorts das Mittelschiff wieder etwas höher gebaut wurde. Man bezeichnet neuerdings die Raumgestaltung der Hallenkirchen als demokratisch und zieht aus diesem „demokratischen Raumempfinden" im Zusammenhang mit anderen Erscheinungen allerlei weitgehende Schlüsse wie etwa: „Die kirchliche Gemeinde trat als bewußte soziale Einheit der Geistlichkeit gegenüber, deren Führung nicht mehr rückhaltlos anerkannt wurde."

Solche Gedankengänge tragen indes Auffassungen späterer Zeiten in diese Architektur hinein. Ursprünglich war für sie sicherlich der große bautechnische Fortschritt maßgebend, den die Hallenkirche gegenüber den ungleich hohen Schiffen brachte. Die niedrigeren Gewölbe der Seitenschiffe übten auf die Mauern des Langhauses einen starken Druck aus und führten nicht selten deren Einsturz herbei. Gewiß bestanden mancherlei Gegensätze zwischen Geistlichkeit und Laien, aber um eine soziale Zweiteilung handelte es sich bei der Abschließung des Chores von den Kirchenschiffen sicher nicht, fühlten sich doch die nichtadligen Mönche und Kleriker viel mehr den Leuten aus bürgerlichem Stande zugehörig als den hochadligen kirchlichen Würdenträgern. Vor allem kann keine Rede davon sein, daß die gesellschaftlichen Sonderungen in der Kirche nun weniger hervorgetreten wären. Sie machten sich im Gegenteil erst recht geltend, weil die Gesellschaftsgruppen ihre eigenen Plätze hatten: „Dat ken Kramer ist, de blief da buten oder ik schla em up de Schnuten" (wer kein Krämer ist, bleib draußen oder ich schlag ihm auf die Schnauze), steht am Krämer-Kirchenstuhl zu Stralsund. Bei aller Betonung der Gemeinschaft in Christo nahm die Auffassung von der Gliederung der Gesellschaft überhaupt eher zu als ab, und auch die Kirche machte sie sich so zu eigen, daß man es z. B. rügte, wenn Leute aus niederem Stande gleich den Adligen Bischöfe werden wollten.

Neben den technischen Gründen haben zu der Änderung der Raumgestaltung ohne Zweifel Entwicklungen im religiös-kirchlichen Leben viel beigetragen. Die Franziskaner hatten in den ersten Zeiten ihres Auftretens in Deutschland unter freiem Himmel gepredigt, weil die alten Dome infolge ihrer Bauart und Inneneinrichtung, z. B. den mancherlei Teile abschließenden Schranken, für Reden vor großen Volksmassen wenig geeignet und die Pfarrkirchen hierfür meist zu klein waren. Wie das Ohr bei der erst jetzt größeren Umfang annehmenden Volksseelsorge an die Kirchen neue Anforderungen stellte, so auch das Auge wegen der einzigartigen Bedeutung, die man nun dem Anblick von Hostie und Kelch nach der Konsekration beimaß. Es hatte lange gedauert, bis aus der Abendmahlslehre, Christus sei nach der Konsekration von Brot und Wein in diesen Gestalten gegenwärtig, die Verehrung der Eucharistie erwuchs. Erst um 1200 begann man an einzelnen Orten „aufzuwandeln", Hostie und Kelch hochzuheben, damit das Volk Christum „sehe", und erst im dreizehnten und vierzehnten Jahrhundert wurde dies allgemein üblich. Vom Anschauen der Hostie erwartete jetzt das Volk alles Erdenkliche, auch zauberhafte Wirkungen. Tage, an denen man sie nicht gesehen hatte, hielt man für Unglückstage. Die Leute reckten und streckten sich deshalb, um die Hostie zu Gesicht zu bekommen, die Priester hoben sie bei einer Messe mehrmals auf, schwenkten und drehten sie hin und her. Es verging natürlich geraume Zeit, bis sich der Kirchenbau den neuen Bedürfnissen der Liturgie und der Predigten anpaßte. Die Zweckbestimmung und die technischen Vorteile gaben indes nur den Anstoß zur Änderung, die besondere Art ihrer Durchführung aber ist in hohem Grade vom Volkscharakter beeinflußt.

Zunächst fällt es auf, daß jetzt die deutsche Baukunst, da sie wieder mehr ihre eigenen Wege geht, im Äußeren zur Wucht der Romanik zurückkehrt, ohne freilich ihre reichere Rhythmik im Grundriß wieder anzunehmen. Die Freude am Kolossalen, Gewaltigen eignet eben dem deutschen Menschen des Mittelalters überhaupt, Art und Weise der Bewegung dagegen richtet sich jeweils nach der

Zeitstimmung. Solange die altaristokratische Schicht die einzige Kulturträgerin gewesen war, hatte die waagerechte Linie in den weit ausgedehnten Bauwerken geherrscht, wie ja auch der Riesenkörper des Reiches mehr durch den Ausgleich der einzelnen Kräfte unter Führung des Kaisertums als durch einen straffen Zentralismus zusammengehalten worden war. Je mehr der staufische Imperialismus die frühere zwar nicht föderalistische, aber patriarchalisch-hausherrliche Reichsidee verdrängte und im Rittertum unmittelbare Vollstrecker seines Willens erhielt, desto stärker wurde in der Architektur die Vertikale auf Kosten der Horizontalen betont. Die Hochgotik zog in Deutschland unter äußerst ungünstigen Sternen ein. Immerhin ist es erstaunlich und zeugt von der unzerstörbaren Lebenskraft des deutschen Volkes, was damals in schwersten Zeiten das ingenium Teutonicum geschaffen hat; fällt doch das Wirken eines der größten deutschen Baumeister, Erwins, der im Jahre 1284 erstmals in einer Straßburger Urkunde erwähnt wird und im Jahre 1318 starb, in die Jahrzehnte nach dem Interregnum.

Das vierzehnte und fünfzehnte Jahrhundert entfaltete wiederum eine ungemein rege Bautätigkeit, aber nun wurde ein Einzelnes unverhältnismäßig stark hervorgehoben, die Türme. Höher als je stiegen sie jetzt auf und wurden, wenn es das Baumaterial einer Gegend zuließ, mit überreichem Schmuckwerk geziert. Die Herrlichkeit des alten Reiches war dahin, dafür blühte kraftvolles Leben in den größeren Reichsstädten und in den Fürstentümern. Bürger und Fürsten suchten sich mit den gewaltigen Domen und vor allem in der Höhe der stolzen Türme zu überbieten, die allerdings teilweise erst in späterer Zeit fertig gestellt wurden. So erreichte z. B. der Turm des Ulmer Münsters 161, der des Wiener Stephansdomes 137, der der Landshuter Martinskirche 132, die Türme der Lübecker Marienkirche 122 Meter. Monumental sind das Ausmaß der Gesamtanlage, die Höhe des Kirchenbaues und zumal der Türme. Die Einzelheiten dagegen, z. B. die überreiche Ornamentik, die nicht einmal den Schein erwecken will, irgendwelche architektonische Funktionen auszuüben, und in ihren Motiven unaufhörlich wechselt, heben den Eindruck der Monumentalität zum großen Teil wieder auf, wie ja auch das Leben des Volkes, die organisatorischen Maßnahmen und Unternehmungen der Städte und Fürsten nichts weniger als großartig und von einem einheitlichen Zug getragen erscheinen, sobald man in die Einzelheiten hinabsteigt.

Die innere Raumgestaltung wirkt nicht mehr plastisch, sondern viel mehr malerisch. Bei den früheren Hallenkirchen waren die Schiffe gleich hoch, gleich breit und mitunter sogar in Länge und Breite gleich gewesen, so daß wenigstens der Gesamtinnenraum infolge seiner kubischen Form noch körperhaft in sich geschlossen war. Die Hallenkirche der Sondergotik dagegen verzichtet sowohl auf die Richtungsdominante eines wirklich beherrschenden Langschiffes wie auch auf die kubische Form der früheren Hallenkirche; die in das Innere verlegten Strebepfeiler heben die feste Begrenzung durch die Mauern auf, und so wird der Blick nach allen Seiten gelenkt. Da außerdem das Mittelschiff das wenigste Licht erhält und sich nach oben hin verdunkelt, verliert der Blick vollends jeden Halt. Ebenso erstrebt die Innenarchitektur der Festsäle in den Rathäusern, Schlössern und in den größeren Räumen der Patrizierhäuser eine malerische Wirkung, die besonders auch durch die vielfache Verwendung von Holzvertäfelung hervorgerufen wird.

Der Verzicht auf geschlossene Monumentalität des ganzen Bauwerkes, die bei der Außenarchitektur nur in den Fällen sehr einfacher Ausführung einigermaßen gewahrt blieb, der Geschmack, den man vielfach an Unstimmigkeiten zwischen Gesamtbau und Einzelheiten und dieser untereinander fand, Überschwang in Einzelheiten neben Nüchternheit besonders in der Konstruktion, die Vorliebe für das Malerische bei einem seiner ganzen Natur nach doch körperhaft gestaltenden Kunstzweig; all das scheint zu bezeugen, das fünfzehnte Jahrhundert sei eine Zeit der Auflösung und des Übergangs gewesen. Dem widerspricht jedoch die Tatsache, daß die deutsche Sondergotik ohne Zweifel eine wirklich schöpferische Leistung darstellt, in gewisser Beziehung eigentlich gar keine Gotik ist und in dem „was herkömmlich Renaissance genannt wird, unbeirrt weiterlebt."

Die Stadt des späteren Mittelalters ist überhaupt ein Beweis für die schöpferische Kraft dieser Epoche. Denn gerade damals ist fast all das entstanden oder hat seine besondere Form erhalten, was heute als typisch mittelalterlich entzückt: die Kirchen und Klöster, die Rats- und Patrizierhäuser, die Wehrbauten, die Vereinigung von Idyllischem und Großartigem. Die Menschen des Spätmittelalters sind auch keineswegs ohne Idealismus und ohne Sinn für das Monumentale, nur ist nun beides von anderer Art. Die Welt des späten Mittelalters ist unendlich vielgestaltiger als die des frühen und hohen, und so sind es auch ihre Erscheinungsformen. Das Neben- und Gegeneinander der Menschen und Dinge schwillt an. Die Stände hassen einander an, unaufhörlich disputieren die Gelehrten. Einzelnes stößt vor und wird vorgetrieben. Aber mehr als ehedem ziehen sich von allem zu jedem Verbindungsfäden, zahlreiche Zwischenglieder stellen Übergänge zwischen an sich Unvereinbarem her, und bei festlichem Anlasse sind alle Stände zur Volksgemeinschaft vereint, gleich wie die in verdämmernder Höhe sich wölbenden Hallen der Dome und Münster in ihrem schwankenden Lichte die Einzelheiten zu einem großen Ganzen zusammenfassen.

Plastik

Die Umwandlung des romanischen Massenbaus in den gotischen Gliederbau war einer reichlichen Verwendung ornamentaler und figürlicher Plastik ungemein günstig. Sie sollte auch belehren und anregen wie einst die romanische Wandmalerei, wobei neben den altvertrauten Stoffen aus der Heilsgeschichte der Inhalt der jetzt in das Volksbewußtsein eindringenden enzyklopädischen Schriften, der „Spiegel", mit ihren Unterweisungen in Moral, Naturkunde,

a

b

Deutsche Standestypen

a. Deutscher Bauer. 15. Jahrh. Nach einem Stich aus dem Kupferstich=Kabinett in Berlin
b. Deutscher Bürger. Jakob Fugger. 16. Jahrh. Zeichnung von Hans Holbein d. Ä. Berlin

a

b

Deutsche Standestypen

a. Fürstliches Ehepaar des Hochmittelalters: Ekkehard und Uta im Westchor des Naumburger Doms. Siehe Text S. 191, 400 — b. Adliger des späteren Mittelalters: Burchard von Steinberg † 1397. Hildesheim

Geschichte usw., ferner alte und neue Sagen und Fabeln zu berücksichtigen waren. So fehlte es der Plastik des vierzehnten Jahrhunderts gewiß nicht an Aufgaben; bei den großen Kathedralen stieg die Zahl der Figuren auf ungefähr zweitausend, dabei traten die Reliefs, die man nur an den Bogenfeldern der Portale verwendete, den Statuen gegenüber in den Hintergrund. An künstlerischem Wert erreicht die Plastik des vierzehnten Jahrhunderts die des vorausgehenden nicht mehr. Man darf dies nicht als eine Folge der Massenproduktion hinstellen; denn aus der offensichtlich großen Zahl von Steinmetzen mit erstaunlicher Handfertigkeit hätten an sich sehr wohl einzelne Meister zur höchsten Stufe der Kunst aufsteigen können, wie dies einige Generationen später bei der Malerei geschah. Man findet übrigens, seitdem man die Figurenwälder der Bauplastik dieses Jahrhunderts in ihren Einzelheiten genauer erforscht, manches Bedeutende, mitunter auch Bildungen, die eine erheblich spätere Entwicklung vorausnehmen wie z. B. die Prophetenstatue am Südportale der Gmünder Kreuzkirche, die sich — etwas ganz Neues — unmittelbar an den Beschauer wendet, ihn „anspricht“ und sich zu ihm auch durch eine Geste in Beziehung setzt.

Daß es im allgemeinen doch nur bei einem guten Durchschnitt blieb, hat ebenso wie die anderen besonderen Eigenschaften dieser Plastik seinen Grund in ihrem dienenden Verhältnis zur Architektur. Kann ein Kunstzweig nicht voll seiner Eigengesetzlichkeit folgen, dann wird er auch nicht die vollkommensten Früchte seiner Art hervorbringen; auch sind der naturfremde Idealismus, die Abkehr von der „festlichen Lebensfreudigkeit“ der Plastik des vorausgegangenen Jahrhunderts, die große Sorgfalt, die man auf die Herausarbeitung des Gewandes mit seinem reichen, schwingenden Faltenwurf verwandte, und die Vernachlässigung des Körpers unter dem Kleide, mehr durch die architektonische Zweckbestimmung als durch das Zeitgefühl des vierzehnten Jahrhunderts bedingt. Denn dieses war weder naturfremder noch idealistischer als das dreizehnte; im Gegenteil beweist neben vielen anderen Zeugnissen mitunter gerade die Themenwahl der damaligen Plastik, wie etwa die unter Ludwig XIV. absichtlich zerstörte parodistische Tierprozession des Straßburger Münsters, das Interesse der Menschen des vierzehnten Jahrhunderts an naturhaften Dingen, sowie einen Humor, der sich nicht gut als ausschließlich idealistisch bezeichnen läßt; auch brachen trotz Schwarzen Todes und Geißlerfahrten unverwüstliche Lebensfreude und derber Lebensgenuß immer wieder durch.

Regionale Unterschiede ließen es selbst bei den an sich gleichartigen Vorwürfen zu einer gewissen Mannigfaltigkeit kommen. So stehen die Kölner Chorstatuen, die besten Figuren der Bauplastik des vierzehnten Jahrhunderts, wie ja auch die ganze Architektur des Kölner Domes, sehr stark unter dem Einflusse des Nachbarlandes. In Schwaben, wo durch Seuse und andere die Mystik besonders zarte und innige Formen angenommen hatte, neigte man zu einer weichen Formgebung. Nürnberg, das Sankt Sebald, Sankt Lorenz und andere Kirchen mit vielen Figuren ausstattete, zeigte hier denselben emsigen Fleiß wie bei seinem Gewerbe, die gleiche überlegene Nüchternheit wie in seiner Politik und nahm in der Kunst wie auch sonst bereitwillig Anregungen aus ganz Deutschland auf. In Prag, das unter Kaiser Karl IV. (1346—1378) bereits mit dem Frühhumanismus vertraut war, betonen die einundzwanzig Büsten der Dombauförderer zu Sankt Veit das Charakteristische der Einzelpersönlichkeiten, indem Porträtähnlichkeit, oder, wo sie nicht möglich war, sonst eine treffende Kennzeichnung erstrebt wurde.

Im allgemeinen spiegeln die Bildwerke des vierzehnten Jahrhunderts aus Stein und Ton, der Ende des vierzehnten Jahrhunderts besonders in Nürnberg zu künstlerisch hochstehenden, farbig gehaltenen Figuren Christi, der Apostel und dergleichen verwendet wurde, aus Holz und Metall die Haltung ihrer Zeit und ihres Entstehungsgebietes um so treuer wider, je weniger sie in einem unmittelbaren Verhältnis zur Architektur stehen. Zu mehr oder minder freien Bildern boten neben den längst üblichen Darstellungen Christi am Kreuze und den Grabdenkmälern die Umwandlungen im Kircheninnern mancherlei Anlaß. Der Altar erhielt nun, da der Priester nicht mehr hinter, sondern vor ihm stand, einen festen Aufsatz, später vielfach in Flügelform. Nachdem man aus den schon seit längerer Zeit vernachlässigten Krypten die Reliquien auf die Kirchenaltäre übertragen hatte, stellte man jetzt auf ihnen gerne Heiligenstatuen auf oder bildete Szenen aus dem Leben der Heiligen in Plastiken nach. Die Loslösung des Sakramentshäuschens, in dem die Hostien und das Salböl aufbewahrt wurden, von der Wand und die der Kanzel vom Lettner gaben der Bildhauerkunst ebenfalls neue Aufgaben. Immer größere Sorgfalt verwandte man auf die Verzierung der Chorstühle, die neben der früheren Ornamentik Heiligenstatuetten, Fabel-, Scherz- und Tiergestalten von oft verblüffendem Naturalismus und Weltsinn erhielten. Der Volksfrömmigkeit dienten außer den Figuren auf den Altären Gruppendarstellungen wie das Heilige Grab, Johannes und Christus beim letzten Abendmahle, das Vesperbild: Maria mit dem toten Christus auf dem Schoß, dann Einzelfiguren wie der leidende Christus oder das Schutzmantelbild: Maria mit ausgebreitetem Mantel die Andächtigen als Mutter der Barmherzigkeit in ihren Schutz nehmend.

Das vierzehnte Jahrhundert bahnte in all dem das Neue an, das fünfzehnte brachte die überreiche Entfaltung. Der Brennpunkt der darstellenden Künste war jetzt der A l t a r. Den reichen Mitteln, die das aufstrebende Bürgertum für dessen Ausstattung aufwandte, verdanken wir eine der herrlichsten Marienstatuen des ganzen Mittelalters, die Hauptfigur eines 1420 vom Ratsherrn Johannes Darsow gestifteten Altares in der Lübecker Marienkirche. Eine Reihe von Künstlern arbeitet beim Altar zusammen: der Schreiner gibt ihm eine vielgliedrige Architektur, Steinmetzen, Bildschnitzer und Tafelmaler erfüllen ihn mit einer Welt himmlischer, nebenher auch irdischer und höllischer Gestalten, der

Faßmaler erhöht die Wirkung des einzelnen und sorgt für den Zusammenhang und Zusammenklang des Ganzen. Die Künstler treten mehr und mehr aus dem Dunkel der Anonymität, obwohl nun durch den Ausbau der Zunftverfassung für die einzelnen Kunstzweige das Handwerkliche erst recht betont wird. Doch wir wollen hier noch nicht bei den Schöpfungen eines Hans Multscher, Jörg Syrlin, des Meisters des Ulmer Chorgestühls und des Steinernen Brunnens auf dem Ulmer Marktplatz, eines Adam Krafft, der „ohne Zutun der Renaissance, allein durch sich, aus der Gotik den Weg ins Freie gefunden hat", eines Michael Pacher, der Schnitzmesser und Pinsel mit gleicher Meisterschaft führte, eines Veit Stoß und Tilman Riemenschneider verweilen, dies sei dem folgenden Bande vorbehalten, in dem die seelische und sittliche Kraft des deutschen Menschen im Zeitalter der Reformation zu zeigen ist.

Die Monumentalgräber behielten teils die alten Formen des Sarkophages und der Bodenplatte bei, teils wurden sie abgewandelt zum „Tischgrab", bei dem die Platte auf freistehende Pfosten gestellt wurde, und zur „Standplatte", die an einem Pfeiler oder an der Wand senkrecht aufgerichtet wurde. Seit dem vierzehnten Jahrhundert wurde besonders in bürgerlichen Kreisen das Wandepitaph gepflegt, das losgelöst vom Grabe über diesem Aufschrift und Bild in Reliefform brachte. Als Werkstoff überwog noch der Stein, der Erzguß war lange Zeit eine Seltenheit, dafür nahm die schon seit dem dreizehnten Jahrhundert bekannte Verwendung gravierter Messingplatten in Norddeutschland immer mehr zu. Die größere Unabhängigkeit von der Architektur ließ die Grabplastik dem Wechsel der Stilformen schnell folgen und erleichterte es ihr, Werke von hoher Qualität hervorzubringen. Hauptgegenstand war im allgemeinen das Bildnis des Toten, der gewöhnlich in voller Lebenskraft erscheint; oft wurden auch die Seitenwände der Sarkophage und die Pfosten der Tischgräber mit Figuren reich ausgestattet. Die Darstellung der Leidtragenden war dabei ein beliebtes Motiv; die „Pleurants" am Grabmal Philipps des Kühnen von Burgund sind die künstlerisch höchststehende Leistung dieser Art im Abendlande, eine der reizvollsten sind die trauernden Spitalbewohner an der Spitalkirche zu Nürnberg am Grabe ihres Wohltäters Konrad Groß. Am zahlreichsten sind immer noch die Grabdenkmäler der Kirchenfürsten; unter denen der deutschen Herrscher ragen die König Rudolfs im Speirer Dom, Kaiser Ludwigs des Baiern in der Frauenkirche zu München und, dem Ende des fünfzehnten Jahrhunderts angehörig, Kaiser Friedrichs III. im Wiener Stephansdom hervor.

An den Grabskulpturen glaubt man das allmähliche Erwachen des Persönlichkeitsbewußtseins genauer beobachten zu können. Im vierzehnten Jahrhundert ist aber die Porträtähnlichkeit, die zum Beispiel das Grabmal Rudolfs von Habsburg (Ende des dreizehnten Jahrhunderts) und wahrscheinlich auch das des Bischofs Wolfhart von Roth im Dom zu Augsburg (dieses auch als Erzguß ein Sonderfall im vierzehnten Jahrhundert) aufweisen, eine Ausnahme. Das

Ziel ist im allgemeinen noch nicht das individualisierte Porträt, sondern wie schon früher das Herausarbeiten der Eigenschaften, die man bei dem Dargestellten als einem hervorragenden Vertreter seiner Standesgruppe erwartete: man hebt Herrscherhoheit, ritterliche Tapferkeit, frauliche oder mädchenhafte Anmut hervor. Nach 1350 sucht man diese Eigenschaften mehr und mehr auch in den Gesichtern zum Ausdruck zu bringen, wobei sich schon zuweilen, wenn etwa ein Bischof oder Fürst seinen Standestyp besonders auffällig repräsentierte, eine gewisse Porträtähnlichkeit ergab. Im fünfzehnten Jahrhundert wird sie offensichtlich angestrebt. Aber auch da war wenigstens zunächst der Ausgangspunkt nicht unser heutiges Individualitäts- und Persönlichkeitsprinzip, sondern der im fünfzehnten Jahrhundert auch in anderen Kunstzweigen herrschende naturalistische Stil, der bei der Darstellung bestimmter Persönlichkeiten, und um solche handelt es sich ja bei der Grabmalkunst von jeher, naturnotwendig eine gewisse Porträtähnlichkeit bedingt.

Die geisteswissenschaftliche Methode, die die Zeitstimmungen und das Lebensgefühl der Epochen vornehmlich aus den Kunst- und Literaturdenkmälern erschließen möchte, ist unzulänglich, weil immer unendlich vieles tatsächlich vorhanden ist, ohne daß sich die bildenden Künste und die Dichtung eines Zeitalters darum kümmern. Ichbewußtsein, rein persönlicher Geltungsdrang, Bewunderung der hervorragenden Persönlichkeit, Persönlichkeitskult, Lob und Tadel der Eigenschaften einzelner Menschen und alles andere, was zur modernen Auffassung von Persönlichkeit gehört, war den Menschen in allen Abschnitten des Mittelalters trotz der standes- und gruppenmäßigen Bindungen durchaus vertraut. Was von dem im Bewußtsein der Menschen Vorhandenen und wann es Gegenstand der sprechenden und bildenden Künste wird, hängt von verschiedenen hier nicht näher zu erörternden Umständen ab. Jedenfalls ist in diesem Punkte das argumentum e silentio, der Schluß aus dem Schweigen, nicht stichhaltig. Und auch das, was Kunst und Literatur über das Leben ihrer Zeit enthalten, ist für die Kulturgeschichte nicht ohne weiteres verwertbar. Es sind dabei stets zu berücksichtigen die Eigengesetzlichkeit der Kunst, die eine mannigfaltige Umbildung nicht nur des Gegenständlichen, sondern auch der Auffassung darüber bedingt, die Individualität des Künstlers und vieles andere mehr. Die oben aufgeworfene und bei der Malerei zu wiederholende Frage nach dem Verhältnis des spätmittelalterlichen Menschen zu Natur und Persönlichkeit ist demnach so zu beantworten: im fünfzehnten Jahrhundert sind Natur und Persönlichkeit nicht erst durch die Kunst, sondern endlich für die Kunst entdeckt worden. Sie wurden nun immer mehr bevorzugte Objekte ihres Schaffens und zugleich Ausdrucksmittel für die Darstellung seelischer Regungen. Damit gewannen dann als Rückwirkung allerdings Natur und Persönlichkeit für Gefühl und Bewußtsein größere und tiefere Bedeutung als früher.

Das spätere Mittelalter ging in steigendem Maße zur Ausstattung auch profaner Gebäulichkeiten und Räume mit Werken der Plastik über. Mit großem Eifer brachte man in vielen Städten in den Ratshäusern oder sonstwo, in Nürnberg z. B. am schönen Brunnen, Statuen der sieben Kurfürsten, Karls des Großen und seiner Paladine an. Wie der Bürger mit solchen Sinnbildern das Kaisertum und die Gliederung des Reiches als die Grundlage von seiner Stadt Freiheiten und Gerechtsamen verherrlichte, so wurden diese selbst durch die Rolandsäulen symbolisiert. Ihre ursprüngliche, auch heute noch nicht mit voller Sicherheit ermittelte Bedeutung war schon im späteren Mittelalter vergessen, man gab ihnen als Beweis für ein hohes Alter der Stadt und ihrer Freiheiten ein möglichst altertümliches Aussehen. Verschiedene Georgstatuen, angefangen von der des Martin und Georg Klausenburg im Prager Burghof vom Jahre 1373 bis zu denen eines Bernt Notke von 1488 in der Stockholmer Hauptkirche und des Henning von der Heiden aus dem Jahre 1504 (jetzt im Lübecker Annenmuseum), lassen erkennen, daß die deutschen Meister den Aufgaben einer dem Persönlichkeitskult dienenden Denkmalskunst, zwar von anderer aber kaum weniger edler Art als Verroccios Colleoni, vollauf gewachsen gewesen wären. Aber den Deutschen dieser Zeit sind die Kaiser und Helden noch Hirt und Hort des Volkes. Darum werden der Kaiser, Karl der Große, die Fürsten, die Kurfürsten, als Träger des Rechts, nicht als Gewaltherren dargestellt. Läßt sich aber ein Fürst oder ein reicher Bürger selbst ein Denkmal oder einen Denkstein errichten, dann geschieht es in der Kirche, um hier Anteil zu haben am Fürbittegebet der Priester und Gläubigen und auch schon an der Gemeinschaft der Seligen im Himmel.

Malerei

Das vierzehnte Jahrhundert erweist sich vor allem in der Malerei als Zeit der Vollendung, des Übergangs und der Ansätze zu wesenhaft Neuem zugleich. Die Glasmalerei erreichte jetzt, da die Hochgotik die Wand fast ganz in Fenster auflöste, ihren Höhepunkt. In sehr beschränktem Maße war die Glasmalerei bereits im neunten und zehnten Jahrhundert geübt worden und hatte später immer mehr Verwendung gefunden. Im dreizehnten Jahrhundert hatte man in den verschiedenen Arten dieser Kunst eine beachtenswerte Fertigkeit erlangt; man malte große Figuren, wie etwa für Sankt Kunibert in Köln oder die Marburger Elisabethkirche, nahm auch in Glas die Zyklenmalerei mit vielen kleinen Figuren auf und erreichte durch die Zusammenstellung vieler kleiner, glitzernder Farbflecke starke dekorative Wirkungen. Weitere technische Fortschritte boten im vierzehnten Jahrhundert der Glasmalerei die Möglichkeit, der hochgotischen Architektur erst so recht ihren sozusagen übernatürlichen Charakter zu geben und ihre Entwicklung gewissermaßen abzuschließen. Man lernte die „Überfanggläser" herzustellen, wobei „die aneinandergeschmolzenen verschieden gefärbten Glasplatten gestatteten, durch Herausschleifen des Überzuges auf einer Platte die Farben abzutönen oder Farbengegensätze hervorzubringen". Hellstrahlende goldene Kronen, Heiligenscheine usw. erzielte man durch das Aufstreichen von Silbergelb auf die Rückseite weißer Scheiben. Die Bildfelder wurden durch die seit etwa 1320 perspektivisch gezeichneten Baldachine zu festen und festlichen Räumen gestaltet. In der ersten Hälfte des vierzehnten Jahrhunderts bevorzugte man die „gemalte Architektur", in die man „statuarisch behandelte Einzelfiguren" hineinstellte. Diese Kunstübung blühte namentlich in Köln und in den schwäbischen und alemannischen Landen. In der zweiten Hälfte des Jahrhunderts ging man auch hier zu der nun allgemein wieder mehr in Aufnahme kommenden erzählenden, irgendein Geschehen schildernden Malerei über. Mehr als das bloße Abbild, schon etwas von der Wirklichkeit des himmlischen Jerusalem mochte es den Gläubigen scheinen, wenn etwa die milden Strahlen der herbstlichen Sonne diese Farben erglühen ließen und in dem von unirdischen Lichtern durchzuckten Dämmer unter Orgelklang die Vesperhymne des Kirchweihvorabends vom Chore herab durch die Kirchenschiffe jubelte: „Urbs Jerusalem beata / dicta pacis visio / quae construitur in coelis / vivis ex lapidibus . . ."; ja dies war die glückselige Stadt des ewigen Friedens in Himmelshöhen, erbaut aus lebenerfüllten Steinen. In die Straßen und Mauern aus reinstem Golde führen juwelenfunkelnde Tore, aufgetan für jeden, der hienieden um Christi willen Drangsal erduldet hat, und so, durch Druck und Stoß geglättet, nun selbst in der Hand des ewigen Künstlers Baustein wird für den alle Zeiten überdauernden Dom der himmlischen Herrlichkeit.

In demselben Maße, in dem die Hochgotik die Glasmalerei begünstigte, verlor die Wandmalerei an Bedeutung für das Kircheninnere. In den großen Kathedralen erhielten nur einzelne Stellen Wandgemälde, deren Farben neben der leuchtenden Pracht der Fenster sich kaum noch behaupten konnten, und so schmückte man hauptsächlich nur Gebäude von geringerem Range, Pfarrkirchen und Kapellen, auch kleinere Klosterkirchen mit Wandbildern. Als neues Motiv kamen in den Pestzeiten des vierzehnten Jahrhunderts allerlei Todesbilder auf; so stehen zum Beispiel in der Turmhalle der Kirche zu Badenweiler drei Könige in ihrem Herrscherglanze den Gestalten von drei Toten gegenüber. Das fünfzehnte Jahrhundert erweitert dieses Thema zu den eigentlichen Totentanzbildern wie etwa in den Marienkirchen zu Lübeck und Berlin. Dafür füllen sich seit dem vierzehnten Jahrhundert die Wände der repräsentativen Räume in Schlössern, großen Burgen und in stolzen Patrizierhäusern mit Bildern von festlicher Lebensfreude, wozu Fabeln, die ritterliche Dichtung, Tanz-, Jagd- und Turnierszenen unerschöpflichen Stoff lieferten. — In den Wandteppichen, die zum großen Teil dieselben kirchlichen und weltlichen Motive wie die Wandmalerei behandeln, steht Deutschland erheblich hinter Burgund und Frankreich zurück. Immerhin stickten deutsche Nonnen manch hübsches Stück, wie etwa den Tristanteppich vom Kloster Wienhausen bei Celle; die Gobelinweberei wurde in Deutschland erst während des fünfzehnten Jahrhunderts in größerem Umfange aufgenommen.

Bei der deutschen Buchmalerei des vierzehnten Jahrhunderts liegt für die kulturgeschichtliche Betrachtung der Nachdruck auf dem Gegenständlichen. In den mit Malereien und Zeichnungen ausgestatteten Handschriften literarischen Inhalts, wie der noch dem dreizehnten Jahrhundert angehörenden Weingartner und der Manesseschen Liederhandschrift aus den ersten Jahrzehnten des vierzehnten Jahrhunderts, in den Rechtsbüchern, in den Weltchroniken, dem codex Balduini in Koblenz, mit Bildern von Heinrichs VII. Romfahrt, in den Büchern, die den Laien die Heilsgeschichte in Bildern vorführten und später „Armenbibeln" genannt wurden, in den die Tätigkeit der verschiedenen Berufe schildernden „Monatsbildern" und „Planetenbildern" wird eine Fülle kulturhistorischen Stoffes ausgebreitet. Die eigentlichen Prachthandschriften, zu denen die eben erwähnten Liedersammlungen, ferner noch immer mit großem Aufwand hergestellte liturgische Bücher und die für fürstliche Persönlichkeiten bestimmten Andachtsbücher gehören, schließen sich im Laufe des vierzehnten Jahrhunderts immer mehr an die Vorbilder der schon unter dem Einfluß der Tafelmalerei stehenden französischen Buchmalerei an. Die Gestalten werden durch Hinweise auf ihren Stand, Eingehen auf die eben vorliegende Situation, den Ausdruck der Gefühle individualisiert, der Raum vertieft sich, die gemalte oder gezeichnete Architektur gewinnt immer mehr perspektivische Tiefe. An diesen Fortschritten nehmen mehr oder minder auch die einfacheren, volkstümlich gehaltenen Federzeichnungen teil, die vor allem der Buchtextillustration dienen.

Der in der zweiten Hälfte des fünfzehnten Jahrhunderts aufkommende und bald hauptsächlich für das gedruckte Blatt oder Buch verwandte Holzschnitt übernimmt zunächst die Technik der Federzeichnungen, die sich dann ihrerseits in manchem dem sich eigenständig weiterentwickelnden Holzschnittstil angleichen. Während der Holzschnitt mit dem gedruckten Buche sich an eine breitere Menge wendet, macht sich der köstlichere und kostbarere, bald auch von den größten Meistern der Malerei gepflegte Kupferstich schnell vom Buche frei und wird nun als Einzelblatt ein Bild für sich. Leicht von Ort zu Ort zu befördern und immerhin in mehreren, wenn auch nicht so zahlreichen Exemplaren wie der Holzschnitt hergestellt, wurde der Kupferstich wegen seiner hohen künstlerischen Qualitäten ein wichtiger Vermittler auch unter den Künstlern selbst und trug damit wesentlich zur Verbreitung von Malmotiven und dergleichen bei.

Man ist fast versucht, die Tatsache, daß die Anfänge der Tafelmalerei gerade in das vierzehnte Jahrhundert fallen, als eine Art Auflehnung gegen den Zwang zu deuten, den eben damals die Architektur auf die meisten Zweige der bildenden Künste ausübte. Denn die Tafelmalerei entzieht sich am leichtesten den außerhalb ihrer Eigengesetzlichkeit liegenden Bindungen und bietet unerschöpfliche Möglichkeiten für den Ausdruck des Individuellen und Subjektiven und zwar schon in einer Zeit, da die Bildtafel vorwiegend für einen ganz bestimmten Raum, nicht wie in der Moderne für irgendeinen beliebigen, hergestellt wurde und sich infolgedessen noch immer innerhalb gewisser Grenzen nach dem Stil der Architektur zu richten hatte. Wir wollen jedoch nicht die Folge als Ausgangspunkt hinstellen. Den Anstoß zu der Tafelmalerei des vierzehnten Jahrhunderts, die zuerst fast ausschließlich Altarmalerei war, gaben die Änderungen in der Liturgie und im Altarbau (vgl. S. 238, 242). Jetzt, da der Priester vor dem Altare stand, hatte man das Bedürfnis, diese heiligste Stelle in der Kirche, an der sich das Geheimnis der Geheimnisse, das eucharistische Wunder, vollzog, durch eine Art Rückwand abzuschließen, für die neben den aus Stein gemeißelten oder aus Holz geschnitzten Plastiken nun auch Tafelbilder hergestellt wurden.

Im ersten Drittel des vierzehnten Jahrhunderts hat — nach dem Erhaltenen zu schließen — die Ostmark, namentlich Wien, unter Verwertung der längst bekannten byzantinischen Formen, ferner von Anregungen der französisch-englischen Buchmalerei und der nun mit Giotto einer neuen glänzenden Aera entgegengehenden italienischen Malerei die besten Tafelbilder geschaffen, darunter auch die von Klosterneuburg. Eine höchst eigentümliche, alle Malbestrebungen der Zeit in sich vereinigende, freilich nur kurzdauernde Blüte erlebte die Tafelmalerei in Böhmen unter Kaiser Karl IV. aus dem Hause Luxemburg. Wie weit man in den Bildnissen, die ehemals die Wände der Burg Karlstein zierten, eine Offenbarung des slavischen Wesens sehen und dessen Einbruch in die deutsche Kunst annehmen will, hängt von der subjektiven Einstellung des Beurteilers ab; mir ist es höchst unwahrscheinlich, daß diese Bilder von der „Einheit der böhmischen Gefühls- und Geschmacksatmosphäre" künden sollen zu einer Zeit, da die Kultur dieses Landes noch keinen national-böhmischen Charakter aufweist. Nur soviel ist sicher, daß nun auch der Osten in der Kunstentwicklung innerhalb des gemeineuropäischen und deutschen Rahmens ein Eigenleben zu führen beginnt, und für den Entwicklungsgang der deutschen Kunst jetzt die Ost-Westrichtung in Betracht kommt.

Neben der „mâze", dieser höchsten männlichen Tugend, verherrlichten die ritterlichen Dichter mit am meisten die den Mann und vor allem die Frau auszeichnende „süeze", die Anmut des Jungherrn und die Holdseligkeit der Jungfrau im Äußeren und die im Wohltun sich offenbarende Güte und Milde der Gesinnung. Dem Beispiele der Minnesänger folgend, wurde die Mystik nicht müde, die „süeze" des Seelenbräutigams Christus und der Mutter und Maid Maria zu preisen. Diese Süße des Rittertums und der Mystik hat ihre vollkommenste malerische Verkörperung in den Madonnenbildern der Kölner Schule von etwa 1350—1450 gefunden. Auch die Malweise ist bis wenigstens über die Schwelle der Jahrhundertwende noch rein mittelalterlich. Die Künstler der „Madonna mit der Wickenblüte", der „Madonna mit der Erbsenblüte" und der bis 1418 in Köln schaffende Hermann Winrich von Wesel und wohl auch der vor ihm in dieser Stadt lebende Wilhelm von Herle kümmern sich noch nicht um Raum und Perspektive. Ihre „Gestalten stehen wie in den alten Mosaiken und Emailmalereien noch immer als farbige Fläche auf dem Goldgrunde". Erste Anzeichen des in der Malerei neu aufkommenden Naturgefühles verrät dagegen bereits die „Madonna im Paradiesgärtlein", und die „Perle der kölnischen Malerei", die „Veronika mit dem Schweißtuche", modelliert schon die innere Form und legt das Hauptgewicht nicht mehr auf die Umrißlinie. Eine Reihe um die Mitte des fünfzehnten Jahrhunderts in Köln entstandener Gemälde, so die „Madonna im Rosenhag" und vor allem Stephan Lochners „Kölner Dombild" mit der Anbetung der heiligen drei Könige, dem heiligen Gereon und der heiligen Ursula mit ihren Gefährtinnen schließen die mittelalterliche kölnische Kunstrichtung ab, wobei schon manche Einzelheiten auf den anderwärts bereits stärker durchbrechenden Natursinn und eine neue Art der Weltfreudigkeit hinweisen.

Im letzten Drittel des vierzehnten Jahrhunderts wird als Meister des Hochaltares der Petrikirche in Hamburg, der später längere Zeit in Grabow stand, daher auch „Grabower Altar" genannt, ein Bertram von Minden erwähnt. Es ist damit freilich nicht gesagt, daß die Malereien wirklich von ihm herrühren, da zu dem Altar auch zahlreiche geschnitzte Figuren gehören und Bertram ebensogut der Meister von ihnen, wie bloß von der Malerei oder von beiden zugleich sein kann, wie ja auch sonst die mittelalterlichen Zeugnisse in ähnlichen Dingen oft ungenau und vieldeutig sind. Die Gemälde dieses Altares, eine Kreuzigungsgruppe im Innern des Schreins und auf den Außenflügeln Szenen aus dem Alten und Neuen Testament, sind an sich schon wegen der ungeheuren Wucht ihrer Menschengestaltung höchst bedeutsam und beweisen neben anderen Altarbildern aus Niedersachsen, daß man hier, vielleicht von der böhmischen Tafelmalerei angeregt, verhältnismäßig früh von der alten zur neuen naturalistischen Kunstauffassung überzugehen begann. Es läßt sich bei der Malerei ein und desselben Kulturkreises kaum ein größerer Gegensatz denken als zwischen der „Süße" der Kölner Malerei und etwa der Vertreibung aus dem Paradiese des Grabower Altares.

Einer der größten deutschen Maler um 1400, Konrad von Soest, zeigt unverkennbare Einflüsse Italiens und der Niederlande und hat selbst wieder auf die Maler Westfalens und Niedersachsens gewirkt. Im allgemeinen ging hier die Malkunst nach dem großartigen Vorstoß des Meisters vom Grabower Altar und Konrads von Soest eher wieder etwas zurück, und man berief fremde Meister für große Aufträge, wie dies um das Jahr 1424 die Gesellschaft der Englandfahrer für ihren Altar in der Hamburger Johanniskirche tat. Nach einer späten Notiz vom Ende des sechzehnten Jahrhunderts wird der Künstler dieses Altares, der ohne Plastiken ist, Meister Franke genannt. Italienische und französische Vorbilder sind hier selbständig verarbeitet, die Raumdarstellung ist gegen früher schon weit vorgeschritten. Dies und die eigenartige Farbenbehandlung, ferner die ganze Komposition mit ihrer beschwingten Poesie lassen diesen Altar als die beste Leistung des Übergangsstiles erscheinen.

Im westlichen Bodenseegebiet, das zur Zeit des Konstanzer Konziles (1414 bis 1418) Fürsten und Gelehrte aus aller Herren Länder sah, erhielt die deutsche Tafelmalerei entscheidende Anregungen. Hier in Konstanz verbrachte wohl auch Lukas Moser seine Lehrjahre, der im Jahre 1431 den Tiefenbronner Altar vollendete. Wie hier die Legende der Maria Magdalena nicht nur erzählt, sondern auch von den Kunstgesetzen der Malerei aus gestaltet ist, und wie dabei persönliche Anschauungen des Künstlers, zum Beispiel Beobachtungen der Wellenbewegung im Bodensee, verwertet werden, das rückt die Bilder des Tiefenbronner Altares schon ganz nahe an den „primitiven Naturalismus" der nun anbrechenden Epoche. Ihr gehörte bereits Konrad Witz an, der zur Zeit des Konzils in Konstanz lebte, 1434 zu Basel in die dortige Malerzunft aufgenommen wurde und 1446 oder 1447 starb. Alles, worauf es bisher der Tafelmalerei angekommen war, ist ihm mehr oder weniger nebensächlich: Fülle der Handlung, seelischer Ausdruck, Schönheit der Form. Sein Ziel ist Wirkung des Körperhaften. In gleicher Richtung bewegt sich, natürlich mit mancherlei Verschiedenheiten, die Malkunst auch sonst in Oberdeutschland. Acht im Jahr 1437 zu Ulm für die Kirche in Wurzach gemalte Tafeln wollen vor allem das Leidenschaftliche verkörpern und schrecken dabei auch vor der Wiedergabe des Gemeinen und Rohen nicht zurück. In Nürnberg wandte man sich um 1440 von dem auf Prag zurückgehenden „Halbidealismus" ab. So erstreben trotz des altertümlichen Einschlags, wie etwa der Verwendung des Goldgrundes, die Bilder des um 1450 entstandenen Tucherschen Altares dasselbe wie Konrad Witz, der Ulmer Meister und andere Neuerer: lebensnahe Wahrheit. Die Gestalten des Tucherschen Altares sind plump, in grobe Kleider gehüllt. Die nächste Generation überwindet die Einseitigkeiten des Anfangs und vereinigt auf der neuen Grundlage Wahrheit und Schönheit: der spätmittelalterliche Realismus tritt in die Zeit seiner Blüte ein. Pinsel, Holzschneidemesser und Grabstichel schaffen nun Gemälde, Holzschnitte und Kupferstiche, die wie die vollkommenen Werke der Antike und des Hochmittelalters die Beschauer aller Zeiten entzücken. Um solche Klassik, ob sie nun antik, gotisch oder barock oder sonstwie heißt, zu verstehen, bedarf es keiner historischen Schulung und Deutung, sie spricht nicht nur zu dem Gebildeten, sondern zu jedem Unverbildeten mit einem für das Schöne und Wahre empfänglichen Gemüt.

Es ist sicher kein Zufall, daß der erste Meister des spätmittelalterlichen Realismus, der zwischen 1430 und 1440 zu Kolmar geborene Martin Schongauer, dessen Vater, ein Augsburger Goldschmied, sich im Elsaß niedergelassen hatte, seinen Weltruf weit mehr durch die Kupferstiche als durch seine Gemälde erwarb und von einem der ersten deutschen Humanisten, Jakob Wimpfeling, gerühmt wurde. Ist auch Schongauers Kunst von der Renaissance im wesentlichen noch unberührt, die breitere Öffentlichkeit, an die sich der Kupferstich wandte, und der Anklang, den er bei ihr fand, lassen erkennen, daß nun auch für die Deutschen eine neue Epoche angebrochen war: das Zeitalter des Humanismus. Man hat den Unterschied zwischen der eigentlich mittelalterlichen Kunst und der Kunst, die mit Schongauer nach den mancherlei von uns kurz gestreiften Übergängen und Ansätzen voll in Erscheinung trat, als den Gegensatz von Idealismus und Realismus oder Naturalismus oder auch den der malerisch symbolischen und neuzeitlichen imitativen Kunstgestaltung bezeichnet, für die die Raumdarstellung von entscheidender Bedeutung ist. Diese Verschiedenheit soll ihren Grund darin haben, daß die germanische Seele die raumlose Malerei auf die Dauer nicht habe ertragen können, und die Stunde habe kommen müssen „wo in der nordischen Malerei der Raum aufhört ein Nichts zu sein, wo er umschlug zu einem Symbol des Alls". In den geschichtlich nahe nebeneinanderstehenden Tatsachen der Ausbildung der Tiefenperspektive in der Malerei, der Entdeckung Amerikas und der Umformung des Weltbildes des Kopernikus will man das „Pathos der dritten Dimension", den Lebensrhythmus des faustischen Menschen sehen.

Daß der Mensch der nördlichen Länder von Natur aus ein anderes Verhältnis zum Raum hat als der der südlichen mit den ganz anderen atmosphärischen Bedingungen, leuchtet ohne weiteres ein. Im übrigen ergehen sich alle Betrachtungsweisen wie die eben angeführten in Willkürlichkeiten und werfen das Nachher und Vorher durcheinander. Die Entdeckung des Orients z. B. wurde von der Gesamtheit der Abendländer des Mittelalters viel intensiver erlebt als die Entdeckung Amerikas, die ja für sie zunächst gar nicht die Entdeckung eines neuen Erdteils war; ja, auch noch die Eroberung Mexikos und anderer Länder hat nicht den schöpferischen faustischen, sondern weit mehr den nur abenteuernden und eroberungssüchtigen chevaleresken Zug im abendländischen Menschen vertieft. Und wie lange hat es gedauert, bis das Weltbild des Kopernikus zu dem der Menschheit wurde! Aber etwas anderes offenbart sich in der neuen Malerei ebenso wie in der Innenarchitektur der Spätgotik (vgl. S. 237): daß nun die Deutschen zum Volk, zum Kulturvolk geworden waren. So lange die Kultur die Angelegenheit einer Kaste war, erst der Aristokratie und dann des Rittertums, waren das rein flächenmäßige und die nur linienhafte Verbindung der Einzelheiten mit der Hinwendung zur Architektur als dem beherrschenden Prinzip die gegebene Entsprechung des Kulturganzen und der malenden und zeichnenden Künste. Als aber alle Schichten am Kulturleben Anteil gewannen, vertiefte sich die Fläche zum Raum, wurden die Einzelheiten durch die Perspektive zu einer körperhaften Einheit vereinigt. Wie weit dies mit innerer Notwendigkeit geschah, wie weit also eine Art Ursachenverbindung vorliegt, oder ob es sich dabei für die Mal- und Zeichenkunst nur um einen Fortschritt handelt, das heißt um die Fähigkeit, etwas zu vollbringen, wozu man bis dahin nicht imstande gewesen war, wird sich nie zwingend dartun lassen. Auf jeden Fall veranschaulicht aber kaum etwas so deutlich die schöpferische Kulturleistung von Menschen aus fast allen Schichten und das Hineinwachsen des Volksganzen in das Kulturleben wie das allmähliche Entstehen der deutschen Sondergotik und die Entwicklung der deutschen Malerei im späteren Mittelalter.

Volksleben und Schrifttum

Eine vorwiegend von literarischen Gesichtspunkten ausgehende Würdigung wird dem Schrifttum des späteren Mittelalters nicht sehr viel Gutes und Schönes nachrühmen, zumal wenn man die Bestrebungen des Humanismus bei der Behandlung ausscheidet. Die Poesie ist abgesehen von der volkstümlichen Lieddichtung (vgl. S. 263) entweder lendenlahmes Epigonentum oder kann mit ihren irgendwelchen praktischen Zwecken dienenden Reimereien meist nicht den Anspruch auf Dichtkunst erheben. Der erzählenden Prosa, so packend und kräftig sie Einzelheiten vorträgt, fehlt gewöhnlich die Hauptvoraussetzung für ein Kunstwerk: die den Stoff wirklich bewältigende und die Teile zu einem organischen Ganzen vereinigende Komposition. Und doch wird gerade jetzt das Schrifttum, was es vordem nicht, wenigstens bei weitem nicht in dem Grade gewesen ist, ein unmittelbarer Ausdruck des g a n z e n Volkslebens. Die Unmittelbarkeit bedingt die Schwäche und Stärke dieses ganzen Schrifttums zugleich. Indem es viel von dem Geröll und dem Abfall alltäglicher Erscheinungen mitschleppt, vermurt und versandet es auf weite Strecken hin, dafür werden die Gedanken und Gefühle in ihrer ungebrochenen Ursprünglichkeit wiedergegeben. In seinem engen Zusammenhang mit dem Leben betrachtet, bietet deshalb das spätmittelalterliche Schrifttum nicht nur eine Fülle kulturgeschichtlicher Aufschlüsse, sondern es zeigt auch, etwa wie ein Glasgemälde bei voll darauffallendem Licht, künstlerische Eigenschaften.

Daß Schrift und Buch eben in diesem Zeitraum eine ungleich breitere und vielseitigere Verwendung als früher finden konnten, war nur möglich, weil auch in diesem Falle technische Fortschritte und geistige Bedürfnisse glücklich zusammentrafen und sich gegenseitig vorwärts trieben. Das Pergament war viel zu kostspielig gewesen, als daß es sich der weniger Bemittelte hätte verschaffen können. Gegen Ende des zwölften Jahrhunderts wurde das längst von den Chinesen erfundene P a p i e r in Deutschland bekannt, aber es blieb zunächst für den gemeinen Mann ebenfalls unerschwinglich. Seit der Mitte des vierzehnten Jahrhunderts gelang es, das Lumpenpapier in Stampfmühlen in größeren Mengen herzustellen, also gerade in der Zeit, da weitere Volkskreise am Kulturleben regeren Anteil zu nehmen begannen. Wenn auch das Buch Papier in den ersten Jahrzehnten des fünfzehnten Jahrhunderts immer noch so viel wie ein gutes Mittagessen mit Wein im Gasthaus kostete, so waren nun doch etliche Bogen kein Wertgegenstand mehr. Der Tafeldruck, die Vervielfältigung in Holz oder Metall geschnittener bis zu einer Seite umfassender Texte und Bilder, ein ebenfalls von dem fernen Osten übernommenes Verfahren, konnten wegen der verhältnismäßigen Billigkeit des Papiers seit etwa 1400 immer größeren Aufschwung nehmen. Holzschnitte, Andachtsbilder mit kurzem Text und dergleichen kamen nun auch in die Häuser der ärmeren Leute. Um die Mitte des fünfzehnten Jahrhunderts erfand schließlich der Mainzer Johannes Gutenberg den D r u c k mit g e g o s s e n e n beweglichen Lettern, den eigentlichen Buchdruck. Dessen ungeheure Bedeutung ward den Menschen jener Zeit sofort bewußt, und mit berechtigtem Stolze setzten die Drucker an den Schluß eines Buches vom Jahre 1460, daß Gottes Gnade die ruhmreiche deutsche Nation mit diesem so hohen Geisteslichte verherrlicht und den übrigen Völkern der Erde vorgezogen habe.

Ihre volkheitliche nationale Eigenart kam den Deutschen wie einst bei den kriegerischen Auseinandersetzungen in Italien, die im Zusammenhang mit dem universalen Kaisertum gestanden hatten, so jetzt vornehmlich bei der Abwehr französischer Ausdehnungsbestrebungen und bei den gemeineuropäischen Einrichtungen zum Bewußtsein. An der Kurie zu Avignon und Rom spielten die Interessen und Eifersüchteleien der einzelnen Nationen eine immer größere Rolle, an den Universitäten und auf den Konzilien gruppierte man sich nach Nationen. — Wie im ganzen Abendlande, so wurde auch in Deutschland noch sehr viel in lateinischer Sprache geschrieben, doch drang die deutsche seit der Wende vom dreizehnten zum vierzehnten Jahrhundert mehr und mehr in alle Gebiete des literarischen und praktischen Schrifttums, namentlich auch im Urkundenwesen ein. Die Dialekte hatten dabei zwar immer noch die unbedingte Vorherrschaft, aber auf dem Wege des Amtsverkehrs kam man allmählich zu dem aus ober- und mitteldeutschen Elementen bestehenden „gemeinen Deutsch". Die „kleinen politischen Organisationen, die Gemeinden, Konvente, Herrschaften und Territorialverwaltungen" bildeten die Kerne, „um die sich die die nationalsprachliche Bewegung fördernden Bedingungen kristallisieren konnten, und ihre Summe hat ein durch gegenseitigen Verkehr der Einheit zustrebendes, mundartlichen Differenzierungstendenzen entgegenwirkendes deutschsprachliches Schriftgebiet ergeben. Von diesen Organisationen ging die amtliche Ausbreitung der deutschen Sprache an den Grenzen und der Widerstand gegen die Expansion der fremden Nachbarsprachen aus, zugleich aber auch der innere Druck, der zuerst die größeren Territorialgewalten und schließlich die oberste Reichsleitung erfassend zwang, dem Deutschen im öffentlichen Schriftverkehr den ihm gebührenden Platz einzuräumen". Dieser Zwang ergab sich vor allem aus der Anteilnahme breiterer Volksschichten an dem öffentlichen und kulturellen Leben. Aus den verschiedenen Ansätzen privater und öffentlicher Natur, aus dem „gemeinen Deutsch" der Reichskanzlei und anderer Kanzleien erwuchs freilich erst durch Luthers Leistung die allgemeine deutsche Schriftsprache.

Die Seelenhaltung des spätmittelalterlichen Deutschen

Bei dem Versuch, die Seelenhaltung des Deutschen wie überhaupt des Abendländers im späteren Mittelalter zu erforschen, um von ihr aus zum Verständnis der einzelnen Äußerungen des geistigen und sittlichen Lebens vorzudringen, fällt immer wieder eine denkbar große und scharfe Gegensätzlichkeit auf, und zwar gleichviel, ob es sich um Soziologisches oder Psychologisches handelt. So ist z. B. der spätmittelalterliche Mensch Massenmensch, Gruppenmensch und Individualist zugleich. Irgendein Aberglaube, eine Bewegung oder Erregung reißt hoch und nieder widerstandslos mit sich. Erzählt man sich irgendeine Schauergeschichte: Brunnenvergiftung, Ermordung eines Kindes zu kultischen Zwecken durch die Juden einer Gegend, dann werden diese zu Hunderten ohne ernstliche Untersuchung des Tatbestandes dem Flammentod überliefert. Der unheilvollste Massenwahn war der Hexenwahn, der wohl erstmals in Irland 1344 zu einem Bluturteil führte. In Frankreich und Deutschland flammten im Laufe des fünfzehnten Jahrhunderts die Hexenfeuer auf, darin die unglücklichen Opfer der Volkswut und der Inquisition meist nach unsäglichen Martern einen grausamen Tod fanden, bis endlich das Zeitalter der Aufklärung dieser wie so mancher anderen unbegreiflichen Unmenschlichkeit ein Ende machte. Nicht minder zeigen unter anderem die Geißlerfahrten und Veitstänze die Anfälligkeit breiter Schichten für Massenbeeinflussung. Über den alle soziologischen Verhältnisse des Mittelalters beherrschenden Zug zur Gruppenbildung haben wir schon wiederholt gesprochen. Die ständische Gebundenheit und der Kirchenglaube legten einer freien Entfaltung der Persönlichkeit im modernen Sinne allerlei Hindernisse in den Weg. Andererseits waren wenigstens dem Manne manche Möglichkeiten zur Entwicklung seiner Eigenart geboten, die unter den neuzeitlichen Rechtsverhältnissen, bei der größeren Gleichförmigkeit des Lebens und bei der Arbeit an der Maschine nicht mehr vorhanden sind. Jeder Ritt und Schritt außerhalb der Stadt und des Burgtores konnten in ein Abenteuer für Leib und Leben führen, und in der weiten Welt draußen wie in Haus und Hof waren unendliche Abenteuer der Seele zu bestehen, da ja Märchen, Sage, Zauber und Wunder noch in voller Wirklichkeit lebten. So gab es denn auch kaum je mehr „originelle" Persönlichkeiten als im Mittelalter und namentlich im Spätmittelalter. Und daß man damals das Besondere, das Eigenständige am und im einzelnen Menschen beachtete und Gefallen daran fand, beweisen neben anderem manche Beinamen fürstlicher Persönlichkeiten und verschiedene der seit dem vierzehnten Jahrhundert aufkommenden bürgerlichen Familiennamen, besonders aber das Schwelgen des hoch- und besonders des spätmittelalterlichen Schrifttums im Anekdotischen und die Freude am treffenden, witzigen Wort. Renaissance und Neuzeit haben dann freilich das Verhältnis des Mittelalters zur Persönlichkeit vielfach umgewandelt, immerhin ist der seiner ganzen Art nach romanische Persönlichkeitskult der Renaissance in Deutschland nie so recht heimisch geworden. Von dem späteren Schwärmen für das Persönlichkeitsideal möchte man fast sagen, daß das Reden über Persönlichkeit in dem Maße zunahm, als die Voraussetzungen für eine wirklich urtümliche und persönliche Lebensgestaltung dahinschwanden.

Je mehr man vom allgemeinen zum einzelnen der spätmittelalterlichen

Seelenhaltung herniedersteigt, desto offenkundiger wird ihre Gegensätzlichkeit. Neben einem in allen Bezirken des Lebens sich breit machenden Humor, der mitunter selbst das Heiligste zur Posse macht, stehen düsterer Ernst und weltflüchtige Melancholie; Rührseligkeit, zartes Empfinden und abstoßende Grausamkeit gehen oft unvermittelt ineinander über; nüchterne Lebensauffassung, ein bewundernswert gesunder Menschenverstand und unbegreifliche Phantastik sind immer wieder bei den Angehörigen aller Stände zu beobachten; man verhöhnt Geistliche, Mönche und Nonnen und verehrt sie dann wieder als Wesen einer höheren Welt; Ehebruch und sittliche Vergehen werden an Leib und Leben bestraft, und zugleich wird die Prostitution als Selbstverständlichkeit hingenommen, die Überlassung eines Mädchens für eine Nacht als ein Teil der Gastfreundschaft geübt, und die Kebskinder wachsen neben der ehelichen Nachkommenschaft in der Familie auf.

Dieses Neben- und Ineinander der gegensätzlichsten Erscheinungen kam nicht nur von der fortschreitenden Differenzierung der Kultur und des Seelenlebens. Die zwiespältige Haltung der Kirchenleitung der „Frau Welt" gegenüber, die sie als sündhaft und verderbt verabscheute und in deren Getriebe sie sich doch allzu willig verstrickte, findet sich womöglich noch vergröbert und verstärkt bei den Laien. Die Selbständigkeit und oft auch Abgeschlossenheit der einzelnen Städte und herrschaftlichen Gebiete brachten es mit sich, daß innerhalb eines verhältnismäßig kleinen Bezirkes oft dieselben Dinge an einem Ort aufs strengste bestraft und im Nachbarorte kaum beachtet wurden. Vor allem dürften aber die Schärfe der Gegensätze und die dadurch hervorgerufenen Spannungen im Seelenleben eine Folge der ständischen Gliederung gewesen sein. Denn Tugenden wie Laster verstärken sich als Standeseigenschaften innerhalb der einzelnen Gruppen und werden dann in ihrer gesteigerten Form nicht nur von den Angehörigen der betreffenden Gruppen selbst, sondern auch von anderen übernommen. So begegnet uns z. B. der in seinen Ausartungen grotesk anmutende Stolz des Adels nicht selten bei dem reichen Bürgertum und wird mitunter auch von Bauern nachgeäfft. Bei den unaufhörlichen Kriegen und Fehden suchte man den Gegner vor allem durch Schädigung mürbe zu machen: durch Verwüstung seiner Felder, Zerstörung seiner Dörfer, Viehraub, also durch grenzenlose Quälereien der Bauern. Die Härte und Grausamkeit der Kriegerkaste übertrug sich auf alle Schichten der Bevölkerung, zumal da ja auch Bürger und Bauern Wehr und Waffen trugen und im Dienste ihrer Stadt und Herren nicht minder als die adligen Ritter und Räuber wüteten. So stumpften sich Auge und Herz gegen Greuelszenen ab, ja, man fand an ihnen eine Art perversen Wohlgefallens. Dabei ist die Frömmigkeit des Spätmittelalters größtenteils typische Klosterfrömmigkeit und zwar die der neueren Orden; die Weichherzigkeit, Rührseligkeit und die mancherlei Andachtsübungen der zahlreichen Frauenklöster und Beginenkonvente dringen auch in die Bürgerhäuser ein.

Trotz der vielen und tiefen Gegensätze im Seelenleben der spätmittelalterlichen Menschen weist es doch im großen Ganzen einen einheitlichen Grundzug auf: den der männlichen Tüchtigkeit. Aber so groß der Anteil des städtischen Bürgertums an der Ausbildung dieser Charaktereigenschaft war, darf man sie doch nicht schlechthin als bürgerlich bezeichnen, denn Landesfürstentum und Adel, namentlich der niedere Adel, trugen zu ihrer Entwicklung kaum weniger bei. Die Landesherren legten nun großes Gewicht auf die Tüchtigkeit ihrer Untertanen, vor allem ihrer Beamten auch in den Werken des Friedens, und „fest", „fest und weise", „fromm und fest" ward jetzt zum allgemeinen Standesbeiwort des niederen Adels.

Da männliche Festigkeit und Tüchtigkeit das Ideal des Bürgers und des Adels ist, macht sich die statische Haltung gegenüber der dynamischen des jugendlich beschwingten Hochmittelalters wieder mehr geltend. Steigt dessen Lebensrhythmus in steilen Vertikalen auf, so herrschen im Spätmittelalter die horizontalen Ordnungen. „Die Masse war horizontal, ständisch gegliedert. In den Ständen stand einer neben dem anderen. So zeigt es die Gesellschaftsordnung, das Schauspiel, die bildende Kunst ... Auch in den Gesetzbüchern stehen die Paragraphen hintereinander ohne Zusammenfassung in Ober- und Unterabschnitten. Die Volksepen bestehen aus zehntausenden gleichartigen Versen. Die Prozessionen glichen langen gegliederten Ketten." Um die Wende vom fünfzehnten zum sechszehnten Jahrhundert scheint allerdings manches die Auflösung des mittelalterlichen Traditionalismus und das Werden von völlig Neuem anzubahnen. Einzelne Großkaufleute, die zugleich Großunternehmer und Großkapitalisten sind, durchbrechen die Stadtwirtschaft und den Zunftzwang, der Humanismus wendet sich scharf gegen die scholastische Methode und hebt namentlich das mittlere Schulwesen auf eine höhere Stufe, die Verweltlichung der Kultur macht weitere Fortschritte, in Wirtschaft, Wissenschaft und Kunst tritt die Einzelpersönlichkeit mehr in den Vordergrund. Aber dem breiten Strom des Lebens gibt all das keine neue Wendung; der Menge und Masse nach überwiegt das eigentlich Mittelalterliche noch bei weitem, und vor allem der Lebensrhythmus bleibt sich im wesentlichen gleich. Auch das Ideal der Neuerer, wenn man sie wirklich so und nicht Vollender nennen will, ist reife Männlichkeit und Tüchtigkeit.

Kirchliche und gegenkirchliche Wissenschaft

Die Kräfte der Sonderung und Gruppenbildung drangen auch in die Kirche ein, doch bot diese der abendländischen Kultureinheit noch immer den stärksten Rückhalt und bestimmte noch in vielem die Kulturgestaltung. Von den verschiedenen philosophisch-theologischen Lehrstreitigkeiten hat die Frage nach der Wesenheit der Universalien, der Allgemeinbegriffe, die damaligen Gelehrten am meisten beschäftigt. Die Skotisten vertraten den Realismus, die tatsächliche

Wirklichkeit der Universalien, wonach z. B. der Einzelmensch die allen Menschen gemeinsame, in ihnen „realiter“, wirklich vorhandene „Menschheit“ besitzt, die Thomisten einen gemäßigten Realismus, wonach „Menschheit“ zwar nur ein vom Verstande geprägter Begriff ist, der aber einen objektiven Grund hat in der allen Menschen der Veranlagung nach (potentialiter) vorhandenen „Menschheit“, die Okkamisten erklärten die Allgemeinbegriffe lediglich als „nomina“, Namen ohne irgendwelche in der Natur der Dinge gegebene Voraussetzungen. Nach Okkam (1299—1349) dienen nämlich die Allgemeinbegriffe nur dazu, um Denkoperationen vorzunehmen. Die Okkamisten, nach ihrer Lehre auch Nominalisten genannt, zählten im späteren Mittelalter weitaus die meisten Anhänger, insbesondere gewann in Deutschland der Nominalismus das Übergewicht über den Realismus der Skotisten und Thomisten. Er bot in manchem die philosophische und theologische Unterlage für Luther und war zugleich ein Vorläufer der modernen Erkenntnistheorie, so bei Descartes und seinen Nachfolgern.

Öffnete der Nominalismus dem Subjektivismus ein weites Tor, so schlug Marsilius von Padua (gestorben nach 1328) mit seinem „defensor pacis“ (Friedensverteidiger) eine breite Bresche in die Lehre von der Allgewalt des Papstes, die eben noch (1302) in der Bulle „unam sanctam“ von Bonifaz VIII. in schroffster Form verkündet worden war. Nach Marsilius sind Kirche und Priestertum in jeder Beziehung dem Staate untergeordnet; der ursprüngliche Träger der Staatsgewalt aber ist das Volk, das zu ihrer Ausübung die Fürsten wählt und einsetzt. Auch Okkam, ferner Lupold von Bebenburg, erst Würzburger Domherr, dann Bischof von Bamberg, und andere traten in ihren Schriften für eine Unterordnung des Papsttums unter das Kaisertum ein, wenn sie auch nicht so weitgehende Folgerungen wie Marsilius zogen. Die damaligen antipäpstlichen und antikurialen Bewegungen, denen sich teilweise auch die am ursprünglichen Armutsideal des heiligen Franz festhaltenden Franziskaner-Spiritualen anschlossen, fanden einige Zeit einen Stützpunkt an Kaiser Ludwig IV., der mit Papst Johann XXII. im Streite lag (vgl. S. 351ff.). Noch war das Papsttum zu mächtig, als daß seine intellektuellen Gegner den Sieg darüber hätten erringen können; aber seine Stellung wurde in diesem Ringen doch schwer erschüttert. Viele Theologen waren nun der Ansicht, daß die Universitäten, namentlich die Pariser, bei kirchlichen Lehrstreitigkeiten ein entscheidendes Wort mitzusprechen hätten; die Anschauung, eine allgemeine Kirchenversammlung stünde über dem Papste, setzte sich nahezu allgemein durch, und die weltliche Gewalt gewann immer mehr Einfluß auf die Gestaltung der kirchlichen Verhältnisse.

Kirchliche Mißstände

Die papstfeindlichen Theorien und Schriften waren Begleit- und Folgeerscheinungen des Versagens des Papsttums und der vielen kirchlichen Mißstände. Schon die äußeren Ereignisse zeigten Papsttum und Kurie in wenig günstigem

Lichte. Nachdem Bonifaz VIII. (1294—1303) mit seinen grenzenlosen Machtansprüchen nur Mißerfolge erzielt hatte, wurde das Papsttum durch die Übersiedlung nach Avignon (1309) Frankreich hörig, also dem Lande, das ihm wenige Jahre zuvor die größten Demütigungen zugefügt und Bonifaz VIII. gefangen gesetzt hatte. Im Jahre 1378 nahm das Schisma seinen Anfang (vgl. S. 371), wohl die tiefste Erniedrigung des Papsttums. Je ein Papst hatte in Rom und Avignon und schließlich noch ein dritter zu Pisa seinen Sitz. Das Konzil von Konstanz (1414—1418) schaffte zwar insofern Ordnung, als es alle drei Päpste absetzte, beziehungsweise zur Abdankung zwang, und den Weg für eine Neuwahl frei machte, doch mit der so stürmisch begehrten „reformatio in capite et in membris", der Reform an Haupt und Gliedern, kam man nicht vorwärts. Mit dem Zustrom von geistlichen und weltlichen Fürsten, von Gelehrten, Spielleuten und Dirnen, mit den prunkvollen Aufzügen von Kaiser und Papst, mit seinen großen Kirchen- und Staatshandlungen, darunter der Verbrennung des Hus am 6. Juli 1415, und mit seinen mancherlei sensationellen Zwischenfällen bot das Konstanzer Konzil farbensatte Bilder echt mittelalterlichen Lebens. Zugleich machen indes, abgesehen von anderem, die Folgen von Hus' Tod den Niedergang der bisherigen staatlichen und kirchlichen Ordnung sichtbar: Die Opfer des Glaubensgerichtes werden von ihren tschechischen Volksgenossen als Glaubenshelden gefeiert, und schließlich sieht sich in den Hussitenkriegen die katholische Obrigkeit zu Verhandlungen und gütlichen Vereinbarungen mit Ketzern gezwungen. Nachdem auch das Basler Reformkonzil (1431—1449) die Wirren eher gemehrt als gemindert hatte, gab man die Hoffnung auf, die kirchlichen Zustände durch ein Konzil zu bessern. Die französische Kirche machte sich im Jahre 1438 weitgehend von der Kurie frei, der französische König wurde in wichtigen Punkten der Herr seiner Landeskirche, während in dem Wiener Konkordat vom 17. Februar 1448, das die meisten deutschen Fürsten für ihre Territorien annahmen, dem Papste und der Kurie große Rechte bei der Besetzung der kirchlichen Ämter und für die mannigfachsten Abgabenerhebungen zugestanden wurden.

Im Verhältnis zu den in Deutschland vorhandenen Geldmitteln wanderten Unsummen nach Rom. Wechselte eine geistliche Pfründe ihren Inhaber, so war ein beträchtlicher Teil eines Jahreseinkommens von ihr, mindestens 20%, an die Kurie zu entrichten. Reichlich die Hälfte aller in Deutschland frei werdenden Kanonikate vergab der Papst nach seinem Belieben, auch an Nichtdeutsche, und erhob hierfür hohe Sporteln. Die Bestätigung der zum Bischof Erwählten durch den Papst mußte schwer bezahlt werden, sie kostete z. B. einem Eichstätter Bischof 5000 Dukaten. Dazu gab es noch der Titel mancherlei, unter denen die Päpste regelmäßige oder einmalige Leistungen vom deutschen Klerus anforderten. Die begreifliche Verstimmung der Deutschen über diese Lasten steigerte sich bei vielen zu Erbitterung und Haß, wenn sie das Tun und Treiben am päpstlichen Hofe mit eigenen Augen sahen. Nur zu leicht vergaßen sie dann, daß Papst und Kurie für ihre Amtsführung auf beträchtliche Einnahmen angewiesen waren und auch große Aufwendungen zum Wohle der ganzen Christenheit, wie z. B. bei den Türkenkriegen und für allgemeine kulturelle Zwecke, machten. Der Mißbrauch fiel eben mehr in die Augen als die gute Verwendung, wie man ja auch von den im Lande bleibenden kirchlichen Einkünften vielfach annahm, sie dienten den Geistlichen und Mönchen lediglich zum Schwelgen und Prassen oder zur Befriedigung ihrer sprichwörtlich gewordenen Habgier.

Der Einsicht, daß die Kirche in Deutschland wie auch sonst im Abendlande an schweren Übelständen krankte, konnte sich allerdings niemand entziehen. Darum bemühten sich auch Kirchenfürsten, weltliche Fürsten und die Ordensleitungen redlich um eine Besserung der kirchlichen Verhältnisse, und sie erzielten dabei auch manche Erfolge. Da man aber davor zurückschreckte, die Axt an die Wurzel aller Übel zu legen, so kam man über einzelne, den Gesamtzustand nicht wesentlich bessernde Teilreformen nicht hinaus. Das Grundübel war, daß die Kirche, zumal in Deutschland, zu einer Versorgungsanstalt untüchtiger oder wenigstens für den geistlichen Beruf völlig untauglicher Menschen herabgesunken war. Fast alle deutschen Bischofssitze, Domherrenstellen und zahlreiche Abteien der alten Orden waren Sinekuren des Adels. Die Söhne des bürgerlichen Mittelstandes und der wohlhabenderen Bauern drängten sich in die niederen Pfründen ein, die Töchter in die Frauenklöster. Mönche und Nonnen machten am Ende des Mittelalters in Deutschland wohl reichlich 10% der Bevölkerung aus, in Mainz mit etwa sechstausend Einwohnern gab es fünfhundert Kleriker, in Köln etwa fünftausend, in zwei Kirchen Breslaus zweihundertsechsunddreißig, am Meißner Dom hundertsiebzehn Geistliche. Die meisten dieser Kleriker hatten nur Messen zu lesen und Brevier zu beten. Die Vorbildung eines großen Teils des höheren adligen Klerus, der „Junker Gottes", und auch des niederen war ungenügend; selbst manche Bischöfe und Äbte konnten nicht schreiben. Die „cumulatio beneficiorum", die Vereinigung mehrerer Pfründen in einer Hand, war weit verbreitet. Irgend ein hoher Herr steckte die Einkünfte mehrerer Bistümer, Kanonikate und anderer Stellen ein, ähnlich war es auch oft bei den Pfarreien und sonstigen Benefizien, die ein geistlicher oder weltlicher „Patron" seinem Günstling überließ. Die mit der Pfründe verbundenen Amtsverpflichtungen übernahm einer der vielen stellenlosen Geistlichen, oft um einen Hungerlohn. Und sie alle, die „Junker Gottes", die geistlichen Proletarier, die Mönche und Nonnen, häufig schon in unmündigem Alter, ja ehe sie noch das Licht der Welt erblickt hatten, für den Priester- oder Ordensberuf von ihren Eltern und Vormündern bestimmt, waren zur Ehelosigkeit verpflichtet. Kein Wunder, wenn unter solchen Umständen die Schmähliteratur über Pfaffen, Mönche und Nonnen immer mehr anschwoll, wenn im Volke Spottlieder, Spottgedichte und Schandanekdoten über die Dummheit und Geilheit des Klerus, der Klosterbrüder und der Nonnen umgingen, wenn geistliche und weltliche Obrigkeit, Synoden und Prediger über die

17*

Sittenverwilderung und Unbildung des Klerus und seine Vernachlässigung der Amtspflichten unaufhörlich klagten.

Die Leistung der Kirche

Dem grotesken und widerlichen „Pfaffenspiegel", der sich aus den zeitgenössischen Zeugnissen in dicken Bänden zusammenstellen ließe, steht indes die unbestreitbare Tatsache gegenüber, daß nicht nur die Schattenseiten, sondern auch die vielen und großen positiven Leistungen der spätmittelalterlichen Kultur mit dem kirchlichen Leben aufs engste verknüpft sind. Mögen von den über eine Million zählenden geistlichen Personen Abertausende völlig versagt und überreichen Stoff für die Skandalchronik geliefert haben, so erfahren wir aus den Quellen doch auch von vielen, die ihre Standespflichten gewissenhaft, mit Freude und Eifer erfüllten, und im allgemeinen hat der Durchschnitt, auch wenn er nicht durch ein hervorragendes Wissen glänzte und der menschlichen Schwachheit einen ausgiebigen Zoll entrichtete, doch schlecht und recht das Seine getan. Eine objektive Würdigung wird nicht einen absoluten Maßstab anlegen, sondern den Allgemeinzustand des späteren mit dem des früheren Mittelalters vergleichen, und da zeigt sich die Wirksamkeit der Kirche für das Volksganze in vielem doch als ungemein segensreich.

Die Kritik der Laien an der Kirche wurde nicht deshalb immer heftiger und beißender, weil Klerus und Mönchtum immer schlechter wurden, denn ihre Lebensführung und Bildung waren, abgesehn von einzelnen ziemlich schnell absinkenden Aufschwüngen, wie in den Frühzeiten der Cluniazenser und Zisterzienser, nie viel rühmlicher gewesen, sondern das Volk nahm nun an den Schwächen der Kirche und ihrer Diener in höherem Grade Anstoß, weil sein sittliches Empfinden und seine eigene Bildung weiter fortgeschritten war. Und dies war doch im wesentlichen ein Werk der Kirche, der seit dem Hochmittelalter mehr und mehr alle Schichten erfassenden S e e l s o r g e und der Bemühungen der Kirche für das S c h u l w e s e n. Alle die vielen Stiftungen für Schulen, Spitäler für Kranke und erwerbsunfähig gewordene Leute geschahen unter religiös-kirchlichen Gesichtspunkten, und der Einfluß der Kirche auf diese Einrichtungen blieb auch da gewahrt, wo Landesfürsten und Städte die Oberaufsicht ausübten. Die städtischen Volksschulen waren Pfarrschulen, in den Mittelschulen lehrten meist Geistliche oder hatten wenigstens die Leitung, in den Dorfschulen unterstand der Lehrer, oft zugleich Küster, dem Pfarrer, die sonstigen Erziehungs- und Unterrichtsanstalten für adlige Knaben und für adlige und bürgerliche Mädchen wurden von Klöstern oder Weltgeistlichen geführt. Die größten Verdienste um die Mittelschulen erwarb sich die in den Niederlanden entstandene „Bruderschaft vom gemeinsamen Leben", deren Tätigkeit in der Geschichte des Humanismus näher zu würdigen sein wird. Die Kirche hat mit ihrer Seelsorge und Bildungsarbeit wichtigste Voraussetzungen für das Geistesleben des Volkes auch da geschaffen, wo jede nähere

Beziehung zum Religiösen und Kirchlichen fehlt, ja selbst für die antikirchliche Literatur und die kirchenfeindlichen Strömungen und Richtungen.

Schreiben und Lesen begann erst im ausgehenden Mittelalter die uns heute selbstverständliche Funktion im Kulturleben auszuüben. Die Zahl der Analphabeten war zwar trotz der verhältnismäßig vielen Schulen noch immer groß, schon weil keinerlei Schulzwang bestand. Die mündliche Überlieferung des Lernstoffes von Liedern, Gedichten und Sagen spielte noch immer eine große Rolle. Aber dem gesprochenen Wort lag jetzt doch weit mehr als früher das geschriebene zugrunde; auch der Erzähler schöpfte mittelbar, oft ohne es selber zu wissen, aus schriftlichen Quellen. Die Schrift sollte nach dem Willen der Kirche Erbauung unter das Volk tragen, und Förderung der Frömmigkeit erwartete man vor allem von der neu erfundenen Kunst des Buchdruckes. „O, wie viele Gebete, wie viele Innigkeit wird vermittels der gedruckten Bücher geschaffen; item wie viele köstliche und selige Vermahnungen geschehen in den Predigten, und das kommt alles aus der vorgenannten edlen Kunst", ruft ein Kölner Chronist anno 1499 aus.

Die Frömmigkeit des späteren Mittelalters

Frömmigkeit war ohne Zweifel eine der auffallendsten Eigenschaften des deutschen Volkes am Ende des Mittelalters. Sie hat die Kirchen so weit und groß gebaut und mit Kunstwerken aller Art so reich geschmückt. Freilich ging Erhabenes und Gemeines in der Volksfrömmigkeit und zwar nicht ohne Schuld der Geistlichkeit wirr durcheinander. Glaube und Aberglaube, dieser noch zum Teil in altgermanischen Überlieferungen wurzelnd, waren aufs engste miteinander verfilzt. Unter unsäglichen Opfern und Mühsalen unternahm man Wallfahrten in aller Herren Länder, aber die Orte, durch die die Wallfahrer in größeren Massen kamen, mußten sich mitunter mit bewaffneten Knechten gegen deren Ausschreitungen schützen. Man erwartete oft zauberhafte Wirkungen von den Reliquien, trug kein Bedenken, sich mit List und Trug solche zu verschaffen, und trieb mit ihnen einen schwunghaften Handel. Ähnlich war es mit den Ablässen. In Scharen strömte man zu den Predigten gottbegnadeter frommer Männer und verbrannte auf deren Geheiß Würfel und üppige, unanständige Kleider; doch lief man mit nicht geringerem Eifer Leuten wie dem Pfeiferhansel von Niklashausen nach, dessen wahnwitzigen Prophezeiungen man glaubte, „weil er sonst ein Laie und halb blöd war". Bei den Verfolgungen der Hexen, gegen welche die hochgelehrten Inquisitoren mit einem der gesunden Vernunft Hohn sprechenden Verfahren vorgingen, der Ketzer, von denen manche Lehren nun auch in weitere Volkskreise eindrangen, und der Juden, die weltliche und geistliche Fürsten selbst mittelbar zu Wuchergeschäften veranlaßten, offenbarte sich ein wilder, grausamer Fanatismus. Es erscheint unfaßbar, wie sich dieser mit der zarten und innigen Frömmigkeit, den kernigen Unterweisungen für rechten Glauben und gutes Tun zusammenreimt, wovon viele Andachtsbücher jener Zeit künden, wie etwa das „Seelenwurzgärtlein", die Handpostillen, die Sammlungen von Heiligenlegenden, die Beicht- und Kommunionbücher. Die Schriften der großen Mystiker, eines Tauler und Seuso oder in ihrer Art gehaltene Erbauungsbücher fanden jetzt in weiteren Kreisen der Laien Eingang, wie auch die Heilige Schrift oder einzelne Teile davon noch vor dem Jahre 1500 wiederholt ins Deutsche übersetzt und gedruckt wurden.

Diese und ähnliche Widersprüche erklären sich aus den schon erwähnten Gründen für die Gegensätzlichkeit der mittelalterlichen Seelenhaltung überhaupt und weiterhin aus dem verhältnismäßig späten Einsetzen einer intensiveren, alle Schichten umfassenden Seelsorge. Eine in Klöstern und von Heiligen hochgezüchtete Gottseligkeit wurde in ein Volk mit vielfach noch ungebrochenen Naturtrieben hineingetragen, und zwar durch Priester und Bettelmönche, die oft selbst Lehre und Leben nicht in Einklang zu bringen vermochten. Der offenkundige Wandel in der Frömmigkeit und in den Andachtsübungen ist ebenfalls eine Folge der stärkeren Einbeziehung des ganzen Volkes in das kirchliche Leben. Die katholische Liturgie bedient sich vieler dem spätrömischen und byzantinischen Hofzeremoniell entlehnter Formen und der lateinischen Sprache. Diese Pompentfaltung und die unverstandenen lateinischen Gesänge machten zwar auch auf den einfachen Mann und die Bürgerfrau großen Eindruck, aber zu ihrem Gemüte sprachen diese artfremden Dinge nicht unmittelbar. So stellte sich das Bedürfnis nach Verdeutschung liturgischer Texte und nach volkstümlichen Andachtsübungen ein. Man verehrte jetzt mit besonderem Eifer das heilige Blut Christi und suchte Wallfahrtsorte auf, wo, wie zu Wilsnack, blutige Hostien gezeigt wurden. Die Herz-Jesuverehrung war eine Fortbildung der von den Mystikern gepflegten Christusminne. Durch oftmalige Wiederholung ein und derselben Gebete mit geringen Abänderungen kam man zu Formeln wie dem Rosenkranz. Fromme Seelen gedachten in jeder Stunde eines der Leiden Christi, der Angst auf dem Ölberge, der Geißelung usw., wofür sich ebenfalls bestimmte Formeln und Andachten in den Kirchen einbürgerten.

Man hat mit Recht darauf hingewiesen, daß die erzgegossenen Kruzifixe des früheren Mittelalters mit dem am Kreuze stehenden König-Christus eine ganze Welt von dem Schmerzensmanne und dem „Haupt voll Blut und Wunden" des späteren Mittelalters trenne. Nicht weil es eine Epoche des Verfalls, der Resignation und des Pessimismus gewesen wäre, kann sich nun die Kunst nicht genug tun in der Darstellung des leidenden Heilands und von Marterszenen der „lieben" Heiligen, sondern weil das bittere Leiden und Sterben unseres Herrn und Qual und Not der Heiligen dem selbst meist in dürftigen Verhältnissen lebenden und von Übeln aller Art bedrängten Volke wie kaum etwas anderes Trost spendeten, es zu Geduld und anderen Tugenden anspornten und zur Gottesminne entflammten. Erbauungsliteratur und kirchliche Kunst gingen hier völlig Hand in Hand. Nebenher lockte natürlich den Künstler und Schriftsteller das Leidensmotiv seit dem Hochkommen des Realismus ganz besonders, und das Volk, das stundenweit lief, um eine grauenvolle Hinrichtung durch Rad und Galgen zu sehen, wurde auch von Greuelszenen auf den Altarbildern angezogen. Darstellungen, wie Christus gegeißelt wird, unter dem Kreuze zusammenbricht, einem Heiligen die Haut vom lebendigen Leibe abgezogen wird, eine Winde die Gedärme langsam herausdreht, erweckten sowohl echt religiöse Gefühle des Abscheus über die eigenen Sünden, derentwegen Christus und die Heiligen so entsetzlich hatten leiden müssen, Gefühle auch des Mitleidens, der Dankbarkeit und Gottesliebe, kitzelten aber auch die auf den verschiedensten Gebieten hervortretende Sensationslust.

Doch auch die Idylle nahm in der Volksfrömmigkeit einen breiten Raum ein. Gespräche Christi und der Heiligen wurden weit ausgesponnen; in dem viel gelesenen, auch in die deutsche Sprache übersetzten „Leben Jesu" Ludolfs von Sachsen, der 1340 Kartäuser geworden war, heißt es: „Ich will so erzählen, wie sich die Dinge zugetragen haben, oder wie man in frommem Glauben annehmen darf, daß sie sich haben abspielen können". Die Umwelt der Evangelien und Märtyrer wird nach den Zuständen und Verhältnissen im eigenen Lande ausgemalt. Altarbilder, die die Geburt der Maria schildern, zeigen eine gutbürgerliche Wochenstube mit allen Einzelheiten. Die Realistik wird soweit getrieben, daß z. B. eine Magd das Badewasser für das Kind nicht mit der Hand, sondern mit dem für Temperaturunterschiede empfindlicheren Fuß prüft.

Lied und Musik

Lied, Musik und Schauspiel standen in engstem Zusammenhang mit dem kirchlichen Leben oder hatten in ihren rein weltlichen Ausgestaltungen manches von der kirchlichen Kunstübung übernommen. Deutsche Kirchenlieder und sonstwie geistliche Lieder sind schon für das frühere Mittelalter bezeugt und zwar ausdrücklich auch im Gegensatz zu den Romanen, die damals solche Lieder in der Volkssprache noch nicht kannten. Vor dem Schlachtbeginn sangen die eisengepanzerten Ritter ein frommes Lied, etwa „Christ, der du geboren bist" oder „Christ ist erstanden"; im vierzehnten Jahrhundert wurden verschiedene bei der Liturgie übliche Hymnen für den Volksgebrauch ins Deutsche übertragen, und das fünfzehnte Jahrhundert hat dann das deutsche Kirchenlied in großem Umfange gepflegt. Aus der Zeit von 1470—1520 kennt man an die hundert kirchliche Liederdrucke. Das profane Lied war im Deutschen von jeher, vor allem seit dem ritterlichen Minnesang, in Übung. Das spätere Mittelalter schuf manche Volkslieder, die noch heute fortleben oder Anstoß zu Neudichtungen gaben wie etwa das Röslein auf der Heide:

Der die Röslein wird brechen ab,
Röslein auf der Heiden,

das wird wohl tun ein junger Knab,
züchtig, fein bescheiden,
so stehn die Steglein auch allein,
der lieb Gott weiß wohl, wen ich mein:
gedenk an mich, wie ich an dich,
Röslein auf der Heiden.

Neben den Liebes-, Zech- und Naturliedern kamen Trutz- und Spottlieder auf einzelne Personen, Angehörige anderer Stände, Nachbarorte, politische Gegner, ferner Lieder über zeitgenössische Ereignisse immer mehr in Schwung. „Nichts ist im Leben, das nit ein lieblich Gesang von Herzen zu Freuden beweg", heißt es in dem 1509 zu Mainz erschienenen Büchlein „Ein christlich Ermahnung zu frummem Leben", und in der Tat gab es wohl kaum eine Regung des Gemütes und der Seele, die nicht in einem Liede und seiner frohen, traurigen oder gelassenen Weise widerklingt. Auch der mehrstimmige Kunstgesang wurde eifrig, vor allem in der Kirche gepflegt. In der zweiten Hälfte des fünfzehnten Jahrhunderts trat der Kontrapunkt seine Herrschaft an; im voll ausgebildeten polyphonen Gesang mit den melodisch selbständigen und doch harmonisch zusammenklingenden Stimmen kommt die Grundströmung dieser Epoche, das Sonderleben der einzelnen Gruppen und zugleich ihre Verbindung zur Volkheit durch unzählige hin- und herlaufende Fäden noch deutlicher und reiner zum Ausdruck als in der Raumgestaltung und Innenausstattung der Dome und Münster.

Das Schauspiel

Das mittelalterliche Schauspiel hatte seinen Ausgang von der Liturgie genommen. Im elften Jahrhundert begann man verschiedene der bei der Meßfeier verwendeten Texte, namentlich Evangelientexte, an Weihnachten, am Dreikönigsfeste und zu Ostern mit verteilten Rollen zu singen. Bald kamen, zunächst in sehr geringem Umfange, auch Handlungen hinzu; so stellten zum Beispiel ein Kleriker den Engel am Grabe Christi und drei weitere Kleriker in Chormänteln die drei das Grab besuchenden frommen Frauen dar. Liturgischen Charakter hat in gewisser Beziehung auch der in Kirchen aufgeführte und in der zweiten Hälfte des zwölften Jahrhunderts in lateinischer Sprache verfaßte „Ludus de Antichristo". Dies Spiel vom Antichrist kündet von einem überraschend klaren Reichsbewußtsein. „Die ganze Kirche ist dem römischen Reiche unterworfen"; dem Kaiser des Abendlandes huldigen als Lehensmannen die Könige von Frankreich, Griechenland, Babylon und Jerusalem. Als aber der Kaiser an Christus, den König der Könige, die Herrschaft über die Welt übergeben und nur noch König von Deutschland sein will, da bricht das Unheil des Antichrist los. Er hat durch die Ketzer jene falsche Frömmigkeit verbreitet, die den Verzicht des Kaisers und den Sturz der alten Ordnung veranlaßte. Der Antichrist und das durch seine Tücke heraufbeschworene Chaos wird schließlich durch den Christus Rex überwunden.

In einem Nürnberger liturgischen Buche aus dem dreizehnten Jahrhundert ist die in den frühesten Morgenstunden abgehaltene Auferstehungsfeier schon reich mit Wechselreden, dem „Wettlauf" der Apostel Petrus und Johannes zum Grabe und anderem mehr ausgestattet. Noch aus dem gleichen Jahrhundert stammen die ersten Osterspiele in deutscher Sprache. Handlung und Sprechen übernehmen nun meist Laien, der Schauplatz wird aus der Kirche auf den Kirchen- oder Marktplatz verlegt. Zu den immer weiter ausgedehnten Oster- und Weihnachtsspielen kommen die Passionsspiele, das Spiel von den klugen und törichten Jungfrauen, vom Sündenfall, Marien- und Heiligenspiele mannigfachster Art, Fronleichnamsspiele, „Moralitäten", wie die vom „Jedermann", der sich vor Gottes Richterstuhl zu verantworten hat. Erbauung war nach wie vor der Zweck dieser Spiele, deren Leiter und Textgestalter immer noch meist Geistliche waren, doch überwucherten dem Volksgeschmack gemäß oft die komischen und grotesken Szenen die heilige Handlung, Teufel zwickten und zwackten die Sünder und machten unziemliche Späße, die Henker verübten beim Passionsspiel oft unglaubliche Rohheiten, die Juden verhöhnte man mit sie nachäffenden Tänzen. Männer übernahmen bis zur zweiten Hälfte des fünfzehnten Jahrhunderts auch die Frauenrollen, erst von da ab treten gelegentlich Mädchen auf.

Nach den zahlreich erhaltenen Textbüchern und Spielanweisungen kann man sich von dem bunten, reich bewegten Leben dieser Schauspiele und ihrer tief ergreifenden, die Zuschauer bald zu Tränen und Schmerzensrufen bewegenden, bald zu toller Ausgelassenheit mitreißenden Wirkung kaum noch eine Vorstellung machen. Die Spiele dauerten oft mehrere Tage, die Kirchen liehen dazu ihre prachtvollsten Gewänder und Geräte, das Volk strömte in Scharen herbei und agierte gewissermaßen mit. Es war wieder wie einst in den Tagen eines Aischylos und Sophokles, da das ganze Volk der Götter und Menschen Leid im Drama mit- und nacherlebte, und die Gegenspieler des Erhabenen und Guten, die Teufel hier, die Satyrn dort, das Entsetzlichste zur Posse verwandelten und damit das Grauen vor dem Unfaßbaren bannten. Und doch war das Spielen dieser mittelalterlichen Menschen etwas so ganz anderes als das der Griechen. An die Kunst von Hellas reichte die des spätmittelalterlichen Abendlandes bei weitem nicht heran, ja, man darf diese endlos ausgedehnten Reden und lose aneinander gereihten Szenen wohl überhaupt kaum als Kunst im eigentlichen Sinne werten. Dafür sind die mittelalterlichen Spiele schon keine Spiele mehr oder, wenn man so will, noch keine Spiele, sondern brausender Strudel des Lebens selbst. Auf das Wesen der Griechen, deren Kunst ja überhaupt unendlich größer war als sie selbst, läßt sich nur mit Vorbehalt aus ihren Tragödien schließen; das Schauspiel des Spätmittelalters aber, obwohl noch unmittelbarer Gottesdienst, ist ein einziges „Sehet die Menschen!"

Die in den ersten Jahrzehnten des fünfzehnten Jahrhunderts aufkommenden Fastnachtsspiele stehen mit dem kirchlichen Leben insofern in Zusammenhang, als man sich vor der ernsten und schwere Entsagungen auflegenden Fastenzeit noch einmal austoben wollte. Zum Drama wurden die jeweils von einigen vermummten Gestalten ohne szenischen Aufwand gespielten Fastnachtsspäße erst durch Hans Sachs erhoben. Verspottet werden meist die Bauern, doch erweitern sich manche dieser Stücke zu allgemeiner Zeitsatire wie etwa in dem — dem Nürnberger Hans Rosenplüt zugeschriebenen — „des Türken Fastnachtspiel". Die meisten dieser Stücke sind für die damals herrschende Rohheit sehr bezeichnend, worin besonders die Nürnberger mit ihren Unflätereien und Zoten die Norddeutschen — Lübeck tat sich neben Nürnberg besonders mit Fastnachtsspielen hervor — weit überboten.

Die Literatur

Die Dramen der Hrotsvith von Gandersheim waren reine Lesedramen gewesen, bei den Schauspielen des Spätmittelalters dienten die schriftlichen Aufzeichnungen im wesentlichen als Unterlage für die je nach Ort und Zeit wechselnde, freie Ausgestaltung der Rollen. Im allgemeinen aber nahm nun die Leselust auch in Laienkreisen fortwährend zu. Trotzdem kann man außerhalb der Einflußsphäre des Humanismus, dessen Frühperiode unter Kaiser Karl IV. die beste spätmittelalterliche Leistung in deutscher Sprache angehört, der 1399 verfaßte „Ackermann aus Böhmen", bei dem literarischen Schaffen nur sehr bedingt von Kunst sprechen. Dies lag vor allem daran, daß man auch von der Unterhaltungslektüre Mehrung des Wissens verlangte und mehr auf Ethik als Ästhetik sah. Das Moralisieren ist überhaupt eine Eigentümlichkeit dieses Zeitalters. Nebenher wollte man freilich auch seinen Spaß haben und zwar in möglichst derber Form, was man, wie etwa Heinrich Wittenweiler in der Einleitung zu seinem „Ring", als das „Grün des fröhlichen Lebens" gegenüber dem „Rot des Ernstes" bezeichnete. Von „Realistik" kann bei Büchern dieser Art ebenso wie bei den Fastnachtsspielen nur sehr bedingt gesprochen werden. Das Streben zu belehren und erst recht die Absicht, komische Wirkungen zu erzielen, führten immer wieder zu Umbildungen und groben Verzerrungen des wirklichen Lebens, dessen getreue Abspiegelung ja auch weder von den Possenreißern, noch von einem Wittenweiler bezweckt war.

Als die Fortsetzer der ritterlichen Minnesänger betrachteten sich die Meistersinger. Eine gewisse Ähnlichkeit bestand insofern, als auch diese sich an bestimmte Kunstformen hielten und zwar zuerst an die der Minnesänger; dann wurde für die Meisterschaft die Erfindung eigener Melodien und Versmaße gefordert, und nach einer vom vierzehnten bis in das fünfzehnte Jahrhundert hinein dauernden Übergangszeit von der ritterlichen zur bürgerlichen Dichtung wurde der Meistersang hauptsächlich von einem einzelnen Stande gepflegt, vom städtischen Bürgertum, wie einst der Minnesang vom Rittertum. Sonst aber war die Übereinstimmung gering. Als Stoffe wählten die Meistersinger nicht mehr ritterliche

Abenteuer, sondern vielfach Stellen aus der Bibel, ferner allgemein Moralisches, auch Politisches und Kritik der Zeitverhältnisse. Ein starrer Formalismus erdrückte schließlich fast jeden wirklich dichterischen Schwung. Der Meistersang stand in viel engerer Verbindung mit der Kirche als einst der Minnesang, die öffentlichen Vorträge der Meistersinger fanden gewöhnlich in einer Kirche statt, und unter den „Merkern", die auf Verstöße gegen Kunstregeln und Kirchenlehre zu achten hatten, waren auch Geistliche. Gelegentlich schlug freilich auch ein Meistersinger schon antikirchliche, an die Reformation gemahnende Töne an, wie etwa um 1340 in dem Sange von der Wiederkehr Friedrichs II.: da ohn' allen Krieg von der Pfaffen Meisterschaft kaum der siebte Teil bestehen bleiben, der fromme Fürst die Klöster zerstören, die Nonnen zur Ehe geben wird, die Geistlichen müssen nun Korn und Wein bauen, „wan daz geschicht, so kumen uns guotiu (gute) jar".

Die Zeit der fahrenden Ritter war nun vorbei, die wenigen, die sie nachahmten, gehörten schon mehr oder minder zum Geschlechte der Don Quixotes, dafür suchten deutsche Handwerker Italien, Spanien, Frankreich auf, und so manche blieben dort ihr ganzes Leben. Die großen Handelsgesellschaften, wie die Ravensburger, hatten in Genua und Mailand, Lyon und Bouc bei Marseille, Barcelona und Valencia und in den Niederlanden Kontore und Vertreter. Die Handelsgesellen der Hanseaten durchfuhren Nord- und Ostsee und hatten im Stalhof zu London, in Bergen, Brügge, Nowgorod und anderwärts Niederlassungen. Nach dem Bericht des Marco Polo gab es selbst in China wie für die lombardischen und französischen so auch für die deutschen Kaufleute eigene Gasthöfe. Manch ein Bürger, der im Weichbild seiner Vaterstadt grau geworden war, unternahm noch Jahr und Tag währende Wallfahrten zum Heiligen Grabe, nach Rom, zum heiligen Jakob von Compostella. Wie ein Nachhall des Kinderkreuzzuges mutet die Nachricht über die Wallfahrt einer Menge bairischer Knaben nach dem Mont Saint-Michel an, einer Insel der normannischen Küste. Und schon begannen die deutschen Landsknechte ihre Banner auf allen Schlachtfeldern Europas zu schwingen. Die Lust am Abenteuer, die Begierde, ferne Lande zu sehen oder wenigstens von ihnen zu hören, hatten also nicht nachgelassen, sondern nur andere Formen als in den Zeiten der Italienfahrten und Kreuzzüge angenommen. So sammelte man denn gerade auch um ihres von kühnen Taten und fremden Ländern kündenden Inhaltes willen mit großem Eifer die alten Sagen und ritterlichen Epen und machte Versbücher von riesigem Umfange, wie etwa 1490 Ulrich Fueterer, der in seinem „Buch der Abenteuer" die Geschichten über die im Mittelalter am meisten gefeierten Helden von den Argonauten bis zu den Artusrittern zusammentrug. Alte Sagen mit „verwunderlichen Begegnungen" wie etwa die von der Meerfrau Melusine, ferner von Herzog Ernst, Reisebeschreibungen von Wallfahrern wurden gerne gelesen. Volkswitz sprüht in den Schwankbüchern, Till Eulenspiegel hält hohe Herren und Bauernweiber zum Narren. Die Geistlichen würzten ihre Predigten mit Fabeln, Märlein, Exempeln, auch mit possenhaften Kurzgeschichten.

Der um 1350 von dem Berner Predigermönch Ulrich Boner verfaßte „Edelstein", hundert Fabeln in Reimen, ist das älteste der noch erhaltenen gedruckten Bücher (1461) in deutscher Sprache. Auch an den von Italien her vordringenden Novellen fand man schnell Gefallen. Ihre Helden, Erotik und Pointen haben mannigfache Berührungspunkte mit den typisch mittelalterlichen Erzählungen und Schwänken, doch sind Form und Geist schon mehr die der Renaissance und des Humanismus. Ebenso verraten die Zeit- und Sittengedichte wie Sebastian Brants „Narrenschiff" schon einen stark humanistischen Einschlag und gehören bereits zur Vorgeschichte der Reformation.

Unerschöpfliche Quellen für die Kulturgeschichte, insbesondere für die Erforschung des Denkens und Fühlens des deutschen Menschen im späteren Mittelalter sind die in verschiedenen Städten vielfach noch von Geistlichen, aber in durchaus bürgerlichem Geiste aufgezeichneten Chroniken. Ihre lebendige und kernige Sprache, ihre anschaulichen Schilderungen, ihr Stolz auf die Heimat, das Reich und das deutsche Wesen machen die Lektüre der besten dieser Chroniken wie etwa der Limburger vom Ende des vierzehnten Jahrhunderts, der beiden Straßburger von dem Chorherrn Fritsche (Friedrich) Klosener (bis 1362) und Jakob Twinger von Königshofen (bis 1415), der Augsburger des Burkhard Zink († 1474) mit stark autobiographischem Einschlag, der des Franziskaner-Lesemeisters Detmar von Lübeck (bis 1395) und der sogenannten Kölhoffschen Chronik von Köln (bis 1499) noch heute in vielen Teilen zu einem Genuß, wie ja überhaupt der erzählenden deutschen Prosa dieses Zeitalters ein später nur selten wieder erreichter Reiz des Ursprünglichen, Kraft- und Gemütvollen innewohnt. Er fehlt auch den damals so beliebten Dichtungen legendären, zeitgenössischen oder sonstwie geschichtlichen Inhaltes keineswegs, doch bringt der Vers manche Schwerfälligkeiten, zum Beispiel bei der Angabe von Orten und Jahreszahlen, mit sich, und bei Büchern mit über zwanzigtausend Versen — die „Kronika von Pruzinlant" des Nikolaus von Jeroschin (um 1340) zählt ihrer achtundzwanzigtausend, das „Buch der Väter" rund vierzigtausend, die Umdichtung der „Goldenen Legende" des Jakobus a Voragine über hunderttausend — kommen auch die ausgezeichnetsten Einzelheiten kaum noch zur Geltung. Die gereimten Adelskataloge, ähnlichen Zwecken wie in der Neuzeit der „Gothaische genealogische Hofkalender" dienend, sind lediglich ihrer äußeren Form wegen bei der Epik zu erwähnen.

Volkstümliche Fachliteratur und Rechtsbücher

Die theologische und juristische Fachliteratur und die volkstümlichen Darstellungen aus verschiedenen Wissensgebieten, besonders aus der Medizin und Naturkunde, nahmen nun wenigstens mengenmäßig einen großen Aufschwung. Der Nominalismus mit seiner Wertschätzung des Einzeldinges bereitete eine für die empirische Beobachtung günstige Geisteshaltung vor, und die mancherlei Übersetzungen aus dem Lateinischen — erbaulicher, unterhaltender und belehrender Bücher —

kamen der Ausbildung der deutschen Prosa namentlich für den Satzbau sehr zustatten. Die gelegentlich früher schon vorgenommene (vgl. S. 231), jetzt allgemein übliche Aufzeichnung der „Weistümer", der bäuerlichen Gewohnheitsrechte, der „Stadtrechte", der „Zunftordnungen" und dergleichen hielten die überkommenen Rechtsgepflogenheiten fest. Für die wichtigsten Standesverhältnisse gab es eigene Sondergerichte, die Lehensgerichte für Lehensherren und Lehensmannen, die Dienstgerichte für Ministerialen und ihre Herren, die grundherrlichen Hofgerichte, auch Baudinge und Hubgerichte genannt, für die Grundherrschaften und ihre Leute, die Märkerdinge und Dorfgemeindegerichte, auch Bauernsprache und Heimgereide genannt, für die Markgenossenschaften und Dorfschaften, die Morgensprachen für die Zünfte. Die für die ordentliche Rechtsprechung benützten Gesetzessammlungen wie Sachsen- und Schwabenspiegel (vergl. S. 200 f.) wurden eifrig kommentiert und ergänzt, in einzelnen Territorien wurde das geltende Landrecht aufgezeichnet, so in Oberösterreich schon im dreizehnten Jahrhundert, in Oberbaiern 1346 unter Ludwig dem Baiern. Eine tiefer greifende Umgestaltung des öffentlichen Rechtswesens ließ sich bei der nun schnell fortschreitenden Entwicklung des wirtschaftlichen und staatlichen Lebens nicht mehr vermeiden, obwohl sich alle Stände gegen die von den Landesfürsten begünstigte Einführung des römischen Rechtes und die Rechtsprechung durch Juristen statt, wie bisher üblich, durch Laienrichter leidenschaftlich wehrten. Dieser Kampf und sein Niederschlag im Schrifttum fallen indes mehr in das Zeitalter der Reformation.

Von der politischen Leistung der Deutschen im vierzehnten und fünfzehnten Jahrhundert sprechen wir in den beiden nächsten Kapiteln, die kulturelle rechtfertigt jedenfalls die Bezeichnung des Spätmittelalters als einer „Hoch-Zeit der deutschen Geschichte". Diese zwei Jahrhunderte haben die Kultur des Nordens und Ostens erst so recht eigentlich geschaffen, haben die materielle und geistige Kultur, wenn auch nicht in allen einzelnen Erscheinungsformen der Kunst und Wissenschaft, so doch dem Gesamtumfang und dem Gesamtinhalt nach auf eine in deutschen Landen vordem nie erreichte Höhe gehoben und zu einer wahren Volkskultur gemacht. Gewiß kann man das Spätmittelalter in mehrfacher Hinsicht ein Zeitalter des Übergangs nennen. Zahlreich sind die Ansätze zu Neuem in Wirtschaft, Gesellschaft, Staat, Geistes- und Seelenhaltung, aber all das, die Anfänge des Kapitalismus, des Humanismus, nicht nur als Bildungs-, sondern auch als Lebensideal, des Individualismus im modernen Sinne, des sittlichen Verantwortungsgefühles Gott, der Gemeinschaft und sich selbst gegenüber in der eigentümlich deutschen Ausprägung, ist zumal im fünfzehnten Jahrhundert weniger das unsichere Tasten einer in ihren Grundlagen erschütterten Zeit als ein Fortschreiten innerhalb der in zäher Arbeit geschaffenen Ordnungen.

Zweites Kapitel

Grundlagen und Aufgaben der Politik des späteren Mittelalters

Mit einer an den Vernichtungswillen des alten Cato gegen Karthago erinnernden Entschlossenheit und Erbitterung hatte Innozenz IV. nach dem Konzil von Lyon im Jahre 1245 den Kampf gegen Kaiser Friedrich II. und sein ganzes Haus aufgenommen. Der Papst ließ das Kreuz wider den Kaiser predigen, die vom Norden Europas, von Deutschland und Italien eingehenden Kreuzzugsgelder wurden für den heiligen Krieg gegen die Staufer bestimmt, ebenso die Sporteln für Erteilung von Pfründen und Dispensen aller Art. Im Laufe von sieben Jahren erhielten die Feinde der Hohenstaufen vom Papste Summen, deren politischen Wirkungswert — an heutigen Verhältnissen gemessen — man wohl auf eine halbe Milliarde Goldmark veranschlagen darf. Schon aus diesem Zuschuß für die *eine*, die staufenfeindliche Seite mag man ermessen, welches Unglück dieser innere Krieg über Deutschland bringen mußte. Die sich bekämpfenden Parteien wandten ja außerdem noch möglichst viel aus eigenen Mitteln auf, und die damalige Kriegführung zielte in erster Linie auf die Zerstörung von Werten ab. Zu dieser materiellen Schädigung Deutschlands kam ferner das durch die Aufpeitschung des religiösen Fanatismus verursachte Unheil.

Vor allem wurde Südwestdeutschland verwüstet, wo die Hohenstaufen sich eine weitausgedehnte Hausmacht begründet hatten (vgl. S. 118f., 154). Alle die schwäbischen Herren, die sich durch den Ausbau der staufischen Macht eingeengt und bedroht fühlten, wie Graf Ulrich von Württemberg, Pfalzgraf Hugo von Tübingen, die Markgrafen von Burgau, die Grafen von Calw, Sigmaringen, Kiburg und andere brachen, ebenso wie verschiedene Bischöfe, in die staufischen Besitzungen ein und suchten sie mit Einwilligung des Papstes an sich zu bringen. Kaum weniger hatten Südost- und Mitteldeutschland zu leiden. In den Jahren 1246 bis 1248 starben drei der reichsten Fürstengeschlechter im Mannesstamme aus: die Babenberger in Österreich, die Grafen von Andechs-Meran und die ludowingischen Landgrafen von Thüringen. Ging sonst schon die Regelung des Erbes einer aus hunderten von einzelnen Stücken Eigen- und Lehengütern und den mannigfachsten Gerechtsamen bestehenden Herrschaft meist nicht ohne langwierige Streitigkeiten und Fehden vor sich, so nahmen jetzt die kriegerischen Verwicklungen bei der großen Zahl der auf die Hinterlassenschaft Anspruch Erhebenden und bei dem Fehlen eines allgemein anerkannten Schiedsrichters kein Ende. Am Niederrhein kämpften Graf Johann II. von Avesnes und Graf Guido von Flandern um den Besitz von Flandern. Überhaupt entluden sich in dieser Zeit die alten Gegensätze und Feindseligkeiten zwischen einzelnen Geschlechtern, ferner zwischen Städten, Fürsten und Adel in unaufhörlichen Gewalttaten. Die Wirrungen wurden noch dadurch gemehrt, daß Parteigänger der Kurie und der Hohenstaufen wiederholt ihren Standpunkt wechselten, je nachdem es gerade einträglicher schien. Mit die treuesten Anhänger der Hohenstaufen waren ihre Dienstmannen und die Reichsministerialen. Sie wurden politisch immer mehr entwurzelt und gerieten wirtschaftlich in immer größere Not, je mehr die staufische Macht dahinschwand, das Königtum an Bedeutung verlor und die Städte das Wirtschaftsleben beherrschten. So wurde diese zahlreiche, über das ganze Reich verbreitete, zum „Kriegshandwerk geborene und zu nichts anderem erzogene Schicht mehr als je zu einer allgemeinen und steten Quelle der Unruhe, der Fehde". Das Raubrittertum nahm — auch auf der See — in bisher unerhörter Weise zu und wurde zu einer Plage für Stadt und Land.

Man suchte diesen Übeln durch Bündnisse zu steuern. Hatten sich früher einzelne Städte, so z. B. schon 1207 oder 1208 Worms und Speier erst zur Regelung der den Handel schädigenden Zölle, dann zum Kampfe gegen die bischöflichen Stadtherren zusammengetan, so vereinigten sich jetzt in verschiedenen Gegenden hauptsächlich am Rheine die Städte zu weiter ausgreifenden politischen Zielen, zunächst zur Wahrung der Reichsfreiheit gegenüber den Fürsten und in dem 1254 von Worms, Mainz, Oppenheim gegründeten Bunde, der schließlich von den Alpen bis zur Nordsee und im Osten bis Regensburg und Nürnberg reichte, zur Wahrung des Friedens. Diesem Bunde schlossen sich sogar weltliche und geistliche Fürsten an, ehedem die erbittertsten Gegner der städtischen Einungen. Dadurch wurden innerhalb größerer Bezirke die schlimmsten Schäden des Interregnums behoben und ein einigermaßen geregelter Fortgang des wirtschaftlichen und gesellschaftlichen Lebens ermöglicht. Aber zwischen den Städten und Fürsten, ferner bei den einzelnen Fürsten untereinander waren die Spannungen zu groß, als daß sie für längere Zeit durch Bündnisverträge hätten beseitigt werden können. Das Landvolk und die Bewohner der Städte sehnten sich nach einer straffen Zentralgewalt, nach der Erneuerung des Königtums, weil nur dadurch die Gewähr für dauernden Frieden gegeben schien, und schließlich waren der Neuwahl eines Königs, der nicht nur den Namen eines solchen haben, sondern wirklich seines Amtes walten sollte, auch die Fürsten, die Reichsgut und Besitzungen der erloschenen Geschlechter an sich gebracht hatten, nicht mehr abgeneigt, denn das in der Zwischenzeit Gewonnene konnte in Sicherheit und Ruhe nur dann behauptet und genutzt werden, wenn durch eine höhere Autorität wieder ein fester Rechtsboden geschaffen war.

Das Königtum

Reichsgut und Hausmacht

Bis zum Sturze der Hohenstaufen beruhte die Macht des Königtums auf dem Familienbesitz des jeweiligen Herrscherhauses, ferner auf dem Reichsgut und den Regalien, bestehend aus den Abgaben und Dienstleistungen der Bistümer und Reichsabteien, den Hof- und Heersteuern der Städte, Einkünften aus Zöllen, Münz-, Salz-, Berg-, Jagd-, Strand- und Stromrecht, aus Straf- und Judengeldern und ähnlichem mehr. Im dreizehnten Jahrhundert hatten sich die Eingänge aus den Krongütern stark gemindert. Mit dem Aufsteigen der Fürsten zum Landesherrentum kamen an sie auch immer mehr Regalien ohne größere Gegenleistungen für die Krone, vor allem in den letzten Kampfjahren Kaiser Friedrichs II. und während des Interregnums. Darnach war vom Reichsgut und den Verpflichtungen der Kronlehensträger nicht mehr viel übrig. Es gelang dann allerdings, dem Reiche von dem Verlorenen einiges wieder zu verschaffen. Die Verwaltung der dem Reiche zurückgewonnenen Güter wurde namentlich in Süddeutschland durch Errichtung der „Landvogteien" einigermaßen in Ordnung gebracht.

Aus der „Bede" (Bitte, Gebot), der einem Herrn von seinen Untergebenen bei besonderem Anlasse geleisteten Beihilfe, war seit dem zwölften Jahrhundert allmählich eine Art Steuererhebungsrecht von öffentlich-rechtlichem Charakter geworden. Die Städte, Bistümer und Abteien des Reiches sollten nach dem Interregnum dem Könige regelmäßige Beden und für außerordentliche Fälle Notbeden entrichten. Die mehrmals unternommenen Versuche, eine allgemeine Reichssteuer, den „gemeinen Pfennig" einzuführen, verliefen bis gegen Ende des Mittelalters allerdings immer wieder im Sande, und die gesamten Erträgnisse aus Reichsgut, den Resten der dem König verbliebenen Regalien und den Beden reichten zur Bewältigung der vordringlichsten Aufgaben der Innen- und Außenpolitik in keiner Weise aus.

Sollte das Königtum wieder irgendeine Bedeutung für die Reichsleitung gewinnen, so war dies nur noch durch den Ausbau der Hausmacht des Herrschers möglich. Indem aber eine der Stützen des Königtums fast zu seiner einzigen wurde, veränderte sich die Grundlage und damit der ganze Charakter des Reiches wesentlich. Denn wenn auch früher schon ein ausgedehntes Hausgut die Voraussetzung für ein starkes Kaisertum gewesen war, und die Hohenstaufen ihren Besitz in einer Weise zusammengefaßt hatten, die das spätere Hausmachtsystem bis zu einem gewissen Grade vorausnahm, so war das doch für das Kaisertum und Königtum ein unmittelbarer Gewinn gewesen. Jetzt aber, da die Territorialfürsten in ihren Ländern eine größere Machtfülle erlangten, als das Königtum im Reiche gewinnen konnte, wandelte sich, wie im ganzen Reichsaufbau, so auch bei den Inhabern der königlichen und kaiserlichen Würde das Verhältnis von

Königtum und Landesherrentum fortschreitend zuungunsten des Königtums. Gingen einst Hausmachtpolitik und Reichspolitik des Kaisers ineinander auf, so liefen sie nun nebeneinander her, wie jetzt auch das Hausgut des Königs und das Reichsgut vollständig gesondert waren. Die Reichspolitik trat in manchen Fällen bei den Unternehmungen des Reichsoberhauptes gegenüber seiner Hauspolitik in den Hintergrund. In den Kämpfen Ludwigs des Baiern mit den Päpsten bahnte sich schließlich die Trennung der Begriffe Kaiser und Reich an; Auseinandersetzungen zwischen einem Kaiser und einem Papste sollten auf ihre Personen beschränkt bleiben, nicht mehr die Rechte des Reiches selbst berühren.

Diese Entwicklung war indes von den deutschen Königen nicht beabsichtigt. Sie suchten im Gegenteil den Anspruch auf die Reichsleitung, der ihnen von Amts wegen zukam und theoretisch auch allgemein anerkannt wurde, immer wieder in die Tat umzusetzen und das Reich zu reformieren. Man darf sich die deutschen Herrscher nach dem Interregnum nicht als Träumer vorstellen, die nicht wußten, weshalb sie die Hand für sich und ihr Geschlecht nach der Kaiser- und Königskrone ausstreckten. Eine bloße Ehrenstellung hätten sich diese kühlen politischen Rechner nicht so viel kosten lassen. Das Kaisertum hob sie immer noch hoch über die anderen deutschen Fürsten hinaus und schloß sozusagen die metaphysische Begründung des deutschen Königtums in sich. Darüber hinaus hatte das Kaisertum freilich kaum noch eine Bedeutung, während dem Königtum keineswegs alle Entwicklungsmöglichkeiten abgeschnitten waren (vgl. S. 317, 340, 354f., 361f.). Wenn die Könige gleich jedem Reichsfürsten darauf ausgingen, ihr Landesfürstentum zu vergrößern und zu stärken, so wollten sie damit auch einen Rückhalt für ihre Stellung als Reichsoberhaupt gewinnen, zumal da jeder, der auf den Thron kam, hoffte und darauf hinarbeitete, die Krone seinem Hause zu vererben. Weil aber die Verhältnisse nach dem Interregnum dem Ausbau des Landesfürstentums günstiger waren als der Neubegründung der Königsmacht, so ergab sich ohne weiteres, daß die deutschen Herrscher als Territorialherren ihre größten Erfolge erzielten und schließlich ihre Tätigkeit mehr auf ein Gebiet verlegten, wo sich Kräfteaufwand und Ergebnis besser entsprachen, und wo der Besitz des Gewonnenen sicherer der eigenen Familie verblieb.

Das Rechtswesen

Der deutsche König wurde auch noch im späteren Mittelalter grundsätzlich als oberster Gerichtsherr anerkannt; in Wirklichkeit lag das Rechtswesen fast ganz in den Händen der Sondergewalten. Vor den König waren allerdings auch jetzt als „hohe Sachen" zu bringen: Vergehen, für welche die Reichsacht in Frage kam, ferner Kriminalsachen gegen Fürsten und Streitsachen, die um das Grundeigentum oder den Lehenbesitz von Fürsten gingen. Aber nur in Italien fällte in diesen Dingen der König oder sein Stellvertreter das Urteil, in Deutschland waren bei den hohen

Sachen der Fürsten deren Standesgenossen Urteiler unter dem Vorsitze des Königs oder seines Vertreters. Als ordentliches Gericht kam das Hofgericht (vgl. S. 163) für alle Reichsunmittelbaren, ferner für Prozesse um das Reichsgut und die Reichsrechte in Betracht.

Für das Privatrecht waren einst die Stammesrechte maßgebend gewesen, an deren Stelle nun die Landes- und Stadtrechte traten. Das königliche Hofgericht, das ehedem alle Sachen des privaten und öffentlichen Rechtes an sich hatte ziehen können, verlor seine allgemeine Bedeutung immer mehr, seit die Goldene Bulle (1356) den Kurfürsten die Privilegien „de non evocando" und „de non appellando" verlieh, die später auch viele andere Fürsten, Städte, Stifte und reichsfreie Herrschaften erhielten, und besonders seit sich die „Austräge" immer mehr einbürgerten. Diese waren Übereinkommen von Bünden, wonach Streitfälle zwischen ihren Mitgliedern durch Schiedsgerichte beigelegt werden sollten. Das „privilegium de non evocando" hob für die damit Ausgestatteten das Königsrecht auf, alle vom ordentlichen Gericht noch nicht entschiedenen Streitsachen vor das Hofgericht zu bringen, und das „privilegium de non appellando" nahm allen Untertanen eines Herren die Möglichkeit, an den König zu appellieren, außer dem Kläger wurde von dem zuständigen Gerichte die Verfolgung seines Rechtes verweigert. Seit dem Jahre 1415 ist das königliche Kammergericht nachweisbar, in dem vom König delegierte Richter oder der König selbst mit seinem Beirat Rechtssachen erledigten. Das Hofgericht ging dann ganz im Kammergericht auf, dessen Wirkungskreis mit der Ausdehnung der eben erwähnten Privilegien sich weiterhin verengerte. Den sogenannten kaiserlichen Landgerichten in Süddeutschland unterstanden die wenigen noch vorhandenen Reichsdörfer und einige territoriale, mit dem Reiche in engerer Verbindung gebliebene Gerichte. Die alten, den Adel und die freibäuerliche Bevölkerung umfassenden Grafengerichte Westfalens entwickelten sich zu den Frei- oder Femgerichten fort.

Selbst bei seiner wichtigsten Aufgabe, bei der Sorge für den Landfrieden durch Gesetzgebung und gerichtliches Einschreiten gegen die Landfriedensbrecher mußte das Königtum im wesentlichen partikularistisch vorgehen. Die Landfriedensgesetze kamen meist als Provinzialgesetze auf begrenzte Zeit zustande, indem sie die Fürsten, Städte und sonstigen Herrschaften eines Gebietes, etwa in Lothringen, Süddeutschland, oft unter Führung des Königs beschworen. Verletzte jemand diesen Frieden, so konnte er wegen Eid- und Vertragsbruches vor dem Reichshofgericht, beziehungsweise dem Reichskammergericht, zur Verantwortung gezogen werden. Die Landfriedensbündnisse beschränkten sich nicht bloß auf die Aufrechterhaltung des unmittelbaren Friedens, sondern suchten auch die Verhältnisse zu regeln, die, wie das Zollwesen, Verfolgung von Raubrittern und Verbrechern, Quellen unaufhörlicher Streitigkeiten und stete Anlässe zu Fehden waren. Die Landfriedensgesetzgebung hätte also an sich einen Ausgangspunkt für den Ausbau eines umfassenden Reichsrechtes und damit der königlichen

Zentralgewalt als dessen Vollstreckers bieten können, wie dies damals in England und Frankreich geschah. Da aber das Fürstentum in Deutschland einer solchen Entwicklung mit allen Mitteln widerstrebte und dem Königtum die Macht fehlte, sie durchzusetzen, so sah es sich für die Wahrung des inneren Friedens, des Lebensnervs jeden Staates, auf gütliche Verhandlungen mit den partikularen Gewalten angewiesen, was naturgemäß zur weiteren Stärkung ihrer Selbständigkeit führte.

Das Kriegswesen

Ähnlich wie mit dem Rechtswesen stand es mit dem Kriegswesen. Der deutsche König war wohl oberster Kriegsherr, aber er konnte ohne die Zustimmung der Reichsfürsten keine Entscheidungen über Krieg und Frieden treffen. Früher hatte es sich dabei wohl weniger um ein eigentliches Recht, sondern mehr um ein Mitberaten der Fürsten gehandelt, und nur selten haben sie ihre Einwilligung zu einem vom Kaiser vorgeschlagenen Reichsfeldzug verweigert. Seit dem zwölften Jahrhundert aber wurden auf den eigens dazu veranstalteten Reichstagen sowohl über das Aufgebot zur Heerfahrt, wie die von den einzelnen Fürsten und Städten zu stellenden Truppen förmliche Vereinbarungen getroffen. Die Einberufung erfolgte dann für die Reichsministerialen, reichsfreien Herren, Kronlehensträger und Reichsstädte von Reichs wegen. Die Fürsten waren als Kronlehensträger für die Dienstleistung der in ihrem Gebiete hierzu Verpflichteten verantwortlich, wobei in der typisch lehensrechtlichen Form vorgegangen wurde: die Auftragerteilung gab der jeweils höhere Vasall an seinen Lehensmann weiter bis herab zu dem „einschildigen" Ritter, der nur allein mit seinem Knechte zu erscheinen oder nur einen Kämpen mit Ritterpferd zu stellen hatte. Als Unterfeldherren dienten dem Könige die Reichsvögte für die Reichsritterschaft ihres Gebietes und die Fürsten für ihr Aufgebot. Die für den ritterlichen Kampf ungeeigneten Bauern, die Kirchen und Klöster mit Ausnahme der zu unmittelbarem Dienst verpflichteten geistlichen Reichsfürsten, die Städte, die im allgemeinen in der späteren Zeit keine Krieger dem Reichsheer zu stellen oder sich nur an Unternehmungen in der Umgebung zu beteiligen hatten, mußten für die Heerfahrten an die für sie zuständigen Vögte oder Fürsten Beiträge in Geld oder Naturalien entrichten. Den Fürsten wurde schließlich ein Teil ihrer Aufwendungen für ihre Truppen vom Reiche wieder vergütet. Söldner, die schon gelegentlich Kaiser Friedrich I. verwendet hatte, wurden in größerer Zahl erst seit dem vierzehnten Jahrhundert von Fürsten und Städten zum Schutze des Landfriedens angeworben. Die Verstärkung der Befestigungswerke, die Geschütze, für die man zunächst große Steinkugeln gebrauchte, und die Söldner verteuerten die Kriegführung seit dem vierzehnten Jahrhundert gegenüber früher um ein Vielfaches.

Das auf das Lehenswesen aufgebaute Heer war schon an sich nichts weniger als ein vollkommenes Kampfmittel. Jetzt aber, da die Kronlehensträger mehr Fürsten neben dem Könige als Vasallen unter ihm waren und Größe und Art ihrer Opfer für das Reich selbst zu bestimmen hatten, kostete der Krone die Aufstellung eines Reichsheeres fast jedesmal unendliche Mühe, und es war dann in der Hand des Herrschers meist eine mehr oder minder stumpfe Waffe.

Das Reich muß doch bleiben

Als der Endkampf zwischen Papsttum und staufischem Kaisertum tobte, und in dieser Zeit die Jünger des heiligen Franz in allen Landen der römischen Christenheit ihr Evangelium von der heiligen Armut verkündeten, da dünkte es vielen, nun würde das dritte Reich kommen, das der 1202 in einem Kloster Calabriens gestorbene Joachim von Floris verkündet hatte. Denn da sich eben jetzt mit dem Auftreten des „mystischen Antichrist", nach den einen Kaiser Friedrich II., nach anderen der Papst oder auch die derzeitige Herrschaft des Bösen über das Gute überhaupt, die Prophezeiung vom Ende des zweiten Reiches, dem Reiche Christi und der Kirche zu erfüllen schien, würde nun wohl der „Dux", der Führer das Tor zum dritten Reich, dem des Heiligen Geistes und der vollkommenen Liebe aufstoßen. Die Wogen der joachimitischen Bewegung beruhigten sich allerdings wieder, als der Welt Lauf die Wendung zu dem vorausgesagten Reich so gar nicht nehmen wollte.

Ein Gedanke aber, der schon im „Spiel vom Antichrist" (vgl. S. 264) angeklungen und der mit joachimitischen Weissagungen aufs engste verknüpft war, blieb doch lebendig; der wirkliche Antichrist — der mystische Antichrist war nach den Joachimiten nur dessen Vorläufer — könne erst dann erscheinen, wenn es keinen Kaiser und kein römisches Reich mehr gäbe. So führte z. B. Jordanus von Osnabrück in seiner wahrscheinlich 1279 verfaßten Schrift „über den Vorzug des römischen Reiches" aus: „Der HERR hat das römische Reich geehrt und ehrt es immer noch dadurch, daß, solange es steht und dauert, der Mensch der Sünde, das Kind des Verderbens, der Antichrist nicht kommen wird, wie wir im zweiten Kapitel der zweiten Epistel an die Thessalonicher lesen, (wo der Apostel mit dem, der das Geheimnis der Bosheit jetzt aufhält, das römische Reich meint). Möchten darum die Deutschen, auf die das römische Reich übertragen ist und auf denen es ruht, bedenken, was das Ende dieses Reiches, das der HERR zum Wunderzeichen über die Erde gesetzt hat, zu bedeuten hat." Das Heil der Welt steht und fällt demnach mit dem römischen Reich, und daß dies das Reich der deutschen Nation, des deutschen Königtums ist, wird in den Schriften dieser Art mit dem Recht der deutschen Kurfürsten, den deutschen König und damit den Kaiser zu küren, näher begründet. Immer noch halten viele an der Überzeugung fest, daß nach der von Gott gesetzten Ordnung das Papsttum und das Kaisertum zur Führung der Menschheit bestimmt seien: „Gott, der den Himmel erschaffen hat, hat auch die Erde erschaffen", betont der Kölner Domherr Alexander von Roes in einem Brief an einen römischen Kardinal, „ER, der die Sonne schuf, schuf auch den Mond .... Wie der römische Adler nicht mit einem Flügel fliegen kann, so wird auch Petri Schifflein nicht nur mit einem Ruder seinen geraden Weg durch die Stürme und Wirbel dieser Welt geführt."

Doch was sollte jetzt noch die alte Kaiseridee, da die Wiederaufrichtung eines machtvollen Kaisertums zur Unmöglichkeit geworden war? Trug nicht der von den konservativen Publizisten, auch von Dante in seinen Staatsbriefen und dem „Tractatus de monarchia" verherrlichte Reichsgedanke bloß dazu bei, die Deutschen politisch in mittelalterlichen Zuständen erstarren zu lassen, während in Frankreich und England die Staatsgestaltung mit der kulturellen Entwicklung gleichen Schritt hielt und das Hochkommen eines in vielem schon neuzeitlich wirkenden Nationalismus begünstigte? Gewiß liegen die Schäden, die Deutschland aus dem Beharren in den politischen Verhältnissen einer entschwundenen Epoche erwuchsen, offen zutage, aber was die Länder deutscher Zunge in einem wenn auch nur losen Reichsverbande zusammenhielt, war nicht zuletzt das Fortleben der alten Reichsidee und ihre Verkörperung im Kaisertum und Königtum, die erst recht als eine organische Einheit betrachtet wurden, seit der zum deutschen König Erkorene ohne weiteres auch als „erwählter römischer Kaiser" galt. Bei dem Übergewicht der Sondergewalten und ihrem Selbständigkeitsstreben hätte jeder Versuch, das Königtum auf anderer Grundlage aufzubauen und ihm größere Macht über die Fürsten zu verschaffen, das Reich zersprengen müssen. Dadurch wäre aber auch das deutsche Volk in Teile auseinandergerissen worden, von denen jeder seinen eigenen Weg gegangen wäre, wie ja fast immer die Trennung vom Reichskörper — man denke an Holland, an die Flamen, an die Schweiz, an Elsaß und Lothringen — eine Trennung von der deutschen Nation herbeigeführt hat.

Die partikularen Gewalten

Reich und Königtum der Deutschen boten nach dem Interregnum nicht viel mehr als den äußeren Rahmen dazu, daß eine deutsche Politik überhaupt noch möglich blieb und die Unternehmungen der Gliedstaaten in einzelnen entscheidenden Fällen eine Beziehung zur ganzen Nation erhielten. Aber eingedorrt ist während des Spätmittelalters das politische Leben in den deutschen Landen keineswegs, es war im Gegenteil gerade damals ungemein rege und fruchtbar. Soweit die deutsche politische Geschichte nach dem Interregnum eine Geschichte der deutschen Staaten ist — und sie war bis zum Jahre 1871 in ungleich höherem Grade Staaten- als Reichsgeschichte — nimmt sie ihren Ausgang von den größeren Territorialfürstentümern, die sich damals in ihrem Bestande festigten.

Die wirtschaftlichen und politischen Verhältnisse des früheren Mittelalters hatten in allen Teilen des Abendlandes partikulare Gewalten entstehen lassen.

Daß im späteren Mittelalter Frankreich zu einem straffer organisierten Einheitsstaat zusammenwuchs, Deutschland dagegen zu einem föderativen Staatsgebilde sich auflockerte, war keineswegs die Folge einer verschiedenen politischen Veranlagung der beiden Völker. Die Gegensätze zwischen Süd und Nord waren in Frankreich noch größer als in Deutschland, und das Machtstreben der partikularen Gewalten machte sich in Frankreich nicht weniger geltend und hatte dort lange Zeit größeren Erfolg als in Deutschland. Beide Reiche waren auch nach dem Ende der Karolinger eine Mischung von Erb- und Wahlmonarchie, und hier wie dort wurde die Erbfolge des Herrschergeschlechtes nur dadurch gesichert, daß der Vater, der König, noch zu seinen Lebzeiten die Wahl seines Nachfolgers, eines seiner Söhne, durchsetzte. Während aber in Frankreich vom Ende des zehnten Jahrhunderts an bis zum Jahre 1328 die Capetinger und dann die von einer ihrer Seitenlinien abstammenden Valois herrschen konnten und den französischen Königen in den für die Staatsgestaltung entscheidenden Epochen meist eine lange Regierungsdauer beschieden war, so Philipp II., Ludwig IX., Philipp IV., Karl VI. und Karl VII., starben die Familien der sächsischen, salischen und staufischen Kaiser je in der vierten Generation aus; Heinrich II. und Lothar von Sachsen waren ohne Söhne, so daß in Deutschland das Wahlprinzip immer wieder auflebte. Außerdem wirkte sich hier dreimal der Tod eines Kaisers, Heinrichs III., Heinrichs VI. und Friedrichs II., verhängnisvoll aus, indem dadurch dem Papsttum Gelegenheit geboten wurde, sich über das Kaisertum aufzuschwingen, wobei sich die Päpste vor allem auf die partikularen Mächte im Reiche stützten und sich mit ihrer ganzen Autorität für das Wahlprinzip einsetzten. Sobald aber die Wahl nicht mehr selbstverständlich auf den Sohn oder nächsten Verwandten des Kaisers fiel, sahen sich die deutschen Könige genötigt, den Großen immer wichtigere Zugeständnisse zu machen, sei es, um die Wahl des Sohnes zu sichern, sei es, um sich selbst wider die Gegenkönige zu behaupten. Der Sieg des Wahlprinzips über das Erbprinzip und damit des Partikularismus über das Königtum war also für Deutschland im wesentlichen eine schicksalhafte Fügung.

Die Kurfürsten

Die Wahlhandlung hatte sich von dem Beginn des deutschen Reiches bis zum Ende des Interregnums stark gewandelt. Schon bei der Wahl des ersten deutschen Königs hatte das Volk selbst nicht mehr aktiv mitgewirkt; nur die Großen, die Angehörigen der aristokratischen Geschlechter, kürten den Herrscher. Wie immer bei solcher Angelegenheit kam viel auf die Reihenfolge bei der Stimmabgabe an, pflegen doch aus den verschiedensten Gründen dem von vier, fünf zuerst Genannten meist alle oder doch viele der weiteren Stimmen zuzufallen. Nachdem nun unter Kaiser Friedrich I. um 1180 die Scheidung der Großen in Fürsten, Magnaten und Freie Herren vollzogen wurde (vgl. S. 82) und dabei die Zahl der geistlichen Fürsten weit größer als die der weltlichen geworden war, hätten die Geistlichen bei der Abstimmung einen fast jeden Widerspruch ausschließenden Einfluß gewinnen müssen, wenn dabei genau der Würde nach vorgegangen worden wäre, also zuerst alle geistlichen Fürsten zum Zuge kamen. Man einigte sich deshalb dahin, daß die ersten Stimmen die Erzbischöfe von Mainz, Köln und Trier als die Häupter der ältesten und angesehensten Bistümer abgaben und nach ihnen vier weltliche Fürsten, und zwar die Inhaber der seit Karl dem Großen bestehenden Erzämter, die um diese Zeit mit der Pfalzgrafschaft bei Rhein (Erztruchseß), dem Herzogtum Böhmen (Erzschenk), dem Herzogtum Sachsen (Erzmarschall) und der Markgrafschaft Brandenburg (Erzkämmerer) verbunden waren. Wann diese und die übrigen für die Entstehung des Kurfürstenamtes wesentlichen Regelungen getroffen wurden, ist nicht zu ermitteln, besten Falles läßt sich von einigen der erste Vollzug feststellen. Die Ausübung des Vorstimmrechtes in dieser Weise fand vielleicht schon im Jahre 1196, sicher 1198 statt. Als 1237 Konrad IV. auf Veranlassung seines Vaters, Kaiser Friedrichs II., zum deutschen Könige gewählt wurde, stimmten nur die sieben „electores“ (Kürer) ab, die schon 1220 diesen Namen hatten, die übrigen Fürsten erklärten bloß noch ihr Einverständnis, und die Magnaten wurden überhaupt nicht mehr gefragt. Rudolf von Habsburgs Wahl (1273) schließlich vollzogen einzig die sieben Kurfürsten. Damals übte Baiern die Kur des Erzschenken aus, weil Ottokar von Böhmen seine Mitwirkung verweigerte.

Die Beschränkung des Wahlrechtes auf einen engen, bestimmten Kreis und dessen Ausbildung zu einer festgefügten Körperschaft, der ein dauernder Anteil an der Herrschergewalt des von ihr Gewählten zukam, hatte sich nach dem Vorgang der Kirche, auf deren Leitung das Kardinalskollegium weitgehenden Einfluß ausübte, und der Bistümer, in denen die Bischöfe für wichtige Angelegenheiten auf die Zustimmung ihrer Wähler, des Domkapitels, angewiesen waren, nun auch im Reiche durchgesetzt. Die Regelung der Wahlordnungen in dieser Weise war das Ergebnis widriger Erfahrungen mit zahlreichen und verschiedenartig zusammengesetzten Wählerschaften und der besonderen Würde und Macht, die kleine Gruppen über ihre ehemaligen Standesgenossen gewonnen hatten. Die Auffassung, der Wähler habe in Zukunft das Tun des Gewählten mit zu verantworten und das Recht zu wählen verleihe Rechte über ihn, ferner die korporative Einung der Wähler entsprechen dem auch sonst das Oben und Unten der mittelalterlichen gesellschaftlichen Bindungen durchwaltenden Geist. Und echt mittelalterlich, freilich nicht bloß mittelalterlich, war dann auch das hemmungslose, schwerste Schädigungen für die Allgemeinheit heraufbeschwörende Ausnützen des Wahlrechtes zum Vorteile der eigenen Person und der ganzen Wahlkörperschaft.

Die Kurfürsten und das Kurfürstenkollegium nahmen also nun im Reiche die erste Stelle nach dem Könige ein und wurden für die nächsten Jahrhunderte die Hauptträger der weiteren Entwicklung des deutschen Verfassungslebens. Längst schon hatten die alten Stammesherzogtümer ihre Bedeutung für den Reichsaufbau eingebüßt. Jedes von ihnen war namentlich infolge der von Kaiser Otto I. betriebenen und seither fortgesetzten Innenpolitik in zahlreiche, voneinander unabhängige Herrschaftsgebiete aufgeteilt worden, und die Fürsten kümmerten sich nicht mehr um die Stammeszugehörigkeit ihrer Untertanen. Daß man nun vollends die Kurwürde von Beziehungen zum Kaisertum und Königtum herleitete, und die Kurfürsten im Range über den Herzogen standen, zeigt, wie sehr der Stammesgedanke in Vergessenheit geraten war. Das staatenbildende Element war ja schon seit Jahrhunderten das Fürstentum, und die Fürsten bestimmten auch mehr und mehr die Kulturgestaltung in ihren Gebieten. Da aber manche der größeren Territorien ihren Namen von einem der alten Stämme herleiteten, da ferner die Eigentümlichkeiten der einzelnen Stämme nicht verschwanden und solchen Ländern, in denen die Nachkommen eines Stammes die ganze Bevölkerung oder deren stark überwiegenden Teil ausmachten, ein bestimmtes Gepräge gaben, da schließlich die Untertanen eines Fürstenhauses infolge des landesherrlichen Regimentes, besonderer landschaftlicher Bedingungen und geschichtlicher Ereignisse eine Art Stammescharakter annahmen, so konnte es den Anschein gewinnen, das Stammeswesen bilde immer noch die Grundlage innerdeutschen Lebens.

Das Recht, den deutschen König und damit den Kaiser, das wenigstens nominell höchste weltliche Haupt der abendländischen Christenheit, zu wählen, verlieh den Kurfürsten ihre hohe Würde, die Ausübung dieses Rechtes bot ihnen von Fall zu Fall immer wieder Gelegenheit, sich auf Kosten des Reiches und des jeweiligen Königskandidaten Vorteile zu verschaffen. Es ist ebenso richtig wie witzig bemerkt worden, die Darstellung der Kurfürsten am neuen Rathaus zu Aachen aus dem Jahre 1267, wobei der Bildhauer den Fürsten die Gestalt segnender Bischöfe und kriegerischer Laien gab, wäre eine Idealisierung der damaligen Gegenwart und der Zukunft gewesen; eine realistische Kunst müßte aber den hohen Herren hohle, zum Empfang der „Handsalbe" hingestreckte Hände geben. In der Tat hat die Korruption des öffentlichen Lebens in Kulturstaaten kaum je einen solchen Grad erreicht, wie sie im Verhalten der geistlichen Kurherren zutage tritt. Sie erpreßten dem zu Wählenden Unsummen, Graf Rudolf von Habsburg mußte dem Kölner Erzbischof sogar um tausendfünfzig Mark Silber seine Krone verpfänden, da der neu Gekrönte mit seinen übrigen Gaben die Habgier des Kirchenfürsten nicht zu stillen vermochte. Diese Handsalben schädigten unmittelbar die Reichsgewalt, weil es die erste Sorge des Königs sein mußte, die Gelder für die bei der Wahl eingegangenen Verpflichtungen aufzubringen, statt seine Mittel für wichtigere Aufgaben zum Wohle des Reiches zu verwenden.

Verhängnisvoller noch war es für das Königtum, daß die Kurfürsten ihre

Stellung dazu ausnutzten, ihm die Gerichtshoheit für ihre Gebiete zu entreißen (vgl. S. 274), was nach den damaligen Verhältnissen so viel wie die Erwerbung der fast vollen Landeshoheit, wenigstens in innerpolitischer Beziehung, bedeutete. Doch nicht nur nahezu unabhängig von dem Gewählten wollten die Wähler sein, sie wußten sich auch eine weitgehende Mitregierung zu sichern. Am häufigsten wurde sie in der Form der Willebriefe ausgeübt. Von jeher hatten die deutschen Könige bei wichtigen Entschließungen, z. B. kriegerischen Unternehmungen, Vergebung von freigewordenen Herzogtümern oder Landgrafschaften, den Rat der Großen, der „principes", angehört. Unter den späteren Hohenstaufen hatte der Fürstenrat eine Art Kontrolle über die Ausübung der Kronrechte, und mehr und mehr wurde aus dem Rechte der Ratserteilung ein Zustimmungsrecht, die Bindung des Königs an das Einverständnis der Fürsten. Dieses wurde in den „Willebriefen" ausgesprochen, für die unter König Wilhelm von Holland (1248 bis 1256) eine feste, rechtlich verbindliche Form aufkam. Seit Rudolf von Habsburg wurden diese Willebriefe von den Kurfürsten ausgestellt, und zwar für alle wichtigeren Staatshandlungen, die, wie die Verleihung von Kronlehen, Gerichtshoheit, Zöllen in irgendeinem Zusammenhang mit dem Reichsgut standen.

Einer Geschichtsbetrachtung, die, ohne die Gesamtlage einer Zeit und das Ineinanderwirken der verschiedenen Kräfte zu erfassen, den Blick starr auf ein einziges Problem richtet, hier auf das Verhältnis der Sondergewalten zur Reichseinheit, müssen die Kurfürsten als die Verkörperung der Habgier und Herrschsucht und als die größten Schädlinge des Reiches gelten. Doch wir dürfen wohl annehmen, daß die Bürger der Reichsstädte sehr wohl wußten, weshalb sie neben dem Kaisertum die Kurfürsten so sehr verherrlichten (vgl. S. 245). Ohne Zweifel geschah dies zum guten Teil in dem Glauben, sie wären nach Gottes Willen die Säulen des Heiligen Reiches, aber die Bürger, die selbst so schwer um die innere Ordnung ihres Gemeinwesens rangen und in vielem eine überraschende Urteilskraft für die realen Dinge bewiesen, erkannten auch den praktischen Wert staatlicher Einrichtungen trotz aller ihrer Mängel. Wer selbst immer wieder von einem Chaos bedroht ist, schätzt einen festen Untergrund ganz anders, als der, der von ihm aus an dem Unzulänglichen Kritik üben kann. Die Sünden der Kurfürsten und des Kurfürstenkollegs waren die Sünden ihrer Zeit, in der zum mindesten der Eigennutz der Körperschaften, des Kollektivs, durchaus dem Gemeinnutzen des ganzen Volkes voranzugehen pflegte. Für das Reich war es schon von Vorteil, daß sieben der mächtigsten Fürsten an dem Fortbestand von Kaiser und Reich in besonderer Weise interessiert wurden. Denn wenn es beides nicht mehr gab, wären auch alle Würden und Vorrechte der Kurfürsten dahin gewesen.

Vier Kurstühle standen am Rheine: die von Mainz, Köln, Trier und Kurpfalz, zwei im Osten: der von Brandenburg, das auf einer Strecke von über hundertfünfzig Kilometer an Polen grenzte, und der von Böhmen; das Kurfürstentum Sachsen ist sowohl Ost- wie Mitteldeutschland zuzurechnen. Man darf diese Verteilung für die Stärkung der deutschen Stellung im Westen, wo der französische Kultureinbruch (vgl. S. 302) nunmehr auch eine stete politische Gefahr bedeutete, und im Osten, wo der slavische Gegenstoß einzusetzen begann, trotz der nur zu oft nichts weniger als nationalen Haltung der Kurfürsten nicht unterschätzen. Bereits unter den späteren Hohenstaufen hatte die eigenständige Entwicklung von Nord- und Süddeutschland große Fortschritte gemacht. Daß dies nicht zugleich zu einer Zerreißung der politischen Bande führte, ist nicht zuletzt dem Kurfürstentum zu danken. Indem die Kurfürsten von Köln, Sachsen und Brandenburg ihres Amtes bei der Wahl und der Ausübung ihres Mitbestimmungsrechtes in allen wichtigeren Reichsgeschäften walteten, blieb der Norden in steter Fühlung mit dem Süden, der die meisten Herrscher stellte. Diesen lag natürlich viel daran, wie mit allen Kurfürsten, so auch mit denen von Sachsen und Brandenburg in gutem Einvernehmen zu stehen. Eines der Hauptmittel hierfür war die Heiratspolitik der Könige, wodurch ebenfalls mancherlei Beziehungen zwischen Nord und Süd geknüpft wurden.

Da bei den Verhandlungen zwischen den Königen und den Kurfürsten das „Geben um zu nehmen" am meisten hervortritt, ist es schwer, die positive Leistung des Kurfürstentums für das Reich zu erkennen. Die ausgesprochen nationale Politik der Kurfürsten im Jahre 1338 bei Kaiser Ludwigs IV. Streit mit der Kurie (vgl. S. 350ff.) erscheint geradezu als eine Ausnahme. Sie haben auch nie dem Sohne eines Königs ihre Stimme gegeben, bis die Goldene Bulle ein für allemal ihre Rechte sicherstellte. Ihr Eigennutz war jedoch nicht größer als der der partikularen Gewalten von jeher und im ganzen Abendlande. Daß diese, soweit sie für die Staatsführung in Betracht kamen, in Deutschland hauptsächlich auf die sieben Kurfürsten beschränkt waren, bedeutete an sich gegenüber den Zuständen seit Kaiser Heinrichs VI. Tod einen staatspolitischen Fortschritt, der sich nur deshalb nicht voll auswirken konnte, weil die Macht des Königtums bei Beginn der neuen Ordnung nach dem Interregnum sehr geschwächt war. Immerhin schloß sie nicht zu unterschätzende Zukunftsmöglichkeiten für den Träger der Königskrone und sein Haus in sich. Die Habsburger, Wittelsbacher und Lützelburger sind denn auch auf dieser Grundlage zeitweise zu großer Macht emporgestiegen. Und als Kaiser Karl IV. durch die Festlegung des Gewohnheitsrechtes als Staatsrecht in der Goldenen Bulle den Kurfürsten jede Sorge um die Aufrechterhaltung ihrer Stellung genommen hatte, waren die Voraussetzungen für eine neue große Monarchie in Deutschland gegeben, bei der die Wahl gegenüber der Erbfolge wieder mehr zurücktrat. Es dauerte freilich hauptsächlich infolge der Unfähigkeit von Karls Sohn Wenzel und dann des Aussterbens des Lützelburger Hauses noch geraume Zeit, bis es zur Entstehung dieser, nun von den Habsburgern getragenen Monarchie kam. Sie blieb zwar im wesentlichen nur eine Monarchie in Deutschland, immerhin erfüllte sie, wie auch die die früheren Regierungen der deutschen Kaiser und Könige seit dem Interregnum, die wichtigste Aufgabe des Reiches: die Menschen deutscher Sprache und deutscher Kultur als eine, wenn auch nur lose gefügte Nation zusammenzuhalten.

Die einzelnen Territorialherrschaften

Wiedererrichtung des Königtums und Fortbestand des Reiches — beides war also zum guten Teil ein Verdienst der Kurfürsten. Durch sie erfuhren freilich auch die partikularistischen Bestrebungen wenigstens mittelbar erhebliche Förderung. Alle Inhaber von Zepterlehen: die Reichsbischöfe, Reichsäbte und Reichsäbtissinnen, die Inhaber von Fahnenlehen: die Reichsfürsten und gefürsteten Grafen und von Reichsafterlehen: die meisten Grafen, ferner die freien Herren, freien Städte und die Reichsritter suchten für ihre Gebiete möglichst dieselben Rechte wie die Kurfürsten zu erlangen und schlossen sich gleich ihnen zu eigenen Körperschaften zusammen. Die genaue Regelung, wer von ihnen nun wirklich als einer der Reichsstände gelte und Sitz und Stimme im Reichstag habe, erfolgte allerdings erst nach der Regierung Kaiser Friedrichs III. um die Wende vom fünfzehnten zum sechzehnten Jahrhundert. Zunächst mußten indes erst einmal die verschiedenen Territorien einigermaßen feste äußere Grenzen erhalten, und hierfür waren das dreizehnte und vierzehnte die entscheidenden Jahrhunderte.

Der Südwesten

Die Gestaltung der Territorialverhältnisse im Südwesten des Reiches wurde vor allem durch das Aussterben der herzoglichen Linie der Zähringer im Jahre 1218 und dann durch den Untergang der Hohenstaufen in Fluß gebracht. Die Zähringer waren als Reichsvögte über die Hochstifter Genf, Lausanne, Sitten, als Inhaber des Reichsgutes und der Reichsvogtei in Schaffhausen und Zürich und unter anderen Rechtstiteln die Herren des größten Teiles der heutigen Schweiz geworden und hatten als Eigengüter und Vogteien ausgedehnte Lande im Breisgau und auf der Hochfläche der Baar bei Fürstenberg, Donaueschingen und Villingen. Die Haupterben des letzten Gliedes dieses zähringischen Zweiges, Herzog Bertholds V., waren außer dem Reich, das heißt bei der damals noch bestehenden Vereinigung von Reichs- und Hausgut des Herrschers Kaiser Friedrich II., die Grafen von Urach und Kiburg. Die Auflösung des hohenstaufischen Besitzes ging nach 1250 schnell vor sich, die Grafen von Kiburg starben im Jahre 1269 aus. Das meiste von ihrem Erbe fiel an die Habsburger, die im Elsaß, Breisgau, Aargau, Zürichgau und Luzern und sonst in diesen Gegenden reich begütert waren und die Vogteigerechtsame über verschiedene Klostergebiete z. B. Säckingen und Muri hatten. Die ungeheure Zersplitterung Südwestdeutschlands in zahlreiche Herrschaften bestand freilich immer noch fort, doch stiegen in den Gebieten vom

Ursprung der Aare und des Rheins bis zur Kurpfalz drei Geschlechter mehr und mehr über alle anderen empor.

Die Habsburger verloren zwar „die Lande der Eidgenossen" (vgl. S. 302f.) aber ihr vorderösterreichisches Gebiet erstreckte sich immer noch vom Sundgau mit Belfort über den Breisgau und rechts und links des Bodensees — allerdings von vielen anderen Herrschaftsgebieten unterbrochen — nach Voralberg, woran das 1363 von den Habsburgern gewonnene Tirol stieß. — Die Grafen von Württemberg sind etwa seit 1083 auf der Burg Wirtineberg bei Stuttgart nachweisbar, ihre Eigengüter lagen im Neckar- und Remstal bei Cannstadt. Nach der Erwerbung von Grafenrechten im Norden des Herzogtums Schwaben nannte sich Graf Ludwig I. (1136—1158) Graf von Wirtemberg. Konradin verlieh im Jahre 1259 Ulrich I. das Marschallamt über Schwaben. Nachdem die Grafen von Württemberg noch einen beträchtlichen Teil der ehemals staufischen Güter an sich gebracht hatten, überflügelten sie mit Ausnahme der Habsburger alle anderen Dynastengeschlechter in den schwäbischen Landen, gliederten sich viele Herrschaften oder Teile davon durch Kauf, Fehde oder als Erbe an. Unter den Grafen von Württemberg, die, wie allgemein üblich, ihr Gebiet unter den verschiedenen Linien ihres Hauses aufgeteilt hatten, ragte als Kriegsheld hervor Eberhard II., der „Greiner" oder „Rauschebart", der Sieger über die Städte in der Schlacht bei Döffingen (1388). Eberhard V., der Stifter der Universität Tübingen (1477), erhielt im Jahre 1495 die Herzogswürde von Württemberg, das von nun an ein unteilbares Herzogtum mit der Erstgeburtserbfolge im Mannesstamm war. — Die Markgrafen von Baden gehen auf die Zähringer zurück, und zwar auf den älteren Sohn Bertholds I., des Bärtigen, auf Hermann I. († 1074). Er erbte einen Teil der schwäbischen Eigengüter seines Hauses, ferner die Grafschaft Breisgau und die Markgrafschaft Verona, die sein Vater gleichzeitig mit dem Herzogtum Kärnten im Jahre 1061 erhalten hatte. Hermann III., Nachfolger Hermanns II., nannte sich seit 1112 nach seiner Burg Baden-Baden. Von dem Erbe der 1218 ausgestorbenen jüngeren, herzoglichen Linie der Zähringer kam nur wenig an die markgräfliche, auch spaltete sich diese in mehrere Linien. Als Markgraf Bernhard I. im Jahre 1391 durch Erbfall den gesamten badischen Familienbesitz wieder vereinigte und noch einige andere Herrschaften dazugewann, war Badens Stellung als drittgrößte weltliche Territorialmacht in Schwaben gesichert.

Baiern und Pfalz

Trotz wiederholten Wechsels des Fürstenhauses ist in Baiern der Zusammenhang zwischen dem alten Stammesherzogtum und dem Territorialfürstentum am meisten gewahrt geblieben. Allerdings gehörte kaum noch der dritte Teil des bairischen Stammes zum Herzogtum Baiern, nachdem davon Österreich, Steiermark, Kärnten, Tirol und das Erzbistum Salzburg getrennt worden waren, und die Territorialgewalt mußte auch hier wie anderwärts erst mühsam aufgebaut werden. Die Geschichte Baierns als Territorialstaat beginnt mit der Übertragung des Herzogtums Baiern an Otto I. von Wittelsbach im Jahre 1180. Die Grafen von Scheiern, die wahrscheinlich von einer Seitenlinie der Liutpoldinger, den ehemaligen Markgrafen der Ostmark abstammen, sind erstmals für das Jahr 1079 nachweisbar, seit 1115 nannten sie sich nach ihrer Burg Wittelsbach bei der Stadt Aichach. Die beiden nächsten Nachfolger Ottos I. konnten eine Reihe in ihrem Herzogtum gelegener Grafschaften gewinnen. Beim Tode Herzog Ottos II. (1253) war das unmittelbare herzogliche Gebiet schon dreimal so groß wie im Jahr 1180. Der letzte Hohenstaufe, Konradin, setzte vor seinem Italienzug die Wittelsbacher als seine nächsten Verwandten und treuen Helfer zu seinen Haupterben ein, und sie konnten von seiner Hinterlassenschaft besonders ursprünglich welfische Besitzungen vom Ammergau lechabwärts bis über Landsberg, ferner zahlreiche Orte im bairischen Nordgau wie Amberg und Weiden auf die Dauer behaupten. Den Höhepunkt der bairischen Geschichte im Mittelalter bildete die Regierung Kaiser Ludwigs. Der unter ihm vorübergehend vereinigte bairische Besitz wurde nach seinem Tode wiederholt geteilt, was sich bei den zu endlosen Familienstreitigkeiten und Fehden neigenden Wittelsbachern verhängnisvoll auswirkte. Gegen Ende des Mittelalters hatten sich aber Landshut-Ingolstadt unter Ludwig dem Reichen und Georg dem Reichen und Baiern-München unter Albrecht IV., dem Weisen, durch gute Landesverwaltungen wieder völlig erholt.

Die Wittelsbacher gewannen die Kurpfalz durch Ottos I. Sohn Ludwig. Er regierte sie seit dem Jahre 1214 als Vormund seines mit der Tochter des letzten rheinischen Pfalzgrafen verlobten Sohnes Ottos II. Die Grundlage des in viele Einzelstücke zersplitterten kurpfälzischen Territoriums bildeten die rheinpfalzgräflichen Eigen- und Lehengüter und Vogteigerechtsame. Da Ludwig schon 1183 seinem Vater als Herzog von Baiern nachgefolgt war, waren nun das Herzogtum Baiern und die Kurpfalz miteinander vereinigt. Bei den verschiedenen wittelsbachischen Erbteilungen wurde auch die Kurpfalz — die rechts- und linksrheinische Gebiete mit Heidelberg als bischöflich-wormsisches Lehen, Neustadt an der Haardt, Kaiserslautern und andere Städte umfaßte — in mehrere Herrschaftsgebiete zerspalten. Dafür kamen nordbairische Lande, Teile der späteren Oberpfalz, an die kurpfälzische Linie. Der Pfalzgraf bei Rhein, wie der Pfalzgraf für die Herzogtümer Franken und Lothringen seit dem zwölften Jahrhundert genannt wurde, galt von jeher unter allen Pfalzgrafen des Reiches als der erste, weil er der Stellvertreter des Königs im eigentlichen Königslande, dem Lande des fränkischen Stammes war. So erhielt der Pfalzgraf bei Rhein auch das Amt des Erztruchseß und schließlich die Würde eines Kurfürsten. Damit waren die Wittelsbacher oder wenigstens die jeweilige kurpfälzische Linie innerhalb dreier Generationen von einem vordem wenig bekannten Grafengeschlecht zu einer der ersten Fürstenfamilien des Reiches aufgestiegen. Die Kurpfalz hatte nämlich bei der Königswahl die zweite von den weltlichen Stimmen und stand im Range nur dem Königreich Böhmen nach.

Der Süden und der mittlere Osten.

Bei einem Blick auf die deutsche Territorialkarte fällt als erstes die ungemein starke Zersplitterung des Westens und dagegen die verhältnismäßig große Ausdehnung der meisten Landesfürstentümer im Osten auf. In dem westlichen, dem alten Reichsgebiet, hatten die wirtschaftlichen und politischen Zustände von jeher das Hochkommen zahlreicher partikularer Gewalten, des Ausgangspunktes des späteren Landesfürstentumes begünstigt, während die Markgrafschaften schon aus militärischen Gründen weiter ausgedehnt waren und straffer organisiert blieben als die alten Grafschaften. Außerdem konnten im Osten die Bistümer und Abteien die Reichsunmittelbarkeit in weniger Fällen gewinnen und behaupten als im Westen. Der Unterschied rührt freilich auch zum guten Teil von der größeren oder geringeren Tüchtigkeit einzelner Fürsten und Fürstengeschlechter und von schicksalhaften Wendungen her. Der habsburgische Plan, den ganzen Südwesten ungefähr von der italienisch-französischen Sprachgrenze an in einem großen Territorialfürstentum zusammenzufassen, hätte sich aller Wahrscheinlichkeit nach verwirklichen lassen, wenn Rudolf von Habsburg in jüngeren Jahren auf den Thron gekommen wäre und so eine längere Regierungszeit gehabt hätte oder wenn sein Sohn Rudolf nicht vorzeitig gestorben wäre (vgl. S. 331). Das Herzogtum Baiern wurde vor einer Zersplitterung gleich der im Westen durch das Aussterben einer Reihe von Dynastengeschlechtern und die Tatkraft der bairischen Herzöge in den für die Territorialentwicklung entscheidenden Jahren bewahrt. Andererseits zerfiel eines der östlichsten deutschen Gebiete, Schlesien, im vierzehnten Jahrhundert in mehr als ein Dutzend Teile. Für die besondere Art der Territorialgestaltung im Osten waren also Landschaft und Charakter der Bevölkerung nicht so ausschließlich bestimmend, wie oft angenommen wird.

Im Süden, Südosten und Osten gelang es den Habsburgern, alle großen weltlichen Territorien an ihr Haus zu bringen: im Jahre 1282 die Herzogtümer Österreich, die ehemalige Ostmark, und Steiermark, im Jahre 1335 Kärnten und Krain, das schon früher einmal habsburgisch gewesen war und zu dem 1382 das zuvor venetianische Triest geschlagen wurde, im Jahre 1363 Tirol, von dem aus die noch im vierzehnten Jahrhundert gewonnenen Grafschaften Werdenberg und Montfort (zunächst nur teilweise) eine Brücke zu den vorderösterreichischen Landen bildeten. — Böhmen, von König Heinrich I. und den folgenden Kaisern immer wieder zur Anerkennung der Lehensoberhoheit des Reiches gezwungen, spielte besonders seit der Erhebung des Przemysliden Wladislaw II. (1140—1174) zum Könige eine bedeutsame Rolle im Reiche. Dessen Schwerpunkt schien sich unter Ottokar II. (1253—1278) nach Böhmen zu verlegen, und unter den Lützelburgern (1310—1437) trugen drei böhmische Könige die Krone des Reiches. Im Jahre 1438 erhielt der Habsburger König Albrecht II. als Schwiegersohn und Erbe Kaiser Sigmunds auch Böhmen. Eine starke österreich-feindliche Partei ließen jedoch Albrecht und Kaiser Friedrich III., der 1439 für Albrechts Sohn Ladislaus Postumus die Vormundschaft übernahm, nicht in den ruhigen Besitz Böhmens kommen. Georg Podiebrad, der schon gegen Albrecht gekämpft und allmählich auch seine böhmischen Widersacher niedergerungen hatte, wurde 1452 von allen böhmischen Landständen zum Gubernator gewählt. Er behielt die Herrschaft auch während der Jahre, in denen Ladislaus nominell als König anerkannt wurde. Nach dessen Tode 1457 gelang es Podiebrad, Kaiser Friedrich III. für sich zu gewinnen; er wurde 1459 von ihm mit der böhmischen Kur belehnt, und der Tscheche betrieb jetzt sogar seine Wahl zum römischen König. Da erstand Podiebrad in dem Ungarnkönig Matthias Corvinus ein gefährlicher Feind, der von der katholischen Partei 1469 zum böhmischen König gewählt wurde. Podiebrad stützte sich gegen ihn auf die Polen und stellte Wladislaw, dem Sohne König Kasimirs IV. von Polen, die Erwerbung Böhmens in Aussicht. Nachdem Podiebrad 1471, Matthias Corvinus 1490, Wladislaw 1516 und dessen Sohn Ludwig II. 1526 gestorben waren, wählten die böhmischen Landstände den Erzherzog Ferdinand von Österreich zu ihrem Könige, wodurch Böhmen, von kurzen Unterbrechungen abgesehen, für Jahrhunderte an das Haus Habsburg kam.

Sehr günstig für das deutsche Volkstum gestalteten sich die Verhältnisse im Herzogtum **Schlesien**, dem Lande zwischen Böhmen-Mähren und der Markgrafschaft Lausitz auf der einen und Polen auf der anderen Seite. Auch in Schlesien waren im sechsten Jahrhundert den abziehenden Germanen Slaven nachgefolgt, aber die schlesischen Herzöge förderten trotz ihrer slavischen Abstammung auf jede Weise die deutsche Kolonisation. Allerdings machte sich an manchen Stellen die slavische Gefahr fühlbar, als verschiedene Teilherzogtümer im vierzehnten Jahrhundert an die Lützelburger fielen und damit in engere Beziehungen zu Böhmen kamen und manche Städte Niederschlesiens wirtschaftlichen Anschluß an Prag und das polnische Krakau suchten. Im sechzehnten Jahrhundert begann dann das Ringen der Habsburger und Hohenzollern um Schlesien. — Die ebenfalls slavisch gewordene **Lausitz** wurde im zehnten Jahrhundert erobert, dann in zwei Markgrafschaften, Ober- und Niederlausitz, geteilt, die nach wiederholtem Besitzerwechsel im vierzehnten Jahrhundert größtenteils an die Lützelburger kamen und bis zur Abtretung an den Kurfürsten von Sachsen (1635) zur böhmisch-schlesischen Ländergruppe gehörten.

Mitteldeutschland

Die erste Stelle unter den weltlichen Territorialmächten **Mitteldeutschlands** nahmen die wettinischen Lande ein. Die **Wettiner**, ein seit dem zehnten Jahrhundert in der Gegend von Halle an der Saale nachweisbares sächsisches

Grafengeschlecht, taten sich schon unter den Ottonen im Kampfe gegen die Slaven rechts der Saale hervor. Von den nach der Aufteilung der Markgrafschaft Geros im Jahre 966 begründeten Markgrafschaften erhielten vorübergehend einzelne Wettiner Meißen, die Ostmark und die Niederlausitz. Graf Konrad, der sich nach seiner Burg Wettin nannte, gewann im Jahre 1123 den gesamten Wettinischen Familienbesitz, dann auch noch andere Güter. Nachdem er 1136 mit der Niederlausitz belehnt worden war, die freilich den Wettinern wieder verloren ging (1304), trugen seine Lande den Titel Markgrafschaft. Nach seinem Tode und später noch oft wurden die wettinischen Gebiete in der Familie geteilt, was jedoch die weitere Ausdehnung der wettinischen Herrschaft nicht hinderte. Die wichtigsten Erwerbungen waren die Landgrafschaft Thüringen (1263) und Sachsen-Wittenberg (1423), mit dem die Kurwürde verbunden war. Gegen Ende des Mittelalters grenzten die wettinischen Lande im Osten an die Lausitz, reichten im Norden teilweise bis zur Spree und kamen in der Gegend von Brandenburg bis auf zwanzig Kilometer an die Havel heran, überschritten bei Eisenach etwas die Werra und erstreckten sich im Süden über Koburg hinaus.

Durch die Tüchtigkeit seiner Landesherren, namentlich des Albrecht Achilles (1440—1486), erlangte A n s b a c h - B a y r e u t h eine verhältnismäßig große politische Bedeutung. Seinen Ausgang hat das Territorium von dem ehemals zum Burggrafenamte Nürnberg gehörigen Reichs- und Krongut genommen. Kaiser Heinrich VI. belehnte damit im Jahre 1192 Friedrich von Zollern, der einem alten, seit 1061 genauer nachweisbaren schwäbischen Dynastengeschlechte entstammte und mit der Erbtochter Konrads von Raab, des bisherigen Inhabers des Burggrafenamtes, vermählt war. Friedrichs Sohn Konrad I. erhielt nach dem Erlöschen des Geschlechtes der Abensberger deren fränkische Eigengüter in der Gegend von Ansbach, wohl als Erbe seiner Frau. Ansbach selbst kauften die Burggrafen im Jahre 1331 den Grafen von Öttingen ab. Auch Friedrich III., ein Sohn Konrads I., heiratete eine reiche Erbin und zwar die eine der drei Töchter des letzten Grafen von Andechs-Meran, denen seit dem elften Jahrhundert die Plassenburg bei Kulmbach und Bayreuth mit dem Regnitzlande gehört hatten. Hof-Bayreuth kam gleich nach dem Tode des Andechs-Meraners (1248) an den Nürnberger Burggrafen, Kulmbach erst 1341, nachdem es in der Zwischenzeit die Grafen von Orlamünde gehabt hatten. Der Reichsfürstenstand wurde den Burggrafen durch eine Urkunde Kaiser Karls IV. vom Jahre 1363 ausdrücklich bestätigt.

H e s s e n, in dem zuerst verschiedene Grafengeschlechter begütert waren und von dem dann die Landgrafen von Thüringen große Teile an sich brachten, wurde in mühsamem Ringen gegen die Wettiner und die Mainzer Erzbischöfe von den Nachkommen Heinrichs von Brabant († 1248), dessen Frau eine Tochter des letzten Landgrafen von Thüringen aus dem Ludowingischen Hause war, als Landgrafschaft zu einer ansehnlichen Herrschaft im Westen Mitteldeutschlands ausgebaut. — Den Askaniern, einst eines der mächtigsten sächsischen Geschlechter, verblieben nach dem Aussterben des brandenburgischen und des sächsisch-wittenbergischen Zweiges nur das verhältnismäßig kleine Anhalt in Mitteldeutschland, das obendrein unter mehrere Linien geteilt wurde, und das noch unbedeutendere Sachsen-Lauenburg an der Niederelbe.

Der Nordwesten

Die meisten Herzogtümer westlich des Rheines und am Niederrhein: Lothringen, Bar, Lützelburg, Brabant, Geldern, sowie die Grafschaften Flandern, Seeland, Holland kamen im Spätmittelalter nicht mehr so sehr als eigentlich deutsche Territorien, wie als umkämpftes Grenzland in Betracht (vgl. S. 300ff.). Lützelburg, 1354 von Karl IV. zum Herzogtum erhoben, tritt in der deutschen Geschichte des vierzehnten und fünfzehnten Jahrhunderts nur dadurch etwas in den Vordergrund, daß aus dem lützelburgischen Hause mehrere deutsche Könige hervorgingen. Durch die Vereinigung mit dem burgundischen Reich ging Lützelburg Deutschland verloren. Dagegen nahmen die Herzöge von Jülich und Kleve und Grafen von der Mark als deutsche Reichsfürsten an der Politik regsten Anteil. Die seit etwa 1100 im Jülichgau nachweisbaren Grafen hatten erst schwere Kämpfe mit dem Erzbistum Köln zu bestehen. Seit 1288 ist die Stellung der Grafen gefestigt, 1336 werden sie Markgrafen und Reichsfürsten, 1356 Herzoge. — Um 1020 war vom damaligen Kaiser Heinrich II. der Sproß eines flandrischen Geschlechtes mit der Grafschaft des Hattuariergaus belehnt worden, die sich rechts und links des Niederrheins vor seiner Gabelung ausdehnte. Ein Urenkel dieses Grafen nannte sich nach der Burg Kleve. Die Grafen machten zunächst als Lehensmannen des Kölner Erzbistums, dann als dessen Gegner große Fortschritte. Im Jahre 1368 starb das Grafengeschlecht von Kleve im Mannesstamme aus. Sein Erbe war Graf Adolf II. von der Mark, der mit einer Tochter des vorletzten Grafen von Kleve vermählt war; Kleve und Mark blieben zwar nominell Länder für sich, waren aber nun fast das ganze Mittelalter aufs engste miteinander verbunden. Im Jahre 1417 wurde Kleve zum Herzogtum erhoben.

Der Norden und Nordosten

Im Norden standen die Gebiete von Friesland bis zur Rheinmündung nur in losem Zusammenhange mit dem Reiche. Selbst das Erzbistum Bremen hatte ihm weniger zu leisten als ähnlich große Hochstifter, und die Grafen von Oldenburg, die seit dem elften Jahrhundert hervortraten und sich allmählich, gestützt auf eine kriegstüchtige Ministerialität, eine Herrschaft gründeten, blieben bis ins fünfzehnte Jahrhundert hinein „kaiserfrei", d. h. ohne jede staatsrechtliche Beziehung zum Reich. Die Bauernstaaten der Ostfriesen, der Stedinger (vgl. S. 162) und Dithmarschen erwecken vor allem kulturgeschichtliches Interesse. Sie waren auch in zahllose blutige Kämpfe in ihrem eigenen Gemeinwesen und mit ihren adligen Nachbarn verwickelt und haben in einigen Fällen über ihre örtlichen Verhältnisse hinaus eine politische Rolle gespielt. Mit Lübeck seit 1468 in einem Schutz- und Trutzbündnis vereinigt, behaupteten sie den vordringenden Dänen gegenüber ihre Selbständigkeit. — Schleswig und Holstein gerieten politisch immer mehr in dänische Abhängigkeit, zumal da die Stände beider Länder im Jahre 1460 Christian I. von Dänemark nach dem Aussterben der Herzöge von Schleswig und der Grafen von Holstein huldigten. — In Mecklenburg herrschten in mehreren Linien die Nachkommen des Abotritenfürsten Niklot, die die völlige Christianisierung und Germanisierung des Landes in keiner Weise hinderten. Im Jahre 1348 erhob Kaiser Karl IV. Mecklenburg zum Herzogtum. — Auch Pommern behielt sein slavisches Herrscherhaus nach der Angliederung an das Reich unter Kaiser Friedrich I. im Jahre 1181. Die Fürsten von Pommern führten schon damals den Herzogstitel, waren aber nicht reichsunmittelbar, da Friedrich I. die Markgrafen von Brandenburg zu Lehensherren über Pommern einsetzte. Nach dem Aussterben der Linie Pommern—Danzig kam im Jahre 1309 der östliche Teil ihres Gebietes an den deutschen Orden und an Brandenburg. — Die braunschweigisch-lüneburgischen Lande umfaßten im wesentlichen die Heinrich dem Löwen nach seinem Sturze verbliebenen Eigengüter (vgl. S. 163). Infolge der wiederholten Teilungen unter seinen Nachkommen vermochten die Welfen im Mittelalter keine starke Territorialmacht mehr zu gründen. Auch die Teile Ostsachsens, mit denen Bernhard von Anhalt belehnt wurde und mit denen nun der Name des Herzogtums Sachsen und das Erzmarschallamt verbunden war, zerfielen unter Bernhards Enkeln in Sachsen-Lauenburg und Sachsen-Wittenberg. Erst als 1423 Kaiser Sigmund die Wettiner mit Sachsen-Wittenberg belehnte, dem in der Goldenen Bulle endgültig die Kurwürde zugesprochen worden war, begann der Name Sachsens in der deutschen Geschichte wieder einen volleren Klang zu gewinnen.

Fast alles deutsche Land rechts der Elbe, der Saale und Rednitz, ferner Österreich, Steiermark, Kärnten und Krain sind von den Slaven zurückgewonnenes Koloniallland. Zwei der im Nordosten entstandenen Territorialmächte, Brandenburg und der Deutschordensstaat, haben so einen besonderen, bis in die Gegenwart hinein bewahrten kolonialen Charakter angenommen. Was einmal von einem Historiker über die Mark Brandenburg gesagt worden ist, gilt, abgesehen natürlich von den Verschiedenheiten, die das Erbfürstentum hier, die Regierung durch einen Orden dort, mit sich brachten, auch für den Deutschordensstaat: „Die Mark Brandenburg stand (unter den östlichen Kolonialstaaten) voran, mit ihren freien Bauern und ihren von Anbeginn an kräftig entwickelten adligen Besitzern und Kriegern, an der Spitze ein ehrgeizig in die Nachbarlande hinein um sich greifendes Herrschergeschlecht, alles straff und blank, auf diesem neuen weiten

Boden ein neuer deutscher Menschenschlag, herrenhaft, zunächst gehorsamsbereit in der Hand seines starken Markgrafen (der Ordensleitung), alles breiter und festgefügter zugleich als in Altdeutschland, in hellerer, weiterer, schärferer Luft". Alle deutschen Stämme und alle Bevölkerungsschichten, Adlige, Bauern und Städter waren an diesem Kolonisationswerk beteiligt. Hier vollzog sich nun im vollen Lichte der Geschichte ähnliches wie die Stammesbildungen zur Zeit der Völkerwanderung: aus besonderen landschaftlichen, wirtschaftlichen und geschichtlichen Bedingungen und aus der Vermischung deutscher Volksteile untereinander und mit Resten fremden Volkstums erwuchs ein neuer deutscher Menschenschlag, je nach den örtlichen Verhältnissen und der Bevölkerungszusammensetzung zwar in mancherlei Gruppen zerfallend, die aber den andern deutschen Stämmen gegenüber eine eigene Art darstellen. Die Vereinigung Pommerns und namentlich Ostpreußens mit der Mark Brandenburg in späterer Zeit war, wie alle diese Länderzusammenfassungen und Länderteilungen, das Ergebnis reiner Dynastenpolitik, entsprach in diesem Falle aber auch der inneren Struktur von Land und Volk.

Der Name der Mark **Brandenburg** geht auf den des Hauptortes des Slavenhäuptlings Pribislaw zurück (vgl. S. 61). Von 1134—1320 beherrschten Albrecht der Bär und seine Nachkommen die Mark, die sie schon während dieser Zeit zu einem der größeren Territorien des Reiches ausbauten. Bereits im 13. Jahrhundert gehörten außer der Altmark, der Prignitz und dem Havellande die Uckermark, die Neumark, die Ober- und Niederlausitz dazu. Die Lehensoberhoheit über Pommern und das Erzkämmereramt verliehen den Markgrafen hohes Ansehen. In den von ihnen begründeten Städten wie Kölln-Berlin, Angermünde, Landsberg an der Warthe, Frankfurt an der Oder blühte ein reger Handel. Selbst Danzig besetzten die brandenburgischen Askanier zweimal, mußten aber schließlich die Stadt für eine Geldentschädigung dem deutschen Orden überlassen (1309). Nach dem Aussterben des brandenburgischen Zweiges der Askanier ging der Mark ein großer Teil dieser Erwerbungen verloren. Die wittelsbachische Herrschaft (vgl. S. 354f.) von 1324—1373 brachte dem Lande nur Nachteile, mit Mühe und Not konnte endlich Ludwig II. (1351—1365) den von der askanischen Partei gestützten falschen Waldemar vertreiben. Nach der Besitzergreifung der Mark durch Kaiser Karl IV. (1373) (vgl. S. 362) nahmen wenigstens vorübergehend die inneren Unruhen ein Ende, und der Wohlstand der Städte hob sich. Nach Karls IV. Tod kam die Mark an seinen Sohn Sigmund, der sie bald an seinen Vetter Jobst von Mähren verpfändete. Der hielt sich nur selten in den brandenburgischen Landen auf, auch als er sie von König Wenzel förmlich zu Lehen erhalten hatte. Der Adel beschwor mit seinen Fehden und Räubereien Zustände herauf, wie sie einst das Reich während des Interregnums an den Rand des Abgrunds gebracht hatten.

Schon schien es, die Mark werde sich in ihre einzelnen Teile auflösen, die die Nachbarn, zumal die eben nach der Schlacht von Tannenberg hochgekommenen

19*

Polen (vgl. S. 298) an sich reißen würden. Da bestellte nach dem Tode Jobsts von Mähren der inzwischen zum König erkorene Sigmund am 11. Juli 1411 den Burggrafen von Nürnberg, Friedrich von Hohenzollern, zum „obersten Verweser und Hauptmann" der Mark Brandenburg. Wenige Tage darauf bestimmte der König, daß Friedrich und seine Nachkommen dieses Amt behalten sollten, wenn ihnen nicht zur Entschädigung für die ihnen aus der Neuordnung der Mark erwachsenen Kosten hundertfünfzigtausend Goldgulden bezahlt würden. Unter Einsatz großer Mittel, durch sehr entschiedenes und zugleich kluges Vorgehen gelang es dem Hohenzollern, dessen schweren Geschützen keine der Adelsburgen zu widerstehen vermochte, in dem ihm anvertrauten Lande Ordnung zu schaffen. Deshalb und wegen verschiedener Dienste, die er außerdem Sigmund geleistet hatte, belehnte dieser ihn in feierlicher Weise am 18. April 1417 zu Konstanz während des dort tagenden Konziles mit der Markgrafschaft Brandenburg, mit der das Erzkämmerer- und Kurfürstenamt verbunden blieb. Es war wie eine Vorbedeutung der späteren deutschen Aufgabe und Leistung des brandenburgisch-preußischen Staates, daß seine Neubegründung von einem schwäbischen — dem zollernschen — Grafengeschlechte mit fränkischen Rittern von einem kleinen Reste altsächsischen Gebietes und einem Stück Kolonialbodens aus erfolgte, und daß dadurch in entscheidender Zeit der lützelburgisch-böhmische und der polnische Vorstoß aufgefangen wurden. Ebenso war schon jener erste Aufstieg der Zollern die Frucht ihrer Dienste am Reich und der sparsamen und tüchtigen Verwaltung ihres Hausgutes und ihrer Länder. — Noch im Mittelalter wurden dem kurfürstlichen Brandenburg die Prignitz, die Uckermark, einige Herrschaften in der Lausitz und 1455 die Neumark wiedergewonnen.

Der Deutschordensstaat war seinem Zwecke und seiner Organisation nach eine typisch mittelalterliche Schöpfung. Im Zusammenhang mit den Kreuzzügen waren im heiligen Lande mehrere Orden gestiftet worden, deren Mitglieder ritterlicher Abkunft sein, sich der Pflege kranker Kreuzfahrer und Pilger widmen und die Heiden mit bewaffneter Hand bekämpfen sollten. Im Jahre 1090 war während der Belagerung von Akkon von Deutschen ein eigener „Orden des Hospitales Sankt Marien des deutschen Hauses von Jerusalem" gegründet worden. Die Ordensbrüder verpflichteten sich gleich den Mönchen zur lebenslänglichen Keuschheit, zum Gehorsam gegen die Ordensoberen und zum Verzicht auf jeden persönlichen Besitz. Die Ritterbrüder, in deren Hand die Ordensleitung lag, trugen ebenso wie die Priesterbrüder, die die geistlichen Verrichtungen besorgten, einen weißen Mantel mit schwarzem Kreuze an der linken Schulter. Dazu kamen noch meist nicht adlige, dienende Brüder, nach ihrem Ordensgewande Graumäntler genannt. An der Spitze des Ordens standen der auf Lebenszeit gewählte Hochmeister, ferner die fünf „obersten Gebietiger", der Großkomtur als Stellvertreter des Hochmeisters namentlich in der Oberaufsicht über den ganzen

Ordensbesitz, der Ordensmarschall für die militärischen Angelegenheiten, der Spittler für das Kranken- und Spitalwesen, der Trapier für die Ordenskleidung, der Treßler für das Geldwesen. Diese Großbeamten wurden auf den jährlich stattfindenden Generalkapiteln gewählt. An der Spitze der einzelnen Ordensburgen, der „Häuser", standen die „Komture". Hatte der Orden in einem Lande größere Besitzungen, so wurde ein „Landmeister" als Zwischeninstanz zwischen der obersten Ordensleitung und den Komturen aufgestellt. Auch sonst gab es gelegentlich besondere Einrichtungen, wie etwa je ein eigenes Landmarschallamt für Preußen und Livland.

Für die Beteiligung an den Kreuzzügen gegen die heidnischen Völker im Osten Europas verliehen die Päpste dieselben Privilegien und Ablässe wie für eine Fahrt ins Heilige Land und den Kampf gegen die Moslems. So lag es denn nahe, dort in ähnlicher Weise Ritterorden einzusetzen wie hier. Die Deutschordensritter lockte diese Aufgabe um so mehr, als die Treibereien der hauptsächlich französischen Templer den Deutschen die Arbeit im Heiligen Lande verleiden mußten. Es ist auch sehr wahrscheinlich, daß der mit Kaiser Friedrich II. befreundete Hochmeister des Deutschen Ordens, Hermann von Salza, erkannte, daß eine völlige Eroberung und Christianisierung Palästinas ausgeschlossen war, und so hielt er Ausschau nach einem neuen Wirkungsfelde, ohne vorerst das alte ganz aufzugeben. Zunächst folgte der Deutsche Orden einer Einladung König Andreas II. von Ungarn (1205—1235), das Burgenland in Siebenbürgen zu kolonisieren und die noch großenteils heidnischen Völkerschaften in der Moldau und östlichen Walachei abzuwehren. Es kam jedoch bald zu Streitigkeiten zwischen dem König und dem Deutschen Orden, sodaß dieser im Jahre 1225 trotz seiner Anfangserfolge Siebenbürgen wieder verließ. Um diese Zeit wandte sich Herzog Konrad von Masowien und Kujawien an Hermann von Salza um Hilfe gegen die heidnischen Preußen, einen ostbaltischen Volksstamm, der, geführt von seinem Adel, die Lande Konrads wiederholt verheert hatte. Im Jahre 1226 kam zwischen dem masowischen Herzog und Hermann von Salza eine von Kaiser Friedrich II. (vgl. S. 157) bestätigte Vereinbarung zustande, wonach der Deutsche Orden im Kulmer Land und in allen Gebieten, die er in jenen Gegenden noch dazu gewinnen würde, „die Obrigkeitsrechte haben und ausüben sollte, wie sie dem mit den besten Rechten ausgestatteten Reichsfürsten in seinem Lande zukommen". Damit war von vornherein eine feste Rechtsgrundlage für den Deutschordensstaat gegeben. Er erhielt trotz eines schweren Rückschlages im Preußenaufstande von 1260 große Ausdehnung: im Jahre 1236 erstreckte sich das Gebiet der Deutschordensritter bis zur Nogatmündung, 1237 vereinigten sich mit ihnen die Brüder des seit 1228 in Livland ansässigen „Schwertordens", 1254/55 wurde Samland gewonnen und Königsberg erbaut. Im Jahre 1309 erkor der Hochmeister mit der Ordensleitung Marienburg zu seinem Sitz, nachdem dieser vorübergehend von Akkon nach Venedig verlegt worden war (1291—1309). Im vierzehnten Jahrhundert drang der

Orden noch weiter in Litauen vor, dessen völlige Unterwerfung freilich nie gelang. Seinen Höhepunkt erreichte der Orden unter dem Hochmeister Winrich von Kniprode (1351—1382); doch schon knapp ein Menschenalter später folgte in der Schlacht von Tannenberg 1410 der militärische, dann der politische Zusammenbruch (vgl. S. 298).

Zu dem Zerfall eines der am straffsten gefügten und am besten verwalteten Staatswesen des Mittelalters hat der Gegensatz zwischen der von der Ordensleitung ausgeübten Regierung und der in Preußen heimisch gewordenen deutschen Kolonialbevölkerung viel beigetragen. Während die Hohenzollern bei der Besitzergreifung und der Befriedung der Mark Brandenburg sich zwar auf ihre fränkische Ritterschaft stützten, dann aber den im Lande eingesessenen Adel allmählich mit ihrem Regiment zu versöhnen wußten, erregte der Deutsche Orden bei dem preußischen Adel dadurch großen Unwillen, daß nur wenige seiner Angehörigen in den Orden aufgenommen wurden und höchst selten zur Stelle eines Gebietigers aufstiegen. Die preußischen Städte waren darüber erbittert, daß der Orden selbst in großem Umfange Handel trieb und dabei unter rücksichtsloser Ausnützung seiner Macht den ihren schädigte, der freilich andererseits gerade am Orden seinen stärksten Rückhalt hatte. Den deutschen Bauern ging es zwar im Ordensstaate, solange sein Glück währte, besser als in den meisten Teilen Deutschlands, aber als die langdauernden Kämpfe gegen die Polen und die inneren Wirren ihn in größte wirtschaftliche Bedrängnis stürzten, wurden die Bauern auch hier schwer bedrückt. So verbanden sich alle Stände wider den Orden, machten mit den Polen gemeinsame Sache und zogen schließlich ihre Herrschaft der des Ordens vor. Als freilich die Polen nach dem Thorner Frieden (1466) keine ihrer Zusicherungen hielten, merkten die Westpreußen und Danziger zu spät, daß sie mit ihrer Anerkennung der polnischen Schutzherrschaft Ehre, Freiheit, Recht und Wohlstand preisgegeben hatten.

Die Wurzel all dieser Übel war übrigens nicht so sehr der Gegensatz zwischen den Herren des Landes, den Ordensrittern, und der Bevölkerung, als die Schwierigkeiten innerhalb des Ordens. Die Preußen waren längst bekehrt. Als um 1400 schließlich auch die Litauer das Christentum annahmen, verkümmerte der Lebensnerv des Ordens, der Kampf gegen die Heiden. Die innere Unsicherheit, die daraus entstand, steigerte sich nach dem Unglück von Tannenberg zu verhängnisvollen Kämpfen im Orden selbst. Die Hochmeister mißtrauten den Gebietigern, den Ordensräten und umgekehrt, die einzelnen Landsmannschaften im Orden suchten die Führung an sich zu reißen, Niederdeutsche und Oberdeutsche standen sich feindlich gegenüber. Was in schwerer, von allen Volksgenossen große Opfer heischender Not ein Staatswesen zusammenhält, waren damals weder in Deutschland noch sonstwo die Erkenntnis der nationalen Notwendigkeiten und nationale Begeisterung, so sehr sie gelegentlich auch aufflammte, sondern die Herrscher. Versagten sie aus Unfähigkeit oder wie hier bei körperschaftlichem Regiment infolge der Uneinigkeit der an ihm Beteiligten, dann gewannen partikularistische Selbständigkeitsbestrebungen die Oberhand, oder die aufstrebenden Nachbarn übten auf die Unzufriedenen eine starke Anziehungskraft aus. Die eigennützigen Stände des Ordenslandes bedachten nicht, daß der freilich ebenfalls immer seinen Vorteil wahrende Orden doch der einzige Rückhalt für die deutschen Menschen und ihre durch den Orden begründete materielle und geistige Wohlfahrt gegenüber dem Polentum sein konnte.

Die geistlichen Landesfürstentümer

Die geistlichen Landesfürstentümer und Herrschaften machten einen beträchtlichen Teil Deutschlands aus. So zogen sich, allerdings oft durch weltliche Besitzungen voneinander getrennt, die bischöflichen Lande von Basel, Straßburg, Speier, Mainz, Trier, Köln, Utrecht, Münster, Osnabrück, Bremen vom Bieler See in der Schweiz bis zur Nordsee hin; von Saar und Mosel bis nahe an die Saale heran bildeten Trier, Mainz, Würzburg, Bamberg, vom Niederrhein bis zur Havel Köln mit Westfalen, Münster, Paderborn, Hildesheim, Halberstadt, Magdeburg noch enger geschlossene Ketten „Pfaffenlandes" wie jene erste den Rhein hinab. Dazu kamen durch das Reich zerstreut noch einzelne große geistliche Territorien wie Lüttich, Augsburg, Salzburg, Cammin, der Deutschordensstaat und viele kleinere zu Bistümern, Klöstern und sonstigen Stiftern gehörige Herrschaften. Von den weltlichen Herrschaften waren sie alle nicht wesentlich verschieden. Politisch hatten sie insofern großen Einfluß, als sie über vier von den sieben Kurstimmen bei der Königswahl verfügten und bei der Gliederung der Reichsstände den ersten Rang erhielten. Die größeren geistlichen Fürstentümer wurden in der Regel mit Angehörigen von hochadligen Geschlechtern besetzt. Diese Herren trieben oft eifrig Politik sowohl für ihr Bistum, wie für ihr Stammhaus und bedienten sich dabei des Krieges und der Fehde ebenso wie der kirchlichen Strafen, Bann und Interdikt, als Kampfmittel. Im allgemeinen war aber im Spätmittelalter die Ausdehnung der kirchlichen Herrschaften verhältnismäßig geringen Schwankungen unterworfen, zumal da hier die Erbfolge und damit die Möglichkeit dauernder Vereinigung mehrerer dieser Territorien in der Hand eines Geschlechtes wegfiel. Der für die Gliederung des Reiches entscheidende Ausbau der großen Territorialmächte wurde infolgedessen nicht von den geistlichen, sondern von den weltlichen Landesfürstentümern aus vorwärts getrieben.

Außenpolitik und Grenzdeutschtum

Die Italienpolitik

In der Italienpolitik, einst Nerv und Sehne der Reichspolitik, kam es nur noch gelegentlich zu größeren Unternehmungen, und auch sie blieben ohne tiefgreifende Einwirkung auf die Gestaltung der italienischen Verhältnisse. In Sizilien gebot seit 1282 das aragonisch-spanische Königshaus, das im Jahre 1435 auch das bis dahin von den Anjous beherrschte Neapel an sich brachte. In Mittelitalien mühten sich die Päpste, die Trümmer des Kirchenstaates zusammenzuhalten. Seine Reorganisation gelang erst unter Nikolaus V. (1447—1455), einem der begeistertsten Förderer des Humanismus auf dem Stuhle Petri. In manchen der trotz unaufhörlicher Fehden untereinander und trotz innerer Unruhen wirtschaftlich und kulturell aufblühenden Stadtstaaten Mittel- und Oberitaliens hatte das Kaisertum bis zur Mitte des vierzehnten Jahrhunderts eine starke Anhängerschaft, und die Parteibezeichnungen Guelfen und Ghibellinen spielten noch lange eine große Rolle. Aber wenn die Italiener vom Kaiser sprachen, so dachten sie, von wenigen Ausnahmen wie etwa Dante abgesehen, weniger an das Reich, dem sie nominell immer noch eingegliedert waren, als an einen Parteigänger für ihre Stadt oder eine bestimmte Faktion in ihrer Stadt. Ebenso standen die Worte Guelfen und Ghibellinen nur noch in einer sehr losen, oft überhaupt in keiner Beziehung mehr zu dem alten Kampfe zwischen Kaiser und Papsttum. Nannte sich irgendwo eine Partei aus nebensächlichem Grunde ghibellinisch, flugs schlossen sich ihre Feinde als Guelfen zusammen. Wenn freilich einmal ein deutscher König die Alpen überschritt, um sich in Rom die Kaiserkrone zu holen, dann machte eine Art Wortmagie, deren Zauber die Romanen von jeher so leicht erlagen, jene, die nun einmal Ghibellinen hießen, zu Anhängern des Kaisers, während der Guelfe, wenn er darum auch nicht zum Freunde der Kurie wurde, doch seinen Abscheu gegen den Fremden aus dem Norden Ausdruck geben und mit den Waffen ein Aufleben der alten kaiserlichen Gewalt abwehren zu müssen wähnte. Doch all das, auch die gelegentlichen Titel- und Rechtsverleihungen der deutschen Herrscher in den oberitalischen Landen hatten gegenüber den realen Mächten der von Signorien und einzelnen Gewalthabern geleiteten Stadtstaaten nicht viel zu bedeuten. Doch kam es wenigstens im Norden von Italien zu keiner Bedrohung des deutschen Volkstums, obwohl das Mailand der Visconti und Sforza bis an den Sankt Gotthard und zur Bernina und die Republik Venedig seit dem fünfzehnten Jahrhundert nahe an den Ortler und das Pustertal heranreichten; Trient und Bozen waren als Städte des Erzbistums Trient mit dem Reiche noch fest verbunden.

Die Päpste suchten auch nach dem Interregnum wiederholt bei der deutschen Königswahl und bei Thronstreitigkeiten entscheidenden Einfluß auszuüben und erlangten in einem Falle sogar noch einmal die förmliche Anerkennung der Rechte des Römischen Stuhles nach kurialer Auffassung (vgl. S. 338f.). Aber die Goldene Bulle erwähnte die Päpste überhaupt nicht mehr, und schon das Reichswahlgesetz von 1338 „Licet iuris“ hatte ausdrücklich bestimmt, daß der von den Kurfürsten zum König oder Kaiser Erkorene kraft dieser Wahl König und Kaiser der Römer sei. Die Ausübung der kirchlichen Gerichtsbarkeit, die mancherlei Rechte des Papsttums bei der Besetzung kirchlicher Ämter und das päpstliche

Finanzwesen boten zwar der Kurie noch reichlich Gelegenheit, sich in innerdeutsche Verhältnisse auch weltlicher Art einzumischen, aber das aufstrebende Landesfürstentum drängte teils durch friedliche Vereinbarungen, teils durch selbständiges Vorgehen das kuriale Kirchenregiment in Deutschland mehr und mehr zurück.

Der Osten

Den habsburgischen Herzogtümern des Südostens: Krain, Kärnten, Steiermark, gab die deutsche Kultur auch da das Gepräge, wo sich größere slavische Bevölkerungsreste erhalten hatten. Das Herzogtum Österreich war schon längst ein Brennpunkt deutschen Lebens, und Wien begann gegen Ende des Mittelalters seine besondere deutsche und europäische Stellung einzunehmen. — In Böhmen und Mähren hatten die Fürsten und herrschenden Schichten sich schon seit dem zehnten und elften Jahrhundert dem deutschen Kultureinfluß bereitwilligst erschlossen. Unter Herzog Wratislaw III. (1061—1092) hatten sich deutsche Kaufleute bairischen Stammes in Prag niedergelassen und waren in der Vorstadt am Poric zu einer eigenen Bürgerschaft mit deutschem Recht und besonderem Kirchspiel zusammengeschlossen. In der ersten Hälfte des dreizehnten Jahrhunderts kam es in beiden Ländern zu zahlreichen deutschen Städtegründungen, in den erzreichen Gebirgen Ostböhmens wurde ebenfalls das deutsche Element herrschend, das von den Städten aus auch an verschiedenen Stellen in das platte Land vordrang. Trotz alledem kam es nicht zu einer völligen Germanisierung Böhmens und Mährens. Selbst in ehemals unmittelbar zum Reiche gehörenden Gebieten, z. B. des Egerlandes, wurden durch ihre Vereinigung mit Böhmen für spätere Zeiten ernste Gefahren für das deutsche Volkstum heraufbeschworen. — Ungarn hat wiederholt deutsche Kolonisten aufgenommen. Nach den Verheerungen des Mongoleneinfalles von 1241 wurden die Zips am rechten Theißufer und die Täler Siebenbürgens von Deutschen neu kultiviert. Diese Gegenden haben, wie die geschlossen oder überwiegend von Deutschen bewohnten Teile Böhmens, oft unter schweren Opfern ihren volksdeutschen Charakter im wesentlichen bis heute bewahrt.

Gelegentlich gemahnte freilich schon im Mittelalter ein Wettergrollen daran, daß bei politischen Verwicklungen und bei Aufpeitschung des tschechischen Nationalismus dem Deutschtum im südlichen und mittleren Osten ernste Gefahren drohten. Ottokar von Böhmen schürte trotz mannigfacher Begünstigung der Deutschen in seinem Kampf gegen Rudolf von Habsburg die Eifersucht der Tschechen zur Förderung seiner Pläne. In der ersten Hälfte des fünfzehnten Jahrhunderts wurde im Zusammenhang mit den Hussitenkriegen (vgl. S. 374) eine weitere Verdeutschung des tschechischen Kessellandes ein für allemal unterbunden und auch eine kulturelle Gegenbewegung gegen die Deutschen eingeleitet. Als um 1440 die polnische Königsfamilie der Jagellonen Aussicht hatte, Ungarn durch Personalunion mit ihrem Stammlande zu vereinen, und als 1487 der Ungarnkönig Matthias Corvinus nach der Besitznahme von Österreich, Kärnten und Krain nahe daran war, ein großes Reich zu errichten, wurde die Vormachtstellung der Deutschen im Osten schwer bedroht. Dazu rückten die Türken seit ihrem Sieg bei Varna (1444) von der unteren Donau her immer weiter gegen Westen vor. Die Einbeziehung der von Deutschen bewohnten Gegenden in das türkische Reich schien bald nur noch eine Frage der Zeit zu sein.

Polen, einst ein Lehensstaat des Reiches und gleich Ungarn unter eifriger Mitwirkung des Papsttums allmählich selbständig geworden, riß im Nordosten beträchtliche Teile deutschen Landes und Volkes an sich. Jagel, der Sohn des litauischen Großfürsten Olgerd, ließ sich im Jahre 1386 taufen und wurde durch seine Heirat mit Hedwig, der Erbin Polens, König von Polen. Zwischen den Polen und dem Deutschen Orden war es schon wiederholt zu Kämpfen gekommen. Der Polenkönig Jagel, seit seiner Taufe Wladislaw genannt, verband sich mit seinem Vetter Witold, seit 1392 Großfürst von Litauen, und fiel mit zahlreichen Truppen in Preußen ein. In der Schlacht bei Tannenberg am 15. Juli 1410 siegte die polnisch-litauische Übermacht, der Hochmeister Ulrich von Jungingen, alle Großgebietiger und viele Ordensritter starben in heldenhaftem Kampfe. Heinrich von Plauen hielt die Marienburg gegen Jagel und rettete im Thorner Frieden von 1411 dem Orden den größten Teil des bisherigen Besitzes, doch wurde 1412 die Neumark mit Polen vereinigt. Als Heinrich 1413 unter günstigen Aussichten einen neuen Feldzug begann, weigerten ihm die Ordensbrüder den Gehorsam und setzten ihn ab. Die späteren Kämpfe des Ordens mit den preußischen Adligen und Städten, die sich mit den Polen verbündet hatten, endeten 1466 mit dem zweiten Frieden von Thorn. Den seit 1457 in Königsberg residierenden Hochmeistern verblieb nur noch Ostpreußen, und zwar unter polnischer Oberhoheit. Obwohl nun die Hochmeister ihr Gebiet vom Königreich Polen zu Lehen hatten, widersetzten sie sich mit Erfolg allen Versuchen, Ostpreußen zu polonisieren, es blieb, wenn auch losgelöst vom Reiche, deutsches Land.

Der Norden

Im Norden war die stärkste Stütze des Deutschtums die Hanse. Ursprünglich war sie nicht ein Städtebund, sondern eine Vereinigung von deutschen Kaufleuten aus verschiedenen Orten zur Wahrung ihrer Rechte und Interessen im Auslande. Diese Handelsherren gaben ihren gegenseitigen Beziehungen auch durch Heiraten einen starken Rückhalt. Als beim Anwachsen des Handels sich verschiedene Aufgaben einstellten, die die hansischen Kaufleute nicht von sich aus allein bewältigen konnten, bot ihnen ihr Einfluß in zahlreichen Städten die Möglichkeit, ihren Bund zu einem Städtebund auszubauen. Zunächst machte sich zwischen den zu ihm gehörenden See- und Binnenstädten kein Unterschied bemerkbar. Bei der Gründung der Hanse hatte Köln als ältester und größter Handelsmittelpunkt eine führende Rolle gespielt und schon in der zweiten Hälfte des zwölften Jahrhunderts vom englischen König ein Handelsprivileg mit der Zusicherung des Schutzes für eine Niederlassung in London, für „die Gildhalle der Deutschen", später „Stalhof" genannt, erhalten. Allmählich führten die besonderen Bedürfnisse der am Seehandel unmittelbar beteiligten Städte dazu, daß sie gegenüber denen im Binnenlande im Bunde mehr hervortraten und daß das für den Seeverkehr nach West und Ost und für den Verkehr von der See zum Landesinneren sehr günstig gelegene Lübeck Vorort der Hanse wurde.

An und auf der See herrschten aus ähnlichen Gründen wie im Binnenlande Raub- und Fehdewesen. Die Niederkämpfung der adligen und nichtadligen Seeräuber, namentlich der in den letzten Jahrzehnten des vierzehnten und in den ersten des fünfzehnten Jahrhunderts ihr Unwesen treibenden Vitalienbrüder, stellte jedoch weit größere Anforderungen an die Hanse, als an die übrigen Städte die Sicherung der Landstraßen vor den Raubrittern. Schon dabei kam es gelegentlich zu Verwicklungen mit den nordischen Staaten und den Fürsten von Holstein und Mecklenburg, weil sie alle, bald die einen, bald die anderen, wie es eben die Kriegsläufte mit sich brachten, förmliche Verträge mit den Seeräuber-Häuptlingen schlossen und sie zu ihren Bundesgenossen machten. Aber die Hanse mußte auch von sich aus Stellung zu allen größeren politischen Fragen des Nordens nehmen und durfte kriegerischen Entscheidungen nicht ausweichen. Die Könige Englands, Dänemarks, Schwedens und Norwegens, in deren Reichen Handel und Gewerbe zunächst noch wenig entwickelt waren, hatten den deutschen Kaufleuten große Vorrechte eingeräumt. Als nun in diesen Ländern allmählich ein einheimisches Wirtschaftsleben aufblühte, suchten sie das Übergewicht des deutschen Kaufmanns zu brechen. Durch straffen Zusammenschluß, durch genau geregeltes Zusammenleben in ihren Faktoreien, die in mancher Beziehung Festungen glichen, und durch tatkräftiges Eingreifen bei kriegerischen Auseinandersetzungen dieser Mächte untereinander konnte sich die Hanse bis über die Mitte des fünfzehnten Jahrhunderts hinaus von der Nordsee bis Nowgorod als Großmacht behaupten. Während, wie schon erwähnt, die Stände von Schleswig und Holstein freiwillig König Christian I. von Dänemark als ihren Landesherren anerkannten (1460), hatten die wirtschaftlichen Verhältnisse die „Hanse der Deutschen" gelehrt, zum mindesten im Auslande über ihr Deutschtum eifersüchtig zu wachen. Im Inlande selbst überwucherten freilich mehr und mehr die eigennützigen Bestrebungen der einzelnen Städte und Städtegruppen. Die Städte im Binnenlande hatten sich längst den Leistungen für die Aufrechterhaltung der Seegeltung entzogen. Der Deutsche Orden unterstützte zwar wiederholt wirksam die Hanse, aber im allgemeinen gingen die preußischen Städte des Ordenslandes vielfach ohne Rücksicht auf die gemeinsamen Interessen der Hanse ihre eigenen Wege. Als mit den technischen Fortschritten der Seefahrt, einer vorteilhafteren Segelstellung und der Benutzung des Kompasses, die Schiffe von Danzig und Königsberg, ohne in Lübeck anzulegen, durch den Sund nach England und Flandern fahren konnten, und im Jahre 1478 der Großfürst Iwan III. von Moskau sich Nowgorods bemächtigte, lockerte sich der innere Zusammenhalt der Hanse noch mehr. Sie wußte zwar verschiedene Handelsbeziehungen aufrecht zu erhalten, trat auch gelegentlich noch politisch hervor, aber ihre allgemein-deutsche, weit über die Grenzen des Reiches hinausreichende Bedeutung hatte sie längst vor der letzten im Jahre 1669 zu Lübeck abgehaltenen und noch einmal von Köln, Braunschweig, Danzig und anderen Städten beschickten Tagung eingebüßt.

Der Westen

Im Westen gingen die meisten Gebiete, in denen die deutsche Sprache nicht vorherrschte, dem Reiche entweder ganz verloren oder blieben mit ihm nur noch in einer losen staatsrechtlichen Verbindung. Von dem ehemaligen Königreich Burgund war die Provence schon im Jahre 1246 an das Haus Anjou gekommen. Die Freigrafschaft Burgund ist seit ungefähr 1300 als französisches Land zu betrachten, die Dauphiné wurde 1349 französisch. Im Reichsverbande blieben die Grafen von Mömpelgard und die Grafen, seit 1416 Herzöge von Savoyen. Diese führten seit 1365 sogar den Titel „Reichsvikare" für die zu ihrem Bereiche gehörenden Bistümer, darunter Lausanne, Sitten und Genf, aber auf einen nennenswerten Einfluß des Reiches auf diese Gebiete darf man daraus nicht schließen. Das Herzogtum Lothringen galt seit der Mitte des vierzehnten Jahrhunderts als selbständiger Staat, die Herzöge sind nur noch als Inhaber verschiedener im Herzogtum liegender und dem Reiche gehörender Herrschaften dessen Lehensträger.

In der zweiten Hälfte des vierzehnten Jahrhunderts wurde der Grund zu dem **burgundischen Reich** gelegt, dessen Herrscher während dreier Menschenalter durch ihre Waffentaten und den Glanz ihrer Hofhaltung die Augen Europas auf sich lenkten. Im Jahre 1363 belehnte König Johann II. mit dem seit langem französischen Teile von Burgund, dem Herzogtum Burgund, seinen jüngeren Sohn, Philipp den Kühnen, der von seiner Frau die „reichste, edelste und größte Grafschaft der Christenheit", Flandern, dazu Artois, die Freigrafschaft Burgund (als deutsches Lehen) und anderes erbte. Ebenfalls durch seine Gemahlin erhielt Philipps Sohn, Johann Ohnefurcht, Hennegau, Holland und Seeland. Brabant kam 1406 an den jüngeren Sohn Philipps. Alle diese Lande vereinigte als französische und deutsche Lehen Philipp der Gute in seiner Hand und gewann außerdem Luxemburg. Der letzte dieser burgundischen Herzöge, Karl der Kühne, erhielt von Sigmund von Österreich das Elsaß und von Herzog Arnold Geldern als Pfänder. Als Karl der Kühne im Jahre 1477 bei Nancy gefallen war, zog der französische König Ludwig XI. das Herzogtum Burgund wieder ein. Um die übrigen Teile des burgundischen Reiches begann ein zähes Ringen zwischen Frankreich und dem späteren Kaiser Maximilian als Gatten von Karls des Kühnen Tochter.

Man hat schon am Ende des siebzehnten Jahrhunderts und wieder in neuester Zeit behauptet, die österreichisch-burgundische Heirat von Maximilian und Maria von Burgund habe „den Samen der deutsch-französischen Erbfeindschaft gestreut", deren Beginn sich also genau auf das Jahr 1477 festlegen lasse. Hier wäre die Wurzel für die meisten Kriege, von denen seitdem „Europa wie ein Kranker vom Wechselfieber geschüttelt werde", und noch heute sei kein Ende des daraus erwachsenen Unheiles abzusehen. Mag sein, daß bei der sich nun durch Jahrhunderte hinziehenden Kriegskette rein äußerlich jene Verbindung als das erste Glied erscheint, aber auch dieses ist nur deshalb nicht ein Ring für sich geblieben, weil es nicht der Urgrund, sondern einer der vielen Ausbrüche der „naturalis invidia", der eingeborenen Mißgunst Frankreichs gegenüber Deutschland war. Frankreich hat immer wieder seine Hand gegen Osten ausgestreckt, wenn sich nur irgendwie Gelegenheit dazu bot. Im früheren Mittelalter war es allerdings vor allem von seinen inneren Aufgaben und später von dem hundertjährigen Krieg mit den englischen Königen in Anspruch genommen. Aber schon seit Rudolf von Habsburgs Regierung streckte es seine Hand nach Reichsgebiet aus, und als Karl VII. nach seinem Siege über die Engländer im Jahre 1444 sich stark genug zu einem Vorstoße gegen Lothringen und das Elsaß fühlte, machte er sich daran, die Grenze seines Reiches bis an den Oberrhein heranzuschieben. Er scheiterte indes an dem Widerstande Basels und anderer Städte, und als das Reich selbst sich gegen Frankreich zu wenden drohte, gab Karl seinen Versuch schleunigst auf.

Doch wenn das Reich hier, soweit es wirklich deutsch war, keine nennenswerten Gebietsverluste erlitt, so kam es doch zu einer später sich schädlich auswirkenden Schwächung. Von der Scheldemündung bis zum Mittelländischen Meere, das das Reich mit ihm wenigstens nominell verbliebenen Gebieten berührte, fielen die Reichsgrenze und die Grenzen der Territorien der Reichsvasallen nur selten zusammen. Französische Große hatten durch Erbschaft oder sonstwie Lehen auf deutschem Boden erlangt, ebenso deutsche Herren auf französischem Gebiet. Zunächst schuf dies für beide Reiche ungefähr gleiche Verhältnisse, die französischen wie die deutschen Herrscher sahen sich genötigt, diesen „Doppelvasallen" besonders entgegenzukommen und ihnen allerlei Freiheiten zu gewähren. Schließlich hatte aber doch Deutschland den weitaus größeren Nachteil. In dem Kampfe um die Verdrängung der Engländer vom französischen Boden erkauften sowohl Frankreich wie England die Waffenhilfe der Doppelvasallen um Geld und sonstige Vergünstigungen. „Von dem Brauch, der damals aufkam, führt eine ununterbrochene Linie zu dem Pensions- und Subsidienwesen der neueren Jahrhunderte", das seit der Zeit Kaiser Ludwigs des Baiern auch auf die innerdeutschen Fürsten übergriff und Deutschland vom Dreißigjährigen Kriege an zum Verhängnis wurde. Die Großen an der Grenze, die ja längst schon kulturell Frankreich zuneigten, wurden auf diese Weise „in immer größerer

Zahl in die Bahnen fremder Politik gezogen, die nicht selten zu der des Reiches im Gegensatz stand."

Die für Deutschland schmerzlichste Folge dieses Verhältnisses war die Loslösung der niederländischen Gaue, Flanderns (dessen größerer 6500 qkm umfassender Teil allerdings schon von früher her bei Frankreich war, während das deutsche Reichsflandern nur etwa 3000 qkm zählte), Brabants, Hollands, Gelderns und kleinerer Bezirke, vom deutschen Volkstum. Am Hofe der Herzöge von Burgund, die diese Gebiete besaßen, erlebte das spätmittelalterliche französische Wesen eine besonders reiche und prunkvolle Entfaltung. Wenn nun auch das burgundische Reich mit seiner aus Romanen und Germanen zusammengesetzten Bevölkerung in den hundert Jahren seines Bestehens es nicht zur Ausbildung eines besonderen Staats- und Nationalgefühles brachte, sondern nur zu einer Anhänglichkeit an die Dynastie, so war deren französische Haltung in allen Dingen des höheren Kulturlebens doch auch für die germanischen Teile des Volkes von bestimmendem Einfluß. Nach der Besitzergreifung seines burgundischen Erbes durch Maximilian (1477) nahm allerdings das germanische Element wieder einen starken Aufschwung, auch war „mit dem Erscheinen Maximilians auf einmal eine neue Ehrfurcht für Kaiser und Reich aufgekommen", man feierte „le très sainct aigle impérial". Aber die Auslieferung an die spanischen Habsburger (1555) drängte diese Lande in eine Entwicklung, die sie vom deutschen Volkstum loslöste. Wohl besteht von der germanischen Wurzel und der das ganze Mittelalter umspannenden gemeinsamen Geschichte her eine innere Verwandtschaft zwischen Deutschen, Flamen und Holländern. Die Annahme jedoch, ihr Volkstum und ihr Nationalbewußtsein ließe sich über all das hinweg, was zwischen dem Reiche der Herzoge von Burgund und unseren Tagen liegt, ohne grundstürzende Änderungen im Staatsaufbau und der geistig-seelischen Struktur wieder zu einer Einheit mit nur spielartmäßigen Unterschieden zusammenschmelzen, wäre eine schwere Täuschung.

Die Schweiz

Das Ausscheiden der Schweiz aus dem Reiche bedeutet für die Deutschen als Staatsvolk keinen geringeren Verlust als die Loslösung der Flamen und Holländer, doch ist durch die gleichartige Entwicklung der Schriftsprache im Reichsgebiete und in der deutschen Schweiz wenigstens deren kulturelle Verbundenheit mit dem deutschen Gesamtvolke im wesentlichen erhalten geblieben. Die Trennung der Eidgenossenschaft vom Reiche werden wir erst im nächsten Bande bei der Regierung Kaiser Maximilians behandeln. Die Voraussetzungen hierfür wurden indes schon in der Zeit von der Regierung Kaiser Friedrichs II. an geschaffen. Die Gegend der „Waldstätte", Schwyz, Uri, Unterwalden, wurde ihrer Weltabgeschiedenheit entzogen, als um das Jahr 1220 durch Erbauung der „stiebenden Brücke" die Schöllenschlucht gangbar und damit der Paß über den Sankt Gotthard eröffnet wurde. Verschiedene Maßnahmen Friedrichs II. zur Sicherung der Reichsunmittelbarkeit dieser Gebiete lassen erkennen, welches Gewicht er auf den Besitz der Gotthardstraße legte, nun der kürzeste Weg vom Oberrhein nach Italien. Die Waldstätte wurden dann wie die übrigen südwestdeutschen Lande von den seit Friedrichs II. Bannung in Lyon (1245) ausgebrochenen Kämpfen betroffen. Die in Schwyz den größten, in Unterwalden einen beträchtlichen Teil der Bevölkerung umfassenden freien Bauernschaften und die edelfreie Ritterschaft Uris waren von jeher mit dem Waffenwerk vertraut, und so suchte man sich hier wie in manchen anderen Gegenden des Reiches durch Eigenhilfe gegen die während des Interregnums herrschende Unsicherheit und Friedlosigkeit zu schützen. Wahrscheinlich 1258 schlossen die drei Waldstätte einen Landfriedensbund.

Als Rudolf von Habsburg den deutschen Königsthron bestieg, fielen ihm die Herrschaft über das Reichsgut und die Reichsrechte in diesen Gegenden zu, in denen, ehe Friedrich II. sie dem Reiche wiedergewonnen hatte, den Habsburgern als Landgrafen, Reichsvögte von Uri, Vögte der Gotteshäuser von Murbach-Luzern und Muri mancherlei Herrschaftsrechte zugestanden waren. Nach dem Tode Rudolfs von Habsburg drohte den Waldstätten die Gefahr, dem von Rudolf mit großer Umsicht begründeten südwestdeutschen, habsburgischen Hausmachtsystem eingegliedert zu werden und die Reichsfreiheit zu verlieren. Sie erneuerten darum ihr altes Schutz- und Trutzbündnis, diesmal hauptsächlich gegen die Habsburger. Es setzte jetzt ein zähes Ringen zwischen den Waldstätten und den Habsburgern ein, von dem mehr die Sagen und Volkslieder der Schweizer, als geschichtlich zuverlässige Quellen berichten. Die dem Hause Habsburg nicht angehörenden Könige und Kaiser unterstützten die Bestrebungen der Eidgenossen wiederholt durch Bestätigung ihrer Privilegien, im wesentlichen verdankten sie ihre Freiheit aber doch ihrer eigenen Tapferkeit und Beharrlichkeit. Ihre Waffenerfolge (1315 Sieg über Herzog Leopold I. von Österreich am Morgarten, 1386 über Leopold III. bei Sempach, 1388 zu Näfels über ein drittes Ritterheer) ermöglichten ihnen den Ausbau ihrer Vertrags- und Bündnispolitik. Am 9. Dezember 1315 bekräftigten die drei Waldstätte ihre früheren Abmachungen durch den „ewigen Bund", 1332 trat ihm das habsburgische Luzern bei, so daß er zum „Vierwaldstättebund" wurde. Es schlossen sich ihm bald auch Zürich (1351), Glarus, Zug (1352) und Bern (1353) an. Im Anfang des fünfzehnten Jahrhunderts folgten Appenzell und die Stadt, später auch das Stift Sankt Gallen, 1450 Zürich, das sich vorübergehend vom Bunde gelöst und ihn mit Kaiser Friedrich III. bekämpft hatte, 1454 Schaffhausen. Den Aargau und das Erbe der 1463 ausgestorbenen Grafen von Toggenburg hatten die Eidgenossen bereits in dem Kriege mit Zürich und Friedrich gewonnen, der Thurgau kam 1460 an die Eidgenossenschaft, 1467 kaufte Zürich dem Herzog Sigmund Winterthur ab, die letzte habsburgische Besitzung in der Schweiz, im Jahre 1481 wurden Freiburg und Solothurn eidgenössisch.

Für die drei Waldstätte, die unter Führung von Schwyz den Kern des lange Zeit nur sehr losen Bundes bildeten, war seit dem Jahre 1352 der Name Schweiz aufgekommen. In die Schweizerische Eidgenossenschaft wurden als vollberechtigte Bundesglieder seit 1368 nur Städte und Gemeinden aufgenommen, die die Reichsfreiheit besaßen und damit selbständige Landesherrschaften waren. Daneben bestanden im heute schweizerischen Gebiet mehrere im vierzehnten und fünfzehnten Jahrhundert gegründete Bünde, die sich in der „Vereinigung gemeiner III Bünde" eine eigene Spitzenorganisation schufen. Die Untertanenpflichten der Bundesmitglieder gegenüber ihren Herrschaften dauerten zwar nominell noch fort, da aber im Konfliktsfalle die Bundespflichten vorgingen, so brachten auch hier die Gemeinden die wichtigsten Hoheitsrechte: Militärgewalt, Steuerwesen, Gesetzgebung, an sich. Die Einführung der allgemeinen Wehrpflicht und der Ausbau des alten Landsturmwesens, bei dem die Bauern jeden Abend in ihre Dörfer hatten zurückkehren dürfen, zu regelrechtem Kriegsdienst machten vor allem die eidgenössischen Territorialstaaten seit der Mitte des fünfzehnten Jahrhunderts zu einer Militärmacht, die weder von den Herzögen von Burgund, noch von Kaiser Maximilian I. überwältigt werden konnte.

Als Herzog Albrecht im September 1354 vor Zürich lag, und die Stadt das Reichsbanner aufsteckte, kämpften die reichsstädtischen Abteilungen im Heere Albrechts nicht mehr weiter, und die Belagerung mußte abgebrochen werden. Freiheit zum Reich, die Reichsunmittelbarkeit, war damals den Eidgenossen noch das höchste politische Ziel. Hundertfünfzig Jahre später wollten sie vom Reiche nichts mehr wissen, sie verweigerten den Reichsbehörden jeden Gehorsam und lehnten sich dafür an Frankreich an.

„Wie das Eisen alle Metalle, so bändigt das Römische Reich alle Königreiche," verkündete etwa ein Vierteljahrhundert nach dem Interregnum ein deutschfeindlicher Autor in einer langwierigen Untersuchung über die dem Reiche zustehenden Rechte. Und noch am Ende des fünfzehnten Jahrhunderts schrieb Philipp de Commines: „L'Allemagne est chose si grande et si puissante qu'il est presque incroyable". Es möchte fast als Hohn erscheinen, wenn in der Zeit, da ein politisches Handeln der deutschen Nation als solcher durch die aufwuchernde Eigenstaatlichkeit der Territorialherrschaften nahezu unmöglich geworden war und an manchen Grenzstellen Adlige, Bürger und Bauern gleicherweise bereit waren, sich vom Reiche loszulösen, ein französischer Historiker das „unglaublich große und starke Deutschland" rühmte. Und doch meinte er es ohne Zweifel ernst. An Ausdehnung und Volkskraft übertraf das deutsche damals noch bei weitem jedes andere europäische Reich, selbst das französische und englische zusammengenommen. Das deutsche Reich war gleichsam der Grandseigneur unter den abendländischen Staaten. Es erging ihm wie so manchesmal einer alten großen Herrschaft: die Verwalter der einzelnen Domänen haben sich nahezu selbständig gemacht und bereichern sich auf Kosten ihres Herrn, strebsame, gewandte Nachbarn reißen hier und dort ein Stück an sich und verleiten manch einen höheren oder niederen Beamten, mit ihnen zu paktieren oder ganz zu ihnen überzugehen. Die Oberleitung läßt diese Dinge treiben, weil die bei entschiedenem Durchgreifen hervorgerufene Erschütterung des Ganzen mehr Schaden anrichten würde als die gelegentlichen Verluste. Nur wer der Dynamik des Werdens vor der beharrenden Kraft immer und unter allen Umständen den Vorzug gibt, vermag die tatsächliche Überlegenheit des Reiches der Deutschen über das der Franzosen und Engländer, von dem der Polen und anderer kleinerer Nationen ganz zu schweigen, nicht zu erkennen und anzuerkennen. Von der inneren Kraft des deutschen Reiches im späteren Mittelalter zeugen nicht nur die kulturellen Leistungen in ihm, sondern auch die konfessionellen Kämpfe und Kriege des sechzehnten und siebzehnten Jahrhunderts bis zum Westfälischen Frieden. Wo keine politischen Kräfte mehr vorhanden sind, können keine so ungeheuren eingesetzt und eingebüßt werden wie damals in Deutschland. Welche Lebenskraft muß am Ende des Mittelalters das Reich der Deutschen trotz seiner machtpolitischen Unzulänglichkeiten besessen haben, da es selbst nach dem Dreißigjährigen Krieg immer noch nicht völlig verschwunden war!

Drittes Kapitel

Die deutschen Könige und Kaiser des späteren Mittelalters

Das Interregnum

Dem äußeren Verlaufe der Ereignisse nach unterschied sich das „große" Interregnum nicht allzusehr von manchen früheren Unruhen im Reiche, während der sich die Großen bekriegten, die kleineren Gewalthaber sich befehdeten, Städte und Dörfer von den einen wie den anderen bedrängt wurden, die Päpste sich als Schiedsrichter einmischten und durch ihre Parteinahme für einen Gegenkönig diesem zwar nicht zur Herrschaft zu verhelfen vermochten, dafür aber den Sieg des von ihnen bekämpften Kaisers verhinderten oder wenigstens verzögerten. Den Beginn des Interregnums rechnet man vom Tode Konrads IV. (1254) oder jetzt meist vom Tode Wilhelms von Hollands (1256) an; den entscheidenden Anstoß zur Herbeiführung der während des Interregnums herrschenden Zustände hatte jedoch bereits die Bannung Kaiser Friedrichs II. auf dem Konzil zu Lyon 1245 gegeben.

Den Bemühungen Papst Innozenz IV. gelang es, wenigstens die Kirchenfürsten zur Wahl eines Gegenkönigs und den Landgrafen **Heinrich Raspe** von Thüringen zur Annahme seiner Wahl zu bewegen. Sie wurde im Mai 1246 zu Veitshöchheim bei Würzburg vollzogen. Heinrich war einer der „Pfaffenkönige", wie das Volk die hauptsächlich von Geistlichen gekürten und auf sie sich stützenden Herrscher nannte. Er stellte mit den päpstlichen Subsidiengeldern ein stattliches Heer auf, besiegte in der Nähe von Frankfurt Konrad IV., den sein Vater Kaiser Friedrich II. bereits im Februar 1237 zum deutschen Könige hatte wählen lassen, und stieß in die staufischen Lande nach Schwaben vor. Nach einer vergeblichen Belagerung Ulms zwang die Winterkälte Heinrich zur Rückkehr nach Thüringen, wo er am 16. Februar 1247 starb. Da er keine männlichen Nachkommen hinterließ, begann nun auch um sein Erbe, Thüringen und Hessen, ein Streit, wie er in Süddeutschland um die Hinterlassenschaft mehrerer zu jener Zeit erloschener Geschlechter schon tobte (vgl. S. 270f.).

Nach Heinrich Raspes Tod hatte sich die Lage der päpstlichen Partei gegenüber dem Jahr 1246 insofern gebessert, als nun auch mehrere bedeutende weltliche Fürsten für die Wahl eines Gegenkönigs waren. Aber es lockte niemanden so recht, sich wider Kaiser Friedrich II. zu stellen. Schließlich fanden die rheinischen Erzbischöfe, welche die Neuwahl mit besonderem Eifer betrieben, an dem Grafen Wilhelm von Holland einen Kandidaten. Im September 1247 wurde er von seinen Anhängern in Neuß gewählt, die Krönung konnte erst anfangs November 1248 in Aachen stattfinden, da sich die Bürger dieser Stadt über ein Jahr lang geweigert hatten, ihm die Tore zu öffnen. Positiv hatte sein Königtum nicht viel zu bedeuten, auch nicht, als Konrad IV. nach dem Tode seines Vaters nach Italien zog (1251). Aber Wilhelms Regierung hat zur Zersetzung der Macht der deutschen Herrscher viel beigetragen. Konrad und noch mehr Wilhelm verschleuderten das Reichsgut durch Verpfändungen und Erteilung von Privilegien an ihre Parteigänger, und die Willebriefe (vgl. S. 281) kamen in ihrer maßgebenden Form unter Wilhelm auf. Gleich Konrad begünstigte er die Städte und erkannte durch eine Urkunde den rheinischen Bund an. Um die allenthalben im Reiche herrschenden Unruhen niederzukämpfen, war Wilhelm nicht mächtig genug. In den Erbstreit um Flandern und Hennegau griff er auch zu seinem persönlichem Vorteil ein. Er besiegte die Flamen mit Hilfe der Westfriesen. Als er aber diese zur Heeresfolge auch in weite Ferne zwingen und sie überhaupt zu seinen Untertanen machen wollte, widersetzten sie sich ihm. Auf einem Feldzug gegen sie brach er mit seinem schwer gepanzerten Schlachtroß im Eise eines Sumpfes ein. Die hinter dem Schilfe lauernden Friesen stürzten hervor und erschlugen Wilhelm von Holland am 28. Januar 1256 in der Nähe von Alkmaar. Da Konrad IV. am 20. Mai 1254 in Italien gestorben war, hatte Wilhelm gegen Ende seines Lebens wenigstens den Namen eines deutschen Königs unbestritten getragen.

Der Weg, dem Reiche ein von allen anerkanntes Oberhaupt zu geben, wäre nun frei gewesen. Aber die Erzbischöfe von Trier und Köln, die jetzt allein das Wahlgeschäft einleiteten, weil der Mainzer in einer Fehde mit Albrecht von Braunschweig in dessen Gefangenschaft geraten war, stellten jeder einen eigenen Kandidaten auf. Konrad von Köln trat wegen der engen Handelsbeziehungen seiner Stadt mit England für Richard von Cornwall, einen der reichsten Prinzen jener Zeit, ein, während Arnold von Trier im Einverständnis mit Frankreich dem damals angesehensten Herrscher des Abendlandes, König Alfons X. von Kastilien, die deutsche Königskrone und damit die Anwartschaft auf das Kaisertum zu verschaffen suchte. Richard und Alfons standen in verwandtschaftlichen Beziehungen zu den Staufern, dieser als Enkel Philipps von Schwaben, Richard als Schwager Friedrichs II. Es tauchten auch Erinnerungen auf an den alten Gegensatz zwischen den Welfen, als deren Mann der Engländer galt, und den Staufern-Ghibellinen, denen man den Spanier seiner Mutter wegen zurechnete. Viel hatten diese Dinge jedoch nicht zu bedeuten; die Kurfürsten, auf die die eigentliche Wahlhandlung — nur an den Vorbereitungen waren damals die übrigen Fürsten noch beteiligt — beschränkt war, sahen nur darauf, was ihnen die Anwärter auf den deutschen Thron für Vorteile bringen würden. Richard zahlte das Lösegeld für den Mainzer Erzbischof und gewann den größeren Anhang, da er dem Reiche näher war und schon gleich sein Geld spielen ließ, während der Spanier große Summen erst versprach. Der Wahlort Frankfurt war jedoch fest in der Hand des Trierer Erzbischofs, und so wurde Richard von seinen Anhängern im Januar 1257 vor den Mauern der Stadt gewählt, einige Monate später rief in ihr Erzbischof Arnold mit den Seinen Alfons von Kastilien zum deutschen Könige aus. Richard wurde wenigstens noch in aller Form am 17. Mai 1257 in Köln gekrönt, war im Besitz des Trifels und der echten Reichsinsignien und nahm wiederholt in Deutschland Regierungshandlungen vor. Er feierte auch nach dem Tode seiner ersten Gattin zu Kaiserslautern unter großer Prachtentfaltung seine Hochzeit mit einer Deutschen, der ob ihrer Schönheit viel gepriesenen Beatrix von Falkenburg. Deutsche Chronisten verhöhnten jedoch den König: das viele Öl, das bei der Salbung auf seinem Haupte verwendet wurde, hätte er in England billiger haben können, und sie entrüsteten sich über die Käuflichkeit der Kurfürsten. Der Spanier kam überhaupt nie nach Deutschland.

Die Päpste glaubten, wie früher das Schiedsrichteramt ausüben zu können, und Urban IV. verfaßte 1263 wie schon einmal Innozenz III., ein Schriftstück „De Negotio Imperii", aber ihr Eingreifen hatte keine größere Wirkung als das deutsche Königtum des Alfons von Kastilien. Doch während das deutsche Volk sich um den einen König, der irgendwo im Süden saß, überhaupt nicht kümmerte und über den anderen spottete, behütete, wie einst in den Tagen des Ruhmes und Glanzes, einer der vornehmsten unter den Reichsdienstmannen auf dem Trifels die Reichsinsignien, und Mönche des benachbarten Zisterzienserklosters Eußerthal hielten vor ihnen in der Burgkapelle einen regelmäßigen Dienst der Wache und des Gebetes. Denn die Reichskleinodien: die Kaiser-Königskrone, zwei Schwerter mit schön verzierten Scheiden, den goldenen Apfel mit dem Kreuze, die zum königlichen Ornat gehörenden und bei hochfestlichem Anlasse getragenen Gewänder und verschiedene Reliquien, darunter ein Stück von Christi Kreuz und der Speer des heiligen Mauritius, verehrte die deutsche Nation als hohe Heiligtümer und nannte die Reichskleinodien selbst „das Reich". Ihr und des Trifels Besitz galt als eines der Kennzeichen des rechtmäßigen Kaisers und Königs. Daß die kaiserlichen Insignien wieder einmal an einen wahren Herrscher von Gottes Gnaden kämen, und des Reiches heilige Macht aufs neue erstünde, diese Hoffnung verließ die Deutschen auch in den trübsten Tagen des Interregnums nicht.

König Rudolf von Habsburg

1273—1291

Die Wahl

Als Richard von Cornwall am 2. April 1272 in England gestorben war, drängte vor allem Papst Gregor X. auf die Wahl eines Mannes, der in die deutschen Verhältnisse endlich wieder Ordnung zu bringen vermöchte. Den Papst bestimmte dabei der Wunsch, das Heilige Land den Ungläubigen zu entreißen. Solange aber das Kernland Europas innere Unruhen erschütterten, war ein Kreuzzug der gesamten abendländischen Christenheit ausgeschlossen. Gregor erwies sich zwar mit seiner Annahme, das im Kampfe der Päpste gegen die Hohenstaufen zerstörte Kaisertum lasse sich ohne weiteres in einer der Kirche genehmen und für sie vorteilhaften Form wiederherstellen, ebenso wie mit seiner Beurteilung der Aussichten eines Kreuzzuges nicht gerade als ein klarblickender Realpolitiker, aber sein entschiedenes Eingreifen hat immerhin Deutschland genützt. Denn erst auf sein Schreiben von Anfang August 1273 hin, worin die Ernennung eines deutschen Königs durch den Papst und die Kardinäle angedroht wurde, falls die Kurfürsten nicht binnen eines Monats ihre Pflicht täten, beschleunigten diese ihre Wahlvorbereitungen. So schnell, wie es ihnen der Papst geboten hatte, kamen sie freilich nicht zum Ziele, doch nahm man es mit derartigen Terminen überhaupt nicht allzu genau.

Um das deutsche Königtum als die Voraussetzung für die Erlangung des Kaisertums bewarb sich von den außerdeutschen Fürsten neben Alfons von Kastilien, der seine alten Ansprüche bei der Kurie wieder anmeldete, König Karl von Anjou-Neapel für seinen Neffen, den französischen König Philipp III. Daß von König Alfons für eine Beruhigung der deutschen Verhältnisse nichts zu erwarten war, hatten dem Papst bereits die letzten Jahre gezeigt, und so tat er alles, um Alfons zu einem friedlichen Verzicht auf die deutsche Krone zu bewegen. Die Kandidatur des französischen Königs war für die Kurie erst recht untragbar, weil sie keine bessere Aussicht auf die Befriedung Deutschlands bot und obendrein nur die dem Papsttum unbequem gewordene Italienpolitik des Besiegers von Konradin unterstützen sollte. Die Gründe, mit denen der gewiegte und sonst so erfolgreiche Politiker Karl für seinen Plan Philipp III. zu gewinnen suchte, sind sowohl für die immer noch hohe internationale Einschätzung des Kaisertums als eines Machtfaktors, wie für die Meinung ausländischer Politiker über die deutschen Kurfürsten aufschlußreich: „Wenn der französische König römischer Kaiser ist, braucht er vor niemand auf der Hut zu sein; wenn er bloß König ist, kann er wohl vor dem Kaiser auf der Hut sein müssen: denn vor niemand sonst braucht er sich zu sichern". Als Verbündeter oder Blutsverwandter von sechs Königen (Kastilien, Aragon, Navarra, England, Sizilien und Ungarn) werde Philipp bei der Reichsleitung von außen keine Schwierigkeiten haben. So handle es sich nur darum, mit „un poi d'Alemans", mit ein paar deutschen Kurfürsten gut Freund zu werden, und dazu habe ja der König „bien de quoi", hinreichend Geldmittel.

Von deutschen Fürsten wurden für die Königswahl zunächst genannt: Friedrich der Freidige, ein Wettiner, von seiner Mutter her ein Enkel Friedrichs II., Ottokar von Böhmen als der reichste und mächtigste Reichsfürst, und Ludwig, Herzog von Oberbaiern und Pfalzgraf bei Rhein, der zur Sicherung seines staufischen Erbes nach der Krone strebte. Keiner von diesen dreien hatte jedoch Aussicht, eine Mehrheit auf sich zu vereinigen. Sie waren allzusehr in das Parteigetriebe verwickelt, außerdem wollten die Kurfürsten keinen so starken König, wie es der Böhme oder Baier auf Grund ihrer Hausmacht von vornherein gewesen wären. Ein abermaliges Doppelkönigtum mußte aber nicht nur im Hinblick auf Rom vermieden werden. Eine Reihe größerer Städte am Rhein hatte erklärt, bei zwiespältiger Wahl würden sie keinen der Erkorenen anerkennen. Das deutsche Volk und die meisten Großen des Reiches verlangten unbedingt eine klare Entscheidung. Versagten die Kurfürsten jetzt, dann gefährdeten sie ernstlich ihr auf dem Wege allmählicher Entwicklung gewonnenes und eben jetzt erst voll ausgebildetes Recht, unter Ausschluß aller anderen Fürsten die Wahlhandlung einzuleiten und durchzuführen. So gelang es dem Mainzer Erzbischof Werner von Eppenstein, unter eifriger Mitwirkung des Burggrafen Friedrich von Hohenzollern, nach mancherlei Vorverhandlungen am 1. Oktober 1273 zu Frankfurt die einstimmige Wahl des Grafen Rudolf von Habsburg zu erreichen. Ottokar von Böhmen hatte dies allerdings dadurch zu verhindern versucht, daß er durch seinen Abgesandten gegen die Übertragung einer Kurstimme an das Herzogtum Baiern Einspruch erhob und sie für Böhmen beanspruchte. Er erreichte aber damit nichts, weil die übrigen Kurfürsten, eben um Ottokar auszuschalten, Baiern die Kurstimme zugesprochen hatten, die dann von den Herzögen von Ober- und Niederbaiern gemeinsam ausgeübt wurde.

Am 24. Oktober fand zu Aachen in der altherkömmlichen feierlichen Weise die Krönung König Rudolfs und seiner Gemahlin Gertrud aus dem Grafengeschlecht der Hohenberg, einem Seitenzweig der Zollern, statt. Mit Ausnahme Ottokars erkannten alle Fürsten des Reiches Rudolf als König an, womit die übrigen Kandidaturen, auch die Philipps III. von Frankreich, erledigt waren. Gregor X. hätte wohl die Wahl Ottokars lieber gesehen, der immer in engster Fühlung mit dem Papsttum gestanden und durch „die allmächtige Kurie durchzusetzen" gehofft hatte, „was die deutschen Kurfürsten dem übermächtigen Genossen nicht gönnen wollten." Aber der Papst konnte nun, da die Kurfürsten die von ihm gewünschte einhellige Wahl vollzogen hatten, keine ernsteren Schwierigkeiten mehr machen und tat redlich das Seine, Ottokar, Alfons von Kastilien und Karl von Anjou mit Rudolfs Erhebung auf den deutschen Königsthron und der Anwartschaft auf das Kaisertum auszusöhnen.

Die Habsburger. Rudolfs Persönlichkeit

Die Habsburger, ein uradliges Dynastengeschlecht, waren nichts weniger als arme Grafen. Schon Guntram, das erste nachweisbare Mitglied des Hauses aus der zweiten Hälfte des zehnten Jahrhunderts, hat den Beinamen der Reiche. Die Familie vermochte im Laufe der nächsten zwei Jahrhunderte ihre Besitzungen im Elsaß, Breisgau, Aargau und in der mittleren Schweiz stetig zu mehren. Seit ungefähr 1100 hieß das Geschlecht nach einer seiner Burgen, der Habichts- oder Habsburg auf dem Wülpelsberge an der Aar, „die Habsburger". König Rudolf, als Graf Rudolf IV., besaß bei seiner Thronbesteigung weit ausgedehnte Eigengüter und verschiedene Herrschafts- und Vogteigerechtsame im Oberelsaß, Aargau, Zürichgau und Thurgau. Seine Einkünfte standen allerdings hinter denen mancher herzoglicher Familien zurück, doch konnte seine mittlere Stellung zwischen den unbedeutenderen Dynasten und den ersten Reichsfürsten seiner Wahl nur förderlich sein. Nicht so ohnmächtig, um nichts ausrichten zu können, und nicht so mächtig, um alle Großen seinem Willen gefügig zu machen, wünschten ja die Kurfürsten und auch die meisten anderen Fürsten den König. Aber mehr noch als auf die Größe des Besitztums kam es auf die Fähigkeit an, aus ihm für die mannigfachen Unternehmungen Nutzen zu ziehen. Darin übertraf den Rudolf keiner der Fürsten jener Zeit, und nur wenige taten es ihm dabei annähernd gleich. Früher als die meisten seiner Standesgenossen hat Rudolf für die Verwaltung seiner Lande absetzbare Beamte verwendet und auch im Militärwesen den eine geregelte Kriegführung so erschwerenden Ministerialenverband durchbrochen. Die Mehrung seiner Erträgnisse aus den Eigengütern, Vogteien und sonstigen Gerechtsamen, die er durch die Neuordnung seiner Verwaltung und die Erhebung regelmäßiger Steuern erzielte, ermöglichte ihm die Anwerbung von Rittern und Fußknechten, mit denen sich ganz anders als auf der Grundlage der alten Feudalverfassung Machtpolitik treiben ließ. So war Rudolf schon vor seiner Wahl der erste unter den vielen kleinen und mittleren Dynasten Südwestdeutschlands geworden.

Art und Wesen Rudolfs waren bei seiner Wahl in den deutschen Landen weitum bekannt. Der am 1. Mai 1218 Geborene, dessen Taufpate Friedrich II. gewesen war, stand bei seiner Königskrönung im 56. Lebensjahr. Wie alle deutschen Herrscher, die als erste ihres Geschlechts zur höchsten weltlichen Würde der abendländischen Christenheit aufgestiegen waren, hatte er keinerlei gelehrte Bildung genossen. Wahrscheinlich konnte er weder schreiben, noch die lateinische Sprache verstehen. Aber in allem, was zum ritterlichen Leben und zu den Aufgaben eines begüterten adligen Herrn gehörte, hatte sich der Grafensohn hohe Meisterschaft erworben. Und daß er in jungen Jahren einen unehelichen Sohn gezeugt, gelegentlich einer Kriegsfahrt ein Nonnenkloster überfallen und niedergebrannt und als getreuer Vasall der Staufer sich geraume Zeit weder um Bann noch Interdikt gekümmert hatte, setzte den Habsburger in den Augen seiner

Standesgenossen gewiß nicht herab. Im übrigen war der Graf ein frommer Mann, so fromm, daß er „bis zu seiner Wahl an den Sonnabenden und an den Festtagen der seligen Jungfrau Maria keinerlei Übeltat durch Raub oder Brand begangen haben soll".

Man hat Rudolf von Habsburg, „der das Zwischenreich zu beenden bestimmt war, dessen echtesten Sohn" genannt. Er besaß in der Tat die Eigenschaften, die solch eine Zeit hervorzurufen pflegt, in hohem Grade, aber in einer Weise, die ihn befähigte, sie zu überwinden. Er war wendig und zäh, erfahren in den Schlichen der niederen und in den Mitteln der großen Politik. Er hielt sich soweit an das Herkömmliche, daß er den Widerspruch der Mitwelt nicht herausforderte, und war ihr durch maßvolle, umsichtige Anwendung der letzten Fortschritte in Verwaltung und Heerwesen überlegen. Nichts war ihm zu klein, nichts zu groß, nichts zu entfernt, die Hand darnach auszustrecken, wenn nur Einsatz und Gewinnmöglichkeit in einigermaßen günstigem Verhältnis zueinander standen. So mag es wohl sein, daß der Bischof Heinrich III. von Basel bei der Nachricht von der Wahl des Habsburgers, mit dem er seit fünf Jahren in Fehde lag, „sich vor die Stirne schlug und ausrief: Herr Gott, nun halt' dich fest auf deinem Himmelsthron, sonst setzt sich Rudolf darauf". Seine unerschütterliche Treue gegen seine Freunde, die Einfachheit seines Gehabens, seine natürliche Leutseligkeit, ein selbstsicherer und zugleich versöhnender Humor halfen ihm über Schwierigkeiten hinweg, die so manchen sonst kaum weniger Tüchtigen schon am Anfang seiner Laufbahn zu Fall gebracht hätten.

Bei Betrachtung von Rudolfs Grabmal in der Kaisergruft des Speirer Domes erinnern die hochgezogenen Stirnfalten und Brauen, die tiefen Furchen von den Nasenflügeln bis zu den Mundwinkeln an die unendlichen Mühen und Sorgen dieses Herrschers. Es heißt, der Künstler habe sich ängstlich an die Wirklichkeit gehalten, und als er hörte, der König habe eine Runzel mehr bekommen, sei er eigens zu ihm gereist, habe sie sich abgezeichnet und dann ins Bildnis gemeißelt. Gewiß wird Rudolf bei manchem Anlaß, zumal in seinen letzten Jahren, so ausgesehen haben, wie ihn die leider modern überarbeitete Plastik zeigt. Aber die Chroniken schildern den ersten Habsburger auf dem Thron nicht gerade als einen vom Leben hart mitgenommenen und etwas melancholischen Greis. Der etwa sieben Fuß große, hagere Mann mit schmalen Händen und Füßen, mit dem verhältnismäßig kleinen Kopfe, von dem das am Ende gelockte braune Haar schlicht herniederfiel, mit dem blassen, bartlosen Gesicht, daraus eine gewaltige Adlernase kühn hervorsprang und scharfe Augen blitzten, erschien seinen Zeitgenossen als die Verkörperung unerschöpflicher Lebenskraft, wie Stahl, kraftvoll und biegsam zugleich, ob er nun im Rate der Fürsten des Reiches saß, gepanzert auf dem Streitroß mit seinen Rittern und Reisigen in die Schlacht zog, im grauen Wollwams durch die Lande ritt und sich in den Städten unter die Bürger wie einer von ihnen mischte. Man pries auch sein unerhörtes Glück, das ihn seinen Feinden so furchtbar machte, und noch nach seinem Tode erzählte man sich, bei der Kunde von seiner Wahl habe sich sofort unbeschreiblicher Jubel und Friede im Lande verbreitet, wie solches seit den Tagen Jesu Christi nicht mehr der Fall gewesen.

Die vielen Geschichten, die über ihn im Volke umgingen, haben sich nicht alle wirklich oder genau so zugetragen, wie es die Anekdote wahr haben will, immerhin sind sie ein getreues Spiegelbild seiner eigenartigen und großen Persönlichkeit. Vor allem verstand er es meisterhaft, sich aus jedweder Verlegenheit zu ziehen. Seine erste Amtshandlung nach der Wahl war die Entgegennahme der Huldigung der Reichsfürsten und ihre Belehnung. Da fehlte das für diese Zeremonie unerläßliche Zepter. Bei der abergläubischen Scheu, mit der man an allen Formalien festhielt, hätte dies zu einem für Rudolf sehr peinlichen Zwischenfall werden können. Doch er griff flugs nach einem Kruzifixe und sprach: „Seht das Zeichen, durch das wir und die ganze Welt erlöst sind, es soll uns als Zepter dienen". Nach ihm küßten alle Fürsten das Kreuz, empfingen ihre Lehen und leisteten den Treueid, der durch das heiligste Symbol der Christenheit eine besondere Weihe erhielt. — Oft wird des Königs Geldmangel erwähnt, der freilich nicht in Armut seinen Grund hatte, sondern davon kam, daß Rudolf immer alle seine Mittel in seine verschiedenen friedlichen und kriegerischen Unternehmungen steckte. Er erreichte damit mehr als andere und brachte auch jederzeit das gerade unbedingt Notwendige von irgendwoher auf. Seine Umgebung durchschaute diese Zusammenhänge freilich nicht, und die Erfolge mochten sie an sein Wort, Christus sei sein Schatzmeister, glauben lassen.

Selber ein Ritter ohne Furcht und Tadel, war sich König Rudolf doch darüber klar, daß die Zeit der bloß ritterlichen Tapferkeit vorüber sei. Mit viertausend auserlesenen Behelmten (Rittern) und 40 000 gut bewaffneten deutschen Fußknechten, soll er einmal gesagt haben, könne er sich allüberall in der ganzen Welt behaupten, weil diese Massen jedes Heer, gleichviel wie groß es sei, angreifen würden. Ihm selbst trauten seine Gegner, als er über siebzig Jahre alt vor Besançon lag, solchen Angriffsgeist zu, daß er, ginge es nicht anders, von den Bergen auf Händen und Füßen herabkriechen würde, den Feind anzupacken.

Vor dem Ausbau seiner Hausmacht boten die Reichsstädte dem König den stärksten Rückhalt. Für Reichszwecke ließen sich aus ihnen beträchtliche Mittel beschaffen. Rudolf erhob von diesen Städten wieder regelmäßig die Jahressteuern, die schon die Staufer eingeführt hatten, und schrieb bald auch neue Steuern vor, darunter eine direkte Vermögenssteuer von drei Prozent, welche den davon wenig betroffenen ärmeren Schichten „behagte, den Reichen allerdings mißfiel". Die Verwendung dieser Gelder kam den Städten selbst am meisten zugute, da Friede im Reiche ihren Wohlstand hob. Aber vielleicht mehr noch als diese Einsicht hat ihm sein Auftreten als Bürgerkönig die Städter gewonnen. Von seinem gemütlichen Verkehr mit ihnen wird manch lustiges Stücklein erzählt. Gerne ließ er sie über sich lachen, wenn sie nur wacker zahlten. Wie mögen die guten Eßlinger gelacht haben, als einst der König in ihrer Stadt weilte und ein loser Schwabe dem König in enger Straße zurief, seine Adlernase sperre den Weg, worauf der den Kopf nach der anderen Seite drehte: „Geh zu, unsere Nase hindert dich nicht!" Dem Gift der Verleumdung und Schmähung ist Rudolf begegnet wie ein halbes Jahrtausend später der große Preußenkönig. Am frühen Morgen eines Wintertages suchte der Habsburger zu Mainz im Unterkleide eine Bäckerei auf, sich darin am Kohlenbecken zu wärmen. Die Bäckerin, die ihn nicht kannte, fuhr ihn hart an. Da redete er ihr gut zu, er sei ein armer alter Kriegsmann, den der König Rudolf darben lasse. Das Weib begann lästerlich auf den König zu schimpfen, und als der Fremde nicht ging, schüttete sie einen Kübel Wasser auf die Glut, daß der Kriegsmann über und über beschmutzt wurde. Darauf ging der König schleunigst in sein Quartier und schickte dem Weibe Wein und eine Schüssel Fleisch zum Danke für die dem alten Kriegsmann erwiesene Wohltat. Nun erfuhr die Bäckerin, wer der war, lief zum König und bat de- und wehmütig um Verzeihung. Er versprach ihr unter der Bedingung Vergebung, daß sie ihre Beschimpfungen wortwörtlich wiederhole. Und dem Weibe blieb nichts übrig als dies zu tun, derweil die inzwischen zusammengelaufene Volksmenge hellauf lachte und vor Vergnügen schrie.

Italienpolitik

Bei dem guten Willen sowohl Gregors X. wie König Rudolfs zu aufrichtiger Verständigung kam sie auch zustande, obwohl an und für sich jetzt kaum weniger als in manchen früheren Fällen Anlaß zu Feindseligkeiten zwischen Papst und deutschem König gewesen wäre, und beide Seiten sorgsam darauf achteten, der anderen keine Handhabe zu Übergriffen in die fremde Rechtssphäre zu bieten. Die Kurfürsten und Rudolf teilten dem Papste das Wahlergebnis und die Krönung mit, ohne auf das von kurialer Seite beanspruchte Bestätigungsrecht Bezug zu nehmen. Dagegen baten der König und in einem zweiten Schreiben der Erzbischof von Köln den Papst um die Kaiserkrönung. Gregor X. wahrte seine Stellung als oberster Schiedsrichter der Christenheit, indem er mit Alfons von Kastilien, der sich nun in Oberitalien mit den dortigen Ghibellinen verband, und mit Ottokar von Böhmen, der gegen Rudolfs Wahl Einspruch erhob, noch weiterhin verhandelte, um den Frieden zu sichern. Am 26. September 1274 „ernannte" der Papst Rudolf zum römischen König, und am 15. Februar 1275 sicherte er ihm die Kaiserkrönung zu. Wie zuvor von der Kurie die Nichterwähnung des päpstlichen Bestätigungsrechtes stillschweigend übergangen wurde, so ließ man jetzt von deutscher Seite die Formel „te regem Romanorum nominamus" auf sich beruhen.

Die Italienpolitik, die vom Papst und vom König in Aussicht genommene und gewünschte Kaiserkrönung, die von Rudolf geplante Romfahrt und der von ihm versprochene Kreuzzug spielten wohl in den Verhandlungen zwischen der

Kurie und dem deutschen Königshofe wiederholt eine große Rolle, doch führten sie zu keinen praktischen Ergebnissen. Zunächst nahm Rudolf die Regelung der deutschen Verhältnisse ganz in Anspruch, und nach Gregors Tod am 10. Januar 1276 schloß sich die päpstliche Politik wieder enger an Karl von Anjou an, dem ein Romzug des deutschen Königs nicht erwünscht war. Wegen der rechtlich immer noch zum Reiche gehörenden Gebiete der Romagna war es schon zwischen Rudolf und Gregor zu Verstimmungen gekommen, und Clemens IV. hatte 1268 das Reichsvikariat über Toskana eigenmächtig Karl von Anjou verliehen. Auf eine kriegerische Auseinandersetzung um den Reichsbesitz in Italien ließ sich jedoch Rudolf von Habsburg nicht ein. Unmittelbar nach seinem entscheidenden Sieg über Ottokar von Böhmen gab er sich damit zufrieden, daß Karl von Anjou September 1278 das Reichsvikariat in Toskana wieder der Kirche überließ, die dann gelegentlich die lokalen Gewalten in jenen Gegenden an die Rechte des deutschen Herrschers erinnerte. Am 14. Februar 1279 verzichtete Rudolf sogar in aller Form auf die Rechte des Reiches in der Romagna. Der Habsburger zog offensichtlich die Sicherung des Gewinnes von Österreich für sein Haus einem Kampf um den Reichsbesitz in Italien vor.

Während des Interregnums war an der Kurie der Plan aufgetaucht, Deutschland, von dem Italien und Niederburgund, die Provence, vollständig losgelöst werden sollten, in eine Erbmonarchie zu verwandeln. Ähnliche Absichten, z. B. in der Lombardei und in Toskana eigene Herrschaften für die „Nepoten", die Neffen der Päpste, zu errichten, scheinen geraume Zeit immer wieder von einzelnen Kreisen verfolgt worden zu sein. Bei Rudolfs Einstellung zur italienischen Frage ist es keineswegs ausgeschlossen, daß auch er sich derartigen Gedanken zugänglich zeigte. Immerhin hielt er es für rätlich, die Thronfolge zunächst in der herkömmlichen Weise zu regeln, d. h. sich selbst in Rom zum Kaiser krönen zu lassen und dann die Wahl seines Sohnes Albrecht zum deutschen Könige zu betreiben. Die Kurie war damit einverstanden, es handelte sich nur noch darum, die Mittel für den Romzug aufzubringen. Auf einer Synode der deutschen Kirche wurde hierüber im Oktober 1287 zu Würzburg verhandelt. Aber die hohe Geistlichkeit namentlich Westdeutschlands, die schon über andere Zehntforderungen Roms zugunsten Frankreichs (vgl. S. 327 f.) sehr erbittert war, wandte sich leidenschaftlich gegen die Zumutungen des päpstlichen Legaten und versagte jede Beisteuer zu einer Romfahrt des Königs. Überhaupt wollten die Kurfürsten von einem erblichen deutschen Königtum nichts wissen, weder von einem auf der alten Grundlage der Wahl eines Kaisersohnes, noch auf einer neuen, der Trennung Italiens von Deutschland. Papst Nikolaus IV. (1288—1292) stand den weiteren Bemühungen Rudolfs um die Erlangung der Kaiserwürde gleichgültig gegenüber. So ist der erste deutsche König aus dem Hause Habsburg nie Kaiser geworden, obwohl ursprünglich seine Wahl gerade deshalb die Billigung der Kurie gefunden hatte, weil man von ihm die Erneuerung des Kaisertums erwartet hatte.

Rudolfs Bemühungen um das Reichsgut

Die erste innenpolitische Aufgabe, die König Rudolf in Angriff nahm, war der Versuch, vom ehemaligen Reichsgut so viel als möglich zurückzugewinnen. Sein Gebot, die einzelnen Fürsten müßten herausgeben, was sie sich widerrechtlich davon angeeignet hatten, fand auch mehrmals die allgemeine Zustimmung der Großen, so z. B. auf dem ersten von Rudolf im Dezember 1273 zu Speier abgehaltenen Reichstag. Meist wird das Ergebnis dieser Anstrengungen des Königs als geringfügig angesehen. Das Reichsgut machte am Ende der Regierung Rudolfs in der Tat nur noch einen ziemlich kleinen Bruchteil des Krongutes der früheren Kaiser aus. Dem Könige waren in dieser Angelegenheit schon deshalb die Hände gebunden, weil seine treuesten Anhänger ebenso wie andere Fürsten viel vom ehemaligen Besitz des Reiches an sich genommen hatten und es bei den verwickelten Rechtsverhältnissen in vielen Fällen nicht mehr festzustellen war, ob der derzeitige Inhaber das Streitobjekt wirklich dem Reiche widerrechtlich entrissen habe. Immerhin darf man das von Rudolf Zurückgewonnene nicht unterschätzen. Durch Wiedererrichtung und Neubegründung von Landvogteien in der Schweiz, im Elsaß, im Speiergau, in Schwaben, in der Wetterau, durch die Organisation des Reichsgutes in Franken und dem ehemaligen Nordgau mit der Burggrafschaft Nürnberg, durch die Neuordnung der Abgaben der Städte, des Judenzinses, der Leistungen der Bischöfe zumal beim Aufenthalt des Königshofes in ihrem Gebiet und durch die Reorganisation der Reichsburgenverfassung wurden für den Reichshaushalt doch recht beträchtliche, regelmäßig einlaufende und gelegentlich große außerordentliche Mittel aufgebracht und für die wirtschaftlichen und militärischen Maßnahmen des Königs ein Rückhalt geschaffen.

Bei einem Vergleich der Stellung des deutschen Königtums vor und nach dem Interregnum darf man nicht vergessen, daß die Überlegenheit so mancher Kaiser im Früh- und Hochmittelalter über auswärtige Reiche und die Großen in Deutschland zum guten Teil in der größeren Einfachheit aller Verhältnisse während des bäuerlich-aristokratischen und selbst noch des ritterlichen Zeitalters begründet war. Damals hatte es eine große Herrscherpersönlichkeit leichter, ihren Willen den Fürsten der Nachbarländer und im Reiche selbst aufzuzwingen als später. Denn je weiter die Wirtschaft, die Staatsorganisation und das Militärwesen fortschritten, desto mehr Möglichkeiten und Mittel der Diplomatie und des Krieges boten sich auch den mittleren und kleineren Mächten. Andererseits ließen die wirtschaftlichen und namentlich die verkehrstechnischen Verhältnisse Kräftezusammenballungen und ihren Einsatz auf *einem* Punkte immer noch nicht über ein gewisses Maß hinaus zu. Der Kleinere war darum, zumal für Einzelunternehmungen, unter Umständen dem Größeren gegenüber im Vorteil. Und manches, was als besondere Schwäche des spätmittelalterlichen Königtums betrachtet wird, tritt nun für uns infolge des in manchem anders gearteten

Quellenmaterials bloß deutlicher hervor. Wenn z. B. betont wird, daß Rudolf in Norddeutschland nur geringen unmittelbaren Einfluß besessen hat, so darf man nicht vergessen, daß bereits seit dem Investiturstreit die Kaiser meist nur entweder in der südlichen oder in der nördlichen Hälfte des Reiches ein persönliches Regiment ausüben konnten. Die Hausmacht Rudolfs und das Reichsgut zu seiner Zeit zusammengenommen stehen der Ausdehnung und vor allem dem Ertrag nach hinter dem ehedem vereinigten Kron- und Hausgut der Kaiser kaum zurück. Die Leistung des ersten deutschen Königs aus dem Hause Habsburg für den Aufbau des Reiches ist um so höher zu bewerten, als „schlechthin der ganze Regierungsapparat vom Gesandtenverkehr mit der Kurie bis herab zum untersten Kanzlei- und Verwaltungsbeamten neu zu schaffen war".

Kampf mit Ottokar von Böhmen

Ein Beispiel, wie vom Reiche als solchem her sich ideelle und materielle Kräfte in Bewegung setzen ließen, wie Übertragung von Reichsgut und Gerechtsamen des Reiches an Fürsten und das Ringen um die Errichtung einer großen Hausmacht des Königshauses doch auch dem Reiche selbst und der deutschen Nation wieder zugute kommen konnten, bietet Rudolf von Habsburgs Auseinandersetzung mit Ottokar von Böhmen und die Begründung der habsburgischen Hausmacht im Osten. Nach dem Tode Herzog Friedrichs des Streitbaren, des letzten Babenbergers, hatte Kaiser Friedrich II. versucht, dessen Lande als Reichslehen einzuziehen (vgl. S. 164). Damit waren jedoch die Stände von Österreich unzufrieden. Sie wählten schließlich auf Betreiben des Königs Wenzel von Böhmen dessen Sohn Ottokar zu ihrem Landesherren. Um für die Besitznahme Österreichs auch Erbansprüche geltend zu machen, heiratete er die Tochter Friedrichs des Streitbaren, die nach dem Tode ihres ersten Mannes, Kaiser Friedrichs II. Sohn Heinrich, im Kloster gelebt hatte und mit Ottokar verwandt war. Aus Feindschaft gegen die Hohenstaufen erteilte Innozenz IV. die Erlaubnis zur Ehe, und bis zur Wahl Rudolfs unterstützte die Kurie auch weiterhin bereitwillig Ottokar. Seit 1251 beherrschte er Österreich, seit 1253 Böhmen und Mähren, diese beiden als seine eigentlichen Erblande, seit 1259 die Steiermark, deren Adel und Städte, mit einer nur kurz dauernden ungarischen Herrschaft unzufrieden, Ottokar berufen hatten, seit 1269 Kärnten mit den Nebenlanden Krain und der Windischen Mark auf Grund eines freilich rechtsunwirksamen Vertrages mit dem letzten Herzog von Kärnten aus dem Hause Sponheim. Der Böhmenkönig war übrigens nicht nur der weitaus mächtigste und reichste Fürst, sondern auch eine bedeutende Herrscherpersönlichkeit. Durch seine glänzende Hofhaltung und zwei Kreuzzüge ins Preußenland zur Unterstützung der Deutschordensritter, die ihm zu Ehren die neu gegründete Stadt am Pregel Königsberg benannten, hatte er sich im ganzen Abendlande hohes Ansehen erworben. So war denn die halb slavische, halb deutsche Monarchie Ottokars dem gesamten

„übrigen deutschen Reiche an innerer Geschlossenheit überlegen, an Kraft und Mitteln fast ebenbürtig".

Ein Zusammenstoß zwischen Rudolf und Ottokar ließ sich bei dessen Weigerung, den Habsburger als den rechtmäßigen König anzuerkennen, nicht vermeiden. Gegenüber dem Böhmenkönig war Rudolf an und für sich trotz seiner ausgedehnten und gut verwalteten Besitzungen nur ein verhältnismäßig kleiner Graf. Aber er wußte das Königtum als einen Hebel zu nutzen, mit dem er den ungleich stärkeren Gegner stürzte. Unter dem — übrigens nicht jeden realen Untergrundes entbehrenden — Vorwand, Ersatz der aufgewendeten Wahlkosten zu leisten, war der König den Erzbischöfen von Mainz, Köln, Trier, dem Pfalzgrafen Ludwig und anderen gegenüber große finanzielle Verpflichtungen eingegangen, für die zunächst einmal das Reichsgut in der Form der Verpfändung von Zöllen, Reichsstädten, Reichsburgen und dergleichen herhalten mußte. Neben manch Üblem hatte das auch das Gute zur Folge, daß die Gläubiger an „ihrem" Könige als ihrem Schuldner ein ganz persönliches Interesse nahmen, besonders auch an der Revindikation, der Wiederbeschaffung des Reichsgutes, wenigstens soweit es nicht in ihren eigenen, sondern in den Händen anderer Herren war.

Als König konnte Rudolf ferner bereits bestehende und die neuzuknüpfenden verwandtschaftlichen Verbindungen mehr als ein anderer Dynast auswerten. Das Reichsgut war jetzt zwar vom Königsgut getrennt, aber die Landvögte ernannte der König. Er übergab die Landvogtei Niederschwaben seinem Schwager Graf Albrecht von Hohenberg, einem ihm treu ergebenen Mann und verwegenen Kämpen, und die von Oberschwaben seinem Vetter Graf Hugo von Werdenberg. Zwei weltliche Kurfürsten, den Pfalzgrafen Ludwig und den Herzog von Sachsen, fesselte Rudolf dadurch an sich, daß er bereits 1273 im Zusammenhang mit seiner Wahl dem ersten seine Tochter Mechthild, dem Sachsen seine Tochter Gertrud vermählte. Auch der Verheiratung der Söhne kam durch die Stellung des Vaters eine besondere politische Bedeutung zu. An den König schlossen sich außerdem alle die Großen an, die von ihm in Gebietsstreitigkeiten eine Unterstützung erwarteten. So hatte Rudolf schon von vornherein an dem Burggrafen Friedrich einen eifrigen Anhänger, weil dieser sich die Sicherung des zur Burggrafschaft Nürnberg gehörenden Reichslandes für sein Haus von dem Habsburger erhoffte. Und ein so schwieriges und undankbares Feld die Außenpolitik jetzt für den deutschen König war, konnte er daraus doch unter Umständen Nutzen für seine Pläne ziehen. Dazu leisteten die Bettelorden Rudolf vorzügliche Hilfe in der Bearbeitung der öffentlichen Meinung. Sein Beichtvater war ein Franziskaner und der seiner Gemahlin ein Dominikaner. Der Habsburger hatte beiden Orden schon vor seiner Wahl manche Gunst erwiesen, dafür suchten sie ihm nach seiner Erhebung zum Könige auf mancherlei Weise die Wege zu ebnen. In all diese Interessenpolitik des wechselseitigen Gebens und Nehmens war übrigens doch ein gut Teil von Höherem, Ideellem verwoben, und nicht zuletzt darauf beruhen König Rudolfs Erfolge. Er selbst, seine Mitarbeiter und Freunde waren gewiß nüchterne, auf jedweden Vorteil bedachte Naturen, aber doch nicht ohne jene edle Begeisterung für die Sache selbst und jenes auf Treue beruhende Vertrauensverhältnis von Mann zu Mann, wodurch die toten Punkte und gefährlichen Reibungen überwunden werden, an denen jede einzig auf Eigennutz abzielende und ausschließlich auf ihm beruhende Politik über kurz oder lang scheitert.

Die auf dem ersten von Rudolf abgehaltenen Hoftag (Dezember 1273) erlassene Verordnung, alles Reichsgut, das jemand sich auf ungehörige Weise angeeignet habe, müsse herausgegeben werden, traf niemand in stärkerem Maße als den Böhmenkönig Ottokar. Denn die Herzogtümer Österreich, Steiermark und Kärnten, das Land Krain und die Windische Mark waren durch das Aussterben ihrer bisherigen Herrscherfamilien erledigte Reichslehen geworden. Ottokar hatte sie und andere Reichsgebiete wie das Egerland teils unter zweifelhaften und später hinfällig gewordenen Rechtstiteln an sich gebracht, teils einfach in Besitz genommen. Auf eine Aufforderung Rudolfs, alles bis auf Böhmen und Mähren zurückzugeben, hatte der Böhmenkönig eine Antwort geschickt, von der es nicht feststeht, ob sie eine glatte Weigerung oder unannehmbare Bedingungen enthielt. Es folgten nun die üblichen Verhandlungen, Vorladungen vor Fürstentage, Androhung der Reichsacht und ihre tatsächliche Verhängung. Nebenher rüsteten beide Parteien zum Krieg und warben um Bundesgenossen. Rudolf wurde namentlich von dem Erzbischof von Salzburg tatkräftig unterstützt und gewann den größten Teil des mit Ottokars Regiment unzufrieden gewordenen Adels von Österreich und Steiermark für sich. Im Oktober 1276 rückte Rudolf vor Wien. Steiermark und Kärnten besetzten Graf Meinhard von Tirol, dessen Tochter mit Rudolfs ältestem Sohne Albrecht verheiratet war, und Albert von Görz. Ottokar eilte zum Entsatz von Wien herbei und kam bis auf das Marchfeld. Da sich jedoch in seinem Heere eine starke Mißstimmung bemerkbar machte, und in Böhmen verschiedene Große zum Abfall neigten, ließ er es auf keine Schlacht ankommen sondern schloß am 21. November 1276 mit Rudolf den Wiener Frieden. Am 25. November wurde Ottokar mit Böhmen und Mähren belehnt; auf die übrigen Lande mußte er verzichten, und auch die ungarischen Gebiete, die er besetzt hatte, an König Ladislaus IV. zurückgeben. Zwei Verlobungen, die eine zwischen dem böhmischen Thronerben Wenzel und Rudolfs Tochter Guta, die andere zwischen Rudolfs Sohn Hartmann und Ottokars Tochter Kunigunde, sollten dem Frieden Bestand sichern. Leider überließ Rudolf bei dieser Gelegenheit das Egerland an Böhmen als Unterpfand für den Abschluß der vereinbarten Heiraten, wodurch ein kerndeutsches Gebiet dauernd mit Böhmen verbunden wurde.

Ottokar konnte jedoch seine Niederlage nicht verwinden. Entgegen den Bestimmungen des Friedensvertrages ging er gegen die böhmischen Edelleute vor, die ihm Schwierigkeiten bereitet hatten, und gab König Ladislaus die ungarischen Grenzlande nicht zurück. Rudolf und Ottokar bereiteten nun abermals einen Waffengang vor. Der Habsburger stützte sich jetzt vorwiegend auf seine eigene, seit dem Erfolg von 1276 beträchtlich vermehrte Macht und auf einen Bund mit den Ungarn. Vom Reiche her hatte Rudolf diesmal weniger Förderung zu erwarten, da er einigen Fürsten über das ihnen genehme Mittelmaß allzusehr hinauszuwachsen begann. An Ottokars Seite traten polnische und schlesische Fürsten, ferner die Markgrafen Otto der Lange von Brandenburg und Heinrich der Erlauchte von Meißen und Herzog Heinrich von Niederbaiern. Dazu wurde in Wien eine Empörung gegen den Habsburger angezettelt, die aber nicht zum Ausbruch kam, unter anderem weil die Bettelorden in den österreichischen Landen bei Bürgern und Bauern eifrig für ihren Gönner warben. Dagegen breitete sich in den Rheinlanden Ende 1277 eine Rudolf sehr ungünstige Stimmung aus. Die Kur-Erzbischöfe hätten es lieber gesehen, wenn er seine Wahlschulden beglichen hätte, statt zum Schlag gegen Ottokar auszuholen und bei einer Niederlage zahlungsunfähig, bei einem Siege aber ihnen allzu mächtig zu werden. Nur mit Mühe gelang es Rudolfs Anhängern, namentlich dem Bischof Heinrich IV. von Basel, die Unzufriedenen am Rheine soweit zu besänftigen, daß sie des Königs Unternehmungen gegen Böhmen nicht kreuzten.

Anfang Juni 1278 brach der Krieg aus, allem Anschein nach ohne formelle Erklärung. Am 27. Juni begab sich Ottokar von Prag nach Brünn, um von da aus gegen den in Wien sitzenden Rudolf vorzustoßen. Der Böhme rechnete bestimmt damit, die österreichischen Städte würden zu ihm übergehen, weil sie ebenso wie die weltlichen und kirchlichen adligen Grundbesitzer in jenen Landen über die von dem Habsburger erhobenen Steuern und über das von ihm zu erwartende straffe Regiment erbost waren. Rudolf erhielt aber doch gerade auch aus den 1276 Ottokar abgenommenen Gebieten, ferner aus dem Reiche, zumal aus Schwaben und Franken, starken Zuzug und setzte sich am 14. August von Wien aus in Bewegung, während der Böhme seine Zeit mit der Belagerung einzelner fester Orte vergeudet hatte. Am 23. August konnte sich Rudolf mit König Ladislaus und dessen Truppen auf dem Marchfelde ungehindert vereinigen. Ottokar hatte am 20. August bei Jedenspeugen an der March sein Lager aufgeschlagen. Wieviel Leute auf beiden Seiten standen, läßt sich bei den unzuverlässigen Zahlenangaben jener Zeit nicht sicher bestimmen. Ungarische Reiter, von denen die meisten als bloße Bogenschützen für den Nahkampf nicht in Betracht kamen, mögen es 15000 gewesen sein. Rudolf selbst wird etwa 2000 Ritter ins Feld haben führen können, darunter einige hundert schwergerüstete mit „verdeckten", eisengepanzerten Streithengsten. In dieser, der immer noch ausschlaggebenden Waffengattung dürfte Ottokar seinem Gegner vierfach überlegen gewesen sein. Leichter gerüstete Ritter werden die Böhmen und ihre Bundesgenossen ebenfalls etwas mehr gehabt haben als die Deutschen und die Ungarn. Nur für den

a

b

Deutsche Innenraum-Gestaltung

a. Dom zu Speier. Siehe Text S. 192 — b. Kölner Dom. Siehe Text S. 236

Deutsche Innenraumgestaltung

Annenkirche in Annaberg, 1499—1520. Siehe Text S. 237 f.

Vorstreit, für die stete Beunruhigung der Kämpfenden und für die Verfolgung war Rudolf durch die große Menge der überwiegend mit Fernwaffen kämpfenden Ungarn im Vorteil.

Die Entscheidung fiel am 26. August, einem Freitag, unweit des Marchflusses bei Dürnkrut. Es heißt, die beiden Könige hätten, wie unter ritterlichen Gegnern üblich, den Schlachttag vereinbart, auch habe sich Rudolf immer gerne an einem Freitage geschlagen. Die Heere waren in je drei Treffen hintereinander aufgestellt, die nacheinander eingesetzt wurden. Der junge Ungarnkönig, dessen Leben nicht gefährdet werden sollte, bezog mit den deutschen Geistlichen die Höhen bei Dürnkrut. Nur der Bischof Heinrich IV. von Basel hielt sich nicht mit dem übrigen Klerus zurück, sondern ritt einem Feldherrn gleich vor Rudolfs Mannen auf und nieder, befeuerte ihren Mut und stimmte den alten Schlachtgesang der Deutschen an: „Sankt Maria, Mutter und Magd, all unsre Not sei Dir geklagt". Von den Böhmen schallte das Kampflied herüber: „Hospodine pomiluy my", Herr erbarme Dich unser. Zuerst warfen sich die ungarischen Bogenschützen und mittelschwer Bewaffnete zu Pferde auf das vorderste Treffen Ottokars, auf die Böhmen und Mähren. Die mußten der Übermacht weichen, und als Ladislaus den Sieg der Seinen sah, mengte auch er sich unter die Verfolger. Inzwischen waren die zweiten Abteilungen miteinander handgemein geworden, Ottokar mit den „deutschen Gästen", den ihm aus Deutschland zu Hilfe Gekommenen, auf der einen Seite, auf der anderen Rudolfs österreichische Ritter. Nun tobte die eigentliche Ritterschlacht, und da Ottokar viel mehr schwer bewaffnete Ritter hatte, kamen die Österreicher in Bedrängnis. Schon wähnte der Böhme, er habe Rudolfs ganzes Heer geworfen. Doch der griff erst jetzt persönlich mit seinem dritten Treffen ein, den Rittern aus Steiermark, Kärnten, Krain, Salzburg, Franken und Schwaben. Hier bei dem Kern des deutschen Heeres wehte auch die von dem allzeit getreuen Burggrafen von Nürnberg getragene Sturmfahne des Reiches mit dem weißen Kreuz im roten Felde. Wütend rannte einer von Ottokars Rittern den deutschen König an, den zu erschlagen er geschworen hatte. Rudolfs Streitroß stürzte, er selbst wurde in den der March zufließenden Weidenbach geschleudert. Ein junger Ritter deckte seinen Herrn und half ihm aus dem Wasser und auf ein frisches Pferd. Nachdem nun auch Ottokars polnische Hilfsvölker in den Kampf eingegriffen hatten, stand die Schlacht.

Da brach in die rechte Flanke von Ottokars Heer die bis zu diesem Augenblick zurückgehaltene Reserve ein. Obwohl nur aus fünfzig bis sechzig schwer gerüsteten Rittern auf verdeckten Rossen bestehend, genügte sie, dem Ringen die entscheidende Wendung zu geben. Die Reihen der Böhmen wurden „wie mit der Schere auseinandergeschnitten", dann bald weiter aufgelöst und großenteils in die March geworfen, in deren sich rötenden Fluten viele der schweren Ritter Ottokars versanken. Andere wurden an den Ufern gefangen genommen oder erschlagen. Viele der nordwärts Fliehenden hieben die verfolgenden Ungarn nieder. Ottokar fiel nach heldenhafter Gegenwehr in die Hände persönlicher Feinde, die ihn wider alle Rittersitte ermordeten. Troßbuben beraubten die Leiche der Rüstung und Kleidung und ließen sie blutüberronnen, verschmutzt und nackt liegen. Rudolf setzte den Fliehenden nach und rastete nicht, bis das feindliche Heer völlig zersprengt und vernichtet war. Den toten König aber befahl er in würdige Gewänder zu hüllen, ließ ihn auf erhöhtem Platz sorgfältig bewacht zur Schau stellen, damit sich viele von seinem Tode überzeugten und nicht wie die falschen Friedriche, so auch falsche Ottokare auftreten konnten. Die Leiche wurde in Wien beigesetzt und später nach Prag überführt.

Ausgang und Auswirkung dieser Schlacht, einer der verhältnismäßig wenigen großen und mit einem Schlage einen Krieg beendigenden des Mittelalters, hat König Rudolf durch ein zweifaches Abweichen von der herkömmlichen Taktik bestimmt. Das erste, Bereitstellung einer Reserve für den kritischen Augenblick, galt allerdings als schwerer Verstoß gegen die Regeln ritterlicher Kampfesweise. Nur mit Mühe konnte Rudolf zwei seiner Unterführer zur Übernahme dieses Auftrages bewegen, und die entschuldigten sich dann in aller Form bei den übrigen Rittern des Heeres, wenn sie, dem strengen Befehle gehorchend, nicht gleich mit ihnen in den Streit stürmten. Ebenso war es etwas fast Unerhörtes, daß der Sieger nicht zum Zeichen seines Triumphes einige Zeit auf der Walstatt verweilte, sondern dem fliehenden Feinde bis zur völligen Vernichtung nachsetzte.

Bei der weit verbreiteten Neigung zu einer Geschichtsbetrachtung, die dem „Wenn-Verlaufe" vor dem tatsächlichen den Vorzug gibt, ist natürlich auch die Vermutung ausgesprochen und zu begründen versucht worden, die Erhebung Ottokars auf den deutschen Königsthron hätte dem Reiche und dem deutschen Volke mehr Segen gebracht als Habsburgs Sieg. Da vor Rudolfs Wahl Ottokar in Böhmen und Mähren deutsche Städte gegründet, deutsche Bauern angesiedelt und überhaupt die Deutschen begünstigt hatte, wäre es unter ihm, ähnlich wie es in Schlesien geschehen ist, zur Germanisierung Böhmens und Mährens gekommen. Seine große Macht und sein vorzügliches Regiment in seinen Landen, Niederhaltung des raubsüchtigen Adels und Förderung aller kulturellen Bestrebungen, hätten die Gewähr geboten, daß durch ihn das deutsche Königtum seine frühere Bedeutung und Geltung wieder erlangt hätte. Aber die an das Interregnum anschließende geschichtliche Lage hatte nun einmal von vornherein die Kandidatur des mächtigsten Fürsten in Deutschland aussichtslos gemacht, ob er an der Moldau oder am Rheine saß, und Ottokar wäre der Gegner jedes an seiner Statt Gewählten geworden, ob der nun Rudolf von Habsburg oder sonstwie hieß. Und die Art, wie sich Ottokar der panslavistischen Agitation als Kampfmittel bediente, läßt es mehr als fraglich erscheinen, daß er als König von Deutschland auch ein deutsches Königtum aufgerichtet und Böhmen germanisiert hätte. Nicht aus Liebe zum Deutschtum, sondern um durch sie seine slavischen Lande kulturell zu heben, war er zuvor den Deutschen so sehr entgegengekommen. Das Feldgeschrei von Ottokars Heer „Praga, Praga" und der Schlachtruf von Rudolfs Mannen „Rom, Rom", der stolze Ruhmestitel des deutschen Königs und Volkes als Erben und Träger des Imperiums, des abendländischen Kosmos, waren nicht bloß der Ausdruck einer Augenblicksstimmung, sondern damit schleuderten feindliche Nationen einander ihren Herrschaftsanspruch entgegen. Habsburgs Sieg war darum Deutschlands Sieg. „Rudolf von Habsburg zerbrach den Hochmut des slavischen Szepters", das war der Eindruck, den man in den von jenen Vorgängen am meisten berührten Gegenden mit ihren deutsch-slavischen Spannungen hatte.

Habsburgs Hausmacht im Osten

Da Ottokar als Geächteter ums Leben gekommen war, stand es Rudolf als König zu, im Einvernehmen mit den Kurfürsten über dessen Lande zu verfügen. Der Habsburger brachte davon so viel an sein Haus, wie eben noch anging, ohne dadurch eine allzu heftige Opposition heraufzubeschwören. Böhmen wurde dem siebenjährigen Sohn Ottokars, Wenzel II., gelassen, ebenso Mähren, das Rudolf allerdings zum Ersatz der Kriegskosten auf fünf Jahre für sich behielt. Mit Österreich, Steiermark, Krain und der Windischen Mark, die schon seit 1276 in seinen Händen waren, aber doch erst jetzt als zweifelfrei dem Reiche heimgefallen galten, belehnte er im Dezember 1282 zu Augsburg seine Söhne Albrecht und Rudolf. Im nächsten Jahre bestimmte der König, daß die Herrschaft in diesen Ländern nur von Albrecht und seinen Nachkommen ausgeübt werden solle, für die ebenfalls die Gesamtbelehnung gleich der vom Jahr 1282 vorgesehen wurde. Was dieser Ländergewinn für die Habsburger bedeutete, mag man schon daraus ermessen, daß die Herzogtümer Österreich und Steiermark mehr einbrachten als alle westdeutschen Besitztümer Rudolfs zusammen mit den Jahressteuern aus dem ganzen Reichsgut. Das 1279 durch Herzog Philipps Tod erledigte Herzogtum Kärnten wurde im Februar 1286 dem mit den Habsburgern verschwägerten Grafen Meinhard von Görz-Tirol als Reichslehen übertragen, doch blieben Albrecht auch in Kärnten alle Rechte vorbehalten, die einst die Babenberger dort gehabt hatten.

Innerdeutsche Auseinandersetzungen

Der Sieg über Ottokar und die Begründung der habsburgischen Hausmacht in den österreichischen Ländern erinnern an den Aufschwung der großen, vom Glücke begünstigten Herrschergeschlechter des früheren und hohen Mittelalters. Bei den meisten anderen Unternehmungen aber blieb König Rudolf der Mühsal mit ihren halben Erfolgen und ganzen Mißerfolgen verhaftet, die nun einmal auf der Menschheit Generationen lang lastet, wenn ein Weltzeitalter, wie es die Jahrhunderte von Karl dem Großen bis Kaiser Friedrich II. für das Abendland gewesen waren, untergegangen ist.

König Rudolf ist nie nach Rom gekommen und hat nie das Heilige Land gesehen, obwohl ihn fast während seiner ganzen Regierungszeit Kreuzzugspläne beschäftigten, und er bis zuletzt auf die Erlangung der Kaiserwürde hoffte. Wie gering sein Einfluß auf Reichsitalien blieb, haben wir schon erwähnt, ebenso, daß auch er sich wiederholt genötigt sah, Reichsgut den Fürsten zu überlassen und eine Art Mitregierung der Kurfürsten anzuerkennen. Zur Sicherung des Landfriedens war er in erster Linie auf freiwillige Vereinbarungen mit den Landesfürsten angewiesen. In den Jahren 1287 und 1291 hat dann Rudolf auf den Reichstagen zu Speier und Würzburg Landfriedensgesetze erlassen, die allgemeine Wirksamkeit haben sollten. Ihr Inhalt mutet aber in vielem an, als sollte gerade noch das Mindestmaß des für den Bestand des Staates und die Sicherung von Handel und Wandel Unerläßlichen festgelegt werden. Dabei fehlte viel, daß auch nur das eingehalten wurde.

In Schwaben, wo der König durch den Ausbau seiner Hausmacht und die Zurückgewinnung von Reichsgut auf die Errichtung eines habsburgischen Herzogtums Schwaben hinarbeitete, standen sich alle, die zum Hause Habsburg gehörten oder zu ihm hielten, und alle jene Herren, die wie die Grafen von Württemberg ihre landesherrliche Selbständigkeit behaupten und erweitern wollten, feindlich gegenüber. Es kam darüber zu verschiedenen kleinen und großen Fehden und zu zahlreichen Gewalttaten von beiden Seiten. Trotz verschiedener Erfolge mit den Waffen und, daran anschließend, einer großzügigen Erwerbspolitik durch Ankauf zahlreicher Herrschaften konnte weder von König Rudolf, noch von seinem Sohne Albrecht das eigentliche Ziel, ein habsburgisch-schwäbisches Herzogtum oder wenigstens ein geschlossenes habsburgisches Territorium in Schwaben erreicht werden.

Gegen den Erzbischof Siegfried von Köln, der widerrechtlich Reichsgut für sich behielt und von rheinischen Städten Zoll erhob, zog König Rudolf im Jahre 1282 zu Felde. Der Erzbischof mußte sich zwar zur Anerkennung des Landfriedens bequemen, aber bald flammte im ganzen Nordwesten um die Erbschaft des Herzogtums Limburg ein blutiger Streit auf, dem gegenüber der König völlig machtlos war. Im Verlaufe der damit zusammenhängenden Fehden vereinigten sich die Bürger von Köln mit Johann von Brabant gegen ihren Erzbischof, der am 5. Juni 1288 bei Worringen geschlagen wurde und mit vielen großen Herren, darunter dem Grafen Adolf von Nassau, in Gefangenschaft geriet. Zum übrigen Norddeutschland unterhielt der König verschiedene Beziehungen durch direkte Gesandtschaften, z. B. nach Lübeck zur Entgegennahme der Huldigung und Erhebung von reichsstädtischen Steuern (1274), durch Bestellung des Grafen Otto von Anhalt zum Landfriedensrichter und durch Vermittlung in verschiedenen

Streitigkeiten. Das Wesentliche, die Entwicklung der Territorien und der Städtebünde, ging freilich unabhängig vom Könige vor sich.

In Thüringen, wo infolge der nach Heinrich Raspes Tode ausgebrochenen Erbstreitigkeiten ein wüstes Raubritterwesen sich breit gemacht hatte, und Bauern und Bürger maßlos gequält wurden, trat erst eine gewisse Beruhigung ein, als im Jahre 1286 Heinrich von Isny, bisher Bischof von Basel, Erzbischof von Mainz geworden war. Den ihm schon früher treu ergebenen Mann bestellte König Rudolf zum „Rektor" in Thüringen und Meißen. Nach dem Tode des Markgrafen Heinrichs des Erlauchten und des Erzbischofs Heinrich, die beide im Jahr 1288 starben, brachen die Familienstreitigkeiten der Wettiner aufs Neue los. Dies veranlaßte den König, sich Ende 1289 selbst nach Thüringen zu begeben und mit kräftiger Hand für die Wiederherstellung des Landfriedens zu sorgen. Rudolf hielt sich fast ein Jahr in Erfurt auf. Eine größere Zahl von Raubrittern wurde gefangen genommen, die er wie gemeine Wegelagerer hinrichten ließ, und sechsundsechzig Raubburgen wurden niedergelegt. Damals setzte er auch für Sachsen eine Landfriedenskommission ein und gewann das an die Wettiner verpfändete Pleißnerland mit Altenburg dem Reiche zurück.

Den Bürgern am Rhein und in Thüringen war die Strenge des Königs gegen die Raubritter höchst willkommen, wie ja überhaupt im allgemeinen die Städte dem Habsburger sehr zugetan waren. Das hinderte freilich nicht, daß auch sie in die weite Kreise ziehende Gärung von 1284—1286 mit hineingerissen wurden. Im Jahre 1225 hatte sich in Flandern ein falscher Kaiser Balduin gezeigt, der sich für den 1205 gestorbenen lateinischen Kaiser von Byzanz ausgab. Wenige Jahre nach Kaiser Friedrichs II. Tod, erstmals nachweisbar 1257, erzählte man sich in Italien, der Stauferkaiser wäre noch am Leben, und bald tauchte auch ein Kaiser Friedrich in Sizilien auf. Seit 1270 traten in Deutschland erst ein falscher Konradin, dann mehrere falsche Friedriche auf. Daß diese Leute so leicht Glauben und Anhang fanden, lag einmal an einer weitverbreiteten Hinneigung zum Absonderlichen, vor allem aber an der Verknüpfung dieser Gerüchte mit den sozialen, politischen und religiösen Erregungen und Bewegungen dieser Zeit. In Italien erwarteten sich die kaiserlich Gesinnten um 1260 von der Wiederkehr Friedrichs II. das von Abt Joachim von Floris verkündete dritte Reich, allerdings in anderer, in weltlicher Form (vgl. S. 276). In den Gewerbe treibenden Städten der Niederlande leitete das Erscheinen des falschen Balduin über ein halbes Jahrhundert währende soziale Kämpfe ein. In den deutschen Städten wurden sie zwar erst im 14. Jahrhundert ausgetragen, aber Unruhen in Köln (1259) und Speier sind doch schon Ausbrüche der Unzufriedenheit der unteren Schichten. Man wird wohl annehmen dürfen, daß ihre Hoffnung auf die Wiederkehr Kaiser Friedrichs II. schon damals jene religiöse und soziale Form mit unverkennbar chiliastischem Einschlag angenommen hat, die eine wahrscheinlich 1330—1340 entstandene Dichtung zeigt (vgl. S. 267). Die Besitzlosen und politisch Rechtlosen in den Städten waren also schon an sich bereit, sich jeder revolutionären Bewegung anzuschließen. Und die wohlhabenden, die Geschicke ihrer Städte lenkenden Bürger waren gegen Rudolf wegen Neuerrichtung der königlichen Burgen in den Reichsstädten und vor allem wegen der außerordentlichen Steuererhebung vom Jahre 1284 aufgebracht.

Diese Mißstimmung machte sich Dietrich Holzschuh, niederdeutsch Tile Kolup genannt, bei seinem Versuch, sich als Kaiser Friedrich II. aufzuspielen, zu nutze. Er hielt erst in Neuß und dann in Wetzlar wie ein rechter Kaiser Hof und lud Rudolf vor seinen Thron, sich von ihm belehnen zu lassen. Das Volk hing dem Abenteurer in großen Scharen an, ja, selbst die Äbtissin des Reichsstiftes Essen ließ sich von ihm ihre Privilegien bestätigen. Die Verbindung Holzschuhs mit unzufriedenen Städten veranlaßte im Juli 1285 den König, mit einem Heer vor Wetzlar zu rücken, das sich ihm sofort ergab und den falschen Friedrich auslieferte. Er wurde als Ketzer und Zauberer verbrannt. Mit den Städten stellte Rudolf bald wieder das frühere gute Verhältnis her. Sie zahlten ihre Steuern, und der König regelte das Verhältnis zwischen den Burgmannen der königlichen Burgen in den Reichsstädten und den Bürgern. Im Anschluß an diese Unruhen scheint es am Oberrhein zu einigen Zwischenfällen gekommen zu sein. Ein Feldzug Rudolfs im Frühjahr 1286 gegen den Bischof Friedrich von Speier und dessen Verbannung aus dem Reiche werden wohl eher in ernsteren Widersetzlichkeiten, vielleicht sogar in einem Anschlag auf das Leben des Königs ihren Grund gehabt haben, als eine Strafe gewesen sein für den Kuß, den der Kirchenfürst der jungen Königin gegeben haben soll.

Kämpfe um Burgund

Der burgundischen Angelegenheiten nahm sich König Rudolf so tatkräftig an wie keiner der deutschen Herrscher seit Friedrich I. Den Habsburger bewog hierzu die Sorge für die Sicherung des Reiches gegenüber Frankreich und für die eigenen gerade im Südwesten des deutschen Sprachgebietes erfolgreich vordringenden Hausmachtbestrebungen. Zunächst suchte er die Stellung des Reiches in den durch den französischen Einfluß bedrohten Gebieten durch eine Verständigungspolitik mit Karl von Anjou zu wahren. Dessen Sohn Karl II. und dann der mit einer Tochter Rudolfs vermählte Enkel Karl Martell sollten mit dem nominell immer noch zum Reiche gehörenden Königreich Arelat-Burgund belehnt werden. Nach der Sizilianischen Vesper (1282), die der Herrschaft der Anjous einen schweren Stoß versetzte, wollte König Rudolf seinen jüngsten Sohn Rudolf zum König von Burgund machen. Aber all das führte die Gegner der habsburgischen Politik in Burgund erst recht zusammen: den Grafen Philipp von Savoyen, dessen Stiefsöhne Pfalzgraf Otto von Burgund und Graf Rainald von Mömpelgard, verschiedene kleinere Dynasten dieser Gegenden und die Königin Margarete von Frankreich, die die Politik der Anjous in der Provence leidenschaftlich bekämpft hatte. Nachdem Graf Rainald Gebiete und Gerechtsame des Bistums Basel an sich gerissen hatte, brach König Rudolf 1283 gegen Rainald auf und zwang ihn zum Verzicht auf seine Ansprüche. Dann wandte sich der König gegen den Grafen von Savoyen. Der unterlag nach zähem Ringen, zahlte eine Kriegsentschädigung und gab Peterlingen, Murten und Gümmenen an das Reich zurück. Auch Lausanne mußte die Oberhoheit des Reiches wieder anerkennen, für das Gebiet die Aare aufwärts wurde ein eigener Landvogt eingesetzt. Um seine Waffenerfolge für die Dauer zu sichern, heiratete König Rudolf Isabella, die Schwester Roberts, des Herzogs von Französisch-Burgund und Schwagers des Königs Philipp von Frankreich. Im Anschluß an diese Hochzeit belehnte Rudolf den Herzog Robert mit der Dauphiné, um die schon seit längerem ein Streit entbrannt war. Damit wurde ihr Übergang an Frankreich vorbereitet, obwohl der deutsche König das Recht des Reiches auf sie durch besondere Abmachungen zu sichern gesucht hatte.

Zwei Ereignisse des Jahres 1285, der Tod Karls I. von Anjou und die Thronbesteigung Philipps IV. von Frankreich, machten die politischen Hoffnungen, die König Rudolf an seine Heirat geknüpft hatte, zunichte. Philipp IV. konnte nun ohne Rücksicht auf das Haus Anjou seine Tatkraft für die Ausdehnungsbestrebungen Frankreichs nach Osten hin einsetzen. Er stieß an verschiedenen Grenzpunkten Burgunds und Lothringens vor. War schon mitten im Reiche vielerorts die Frage nach den Kompetenzen der einzelnen Gewalten umstritten, so herrschten in dieser Beziehung an den Grenzen, zumal im Westen des Reiches, teils de iure, teils de facto zahlreiche Unklarheiten. König Philipp benützte nun jeden Vorwand und Anlaß, um auch die zweifelhaftesten Rechtsansprüche der Krone Frankreichs gegen das Reich geltend zu machen oder um sich als Schiedsrichter den Anschein eines Rechtes zu verschaffen. Er hatte damit in Gegenden oder bei Großen, die dem französischen Kulturkreis angehörten, manche Erfolge, in den eigentlich deutschen Gebieten aber flammte nun gegen die französischen Ausdehnungsbestrebungen die nationale Empörung hoch auf. Angefacht war sie schon vor allem durch Papst Martin IV. (1281—1285), den ersten offenen Parteigänger Frankreichs und Deutschenhasser auf dem Stuhle Petri. Ob er wirklich, wie man sich im Reiche erzählte, des öfteren den Wunsch aussprach, er möchte ein Storch oder Hecht sein, um die Deutschen wie Frösche und Karpfen zu verschlingen, läßt sich nicht mit Sicherheit nachweisen; seine Politik war jedenfalls dazu angetan, daß man ihm derartige Äußerungen ohne weiteres zutraute. Legte er doch unter anderem einer Reihe deutscher Diözesen im Westen, z. B. Lüttich, Metz, Toul, Verdun, Basel, die Bezahlung eines Kreuzzugszehnten auf, der aber nicht für den Kampf gegen Ungläubige, sondern für den Krieg Philipps III. von Frankreich und Karls von Anjou gegen Peter von Aragon verwendet werden sollte. War dies an sich schon ein Mißbrauch der päpstlichen Gewalt, so mußte auf die deutschen Bischöfe diese Zumutung wie eine Herausforderung wirken, weil Peter von Aragon, der Gemahl einer Enkelin Kaiser Friedrichs II., als Rächer des Todes von Manfred und Konradin an Karl von Anjou galt. Das Vorgehen der deutschen Kirchenfürsten gegen den Legaten von Honorius IV. im Jahre 1287 zu Würzburg (vgl. S. 315) hatte nicht zuletzt in einer neuen Forderung Roms nach einem aragonesischen Kreuzzugszehnten seinen Grund. Denn zwanzig Jahre lang hatten die westdeutschen Bistümer an die Krone Frankreich, wenn auch anfänglich für wirkliche Kreuzzugsunternehmungen, große Summen abliefern müssen. Diese das deutsche Empfinden verletzende Belastung wurde nun im Verein mit der Eroberungspolitik Philipps IV. eine unmittelbare Bedrohung des Reiches. Unter dem Vorwande, den Zehnten einzutreiben, war Philipp eine weitere Gelegenheit zu fortwährender Einmischung in die Verhältnisse jenseits seiner Grenze gegeben. Ein nochmaliger Versuch der Kurie am 31. Mai 1289, diesen verhaßten sogenannten Kreuzzugszehnt zu erzwingen, führte zu offnem Widerstand nicht nur der betroffenen Bischöfe, sondern erbitterte auch die weltlichen Fürsten und die Städte im Südwesten des Reiches.

Inzwischen hatten die Brüder Amadeus von Savoyen-Genf und Ludwig, Herr des Waadtlandes, des verstorbenen Herzogs Philipp von Savoyen Neffen, und Pfalzgraf Otto von Burgund zunächst einmal die Stadt Bern dem König Rudolf aufsässig gemacht. Dazu suchte Ottos Bruder, Graf Rainald von Mömpelgard, zurückzugewinnen, was er 1283 an das Reich und König Rudolf verloren hatte. Im Sommer griff dieser Bern an und wandte sich nach einem ersten vergeblichen Sturm auf die Stadt gegen Rainald, der sich alsbald zu einem Vergleiche geneigt zeigte. Die Berner aber wehrten sich tapfer und konnten erst im Frühjahr 1289 nach einem mißglückten Ausfall zur Übergabe gezwungen werden.

Diese Zwischenfälle mit Bern und Graf Rainald — die Grafen von Savoyen hatten vorgezogen, sich jetzt noch nicht weiter vorzuwagen — waren nur das Vorspiel größerer Kampfhandlungen. Den äußeren Anlaß dazu gab der Pfalzgraf von Burgund. Obwohl die Freigrafschaft Burgund ohne Zweifel ein Reichslehen war, behauptete er doch, er besitze sie einzig und allein kraft des Erbrechtes und sei dem Reiche zu nichts verpflichtet, dem er außerdem die Stadt Besançon schon fast ganz entfremdet hatte. Zu der Heerfahrt gegen Pfalzgraf Otto, der, obwohl Sohn einer deutschen Mutter, einer Gräfin von Andechs-Meran, wie sein Vater französischem Wesen und französischer Politik ganz ergeben war, traf König Rudolf im Frühsommer 1289 ausgedehnte Vorbereitungen. Er brachte damals ein größeres Heer als je in seinem Leben zusammen, allein an die zweitausend schwergerüstete Ritter mit verdeckten Rossen, dazu das Doppelte an leichterer Reiterei und zahlreiches Fußvolk. Denn Rudolf war sich darüber klar, daß er es nicht bloß mit Otto zu tun haben werde, sondern daß es eine ernste

Kraftprobe zwischen Deutschland und Frankreich gelte, wenn auch, wie damals nicht anders zu erwarten, einzelne deutsche Herren, so vor allem Graf Theobald von Pfirt, es mit den Franzosen und dafür andere, dem französischen Kulturkreis Angehörende, wie Johann von Chalons-Arlay, des Pfalzgrafen Onkel, es mit Rudolf hielten. Aber soweit nicht rein lokale Interessen hineinspielten, nahmen nun zum ersten Male bei einer derartigen Auseinandersetzung zwischen Deutschen und Franzosen die einzelnen je nach ihrer nationalen Einstellung Partei. Dem Pfalzgrafen strömten Ritter aus Flandern, der Isle de France, der Picardie zu, ebenso trat der mächtige Graf Robert von Artois auf seine Seite. König Philipp IV. war allerdings zu vorsichtig, selbst offen Partei zu ergreifen, aber seine Leute ließ er gerne gegen die Deutschen zu Felde ziehen. Nach all dem, was seit Jahren vor sich gegangen war, betrachteten die Deutschen mit Recht den Franzosenkönig als ihren Feind, und eben deshalb erhielt König Rudolf wenigstens aus Schwaben, Franken, dem Elsaß und den Schweizer Gebieten sehr starken Zuzug.

In der Nähe von Besançon schlugen die zu Otto haltenden Herren von Burgund, Savoyen und aus Frankreich mit ihren Leuten ihr Lager auf, über ihnen auf den Höhen des Mont Bregille König Rudolf mit den Seinen. Ende August entschlossen sich die Deutschen, die schwer unter dem Mangel an Lebensmitteln litten, zum Angriff. Die Schwyzer Mannen wollten sich schon die Nacht zuvor eine ergiebige Beute holen, ließen sich in der Dunkelheit durch eine Bergrinne ins Tal hinab, brachen in das Lager des Grafen von Pfirt ein, erschlugen jeden, der sich ihnen entgegenstellte, bepackten sich mit Beute und stiegen die Bergrinne wieder hinauf. Im eigenen Heere hatte man den Handstreich der Schwyzer gar nicht bemerkt, aber bei den Feinden war dadurch alles in wilde Verwirrung geraten, und schon am nächsten Morgen erklärten sich die Führer des französisch-burgundischen Heeres zu Verhandlungen bereit. König Rudolf ging gerne darauf ein. Der Pfalzgraf Otto und die übrigen Reichsvasallen von Burgund leisteten ihm am 20. September 1289 zu Basel in aller Form die Huldigung, Johann von Chalons-Arlay belagerte hierauf im Auftrage Rudolfs Besançon. Am 3. Juni 1290 ergab sich die Stadt, zahlte eine Kriegsentschädigung, wurde aller Bindungen an ihren Erzbischof entledigt und als reichsunmittelbar erklärt; damit hatte die französische Partei ihren bisherigen Einfluß in Besançon verloren, das bis zu Ludwigs XIV. Raubkriegen deutsche Reichsstadt blieb. Der deutsche König hat freilich nur dann die Welschen zurückzudrängen vermocht, wenn er mit ihnen wie in Burgund die Waffen kreuzte. Wo sich aber wie bei Toul und Verdun Philipp IV. nach einem Worte Rudolfs „in unser und des heiligen römischen Reiches Land einschlich, usurpierend Güter, Rechte, Gefälle und Besitzungen", war dagegen nicht viel auszurichten, zumal da die Kurie dem Franzosen bereitwillig die Stange hielt.

Rudolf als Politiker

König Rudolf hat bei seinen innen- und außenpolitischen Unternehmungen erreicht, was innerhalb der ihm von seinem Zeitalter gezogenen Grenzen zu erreichen war, ein neues heraufzuführen hat ihm jedoch das Schicksal nicht vergönnt. Trotzdem gehört er in Vielem und Wichtigem zu den schöpferischen und eine neue Grundlage bereitenden Herrschern des deutschen Mittelalters. Man darf bei Zeiten wie denen, in die sein Wirken fällt, den Blick nicht nur auf die offenkundigen Erfolge richten, sondern auch auf das, was an Üblem und Schädlichem verhindert, an Gutem angebahnt wurde. Einen feindlichen Durchbruch aufhalten, kann etwas Größeres sein als ein glänzender, sieghafter Vorstoß. König Rudolf hat an einem entscheidenden, an einem der gefährdetsten Punkte der deutschen Geschichte dem Zerfallen des Reiches Einhalt getan und seinem Hause in einer Zeit hemmungslosesten, härtesten Kampfes der deutschen Dynastengeschlechter untereinander auf Jahrhunderte hinaus eine führende Stellung errungen. Dabei ist er keineswegs bloß der zähe und kluge Politiker gewesen, als den ihn die neuere Geschichtschreibung vor allem rühmt. Er hat seine Ziele so hoch und weit gesteckt, wie einen deutschen Herrscher, so möchte man meinen, in jenen Tagen kaum seine Träume tragen konnten. Die Kaiserkrone für sich und seine Nachfahren, ein neues Herzogtum Schwaben für seinen Sohn Hartmann, ein aus kaum noch sichtbaren Trümmern zu errichtendes Königreich Burgund-Arelat an den Ufern der Rhone und den Gestaden des Mittelmeeres für seinen Sohn Rudolf; um solches und ähnliches kreisten die Gedanken eines Mannes, der aus den nicht unbedeutenden, aber doch ziemlich eng begrenzten Verhältnissen eines Grafen an der Südwestecke des Reiches sich auf einmal mitten unter die Händel der großen Welt versetzt sah. Daß bei dem plötzlichen Aufstieg dem Fünfundfünfzigjährigen die Seele noch so voll mitschwang, daß ihm aber doch auch die kühnsten Pläne seinen Sinn nicht irrten und verwirrten, daß dem Greise selbst schwerste Schicksalsschläge, wie der Verlust zweier hochbegabter, Großes verheißender Söhne, keinen Augenblick den Lebensmut nahmen, reiht den Bürger-König schon rein menschlich würdig den Heldenkaisern des aristokratischen und ritterlichen Zeitalters an.

Tod König Rudolfs

Das Heroische in Rudolf von Habsburg, fast immer verdeckt durch wenig feierliche Worte und Gebärden und vor allem durch die unendlichen Mühen seines Lebens, tritt doch einmal unverhüllt hervor: beim Sterben des Königs. Vom 23. Juni bis 11. Juli 1291 weilte er in dem von ihm erbauten Schlosse Germersheim. Inmitten verschiedener Großen, die hierher gekommen waren, leitete er noch einmal persönlich die Sitzungen des Hofgerichtes, des Reiches Rechte wahrend und für das Reichsgut, die Reichsburgen und den Frieden sorgend.

Da teilten dem greisen Rudolf seine Ärzte mit, er werde nur noch wenige Tage zu leben haben. „Wohlauf, nach Speier", gab er zur Antwort, „da sind mehr meiner Vorfahren, einst auch Könige! Daß man mich nicht hinzufahren braucht, reite ich selbst zu ihnen." Hierauf ritt er, zwei Priester zur Seite und umgeben von seiner Gemahlin, einer Tochter, dem Pfalzgrafen Ludwig und anderen Getreuen, die Rheinstraße hinab zur Stadt mit dem Kaiserdom. Viel Volk säumte den Weg, den letzten Gruß dem zu Grabe reitenden König zu entbieten. Am Sonntag, den 15. Juli, empfing er die Sterbesakramente, gegen Abend verschied er, seiner Sinne und der Sprache bis zum Tode mächtig. Als Grabstätte hatte er sich im Speirer Dom den Platz neben dem letzten in deutscher Erde gebetteten Staufer, neben Philipp von Schwaben bestimmt. Krone, Szepter, Salbbüchse, der feierliche Ornat mit den Wappen des Reiches und Habsburgs, die Haltung und das sorgsam der Wirklichkeit nachgebildete Antlitz auf dem schon zu Lebzeiten des Königs aus elsässischem Sandstein gemeißelten Grabstein sollten allen kommenden Geschlechtern verkünden, was der erste Habsburger auf dem Throne nur selten nach außen hin gezeigt und was doch sein ganzes Wesen erfüllt hatte: die Majestät seines erhabenen Amtes.

Adolf von Nassau

1292—1298

Wahl und Persönlichkeit König Adolfs

Eine der Hauptsorgen Rudolfs war die Erhebung eines seiner Söhne auf den Königsthron gewesen. Aber keines der nach dem Vorbilde früherer Kaiser hierfür angewandten Mittel führte zum Ziele. Einer der häufigsten Anlässe zur Königswahl bei Lebzeiten des Herrschers, der Aufbruch zu einem Rom- oder Kreuzzug, stellte sich während Rudolfs Regierungszeit überhaupt nicht ein. Dann versuchte er die Stimmen der Kurfürsten für seinen Sohn Rudolf zu erhalten, der weder so mächtig wie der mit den Herzogtümern Österreich und Steiermark belehnte Albrecht war, noch dessen herrische Art hatte. Aber 1290 starb der neunzehnjährige Rudolf. Von den drei ehelichen Söhnen König Rudolfs war einzig Albrecht beim Tode des Vaters am Leben. Der greise König hatte in dieser Angelegenheit seine letzte Hoffnung auf seinen Schwiegersohn Wenzel II. gesetzt und ihm für Böhmen das Schenkenamt und die Kurstimme zugesichert; aber Wenzel wollte alle österreichischen Lande haben und dachte selbst deutscher König zu werden. Der Mainzer Erzbischof Gerhard von Eppenstein und Erzbischof Siegfried von Köln wollten weder den Böhmenkönig, noch den Habsburger auf den Thron erheben; beide waren ihnen zu mächtig. Wahrscheinlich schlug zuerst der Kölner den Grafen Adolf von Nassau als Kandidaten vor und setzte dessen einstimmige Wahl am 5. Mai 1292 nach anfänglichem Widerstreben des Kurfürsten Ludwig von der Pfalz durch, der sich mit großem Eifer für seinen Schwager Albrecht eingesetzt hatte. Am 24. Juni wurde Adolf im Aachener Münster gekrönt.

Äußerlich hatte die Wahl von 1292 große Ähnlichkeit mit der von 1273. Beide Male hatte nicht einer der großen Reichsfürsten, sondern einer der vielen Grafen die Stimmen der Kurfürsten auf sich vereinigt, beide hatten sich den Weg zum Throne dadurch geebnet, daß sie sich vor der Wahl allen Wünschen der Kurfürsten willfährig zeigten. Beide rechneten, hätten sie erst einmal die Zügel der Regierung fest in Händen, dann würden sie die Macht des Reiches und ihres eigenen Hauses mehren, beide waren gegen einen ungleich stärkeren Rivalen gekürt worden, und beide genossen als erprobte ritterliche Kämpen ein hohes Ansehen. Aber bei Adolf trug all das im Gegensatz zu Rudolf gewissermaßen ein negatives Vorzeichen. Adolf war wirklich ein armer Graf. Er entstammte der älteren walramschen Linie der Herren von Nassau, besaß nur die Grafschaften Wiesbaden und Idstein und zahlreiche Kinder. Wie Rudolf hatte er von Jugend auf viele Kämpfe bestanden, aber nicht für seine eigenen Besitzungen, sondern in fremdem Solde, so auch für den Pfalzgrafen Ludwig. Dazu war Adolf weit mehr als Rudolf auf fremde Unterstützung angewiesen. Sie ist dem Nassauer allerdings in ganz ungewöhnlichem Maße zuteil geworden, aber das stete Rechnen mit fremder Hilfe war eine immerwährende Hemmung für eine weitausschauende Politik. Auch war Adolf den Kurfürsten gegenüber noch viel drückendere Verpflichtungen eingegangen als einst Rudolf. Den Ausschlag gab schließlich, daß Albrecht zwar nicht der Macht nach, aber wegen seiner großen Fähigkeiten ein weit gefährlicherer Gegner war als Ottokar, und daß Adolf seinem ganzen Wesen nach noch der entschwindenden ritterlichen Epoche angehörte, während Albrecht, wie schon sein Vater, als Feldherr, Politiker und in der Verwaltung seiner Länder sich aller Fortschritte seiner Zeit bediente. Dem gegenüber hatte es wenig zu bedeuten, daß Adolf, ein Mann von mittlerer Größe, beweglich, liebenswürdig, der deutschen, französischen und lateinischen Sprache kundig, von den Mitlebenden als ein Ritter ohne Furcht und Tadel gefeiert wurde.

Zu Anfang seiner Regierung begünstigte das Glück Adolf so sehr, daß er in Verkennung der Schwierigkeit seiner Lage seine Ziele allzu hoch steckte. Da Herzog Albrecht im Dezember 1292 zu Hagenau dem neuen König bereitwillig die Reichsinsignien auslieferte, belehnte er ihn widerspruchslos mit allen Ländern, die König Rudolf an das Haus Habsburg gebracht hatte. Im Elsaß griff zwar die habsburgische Partei zu den Waffen, wurde aber von Adolf schnell niedergeworfen. Albrecht hatte dabei wohl kaum seine Finger im Spiele, hielt ihn doch schon seit dem Tode seines Vaters die Widersetzlichkeit des Adels in den österreichischen Ländern auf Jahre hinaus in Schach. Ende 1295 kam es dort sogar zu offener Empörung, als es hieß, der Herzog wäre nach dem Genuß vergifteter Speisen gestorben. Der schwer Erkrankte erholte sich jedoch schnell, wohl mehr trotz als infolge einer Radikalkur seiner Ärzte. Sie hatten ihn an den Füßen aufhängen lassen, damit das Gift ablaufe. Dabei büßte der Habsburger ein Auge ein und sah nun noch abschreckender aus, nachdem er zuvor schon einen wenig gewinnenden Eindruck gemacht hatte.

Adolf von Nassau war es gelungen, den Pfalzgrafen Ludwig Albrecht abspenstig zu machen. Ludwigs Sohn heiratete nach dem Tode seines Vaters am 1. September 1294 eine Tochter des Königs. Adolf glaubte sich unter diesen Umständen stark genug, die Errichtung einer Hausmacht nach dem Vorbilde König Rudolfs in Angriff nehmen zu können.

Kampf um Meißen. Außenpolitik

Im Jahr 1291 war Markgraf Tuta von Meißen gestorben, ohne einen direkten Erben zu hinterlassen. Adolf erklärte die Markgrafschaft Meißen und vor kurzem damit vereinigte Gebiete als dem Reiche heimgefallene Lehen und dachte, sie für sich und seine Familie zu erwerben. In Thüringen, das seit 1247, seit dem Aussterben der ludowingischen Landgrafen, unter langwierigen Erbschaftskämpfen schwer litt, herrschte der Wettiner Albrecht der Entartete. Stets in Geldverlegenheiten und bitter verfeindet mit seinen Söhnen Diezmann und Friedrich dem Freidigen, die inzwischen Tutas Länder besetzt hatten, verkaufte Albrecht im April 1293 die Nachfolge in Thüringen an König Adolf. Ein neuer Vertrag Albrechts mit Diezmann hinderte den König nicht einzugreifen. Er fiel 1294 und 1295 mit Heeresmacht in Thüringen ein und hatte besonders auf dem zweiten Feldzuge große Erfolge, eroberte die Stadt Freiberg und unterwarf sich die Mark Meißen.

Die Kurfürsten waren indes keineswegs gesonnen, eine Wiederholung des habsburgischen Beispiels ruhig hinzunehmen. Mehrere von ihnen waren König Adolf so schon gram, weil er seine Wahlversprechungen so weit als möglich nicht erfüllte. Vor allem aber reizte er mit seinen thüringischen Plänen den Mainzer Erzbischof, der sich für die Wahlkosten unter anderem zum Reichsvikar für Thüringen hatte ernennen lassen, um davon große Teile an sein Bistum zu bringen. Zunächst regten die unzufriedenen Kurfürsten die öffentliche Meinung gegen den König auf. Er hatte seine Unternehmungen in Thüringen und Meißen mit einem „Reichsheer" geführt, das hauptsächlich aus angeworbenen verwilderten Rittern bestand, die nun in Feindesland mit großer Grausamkeit hausten. Der König, auf den guten Willen seiner Krieger angewiesen, wagte nicht dagegen vorzugehen, und so fielen ihm ihre Ausschreitungen zur Last. Er, der bisher als „gottesfürchtig, eifrig in allen frommen Werken, Freund der Ordensleute und Vater der Geistlichen" gepriesen worden war, wurde nun geflissentlich als meineidiger Schurke, als Nonnenschänder und dergleichen geschmäht. Die unglückliche Außenpolitik des Königs bot seinen Widersachern eine weitere Gelegenheit, ihn in Verruf zu bringen.

In Burgund hatte Adolf zwar in einigen Fällen die Reichsrechte wahren können, auch hielt Pfalzgraf Otto von Burgund zunächst zum Reiche, dagegen machte Philipp IV. von Frankreich in Lothringen und in den Niederlanden Fortschritte zum Schaden des Reiches. So ließ sich Adolf vom englischen König Eduard, der mit Frankreich im Kriege lag, im August 1294 zu einem Bündnis verleiten und nahm von ihm beträchtliche Subsidiengelder an. Adolf hoffte auf diese Weise, im Westen gegen Philipp, dem er am 31. August den Krieg erklärte, Vorteile zu erringen und vor allem seine Stellung in Deutschland zu befestigen. Da aber Papst Bonifaz VIII., dessen Gunst sich der deutsche König gegen die Kurfürsten um jeden Preis erhalten wollte, auf eine Aussöhnung zwischen Frankreich und England hinarbeitete, und Eduard selbst zu einem Waffenstillstand mit Philipp bereit schien, führte Adolf das mit dem englischen Gelde aufgestellte Heer gegen Thüringen. Nach seinen Erfolgen gegen die Wettiner rückte er 1295 mit diesen Truppen im Elsaß ein, schlug aber nicht los, obwohl nun Pfalzgraf Otto mit den Franzosen gemeinsame Sache machte und ihnen die burgundische Pfalzgrafschaft, ein Reichslehen, auslieferte. Auch als im Frühjahr 1297 in der Champagne und in Flandern allenthalben die Kriegsflammen aufloderten, griff König Adolf nicht mit Waffenmacht ein. Im Juli ließ er sich sogar in Verhandlungen mit Philipp IV. ein, zog aber sofort wieder Truppen gegen ihn zusammen, als es hieß, König Eduard komme auf das Festland herüber.

Kampf König Adolfs mit Herzog Albrecht

Den deutschen König veranlaßten zu seiner schwankenden Haltung die stets zunehmende Unzufriedenheit der Kurfürsten, die von dem Habsburger Albrecht drohende Gefahr, der inzwischen den Widerstand des österreichischen Adels gebrochen hatte, die Rücksicht auf Bonifaz VIII. und die wechselnde Politik Frankreichs und Englands. Seine deutschen Gegner verschrien nun Adolf nicht nur als einen grausamen Wüterich, sondern auch als einen Schädling des Reiches. So wurde ihm unter anderem vorgeworfen, er habe die Würde des heiligen römischen Reiches dadurch schwer verletzt, daß er, der als dessen König über allen anderen Herrschern stehe, sich zu einem Söldling Englands gemacht habe. Daß sein Gegenspieler Herzog Albrecht mit dem Reichsfeind Philipp IV. in Verbindung getreten war, daran nahmen die Kurfürsten keinen Anstoß. Es ging ihnen bei ihren Verdächtigungen nur darum, die öffentliche Meinung gegen Adolf aufzustacheln, um an ihr bei dem doch recht bedenklichen Unterfangen, den rechtmäßigen, von ihnen selbst gekürten Herrscher zu stürzen, einen moralischen Rückhalt zu haben.

Zu Pfingsten 1297, als sich die Erfolglosigkeit von König Adolfs Westpolitik bereits deutlicher abzuzeichnen begann, wurden in Prag die ersten Fäden der Verschwörung geknüpft. Es fand hier mit höchstem Prunk die Krönung des jetzt sechsundzwanzigjährigen Wenzel zum König von Böhmen statt. Der festliche Anlaß führte zahlreiche, Adolf mißgünstige Fürsten zusammen und bot Gelegenheit, einen Ausgleich ihrer Interessengegensätze anzubahnen. Vor allem gelang es Guta, ihren Bruder Albrecht mit ihrem Gemahl Wenzel auszusöhnen, der Teile von Meißen für sich beanspruchte und nach dem Tode einer mit seinem Sohn verlobten Tochter Adolfs die als Pfand für die Mitgift überlassenen Reichsgebiete herausgeben zu müssen fürchtete. Bei zwei weiteren Zusammenkünften, die letzte im Februar 1298 zu Wien, wurden die genaueren Vereinbarungen zur Absetzung König Adolfs und zur Erhebung Albrechts auf den Thron getroffen.

Die Erledigung der Formalien übernahm der Erzbischof Gerhard von Mainz. Er stützte sich dabei wahrscheinlich auf den Schwabenspiegel, der dem Mainzer Erzbischof die Banngewalt über den deutschen König zuschrieb. In dem am 23. Juni 1298 zu Mainz eröffneten Prozeßverfahren sprachen die anwesenden Kurfürsten, lauter Feinde Adolfs, den König schuldig, der Mainzer verkündete kraft seines angeblichen Bannrechtes das Urteil: Absetzung. Am gleichen oder am nächsten Tag rief der Kurfürst von Sachsen den Habsburger zum römischen König aus in seinem und dreier Kurfürsten Namen, von denen er hierzu die Vollmacht zu besitzen vorgab. Albrecht war inzwischen ebenso entschlossen wie umsichtig zu Werke gegangen. Unter dem Vorwande, die zuerst nach Frankfurt einberufene Kurfürstentagung zu schützen, hatte er in den ersten Tagen des März Wien verlassen und zog aus allen habsburgischen Gebieten, auch aus Schwaben, dem Elsaß und der Schweiz Truppen an sich.

Mit strategischer Meisterschaft wich er dem ihm mit seinen Rittern nachfolgenden Nassauer immer wieder aus. Sobald Albrecht mit seinem Heere in die Nähe von Mainz kam, wo statt in Frankfurt die Kurfürsten zusammengetreten waren, fanden die dort Versammelten den Mut zu dem Scheinprozeß des 23. Juni und zur Wahl Albrechts. Der rückte nun vor die feste Stadt Alzey des mit Adolf verbündeten Rheinpfalzgrafen Rudolf.

König Adolf hatte einige kostbare, entscheidende Tage ungenutzt in Speier zugebracht. Als er zum Entsatz von Alzey aufbrach, war es schon zu spät; am 1. Juli erfuhr er zu Heppenheim bei Worms den Fall der Stadt. Er war überzeugt, Albrecht wolle ihm wieder ausbiegen, und auf eben diese Vermutung Adolfs baute der Habsburger seinen Schlachtplan auf. Noch am gleichen Tage zog er von Alzey bis Münster-Dreisen, wo sich die letzten Höhenzüge des Donnersberges zum Pfrimtal senken. Hier erwartete er Adolf, der ebenfalls noch am 1. Juli mit seinen Truppen in dem Talkessel zwischen den Ausläufern des Donnersberges, des Schorlenberges eintraf. Der König erkannte nicht, daß jetzt die Situation gegeben war, die Albrecht als den Endpunkt seiner nun drei Monate währenden militärischen Operationen herbeizuführen getrachtet hatte. Selbst den für eine spätere Rechtfertigung seines Verhaltens vorteilhaften Schein, er wäre der Angegriffene, hat Albrecht dabei zu wahren gewußt. Er stellte seine Streiter am frühen Morgen des 2. Juli auf dem gen Norden sanft abfallenden

Hasenbühl bei Göllheim so auf, daß die gegen ihn anstürmenden Ritter König Adolfs bergan, die Sonne im Gesicht kämpfen mußten.

Die Schlacht bei Göllheim war in gewisser Beziehung eine Wiederholung der Schlacht bei Dürnkrut, nur daß jetzt der rechtmäßige König Adolf sich in der Rolle Ottokars befand. Wie dieser war er seinem Gegner in der Hauptwaffengattung, den schwer gerüsteten Rittern mit gepanzerten Streitrossen, überlegen. Außer seinen fürstlichen Verbündeten wie dem Pfalzgrafen Rudolf, dem Herzog Otto III. von Niederbaiern, waren zahlreiche Ritter, namentlich vom Mittel- und Niederrhein und aus Franken, zu dem ritterlichen König gestoßen. In einer ihn weithin als König kennzeichnenden Rüstung zog er in die Schlacht, die er und die Seinen auf die alte Ritterweise schlugen. Albrecht, auf dessen Seite der Erzbischof von Mainz, die Bischöfe von Straßburg und Konstanz, der Herzog von Kärnten und die Ritter der habsburgischen Lande, auch Hilfsvölker aus Böhmen und Ungarn standen, tat in allem das Gegenteil von Adolf. Mit großem Bedacht hatte der Habsburger den Kampfplatz ausgewählt, während seine Feinde nur auf das Losschlagen, gleichviel an welcher Stelle, erpicht waren. Obwohl ohne Zweifel persönlich tapfer, ritt er, um den Gegner zu verwirren, unter fremdem Abzeichen, während mehrere Ritter das seine trugen. Er gab auch Befehl, möglichst nach den Rossen zu stechen, die bei ihrem Fall die schwer Gepanzerten an Leib und Leben gefährdeten, eine Fechtweise, die eben damals sich zu verbreiten begann, bei den Rittern von alter Art aber verpönt war.

Die Entscheidung brachte der Schlachtentod König Adolfs. Bald nach Beginn des allgemeinen Handgemenges stürzte er mit dem Pferd, rastete aber nur kurze Zeit und warf sich wieder, und zwar barhaupt in den Kampf. Da drangen mehrere Feinde, darunter vielleicht auch Albrecht, auf ihn ein und überwältigten den bis zu seinem letzten Atemzuge sich tapfer Wehrenden. Die Schlacht ging noch geraume Zeit weiter, wobei die Julihitze den Rittern in ihren Harnischen übel zusetzte. Einen grauenvollen Eindruck soll es nach den damaligen Berichten gemacht haben, als der vom Hitzschlag getroffene Bannerträger Albrechts noch als Leiche, die Sturmfahne in der Hand, durch die Reihen der Kämpfenden hin und hersprengte. Als sich endlich die Kunde von König Adolfs Tod verbreitete, löste sich sein Heer auf, da ein weiteres Standhalten keinen Zweck mehr hatte. Am Abend fand man Adolfs Leiche, der Rüstung und Kleidung von Troßbuben beraubt. Infolge des großen Pferdeverlustes fielen zahlreiche Gefangene, darunter Männer von hohem Range, wie Adolfs Sohn Ruprecht, in Albrechts Hände. Als kluger Politiker behandelte er sie sehr entgegenkommend, nur ihren Wunsch, die Leiche des gefallenen Königs in der Speierer Kaisergruft beizusetzen, erfüllte er nicht, wohl um den Anschein aufrecht zu erhalten, daß Adolf vom Tage seiner Absetzung an nicht mehr König war. Er wurde deshalb vorerst in dem unweit vom Schlachtfelde gelegenen Nonnenkloster Rosental bestattet.

Nach seinem heldenhaften Tode schlug die öffentliche Meinung wieder zugunsten König Adolfs um; abgesehen von den habsburgisch Gesinnten waren die Chronisten jener Zeit der gleichen Überzeugung wie der Mönch von Fürstenfeld, der in seine Chronik schrieb: „Wurde auch damals wider Recht und Redlichkeit gestritten, weil die Empörung eines Knechtes gegen seinen Herren ein Frevel ist, so muß man diesen Sieg doch Gott anheimstellen, da er allein bestimmt und verhängt, was da kommt." Mit dem Ritter ohne Furcht und Tadel war zu Göllheim wie auf den Schlachtfeldern zu Tagliacozzo und bei Dürnkrut zugleich die versinkende Welt des Hochmittelalters, in der die persönliche Tapferkeit allem anderen vorging und jedes Abweichen von der alten Kampfübung als Ehrlosigkeit galt, von einer neu heraufkommenden Welt besiegt worden, die, wie bei allen Dingen des staatlichen Lebens, so auch beim Kriegswesen kühl zu rechnen begann, vor keinem Mittel zurückschreckte und mit möglichst geringem Einsatz einen möglichst großen Erfolg zu erreichen suchte.

Albrecht I. von Habsburg

1298—1308

Nach der Schlacht bei Göllheim verzichtete der nun etwa fünfzigjährige Albrecht formell auf die Königswürde, um den Weg für eine Neuwahl frei zu machen, die, wie er wußte, nun erst recht auf ihn fallen würde. Auf der Kurfürstentagung zu Frankfurt am 17. Juli 1298 wurde als Anlaß für die Wahlhandlung lediglich der Tod des Vorgängers, nicht dessen Absetzung genannt, und sämtliche Kurstimmen wurden für Albrecht abgegeben. Auf diese Weise sollte jeder Anfechtung der Rechtmäßigkeit von Albrechts Erhebung auf den Thron wegen der vorausgegangenen Ereignisse vorgebeugt werden.

Nach ihrem Vorgehen gegen König Adolf hatten sich zwar die Kurfürsten in die Zwangslage versetzt gesehen, Albrecht wählen zu müssen, aber zumal die rheinischen Erzbischöfe dachten nicht daran, ihm eine größere Gewalt als dem von ihnen gestürzten König zu lassen. Als das Geschlecht der Grafen von Holland und Seeland ausstarb, und Albrecht sich nun auch im Nordwesten des Reiches eine Hausmacht schaffen wollte, wie er sie im Südwesten und Südosten schon besaß, und sich dazu diese Länder dem Reiche und seinem Hause als erledigte Reichslehen durch ein Fürstengericht zusprechen ließ, taten sich am 14. Oktober 1300 Pfalzgraf Rudolf und die Kurerzbischöfe von Trier, Köln und Mainz gegen den König zusammen, der ihnen daraufhin am 7. Mai 1301 von Speier aus förmlich den Krieg ansagte. Zuerst bezwang er den Rheinpfalzgrafen durch die Belagerung von Heidelberg, dann unterwarf sich der Mainzer, nachdem Albrecht das feste Bingen genommen hatte, im Oktober folgten der Kölner und Trierer dem Beispiel des Mainzer Erzbischofs. Auch die staufischen Kaiser hatten die mächtigen rheinischen Fürsten nie in dieser Weise niedergezwungen. Der glänzende Erfolg des Habsburgers machte in- und außerhalb Deutschlands großen Eindruck.

Um gegen die westlichen Kurfürsten und im Nordwesten des Reiches volle Handlungsfreiheit zu gewinnen, hatte Albrecht dem Böhmenkönig und Kurfürsten Wenzel das Reichsvikariat über Meißen, das Oster- und Pleißerland, ferner das Reichsgut Eger übertragen und ihn in seiner auf die Erwerbung Polens gerichteten Politik unterstützt. Aus dem gleichen Grunde hatte sich Albrecht nach dem am 19. Juni angebahnten und am 3. August 1299 vollzogenen Frieden zwischen England und Frankreich aufs engste an König Philipp angeschlossen. Pfingsten 1300 heiratete Albrechts Sohn Rudolf Blanka, die Schwester des Franzosenkönigs. Die schon vor seiner Thronbesteigung eingeleitete und nun weit vorgetriebene franzosenfreundliche Politik bewährte sich in dem Hauptzweck, die westlichen Kurfürsten niederzuwerfen, in dem Nebenzweck, Frankreichs Unterstützung für die Hollandpolitik zu gewinnen, versagte sie, da Philipp in diesen Gegenden selbst vorzudringen versuchte. Obwohl Albrecht hier und im Königreich Burgund in gelegentlichen Einzelhandlungen die Interessen des Reiches wahrte, ließ er doch Philipp kleinere Teile des Reiches annektieren und tat nichts dagegen, daß „zwischen Nordsee und Alpen und westlich des Rheins ein großer Teil der Fürsten in französische Lehensabhängigkeit trat". Eine üble Vorbedeutung, wenn auch zunächst ohne Folgen, war die Zuweisung der Grafschaft Oberelsaß als Witwengut an Blanka, der auch Anrecht auf weiteres habsburgisches Hausgut eingeräumt wurde.

Albrecht ordnete indes seine französische der römischen Politik unter, sobald er sich von dieser größere Vorteile erwartete. Bonifaz VIII. hatte auf die Mitteilung der Kurfürsten von Albrechts Wahl nicht geantwortet. Als sich nun der Habsburger mit des Papstes erbittertstem Feinde Philipp von Frankreich in eine so enge Verbindung einließ, erklärte Bonifaz in einem Brief vom 13. April 1301 an die Kurfürsten, Albrecht habe sich gegen Adolf voll Hochmut empört. In dem Kampfe des Habsburgers gegen die rheinischen Erzbischöfe nahm Bonifaz offen für sie Partei und lud ihn binnen sechs Monaten vor seinen Richterstuhl, um sich wegen dieser und anderer Verbrechen zu verantworten. Nach dem großen Siege über die Kurfürsten konnte aber der nun so mächtige König einen wertvollen Bundesgenossen gegen Philipp abgeben, und da Albrecht außerdem bei den inzwischen geführten Verhandlungen dem Papste schon sehr entgegengekommen war, erkannte ihn dieser am 30. April 1303 feierlich als rechtmäßigen König an und lud ihn zur Kaiserkrönung nach Rom ein. In der Hoffnung, er werde durch den Papst erreichen, was ihm die Kurfürsten nie von sich aus gewährt hatten, die Wahl seines Sohnes Rudolf zum König nach seiner eigenen Krönung zum Kaiser, machte Albrecht Bonifaz VIII. in bezug auf die Reichsrechte in Italien wie auch in der Anerkennung der Oberhoheit des Papsttums über das Kaisertum Zugeständnisse, wie noch nie ein deutscher Herrscher vor ihm.

Albrecht opferte ohne weiteres seinen bisherigen dem neuen Bundesgenossen, doch ohne sich mit Philipp so weit zu verfeinden, daß er dadurch in der weiteren Verfolgung seiner innerdeutschen Pläne behindert worden wäre. Die Gefangennahme Bonifaz VIII. zu Anagni in der Nacht vom 5. zum 6. September 1303 durch Franzosen und Italiener, sein Tod am 11. Oktober und der völlige Umschwung der päpstlichen Politik unter seinem Nachfolger Benedikt XI., der Philipp IV. sofort als den Lieblingssohn der Kirche begrüßte und ihn aus dem Banne löste, verhinderte allerdings die Ausführung der zwischen Bonifaz und Albrecht getroffenen Vereinbarungen.

Noch weniger Früchte als das Bonifaz VIII. gebrachte Opfer trug Albrecht die Preisgabe der Reichsgebiete jenseits der Elbe und Elde an Erich von Dänemark ein. Er sollte den Kurfürsten von Brandenburg und die Herzöge von Sachsen-Lauenburg und Mecklenburg beunruhigen, die 1304 mit dem Böhmenkönig Wenzel II. gemeinsame Sache gegen den deutschen König machten. Da Wenzel II. bereits 1300 die polnische Königskrone gewonnen hatte und nun auch für seinen Sohn Wenzel III. nach der ungarischen griff, war jetzt die Stellung der Habsburger im Osten ernstlich bedroht, zumal nach mißglückten kriegerischen Unternehmungen gegen Böhmen sich auch die Herzöge von Kärnten und Niederbaiern, sowie der Graf von Württemberg Albrechts Feinden anschlossen. Der Tod Wenzels II. im Mai 1305 und die Ermordung Wenzels III. im August 1306 führten jedoch einen völligen Umschwung herbei. Der Habsburger konnte nun Böhmen und Mähren als erledigte Reichslehen einziehen und seinem Sohne Rudolf übertragen. Jetzt ging Albrecht daran, Meißen und Thüringen als Rechtsnachfolger des Königs Adolf von Nassau zu erobern. Er stieß hier allerdings auf den entschlossenen Widerstand der Wettiner; sein Feldhauptmann unterlag im Mai 1307 bei Lucka den Markgrafen Friedrich dem Freidigen und Diezmann. Als darauf noch der Tod Rudolfs in Böhmen neue Verwicklungen heraufbeschwor, konnte sich Friedrich der Freidige nach dem Verzicht seines Vaters und dem Tod Diezmanns um die Jahreswende von 1307 auf 1308 nahezu im ganzen wettinischen Gebiete gegen Albrecht behaupten. Der rüstete daraufhin in großem Umfange zu einem entscheidenden Schlage gegen Böhmen und Thüringen und begab sich zu diesem Zwecke auch in die alten habsburgischen Stammlande in der Schweiz. Hier trat ihm am 13. Mai 1308 bei Brugg an der Reuß im Angesicht der Habsburg sein Neffe Johann, ein Enkel Rudolfs und Ottokars von Böhmen, in den Weg und erschlug mit einigen verschworenen Freunden den verhaßten Oheim und Vormund.

Wie der frühe Tod Kaiser Heinrichs VI. die Möglichkeiten eines deutschen Weltkaisertums unmittelbar vor dem entscheidenden Versuch ihrer Verwirklichung zerstörte, so zerschlug die Mörderhand, die Albrechts Leben vernichtete, in eben dem Augenblick die frühhabsburgische Monarchie, als allem Anschein nach nur noch eine große Anstrengung, sie zu vollenden, notwendig war. Die von Rudolf von Habsburg eingeleitete und auch von Adolf von Nassau übernommene Königspolitik unterschied sich von der hohenstaufischen durch den tatsächlichen, wenn auch nicht formalen Verzicht auf Italien, von der Hausmachtpolitik späterer Herrscher durch die Zielsetzung, das deutsche Reichsgebiet noch im eigentlich monarchischen Sinne zu beherrschen. Auch mit anderen Mitteln ihrer Politik standen die beiden ersten habsburgischen Könige zwischen dem Hoch- und dem Spätmittelalter; sie förderten z. B. wohl die Städte und hoben gelegentlich die von den Kurfürsten eingeführten Rheinzölle auf, aber eine grundsätzliche und großzügige Bürgerpolitik, wie sie Ludwig der Baier übte, lag ihnen noch fern, wie sie ja auch trotz einer gewissen inneren Freiheit der ritterlichen Kampfweise gegenüber ihre Kriege doch noch im wesentlichen mit Ritterheeren führten.

Gelang es Albrecht, zu den bisherigen habsburgischen Ländern und Besitzungen Meißen und Thüringen zu erwerben und hier, wie er es in Österreich und Steiermark getan, die Landstände zurückzudrängen, dann war er nicht mehr bloß Herr in allen diesen Ländern, sondern Herr in und von Deutschland. Denn wenn ihm die Schweiz, Schwaben und das Elsaß großenteils, Österreich und Steiermark, das Mündungsgebiet des Rheines, auf das er keineswegs für immer verzichtet hatte, Böhmen, Mähren, Meißen und Thüringen untertan waren und dort überall die vorzügliche, reiche Erträge einbringende habsburgische Verwaltung eingeführt war, vermochte Albrecht jedem einzelnen deutschen Territorialfürsten seinen Willen aufzuzwingen und jede Fürstenkoalition zu sprengen. Daß der rücksichtslose, harte und ehrgeizige Habsburger auf ein starkes Reichsregiment hinarbeitete und nicht bloß auf die Vermehrung des habsburgischen Besitzes, das trat in seinen Bemühungen um den Reichslandfrieden und um die Rückgewinnung ehemaligen Reichsgutes offensichtlich zutage. Und war Albrecht so wirklich Monarch von Deutschland geworden, dann ließ sich Frankreich, Dänemark und der Kurie gegenüber unschwer einholen, was er ihnen um der innerdeutschen Ziele willen geopfert hatte.

Eine solche auf die Fähigkeiten eines Mannes und auf die unbedingte Folgerichtigkeit des Handelns aufgebaute Politik, die das in der Ursachenreihe weniger Wirksame unbedenklich bis auf weiteres zurückstellt, hat freilich eine gefährliche Kehrseite. Die Gegenspieler bleiben für unabsehbare Zeit im Besitze des ihnen nur bis zum Endsiege Zugedachten, falls er durch eine unheilvolle Schicksalswende vereitelt wird. Der 1. Mai des Jahres 1308 wurde darum nicht nur für König Albrecht und die Habsburger, sondern für ganz Deutschland ein Tag des Unheils; er warf die Kehrseite der Politik des großen Habsburgers nach oben.

Kaiser Heinrich VII.

1308—1313

Die Königswahl

Die Nachricht von dem plötzlichen Tod des mit seinen 59 Jahren noch völlig rüstigen Königs Albrecht traf die Kurfürsten ganz unvorbereitet. Von vorneherein stand fest, daß sie weder Albrechts Sohn Friedrich, noch sonst einen der bedeutenderen Reichsfürsten küren würden, wenn auch einige als Anwärter auf die Königskrone genannt wurden, und der eine oder andere, wie der Pfalzgraf bei Rhein, sich Hoffnung machte. Den Sohn dem Vater nicht auf dem Throne folgen zu lassen, war bei den Kurfürsten ein von ihrem Standpunkt aus durchaus zu begreifender Grundsatz; beruhte doch ihre eigene bevorzugte Stellung im Reiche auf einer noch kaum zwei Menschenalter währenden Rechtsgewohnheit, die, einmal durch Erbfolge durchbrochen, nur zu leicht von einer anderen, etwa dem Erbkönigtum, aufgehoben werden konnte. Von jedem der Angehörigen eines der großen Fürstenhäuser fürchteten die Kurfürsten, er würde als König bald eine Macht wie König Albrecht in seiner Hand vereinigen, da die immer noch nicht endgültig geklärten Verhältnisse in Böhmen und in den Wettinischen Landen einem König mit ausreichender Hausmacht Aufstiegsmöglichkeiten boten, die den Bestand der gegenwärtigen Ordnung gefährden würden.

Während die Kurfürsten noch unschlüssig miteinander verhandelten, arbeitete Philipp IV. von Frankreich tatkräftig auf die Wahl seines Bruders Karl von Valois zum deutschen König hin. Der ebenso umsichtige und kühl berechnende, wie hochstrebende König der Franzosen hielt sich seiner Sache für sicher. Die schon seit längerem an der Kurie herrschende und von Albrecht I. gegenüber Bonifaz VIII. im wesentlichen anerkannte Approbationstheorie besagte, die Bestätigung des von den Kurfürsten Gewählten durch den römischen Stuhl fügt der „im Umfange des Herrschaftsgebietes und in der Regierungsgewalt beschränkten" Herrschaft des deutschen Königs die Gewalt „in Italien und Burgund, sowie die Kaiserrechte in Deutschland hinzu und schafft damit den römischen König, der im Reich" nun in gleicher Weise wie der Kaiser gebietet. Nun stand aber Clemens V. in hohem Maße unter französischem Einfluß, so daß Philipp IV. nicht daran zweifelte, der Papst werde niemand anderen als den von ihm Vorgeschlagenen zu bestätigen wagen. Die Deutschen würden auch an der Erhebung eines französischen Prinzen zum römischen König keinen Anstoß nehmen, hatten sie doch während des Interregnums einen Engländer und einen Spanier gewählt; ebenso würden die Kurfürsten gerne dem Bruder dessen ihre Stimme geben, der die ausgiebigste Handsalbe spenden könne und werde.

In diesem Falle aber verrechnete sich der sonst so kluge Franzose ganz und gar, im Papst, in den Kurfürsten, in den Deutschen. Wenn auch Clemens V. im allgemeinen am Leitseil der französischen Politik ging, durfte er — wollte er nicht mit allen Überlieferungen der päpstlichen Politik seit Gregor VII. brechen — nicht einem Manne die kaiserlichen Rechte überantworten, der sie, unterstützt von seinem Bruder, sicher als Handhabe benützt hätte, das ganze ehemalige Reichsgebiet in Italien an sich zu reißen. Den Kurfürsten war ein mächtiger Franzose keineswegs angenehmer als ein starker deutscher Fürst. Das deutsche Volk lehnte einen französischen Prinzen ab, der nicht wie der Engländer und der Spanier ein Schattenkönig sein würde, sondern der tatsächliche Herrscher von Deutschland werden wollte. Überdies war seit Rudolf von Habsburg eine nationale Strömung hochgekommen, welche zwar die einer tatkräftigen aktiven Außenpolitik entgegenstehenden Hemmungen nicht zu überwinden vermochte, sich aber doch entschieden gegen das Vordringen Frankreichs wandte. Wenn die Kurfürsten Albrecht Verschleuderung von Reichsgut vorwarfen und ihn zur Wiederholung der Proteste Rudolfs und Adolfs gegen französische Grenzverletzungen zwangen, so waren dies nicht bloß innerpolitische Schachzüge gegen den eigenen König, sondern es war zugleich auch eine grundsätzliche Ablehnung von Albrechts Frankreich-Politik. Nur der Erzbischof Heinrich von Köln setzte sich zunächst etwas für Karl von Valois ein, doch gelang es dem Erzbischof Balduin von Trier, wohl dem fähigsten und einem der erfolgreichsten deutschen Politiker jener Zeit, schließlich, die Stimmen aller Kurfürsten auf seinen Bruder, den Grafen Heinrich von Lützelburg, zu vereinen. Er wurde in Frankfurt zum Könige gewählt und am 6. Januar 1309 in Aachen gekrönt. Der Papst, der auf Philipps Drängen schließlich den Kurfürsten den französischen Prinzen empfohlen hatte, aber so spät, daß die inzwischen schon vorbereitete Wahl Heinrichs nicht mehr gestört wurde, gab gern seine Zustimmung, nachdem ihm eine deutsche Gesandtschaft versprochen hatte, der Neugewählte werde der römischen Kirche den Treueid leisten und alle sonstigen Verpflichtungen erfüllen. Auch die Kaiserkrönung sagte Clemens zu.

Heinrichs VII. innerdeutsche Politik

Bei seinem Königsumritt in den deutschen Landen sicherte Heinrich den sich eben jetzt gegen die Habsburger erhebenden Waldstätten die Reichsunmittelbarkeit zu, womit er, freilich ganz gegen seinen Willen, die Loslösung der Schweiz vom Reiche einleitete (vgl. S. 303). Auf einem Hoftage zu Speier Ende August 1309 wurde Albrechts Sohn Friedrich mit den habsburgischen Gütern belehnt, Mähren ihm jedoch nur zeitweilig als Pfand überlassen. Die Königsmörder verfielen der Reichsacht, und alle Besitzungen und Anrechte von Albrechts Neffen Johann wurden als dem Reiche heimgefallen erklärt. Ein hochfeierlicher Akt sollte hier in Speier die mit Kampf und Bitterkeit erfüllte Vergangenheit der letzten zehn Jahre abschließen. Der König ließ, wie die Lebensbeschreibung des Trierer Erzbischofs berichtet, „die Leichen seiner beiden Vorgänger, der Könige Adolf und Albrecht, die ferne vom Begräbnisort der deutschen Könige beigesetzt waren, ausgraben und durch mehrere Bischöfe, Äbte, viele Weltgeistliche und Mönche nach Speier bringen. Es wurden dabei unzählige Wachskerzen abgebrannt und ein Prunk entfaltet, wie er sich für ein königliches Begräbnis ziemt. Heinrich selbst ging der Leiche des mit ihm verwandten Adolf in Begleitung vieler Herzöge, freier Herren, Ritter und gemeinen Volkes in gewaltigem Zuge ein beträchtliches Stück entgegen und empfing den Gesalbten des Herrn mit der Klage: ‚Wie sind gefallen die Erlauchten.'" Ähnlich geleitete der König die den Rhein herabgeführte Leiche Albrechts vom Schiffe weg in die Stadt und führte dabei Albrechts Tochter, die Königin von Ungarn, am Arme. Ergriffen schildert ein anderer Mitlebender, wie damals im Speirer Dom drei deutsche Könige zugleich waren, zwei auf der Totenbahre und einer stehend, und wie während des Totenamtes zwei Königinnen „ihren lieben Herren beweinten", und die dritte zu Gott flehte, er möge ihren Gemahl beschirmen und sie vor der Trauer der Witwenschaft bewahren.

Genau ein Jahr später wurde zu Speier eine zweite große Feier, diesmal ein Freudenfest, begangen. Als Herzog Heinrich von Kärnten, der als Gemahl Annas, der ältesten Schwester Wenzels III., von den Böhmen auf den Thron berufen worden war und sich nach Albrechts Tod des Landes hatte bemächtigen können, sich unfähig erwies, den Gegensatz zwischen dem tschechischen Adel und der slavischen Landbevölkerung auf der einen Seite und dem deutschen Bürgertum auf der anderen zu überbrücken, wandte sich ein Teil der Böhmen an König Heinrich VII., seinen Sohn Johann mit Wenzels III. jüngster Schwester Elisabeth zu vermählen und ihn mit Böhmen zu belehnen. Freudig ergriff der König diese Gelegenheit, sich eine Hausmacht zu verschaffen. Am 30. August 1310 wurde im Kaiserdom die Hochzeit des Luxemburgers mit der letzten Przemislidin gefeiert und ihm das Königreich Böhmen übertragen. Ein starkes Reichsheer eroberte im Herbst schnell das Land; Heinrich von Kärnten mußte sich in seine Heimat zurückziehen. Da sich Heinrich VII. zunächst auf diese eine große Erwerbung beschränkte und nicht wie seine Vorgänger auch auf Meißen und Thüringen übergriff, sondern Friedrich den Freidigen damit belehnte, gaben sich die Kurfürsten mit dieser Regelung der böhmischen Frage zufrieden.

Heinrich VII. in Italien

Vom Anfang seiner Regierung an war der Lützelburger ernstlich gesonnen, eine Italienfahrt zu unternehmen und zwar nicht nur, um sich die Kaiserkrone zu holen, sondern vor allem um die Kaiserherrschaft in Reichsitalien zu erneuern. Nachdem er dem Papste eidlich versichert hatte, nichts gegen den Besitz der römischen Kirche zu unternehmen, richtete dieser Aufrufe an die Städte der Lombardei und Toskanas zu Heinrichs Gunsten. Das von wildem Parteihader zerrissene Ober- und Mittelitalien jubelte dem römischen König wie einem gottgesandten

Erlöser zu, als er im Herbst des Jahres 1310 mit etwa dreitausend Mann, hauptsächlich Rittern aus dem Westen des Reiches, aus Flandern, Lützelburg, Lothringen und Burgund, den Boden Italiens betrat. Dante pries in seinem Rundschreiben an Fürsten und Städte Heinrich als Bräutigam Italiens und Trost der Welt, als göttlichen Augustus und Cäsar, als den starken Löwen aus Juda, der sich des Jammers und der allgemeinen Gefangenschaft erbarmt. Verheißungsvoll waren die Anfänge. Der König stellte sich über die Parteien, über Ghibellinen und Guelfen. Am 6. Januar 1311 ließ er sich zu Mailand die eiserne Krone aufs Haupt setzen und konnte in verschiedenen Städten kaiserliche Statthalter ernennen. Aber nur zu bald setzte die Gegenströmung ein. Italien war ja kein herrenloses Land, es hatte nur zu viele Herren. Der Kampf zwischen den alten Patrizierherrschaften und dem Volke der Handwerker und Kleinbürger hatte um 1300 in vierzehn Städten mit der Errichtung von Signorien, der Tyrannis einzelner Geschlechter, geendet, in einigen großen Städten wie in Mailand rangen noch einzelne Familien um die Macht. Die Feindseligkeiten der Städte untereinander und der Parteien in den Städten ruhten nur kurze Zeit, bald loderte gegen den römischen König selbst die Empörung auf, am 11. Februar mußte ein gefährlicher Aufstand mit Waffengewalt niedergeworfen werden.

Schließlich sah sich Heinrich gezwungen, selbst Partei zu nehmen, sich mit den Ghibellinen zu verbinden, wenn er nicht aller Feind sein wollte. Auch kam es zu Spannungen mit dem Papste, der sich wieder enger an Frankreich anschloß, und Robert von Neapel eröffnete die Feindseligkeiten gegen den römischen König. Nach der Kaiserkrönung in Rom, die am 29. Juli 1312 im Auftrage des in Avignon weilenden Papstes Kardinäle vornahmen, begannen die Verhältnisse von den bisherigen Einzelkampfhandlungen, wie einer vergeblichen Belagerung von Florenz, im Herbst 1312 einem allgemeinen Kriege zuzutreiben. Gegen den Kaiser standen alle, die sich guelfisch nannten, und König Robert von Neapel; der Papst drohte, wenn auch noch nicht offen, von Avignon aus. Mit Philipp IV. schleppten sich wenig befriedigende Verhandlungen hin. Die Lage des Kaisers war indes keineswegs aussichtslos. Im treuen Pisa rüstete er zu einem gewaltigen Schlage. Anfang August 1313 hatte er bereits so viele Truppen um sich, daß er mit ihnen allein schon nach seinem Aufbruch aus Pisa den Feinden furchtbar war. Außerdem rechnete er mit dem Eintreffen der von König Friedrich von Sizilien zugesagten Flotte, und aus Deutschland erwartete er ein starkes Reichsheer. Mit ihm sollten Katharina von Österreich, die der Kaiser nach dem Tode seiner in Italien gestorbenen Gattin heiraten wollte, und Beatrix von Lützelburg kommen, die Verlobte des Thronfolgers von Sizilien. Doch noch vor der Entscheidung erlag der Kaiser am 24. August, ungefähr 38 Jahre alt, einem Fieber, das ihn erstmals vor Florenz befallen hatte. Das kaiserliche Heer überführte von der Sterbestätte Buonconvento bei Siena die Leiche nach Pisa, bestattete sie feierlich im Dome und löste sich dann auf.

Persönlichkeit und Regierung Heinrichs VII. waren wie ein später Nachhall der staufischen Epoche, eine bewußte Abkehr von der allzu nüchternen Politik der letzten Jahrzehnte. Gleich Friedrich Barbarossa besaß der mittelgroße, schlanke, rotblonde, ritterliche Mann den ehrlichen Willen zu Recht und Gerechtigkeit und ein freundliches offenes Wesen, wußte durch Ernst und, wenn es nicht anders ging, durch Härte seinen Befehlen Nachdruck zu verschaffen, auch brach er zuweilen in einen grimmen furor teutonicus gegen welsche Tücke aus. Sein deutsches Blut machte ihn zu einem deutschen Herrscher, obwohl er, von Haus aus ein mäßig begüterter Graf, wie die meisten seiner Standesgenossen im westlichen Grenzland französisch sprach und vom Franzosenkönig sich Lehen hatte übertragen lassen. Beim Aufbruch aus Pisa gegen Florenz und die Neapolitaner waren die Namen Konradin und Tagliacozzo wie eine Losung von Mund zu Mund gegangen. Ein herbes oder vielleicht doch gütiges Schicksal hat dem hochgemuten Kaiser und seinen Getreuen das Schwert entrissen, noch ehe es die Reichsfeinde treffen konnte. — Die nur fünfjährige Regierung des ersten Lützelburgers war nicht so ergebnislos, wie sie nach diesem Ausgang wohl manchem erscheinen möchte. Die Erhebung Heinrichs VII. auf den deutschen Thron hat dem deutschen Volke die Schmach eines französischen Königtums erspart; seine und seines Nachfolgers Italienpolitik hat in gefahrvollen Jahren verhütet, daß Frankreich das Deutschtum auch noch im Süden bedrohte. Und wem die Geschichte mehr als die Rechnung von barem Nutzen und Schaden, wem sie das große Schauspiel der Menschheit ist, der wird dem Schicksal dankbar sein, daß im Finale des ruhmvollen mittelalterlichen Kaisertums Dantes Hochgesang von Heinrich VII., von Kaiser und Reich aufklingt.

Ludwig der Baier und Friedrich der Schöne von Österreich
1314—1347; 1314—1330

Die Persönlichkeit Ludwigs des Baiern

„Hab acht und nimm deine Sinne zusammen! Du stehst vor einem schweren Stück Arbeit, willst du mit deiner Feder dem langen und langsamen Flug des gewaltigen Adlers folgen, der einfältig und gewitzt, sorglos und sorgsam, lässig und stürmisch, traurig und fröhlich, kleinmütig und beherzt, in allem Unglück glückhaft, auch mit versengten Fittichen immer noch aufstieg." Also ruft sich der sonst so geruhsam Herrscher an Herrscher reihende oberrheinische Chronist Matthias von Neuenburg am Anfange seiner Darstellung von Ludwigs des Baiern Regierung zu. In einem weniger feierlichen Bilde, dafür um so deutlicher sprechen es die bairischen Landeskinder aus, was ihnen an der Regierungskunst ihres Fürsten ungereimt erschien: „Ins Netz bringt er die Fische, aber abschuppen kann er sie nicht, auf den Vogelfang versteht er sich, aber nicht aufs Vogelrupfen." Die spätere Geschichtschreibung, soweit sie Ludwigs des Baiern Politik als zerfahren und sprunghaft verurteilt, sieht den Grund dafür in dem uneinheitlichen Charakter des Kaisers. „Seine Willenskraft erscheint stark, insofern sie in mächtigem Tatendrang sich regte, schwächer, wenn es an die Ausführung ging, am schwächsten, wenn es galt, gegenüber den Wogen der inneren Stimmung und äußeren Einflüsse unverrückt auf das richtige Ziel loszusteuern."

Sicher war Ludwig der Baier mindestens ebenso Gefühls- wie Verstandesmensch und neigte darum gelegentlich zur Überschätzung der Tragweite des gerade Erreichten wie zu Kleinmut bei Mißerfolgen, was ihn zu manchen Unternehmungen von allzu enger und schwankender Grundlage aus verleitete und zuweilen nachgiebig machte, wo er hätte zäh durchhalten sollen. Trotz alledem geht durch sein Leben und Tun ein großer Zug. Von hoher, schlanker Gestalt, aus seinen braunen Augen frei in die Welt blickend, war er der Wirkung seiner Persönlichkeit und seiner natürlichen Beredsamkeit so sicher, daß er auch in den schwierigsten Dingen zu einer Aussprache von Mann zu Mann oder in größerer Versammlung zu kommen trachtete, wobei es ihm nicht selten gelang, geheime und offene Gegner zu versöhnen oder zu beschwichtigen. Hatte einst Wolfram von Eschenbach gesungen: „Wen Baiern gebar, wird der gefüg, ist's wunderbar", so war nun dies Wunder in der geschmeidigen Gewandtheit des Wittelsbachers geschehen. Dazu besaß Kaiser Ludwig eine feinere Witterung für die neu heraufkommenden Lebensmächte und stellte sie umfassender in den Dienst seiner Politik als alle deutschen Herrscher des späteren Mittelalters. Er war der erste und einzige Kaiser, der eine großzügige Städtepolitik trieb und sich in den Bürgern der Reichsstädte grundsätzlich ein Gegengewicht gegen die Fürsten schuf. Den hundert Jahre später zum großen Schlagwort gewordenen Appell an ein allgemeines Konzil hat der Wittelsbacher in seinem Kampf gegen das avignoner Papsttum schon vorweggenommen. In seinem Bündnis mit den der Kurie feindlichen Gelehrten, einem Marsilius von Padua und Johann von Jandun, ferner mit den Franziskaner-Spiritualen förderte er bereits Strömungen, die in der Reformation weitesten Widerhall im deutschen Volke fanden. Ludwigs des Baiern Kanzlei hat als die erste königliche zahlreiche Urkunden in deutscher Sprache ausgefertigt, und diese Urkunden, die „dreiunddreißig Jahre lang in ungeheuren Massen über alle Städte, Burgen und Klöster Deutschlands verbreitet wurden", haben die deutsche Reichs- und Schriftsprache, die durch die sächsische Kanzlei und vor allem durch Luthers Bibelübersetzung zum Allgemeingut der Nation wurde, entscheidend vorbereitet. Und wenn auch bei Ludwig dem Baiern wie bei allen diesen späteren Kaisern die Mehrung der Hausmacht im Vordergrunde steht, hat er darum doch auch für den Reichslandfrieden gesorgt und bei aller persönlichen Demütigung vor den Päpsten immer wieder die Würde des Reiches betont. Auch die Ostseestädte hat er in ihrem Kampfe um die Wiedereinsetzung des jungen Waldemar 1341 durch bairische und schwäbische Krieger unterstützt. So war Ludwig der Baier tatsächlich der Adler, den Matthias von Neuenburg in ihm sah, freilich ein Adler mit versengten Schwingen, weil das Alte, wogegen er kämpfte, immer noch stärker war, als das Neue, worauf er sich stützte. Nur wenn die Eigenart Kaiser Ludwigs und die geschichtliche Lage, in der er sich befand, in ihrer wechselseitigen Beziehung erkannt werden, kommt in die überreichen Geschehnisse der dreiunddreißigjährigen Regierung des Wittelsbachers eine gewisse innere Folgerichtigkeit.

Schlacht bei Gammelsdorf. Königswahl. Streit um den Thron

Als nach Heinrichs Tod die Wahlverhandlungen und Wahlintrigen in vollem Gange waren, ließ plötzlich eine der inmitten der unaufhörlichen kleinen Fehden seltenen großen Waffentaten das deutsche Volk aufhorchen. Ludwig IV., Herzog des nordwestlichen Oberbaiern, hatte sich im Streit um die niederbairische Vormundschaft mit seinem Vetter und bisherigen Freunde, mit dem Habsburger Friedrich dem Schönen, verfeindet. Gemeinsam mit seinem Bruder Leopold rückte Herzog Friedrich von den habsburgisch-schwäbischen Landen vor, um sich mit den unter den Herren von Waldsee stehenden österreichisch-steirischen Truppen in Niederbaiern zu vereinigen. Doch noch ehe dies den Habsburgern glückte, warf sich Herzog Ludwig auf die angeblich zwölfhundert Ritter zählenden Truppen Waldsees und schlug sie am 9. November 1313 bei Gammelsdorf, drei Stunden nördlich von der Stadt Moosburg. Mindestens dreihundertfünfzig Ritter, darunter die Herren von Waldsee und die Grafen von Schaumberg, wurden von den Baiern gefangen genommen. Mit dieser in einer Stunde entschiedenen Schlacht erwarb sich Herzog Ludwig weit über seine Heimat hinaus einen glänzenden Namen, er wurde zum Volkshelden, und von da ab wurde die Sage die stete Begleiterin und Mehrerin seines Ruhmes. Trotz dieses Sieges gab er sich beim Friedensschluß im wesentlichen mit der Anerkennung seines guten Rechtes zufrieden und entließ sogar die Gefangenen ohne Lösegeld. Er tat dies jedoch nicht, weil er es nicht verstanden hätte, den militärischen Erfolg politisch auszuwerten, sondern weil die Habsburger sofort nach ihrer Niederlage eine Reihe von Bündnissen abschlossen, die für ihn die weitere Fortsetzung des Kampfes gefährlich gestaltet hätten. Daß Ludwig das magere Ergebnis mit sanguinischer Begeisterung hinnahm und die am Wiener Hof in den Knabenjahren mit seinem Vetter Friedrich geschlossene Freundschaft unter rührenden Szenen erneuerte, wird man wohl ebenso als Ausfluß einer sich hemmungslos Augenblicksstimmungen hingebenden Natur wie einer glücklichen Veranlagung betrachten dürfen, die dem Unabänderlichen die angenehmste Seite abzugewinnen weiß.

Der Sieg von Gammelsdorf ließ dem Baiernherzog eine ihm ganz unerwartete Frucht zufallen: die Anwartschaft auf die Königskrone. Unter den verschiedenen Bewerbern um sie hatten König Johann von Böhmen als Kandidat der lützelburgischen und Friedrich der Schöne als der der habsburgischen Partei die stärkste Anhängerschaft. Die Aussichten des Lützelburgers verschlechterten sich indes immer mehr, allzu schwer wog der von seinen Gegnern mit großem Nachdruck und vielem Geschick immer wieder betonte Grund, man dürfte einem erst Sechzehnjährigen die Würde und Bürde des Reiches nicht anvertrauen. Bei ihrer Umschau nach der für sie günstigsten Lösung der Königsfrage erschien den Lützelburgern der Baiernherzog Ludwig als der für ihre Zwecke geeignetste Mann. Der Sieger von Gammelsdorf hatte sich als tüchtiger Feldherr und maßvoller Politiker bewährt; kamen zu seinem oberbairischen Herzogtum die dem Königtum immer noch zur Verfügung stehenden kriegerischen und friedlichen Mittel, dann war er stark genug, die der jungen lützelburgischen Macht gefährlichen Habsburger in Schranken zu halten, aber doch nicht so stark, daß die Kurfürsten eine Minderung ihrer Rechte von ihm zu befürchten hätten. So einigten sich die lützelburgische Partei, die Erzbischöfe von Mainz und Trier und der Böhmenkönig Johann, auf den Baiernherzog Ludwig. Dagegen gelang es den rührigen Habsburgern, mehrere der den Lützelburgern feindlich oder gleichgültig gegenüberstehenden Fürsten für Friedrich den Schönen zu gewinnen. Das Endergebnis war schließlich eine Doppelwahl: am 19. Oktober 1314 kürten der Herzog Rudolf von Sachsen, Herzog Heinrich von Kärnten, der bei dieser Gelegenheit wieder als König von Böhmen auftrat und von den Habsburgern nun als solcher anerkannt wurde, und der mit seinem Bruder Ludwig stets in gespanntem Verhältnis lebende Pfalzgraf Rudolf den Habsburger Friedrich zu Sachsenhausen bei Frankfurt. Am nächsten Tag erhoben in Frankfurt der Mainzer und Trierer Erzbischof, Johann von Böhmen, Waldemar von Brandenburg und Johann von Sachsen den Herzog Ludwig auf den Königsthron. Der Baier hatte also vier, der Österreicher nur zwei unanfechtbare Stimmen für sich; die Berechtigung der beiden Sachsen war umstritten, und der längst in aller Form als Böhmenkönig abgesetzte Kärnter hatte überhaupt kein Stimmrecht. Gekrönt wurden die beiden Gewählten am gleichen Tage, am 25. November. Ludwig am rechten Ort zu Aachen, von dem Mainzer und Trierer Erzbischof, Friedrich von dem hierzu berechtigten Erzbischof, dem Kölner, am unrechten Ort zu Bonn. Außerdem hatte der Habsburger vom Kölner die Reichskleinodien erhalten, deren Besitz immer noch als eines der Kennzeichen für den rechtmäßigen König galt.

Unter diesen Umständen konnte nur das Schwert die Entscheidung bringen. Obwohl der jetzt achtundzwanzigjährige König Ludwig mit entschlossener Tatkraft den Kampf aufnahm, und die Niederlage, die Herzog Leopold am 15. November 1315 von den Schweizern am Morgarten erlitt, die Habsburger vorübergehend empfindlich schwächte, zog sich der Krieg jahrelang hin. Schon begann die Lage für Ludwig den Baiern bedrohlich zu werden, da rettete ihn eine Waffentat, glänzender noch als die bei Gammelsdorf. Am 28. September 1322 lieferte er bei Mühldorf in Oberbaiern, unterstützt vom Böhmenkönig, dem unter Friedrich dem Schönen anrückenden Heere eine große Schlacht. Diesmal dauerte das Ringen acht Stunden. Als die Reserve unter dem Nürnberger Burggrafen Friedrich eingriff, glaubten die Österreicher im ersten Augenblick, es wäre Herzog Leopold mit der erwarteten Verstärkung. Aber wie bei Gammelsdorf kam er auch diesmal nicht mehr zum Angriffe. Furchtbar traf der Anprall der von dem Hohenzollern frisch in den Streit geführten Ritter die Österreicher. Alle ihre überlebenden Ritter, dreizehn- bis vierzehnhundert, ergaben sich dem Sieger, nach heldenhafter Gegenwehr auch Friedrich der Schöne, der seine Waffen vor einem der Dienstmannen des Hohenzollern streckte. Zum letztenmal war auf deutschem Boden eine große Ritterschlacht ohne Verwendung von Feuerwaffen geschlagen worden. Wiederum hatte der Feldherr, der sich nicht streng an das alte Herkommen hielt, gesiegt. Der Baier hatte dem Habsburger zwar nach altem Brauch die Schlacht angesagt, vor allem aber wohl, um den noch ganz in den Ritteridealen der verschwundenen Epoche aufgehenden Friedrich vor dem Eintreffen seines Bruders, Herzog Leopolds, zur Schlacht zu stellen. Ludwig trug einen blauen Waffenrock gleich den elf Kriegern in seiner nächsten Umgebung und leitete außerhalb des Kampfgetümmels die Schlacht, während Friedrich in seiner kostbaren Rüstung weithin kenntlich sich ins Handgemenge warf. Und wenn auch die Ritterreserve die letzte Entscheidung brachte, hatten sich die Baiern doch stark auf ihr Fußvolk gestützt, in dem viele wehrhafte Bürger standen. Schließlich hielt Ludwig das Schlachtfeld nicht drei Tage, wie es die Sitte vorschrieb, sondern zog sich alsbald zurück, um nicht mit seinem vom Kampfe her aufgelösten Heere von Herzog Leopold überrascht zu werden. Für die zögernde Abkehr vom Althergebrachten selbst im Kriegswesen, das doch gewissermaßen von Natur aus mehr als alles andere die Mittel dem Zwecke unterordnet, ist die Wiederkehr derselben Erscheinungen von Konradins unglücklichem Ende 1268 bis zur unseligen Schlacht des Deutschritterordens bei Tannenberg 1410 ungemein aufschlußreich. Das Volk kümmerte sich freilich nicht um solche allgemeinen Dinge. Ihm wurde diese Schlacht, in der die Baiern und Österreicher ihre Kräfte maßen, Anlaß zu einer reichen Sagenbildung, wovon der wackere Ritter Rindsmaul, dem sich der stolze Friedrich ergeben haben soll, und das „jedem Mann ein Ei, dem tapfren Schwepfermann aber zwei“ wenigstens in Baiern bis heute nicht vergessen sind.

Mit der Schlacht bei Mühldorf war der Streit um die Krone nicht beendet. Friedrich der Schöne wurde zwar auf der Burg Trausnitz in der Oberpfalz in Haft gehalten, aber die Habsburger, besonders Herzog Leopold, führten den Kampf weiter, bei dem infolge Ludwigs und Friedrichs ritterlichem und gemütvollem Wesen singspielartige Einlagen nicht fehlten. Als Ludwig wieder einmal Leopold gegenüber nicht recht vorwärts kam, wußte er am 13. März 1325 Friedrich zu einem Vergleich zu bewegen. Um die Zustimmung der Seinen zu gewinnen, erhielt er die Freiheit, verpflichtete sich aber, in die Gefangenschaft zurückzukehren, falls die übrigen Habsburger mit dem Abkommen nicht einverstanden wären. Obwohl selbst der Papst erklärte, was Friedrich in Banden gelobt, brauche er frei nicht zu erfüllen, hielt dieser sein Wort, als Leopold, der neue Fortschritte erzielt hatte, jedes Nachgeben ablehnte. Nach der Rückkehr Friedrichs in die Haft fielen sich die beiden Vettern gerührt in die Arme und einigten sich erst insgeheim, dann am 5. September 1325 öffentlich. Sie beseitigten den Zwiespalt auf eine bisher unerhörte Weise: aus Gegenkönigen wurden sie Mitkönige; Brüder wollten sie sich von nun ab nennen, jeder die Anordnungen des anderen bestätigen, Glück und Unglück gemeinsam tragen und in allem gleiche Ehre genießen. Der Baier hatte übrigens nicht nur aus einer starken und plötzlichen Gefühlsaufwallung heraus diese Regelung angebahnt. Seit längerem schon traf er seine Vorbereitungen zur Romfahrt, und da sollte Friedrich der Schöne in Deutschland König sein, ähnlich wie früher der zum Nachfolger erkorene Sohn, derweil der Vater in Italien weilte. Zu einer tatsächlichen Doppelregierung kam es jedoch nicht, der Papst erkannte weder Ludwig, noch Friedrich als deutschen König an, auch sonst setzten mancherlei Widerstände ein; dafür war wenigstens Habsburg bis zum Tode Friedrichs des Schönen am 13. Januar 1330 gewonnen.

Ludwigs Italienzug und Kampf mit Papst Johann XXII.

Sich in Italien die Kaiserkrone zu holen und den Versuch zu wagen, die Oberherrlichkeit des Kaisertums über Reichsitalien zurückzugewinnen, war für einen Ludwig den Baiern eine Selbstverständlichkeit. Den Wittelsbacher trieben jedoch nicht nur sein Temperament und die Macht der Überlieferung nach dem Süden. Gewiß konnte das Kaisertum den Deutschen keinen positiven Nutzen mehr bringen, und der alte Reichsbesitz in Italien war nach dem letzten großen Versuch seines Vorgängers nicht mehr zu behaupten, was Ludwig der Baier nicht erkannte. Aber im Besitze eines Anjou oder eines französischen Königs wäre das Kaisertum jetzt genau wie zur Zeit Philipps IV. eine ungeheure Gefahr und Schmach für Deutschland geworden, und darin sah der deutsche König ganz klar: „Lieber den Tod", schrieb er seinem Schwiegervater, „als daß ich das durch Ströme deutschen Blutes erworbene Weltreich in fremde und räuberische Hände fallen ließe". Diese Gefahr war durch das enge Bündnis des Papsttums mit dem französischen Königtum nur allzu nahe gerückt. Die Ansprüche der römischen Kurie auf das Recht der Bestätigung, unter Umständen auch der Absetzung des deutschen Königs, ferner in Italien die kaiserlichen Rechte auszuüben, wenn das Reich kein vom Papste anerkanntes Oberhaupt habe, boten der französischen Politik immer wieder Gelegenheit, auf dem Umwege über das Papsttum in die Verhältnisse des Reiches einzugreifen. Alsbald nach dem Tode Heinrichs VII. hatte Clemens V. den Reichsfeind König Robert von Neapel zum Reichsverweser ernannt. Der am 7. August 1316 zum Papste gewählte Südfranzose Johann XXII. bestätigte diese Maßnahme seines Vorgängers und setzte außerdem 1320 den Grafen Philipp von Valois, den späteren französischen König, zum Untervikar König Roberts für Reichsitalien ein. Dem gegenüber erhob Ludwig der Baier 1315 den Herrn von Belmont zum Generalvikar von Italien und sandte 1323 den Grafen Berthold von Neiffen mit Truppen nach Italien. Nun ließ Johann XXII. an der Hauptkirche zu Avignon am 8. Oktober 1323 eine Bulle gegen Ludwig von Baiern anschlagen, warf ihm darin vor, er habe sich ohne päpstliche Anerkennung das Königtum und kaiserliche Funktionen angemaßt und verlangte von ihm binnen dreier Monate bei Strafe des Bannes, seine Regierung aufzugeben.

Daraufhin stellte Ludwig in der Nürnberger Erklärung vom 18. Dezember 1323 fest, er sei rechtmäßig zum König gewählt und habe damit die Gewalt über das Kaisertum, lediglich die Kaiserkrönung sei Sache des Papstes; außerdem forderte Ludwig die Einberufung eines allgemeinen Konziles. Diese Erklärung wurde zwar nicht veröffentlicht, doch wurde ihr hauptsächlichster Inhalt in die Frankfurter Appellation vom 5. Januar 1324 aufgenommen, die nicht an den Papst, sondern unmittelbar an das Konzil gerichtet war. Auf den vom Papst am 23. März 1324 ausgesprochenen Bann mit schwerer Bedrohung all derer, die dem König noch Gehorsam leisten würden, antwortete dieser mit der nach dem Orte der Unterzeichnung, der Deutschherrenkapelle zu Sachsenhausen bei Frankfurt genannten Sachsenhäuser Appellation vom 22. Mai. Ihr erster Teil wiederholt die Erklärung vom 5. Januar, der zweite beschuldigt Johann XXII. in aller Form der Ketzerei, der deshalb zu seinem Amte untauglich sei, und ruft das allgemeine Konzil und den kommenden gesetzmäßigen Papst an. Damit machte sich der Baier offen zum Schirmherrn der papstfeindlichen Gelehrten, eines Johann von Jandun und Marsilius von Padua (vgl. S. 257) und der Franziskaner-Spiritualen, die den Papst der Ketzerei anklagten, weil er die von ihnen nach dem Wortlaut der Evangelien verkündete und befolgte Armut nicht für sämtliche Franziskaner als verbindlich anerkannte, vielmehr lehrte, Christus und die Apostel hätten gemeinsam irdische Güter besessen. Der Sachsenhäuser Appellation folgte als päpstlicher Gegenschlag die Absetzung des Königs durch Johann XXII., die Androhung, dem Baiern auch alle Reichslehen zu nehmen und die Verhängung von Kirchenstrafen über alle seine Anhänger. Nun ließ Ludwig allenthalben seine Sachsenhäuser Appellation in lateinischer und deutscher Sprache verkünden. Die ganze Zeit über hatte sich Johann XXII. außerdem um die Aufstellung eines Gegenkönigs bemüht. Am liebsten hätte er Karl IV. von Frankreich die Krone des deutschen Reiches verschafft. Aber nur Herzog Leopold zeigte sich damit einverstanden, falls auf diese Weise das Haus Habsburg einen großen Gewinn erziele. Die Versöhnung Ludwigs mit

Friedrich dem Schönen vereitelte diese Bemühungen. Die Lützelburger waren für den Franzosen nicht zu haben, da sie, falls der Baier wirklich vom Throne gestoßen würde, den Böhmenkönig Johann zum deutschen König erheben wollten. So gerieten die Anstrengungen des Papstes, die Kurfürsten zu einer Neuwahl zu veranlassen, auf ein totes Gleis. Ludwig fand bald wieder einen Ausgleich mit den Lützelburgern, als sich herausstellte, daß der Papst von der französischen Kandidatur nicht ließ.

Nach dem Tode Herzog Leopolds fühlte sich König Ludwig stark und sicher genug, den längst geplanten Römerzug zu unternehmen, um in Italien den in Avignon sitzenden Gegner entscheidend zu treffen. Nachdem er sich mit allen ghibellinischen Widersachern des Papsttums und mit König Friedrich von Sizilien, dem Feinde der Anjous, verbündet hatte, brach er am 14. März 1327 von Trient aus nach Italien auf. Hier stießen starke Streitkräfte zu ihm; mit etwa viertausend Rittern konnte er in Rom einziehen. Am 17. Januar 1328 krönten ihn die vier Stadtbevollmächtigten zum Kaiser. Als daraufhin von Avignon neue Bannflüche gegen ihn geschleudert wurden und der Papst den Kreuzzug gegen ihn predigte, ließ er am 12. Mai einen Minoritenmönch als Nikolaus V. zum Papste wählen, und wenige Tage darauf sah Rom ein Schauspiel, das die schärfste Absage an die von Johann XXII. und seinen Anhängern verkündeten Ansprüche bedeutete: der Kaiser und der Papst Nikolaus setzten sich gegenseitig die Krone aufs Haupt.

Kaiser Ludwig waren zwar in Italien noch mancherlei Erfolge beschieden: so versenkten seine Anhänger den Neapolitanern mehr als fünfzig Schiffe, und an die tausend päpstlichen Reiter wurden auf ihrem Zuge zu diesen aufgerieben, wobei dem Kaiser eine große Summe Geldes in die Hand fiel, aber ein entscheidender Sieg blieb ihm versagt. Ende 1329 und Anfang 1330 hielt er sich wieder in Trient auf, um dort neue Vorbereitungen für seine italienischen Unternehmungen zu treffen. Da erreichte ihn die Nachricht von dem am 13. Januar auf der Burg Guttenstein erfolgten Tode König Friedrichs des Schönen, worauf der Kaiser die Alpen überschritt und nach Deutschland zurückkehrte. Nikolaus V. unterwarf sich noch im Sommer dieses Jahres Johann XXII.

Ludwigs des Baiern Kampf gegen das avignoner Papsttum, der bis zum Ende seines Lebens währte, ruft in seinen äußeren Erscheinungen die Erinnerung an die Auseinandersetzungen des salischen und staufischen Kaisertums mit den Päpsten wach. Wie ehedem folgen Bannung, Erhebung eines Gegenpapstes, Kreuzzugspredigt gegen den Kaiser aufeinander, verbündet sich dieser mit dem italienischen Papstfeinde, durchziehen päpstliche Sendboten die deutschen Lande und nimmt noch der Fluch Clemens' vom 13. April 1346 den Gregors VII. und aller Päpste Flüche über einen unbotmäßigen Kaiser wieder auf: „Flehentlich bitten wir die göttliche Macht, daß sie Ludwigs Raserei zerschmettere ... ihn selbst darniederstrecke und in die Hände seiner Feinde gebe. Verflucht sei sein Anfang und Ende! Mit Wahnsinn, Blindheit und Raserei schlage ihn der Herr! Der Himmel entlade seine Blitze über ihm! Der Zorn des allmächtigen Gottes und des heiligen Petrus und Paulus entbrenne gegen ihn in diesem und im ewigen Leben! Die Erde öffne sich und verschlinge ihn lebendig! . . . Seine Söhne mögen vertrieben werden und vor seinen Augen in die Hände seiner Feinde fallen!"

Obwohl der Ausgangspunkt und die Mittel des Kampfes zwischen Papsttum und Kaisertum in vielem über zweihundert Jahre dieselben geblieben waren, hatte sich das Wesen dieses Ringens stark geändert. War Heinrich VII. noch in gutem Glauben nach Italien gezogen, über den Parteien stehen und den Beruf des Kaisertums als Hort des Friedens und der Gerechtigkeit erneuern zu können, so trat Ludwig der Baier jenseits der Alpen von Anfang an als Vorkämpfer der Ghibellinen auf. Und wenn auch die unter Heinrich VII. von Dante verkündete Weltaufgabe des Kaisertums und die von den papstfeindlichen Gelehrten und Franziskaner-Spiritualen vertretenen wissenschaftlichen Anschauungen und religiösen Lehren auf den phantasievollen und frommen Wittelsbacher einen starken Eindruck machten, auf der anderen Seite Johann XXII. und seine beiden Nachfolger sich sicher bis zu einem gewissen Grade auch von religiösen Beweggründen leiten ließen und immer wieder an das religiöse Gewissen aller Gläubigen appellierten, so wird diese Auseinandersetzung zwischen Papsttum und Kaisertum nun doch völlig vom Politischen überwuchert. Wie weit die damaligen Südfranzosen auf dem päpstlichen Stuhl wirklich davon überzeugt waren, mit ihrer Franzosenpolitik der Kirche zu nützen, wissen wir nicht, tatsächlich haben sie jedenfalls religiöse und kirchliche Interessen dem Machtstreben der französischen Herrscher geopfert.

Noch deutlicher als bei den Päpsten ist der Wandel der Epochen bei den Deutschen zu erkennen. Die Gewissen scheinen allerdings noch stärker als früher gebunden. Frömmigkeit, Kirchenfrömmigkeit ist nun mehr als je in das Volk eingedrungen, und die Fürsten ziehen zu ihren Staatshandlungen bereits Beichtväter heran. Doch bei den Fürsten wie im Volk herrscht eine eigentümliche Zwitterstimmung, eine sich ängstlich an geistliche Seelenführung anklammernde Unselbständigkeit und zugleich ein gegen die geistliche Bevormundung sich auflehnender Trotz. Auf allen Lebensgebieten, auch in der Frömmigkeit, setzte sich ein volksmäßiges Empfinden durch, das die Bürger der Städte, die Domkapitel, die Ritterorden, die Augustinereremiten, einen großen Teil der Franziskaner und die weitverbreitete mystische Strömung zu natürlichen Bundesgenossen des Kaisers machte. So wurde aus Deutschland nach Avignon gemeldet, die päpstlichen Boten täuschen sich, „wenn sie glauben, mit harten und rauhen Worten, mit ihren Drohungen zum Ziele zu kommen; das ist ein bei den Deutschen, die Furcht nicht kennen, ganz und gar nicht verfangendes Verfahren", und die dem Papste ergebenen Bischöfe von Basel und von Straßburg ließen ihn wissen, daß

„die Halsstarrigkeit in den Gemütern der deutschen Stämme wachse, daß die alte Hingabe der Deutschen an den heiligen Stuhl dahinschwinde, und daß lautes Murren sich gegen die an den Prozessen gegen Ludwig und an dem Interdikte festhaltende Geistlichkeit erhebe". Erst diese Mischung aus einer noch ganz mittelalterlichen Seelenangst und den Anfängen einer weltlichen und religiösen inneren Selbständigkeit gibt den Schlüssel zu dem Verhalten Ludwigs, der in den demütigsten Formen die Päpste immer wieder um Verzeihung anfleht und ihnen doch nie wirklich seine politischen Interessen preisgibt. Erst der große Umschwung der Zeit und des Lebensgefühles von einem Gregor VII. und Innozenz III. bis zu einem Johann XXII. lassen verstehen, daß der Wittelsbacher, dessen Macht doch weit hinter der der großen Salier und Staufer zurückstand, trotz der unablässigen Angriffe der Päpste und ihrer unaufhörlichen Bemühungen, Gegenkönige gegen ihn aufzustellen, sich bis zu seinem Lebensende als Herrscher in Deutschland zu behaupten und in seiner Hausmachtpolitik bedeutende Erfolge zu erzielen vermochte.

Kaiser Ludwigs Hausmachtpolitik. Der Tag von Rense

Als Ludwig der Baier auf den deutschen Königsthron erhoben wurde, war er nicht einmal allein im Besitze Oberbaierns und der Rheinpfalz; erst 1317 gelang es ihm, seinen älteren Bruder Rudolf so weit zurückzudrängen, daß er nun wenigstens tatsächlich Herr von Oberbaiern und der Rheinpfalz war. Diese und den größten Teil der heutigen Oberpfalz überließ er dann im Hausvertrag von Pavia 1329 den Söhnen und Enkeln Rudolfs. Niederbaiern konnte der Kaiser erst nach dem Aussterben der dort seit 1253 regierenden wittelsbachischen Linie mit Oberbaiern vereinigen. Bei den Vereinbarungen mit seinen Verwandten bewies Ludwig große Mäßigung, weil er sich dadurch die Erwerbung weiter Gebiete außerhalb Baierns zu erleichtern hoffte.

Im Juli 1320 starb der letzte der brandenburgischen Askanier, Heinrich II. Seine Länder: die Mark Brandenburg, die Lausitz, Bautzen, Görlitz und beträchtliche Teile der umliegenden Herrschaften Schlesien, Pommern, Mecklenburg, Thüringen, Meißen und des Erzbistums Magdeburg fielen damit als erledigte Lehen an das Reich. Davon gab Ludwig am 13. September 1320 Bautzen, Löbau und Kamenz dem Böhmenkönig Johann und die Pfalzgrafschaft Sachsen und die Mark Landsberg dem Anhaltiner Bernhard. Nach seinem großen Siege bei Mühldorf fühlte sich dann der Wittelsbacher stark genug, mit der Kurwürde und dem Lande Brandenburg seinen neunjährigen ältesten Sohn Ludwig zu belehnen. Es kam nun, besonders im Zusammenhang mit dem Streit des Kaisers mit der Kurie, zu verschiedenen Kampfhandlungen in der Mark und um die Lehensherrlichkeit über Pommern, aber die Mark Brandenburg blieb doch dem Sohne des Kaisers, der auch die Niederlausitz wieder damit vereinigen konnte.

Große Hoffnungen setzte Ludwig der Baier auf seine zweite Ehe, nachdem seine erste Gemahlin wenige Wochen vor der Mühldorfer Schlacht gestorben war. Am 25. Februar 1324 heiratete er zu Köln mit großem Pomp Margarete von Holland. Die eine ihrer beiden jüngeren Schwestern, Philippa, ehelichte König Eduard von England, der als Sohn einer Tochter Philipps IV. beim Aussterben der Capetinger 1328 gegen den Valois Philipp VI. Ansprüche auf den französischen Thron erhob. Johann XXII. aber hatte schon 1320 Philipp gegen den deutschen König zum Untervikar in Reichsitalien eingesetzt, und nach seiner Erhebung auf den französischen Thron führte der Valois gemeinsam mit den Päpsten seine deutschfeindliche Politik fort. So war es nur natürlich, daß sich Ludwig der Baier beim Ausbruch des französisch-englischen Erbfolgekrieges auf die Seite seines Schwagers stellte: am 23. Juli 1337 schloß er mit Eduard III. ein Bündnis. Dieser Schritt des Kaisers fand in weiten Kreisen des deutschen Volkes begeisterte Zustimmung. Endlich, so glaubten und wünschten Unzählige, habe die Stunde der Abrechnung mit Frankreich und dem avignoner Papsttum geschlagen. In einer Reihe von Kundgebungen wurden vom Kaiser und von den Kurfürsten die Rechte des Kaisers und Reiches vor allem der Kurie gegenüber festgestellt und ihre Ansprüche auf ein Bestätigungsrecht des römischen Königs zurückgewiesen. Am 15. Juli 1338 verpflichteten sich die Kurfürsten feierlich durch Eidschwur zur Wahrung der Ehren und Rechte des Reiches, und am nächsten Tage setzten sie unter den Nußbäumen der Rheinwiese bei Rense, dem Orte der Königswahl, als Recht fest: die von den Kurfürsten nach altem Herkommen vollzogene Wahl gebe dem Erkorenen ohne weiteres den Königstitel und die königlichen und kaiserlichen Regierungsrechte, nur den Kaisertitel habe der Papst durch seine Krönung zu verleihen. Im Anschluß an die Erklärung von Rense wurde das Reichswahlgesetz „Licet iuris" auf einem glänzenden Reichstag am 6. August zu Frankfurt verkündet: die königliche Würde und Macht stamme unmittelbar von Gott; der von der Gesamtheit oder Mehrheit der Kurfürsten Gewählte werde sofort durch diese Wahl allein König und Kaiser der Römer. Ihm haben alle Untertanen des Reiches zu gehorchen, er bedürfe keinerlei Billigung und Bestätigung des päpstlichen Stuhles. Außerdem wurde hier der Kaiser für schuldlos an der Fortsetzung des Streites mit der Kurie, und das päpstliche Interdikt, das Verbot der Abhaltung von Gottesdiensten und der Sakramentsspendung in den Landen des Kaisers und seiner Anhänger, als null und nichtig erklärt.

Die Erwartungen Benedikts XII., die Kurfürsten würden zu ungunsten des Kaisers eingreifen, ja sich von ihm lossagen, hatten sich als trügerisch erwiesen. Enttäuscht wurden freilich bald auch alle, die geglaubt hatten, der Kaiser werde nun im Bunde mit England gegen Frankreich in den Krieg ziehen. Seine Englandpolitik hatte ihm lediglich zur Einschüchterung Frankreichs gedient. Sobald er dies Ziel erreicht hatte, schloß er mit Philipp VI. wieder Frieden. Meist wird dieses Ver-

23*

halten des Wittelsbachers als ein Ausfluß von Seelenangst angesehen, er habe um jeden Preis Aussöhnung mit der Kirche gesucht. Sicher war dies einer der Beweggründe für Ludwigs Politik. Entscheidend wird aber doch wohl für ihn die Erkenntnis gewesen sein, daß sich ein Reichskrieg auf weite Sicht schlechterdings nicht führen ließ. Denn bereits 1337 hatte der Franzose Bundesgenossen im Reiche gewonnen: den Böhmenkönig Johann, den Bischof von Lüttich und Herzog Heinrich von Niederbaiern.

Wo wirkliche Vorteile winkten, da schreckten den Baiern auch in seinen späteren Jahren weder päpstliche Flüche, noch Schwierigkeiten und Verwicklungen irgendwelcher Art. Bei den verschiedenen Abmachungen und Auseinandersetzungen zwischen dem Kaiser, dem Habsburger und den Lützelburgern spielte die Anwartschaft auf Kärnten und Tirol wiederholt eine bedeutsame Rolle. Kärnten mit seinen Nebenländern überließ der Kaiser nach Herzog Heinrichs Tod 1336 den Habsburgern, nur Tirol erhielt dessen Schwiegersohn Johann Heinrich, ein Sohn des Böhmenkönigs. Margarete Maultasch, des Zusammenlebens mit dem bei der Vermählung acht-, nun achtzehnjährigen, körperlich immer noch nicht voll entwickelten Gatten überdrüssig, und der tirolische Adel, unzufrieden mit der straffen lützelburgischen Verwaltung, verjagten 1341 Johann Heinrich aus Tirol. Margarete erkor als zweiten Gemahl Ludwig von Brandenburg. Ludwig der Baier, hocherfreut, auf diese Weise Tirol mit Baiern vereinigen zu können, erklärte als Kaiser Margaretens Ehe als Scheinehe für nichtig. Die Hochzeit mit Ludwig dem Brandenburger wurde am 10. Februar 1342 gefeiert, worauf der Kaiser das Ehepaar mit Tirol und obendrein noch mit Kärnten belehnte, unbekümmert darum, daß dies mit seiner Einwilligung schon sieben Jahre lang in den Händen der österreichischen Herzoge Albrecht und Otto war. Begreiflicherweise tobte nun vor allem der Böhmenkönig gegen die Wittelsbacher, aber auch zahlreiche deutsche Fürsten zeigten sich empört über „die abscheuliche neue Ehe der Maultasche". Doch wohl nicht nur aus sittlicher Entrüstung „begann der üble Geruch des Kaisers wegen dessen, was er mit Johann, dem Sohn des Böhmenkönigs vorgenommen hatte, in die Nasen der Fürsten zu stinken", vor allem drohten ihnen die Wittelsbacher zu mächtig zu werden.

Die gegen ihn immer mehr um sich greifende Mißstimmung hielt indes den Kaiser nicht im mindesten davon ab, sich 1345 auch noch den englischen König Eduard III. zum Feinde zu machen. Unbekümmert um dessen Ansprüche, der ja ebenfalls ein Schwager des verstorbenen Grafen von Holland war, belehnte Ludwig der Baier 1346 seine Gemahlin mit den Grafschaften Holland, Hennegau, Seeland und Friesland, wahrte damit die Reichsrechte und hoffte, so zugleich seine Hausmacht auch im Nordwesten des Reiches auszudehnen. Nun glaubte Papst Clemens VI. endlich die Stunde des Sturzes für den Baiern gekommen. Er setzte sich erneut mit dem Böhmenkönig Johann und seinem Sohn Karl von Mähren in Verbindung. Durch äußerst geschickt geführte Verhandlungen erreichten die Luxemburger, daß Clemens Karl, ohne dessen ausdrückliche Anerkennung des päpstlichen Bestätigungsrechtes, zum römischen König „ernannte und verkündete", nachdem er am 11. Juli 1346 mit fünf Kurstimmen, den der drei geistlichen Kurfürsten, des Böhmenkönigs und des Herzogs von Sachsen-Wittenberg zum König gewählt worden war.

Nie zeigte es sich deutlicher als jetzt, was Kaiser Ludwig im Laufe seiner langen Regierung mit seiner angeblich schwankenden und schwachen Politik erreicht hatte. Fast im ganzen Reiche standen die Städte zu ihm, mit ihrer Hilfe und seiner weitausgedehnten Hausmacht durfte er hoffen, den letzten großen Sturm siegreich abwehren zu können. In Tirol gewann er alle Burgen der zu Karl übergegangenen Herrschaften, am Mittelrhein drangen die Kaiserlichen erfolgreich vor, und in Schwaben warf des Kaisers Sohn Stephan mit einem starken Heere die Gegner der Wittelbacher nieder. Schon fühlte sich der Kaiser des Endsieges über den Lützelburger Karl sicher, da sank er am 11. Oktober 1347 auf einer Bärenjagd beim Kloster Fürstenfeld in der Nähe von München vom Schlage gerührt aus dem Sattel. Von Herzen fromm, wie er Zeit seines Lebens gewesen war, starb der vom Papste gebannte und verfluchte Wittelsbacher mit einem Stoßgebet zu Maria, der er auf seiner Rückkehr von Italien das Kloster Ettal mit dem herrlichen Münster gestiftet hatte: „Süße Kunigin, unsere Fraue, bis (sei) bei meiner Schidung!"

Kaiser Karl IV.

1346 (1347)—1378

Persönlichkeit und Jugend Karls IV.

Zwischen bedeutenden Herrscherpersönlichkeiten derselben Epoche und desselben Reiches läßt sich kaum ein größerer Gegensatz denken, als der zwischen Ludwig dem Baiern und Karl IV. Dem Gefühlsmenschen folgte der kühle Rechner; dem Kaiser, der seine Unterstützung papstfeindlicher Kreise damit entschuldigte, er wäre „ein ritter, der unwizzent ist der buchstaben und der geschrift subtilität", ein Gelehrter, der sich in den Mußestunden die Bibel vorlesen ließ und Fehler des Vorlesers aus dem Gedächtnis verbesserte, der selbst Predigten, Schriftauslegungen und eine Legende verfaßte; dem Deutschen der Kosmopolit, dem hochgewachsenen Dinarier der kleine, etwas vornübergebeugte Sproß aus deutschem und slavischem Blute, mit steil aufsteigender Stirn, auffallend klugen Augen, breiten ostischen Backenknochen, klobiger Nase, dunkler, gelber Hautfarbe und schwarzem, struppigem Bart. Wer Karl, ohne ihn zu kennen, in seinem einfachen, kurzen, zugeknöpften Rock, für gewöhnlich selbst unbewaffnet und ohne kriegerische Begleitung sah, der mochte ihn für einen Gelehrten oder Kaufmann, sicher aber nicht für den Kaiser des immer noch größten Reiches der Christenheit halten. Eine durchaus besinnliche Natur, neigte er zu geschichtlicher Betrachtung aller Dinge. Als einziger Kaiser in den fast tausend Jahren von Karl dem Großen bis zur endgültigen Auflösung des alten Reiches schrieb er eine Selbstbiographie, die Geschichte seiner Jugendjahre, um seine Nachfolger zu einer frommen und guten Lebensführung zu ermahnen: „Wenn ihr nach mir, mit dem Diadem der Könige ausgezeichnet, herrschen werdet, so gedenkt, daß auch ich, der ich vor euch ein Herrscher war, zu Staub und zum Schlamme der Würmer geworden bin. Ähnlich werdet ihr dahinsinken, vorübergehen wie ein Schatten und wie die Blumen des Feldes." Obwohl er Reliquien aller Art mit einer wahren Sammlerwut zusammentrug und mit seiner Gottseligkeit in der öffentlichen und privaten Tätigkeit die Erwerbstüchtigkeit des Großkaufmanns und Wirtschaftsorganisators zu verbinden wußte, war seine Frömmigkeit keineswegs bloß äußerlicher Art. Ein Jugenderlebnis, ein Wahrtraum mit Engelserscheinungen über den Tod eines in weiter Ferne mitten aus einem schwelgerischen Leben dahingerafften französischen Prinzen, hatte auf den Siebzehnjährigen einen so starken Eindruck gemacht, daß ihm von da ab der Glaube und die Lehren der Kirche eine wirkliche Herzenssache blieben.

Fast möchte es scheinen, daß von dem „in Erscheinung und Gebaren den geschäftigen Kaufmann" verkörpernden Karl IV. zu dem germanischen Recken Karl dem Großen keine andere Verbindungslinie führte als die der Namensgleichheit, als die Verehrung des späten Nachfolgers für den ersten Träger der Kaiserkrone und einige, gewissermaßen zufällig gleichlaufende Bestrebungen der beiden Herrscher für Acker und Forst, Straßen und Handel, Kunst und Wissenschaft. Die Gegensätze zwischen Karl dem Großen und Karl IV. sind denn auch so weit und so tief wie die der Epochen, denen sie angehörten: dem Herrscher, den die Mitlebenden und die Nachwelt als Heldenkaiser rühmten, steht der Fürst gegenüber, dessen ausgeprägten Erwerbs- und Wirtschaftssinn die Zeitgenossen priesen und verspotteten. Nimmt man jedoch die Reichweite der Lebensleistung zum vergleichenden Maßstabe, dann rückt Karl IV. doch etwas mehr in die Nähe des großen Karl. Unter Karl IV. erhielt das Reich endlich wieder eine im wesentlichen bis zur Auflösung des Reiches im Jahre 1806 dauernde verfassungsrechtliche Grundlage, nachdem die von Otto I. im zehnten Jahrhundert in Anknüpfung an die karolingische Überlieferung geschaffene durch den Sturz der Hohenstaufen zerstört und zuerst schon durch den Investiturstreit schwer erschüttert worden war. Karl IV. bahnte außerdem im Osten die Zusammenfassung jenes Länderkomplexes an, der ebenfalls während eines halben Jahrtausends der bestimmende Machtfaktor des Reiches wurde. Wenn auch Karl IV. keine neuen Wege für seine Hausmacht und Reichspolitik einschlug, so war diese Festigung der deutschen Verhältnisse doch überwiegend sein persönliches Verdienst, wie er auch sonst auf den verschiedensten Gebieten die Weitsicht eines großen Staatsmannes bewies. So hat er als erster die inneren Zusammenhänge und die Möglichkeiten einer mitteleuropäischen Wirtschaftsgemeinschaft erkannt und Venedig „für den kühnen und doch nüchtern berechneten Plan eines venezianisch-böhmischen Verkehrsweges" unter dem Hinweis zu gewinnen versucht, daß die Elbhandelsstraße von Prag für Venedig die billigste Verbindung mit Brügge biete.

Eine Reihe sehr günstig aufeinander abgestimmter Ursachen hat zusammengewirkt, einen Mann, der in seinem ganzen Äußeren und in der Art seiner politischen Führung so gar nichts Heldisches an sich hatte, Erfolge erzielen zu lassen, die in ihrer Größe nur denen der gewaltigsten Kaiser nachstehen und in ihrer Dauer die fast aller übertrafen. Vom Großvater Kaiser Heinrich VII. hatte er wenigstens soviel an rechtlichem Sinn und hochgemutem Wesen überkommen, wie zu einer das Mittelmaß überragenden Leistung unerläßlich ist. Sein Vater, der Böhmenkönig Johann, hatte als der wohl unruhigste fürstliche Projektenmacher seiner Zeit bald als Gegner Ludwigs des Baiern, der Habsburger und der eigenen Familienangehörigen, bald im Zusammenspiel mit ihnen allen in Deutschland, in Italien, am päpstlichen und französischen Hofe unaufhörlich vermittelt, intrigiert, und, wo es anging, auch mit kriegerischen Waffen gekämpft. Dabei liebte König Johann das Geld über alles, doch nicht, um es sparsam zusammenzuhalten, sondern um es fröhlich zu verjubeln. So war er 1346 bereit, für die Niederlausitz und eine große Geldsumme dem Baiern die doch von ihm selbst seit langem betriebene Bewerbung seines Sohnes um die Königs- und Kaiserkrone zu opfern, was seine Söhne in letzter Stunde verhinderten, weil, wie man sich erzählte, der bereits völlig erblindete König auch diesen Kaufpreis mit lustigen Zechbrüdern am Rheine verprassen würde. Von der Mutter her erhielt Karl einen ostischen Einschlag, der dem väterlichen Bluterbe das Gefährliche des Unsteten nahm, ohne die großen Führereigenschaften zu verschütten. Von der slavisch-deutschen Mutter rührt wohl auch die reflektierende Art Karls her, die ihn unter anderem zur Verwertung eigener und fremder Erfahrungen besonders befähigte.

Erfahrungen zu sammeln, hatte Karl von frühester Jugend an überreiche Gelegenheit. Als Przemyslidensproß von der Mutterseite her, war er Wenzel getauft worden. Sein Vater ließ ihn in frühester Jugend einsam auf weltentrückten Burgen Böhmens aufziehen, damit er nicht von den einheimischen Adelsgeschlechtern gegen ihn, den aus der Ferne gekommenen, ausgespielt würde. König Johann schickte dann den Siebenjährigen zu seinem Oheim, König Karl IV. von Frankreich, der ihm seinen eigenen Namen gab und eine seiner Verwandten, Blanka von Valois, zu seiner Frau bestimmte. Hier legte der als Kanzelredner gefeierte Abt Roger von Fécamp, der spätere Papst Clemens VI., die Grundlage zur theologischen Ausbildung des Knaben, der auch bald in Berührung mit Professoren der Universität Paris kam. Als König Johann den

Vierzehnjährigen mit seiner noch kindlichen Gemahlin nach Lützelburg berief, nahm Karl „neben der üblichen ritterlichen Erziehung als dauernden Besitz mit sich, was immer eine theoretisch-klerikale Unterweisung und der Einblick in ein großes, modern organisiertes Staatswesen ihm hatte geben können."

Italien übertraf seit dem Ende der staufischen Macht an innerer Zerrissenheit und kriegerischen Unruhen die deutschen Lande, dagegen überflügelte es nun alle Reiche Europas in seiner wirtschaftlichen, literarischen und künstlerischen Entwicklung. Dieser Brennpunkt politischen und kulturellen Lebens wurde das erste Wirkungsfeld des jungen Karl. Als König Johann seinen jüngeren Sohn Johann mit der Erbin von Kärnten und Tirol, Margarete Maultasch, vermählt hatte, zog der Besitz der Alpenstraßen den immer Unruhigen und Wagenden wie mit Zauberkraft in die Lombardei. Da vor kurzem Ludwig der Baier das Land verlassen hatte, begrüßten die Lombarden mit großem Jubel den unternehmenden Lützelburger, der aber nach seiner Art beim Auftauchen der ersten ernsteren Schwierigkeiten schon im nächsten Jahre den ihm zu heiß gewordenen Boden verließ und unbedenklich seinen erst fünfzehnjährigen Sohn vor eine Aufgabe stellte, die ihm selbst zu beschwerlich geworden war. Tapfer hielt Karl sich zwei Jahre in der Lombardei und erfocht auch einmal einen Schlachtensieg, wobei ihm das Roß unter dem Leibe getötet wurde. Hatte er in Frankreich die große Politik kennen gelernt, so sah er sich hier in ein Getriebe versetzt, bei dem Giftattentate, Verrat der Anhänger und Wortbruch zu den selbstverständlichen Mitteln der Politik zählten. Da reifte der junge Prinz schnell zum Staatsmanne. Im Jahre 1333 erschien sein Vater nochmals mit frischen Truppen in Italien. Nach einigen vergeblichen Waffentaten erkannte er, wie Karl in seiner Biographie selbst erzählt, „daß ihm die Geldmittel ausgingen, und daß er gegen die Herren der Lombardei die Fehde nicht fortsetzen könne. Nun gedachte er der Heimkehr und wollte den Krieg uns überlassen. Wir jedoch lehnten ab, was wir in Ehren nicht behaupten konnten." Die Erfahrung dieser zwei Jahre bestimmte Karls Verhalten in allen italienischen Angelegenheiten für sein ganzes weiteres Leben.

König Johann setzte jetzt seinen Sohn zum Markgrafen von Mähren ein und betraute ihn mit der Verwaltung des völlig herabgewirtschafteten Königreiches Böhmen. Da der mit großem Erfolg um das Wohl des Landes besorgte jugendliche Fürst bald einen starken Anhang gewann, verdrängte ihn sein Vater 1335 wieder aus Böhmen. Anders als die meisten Fürstensöhne seiner Zeit fügte sich Karl ohne Gegenwehr und übernahm andere Aufgaben im Interesse des lützelburgischen Hauses. Erst stand er seinem mit Margarete Maultasch verheirateten Bruder Johann treu zur Seite, wehrte im Kleinkrieg dessen feindliche Nachbarn ab und führte in Tirol ein an sich gutes Regierungssystem ein, das nur den Fehler hatte, den unzufriedenen Adel sich nach einem neuen Herrn umsehen zu lassen (vgl. S. 356). Es folgten dann wieder große Reisen ins Deutschordensland, an den ungarischen, polnischen, französischen Königshof und nach Venedig, zum großen Teil an der Seite seines Vaters, der überall seine politischen Fäden spann und dabei sowohl durch das, was seinem erfinderischen Sinn glückte, wie durch das, was sein fahriges Wesen vereitelte, den Sohn in den Künsten der Diplomatie weiterbildete. Seit die Wittelsbacher ihre Hand nach Tirol ausstreckten, betrachtete Karl den Kampf gegen sie als seine Hauptaufgabe und suchte die Krone Ludwigs des Baiern zu gewinnen.

Ein harter Schlag war für den am 11. Juli 1346 in Bonn bereits zum römischen König gekrönten Karl die Niederlage der Franzosen in der Schlacht von Crécy am 26. August 1346. Vater und Sohn standen in den Reihen ihrer Verbündeten gegen die Engländer. Als der blinde König Johann vernahm, daß die Franzosen zurückwichen, ließ er sich mitten ins Schlachtgetümmel führen und hieb um sich, bis er zu Tode getroffen vom Pferde sank. Tief betrauerte der englische König den gefallenen Helden und „sandte seine Leiche mit zwölf Schlachtrossen, die das böhmische Wappen umgekehrt trugen, nach Lützelburg". Und auch den Tod der Deutschen, die im Gefolge der Böhmen ums Leben gekommen waren, beklagte der Engländer: „Da ziehen sie mit dem Franken in den Tod, der ihnen nichts gibt, sie haßt und verfolgt, ich aber liebe sie und würde ihnen reichen Lohn geben". Karl selbst entkam verwundet nach Deutschland.

Das nächste Jahr befreite ihn von seinem stärksten Gegner, Ludwig dem Baiern, der trotz Kurfürsten und Papst im Besitze seiner Macht immer noch der eigentliche deutsche König und Kaiser war. Aus der Aufforderung Karls an seine böhmischen Städte, sie möchten mit ihm Gott und den königlichen Schutzheiligen danken, daß der Feind des Königs und der Christenheit ohne weiteres Blutvergießen zu Boden gestreckt wäre, klingt eine große Erleichterung heraus. Bei dem Gedanken an die scheinbar nicht mehr zu vermeidende Begegnung auf dem Schlachtfelde mit dem alten bairischen Kämpen, mit dem Sieger von Gammelsdorf und Mühldorf, mochte dem Lützelburger, dessen Stärke trotz einer gewissen persönlichen Tapferkeit auf anderem Gebiete als dem der Kriegskunst lag, nicht recht geheuer zu Mute gewesen sein.

Karls Innen- und Außenpolitik

Karl IV. hielt es nicht für nötig, sich nach dem Tode Ludwigs des Baiern nochmals wählen und am rechten Orte krönen zu lassen. Dem Lützelburger dünkte es genug, den drei geistlichen und dem sächsischen Kurfürsten, die ihm außer seinem Vater ihre Stimme gegeben hatten, reichliche „Handsalben" und Privilegien zu überlassen. Daß ihn weite Kreise als Pfaffenkönig, als Söldner und Botenläufer der Kurie verspotteten, störte ihn wenig. Während sonst die Niederzwingung der Gegnerschaft des mit dem neuen König rivalisierenden Fürstenhauses und der Ausbau der Hausmacht des zur Herrschaft gelangten Geschlechtes Deutschland in zwei feindliche Heerlager spaltete, löste König Karl diese Aufgaben ohne größere kriegerische Unternehmungen mit einer nur dem großen Staatsmann und Diplomaten eigenen Gewandtheit. Die Reichsstädte, den stärksten Rückhalt der Wittelsbacher, gewann er durch Erneuerung und Erweiterung ihrer Privilegien, doch ohne sie wie Ludwig als Gegengewicht gegen die Fürsten zu benutzen, auf die er in der richtigen Erkenntnis, daß sie doch der stärkere Machtfaktor waren, sich in erster Linie stützte. Nicht einmal den am 30. Januar 1349 von der wittelsbachischen Partei zum Gegenkönig gewählten Grafen Günther von Schwarzburg griff Karl mit den Waffen an. Den wittelsbachischen Pfalzgrafen Rudolf II. brachte er dadurch auf seine Seite, daß er am 14. März 1349 nach dem Tode seiner ersten Gemahlin dessen Tochter Anna heiratete; dann entfremdete er Günther auch Ludwig von Brandenburg. Obwohl der Gegenkönig bereits schwer erkrankt und von seinen bedeutenderen Anhängern verlassen war, zahlte ihm der Lützelburger doch noch eine Abfindungssumme und bewog ihn damit zu einem förmlichen Verzicht auf die Krone.

Ludwig den Brandenburger hoffte Karl IV. zunächst durch Unterstützung des falschen Waldemar, der sich 1348 als den von einer Pilgerfahrt zurückgekehrten Markgrafen Waldemar ausgab, zu verdrängen und bei dieser Gelegenheit die Lausitz an Böhmen zu bringen. Aber wo immer der Lützelburger mit den Wittelsbachern die Waffen kreuzte, hatte er kein Glück. Eine Versöhnung des Königs mit Ludwig im Jahre 1349 hatte zwar keinen Bestand, aber schon im nächsten Jahre kam es zu einem Vertrage. Ludwig der Brandenburger und zwei seiner Brüder, der am 12. Mai 1330 geborene und als erster Sohn des „Kaisers" der Römer genannte Ludwig und Otto, gaben die Reichsinsignien heraus und wurden mit Brandenburg, Landsberg und der Lausitz belehnt. Da Ludwigs des Brandenburgers Ehe mit Margarete Maultasch jetzt allgemein anerkannt wurde, suchte er Oberbaiern allein zu bekommen, um es mit Tirol zu vereinigen. Ludwig der Römer und Otto gaben 1351 alle ihre Ansprüche auf Oberbaiern, Ludwig der Brandenburger alle auf die Mark Brandenburg und die Lausitz auf. Die beiden jüngeren Brüder hatten gegenüber den alten Anhängern der Askanier und sonstigen Widersachern einen schweren Stand. Nachdem sie sich auch noch mit ihren bairischen Familienmitgliedern überworfen hatten, wußte König Karl unter Aufwendung beträchtlicher Geldmittel Ludwig den Römer und Otto 1363 zu einem Erbvertrag zu bewegen, in dem für den Fall ihres kinderlosen Todes Karls Sohn Wenzel zum Nachfolger in Brandenburg bestimmt wurde. Zwei Jahre später starb Ludwig, und Karl machte sich nun den zwanzigjährigen Otto, dem er seine weit ältere Tochter Katharina zur Frau gab, ganz gefügig. Im Jahre 1370 verlangte Karl die förmliche Abtretung Brandenburgs, holte sich dort zuerst eine militärische Schlappe, konnte aber dann dem seinen diplomatischen Künsten nicht gewachsenen Otto, der von seinem bisherigen Verbündeten, dem Ungarnkönig Ludwig I., im Stiche gelassen wurde, im Vertrag von Fürstenwalde 1373 um die für die damalige Zeit riesige Summe von einer halben Million Gulden und die Überlassung oberpfälzischer Besitzungen die Mark Brandenburg abkaufen.

Auf ähnliche Weise hatte Karl inzwischen von seinem pfälzischen Schwiegervater und dessen Sohn große Teile der Oberpfalz, ferner von den Wettinern, hier zum Teil mit Einsatz von Waffengewalt, Gebiete in der sächsischen Schweiz und im Vogtlande und 1367 die Niederlausitz erworben, die er 1370 endgültig mit Böhmen vereinigte, wie er überhaupt Reichsgut und Reichslehen, die er an sich brachte, Böhmen eingliederte. Schlesien hatte schon König Johann für die Krone Böhmen gewonnen, Schweidnitz und Jauer, die noch in fremder Hand geblieben waren, fielen Karl durch seine dritte Heirat mit Anna von Schweidnitz zu, die bereits die Verlobte seines elf Monate alten und dann verstorbenen Söhnchens Wenzel gewesen war. Dreiviertel Jahr nach dem Tode der durch ihre jugendliche Schönheit ausgezeichneten Anna heiratete Karl im April 1363 seine vierte und letzte Gemahlin, die „hünenhafte pommersche Prinzessin Elisabeth, die nicht nur Hufeisen und Schwerter zerbrechen und Panzerhemden zerreißen konnte", sondern auch für weiteren kräftigen Nachwuchs sorgte und die Stellung ihres Mannes in der Auseinandersetzung mit den brandenburgischen Wittelsbachern stärkte.

Als der große Realpolitiker, der er war, wußte Karl IV. auch die Dinge, deren Vorteil oder Nachteil nicht unmittelbar mit Händen zu greifen war, richtig einzuschätzen. Nicht zuletzt deshalb, weil nun seit über hundert Jahren keinem deutschen Herrscher mehr das höchste weltliche Amt der Christenheit unbestritten geblieben war, mußte der allgemein anerkannte Besitz der Kaiserkrone ihrem Träger im In- und Auslande erhöhtes Ansehen verleihen. So holte sich denn Karl ohne großen Aufwand 1354/55 die Kaiserkrone, am 5. April 1355 setzte sie ihm der Kardinal von Ostia in Rom als Stellvertreter des Papstes aufs Haupt. Soweit es mit den schon vor seiner Wahl mit der Kurie getroffenen Abmachungen vereinbar war, übte er durch Belehnungen und Privilegienbestätigung die Reichsrechte formal und höchst praktisch durch Erhebung von Abgaben aus. Diesem Finanzgenie gelang das scheinbar Unmögliche: Kaiser Karl kehrte mit vollen Taschen aus Italien zurück, Florenz allein hatte ihm 100000 Goldgulden gesteuert. Auch auf einem zweiten Römerzug, den er 1368/69 mit einem großen Heere unternahm, um den aus Avignon nach Rom zurückgekehrten Urban V. im Besitze des von Kardinal Albornoz eroberten Kirchenstaates zu sichern und so die Verbindung zwischen der Kurie und Frankreich zu lockern, gab er sich im wesentlichen mit seiner nominellen Anerkennung in Reichsitalien zufrieden. Hatten sich früher die Kaiser mit den italienischen Angelegenheiten mehr befaßt, als den Päpsten lieb war, so klagten diese nun über die allzu große Zurückhaltung des Lützelburgers.

Als Kaiser wahrte Karl Frankreich gegenüber die Reichsrechte und ließ sich in Arles 1365 als erster und letzter Kaiser seit Friedrich I. mit der burgundischen Königskrone krönen. Gegen Ende seiner Regierung hat dann Karl allerdings die Statthalterschaft über das Arelat dem französischen Dauphin verliehen, aber auf Savoyen und die Grenzgrafschaft Genf, die Karl wieder fest mit dem Reich verknüpft hatte, konnten die Franzosen doch nicht die Hand legen. Über solche Abwehrmaßnahmen ist freilich auch Kaiser Karl nicht hinausgegangen. Sich in langwierige Kriege einzulassen, war überhaupt nicht die Sache dieses Kaisers, außerdem hätte, wie schon unter Ludwig dem Baiern, ein engerer Anschluß an die in Frankreich siegreich vordringenden Engländer zu unübersehbaren Verwicklungen in Deutschland geführt.

Die Goldene Bulle

Alsbald nach der Rückkehr von seiner ersten Italienfahrt, die ihm gewissermaßen als Lohn für seine bisherige Ergebenheit gegen den römischen Stuhl die Kaiserkrone verschafft hatte, ging Karl an die Festlegung der Reichsgrundrechte. Es war dies ein schwieriges Stück Arbeit, begonnen auf einer Reichstagung zu Nürnberg Ende November 1355, in den Hauptteilen am 6. Januar 1356 vollendet und mit einem Nachtrag gegen Ende desselben Jahres zu Metz versehen. Die Hauptteile wurden am 10. Januar in Nürnberg feierlich verkündet. Nach der an der Urkunde angebrachten vergoldeten Kapsel (lateinisch bulla), in der das die Echtheit bestätigende Siegel eingeschlossen war, heißt dieses Reichsgesetz seit 1431 die Goldene Bulle.

Vom „Pfaffenkönig" ist in der Goldenen Bulle nichts mehr zu merken. In der denkbar einfachsten Weise räumt dieses Gesetz mit den Ansprüchen des Papsttums auf die Einmischung in die deutsche Königswahl auf: das Reichsgesetz erwähnt sie gar nicht und, wichtiger noch, es schließt sie durch genaue Regelung aller der mit der Thronvakanz und der Wahl zusammenhängenden Fragen aus. Die Goldene Bulle „läßt weder den päpstlichen Anspruch auf die Reichsverweserschaft gelten, denn sie weist die Vikariatsrechte den Kurfürsten von der Pfalz und von Sachsen zu, noch kennt sie ein päpstliches Recht auf Approbation der deutschen Königswahl. Indem die Goldene Bulle die Königswahl durch die fest abgegrenzte Kurfürstengemeinschaft vollziehen läßt und diese Wahl von der ersten Vorbereitung bis zur Vollendung mit ihren Vorschriften begleitet, schließt sie päpstliche Eingriffe in die Wahlgeschäfte rechtlich aus. Indem sie bestimmt, daß der neugewählte König sofort nach dem Abschlusse der Wahl, bevor er irgend eine andere Regierungshandlung vornimmt, unter seinem königlichen Namen die kurfürstlichen Rechte bestätigen muß, verhindert sie zwar nicht die Möglichkeit einer Einholung der päpstlichen Approbation, wohl aber deren Rechtsgeltung. Der Erwählte trat als König auf, berufen und berechtigt allein und ausschließlich durch die Wahl der Kurfürsten." Für den Papst wäre es ein mißliches Unterfangen gewesen, gegen ein Gesetz, das ihn gar nicht nannte, anzurennen. Am Franzosenkönig, der mit dem Engländer mühsam um den Besitz seiner Krone kämpfte, hatte die Kurie zur Zeit keine Hilfe. Und da sie das Geld der deutschen Kirche für die Wiedererrichtung des Kirchenstaates eben bitter nötig gebrauchte, hütetete sie sich, die reichen geistlichen Kurfürsten wider sich aufzubringen.

Deutschland gehörte also endlich wieder ausschließlich den Deutschen. Die Goldene Bulle schwächte freilich durch Verleihung der Privilegien „de non evocando" und „de non appellando" (vgl. S. 274) und die Überlassung der letzten Regalien, des Zoll- und Münzwesens, des einträglichen Judenschutzes, der Bergwerks- und Salzhoheit an die Kurfürsten die Reichsgewalt. Wie die Kurfürsten suchten nun auch viele der übrigen Landesherren alle derartigen Rechte für ihre Gebiete zu erhalten. Indem ferner die Goldene Bulle den Kurfürsten das unbeschränkte Recht auf Landerwerb zubilligte, gingen dem Königtum auch zum größten Teil jene Möglichkeiten zur Verstärkung seiner Macht verloren, die ihm der Heimfall der Lehen an das Reich beim Aussterben des Geschlechtes der bisherigen Lehensinhaber gelassen hatte. So besiegelte die Goldene Bulle mit ihren Auswirkungen den föderativen Charakter des Reiches.

Karls IV. Kosmopolitismus und Bedeutung für Böhmen und Deutschland

Kaiser Maximilian I. hat Karl IV. Böhmens Vater, des heiligen römischen Reiches Erztiefvater genannt. Gewiß galt des Lützelburgers Sorge in erster Linie seinen böhmischen und den mit der böhmischen Krone vereinigten Landen, ferner der Sorge für die Zukunft seines Geschlechtes. Was seit Friedrich II. keinem deutschen Herrscher mehr geglückt war, wußte er durchzusetzen: die Wahl eines seiner Söhne, Wenzels, zum deutschen Könige. Böhmen blühte unter seiner Regierung auf wie mit Ausnahme des Deutschordensstaates kein anderes Land im Reiche, nicht zuletzt auch hier durch Karls weise Mäßigung. Als sein vorzügliches Gesetzeswerk für Böhmen, die „Maiestas Carolina", auf starken Widerstand der Landstände stieß, zog er es unter dem Vorwand, das Gesetzbuch sei durch Zufall verbrannt, zurück, und führte die wichtigsten Reformen, namentlich im Strafrechte, einfach auf dem Verwaltungswege und durch eine neue Prozeßordnung ein. Selbst die Vereinigung Österreichs, Steiermarks, Tirols, Krains, Kärntens mit Böhmen faßte er schon ins Auge. Nach dem Tode des kinderlosen Meinhard, des Sohnes Ludwigs des Brandenburgers und der Margarete Maultasch, unterstützte der Kaiser 1364 die Habsburger bei der Erwerbung Tirols und schloß mit ihnen einen Erbvertrag in der Hoffnung, nicht sein, sondern das habsburgische Haus werde in absehbarer Zeit aussterben, wovon allerdings das Gegenteil eintrat.

Aber wenn auch Böhmen den Mittelpunkt in dem Wirken des Kaisers und in den Zukunftsplänen für sein Geschlecht bildete, wenn es nun das ganze übrige Deutschland für kurze Zeit in Wirtschaft, Kunst und Wissenschaft zu überholen schien, und Prag 1348 die erste Universität im Reiche erhielt, so lag Karl doch der national-tschechische Gedanke ferne. Kaiser Karl war in seinem Wesen ganz und gar der Anhänger des spätmittelalterlichen Universalismus, der nicht wie der des Früh- und Hochmittelalters von einer bestimmten Standes- und Gesellschaftsschicht getragen war und darum auch keinen eigenen Lebensstil wie die Aristokratie und dann das Rittertum hervorbrachte. Um ein universaler Mensch zu sein, mußte man sich jetzt mit den verschiedenen Kulturen der führenden abendländischen Völker mehr oder weniger vertraut machen. Der spätmittelalterliche Universalismus hatte schon viel vom neuzeitlichen Kosmopolitismus und Europäertum an sich.

Wie kaum einer der Fürsten seiner Zeit war gerade Karl IV. solch ein Europäer auf kirchlicher Grundlage, seiner Abstammung, seiner Erziehung, seinen Familienverbindungen und seinem ureigenen Wesen und Willen nach. Wie er selbst sagt, hat er „dank der göttlichen Gnade nicht nur das Böhmische, das er schon ganz vergessen hatte, sondern auch das Französische, Lombardische, Deutsche und Lateinische so sprechen, schreiben und lesen gelernt, daß wir eine wie die andere dieser Sprachen geläufig schreiben, lesen, reden und verstehen konnten". Deutlicher noch vielleicht als diese Angabe erschließen seine hauptsächlichsten böhmischen Bauten sein kosmopolitisches Streben: die Königsburg auf dem Hradschin hat er nach dem Vorbild des Louvre, die für die Aufbewahrung der Reichsinsignien, seiner kostbarsten Reliquien und für die Tage seiner Erholung, seiner geistigen und religiösen Sammlung bestimmte Burg Karlstein nach Art des päpstlichen Palastes von Avignon, die Kirche des Stiftes Karlshof nach der Anlage des Aachener Münsters aufführen lassen, und in dem Prager Hieronymuskloster, später Emmaus genannt, feierten slavische Benediktinermönche in der Sprache und Form der slavischen Liturgie den Gottesdienst. Dieser Kosmopolitismus bestimmte wohl kaum weniger als politische Rücksichten Karls viel erörterte Beziehungen zur Renaissance, zu Cola di Rienzo und Petrarca, mit denen er in nähere Beziehungen kam. Die Renaissance war imgrunde eine national-italienische Bewegung. Zu einer aus einem bestimmten Volksgeist hervorgegangenen politischen Zielsetzung, Kunst und Literatur konnte über gewisse äußerliche Beziehungen hinaus ein Mann wie Karl IV. unmöglich ein tieferes Verhältnis gewinnen, wenn auch der Individualismus und Naturalismus der Zeit bis zu einem gewissen Grade seiner persönlichen Veranlagung entgegenkamen.

Der einzelne und einzelne Gesellschaftsschichten können kosmopolitischen Ideen und Idealen huldigen, jede echte Kultur aber ist in ihrem innersten Wesen national gebunden. Obwohl Karl IV. keiner einzelnen Volkskultur den Vorzug gab, so hat er doch, freilich ohne besondere Absicht, der deutschen in Böhmen die Wege mehr als jeder anderen geebnet. Ihm kam alles darauf an, daß Böhmen auf eine höhere Kulturstufe gehoben wurde, gleichviel welcher Art diese Kultur war. Der Realist Karl hielt sich dabei an das Nächstliegende, das aber waren in erster Linie die deutsche Kultur, deutsche Künstler, deutsche Handwerker, deutsche Gewerbetreibende. Er holte sich wohl auch aus Italien und Frankreich Künstler und Gelehrte, nahm sich bei der Gründung der Prager Universität Paris zum Vorbild, aber dem Einstrom deutscher Menschen und deutscher Kultur gegenüber fiel der Einfluß der übrigen Länder kaum ins Gewicht, zumal wenn man die ganze von Karl angebahnte und geförderte Entwicklung ins Auge faßt und nicht nur einzelne Kunstwerke. Die deutsche Schriftsprache erhielt von dem Frühhumanismus in Böhmen entscheidende Anregungen, namentlich wirkte der von Johann von Neumarkt verbesserte Stil der lateinischen Kanzleisprache im besten Sinne vorbildlich auf den Satzbau der in der kaiserlichen Kanzlei in deutscher Sprache verfaßten Schriftstücke. Schon in der nächsten Generation nach Karl IV. entstand in Böhmen „der Ackermann" des Johannes von Saaz, in Gedanken und Form eine der unvergänglichen deutschen Prosaschöpfungen. Das Urteil eines der geistigen Führer der neueren tschechischen Bewegung: „Ohne den Hussitismus wäre Böhmen ein deutsches Land geworden wie Schlesien und Österreich" ist keine Übertreibung, trotz des gelegentlichen Hervortretens eines tschechischen Nationalismus schon zur Zeit König Rudolfs von Habsburg. Doch soviel vom Deutschtum in Böhmen unter der Regierung Wenzels und in den Stürmen der Hussitenkriege vernichtet worden ist, die von Karl IV. eingeleitete Familienpolitik Lützelburg-Habsburg hat doch manches davon in die habsburgische Herrschaft über Böhmen hinübergerettet, die wenigstens zunächst ein Bollwerk des Deutschtums im Osten wurde.

Ähnlich wie die deutsche Kultur von Karl IV. ohne eine eigentlich nationale Zielsetzung ihrer räumlichen Ausdehnung und ihrem inneren Werte nach mittelbar gefördert wurde, so waren auch seine Erfolge in der Reichspolitik mehr Rückwirkungen seiner Festlegung wichtigster Verfassungsformen durch die Goldene Bulle und des Ansehens, der Macht und der wirtschaftlichen Hilfsmittel, die er seiner Hausmacht verdankte, als die Frucht einer tatkräftigen Reichsführung. In einer Zeit, in der der schwarze Tod, eine vom Herbst 1348 an bis 1350 sich über fast das ganze Reichsgebiet hin verbreitende pestartige Seuche, und in ihrem Gefolge die Geißlerfahrten und die Judenmorde die Gemüter in eine Aufregung gleich der der ersten Kreuzzugsepoche versetzten, in einer Zeit der großen innerpolitischen Spannungen zwischen den Städten und Fürsten, ferner sozialer Unruhen in den Städten durch die Erhebung der Zünfte wider die Geschlechterherrschaft konnte das Verdienst eines Herrschers von der konservativen Haltung Karls außerhalb seiner eigenen Territorien hauptsächlich nur in der Verhütung von Schäden, im notdürftigen Ausgleich der sich bekämpfenden

Gruppen und in der Sicherung bestehen, die schon das bloße Dasein der großen Lützelburgischen Macht im Osten und Norden den gesunden, vorwärts drängenden Kräften des Deutschordens und der Hanse bot.

Für den Landfrieden sorgte Karl in der üblichen Weise, er begünstigte den Abschluß von Landfriedensbündnissen, wie im Rheinland und in der Wetterau; den meisten von ihnen, so dem fränkischen, bairischen, schwäbischen, thüringischen, pommerschen und 1377 noch einem besonderen Landfrieden für die Ostsee trat er selbst bei. Die Bündnispolitik schloß in einem locker gefügten Staatswesen aber auch die große Gefahr in sich, daß sich einzelne Gruppen von Städten, von Reichsrittern, von Fürsten zusammentaten, weniger um den Frieden zu schirmen, als um die aus wirtschaftlichen, sozialen oder sonstigen Gründen gehaßten Gegner zu überwältigen. Deshalb hatte auch die Goldene Bulle das schon früher wiederholt erlassene Verbot von Städteeinungen wieder aufgenommen. Für die innenpolitische Lage Deutschlands in dieser Zeit ist kaum etwas bezeichnender als Karls Auseinandersetzungen mit den schwäbischen Reichsstädten. Im Jahre 1350 löste er den schwäbischen Städtebund auf, 1370 veranlaßte er selbst einen Landfriedensbund ober- und niederschwäbischer Städte, dem sich auch der geistliche und weltliche Adel anschließen sollte. Der wollte aber von einer Einung mit den Bürgern nichts wissen, sondern tat sich in eigenen Rittergesellschaften zusammen. Hauptgegner war hier der Graf Eberhard von Württemberg. Als der Landfriedenshauptmann auf offener Straße überfallen und gefangen genommen wurde, bezichtigten die Städte den Grafen Eberhard der Teilnahme an diesem Anschlag und zogen gegen ihn zu Felde. Nach einem Siege des Württembergers über die Städte bei Altheim auf der Alb wandte sich der Kaiser gegen die Rittergesellschaften und vermittelte zwischen Eberhard und den Städten. Aber schon im nächsten Jahre suchte der Kaiser von diesen für die Erwerbung der Mark Brandenburg große Summen zu erpressen und verpfändete einige von ihnen an den Herzog von Baiern. Die Städte betrachteten diese Belastung als eine Verletzung ihres guten Rechtes, vierzehn von ihnen schlossen am 4. Juni 1376 einen neuen Städtebund, den schwäbischen. Karl verhängte über sie die Reichsacht und zog mit einem Heere nach Schwaben, mußte aber unverrichteter Dinge von Ulm wieder abziehen. Nachdem die Städte am 14. Mai 1377 über Eberhards Sohn Ulrich bei Reutlingen einen glänzenden Sieg erfochten hatten, wurde die Reichsacht über sie aufgehoben. Sie erneuerten nun erst recht ihren Bund. Am 30. August 1378 erfüllte schließlich der Kaiser, allerdings unter formaler Wahrung der Reichsgewalt, die Wünsche des inzwischen durch neue Mitglieder vergrößerten Städtebundes.

Die Verwendung der den Städten abgenommenen Reichsgelder zur Vergrößerung der lützelburgischen Hausmacht scheint offensichtlich das Wort vom Erztiefvater des heiligen römischen Reiches zu bestätigen. In der Kampfzeit mit Ludwig dem Baiern hat Karl tatsächlich unbedenklich Reichsinteressen geopfert, unter anderem 1343 durch die Erhebung des Prager Bistums, das bis dahin vom Mainzer Erzbischof abhängig war, zu einem selbständigen Erzbistum. Nachdem aber Karl das unbestrittene Reichsoberhaupt geworden war, kam die Vergrößerung des lützelburgischen Besitzes doch wenigstens mittelbar dem Reiche zugute. Die Erwerbung der Mark Brandenburg für sein Haus begründete der Kaiser damit, er wolle sie beim Reiche erhalten und nicht an Dänemark oder Polen fallen lassen. Da um eben diese Zeit, am 25. Mai 1370, die über siebzig in der Hanse vereinigten Städte den Dänenkönig Waldemar IV., der die deutsche Schifffahrt und den Heringsfang der Hansen in der Ostsee lahmzulegen versuchte, nach großen kriegerischen Erfolgen zum Frieden von Stralsund und zu der Anerkennung der Rechte des deutschen Kaufmanns zu zwingen vermochten, da ferner der deutsche Ordensstaat unter Winrich von Kniprode (1351—1382) den Höhepunkt seiner stolzen Macht und seines weitausgedehnten Wirtschaftslebens erreichte, mag diese Begründung für das Eingreifen des Lützelburgers in der Mark als zu weit hergeholt erscheinen. Vergegenwärtigt man sich aber den jammervollen Zustand der Mark seit dem Tode des letzten brandenburgischen Askaniers, und erinnert man sich, daß bereits ein Menschenalter später der Ordensstaat in der Schlacht bei Tannenberg 1410 den ersten schweren, nie wieder verwundenen Stoß durch die Polen erlitt, dann wird man in dem Hinweis eines so weitsichtigen Staatsmannes auf die von Norden und Nordosten dem Reiche drohenden Gefahren doch wohl mehr sehen als die Bemäntelung eines eigensüchtigen Strebens, auch wenn dies hier wie in vielen anderen Fällen eine der Haupttriebfedern von Karls Handlungen gewesen sein dürfte. Und mag das eigentliche Verdienst des Kaisers für Brandenburg nur die Hebung der Wohlfahrt des Landes gewesen sein, Schlesien hat er jedenfalls dem Reiche dadurch gerettet, daß er es für die Luxemburger gewann.

Am 29. November 1378 starb der Kaiser in seinem Schlosse zu Prag, zweiundsechzig Jahre alt. Wenn er in seinen letzten Stunden nochmals sein Lebenswerk überblickte, dann mochten ihm seine Erfolge in den böhmischen Landen und bei seiner Reichsleitung als volle Rechtfertigung der Grundsätze erscheinen, die das Leitmotiv seiner Selbstbiographie sind, und die er seinem Sohn und Nachfolger Wenzel bei dem Abschied für immer nochmals einprägte: „Liebe deine Freunde, Gott und den Frieden, und wo du etwas mit Güte erreichen kannst, laß den Krieg! Erweise jedem Zucht und Ehre; habe den Papst und die Pfaffheit lieb und die Deutschen zu Freunden, so magst du desto besser im Frieden bleiben."

Das Reich von König Wenzel bis zu Maximilian I.

Den nächsten fünf Nachfolgern Karls IV. fehlten guter Wille und Fähigkeiten nicht in dem Maße, wie meist angenommen wird. Eingehendere Untersuchungen stellen immer wieder wenigstens in Einzelheiten vorübergehende Erfolge und Ansätze zu einem tatkräftigen Regiment fest, aber von einer Reichsleitung im eigentlichen Sinne kann nach Karl IV. bis zur Königswahl Maximilians I. im Jahre 1486 kaum noch gesprochen werden. Die verschiedenen innen- und außenpolitischen, das deutsche Geschehen bestimmenden Faktoren folgten der ihnen innewohnenden Eigengesetzlichkeit, vorwärtsgetrieben oder gehemmt durch die Leistungen oder das Versagen der partikularen Gewalten, durch die Gunst und Ungunst der Verhältnisse. Die Gliederung der deutschen Geschichte in diesem Jahrhundert nach den jeweiligen Trägern der Königs- und Kaiserkrone würde die falsche Vorstellung erwecken, als hätte es über die allerdings für das innere Leben der Nation und die weitere politische Entwicklung nicht zu unterschätzende Bedeutung des formalen Fortbestehens des Reiches eine wirkliche Reichsgeschichte gegeben. Das politische Leben der Nation spielte sich nun fast ausschließlich in dem Rahmen der Territorien ab. Es bleibt allerdings noch ein Rest von Angelegenheiten, welche die ganze Nation, zum Teil das ganze Abendland berührten: die Bemühungen um die Beseitigung des noch im letzten Regierungsjahre Karls IV. durch die Wahl zweier Päpste ausgebrochenen Schismas und um die Reform von Kirche und Reich. Schisma und Reformbewegung gehören nicht nur zeitlich, sondern auch in ihrer Erscheinungsweise noch ganz dem Mittelalter an. Trotzdem scheint uns ihre eingehende Schilderung und Würdigung mehr am Anfange der großen reformatorischen und revolutionären Bewegungen des sechzehnten Jahrhunderts, als am Ende des Mittelalters am Platze zu sein. Denn die Unruhe und die Sehnsucht, die auf den Konzilien des späteren Mittelalters und in den Reichsreformplänen offen zutage traten, sind schon die Anfänge des Lebensprozesses jener großen Bewegungen. Darum beschränken wir uns hier fast ausschließlich auf eine knappe Charakteristik der Herrscher, die von Karl IV. bis zu Maximilian I. die Krone des Reiches trugen.

König Wenzel
1378—1400 (1419)

Wenzel, Sohn Karls IV. und der Anna von Schweidnitz, war bereits zu Lebzeiten seines Vaters am 15. Juni 1363 zum König von Böhmen und am 6. Juli 1376 zum römischen König erhoben worden. Sein Vater hatte ihm eine gute Erziehung geben lassen und ihn schon früh in Böhmen und im Reiche zu den Regierungsgeschäften herangezogen. Von den Lützelburger Erblanden überwies ihm Kaiser Karl Böhmen, Schlesien, die westliche Lausitz und die Lützelburgischen Besitzungen in der Oberpfalz und in Meißen. Der gesunde natürliche Verstand, die praktische Einführung in die Regierungskunst durch einen Meister der Diplomatie und Politik, die durch eine vorzügliche Verwaltung sehr ertragreiche und dadurch auch militärisch starke Hausmacht schienen die beste Gewähr für eine glückliche Herrschaft des beim Tode seines Vaters fast achtzehnjährigen Königs Wenzel zu bieten. Er setzte sich auch sofort für die Versöhnung der Städte, Fürsten und Reichsritter und für die Anerkennung Urbans VI. als des rechtmäßigen Papstes ein, dem verschiedene mit der Rückkehr der Päpste nach Rom unzufriedene französische Kardinäle am 20. September 1378 den Kardinal Robert von Genf, einen Verwandten des französischen Königs entgegengesetzt hatten. Damit hatte das große abendländische Schisma begonnen; Urban VI. blieb in Rom, Robert von Genf residierte als Clemens VII. in Avignon.

Da aber Wenzel die in tiefen Schäden der Zeit wurzelnden Übel nicht so schnell und einfach, wie er es in seinem jugendlichen Eifer erhofft hatte, beheben konnte, gab er sich mehr und mehr seinen Neigungen hin: unmäßiger Jagdleidenschaft und Trunksucht. Er ließ im Reiche die Dinge treiben, wie sie wollten. Entgegen dem Rate seines Vaters, der es im Einvernehmen mit der Kurie immer verstanden hatte, ihm genehmen Geistlichen die einflußreichsten Kirchenstellen zu verschaffen und darum ohne weiteres die „Pfaffheit lieb haben" konnte, ließ sich Wenzel in einen verhängnisvollen Streit mit dem Erzbischof von Prag ein. Als er dessen Generalvikar Johann von Pomuk in der Moldau ertränken ließ, kochte die Volksseele. Wenzels Bruder Sigmund und sein Vetter Jobst beteiligten sich an dem Aufruhr. Durch den Familienstreit der Lützelburger, die Umtriebe des Klerus und des widersetzlichen Adels schwand der Wohlstand Böhmens schnell dahin, und Reichsrechte übte Wenzel fast nur noch aus, um sich Geld zu verschaffen. Da griffen die rheinischen Kurfürsten, unterstützt von mehreren anderen Reichsfürsten ein. Am 20. August 1400 setzten die vier rheinischen Kurfürsten Wenzel als „einen Verkümmerer, Entgliederer und Unwürdigen des heiligen Reiches" ab. Am nächsten Tage wählten die Kurerzbischöfe von Mainz, Köln und Trier den Kurfürsten und Pfalzgrafen bei Rhein Ruprecht zum Könige. Wenzel tobte zwar und verschwor sich, der Pfälzer solle so tief herab, wie er hoch auf den Stuhl gesetzt sei, er werde Ruprecht totstechen oder der müsse ihn erstechen, aber er unternahm weiter nichts, blieb in Böhmen und führte nach wie vor den Titel eines römischen Königs, der ihm ja auch nicht in einwandfrei rechtlicher Form abgesprochen war. Zu der hussitischen Bewegung nahm Wenzel längere Zeit eine unklare Stellung ein, lieferte durch sein Vorgehen die Prager Universität den Tschechen aus und wandte sich, auch dies wieder gegen den Rat seines verstorbenen Vaters, überhaupt mehr und mehr gegen die Deutschen. Am 30. Juli 1419 geriet er bei dem Sturm der Hussiten auf das Prager Rathaus in solche Aufregung, daß er vom Schlage getroffen wurde und am 16. August nach einem zweiten Schlaganfall starb.

Während König Wenzels Regierungszeit erfochten die Schweizer Eidgenossen am 9. Juli 1386 bei Sempach einen entscheidenden Sieg über Herzog Leopold von Österreich. Wenn auch die Schweizer in dieser Schlacht für sich allein um ihre Freiheit rangen, bildete ihr Kampf doch einen Teil der Auseinandersetzung der Städte mit den Fürsten. Im Jahre 1389 sahen sich der Schwäbische und der

Rheinische Städtebund nach dem „großen Städtekrieg" von 1380—1388 wegen ihrer Verluste an Mannschaft und des wirtschaftlichen Niederganges zum Nachgeben gezwungen. Im Egerer Landfrieden 1389 löste König Wenzel die Städtebünde auf. Dagegen gelang es der Hanse, ihre Großmachtstellung in den und nach den Kriegen der nordischen Staaten zu wahren, die 1397 mit der Kalmarer Union, der Vereinigung von Dänemark, Norwegen und Schweden zu einem gemeinsamen Wahlkönigtum ihren Abschluß fand. Die Union bestand bis 1448, zuerst löste sich Schweden von ihr. Ihre kriegerische Tüchtigkeit erwiesen die Hanseaten besonders auch in der Bekämpfung der Vitalienbrüder und „Likendeeler", die auf ihren Kaperfahrten, zum Teil im Bunde mit den mecklenburgischen Herzögen und dann mit den Grafen von Oldenburg und den ostfriesischen Häuptlingen, den Seehandel schwer schädigten. Nachdem 1398 der Deutsche Orden Wisby, den Hauptsitz der Vitalienbrüder, erobert hatte, besiegten die Hamburger 1401 deren Führer Klaus Störtebeker bei Helgoland und richteten ihn in Hamburg hin. Die Auflösung des Reiches in einzelne Kraftfelder kommt auch darin deutlich zum Ausdruck, daß nicht eine einzelne Machtgruppe, die Fürsten oder die Städte, die Führung an sich zu bringen vermochte. Im Südwesten, in der Schweiz, macht sich das Bürgertum und Bauerntum unabhängig, im Norden behauptet sich die Hanse, im übrigen Reich erringt das Fürstentum den Sieg.

König Ruprecht
1400—1410

Ruprecht von der Pfalz besaß nicht nur den ihm von seinen Zeitgenossen und der neueren Geschichtschreibung bestätigten redlichen Willen, das Beste für des Reiches Wohl zu tun, sondern auch die Regierungseigenschaften eines tüchtigen Territorialfürsten. Diese reichten nun freilich bei weitem nicht hin, um die Aufgaben zu bewältigen, die ihm seine Wähler in aller Form stellten: Wiederherstellung des Friedens im Reiche, Beseitigung des Schismas und die Rückgewinnung von Reichsitalien. Daß ihrem Range nach mit die ersten Fürsten des Reiches von Ruprecht, dessen Persönlichkeit und Machtverhältnisse sie genau kannten, im Ernste solches verlangten, entlastet ihn bis zu einem gewissen Grade, da der Versuch, sich an Undurchführbares zu wagen, nicht kurzsichtiger war, als ihn dem Pfälzer mit seinen ganz unzureichenden Mitteln zuzumuten. Ruprecht konnte wohl die den Kurfürsten unbequemen Rheinzölle aufheben, um den Verkehr auf der „in deutschen Landen gemeinsten und königlichsten Straße" zu erleichtern, und verschiedene Landfrieden bestätigen, aber Handel und Verkehr litten nach wie vor unter dem Unfrieden im Reiche. Der König unternahm zwar 1401—1402 einen Italienzug, kam aber wegen seines Geldmangels nicht über Brescia und Padua hinaus und mußte ruhmlos unverrichteter Dinge wieder umkehren, ebenso waren seine Bemühungen um Beilegung des Schismas erfolglos.

Zu den zwei Päpsten in Rom und Avignon wählte 1409 das Konzil von Pisa noch einen dritten Papst. Als Ruprecht am 18. Mai 1410 auf seiner Burg Landskron bei Oppenheim starb, hatte sich seit seinem Regierungsantritt im Reich und in der Kirche nichts geändert, nur die Zerrüttung war hier wie dort weiter fortgeschritten.

Kaiser Sigmund
1410—1437

Die Ergebnislosigkeit der Regierung Ruprechts ließ es den Kurfürsten nun doch wünschenswert erscheinen, wieder einen Lützelburger zu wählen. Aber die allgemeine Zerfahrenheit in Kirche und Reich führte dazu, daß schließlich drei Lützelburger den Titel eines römischen Königs trugen. Der Kurfürst Rudolf von Sachsen und Jobst von Mähren, ein Neffe Karls IV., der gemeinsam mit seinem Bruder Prokop Mähren erhalten und 1397 von Wenzel mit der ihm von Sigmund als Pfand überlassenen Kurmark Brandenburg belehnt worden war, erkannten zunächst Wenzel als rechtmäßigen König an. Sigmund, einen Sohn Karls IV. und der Elisabeth von Pommern, wählten am 20. September 1410 der Erzbischof von Trier, König Ruprechts Sohn Ludwig von der Pfalz und der Hohenzoller Burggraf Friedrich V. mit der ihm widerrechtlich von Sigmund übertragenen Kurstimme von Brandenburg. Da Erzbischof Werner von Trier den Papst Gregor XII. anerkannte, lehnten die Anhänger Johanns XXIII. Sigmund ab. Nun gab Wenzel seine Zustimmung zur Wahl Jobsts von Mähren, dem am 1. Oktober 1410 die Erzbischöfe von Mainz und Köln und nachträglich auch Rudolf von Sachsen ihre Stimme gaben. Nach der Goldenen Bulle war Jobst rechtmäßiger König, da er allein vier Kurstimmen auf sich vereinigte. Jobst starb indes schon am 18. Januar 1411. Inzwischen hatte Wenzel seine Zustimmung zur Wahl Jobsts schon wieder gereut, und er erklärte, „daz er sich noch für Römischen Künig ze halten und daz Reich auch ze haben maine". Nun gewann Sigmund Wenzel dadurch für sich, daß er ihm seine Hilfe zur Erwerbung der Kaiserkrone versprach. Nachdem noch einige Zeit darüber verhandelt worden war, ob eine Neuwahl stattzufinden habe, wurde Sigmund am 21. Juli 1411 nochmals und zwar jetzt mit fünf Stimmen erkoren. Nur der Trierer Erzbischof und der Pfalzgraf Ludwig beteiligten sich nicht an dieser Wahl.

Als Sigmund 1411 die Zügel der Regierung ergriff, stand er in seinem vierundvierzigsten Lebensjahre. Der stattliche, ritterliche Mann, ein „also schoner Herre und Fürste", daß er wiederholt, z. B. in zwei Kreuzgängen von Mainzer Kirchen, das eine Mal als einer der heiligen drei Könige, das andere Mal als König David „angemolet wart" (abgemalt), brachte eine Reihe von Eigenschaften mit, die ihn als den berufenen Erretter der Kirche und des Reiches aus dem Chaos erscheinen lassen mochten. Ein ideenreicher Kopf, wußte er durch

Redegewandtheit seine Zuhörer zu begeistern und auch Widerstrebende seinem Willen gefügig zu machen, sein fröhliches, leutseliges Wesen gewann ihm die Herzen der Bürger und Bauern, war er doch „ein so wiser, gütiger herre, das er selten ieman 'du' sach (sagte, sondern in der Regel 'ihr') er was arm oder rich". Dabei war ihm auch die einem Herrscher mitunter nötige Härte eigen. Aber es fehlte ihm das letzte Etwas, was den großen Staatsmann ausmacht. Vor allem verstand er es nicht, seine Erbländer, Ungarn, dessen König er als Gemahl der ungarischen Prinzessin Maria 1387 geworden war, die Kurmark Brandenburg, die er erst Jobst von Mähren und dann dem Burggrafen Friedrich von Nürnberg als seinem Stellvertreter überließ, Böhmen, das 1420 an ihn fiel und infolge der Mißwirtschaft Wenzels und der hussitischen Unruhen völlig zerrüttet war, zu einem Rückhalt seiner Macht auszubauen, wie es sein Vater getan. Die Berufung des Konstanzer Konzils war sein Verdienst, und auch an der Beendigung des Schismas durch das Konzil hat er tatkräftig mitgewirkt. Die Belehnung des Nürnberger Burggrafen mit der Kurmark Brandenburg während des Konzils am 18. April 1417 wurde die segensreichste Tat seiner Regierung. Sigmunds Erfolge auf dem Konzil wurden freilich allzu teuer erkauft, da er trotz redlichen Bemühens das Schicksal des Johann Hus nicht abzuwenden vermochte. Die furchtbaren Hussitenkriege, das Vordringen der polnischen Macht, die Ungarn bedrohende Türkengefahr, die vergeblichen Versuche zur Reichsreform, der Wirrwarr auf dem Basler Konzil (1431—1449), dies alles offenbarte nur allzu deutlich den Verfall der Reichsgewalt.

Auf einer Italienfahrt 1431—1433 empfing Sigmund zu Mailand die lombardische Königskrone und am 31. Mai 1433 in Rom die Kaiserkrone. Die Auflösung des Basler Konzils wußte er zu verhindern; aber die Schwierigkeiten, die ihn nach seiner Rückkehr in die Heimat erwarteten, ließen seine Anteilnahme an Reichs- und Kirchenreform mehr und mehr erlahmen. Nachdem er endlich 1346 zu Iglau von den Landständen als Erbherr Böhmens anerkannt worden war, widmete er sich besonders seinen böhmischen Angelegenheiten, jedoch mit so unglücklicher Hand, daß ein neuer Aufstand der Böhmen drohte. Der Kaiser entwich nach Znaim und befahl, seine zweite Gattin, Barbara von Cilli, zu verhaften, die sich mit den Empörern eingelassen hatte. Schon seit Jahren an der Gicht leidend, fühlte sich Sigmund dem Tode nahe. Da er keinen männlichen Erben hinterließ, bestimmte er die ungarischen und böhmischen Landherren seines Gefolges, seinen Schwiegersohn Albrecht von Österreich als König von Böhmen und Ungarn anzuerkennen. Am 9. Dezember 1437, seinem Sterbetage, hieß Sigmund, wie Windecke berichtet, „sich anlegen als einen römischen Kaiser mit seiner Albe, mit dem Rocke eines Epistelers (Subdiakons, der beim Hochamt die Epistel singt) und dem Rock eines Evangeliers (Diakons), mit der Chorkappe und der Kaiserkrone und hörte eine Messe. Nach der Messe hieß er sich wiederum ausziehen und sprach: ‚Nun tut mich an, als man mich begraben will'. Das tat man. Also saß er auf einem Stuhl und verschied." Er befahl auch, daß man „ihn stehen lasse, zwei oder drei Tage, daß männiglich sehe, aller Welt Herr wäre tot und gestorben."

König Albrecht II.

1438—1439

Fast hundert Jahre hatten Lützelburger die Krone des Reiches getragen. Nun, da mit Sigmund der letzte der Enkel Kaiser Heinrichs VII. ins Grab gesenkt wurde, trat der von Karl IV. vorgesehene Erbvertrag in Kraft: die Habsburger beerbten die Lützelburger. Am 18. März 1438 wählten die Kurfürsten zu Frankfurt einstimmig Albrecht II. von Österreich. Fest hatte er allerdings nur Ober- und Niederösterreich in der Hand. In Böhmen suchten die Habsburg- und deutschfeindlichen Landstände den Polenprinzen Kasimir auf den Thron ihres Landes zu erheben, während die Katholiken und die gemäßigten Kalixtiner Albrecht huldigten und ihm die Treue hielten. Noch ehe der letzte Widerstand in Böhmen gebrochen war, wandte sich der König nach Ungarn, um dort die unter Murad II. im April 1439 vorstoßenden Türken abzuwehren. In den sumpfigen Donau- und Theißniederungen befiel den zweiundvierzigjährigen König die Ruhr, der er am 27. Oktober 1439 erlag. Der frühe Tod des tüchtigen Herrschers bedeutete einen schweren Verlust für das Haus Habsburg und für das Reich. Anders als sein Vorgänger, von dem sich der starke, große Habsburger mit wulstigen Lippen und vorstehenden Zähnen schon äußerlich unterschied, war er mehr ein Mann der Tat als der Rede und ausschweifenden Planens. Als einziger der deutschen Könige hat er schon vor der Wahl Forderungen der Kurfürsten abgelehnt und selbst Bedingungen für die Annahme des Königtums gestellt. Sein praktischer und durchgreifender Entwurf zur Reichsreform von 1438 scheiterte zwar an dem Widerspruch der Städte, aber da er seit Ludwig dem Baiern wieder als erster entschiedener Freund der Städte auftrat, hätte er wohl bei längerer Dauer seiner Regierung ihre Bedenken überwunden. Während die von den Kurfürsten vorgeschlagene Landfriedensordnung noch wie alle Friedensgebote seit Kaiser Friedrich I. das Fehderecht anerkannte, wenn nur die Fehde in rechter Form drei Tage vorher angesagt würde, verbot Albrechts Landfriedensgebot rundweg „alle vehde" und sah für die Beilegung von Streitigkeiten jedwelcher Art den friedlichen Rechtsweg vor. Nur ein von den Vorurteilen seiner Zeit freier Herrscher konnte daran denken, sich grundsätzlich gegen das seit Jahrhunderten tief eingefressene Übel des Faustrechtes zu wenden.

König Albrecht II. hinterließ keinen Erben, der das von ihm so tatkräftig begonnene Werk hätte fortsetzen können, sein Sohn Ladislaus Postumus wurde erst am 22. Februar 1440 geboren.

Kaiser Friedrich III.

1440—1493

Das Oberhaupt des habsburgischen Hauses war nun der vierundzwanzigjährige Herzog Friedrich V. In die Herrschaft von Oberösterreich, Steiermark, Kärnten und Krain mußte sich Friedrich allerdings mit seinem um drei Jahre jüngeren Bruder Albrecht VI. teilen, doch hatte er die Vormundschaft über den Herzog Sigmund von Tirol und Vorderösterreich und galt wenigstens als Anwärter auf die Vormundschaft für den zu erwartenden Thronerben von Böhmen und Ungarn. Bei der Vorwahl erhielt Herzog Friedrich fünf Stimmen, bei der förmlichen Wahl am 2. Februar 1440 folgten noch die des Kurfürsten Friedrich von Brandenburg und des Stellvertreters der böhmischen Stände als der derzeitigen Inhaber der Kur ihres Landes. Nach längerem Bedenken nahm Herzog Friedrich am 22. März die Wahl an, vor allem, weil er hoffte, auf diese Weise die Rechte des Ladislaus Postumus besser wahren zu können, nachdem inzwischen die Ungarn aus Furcht vor den Türken den fünfzehnjährigen Polenkönig Wladislaw auch zu ihrem Könige erkoren hatten.

So war Friedrich III. fast wider seinen Willen römischer König geworden. Obwohl von fest in sich geschlossenem Wesen, schien bei ihm doch alles in einem seltsamen Gegensatz zueinander zu stehen. Seine Mutter, Cimburga von Masowien, die mit bloßer Faust Nägel durch ein Brett zu schlagen vermochte, hatte ihm einen hünenhaften, kräftigen Körper geschenkt, dabei war Friedrich von Jugend auf friedliebend und sittenrein, betete gern und viel; ein starker Esser, namentlich von frischem Obst, trank er nur ausnahmsweise Wein. Mit zunehmendem Alter wurde er immer schrulliger, trieb Astronomie, Astrologie, Chemie und Chiromantie, gab Unsummen für Gemmen, Perlen und Edelsteine aus; seiner Umgebung wurde er dadurch unheimlich, daß er vor allem des Nachts sich mit seinen Liebhabereien beschäftigte und die Regierungsgeschäfte erledigte, als wären sie das Tageslicht scheuende Zauberkünste. Er brachte es von allen deutschen Kaisern auf die höchste Anzahl von Regierungsjahren, man möchte fast sagen, ohne eigentlich zu regieren.

Mit der Kurie schloß er 1448 ein Konkordat, in dem alle Wünsche der Kirche erfüllt wurden. Als um 1450 der Städtekrieg wieder losbrach, Albrecht Achilles von Brandenburg 1449—1453 Nürnberg bekriegte, in Sachsen die Brüder Friedrich der Sanftmütige und Wilhelm 1446—1450 sich bekämpften, betrachtete Friedrich III. die Landfriedens- und Reformbestrebungen der Kurfürsten lediglich als Eingriffe in seine Rechte. Sein Ansehen schädigten auch die Gefangennahme seiner Söhne durch Ritter Kunz von Kaufungen im Jahre 1455 und die Niederlage der vom Kaiser mit einer Exekution gegen die Wittelsbacher beauftragten Fürsten: am 30. Juni 1462 besiegte Pfalzgraf Friedrich den Grafen Ulrich von Württemberg bei Seckenheim und am 19. Juli desselben Jahres Herzog Ludwig von Baiern-Landshut den Markgrafen Albrecht Achilles bei Giengen. So tauchte von 1454 an wiederholt die Forderung auf, Friedrich abzusetzen oder ihm seine Titel zu lassen, aber zur Führung der Reichsgeschäfte ihm einen Koadjutor beizugeben.

Vielleicht steckte aber doch mehr hinter der „kaiserlichen Schlafmütze", als die meisten Geschichtschreiber ihr zutrauen, vielleicht ist Joseph Grünpecks Lob wenigstens zum Teil nicht bloß höfische Schönfärberei eines unerhörten Schlendrians, sondern die Anerkennung einer oft fast überfeinen, dem Hause Habsburg auch in späteren Jahrhunderten nicht ganz unvertrauten Regierungskunst: „Sah der Kaiser einzelne Parteien entzweit und in verderbliche Kriege verwickelt, dann machte er dem nicht dadurch ein Ende, daß er offen oder geheim sein Ansehen in die Waagschale warf, . . . sondern hat, stets neuen Stoff zur Zwietracht ausstreuend, die Fäden des Hasses und der Feindschaft um die Gegner aufs feinste geschlungen, so daß die also unentrinnbar in die Kriegsfurie miteinander Verstrickten sich ohne den Kaiser keinen Rat und keine Hilfe wußten. Wandten sie sich dann in höchster Not an ihn, marterte er sie durch unendliches Wartenlassen, — am Hofe eines großen Fürsten, wo alles der Reihe nach geht, eine höchst einfache Sache —, ließ sie sich bei Hofbeamten die Beine ablaufen und um einige tausend Goldgulden eine Audienz erkaufen, in der sie nicht einmal eines günstigen Bescheides sicher waren." Ein Mann, der in fast aussichtsloser Lage unter größtem Pompaufwand durch Italien zur Kaiserkrönung zog und als letzter der deutschen Herrscher am 19. März 1452 in Rom vom Papste gekrönt wurde, ein Mann, der um seine Würde aller Welt zu zeigen, Kaiserkrone und Kaisermantel mit Perlen, geschnittenen Steinen und Goldstickereien verschwenderisch ausstattete, wird kaum aus bloßer Gutmütigkeit denen, die ihn zum Einschreiten gegen die zahlreich über ihn umlaufenden Gerüchte und Schmähgedichte aufforderten, Bemerkungen entgegengehalten haben wie: Man könne nicht jeder Hure Kind erziehen und bessern, die Natur habe die Zungen gefreit, man dürfe sie nicht mit Gesetzen festbinden. Sicher hat Friedrich III. als Phlegmatiker nur allzuviel einfach dahintreiben lassen und als schrullenhafter Mensch die meiste Zeit seinen persönlichen Liebhabereien gewidmet. Aber seine scheinbare Gutmütigkeit und Schwäche waren zum guten Teil der Ausfluß seiner Überzeugung, daß die Zukunft dem gehöre, der ein großes Ziel unverrückbar im Auge behalten und warten, warten könne. Wozu sich selber rächen, sagte er, wenn die Vergeltung die Wirtschafterin der Zeit ist, die jede Schandtat straft und jede Tugend belohnt? Der Mann, der durch Jahrzehnte seines Thrones und seiner Erblande nicht sicher war, ließ unentwegt an seinen Kleinodien und Bauten die Buchstaben a e i o u anbringen, deren Sinn nach seiner eigenen Erklärung war: „Austriae est imperare orbi universo" oder „alles Erdreich ist Österreich untertan". Und wirklich hatte sich dem Greise alles wie die Aufeinanderfolge der Vokale gefügt, als er achtundsiebzigjährig am

19. August 1493 die Augen schloß: die österreichischen Lande und Tirol waren vereinigt, die Erwerbung von Böhmen und Ungarn stand unmittelbar bevor, und sein Sohn Maximilian, seit dem 9. April 1486 römischer König, der Erbe aller dieser Länder, hatte als Gemahl der Maria von Burgund die Niederlande und die Freigrafschaft Burgund dem Hause Habsburg gewonnen und in einem siegreichen Feldzug gegen Frankreich behauptet. Die Zeit des Wartens war für das Haus Österreich vorbei, und mit den Habsburgern trat das Reich, freilich nicht in allem zu seinem Segen, wiederum in das große Weltgeschehen ein.

Rückblick

Die im Königtum und Kaisertum verkörperte Zentralgewalt des mittelalterlichen Reiches der Deutschen hat sich in ihrem inneren Gefüge mit den jeweils den Zeitcharakter bestimmenden Faktoren wiederholt gewandelt. Der auf der bäuerlich-aristokratischen Wirtschafts- und Gesellschaftsform ruhenden Herrschaft der sächsischen und salischen Kaiser folgte das auf der Ministerialität aufgebaute, vom Geiste des Rittertums getragene imperialistische Kaisertum der Hohenstaufen. Nach dessen Zusammenbruch versuchten die deutschen Könige von der Erhebung Rudolf von Habsburgs an bis zum Tode Ludwigs des Baiern, auf der Grundlage des Landesfürstentums eine neue starke Zentralgewalt zu errichten. Unter Ausnutzung der Rechte, die dem Träger der Krone noch verblieben waren, gingen sie darauf aus, ihre Hausmacht als Territorialfürsten so zu erweitern, daß sie das Reich wieder wirklich beherrschen könnten. Da aber auf diese Weise nicht nur im Reiche keine dauernde Ordnung zustande kam, sondern auch die von dem jeweiligen Könige mühsam geschaffene Territorialherrschaft mit seinem Tod aufs schwerste gefährdet wurde, verzichtete Karl IV. grundsätzlich auf die Wiederherstellung des Königtums als Zentralgewalt im eigentlichen Sinne und besiegelte mit der Goldenen Bulle den föderativen Charakter des Reiches, dessen Einheit durch das Königtum, die Kurfürsten und die Reichsstände mehr äußerlich festgehalten als organisch zusammengefaßt wurde.

Die politische Gesamtleistung der mittelalterlichen deutschen Staatsführung übertrifft die jeden anderen Reiches bei weitem. Während es die Germanen Skandinaviens überhaupt nicht zu einem einheitlichen Staate und Volkstum brachten, während die Angelsachsen und dann die Normannen sich im Mittelalter nicht einmal ganz die Hälfte der britischen Inseln zu unterwerfen vermochten, während die französische Krone von der Mitte des zwölften bis zur Mitte des fünfzehnten Jahrhunderts meist über kaum zwei Drittel und zeitweilig nicht über die Hälfte Frankreichs gebot, waren die in einem Staate zum deutschen Volke vereinigten Stämme Mitteleuropas von der Mitte des zehnten bis gegen Ende des zwölften Jahrhunderts die unbestrittene politische Vormacht des Abendlandes. Wie sehr das Reich der Deutschen noch in der Folgezeit trotz seiner immer mehr erlahmenden Handlungsfähigkeit nach außen durch seine riesige Ausdehnung, seine Volkskraft und ruhmreiche Vergangenheit den übrigen Staaten überlegen war, läßt schon die eine Tatsache erkennen, daß selbst die Könige nach dem Interregnum trotz der innerdeutschen Kämpfe die französischen Ausdehnungsbestrebungen im Westen und in Oberitalien bis auf verhältnismäßig geringfügige Verluste im französischen Sprachgebiet abwehren konnten. In dem Jahrhundert schlimmster innerer Zerrüttung von 1380—1480 wurde wenigstens verhütet, daß die verschiedenen provinziellen Bündnisse und Eidgenossenschaften mit Ausnahme der schweizerischen zu völlig selbständigen, vom Reiche losgelösten Staatenbildungen führten.

Eine seiner inneren Kraft völlig gemäße Reichsorganisation besaß das deutsche Volk allerdings nur in der ersten Epoche seines Königtums bis zum Investiturstreit. In der staufischen Zeit wurden zwar abermals Erfolge erzielt, die machtpolitisch sogar über die der sächsischen und salischen Kaiser hinausgingen; aber infolge des Erstarkens der partikularen Gewalten während des Investiturstreites war nun die Grundlage des Kaisertums nicht mehr so festgefügt wie ehedem. So mußten die Katastrophen des staufischen Herrscherhauses zugleich für die Reichsgewalt verhängnisvoll werden. In dem Maße, in dem sie geschwächt wurde, erstarkten die Landesfürsten. Die innere Kraft des deutschen Volkes aber minderte sich in den Jahrhunderten nicht, in denen die Reichsgewalt Schritt um Schritt von den partikularen Gewalten zurückgedrängt wurde, sondern nahm im Gegenteil stetig zu, nicht zuletzt durch das landesfürstliche Regiment. Der Aufschwung des wirtschaftlichen Lebens förderte das Anwachsen der Bevölkerung, die nun in immer größerem Umfange auch an der fortschreitenden Kulturentwicklung teilhatte. Die Ostkolonisierung, diese riesige Erweiterung des deutschen Lebensraumes und die Ausbreitung der deutschen Kultur noch weit über die Ostgrenzen des Reiches hinaus, ist der untrügliche Gradmesser der aufsteigenden deutschen Volkskraft, freilich auch des immer ungünstiger sich gestaltenden Verhältnisses zwischen ihr und den politischen Zuständen. Kampflos gab das Königtum in der östlichen Gefahrenzone den von den früheren Kaisern, vom deutschen Ritter, Bürger und Bauern gewonnenen und mit allem Reichtum deutscher Kultur ausgestatteten Boden preis. Während die kleineren Staaten ringsum mit allen Mitteln sich auf Kosten des Reiches zu vergrößern trachteten, berührten den Träger der Reichskrone und die Nation derartige Verluste nur noch wenig. Das Reich hatte ja immer noch eine so große Ausdehnung, und die Leistungen auf allen Gebieten der Wirtschaft und der Kultur gaben ihm im In- und Auslande ein solches Ansehen, daß selbst gröbste Widersprüche zwischen Schein und Sein fast nicht empfunden wurden. Als die deutschen Herrscher ihre Macht in Rom und Italien verloren hatten, nannten sie sich nicht mehr deutsche, sondern römische Könige; als der Däne seine Grenzen bis an Lübeck heranschob, der Pole Stück um Stück vom Deutschordensland an sich riß, da wurden auf den Konzilien des Abendlandes Dänen, Schweden, Polen und Ungarn noch gar nicht als eigene Nationen gerechnet, sondern galten als Bestandteile der natio Germanica. Aber auch den Territorialfürsten und den

Städten fehlte, wo es nicht um Erwerbungen und die Verwaltung ihres eigenen Bezirkes ging, meist politische Weitsicht und Großzügigkeit, nur bei einzelnen Anlässen und auf kurze Dauer setzten sie sich mit ausreichenden Mitteln für gemeinsame Ziele ein.

Im früheren Mittelalter und zum Teil noch im Hochmittelalter hatte sich die schöpferische Kraft des deutschen Volkes vor allem in der politischen Leistung bewährt, im späteren Mittelalter überwog bei weitem die kulturelle. Die gute Verwaltung der meisten bedeutenderen Landesfürstentümer, der Reichtum der großen Städte, der Unternehmungsgeist des Kaufmanns, die Kunst des Handwerkers, der Fleiß des Bauern, die Wehrhaftigkeit des deutschen Mannes erfüllten alle Stände mit edlem Selbstbewußtsein. Der Fremde, der Deutschlands reiche Fluren, blühende Städte, stolze Schlösser, hochragende Münster sah, rief bewundernd aus: „An Größe und Macht übertrifft die deutsche Nation jede andere, und es gibt wahrhaftig kein Volk, dem Gott so viele Gunst erwies wie dem deutschen“.

Anmerkungen

Die genaueren bibliographischen Angaben zu den einzelnen Büchern siehe „Verzeichnis der angeführten Bücher" (S. 414 ff.).

Abkürzungen:

MA. = Mittelalter; ma. = mittelalterlich; Gesch. d. d. Vorz. = Die Geschichtschreiber der deutschen Vorzeit in deutscher Bearbeitung; K. A. = Deutscher Kulturatlas; Mon. Germ. = Monumenta Germaniae historica, mit den Abteilungen: Const. = Constitutiones et Acta publica (Legum Sectio 4) Quartausgabe; Epp. Pont. = Epistolae Pontificum, Quartausgabe; Epp. sel. = Epistolae selectae, Oktavausgabe; SS. = Scriptores, Folioausgabe; SS. in us. schol. = Scriptores in usum scholarum, Oktavausgabe.

Erstes Buch

Der Übergang vom bäuerlich=aristokratischen Zeitalter zum Hochmittelalter

Erstes Kapitel

Die Auflockerung der geistigen Einheit

S. 3 Über die **Vielgestaltigkeit und Gegensätzlichkeit** der ma. Weltanschauung und des ma. Lebens überhaupt s. Bühler „Kultur des MA." S. 38—65; Hashagen „Risse im MA."; Schaller „Die Weltanschauung des MA." S. 15 f. und 47 f.; für das spätere MA. Huizinga „Herbst des MA." 1. Kap. „Die Spannung des Lebens".

S. 3 Arm (pauper) werden in den ma. Quellen vielfach alle Angehörigen der handarbeitenden Stände, namentlich die Bauern genannt; oft hat es einfach die Bedeutung von Untertanen.

S. 4 Nach Haller „Das Papsttum" Bd. I hätten erst die Germanen den religiösen Glauben an die göttliche Berufung des Papsttums zur Herrschaft über die christliche Kirche geschaffen. Wenn wir dieser These auch nicht ganz zustimmen, so geht aus den Darlegungen Hallers doch einwandfrei hervor, daß die Germanen die Ausbildung des **päpstlichen Primates** in seiner ma. Form entscheidend beeinflußt haben. — Über das **Bildungswesen** in den **angelsächsischen und karolingischen Klöstern** s. Wattenbach „Deutschlands Geschichtsquellen" Bd. I, noch eingehender Manitius „Geschichte der lateinischen Literatur des MA." Bd. I; ferner Bühler „Klosterleben im deutschen MA.", „Das Frankenreich", „Das deutsche Geistesleben im MA." — Das deutsche Hauptwerk über die **Cluniazenser** ist Sackur „Die Cluniazenser in ihrer kirchlichen und allgemeingeschichtlichen Wirksamkeit bis zur Mitte des 11. Jahrhunderts". Auch die größeren kirchengeschichtlichen Gesamtdarstellungen gehen ausführlich auf die Cluniazenser ein, so Hauck „Kirchengeschichte Deutschlands" Bd. III S. 460 ff. Das innere Klosterleben der Cluniazenser behandelt Tomek „Studien zur Reform der deutschen Klöster im 11. Jahrhundert" S. 184—285.

S. 5 Über **Benedikt von Aniane**, „die erste große Mönchsnatur aus germanischem Stamm", s. Naberhaus „Benedikt von Aniane". — Zur Einstellung des für das **geistige Leben Clunys** grundlegenden Abtes Odo (gest. 943) s. dessen „Occupatio" III Vers 1125 ff., wo mit den bei asketischen Schriftstellern von jeher üblichen Gründen gegen die „eitle" Wissenschaft polemisiert wird. Bezeichnend ist auch wie z. B. der bairische Mönch Otloh von einer positiven Einstellung zur Wissenschaft abkam und infolge des reformerischen Einflusses „sich zur Partei der Wissen=

schaftsfeinde schlug", s. Bischoff „Literarisches und künstlerisches Leben in St. Emmeram" S. 121. Selbstverständlich wollen wir Odo und die nachfolgenden großen Äbte von Cluny nicht als ungebildet bezeichnen, sie und verschiedene ihrer Mönche pflegten auch mit großem Eifer die monastische Schriftstellerei, aber sie alle erstrebten Erbauung und nicht wissenschaftliche Erkenntnisse, dafür haben sie auf manch anderem Gebiet, namentlich im Bauwesen, Großes geleistet, vgl. Hessel „Odo von Cluny und das französische Kulturproblem im früheren MA.", dort auch reiche Literaturangaben.

S. 6 Über die **Durchbrechung des Eigenklostersystems durch die Cluniazenser** s. Gasser „Entstehung und Ausbildung der Landeshoheit im Gebiet der Schweizerischen Eidgenossenschaft" S. 97 f., wonach zwar seit der zweiten Hälfte des 11. Jahrhunderts infolge der Cluniazenser ein Widerstreben gegen das Eigenkirchenrecht einsetzt, die Kirchen aber nach wie vor Schutz brauchen. So kommt es schließlich im großen ganzen zu dem Kompromiß, daß die Kirchen und Klöster den Vögten für den Schutz wichtige Herrschaftsrechte (Militär- und Steuerhoheit und einen Teil der Gerichtshoheit) über die Klosteruntertanen lassen, die Kirchen selbst aber die Oberherrschaft über das Gotteshaus und das Verfügungsrecht über die Kirchengüter erhalten. — Die **Hirsauer Reformbewegung** ist „in der deutschen Klostergeschichte nur eine Episode gewesen. Kaum drei Jahrzehnte hat sie ihre Herrschaft geübt" (Brackmann „Die Anfänge von Hirsau" S. 215). Besonders schnell versackte der Vorstoß Hirsaus in den altbairischen Gebieten und Klöstern, vgl. Bauerreiß „St. Georgen im Schwarzwald, ein Reformmittelpunkt Südostdeutschlands". — Die These von der **politischen Gegnerschaft der Cluniazenser gegen das Kaisertum** hat besonders Brackmann in dem Aufsatz „Die politische Wirkung der kluniazensischen Bewegung" neu zu begründen versucht. Die Dinge liegen in ihren Einzelheiten jedoch viel verwickelter, als es bei Brackmann erscheint. Wenn z. B. Abt Hugo in enger Verbindung mit den Männern der lothringischen Opposition und Reform stand, so war er darum doch kein Gegner Kaiser Heinrichs III. Die scheinbare „Kompliziertheit" Abt Hugos hat weniger in seiner Persönlichkeit als in der Kompliziertheit der Verhältnisse seinen Grund.

S. 7 Über die **religiöse Volksbewegung** unter der Führung Hirsauer Mönche berichtet z. B. die Chronik Bernolds (Mon. Germ. SS. V S. 453 zum Jahr 1091): „Nicht nur viele Männer sondern auch zahllose Frauen begannen in jener Zeit ein (religiöses) Leben, um im Gehorsam gegen Geistliche oder Mönche in Gemeinschaft zu leben und ihnen wie Mägde voll Demut den Zoll täglichen Dankes zu entrichten. Auch in den Dörfern entsagten viele Töchter von Bauern der Ehe und der Welt und lebten irgend einem Priester in Gehorsam ergeben, und selbst die Eheleute ließen nicht davon ab, geistlich zu leben und den Ordensleuten in äußerster Demut zu gehorchen. Vor allem blühte in Alemannien ein solcher Eifer in musterhafter Weise. Hier ergaben sich selbst viele Dörfer ganz und gar dem geistlichen Leben und wetteiferten, sich gegenseitig in heiligen Sitten zu übertreffen."

S. 7 f. Über die **durch das Eigenkirchenrecht hervorgerufenen Mißstände** s. Grupp „Kulturgeschichte des MA." III S. 144; Schnürer „Kirche und Kultur im MA." II S. 218. Die Zustände in Italien zeigt die auf eingehenden Quellenstudien beruhende Arbeit von Dresdner „Kultur und Sittengeschichte der italienischen Geistlichkeit im 10. und 11. Jahrhundert". Die Kenntnis der üblen italienischen Verhältnisse ist besonders für das Verständnis des leidenschaftlichen Vorgehens der Reformer, besonders eines Gregors VII., unerläßlich.

S. 8 Die ursprüngliche Bedeutung des Wortes **Nikolaiten** ist umstritten. Von der Mitte des 11. Jahrhunderts an werden im Kampf um das Zölibat die verheirateten Priester als Nikolaiten bezeichnet.

S. 9 Über die Zurückdrängung des **cluniazensischen Einflusses durch Rom** s. Brackmann „Die politische Wirkung der kluniazensischen Bewegung". — Über den **Auctor Gallicus** s. Paul Schmid „Der Begriff der kanonischen Wahl in den Anfängen des Investiturstreites" S. 99 ff., dort auch Wazo und andere zitiert. Man hat sich indes davor zu hüten, Äußerungen wie die Wazos als grundsätzliche Gegnerschaft gegen das Kaisertum aufzufassen. Über die politische Tragweite ihrer religiösen Auffassung waren sich Männer wie Wazo und Halinard noch im Unklaren, weshalb sie dem Kaiser auch wiederholt ihre Treue versicherten, und Heinrich III. diesen Männern sein Vertrauen schenkte. Wenn Wazo die Weihe des Kaisers als eine zum Tod bezeichnet, so sollte das nur heißen, der Kaiser wird für Vergängliches, der Bischof für Ewiges geweiht. — Der Ausspruch des **Petrus Damiani** in „Disceptatio synodalis" Mon. Germ. Libelli de Lite I. S. 93. —

S. 10 Über die hier angeführten **Rechtssymbole** s. Schröder-Künßberg „Lehrbuch der deutschen Rechtsgeschichte" S. 66 und 175; für die **Uebertragung des Lehensbegriffes auf das Kirchengut** s. Schnürer „Kirche und Kultur im MA." Bd. II S. 23.

S. 11 Als **bloße Reform** suchen den Investiturstreit nachzuweisen namentlich Fliche „La réforme Grégorienne" und **Voosen** „Papauté et Pouvoir civil à l'Epoque de Grégoire VII." vgl.

dazu die für die Frage ob Reform oder Revolution überhaupt aufschlußreiche Besprechung des Buches von Voosen durch Paul Schmid in der Historischen Zeitschrift Bd. 137 S. 539. Im allgemeinen betonen die konfessionell katholischen Autoren namentlich der romanischen Länder einseitig den religiösen Charakter des Investiturstreites und verkennen dessen revolutionären Charakter, während die meisten deutschen Forscher, so auch Brackmann, Hauck und Mirbt (nicht aber Paul Schmid) zu sehr alles politisch sehen. Da die von Gregor VII. und seinen Nachfolgern erstrebten religiös-kirchlichen Ziele nur zu einem geringen Teile erreicht wurden, die politischen Folgen des Investiturstreites aber für Deutschland und mittelbar für das ganze Abendland von größter Bedeutung wurden, hat eine allgemeine deutsche Geschichte wie die unsere trotz Anerkennung des religiösen Ausgangspunktes des Investiturstreites den Nachdruck auf die allgemeinen und insbesondere auf die politischen Auswirkungen zu legen. — Das Zitat von **Keutgen** ist seinem Werke „Der deutsche Staat des MA." S. VII entnommen. — Zum **germanisch-deutschen Schenkungsbegriff** s. M. Pappenheim „Über die Rechtsnatur der germanischen Schenkung"; dort S. 71: „Die Lohnschuld des Beschenkten entsteht durch die Annahme der Gabe als deren gesetzliche Folge", und S. 77: „Erfüllt der Empfänger diese Schuld nicht, so ist der Geber berechtigt, die Gabe zu widerrufen." — Über das „**Ottonische System**" s. Bühler „Deutsche Geschichte" I S. 276, in seinen Wurzeln geht es auf die Spätantike und das Frankenreich unter den Merowingern und dann unter den Karolingern zurück.

S. 12 Über die Rolle des Schlagwortes „**kanonische Wahl**" im Investiturstreit s. die eindringende Studie von Paul Schmid „Der Begriff der kanonischen Wahl in den Anfängen des Investiturstreites", daraus S. 198 auch das Zitat: „nicht frei, sondern römisch sollten die Wahlen werden". Über die Einstellung der germanischen und der romanischen Welt zur Wahl s. Schmid a. a. O. S. 190. Scharnagl macht zwar (Zeitschrift der Savigny-Stiftung, Band 47, Kanon. Abteilung Band 16, S. 443 ff.) im Gegensatz zu Schmid darauf aufmerksam, daß auch unter Heinrich II. und Heinrich III. in Deutschland der Anspruch auf die kanonische Wahl durch Klerus und Volk nicht ganz aufgegeben war, aber auch aus Scharnagls Ausführungen geht hervor, daß die Ernennung durch den König tatsächlich das Entscheidende war. — Über den Kreis der Wahlberechtigten bis zum Wormser Konkordat unterrichtet gut Tenckhoff „Der Wahlkreis bei den westfälischen Bischofswahlen bis zum Wormser Konkordat". Von den Geistlichen hatten aktives Wahlrecht: die Domgeistlichkeit, die Kollegiatkapitel und einzelne Abteien, wobei das Wahlrecht mehr und mehr auf die Würdenträger dieser Körperschaften, auf das „Presbyterium des Bischofs", überging; von den Laien: der Stiftsvogt, die Ministerialen des Bistums und die Bürger der Bischofsstadt. Ausschlaggebend aber war meistens der Wille des Königs. — Nach Oswald „Das alte Passauer Domkapitel" S. 70 wurde 1215 vom 4. Laterankonzil das ausschließliche Wahlrecht der Domkapitel festgelegt. Dieses Kirchengesetz bestätigten Otto IV. und Friedrich II., doch hielt sich die Praxis keineswegs dauernd daran. — Man könnte bei der **Forchheimer Wahl** allerdings zunächst an ein Wiederaufleben des altgermanischen Wahlprinzips denken. Aber 1. war dies nicht so demokratisch, wie Tacitus es hinstellt (vgl. Bühler „Deutsche Geschichte" I S. 124—127) und 2. muß das Festhalten an der Herrscherfamilie doch im germanischen Wesen und in germanischen Einrichtungen begründet gewesen sein, sonst könnte nicht bei allen Stämmen, sobald die Entwicklung über die einfachsten Zustände staatlichen Lebens fortgeschritten war, Erbkönigtum und Erbherzogtum die Regel gewesen sein. Jedenfalls geht der Anspruch des Papsttums auf die Bestätigung der deutschen Königswahl auf die Wahl Rudolfs von Rheinfelden zurück, vgl. Gebhardts Handbuch der deutschen Geschichte I. S. 383.

S. 13 **Ueber die schädlichen Folgen** des Kampfes der Päpste mit den Kaisern **für die Kirche** s. auch Wenck „Die römischen Päpste zwischen Alexander III. und Innozenz III. ..." S. 415; Bühler „Die Hohenstaufen" S. 35 ff.; besonders Brackmann „Die Ursachen der geistigen und politischen Wandlungen Europas im 11. und 12. Jahrhundert". — Zur Geschichte der **Tiara** s. Sachsse „Tiara und Mitra der Päpste". Als weltliches Hoheitszeichen zuerst von Nikolaus II. 1059 verwandt, gab ihr Bonifaz VIII. nach 1300 zum Zeichen seiner Doppelherrschaft in geistlichen und weltlichen Dingen zwei Kronen, die dritte Krone, erstmals nachweisbar 1314, fügte Clemens V. aus nicht mehr bekanntem Anlaß hinzu. Im Laufe der Zeit entstanden zahlreiche symbolische Deutungen der Tiara.

S. 14 Ein lebensvolles Bild **Gottschalks** hat aus dem zum Teil schwer zu deutenden Quellenmaterial von Schubert gestaltet in „Die Geschichte des deutschen Glaubens" S. 48 ff. — Eine gute Einführung in Wesen und Philosophie des **Johannes Eriugena** bietet Dempf „Metaphysik des MA." S. 32 ff. (dort S. 33 das von uns im Text angeführte Zitat); vgl. auch (mit Leseproben aus Eriugenas Werken) Schaller „Die Weltanschauung des MA.".

S. 15 Die **Streitliteratur des Investiturstreites** ist gesammelt in den Mon. Germ. Libelli de Lite, einiges daraus übersetzt von Bühler „Sächsische und Salische Kaiser" S. 323—334;

das Hauptwerk über die damalige Publizistik ist Mirbt „Die Publizistik im Zeitalter Gregors VII." Daß auch auf diesem viel behandelten Gebiet die Spezialforschung immer noch wertvolle neue Ergebnisse von allgemeiner Bedeutung zu erzielen vermag, zeigt z. B. Schlechte „Erzbischof Bruno von Trier", wo der Nachweis erbracht wird, daß die Stellungnahme einzelner Kirchenfürsten von der Überlieferung ihres Bistums her mitbestimmt war.

S. 16 f. Über die **italienische und französische Aufklärungsphilosophie** im 11. Jahrhundert s. Dempf „Metaphysik des MA." S. 51 ff. — Über die Metaphysik **Gerhards von York,** bereits eine ausgesprochene Metaphysik des Willens, s. Dempf „Metaphysik des MA." S. 54 ff.; über die „**anselmische** Metaphysik des absoluten Geistes" ebenda S. 56 ff.

S.. 17 f. Von einem **Verrat der Christen im Heiligen Lande** berichtet z. B. schon König Konrad III. in einem Brief vom Jahre 1147 (Jaffé I. S. 225 Nr. 144). Die Christen in Jerusalem hatten dem deutschen König absichtlich eine Stelle zum Angriff angegeben, von der aus die Stadt nicht eingenommen werden konnte. Die Muhamedaner hatten den jungen König Balduin von Jerusalem und die Templer durch Drohung und Bestechung für diesen Verrat gewonnen. — Über die **Motive der Kreuzfahrer** s. z. B. die Jahrbücher von Würzburg zum Jahr 1147 (Annales Herbipolenses, Mon. Germ. SS. 16 S. 3, übersetzt von Bühler „Die Hohenstaufen" S. 96 f.). — Auf Stimmen „der Wut, der Scham und des Hohns" über die Niederlage der Christenheit gegenüber dem Islam weist hin Röhricht in „Deutsche Pilgerreisen nach dem Heiligen Lande" S. 1 f. und S. 27 Anm. 2 und 3. — Sehr groß war der **Einfluß der Kreuzzüge** naturgemäß auf die Weiterbildung des abendländischen **Kriegswesens.** Hauptergebnisse der Erfahrungen im Morgenlande waren das vorsichtigere staffelweise Einsetzen der Ritter, die stärkere Heranziehung von Fußvolk und Bogenschützen, das Zusammenwirken von Reiterei und Fußvolk, Umbildung der Marsch- und Gefechtsformation; s. Erben „Kriegsgeschichte des MA." S. 83. Über die durchaus ablehnende, die „alte", Auffassung vom „Heiden" und über die jüngere, ritterlich-höfische s. die allgemein kulturgeschichtlich aufschlußreichen Ausführungen Naumanns „Der wilde und der edle Heide".

S. 18 Zeitgenössische Texte über die **Ketzer** bietet in Übersetzung Bühler „Das deutsche Geistesleben im MA." S. 255—271 (Literaturangaben dort S. 526).

S. 19 Über den deutschen ma. **Universalismus** s. Wallach „Das abendländische Gemeinschaftsbewußtsein im MA." — Über die Sprache als Ausdruck der **Nationalität** bei Schriftstellern der Völkerwanderungszeit s. Dove „Studien zur Vorgeschichte des deutschen Volksnamens". Belegstellen zu dem Haß der germanisch und der romanisch Sprechenden zur Zeit Pippins und dann der Ottonen bei Viollet „Histoire des institutions politiques et administratives de la France" S. 36 und 339. Über den Volkshaß Deutsche—Slaven s. z. B. Schultheiß „Geschichte des deutschen Nationalgefühls" S. 150, S. 185 (dieses Buch ist für das Verständnis der Entwicklung des deutschen Nationalgefühls immer noch wertvoll, wenn auch die nationale Bedeutung des ma. Kaisertums verkannt ist, und die Auffassung verschiedener Quellenstellen durch die spätere Forschung überholt wurde). Die Gegenüberstellung Deutschland und Italien findet sich bei Bruno „Vita quinque fratrum" (Mon. Germ. SS. XV. S. 722). Die Stelle aus Cäsarius von Heisterbach steht in der Ausgabe von Strange II. S. 235. Der Hinweis auf Rainald von Dassel ist entnommen Finke „Weltimperialismus und nationale Regungen" S. 14. — Die ideelle Gleichsetzung von Deutschem Reich und Imperium liegt auch Äußerungen wie der Gregors VII. zugrunde: „regnum Teutonicorum hactenus inter omnia mundi regna nobilissimum" (Bruno, „„de bello Saxonico" cap. 119, Mon. Germ. in us. schol.). Der Schlachtruf der Deutschen „Rom" war ein national deutscher (vgl. S. 323). — Zu dem Streben Heinrichs II. von England (1154—1189) nach der Kaiserkrone s. Hardegen „Imperialpolitik König Heinrichs II. von England", zu französischen Versuchen, die Kaiserkrone zu erlangen, vgl. unten S. 309, 341, 351. Aus der Zeit Heinrichs II. stammen auch die Proteste gegen die deutsche Vorherrschaft, vgl. Bühler „Die Hohenstaufen" S. 208. Zu den Thesen Clemens V. s. Finke a. a. O. Anm. 42; zum Nationalgefühl im MA. überhaupt den Aufsatz von Brie „Schottisches Nationalgefühl im MA." und für das Spätma. namentlich Wagner „Äußerungen deutschen Nationalgefühls am Ausgang des MA.".

S. 20 Der Ausspruch **Friedrichs I.** ist überliefert in Rahewin „Gesta Friderici" IV c. 66. (Mon. Germ. in us. schol. S. 311.) Über die päpstlichen Kurialisten und kaiserlichen Legisten s. Finke „Weltimperialismus und nationale Regungen..." S. 30 ff.

Zweites Kapitel

Die Herrscher der Übergangszeit

S. 22 Zur Beurteilung der **Reichskirche als Bundesgenossin der Krone** s. besonders Schmeidler „Kaiser Heinrich IV. und seine Helfer im Investiturstreit" S. 338, dort auch S. 334 ff. gute Charakteristiken der bedeutendsten deutschen Vertreter der Reichskirche.

S. 23 Das Hauptwerk über **Heinrich IV.** ist Meyer von Knonau „Jahrbücher des deutschen Reiches unter Heinrich IV. und Heinrich V."

S. 26 „Die Beziehungen des **Cadalus** zu Deutschland" hat sorgfältig Herberhold untersucht. Der mächtige lombardische Kirchenfürst, der natürliche Gegner der römischen Reformpartei und der Normannen, wurde vom Hof und zwei deutschen Bischöfen vorübergehend unterstützt.

S. 27 f. Zeitgenössische Stimmen über die Kaiserin **Agnes** bei Giesebrecht „Geschichte der deutschen Kaiserzeit" Bd. III, 1 S. 46; die aus den Altaicher Annalen angeführte Stelle in „Annales Altachenses maiores" (Mon. Germ. in us. schol.) zum Jahr 1060. Die Traumgesichte der Kaiserin bei Giesebrecht a. a. O. S. 83.

S. 30 **Ehetrennungen** von Fürsten waren keineswegs eine Seltenheit; Karl der Große, König Heinrich I., Barbarossa, um nur einige Beispiele anzuführen (weitere s. Giesebrecht a. a. O. III, 1 S. 150 f.) haben ihre erste Gattin verstoßen. Während aber die Fürsten sonst (von Karls des Großen Ehescheidung sind allerdings die näheren Umstände nicht bekannt) irgendeinen sie nach dem damaligen Kirchenrecht oder dem Gewohnheitsrecht entschuldigenden Grund angaben (Barbarossa beschuldigte seine Frau des Ehebruchs), scheint Heinrich IV., nach den Quellentexten zu urteilen, im wesentlichen sich auf seine Abneigung berufen zu haben. — Die von uns angeführten Quellenstellen finden sich in Lambert von Hersfeld „Annalen" zum Jahr 1069 (Mon. Germ. in us. schol.).

S. 31 f. Das Urteil über **Egino** von dem Heinrich IV. feindlich gesinnten Lambert von Hersfeld a. a. O. zum Jahr 1070. — Der **Sachsenaufstand** war nicht, wie es Lambert von Hersfeld und Bruno „de bello Saxonico" darstellen, von vorneherein eine grundsätzliche Abwehr der Sachsen gegen den angeblichen Versuch des Königs, ihnen ihre persönliche Freiheit und ihren Grundbesitz zu rauben. Zunächst waren die Sachsen gar nicht gegen die Burgen- und die rechtmäßige königliche Güterpolitik Heinrichs, die darauf ausging, das der Krone Entfremdete zurückzugewinnen. Aber „die schroffe und rücksichtslose Art, mit der Heinrich vorging, der hochfahrende und verletzende Ton, den er gegenüber den Fürsten anschlug, die Geringschätzung, die er gegenüber dem sächsischen Stamm zur Schau trug", reizten die Sachsen ebenso wie es die stammesfremden Burgenbesatzungen taten, die „unter Anwendung von Gewalt alte, halbvergessene und außer Gebrauch gekommene Abgaben und Leistungen erzwangen und sich dabei Übergriffe zuschulden kommen ließen." (Stimming „Das deutsche Königsgut im 11. und 12. Jahrhundert" S. 108.)

S. 34 Zur **Persönlichkeit Heinrichs** IV.: einen „reaktionären Machtpolitiker" nennt Heinrich IV. F. Schneider „Das MA. bis zur Mitte des 13. Jahrhunderts" S. 290. Die Würdigung Schmeidlers „Kaiser Heinrich IV. und seine Helfer..." S. 372 ff. bietet sehr beachtenswerte Gesichtspunkte, ist im ganzen aber doch zu ungünstig. Wie die Arbeit von Hirsch „Die hohe Gerichtsbarkeit im hohen MA." zeigt, gehört Heinrich IV. doch zu den „Vorbereitern, die Neues gedacht haben". Heinrich IV. hat die Kräfte der neu heraufkommenden Stände, der Ministerialen und Bürger, und die Kräfte der Bauern, seiner Zeit nur zu sehr vorauseilend, mitunter zu seinem Schaden überschätzt, hat in der Landfriedensbewegung epochemachend gewirkt, ebenso im Gerichtswesen, bei dem die Entwicklung dann freilich eine von ihm nicht beabsichtigte Richtung einschlug, und unter ihm setzte die erste Blütezeit der königlichen Verwaltungspraxis ein. Über die fortschrittliche Reichsgüterpolitik Heinrichs IV. s. auch Stimming „Das deutsche Königsgut im 11. und 12. Jahrhundert" I. S. 87 ff. — Daß Heinrich IV. bei Ausbruch des Investiturstreites keineswegs der „unbesonnene", „unverantwortlich leichtsinnige Politiker" war, wie Schmeidler annimmt, beweist Brackmann in „Heinrich IV. als Politiker". — Vom Äußern Heinrichs IV. gibt sichere Kunde sein Skelett, das 1900 in der Krypta des Speirer Domes ausgegraben und dann dort wieder beigesetzt wurde. Birkner schreibt in seinem Aufsatz „Anthropologie und Geschichtsforschung" hierüber: „Das Skelett gehörte einem großen, kräftigen, wohlgebildeten Manne an und zeigte keine krankhaften Erscheinungen. Die Körpergröße muß nach den langen Knochen wenigstens 1,80 m betragen haben. Der Schädel war schön oval; im Gesicht fielen die mächtig großen Augenhöhlen und die lange, wenig gebogene, fast gerade, schmale Nase auf. Es fanden sich auch die Reste eines kräftigen Schnurrbartes auf." Über die Ausgrabung der Kaisergräber selbst s. den Vorbericht (der eigentliche Bericht fehlt heute noch!) von Grauert „Die Kaisergräber im Dome zu Speier". — Die über die Regierungstätigkeit des Unmündigen von uns angeführten Quellenstellen: Annales Altachenses maiores zum Jahr 1057, 1061 und 1063; Lamberts von Hersfeld Annalen zum Jahr 1062 (beide Mon. Germ. in us. schol.).

S. 37 Nach F. Schneider „Ma. bis zur Mitte des 13. Jahrhunderts" S. 257 ist **Gregor** VII. in seiner Jugend wahrscheinlich **Mönch** gewesen. Wie Schneider a. a. O. S. 275 darlegt, ist kaum daran zu zweifeln, daß **Gregor** bei seiner **Wahl** die Hand mit im Spiele hatte. Zu demselben Ergebnis kommt Lerner „Kardinal Hugo Candidus" S. 38 ff. Die Ausführungen Paul Schmids „Der Begriff der kanonischen Wahl..." S. 152 ff. dürften endlich das vielumstrittene Problem der Papstwahl Gregors im wesentlichen gelöst haben: Gregor hat weder einen Eid geleistet, nie Papst werden zu wollen, noch seine Wahl mit Gewaltanwendung durchgesetzt; dagegen hat er im damaligen Zeitpunkt Papst werden wollen, und, weil er mit einer starken Gegnerschaft der Kurie rechnen mußte, eine Vorwahl durch die Kardinalbischöfe mit seinen Freunden dadurch verhindert, daß die Volksmeinung dahin bearbeitet wurde, in einem „elementaren Ausbruch" die Erhebung Gregors auf den päpstlichen Stuhl zu verlangen. In solch einer Volkswahl sah die Kirche nach altem Herkommen das Wirken des Heiligen Geistes, diese Art Wahl hieß darum „per inspirationem". Es ist psychologisch durchaus verständlich, daß Gregor trotz dieser Vorbereitungen von der ungeheuren Begeisterung, mit der dann diese tumultuarische Wahl vollzogen wurde, selbst so ergriffen wurde, daß er darin eine Offenbarung des göttlichen Willens sah, und nach dem äußeren Verlauf der sogenannten Wahlhandlung immer wieder mit gutem Gewissen versicherte, er habe wider seinen Willen und nur gezwungen (invitus et non nisi coactus) das hohe Amt übernommen. — Gregors ursprüngliche **Zurückhaltung in der Investiturfrage** ist namentlich aus seiner Anerkennung der Erblichkeit der Klostervogteien zu schließen, erst nach Ausbruch seines Kampfes gegen Heinrich IV. wandte er sich dagegen, s. Brackmann „Die Anfänge von Hirsau" S. 221 f. — Die von uns im Texte angeführte Stelle über die Folgen der **Mobilisierung der Laien** gegen verheiratete Priester ist entnommen der Chronik des Sigibert von Gembloux Mon. Germ. SS. VI. S. 363, weitere Stellen ähnlichen Inhaltes bei Mirbt „Die Publizistik im Zeitalter Gregors VII." S. 450 ff.

S. 38 Der **„Dictatus papae"** ist abgedruckt in „Das Register Gregors VII." Mon. Germ. Epp. sel. Bd. I. Teil II Nr. 55 a, S. 201—208, übersetzt von Bühler „Sächsische und Salische Kaiser" S. 269 f. Auch wenn Gregor VII. den „Dictatus" nicht selber verfaßt hat, stand er ihm als dem Programm seiner Partei doch nahe und handelte durchaus nach seinen Grundsätzen.

S. 39 ff. Bericht über die **Diözesansynode** zu Mainz in Lamberts von Hersfeld Annalen (Mon. Germ. SS. in us. schol.) zum Jahr 1075. — **Das Schreiben der deutschen Bischöfe** Mon. Germ. Const. I. Nr. 58 S. 106, übersetzt bei Bühler „Sächsische und Salische Kaiser" S. 276—279. — Die angeblichen **„Meineide"** spielen auf das Mönchsgelübde an, wonach sich Hildebrand zum Klosterleben verpflichtet hätte, und auf Gregors Beteuerungen, er habe „invitus" und „non nisi coactus", wider seinen Willen und nur gezwungen, den päpstlichen Stuhl bestiegen, vgl. hierzu die Anm. zu S. 37. — **Heinrichs IV. Brief** bei Bruno „Liber de bello Saxonico" Mon. Germ. in us. schol. cap. 67. — Die **Bannsentenz** gegen Heinrich IV. Registrum Gregorii a. a. O. III, 6, übersetzt bei Bühler a. a. O. S. 283 f. Viel umstritten ist die Frage, ob Gregor Heinrich IV. eigentlich absetzen oder nur vom Amte habe suspendieren wollen; für die Beurteilung der Vorgänge selbst ist dieser Unterschied ziemlich belanglos.

S. 43 Literatur über **Canossa** s. Gebhardts Handbuch der deutschen Geschichte I S. 291; Hampe „Mittelalterliche Geschichte" S. 67. Die beste allgemeine Würdigung der Tage von Canossa bietet Mayer-Pfannholz „Die Wende von Canossa", dort auch die von uns übernommenen Quellenbelege. Aufschlußreich dort S. 404 auch der Hinweis auf die Liturgie: „Die Entheiligung der Kaiseridee, wie sie mit Canossa begann, spiegelt sich denn auch in der Liturgie der folgenden Zeit getreu wider. Immer stärker tritt der sakramentale Zug der Königs- und der Kaiserkrönung, immer mehr die Angleichung an die bischöflich-priesterlichen Weiheriten zurück." Wenn auch Mayer-Pfannholz in dem Abschnitt „Restauration oder Revolution", der Konsequenz, daß Canossa den Höhepunkt einer revolutionären Entwicklung (vgl. oben S. 10 ff.) bedeutet, ausweicht, so hat er doch wie kaum ein anderer, das Wesen dieser Revolution erkannt (S. 402): „Dies erscheint uns als das Entscheidende ... ja das Katastrophale der Wendung zu sein: nicht eine Verfassungsfrage, nicht ein Rechtskonflikt fand hier eine Lösung, sondern hier begann die Auflösung einer alten Weltordnung, hier der Zusammenbruch des ‚heiligen' Reichs und des Glaubens an dieses ‚heilige' Reich, hier der Weg zum laisierten Staat." — Über die politischen **Gegnerschaften des ma. Papsttums in Italien** s. Below „Die italienische Kaiserpolitik des deutschen MA." S. 116 f.

S. 45 Über die **Mathildischen Güter** s. Overmann „Gräfin Mathilde. Ihre Besitzungen". Über die Familien- und Erbschaftsgeschichte der Mathilde Giesebrechts „Geschichte der deutschen Kaiserzeit" III, S. 192ff. und passim.

S. 46 Das **Schreiben der sächsischen Bischöfe** bei Bruno „Liber de bello Saxonico" (Mon. Germ. in us. schol.) cap. 114, übersetzt bei Bühler „Sächsische und Salische Kaiser" S. 305f.

S. 47 **Gregors** VII. angebliche letzte Worte sind wahrscheinlich unecht, vgl. Fliche „St. Grégoire VII." S. 179f.

S. 49 Die starke Beteiligung der französisch Sprechenden an dem **ersten Kreuzzug** war besonders auch bedingt durch die seit Jahren in Westeuropa herrschende Hungersnot, s. Schünemann „Die Deutschen in Ungarn ..." S. 98. — Über den **Aufstieg des französischen Volkes** gegenüber dem deutschen, obwohl die französischen Könige vom 10.—12. Jahrhundert gegenüber den deutschen Herrschern „im Halbschatten der Geschichte" verschwinden, s. Haller „Tausend Jahre deutsch-französischer Beziehungen" S. 7f. — Die Blutopfer Frankreichs auf den Kreuzzügen waren noch weit größer als die Deutschlands in Italien, der Ausgang der Kreuzzugspolitik „tragischer" noch als der der Italienpolitik — und doch, wie stolz ist der Franzose auf seine Kreuzzugsleistung und den Ruhm, den sie seiner Nation einbrachte!

S. 50 Den Anlaß zum **Zwist zwischen Heinrich** IV. **und seinem Sohne** bot das Eintreten des Kaisers in Regensburg 1104 für die Ministerialen des Grafen Sigihard von Burghausen, die mit ihrem Herrn in Streit geraten waren und ihn erschlagen hatten; Heinrich V. dagegen nahm bei dieser Gelegenheit für die Dynasten Partei und schloß sich ihrer Verschwörung an, weil er „dem kirchlich orientierten Hochadel gegenüber ein Einlenken für notwendig hielt"; vgl. Hirsch „Die hohe Gerichtsbarkeit im deutschen MA." S. 139f. — Die Quellenstelle über den **Frieden im Lande** steht „Vita Heinrici IV" cap. 8, Mon. Germ. in us. schol., übersetzt von Bühler, Inselbücherei Nr. 333.

S. 51 Die **Lebensbeschreibung Heinrichs** IV. wurde nach einer wahrscheinlichen Vermutung Schmeidlers („Kaiser Heinrich IV. und seine Helfer ..." S. 368) von einem kaiserlichen Notar verfaßt.

S. 52 **Zu Heinrich** V. s. Meyer von Knonau „Jahrbücher des deutschen Reiches unter Heinrich IV. und Heinrich V."

S. 55 Auch in **Frankreich** und **England** kam nun der **Investiturstreit** zur Ruhe: König Philipp I. von Frankreich verzichtete äußerlich auf die Investitur, die Kirche duldete dafür stillschweigend die Leistung des Lehenseides der zu einem hohen kirchlichen Amte Gewählten. Mit König Heinrich I. von England kam 1107 ein Konkordat zustande, wonach der König die Laieninvestitur aufgab, die Erwählten aber vor ihrer Weihe den Lehenseid zu leisten hatten (Schnürer „Kirche und Kultur im MA." II S. 242). An die Stelle der Simonie trat nun allenthalben das kirchliche Taxwesen, ein nicht geringeres Übel und ein Ausgangspunkt der kapitalistischen Geldwirtschaft, vgl. Grupp „Kulturgeschichte des MA." III, 2. Aufl. S. 157.

S. 57 Den Klöstern gegenüber wurde jedoch das **Eigenkirchenrecht** von den fürstlichen partikularen Gewalten in wesentlichen Punkten behauptet; s. Engelmann „Untersuchungen zur klösterlichen Verfassungsgeschichte ..."

S. 58 Zur Geschichte **Lothars von Supplinburg** s. Bernhardi „Lothar von Supplinburg".

S. 60 Die Stelle über den **Marschalldienst Lothars** bei Suger: Vita Ludovici Mon. Germ. SS. 26. S. 58. — Über den von fränkischen und dann von deutschen Kaisern den Päpsten geleisteten Marschalldienst s. Holtzmann „Der Kaiser als Marschall des Papstes".

S. 63 Eine schwere Belastung für die Zukunft war besonders auch **Lothars Stillschweigen zum päpstlichen Privileg** von 1133: „Wir, die wir die Majestät des Reiches nicht mindern, sondern mehren wollen, verleihen dir die kaiserliche Würde in ihrer ganzen Fülle." Lothar mochte dies freilich für das Zugeständnis des Papstes nicht zu teuer erkauft erscheinen: „Wir untersagen jedermann, der in Deutschland auf einen Bischofs- oder Abtsstuhl erhoben wird, sich die Regalien anzumaßen oder in Besitz zu nehmen, ehe er dich darum ersucht und deiner Hoheit geleistet hat, wozu er von Rechts wegen verpflichtet ist." Mon. Germ. Const. I, S. 168 Nr. 116. Die Stelle über den **Protest des Heiligen Bernhard** gegen das Investiturrecht: Ernaldi „Vita Sancti Bernardi" Mon. Germ. SS. 26 S. 102.

S. 64 Zur Geschichte **Konrads** III. s. Bernhardi „Konrad III." — Für den **Wahlort** bestand keine bindende Vorschrift, doch sollte er sich nach altem Herkommen auf „fränkischer Erde" befinden.

S. 65 Die Erzählung von den treuen Weibern von **Weinsberg** gilt jetzt als historische Tatsache, dagegen wird die Überlieferung, daß in der Schlacht von Weinsberg zuerst „hie Welf, hie Waibling" als Schlachtruf verwendet worden sei, erstmals von einem bairischen Chronisten des 15. Jahrhunderts erwähnt. Das schließt jedoch nicht aus, daß „tatsächlich in den Kämpfen im Neckargebiet der Name der Feste Waiblingen — vielleicht in Anlehnung an eine ältere Übung, die noch von den Kämpfen Heinrichs IV. und Herzog Friedrichs I. her in Erinnerung stand — sich auf die staufischen Truppen und Parteigänger übertrug und von ihnen als Schlachtruf übernommen wurde" (Stenzel „Waiblingen in der deutschen Geschichte" S. 197).

S. 67 f. **Hauck** „Kirchengeschichte Deutschlands" IV, S. 629. — Die Stelle über die Predigt des heiligen Bernhard s. „Bernardi miracula in itinere Germanico patrata", Mon. Germ. SS. 26 S. 126.

S. 70 **Konrads Schreiben** an den byzantinischen Kaiser in Otto von Freising „Gesta Friderici" (Mon. Germ. in us. schol.) I, 25.

Zweites Buch

Das Hochmittelalter

Erstes Kapitel

Neubildungen im Gesellschafts- und Wirtschaftsleben

S. 74 Über die Bezeichnung: **ministeriales** in der Karolingerzeit, in welcher sie für höhere und niedere Beamte verwendet wurde, s. Dopsch „Die Wirtschaftsentwicklung der Karolingerzeit" II 2. Aufl. S. 91 ff. — Über den Burgenbau der Lehens- und Afterlehensleute in der späteren Karolingerzeit s. Schuchhardt „Die Burg im Wandel der Weltgeschichte" S. 197. — Friedrichs I. Bestimmung über Erteilung des Rittergürtels Mon. Germ. Const. I, S. 449 Nr. 318.

S. 75 Den gehobenen **Herrendienst** als Ausgangspunkt für die Entstehung der Ministerialität weist nach Stengel „Über den Ursprung der Ministerialität", die von uns angeführte Stelle dort S. 169. Daß die „Dienstmannen aus dem Stande der Unfreien hervorgegangen" sind, findet nach Stimming „Das deutsche Königsgut im 11. und 12. Jahrhundert" I. S. 57 „auch in den Quellen über die Entstehung der Reichsministerialität eine feste Stütze"; dort auch (S. 57—66) eine gute Übersicht über die Entwicklung der Reichministerialität. — Über die von V. Ernst vertretene Anschauung, der Niederadel sei von den germanischen Sippenhäuptern ausgegangen, s. Bühler „Deutsche Geschichte" I. S. 199 und 378.

S. 76 Über die **beharrende Art** des bäuerlich-aristokratischen Zeitalters s. Bühler „Deutsche Geschichte" I. S. 154 f. — Eine gute allgemeinverständliche **Gesamtdarstellung** der Geschichte **des ma. Städtewesens** bietet Heil „Die deutschen Städte und Bürger im MA." Weitere Literatur über die Städte s. S. 402 Anm. zu S. 216 f. Reichhaltige Literaturangaben (bis 1931) zu den Rechtsverhältnissen in den ma. **Städten** in Schröder-Künßberg „Lehrbuch der deutschen Rechtsgeschichte" S. 672 ff. und 1054 ff. — Ursprung und Bevölkerungsaufbau der Städte bis ins 12. Jahrh. veranschaulicht gut Lampe KA. Karte 42; das Zeichen für die „Ackerleute" ist allerdings viel zu klein, vgl. oben S. 217. — Über **Eßlingen** als Markt von St. Denis s. Dopsch „Die Wirtschaftsentwicklung der Karolingerzeit II. S. 114; über den **Markt** als ein das Stadtwesen begründende Element s. Schröder-Künßberg a. a. O. S. 680 f., doch hat keineswegs der Markt allein die Stadt geschaffen.

S. 77 Ein **Aufsichtsamt** der bischöflichen Kammer über die städtischen Gewerbe sucht nachzuweisen Thimme „Das Kammeramt in Straßburg, Worms und Trier".

S. 78 Zu den Voraussetzungen für das **Bürgerrecht** gehörte außer dem Grundbesitz der städtische Gerichtsstand. „Wer seinen Gerichtsstand nicht vor dem Stadtgericht hatte, war nicht Bürger" (Schröder-Künßberg a. a. O. S. 689). **Weichbild** ist ein um 1170 in Westfalen aufgekommenes und seitdem in Nieder- und Mittel-, nicht aber in Oberdeutschland und Friesland heimisches Wort. „Weich" bedeutete selbständige Siedlung, dem zweiten Wortteil liegt der Stamm „bil-" passend, recht zugrunde (nach Kluge „Etymologisches Wörterbuch"). Neuere Literatur zu **Luft** (Stadtluft) **macht frei** und Luft (Landluft, das ist Zugehörigkeit von selbst ursprünglich persönlich Freien zu einer Grundherrschaft) macht eigen s. Schröder-Künßberg a. a. O. S. 1058 bzw. S. 1045. Über die **Pfahlbürger** s. ebenda S. 696 f. Nach Knapp „Zur Geschichte der Landeshoheit" S. 88 wurden mancherorts auch Bauern als Ausbürger genommen, deren Gerichtsstand nun in der Stadt war, obwohl sie in ihren mit Pfahlwerk geschützten Dörfern wohnen blieben, wobei sie den Namen Pfahlbürger erhalten hätten.

S. 79 Für das **Patriziat** gilt wie überhaupt für das ma. Gemeinschaftsleben: „Der Geblütsvorrang einer Gruppe innerhalb einer größeren Gesamtheit schafft ihr ... überall, wo ein Gemeinschaftshandeln dieser Gesamtheit notwendig wird, Autorität und das Recht, den Willen der Gesamtheit auszusprechen" (Köbner „Die Anfänge des Gemeinwesens der Stadt Köln" S. 240).

S. 80 Die Zahlen der **Städtegründungen** sind entnommen Schlüter in Hoops Reallexikon der germanischen Altertumskunde unter „Städte" und Kulischer „Allgemeine Wirtschaftsgeschichte" I. S. 167. — Über das **grundherrliche System** und seine arbeitspsychologischen Auswirkungen s. Bühler „Deutsche Geschichte" I. S. 147ff.

S. 81 Einen kurzen Überblick mit Literaturangaben über die Entstehung des **Fürstentums** bietet Günter „Deutsche Kultur in ihrer Entwicklung" S. 33f.; unsere Ausführungen im Text deuten nur die Entwicklungselemente bis um 1180 an. Zur Entstehung der **Landeshoheit** s. Anm. S. 403 zu S. 222. Über die Bezeichnung von Bischöfen als „Maiestas nostra" s. Günter a. a. O. S. 23. — Die Urkunde von der Erhebung der Ostmark zum Herzogtum **Österreich** hat in der Verfassungsgeschichte Österreichs als privilegium minus und privilegium maius eine große Rolle gespielt. Die zweite Fassung ist eine Fälschung aus der Mitte des 14. Jahrhunderts. Die erste, das privilegium minus, ist möglicherweise in einigen Punkten ebenfalls gefälscht, s. Steinacker „Zum Privileg Friedrichs I. für Österreich".

S. 82 Über die **Fronhofverfassung** s. Bühler „Deutsche Geschichte" I. S. 145f.

Zweites Kapitel

Die Könige und Kaiser des Hochmittelalters

S. 85 Zu **Friedrich** I. s. Simonsfeld „Jahrbücher des deutschen Reiches unter Friedrich I." (bis 1158); Giesebrecht „Geschichte der deutschen Kaiserzeit" Bd. 5 und 6. Der Bericht über die päpstlichen **Legaten** ist entnommen der „Historia Pontificalis" cap. 37 Mon. Germ. SS. XX. S. 541.

S. 86f. Eine wohl etwas idealisierte Schilderung von **Barbarossas Aussehen und Charakter** gibt Rahewin (Gesta Friderici Buch IV. cap. 86, Mon. Germ. in us. schol.). Die einzelnen ma. Charakteristiken Friedrichs I. sind angeführt von Kühne „Das Herrscherideal des deutschen MA. und Kaiser Friedrich I." S. 48—53: dort S. 55f. wie weit diese Schilderungen lediglich typisch gehalten sind. — Äußerlich scheint den **staufischen Typ** am wenigsten Heinrich VI. verkörpert zu haben (vgl. S. 140).

S. 88 Über **Friedrichs I. Kunst zu verhandeln** s. besonders des Kanzlers Obert „Annalen" zu den Jahren 1164 und 1166 (Mon. Germ. SS. XVIII S. 57ff.). „Wir sehen bei Obert ganz objektiv, wie Friedrich die Kunst der Verhandlung und der Rede versteht, wie er hier liebenswürdig entgegenkommt, dort rasch entscheidet und immer seinen Vorteil klug und zäh zu wahren weiß." Kühne a. a. O. S. 52.

S. 89f. **Das Schreiben Friedrichs I. an den Papst** ist abgedruckt in Jaffé I. S. 499 Nr. 372; der Bericht über die **Magdeburger Bischofswahl** steht in Otto von Freising „Gesta Friderici" II, cap. 6 und 8 (Mon. Germ. in us. schol.).

S. 90f. Der Bericht über **Friedrichs I. Verhandlungen mit Hadrian** IV. und die **Kaiserkrönung** ist entnommen der „Vita Adriani", hgg. von Duchesne „Le liber pontificalis" Bd. II S. 390, 392. — Das **Bild Kaiser Lothars** befand sich im Lateranpalast und trug die Aufschrift: „Vor die Tore Roms kam der König und beschwor der Stadt ihre Rechte, / Lehensmann des Papstes ward er dann und empfing von diesem die Krone." (Rahewin „Gesta Friderici" III, cap. 10, Mon. Germ. in us. schol.). Der **Brief an Otto von Freising** ist überliefert in dessen „Gesta Friderici" Mon. Germ. in us. schol. S. 4.

S. 92 Die **Weigerung der Fürsten nach Süditalien vorzustoßen** war nicht grundsätzlicher Art, sondern durch die Umstände bedingt: verhältnismäßig kleine Truppenzahl, glühende Sommerhitze, Unruhen und Spannungen in Deutschland (s. S. 93), weshalb auch der Kaiser den Wünschen der Fürsten ohne weiteres nachgab. Über die Folgen eines ähnlichen Verhaltens der Fürsten unter Heinrich III. s. Bühler Deutsche Geschichte I. S. 329f.

S. 93f. Die **Nachricht über die Ehescheidung** findet sich in der Chronik Ottos von Sankt Blasien cap. 10 (Mon. Germ. in us. schol.); des **Kaisers Brief an Wibald** ist abgedruckt in Jaffé I. S. 601 Nr. 470. Der **Brief des englischen Königs** ist überliefert von Rahewin „Gesta Friderici" III, cap. 7, ebenda cap. 6 der Bericht über die **griechische Gesandtschaft.** Den Brief des englischen Königs glaubt Hardegen „Imperialpolitik König Heinrichs II. von England" S. 41 lediglich als „ein schwülstiges Erzeugnis diplomatischer Höflichkeit" bezeichnen zu müssen, doch hatte bereits Pomtow „Über den Einfluß der altrömischen Vorstellungen vom Staat auf die Politik Kaiser Friedrichs I." S. 39 nachgewiesen, daß dieser Brief eine Antwort des Königs auf eine scharfe Mahnung des Kaisers („monemus te attente") an König Heinrich war, er solle sich, wie es einem Könige zieme gegen das Kloster Solesmes verhalten. Der Ton des kaiserlichen Briefes an den englischen König unterscheidet sich nicht von dem in ähnlichen Fällen gegen die Reichsfürsten üblichen.

S. 96 Über die **Italienpolitik** der ma. Kaiser **im allgemeinen** s. Bühler „Deutsche Geschichte" I. S. 280ff. Vielfach wird auch von Verteidigern dieser Politik ihr Übergreifen auf Sizilien als Fehler betrachtet. Hält man sich indes die Gesamtentwicklung vor Augen und wie ein Schritt auf dieser Linie den anderen bedingte, dann wird man im wesentlichen dem Satz von Holtzmann („Deutsche Geschichte und konfessionelle Spaltung" Anm. 16) die Zustimmung kaum versagen können: „Mir scheint im Gegenteil gegen Ende des 12. Jahrhunderts die Entwicklung bereits soweit vorgeschritten gewesen zu sein, daß zu einer weiteren Durchführung der Kaiserpolitik und Aufrechterhaltung der Zentralgewalt in Deutschland die Erwerbung des Königreiches Sizilien geboten war." — Über die **wirtschaftliche Bedeutung der Italienpolitik** für das deutsche Königtum s. Deibel „Die finanzielle Bedeutung Reichsitaliens für die staufischen Herrscher". — Die Voraussetzung für die **Germanisierung Schlesiens** hat erst Barbarossa durch seinen Polenfeldzug vom Jahre 1157 und durch die Begründung der schlesischen Herzogtümer geschaffen, vgl. Holtzmann „Über den Polenfeldzug Friedrich Barbarossas..." Über den Kolonisationsfortgang selbst s. Sandow „Das Halle-Neumarkter Recht" besonders S. 169. Zu den **Verdiensten der Hohenstaufen um den Nordosten** s. auch Rörig „Die Schlacht bei Bornhöved".

S. 97—99 Die in dem Abschnitt über **Besançon** angeführten Quellenstellen, die Antwort der deutschen Bischöfe und das zweite päpstliche Schreiben sind entnommen Rahewin „Gesta Friderici" III, cap. 8ff. (Mon. Germ. in us. schol.). — Die **Lehre von den zwei Schwertern** war im Investiturstreit seit der zweiten Hälfte des 11. Jahrhunderts aufgekommen (Schröder-Künßberg „Lehrbuch der Rechtsgeschichte" S. 527).

S. 99f. Die **Übersetzung der Verse des Erzpoeten** ist entnommen Schmeidler „Die Gedichte des Archipoeta". — Die Bezeichnung Rainalds von Dassel als „Könner, von dem Friedrich technisch viel gelernt hat" bei Hampe „Herrschergestalten des deutschen MA." S. 198.

S. 100f. Die angeführten Quellenstellen zu den Vorgängen auf den **ronkalischen Feldern** sind entnommen Otto von Freising „Gesta Friderici" II, cap. 12, Rahewin „Gesta Friderici" IV, cap. 1ff.; die Verse des Erzpoeten in Grimm „Gedichte des MA. auf König Friedrich I."

S. 101 Für das Verhältnis Friedrichs I. zum **römischen Recht** s. Pomtow „Über den Einfluß der altrömischen Vorstellung vom Staat auf die Politik Kaiser Friedrichs I." S. 96: „Der Gebrauch, den Friedrich in offener Anwendung von den römischen Staatsideen gemacht hat, ist seiner Ausdehnung nach nicht bedeutend... Wenn er aber in Verfechtung kaiserlicher Prärogative, die er aus dem in ihm lebenden Bilde imperatorischer Macht ableitete, in den Gedanken und Verhältnissen seiner Zeit ... keinen rechtlichen Untergrund hatte, dann griff er auf die Vergangenheit des Kaisertums zurück. Die reichste Quelle früherer imperatorischer Rechte war die justinianische Codification, und so ward sein Blick in solcher Lage auf das Cäsarentum gelenkt."

S. 102 f. Das **Mißtrauen des Papsttums** ist jedenfalls durch Äußerungen Barbarossas wie die angeführte über sein Besitzrecht auf Rom (überliefert Rahewin „Gesta Friderici" IV, cap. 35) gesteigert worden. An Konfliktsstoffen hätte es bei dem Machtstreben der Kurie auch sonst nicht gefehlt, aber bei feierlicher Anerkennung der politischen Selbständigkeit des Patrimonium Petri hätte sich bei der steten Hilfsbedürftigkeit der Päpste ihren italienischen Untertanen gegenüber vielleicht doch ein modus vivendi ohne Katastrophe finden lassen, doch geht ja die Geschichte fast nie solch einen „vernünftigen" Weg oder verläßt ihn nur allzubald wieder, wenn sie sich, wie z. B. in diesem Falle im Venediger Frieden (s. S. 112f.), für kurze Zeit auf ihm bewegte.

S. 103 f. Über den **Kampf Friedrichs I. mit Alexander** III. s. Güterbock „Zum Schisma unter Alexander III." besonders S. 388ff.; die Arbeit gipfelt in dem Nachweis, daß der Kaiser (namentlich nach 1175) „sich in kirchenpolitischer Hinsicht eine weise Zurückhaltung auferlegte und sich zu keinen irgendwie gearteten reaktionären Maßnahmen verleiten ließ. Barbarossa erwies sich so als ein besonnener und zielbewußter Staatsmann, als ein würdiger Gegner Alexanders III." — Der Ausspruch Barbarossas über **die Vollmacht der Priester** bei Rahewin „Gesta Friderici" IV, cap. 74.

S. 105 Der **Ausspruch des Johann von Salisbury** ist abgedruckt in Watterich „Pontificum Romanorum ... vitae" Bd. II S. 500. Von den Schreiben Alexanders III. an die

Könige Frankreichs, Englands und andere berichtet die Chronica regia Coloniensis (Mon. Germ. in us. schol.) zum Jahre 1161.

S. 109 Der **Bericht über das frühere Slavenland** ist entnommen: Helmolds Slavenchronik (Mon. Germ. in us. schol. S. 217, Kap. 110).

S. 111 Literatur zur **Hilfsverweigerung Heinrichs des Löwen** s. Gebhardts Handbuch der deutschen Geschichte I. S. 336 Anm. 4.

S. 112 f. Die angeführten Quellenstellen zum **Frieden von Venedig** sind entnommen den Annalen Erzbischof Romoalds von Salerno (Mon. Germ. SS. 19 S. 443 ff.).

S. 115 Die Quellenstelle über **Barbarossas Ergriffenheit bei der Ergebung Heinrichs des Löwen** ist entnommen Arnolds Slavenchronik II, 22 (Mon. Germ. SS. 21).

S. 116 f. Erst für das spätere MA. trifft die Vorstellung von der Papstfreundlichkeit der **Guelfen** und die Kaiserfreundlichkeit der **Ghibellinen** einigermaßen zu, vgl. S. 296. — Von der **„wilden Wut der Welfen"** spricht Gottfried von Viterbo in seinem Gedichte „Gesta Friderici" Vers 1144—1146 (Mon. Germ. in us. schol.). Über **Heinrich den Löwen als Förderer des höheren Kulturlebens** s. die vorzügliche Arbeit von Swarzenski „Aus dem Kunstkreis Heinrichs des Löwen". Die Bedeutung der Hohenstaufen für das deutsche Kunstleben ist hier allerdings nicht voll erkannt. Die Wirkung der Staufer für die Kunst knüpft sich nicht an einen Herrschernamen und beschränkt sich nicht auf ein bestimmtes Territorium, sondern erstreckt sich mehr mittelbar auf die deutsche Nation als solche und ist darum nicht in gleicher Weise greifbar wie die Sorge Heinrichs des Löwen für die bildenden Künste in seinem Territorium. — Von **der Städtepolitik Heinrichs des Löwen** rühmt Spangenberg „Territorialwirtschaft und Stadtwirtschaft" S. 41: „Es ist bekannt, daß Heinrich der Löwe eine großzügige, nicht bloß auf fiskalischen Gewinn berechnete, sondern auch dem Aufblühen des Handels und des Städtewesens dienende Politik trieb."

S. 119 f. Über die **Gewinnung von Vogteien** durch Barbarossa und die staatspolitische Bedeutung dieses Vorgehens s. Below „Die italienische Kaiserpolitik des deutschen MA." S. 91 f. — Zur **Ausdehnung der staufischen Hausmacht** s. Redlich „Rudolf von Habsburg" S. 22 f.; dort auch das von uns im Text aufgenommene Zitat. — Die Angabe über die 350 **Burgen**, die Barbarossa gewann, ist entnommen Schuchhardt „Die Burg im Wandel der Weltgeschichte" S. 210.

S. 120 Die **Auswirkung des Konstanzer Friedens** von 1183 für die deutsche Italienpolitik hat Lenel in „Der Konstanzer Frieden von 1183 und die italienische Politik Friedrichs I." untersucht; wesentlich günstiger beurteilt (mit guten Gründen) die hier erzielten und weiterhin angebahnten Erfolge Barbarossas Kaufmann „Die italienische Politik Friedrichs I. nach dem Frieden von Konstanz." Nach Kaufmann (S. 162) war selbst in Oberitalien die kaiserliche Oberhoheit das Zünglein an der Waage, das im Ernstfall „den entscheidenden Ausschlag geben mußte"; daß in Mittelitalien (im Herzogtum Spoleto und in der Mark Ankona) die kaiserliche Machtstellung „außerordentlich stark" wurde, hebt auch Lenel (S. 236) hervor.

S. 121—123 Cohn „Das Zeitalter der Normannen in Süditalien" bietet einen guten Überblick über die **Geschichte des sizilischen Reiches** bis zur Besitzergreifung durch Heinrich VI. und ein sehr reichhaltiges Quellen- und Literaturverzeichnis. Über die Gesetze Rogers II. s. dort S. 62 ff. — Als **Rückkehr zum Reich** bezeichnet die Gewinnung Siziliens mit den im Text aufgenommenen Worten Otto von Sankt Blasien in seiner Chronik (Mon. Germ. in us. schol. Kap. 28). — Das Zitat **Heinrichs von Veldeke** ist entnommen seiner „Eneide" Vers 13231 ff.

S. 123—125 Die Stelle über den **Kriegslärm in Gallien** ist entnommen der Aachener Fortsetzung des Sigibert von Gembloux (Mon. Germ. SS. VI. S. 420); die über die **Hochzeit in Mailand** der Chronik Ottos von Sankt Blasien Kap. 28.

S. 126 Nur die **Gebeine Barbarossas** wurden in Tyrus bestattet, das von ihnen gelöste Fleisch war schon in Antiochien beigesetzt worden; Herzog Friedrich von Schwaben starb dann am 20. Januar 1191 vor Akkon. — **Die Sage von der Wiederkehr des Kaisers** wurde endgültig in der Zeit der Befreiungskriege durch Rückerts Gedicht über Barbarossa von Friedrich II. auf Friedrich I. übertragen (Hirsch „Das MA. und wir" S. 3 f.). Im Jahre 1519 bezieht allerdings bereits ein Volksbuch die Sage auf Friedrich I., und von 1713 ist ein Zeugnis bekannt, wonach die Sage sowohl von Friedrich I. wie von Friedrich II. erzählt wird, s. F. G. Schultheiß „Die deutsche Volkssage vom Fortleben und von der Wiederkehr Kaiser Friedrichs II." S. 95 Anm. 100 und S. 132 f.

S. 126 Für die Geschichte **Heinrichs** VI. vgl. Töche „Kaiser Heinrich VI." und Haller „Kaiser Heinrich VI.".

S. 127 Als **Söldner** werden zur Zeit Barbarossas (vgl. S. 107) und dann während des hundertjährigen französisch-englischen Krieges zunächst vor allem die Brabanzonen (Brabanter) genannt, von denen z. B. König Heinrich II. von England (1154—1189) über 10 000 in Sold nahm. Schon 1171 sah sich Barbarossa zu einem gemeinsamen Vorgehen mit Ludwig VII. von Frankreich gegen die Brabanzonen, die zu einer Landplage geworden waren, veranlaßt (Köhler „Die Ketzerpolitik der deutschen Kaiser“ S. 10).

S. 127 Neben der großen Darstellung des auch für die Geschichte des Hoch- und Spätmittelalters sehr wichtigen **englisch-französischen Reiches** der Anjou-Plantagenet von Ramsay „The Angevin Empire“, vgl. auch Kienast „Der anglonormannische Staat“.

S. 129 Über die **Weltherrschaftssymbole** s. Kampers „Vom Werdegang der abendländischen Kaisermystik“.

S. 130 Des **Cäsarius von Heisterbach** Ausspruch über das Kaisertum s. oben Text S. 20, den der **Heloise** in ihren Briefen an Abälard in der Übersetzung in Reclams Universalbibliothek S. 79.

S. 133 Zu **Heinrich** VI. **und Richard Löwenherz** s. Kneller „Des Richard Löwenherz deutsche Gefangenschaft“; Bühler „Des Richard Löwenherz Gefangenschaft auf dem Trifels“; A. Schreiber „Drei Beiträge zur Geschichte der deutschen Gefangenschaft des Königs Richard Löwenherz“. Schreiber vertritt mit einem hohen Grad von Wahrscheinlichkeit die Thesen, daß der Bannerstreit vor Akkon mit Leopold von Österreich nicht die Ursache sondern die Folge eines schon länger bestehenden Zwistes war, und daß Richard nach Wien kam, weil er nach Ungarn wollte.

S. 136 Ramsay „The Angevin Empire“ S. 366 erkennt zwar neben der persönlichen Tapferkeit auch die guten Feldherreneigenschaften des **Richard Löwenherz** an, nennt ihn aber im übrigen „a bad king and a vicious man“ und bis zum Ende seiner Tage „a boy . . ., a reckless, overbearing schoolboy without sense of responsibility“. — Zur **Heirat Heinrichs von Braunschweig** bemerkt Kimpen „Ezzonen und Hezelinden in der rheinischen Pfalzgrafschaft“. S. 90: „Da kam die mutige Tat einer Frau, der Gattin des Pfalzgrafen Konrad, die ohne Angst vor dem Zorn des allmächtigen Kaisers die staufischen und welfischen Gegensätze zu versöhnen suchte. Indem sie eigenmächtig und heimlich auf Burg Stahleck die Hände von Heinrichs des Löwen Sohn Heinrich und Konrads Erbtochter Agnes ineinander legte, gab sie dem Problem der rheinischen Pfalzgrafschaft ein friedliches Ende.“

S. 138 Zu **Heinrichs Erbfolgeplan** s. Perels „Der Erbreichsplan Heinrichs VI.“, dort auch S. 93 das Zitat aus Hampe (Meister der Politik I. S. 663) über die Finanzgebarung der Kurie; das Angebot des Kaisers an die römische Kurie Mon. Germ. Const. I. S. 525 Nr. 376.

S. 139 f. Heinrichs Vorgehen gegen die **sizilischen Gefangenen** schildern kurz die Marbacher Annalen zum Jahr 1195 (Mon. Germ. in us. schol.); die im Text aufgenommene **Klage über den Tod des Kaiser** in der Chronik Ottos von Sankt Blasien Kap. 45; die Erzählung von der Erscheinung des **Dietrich von Bern** in der ersten Fortsetzung der Kölner Königschronik (beide Mon. Germ. in us. schol.).

S. 140 Die von uns angeführten **zeitgenössischen Charakteristiken Heinrichs** VI. sind der Chronik des Propstes Burchard von Ursberg (Mon. Germ. in us. schol. zum Jahr 1198) und Niketas, zitiert bei Töche „Kaiser Heinrich VI.“ S. 501 entnommen. Die Verfasserschaft Heinrichs VI. für die unter seinem Namen in den großen ma. Sammelhandschriften gehenden Minnelieder wird vielfach deshalb bezweifelt, weil es so gar nicht zu seiner Persönlichkeit, auch nicht vor seiner Thronbesteigung passe, vor allem nicht der Vers: „Eh ich auf die (Geliebte) verzichte, verzichte ich eher auf die Krone“. Doch was steht nicht alles in den Stilübungen fürstlicher und nichtfürstlicher Dichter! Die Autorschaft Heinrichs VI. hat neuerdings wieder Pauksch „Der Minnesänger Kaiser Heinrich“ vertreten. — Mit dem Christenverfolger Decius verglich Arnold von Lübeck den Kaiser in der Slavenchronik (Mon. Germ. SS. Bd. 21 Buch III. Kap. 17.).

S. 142 Über die **Pfälzer Reichsministerialen** s. Schreibmüller „Pfälzer Reichsministerialen“.

S. 143 Vgl. Winkelmann „**Philipp von Schwaben und Otto IV. von Braunschweig**“.

S. 144 Die „**Taten Innozenz** III.“ sind hgg. in Migne Series Latina Bd. 214; die Stelle über den Mißerfolg des Papstes in Italien steht in Kap. 17, Sp. 30, die Charakteristik **Markwards von Annweiler** Kap. 9. Sp. 23. — Über die **Umdeutung der Herrschaftssymbole** durch Innozenz III. s. Kampers „Vom Werdegang der abendländischen Kaisermystik“ S. 9. — **Burchards Apostrophierung Roms** ist entnommen seiner Ursberger Chronik (Mon. Germ. in us. schol. zum Jahr 1198).

S. 145 Die **Verluste des staufischen Hausgutes** wurden nach einer Nachricht des Burchard von Ursberg lange Zeit sehr überschätzt, am wenigsten hatten die Hohenstaufen im Elsaß eingebüßt, vgl. Redlich „Rudolf von Habsburg“ S. 24 f. — **Walthers Gedicht** bringen wir in der Übertragung von Simrock (Bd. XI. S. 38 Nr. 19); gerade bei diesem Gedicht zeigt sich die Schwierigkeit, mittelhochdeutsche Dichtung mit möglichster Beibehaltung des ursprünglichen

Wortlautes in modernes Deutsch zu übertragen, so wenn es vom König und von der Königin (Ausgabe Lachmann 19, 11 und 12) heißt: er trat vil lise... im sleich ein hohgeborne küneginne nach". — Philipp war selbst deutscher König, als Bruder Heinrichs VI. Kaisersbruder, als Sohn Barbarossas Kaiserskind. — Nach Lachmanns Anmerkung zu 19,5 war bei den „Thüringern" ihr damals Philipp feindlicher Landgraf selbst nicht zugegen.

S. 146 Otto VIII. **von Wittelsbach** war über König Philipp, den er tatkräftig unterstützt und der ihm dafür eine seiner jungen Töchter verlobt hatte, vor allem darüber erbittert, daß der König dieses Eheversprechen rückgängig machte und seine Tochter einem Neffen des Papstes zusagte (vgl. S. 147 und Riezler „Geschichte Baierns" II. S. 36 f.). — Daß die Anerkennung der **Herrschereigenschaften Philipps** durch verschiedene zeitgenössische Berichte, z. B. auch des im Texte angeführten Chronicon Urspergense, berechtigt ist, zeigen unter anderem die Vorbereitungen Philipps zu einem Feldzug gegen den Dänenkönig. „Im Juni 1208 konnte man bei durchaus nüchternen Berechnung die Tage der Dänenherrschaft auf deutschem Boden für gezählt halten" (Rörig „Die Schlacht bei Bornhöved" S. 284 f.).

S. 146 f. Zur Politik **Innozenz** III. s. Wenck „Die römischen Päpste zwischen Alexander III. und Innozenz III." S. 463 ff. Dort auch S. 465 wie Innozenz 1201 selbst bekundete, „daß der Zustand der Mark Ankona viel schlechter sei als damals, als sie unter schwerer (staufischer) Knechtschaft seufzte". S. 495: „Nicht so sehr darauf, daß Otto siegte, wie darauf, daß Philipp nicht siegte, kam es der Kurie an", die in ihrer Politik sehr stark von dem französischen Gegensatz abhängig war. — Über die **Staatstheorien** Innozenz III. s. Erich W. Meyer „Staatstheorien Papst Innozenz III.". Die Zweischwerter-Theorie wird nur verhältnismäßig kurz erwähnt, der heilige Petrus besitzt beide, das eine führt er selbst, das andere mittelbar durch die Fürsten. Womöglich noch deutlicher spricht Innozenz seine Auffassung von der Überordnung der geistlichen Gewalt im Sonne-Mond-Symbol aus. S. 47/50 gibt eine Übersicht über die Macht Innozenz III., wobei (wie übrigens meistens) mehr die Machtbestrebungen auf Grund der verschiedenen päpstlichen Ansprüche als die vielfach weit hinter ihnen zurückstehende reale päpstliche Macht geschildert wird. — Die „Deliberatio super facto imperii" wurde übersetzt von Tangl „Register Innozenz III. über die Reichsfrage"; s. auch von Tangl „Studien zum Register Innozenz III." mit eingehender Darlegung der Verhältnisse an der Kurie.

S. 148 f. Der **Brief Innozenz** III. an Bischof Konrad ist abgedruckt in Winkelmann „Acta imperii" II S. 676 Nr. 1009; das Gedicht **Walthers von der Vogelweide** bei Lachmann 12,30—13,4.

S. 149 ff. Quellenzeugnisse und Literatur **zu Friedrich** II. enthält in großem Umfange Kantorowicz „Kaiser Friedrich II. Ergänzungsband". Der von Kantorowicz dargestellte Friedrich II. ist aber trotz mannigfacher Vorzüge, auch wissenschaftlicher Art, im wesentlichen doch ein Geschöpf des Autors, gesehen nicht vom wirklichen Mittelalter, sondern vom Georgekreis her. — Über die wildwütende **Welfenart** vgl. Anm. zu S. 116. — Über die **Schädigung der Interessen** Friedrichs II. durch Innozenz III. s. Kantorowicz S. 26, dort auch der von uns als Zitat übernommene Satz über das Parteigetriebe in Sizilien. — Der Brief über den **jugendlichen Friedrich** wurde hgg. und untersucht von Hampe „Aus der Kindheit Friedrichs II.".

S. 153 Die Nachricht von der **Übersendung des Kaiseradlers** ist überliefert durch Wilhelmus Brito Mon. Germ. SS. 26 S. 384; die Bemerkung über den **sinkenden Ruhm der Deutschen** ist der Chronica Montis Sereni (Lauterberg) Mon. Germ. SS. 23 S. 186, die Schilderung von der Übertragung **Karls des Großen** in den neuen Sarg ist Reiners Annalen von Sankt Jakob in Lüttich (Mon. Germ. SS. 16 S. 673) entnommen.

S. 155 Das für die Entwicklung des deutschen Verfassungslebens ungemein wichtige **Privileg für die Kirchenfürsten,** allerdings mehr die Fixierung eines schon bestehenden Rechtszustandes als eine Neuschöpfung, ist abgedruckt in den Mon. Germ. Const. II. S. 86 Nr. 73.

S. 157 Der Brief Friedrichs II. an den **Hildesheimer Bischof** ist abgedruckt bei Huillard-Breholles II. S. 393: über die wichtige Schlacht bei **Bornhövede** s. Rörig „Die Schlacht bei Bornhöved"; die kaiserliche **Bestätigungsurkunde für den Deutschen Orden** ist abgedruckt bei Huillard-Bréholles II. S. 549, übersetzt bei Bühler „Ordensritter und Kirchenfürsten" S. 71 ff.

S. 158—160 Der **Brief Gregors** IX. an den Kaiser ist abgedruckt in Mon. Germ. Epp. Pont. I S. 278 Nr. 365; die Stelle über den **Verrat in Palästina** ist entnommen der Chronik Burchards von Ursberg (Mon. Germ. in us. schol. S. 125 zum Jahr 1228); der ausführliche **Bericht des Deutschordensmeisters an den Papst** ist abgedruckt Mon. Germ. Const. II. S. 161 Nr. 121 (übersetzt von Bühler „Die Hohenstaufen" S. 405 ff.); der **Brief des Patriarchen Gerold** in Mon. Germ. Epp. pont. S. 299 Nr. 384 (Übersetzung bei Bühler a. a. O. S. 410 f.); die **Verse über die päpstliche Kreuzzugspolitik** stehen in Freidanks Gedicht „Bescheidenheit" hgg. von Hildebrand „Didaktik aus der Zeit der Kreuzzüge" S. 340 f.

S. 160 König Heinrich (VII.) wurde eine eingehende Spezialarbeit von Franzel „König

Heinrich VII. von Hohenstaufen" gewidmet. In wesentlichen Teilen ihrer politischen Auffassung, von uns S. 162 Zeile 30 ff. kurz angedeutet, scheint uns diese Arbeit wenig zutreffend; besser geglückt sind die kulturgeschichtlichen Kapitel, die Zuweisung des von der älteren Überlieferung Kaiser Heinrich VI. zugeschriebenen Minneliedes an Heinrich (VII.) scheint uns allerdings nicht hinreichend begründet (Vgl. S. 396, Anm. zu S. 140).

S. 161 Der **Mord an Herzog Ludwig von Baiern** ist nie aufgeklärt worden, eine Mitschuld des Kaisers läßt sich nicht nachweisen, ist auch wenig wahrscheinlich; der Mörder verweigerte trotz furchtbarer Folterqualen jede Aussage. Über die Assassinen, von den Deutschen „Stecher" genannt, und den „Alten vom Berge" s. Kantorowicz „Kaiser Friedrich II." S. 178f.

S. 163 Über das Amt des **Reichshofrichters** s. A. Schulte „Der hohe Adel des deutschen Hofrichters". Um die Mitte des 15. Jahrhunderts ging das Hofgericht völlig ein. — Das Herzogsgebiet **Ottos von Lüneburg** bestand der Hauptsache nach aus den den Welfen erhalten gebliebenen Allodialgütern. Der im Text angeführte Bericht ist entnommen der Vierten Fortsetzung der Kölner Königschronik (Mon. Germ. SS. XVII. S. 844 zum Jahr 1235) ebenda der Bericht über die **heilige Elisabeth** S. 845 zum Jahr 1236.

S. 164 Die Stelle aus dem **Schreiben Friedrichs II. an Gregor IX.** ist entnommen der Chronik des Matthäus von Paris Mon. Germ. SS. 28 S. 134.

S. 166 **Tataren** hießen ursprünglich nur die Angehörigen eines Stammes, von denen dann der Name auf weitere mongolische Völker überging; die Nachricht, man habe die ganze Tatarengeschichte als eine Erfindung Friedrichs II. bezeichnet, bei Matthäus von Paris (a. a. O. S. 213). Khan Batu hatte 1237 den Dnjepr überschritten, die russischen Fürstentümer, die Bulgaren, Ungarn, Polen und 1241 in der Schlacht bei Liegnitz Herzog Heinrich II. von Schlesien besiegt. Die Nachricht von dem Tode des mongolischen Großkhans Ogotai veranlaßte Batu, von Liegnitz aufzubrechen, wodurch für Deutschland die Mongolengefahr vorläufig behoben war.

S. 166 Als **Tier** (das Tier der Offenbarung Johannis 13) bezeichnete Gregor IX. den Kaiser in dem Mon. Germ. Epp. Pont. I. S. 645 Nr. 750 hgg. Brief, dort auch die im Texte angeführten Beschuldigungen. Das viel zitierte Wort von den „**Betrügern Moses, Christus und Mohamed**" läßt sich schon für das Jahr 1201 bei Simon von Tournai, einem Lehrer an der Pariser Universität nachweisen, der es als Schulbeispiel gebrauchte. — Die **Antwort der Franzosen** findet sich bei Matthäus von Paris Mon. Germ. SS. 28 S. 180.

S. 167 f. Die im Text angeführten Quellenstellen über das **Lyoner Konzil** sind entnommen der Chronik des Matthäus von Paris a. a. O. S. 267f.

S. 168 Des **Kaisers Rundschreiben,** daß er nun die Rolle des Hammers übernehmen wolle, ist abgedruckt in den Mon. Germ. Const. II. S. 367 Nr. 263; der Ausspruch der Fürsten, der Papst habe ihnen keinen Kaiser zu geben, ist überliefert in der Chronik des Albert von Stade Mon. Germ. SS. XVI. S. 369 zum Jahr 1245.

S. 170 Nicht von einer **Vernachlässigung der deutschen Verhältnisse,** die Friedrich II. auch von Italien aus immer wieder entscheidend beeinflußte, kann gesprochen werden, wohl aber von den mittelbar schädlichen Auswirkungen der langen Abwesenheit während der ganzen letzten Regierungsepoche. Aber dieser Aufenthalt war, wie die Italienpolitik selbst, durch die Umstände bedingt. — Mit unserer These, **Friedrich** II. sei im allgemeinen **überlieferungsgebunden** geblieben, stimmen wir namentlich auch mit Burdach überein, der Friedrich „mit seinem Wollen und Vollbringen der versinkenden Epoche" zuweist („Reformation, Renaissance, Humanismus" S. 130). Selbstverständlich soll das nicht heißen, der Kaiser habe in keinem seiner Manifeste neue Töne angeschlagen und keine seiner Zeit als Neuerungen erscheinende Maßregeln ergriffen. Besonders lehnen wir die Auffassung ab, der Kaiser habe der päpstlichen Allgewaltslehre eine staufische Kaisertheologie (vgl. Benz „Ecclesia spiritualis" S. 225 ff.) als neue Zielsetzung gegenüber gestellt, überhaupt eine Neuordnung von Kirche und Staat erstrebt. Wenn Friedrich II. gegen den Papst an ein über diesem stehendes Konzil appellierte, wenn er sich in seinen Manifesten die kirchenreformerischen Ideen im Sinne der joachimitischen Endzeiterwartungen (s. S. 276) zu eigen machte, so geschah dies zur Erreichung seiner realpolitischen Ziele. Er hat, wie Wieruszowki („Vom Imperium zum nationalen Königtum" S. 35 Anm. 10) im Anschluß an Ficker betont, „im Kampf mit dem Papsttum die Initiative nicht ergriffen, den großen Endkampf nicht gewollt und mit allen Mitteln auch noch nach 1245 den Frieden unter großen Opfern zu erzwingen" versucht, er ist auch nicht deshalb gescheitert, weil er angeblich seiner Zeit zu sehr voraneilte.

S. 170 f. Von den **Briefen Friedrichs II. an seinen Sohn Konrad** tragen besonders persönliches Gepräge einer vom Jahr 1238 (Huillard-Bréholles V. S. 274) und einer vom Jahr 1244 (a. a. O. VI. S. 244); in dem von 1238 finden sich z. B. die Sätze: „die Könige werden geboren wie die übrigen Menschen und sterben wie sie ... Wir hören auf Könige zu sein, wenn wir von der königlichen Weisheit ablassen und Privatinteressen uns mehr beherrschen als wir sie... Einfalt schädigt nicht nur den Fürsten selbst, sondern auch seine Untertanen." Dabei ist der Kaiser freilich auch von dem hohen Werte fürstlichen Blutes überzeugt: „Ihr edles Blut macht die Fürsten durch Eingießung eines feinen und edlen Geistes vor allen übrigen der Weisheit und Zucht zugänglich."

S. 171 Der **Aufruf Friedrichs II. vom 16. März 1240 an die deutschen Völker** ist abgedruckt in den Mon. Germ. Const. II 308 ff. (bes. S. 312); der Satz über **Kaisertum und Fürstentum** in den Mon. Germ. Const. II. S. 210 Nr. 170. — Über Friedrich II. und die **Ketzer** s. Köhler „Die Ketzerpolitik der deutschen Kaiser und Könige" S. 31 ff. und Wieruszowski „Vom Imperium zum nationalen Königtum" im Register. — Die Forschung über **Friedrichs gesetzgeberische Tätigkeit in Sizilien** ist noch zu sehr im Flusse, als daß sich Abschließendes darüber sagen ließe; vgl. Sthamer „Die vatikanischen Handschriften der Konstitutionen Friedrichs II. für Sizilien". Wie weit in den Briefen der sizilischen Kanzlei der Kaiser unmittelbar zu Worte kommt, untersuchte Sthamer in dem Aufsatz „Eigenes Diktat des Herrschers in Briefen der sizilischen Kanzlei des 13. Jahrhunderts". Darnach trug der Hofbeamte X. dem Kaiser die Angelegenheit vor, verfaßte dann nach dessen Angabe das Schriftstück und diktierte es in der Regel dem Notar Y. Nur bei wichtigen Angelegenheiten kommt unter Umständen teilweise oder ganz ein Diktat des Herrschers in Frage.

S. 172 Der Brief des **Sultans Saleh Ejub** ist überliefert bei Albert von Stade, Mon. Germ. SS. XVI. S. 370, zum Jahr 1246.

S. 174 Der **Bericht Manfreds** ist abgedruckt bei Huillard-Bréholles VI. S. 755. — In seinem **Testament,** abgedruckt in den Mon. Germ. Const. II. S. 385 Nr. 274, hat zwar der Kaiser ausdrücklich bestimmt, daß die Rückerstattungen an die römische Kirche nur unter Vorbehalt der Reichsrechte und der Reichsehre (salvis in omnibus et per omnia iure et honore imperii) zu vollziehen seien, aber die Zeitgenossen haben das Testament doch als einen vollen Verzicht des Kaisers namentlich auch auf das Kirchenregiment in Sizilien aufgefaßt, vgl. Wieruszowski „Vom Imperium zum nationalen Königtum" S. 212. — Über das **Nachleben Friedrichs** II. s. F. G. Schultheiß „Die deutsche Volkssage vom Fortleben und von der Wiederkehr Kaiser Friedrichs II." Nach Hampe „Kaiser Friedrich II. in der Auffassung der Nachwelt" blieb die Erinnerung an ihn vor allem in Italien, und zwar in der Literatur (Dante!) lebendig; über Friedrichs Nachleben bei den Deutschen dort S. 13 f. (Vgl. auch S. 395 zu S. 126).

S. 175 Das von uns angeführte Quellenzeugnis von **Konradins Hinrichtung** ist der „Kleineren Erfurter Minoritenchronik" Mon. Germ. in us. schol. S. 677 f. entnommen. — Die Niederlage Konradins war vor allem bedingt durch das Festhalten an der ritterlichen Kampfweise, bei der die Aufstellung von Reserven verpönt war (vgl. S. 322), während Karl von Anjou sich bereits der eben modern werdenden Gefechtsweise bediente. — Wie richtig die Bemerkung des Erfurter Chronisten über die Erinnerung an Konradin in Italien ist, zeigt unter anderem ein Vorgang nach der Schlacht von Montecatino am 29. August 1315, in der die Pisaner mit den Deutschen gegen König Roberts, des Enkels Karls von Anjou, Leute siegten. Auf dem Leichnam Fürst Peters, des Bruders Roberts, sitzend wurde Ranieri Graf Donoratico, ein Pisaner, zum Ritter geschlagen. „Von der Zeit Konradins an, wollte sich nämlich keiner dieser Grafen zum Ritter schlagen lassen, außer in einer Schlacht, in der Rache geübt war an jenem Geschlecht, von dem Konradin ermordet worden war" (Matthias von Neuenburg, Mon. Germ. in us. schol. Kap. 37).

Drittes Kapitel

Die Kultur des Hochmittelalters

S. 178—180 Die Formen zur **Erhebung in den Ritterstand** sind eingehend geschildert von Maßmann in „Schwertleite und Ritterschlag". — Über **Erstarrungs- und Zersetzungserscheinungen** in der germanischen Kultur während **der Römer- und Völkerwanderungszeit** s. Bühler „Kultur des MA." S. 87 und „Deutsche Geschichte" I. S. 87 und für den religiösen Synkretismus besonders Helm „Spaltung, Schichtung und Mischung im germanischen Heidentum". — Über **die abendländische Christenheit als Einheit** s. Schnürer „Kirche und Kultur im MA." II. S. 326.

S. 181 Der **Übergang** vom Althochdeutsch zum **Mittelhochdeutschen** vollzog sich ganz allmählich und umfaßt verschiedene Elemente. Als Hauptkennzeichen gelten die Abschwächung der Endsilbenvokale und das Umsichgreifen des i-Umlautes; das Eindringen zahlreicher Lehnwörter aus dem Französischen (z. B. Abenteurer, Lanze, Preis, Tanz) begleitet diesen Vorgang; vgl. Sperber „Geschichte der deutschen Sprache" S. 61. — Von den verschiedenen zusammenfassenden Werken über die mittelhochdeutsche Literatur sei hier nur erwähnt Ehrismann „Geschichte der deutschen Literatur bis zum Ausgang des MA.". Für die mittelniederdeutsche Dichtung s. Jellinghaus „Geschichte der mittelniederdeutschen Literatur".

S. 181—183 Zur **Epik** s. Vogt „Das höfische Epos bis auf Gottfried von Straßburg"; über die **Heldensage** s. Hermann Schneider „Deutsche Heldensage" über das **Liebesproblem** (nicht nur bei Gottfried von Straßburg, sondern als „typisches Element der höfischen Minnedichtung" überhaupt) s. Nickel „Studien zum Liebesproblem bei Gottfried von Straßburg". Den Unterschied zwischen **deutscher und französischer Art** in der Epik kennzeichnet Rosenhagen „Der Geist des deutschen MA." S. 137 treffend dahin, daß sich beim deutschen Dichter „der Zug zum Ganzen nicht nur in der Vorstellung des Sittlichen, sondern (auch) in der künstlerischen Gestaltung geltend macht", während den französischen Epiker „der klare Blick, der ungetrübt und ohne Ablenkung auf die Vorgänge und Erscheinungen gerichtet ist", auszeichnet.

S. 184—186 Der Übergang zur **Dorfpoesie** wird vielfach als Verfallserscheinung der ritterlichen Dichtung betrachtet. Mit Recht macht dagegen Stammler „Ideenwandel in Sprache und Literatur des deutschen MA." S. 755 und 757, darauf aufmerksam, daß solche Wandlungen eintreten müssen, „wenn eine geistige Generation ihre gedanklichen und formalen Ziele in Kunstwerken endgültig niedergelegt hat" und daß dieser Umschwung nicht nur „eine Reaktion gegen die ritterliche Standesdichtung" war, sondern daß hier „zum erstenmal das neue künstlerische Ideal einer naturbeobachtenden und wirklichkeitsmalenden Poesie" angestrebt wurde. — Die Entwicklung (von den Vorbildern zur Selbständigkeit) und die dichterische Umwelt **Walthers von der Vogelweide** ist gut gezeichnet von Halbach „Walther von der Vogelweide und die Dichter von Minnesangs Frühling"; Naumann „Das Bild Walthers von der Vogelweide" ist eine vorzügliche Darstellung von Walthers geistiger Struktur und seinem leidenschaftlichen, Höchstes erstrebenden erzieherischen Ethos; nur der Vergleich Stefan Georges mit Walther wirkt wenig überzeugend. — Das von uns in den Text aufgenommene Lied Walthers geben wir in der Übersetzung Simrocks (vgl. Anm. zu S. 145). — **Freidank** war wahrscheinlich bürgerlichen Standes, er nannte seine zwischen 1216 und 1229 entstandene Spruchsammlung „Bescheidenheit" (Bescheid wissen), ihr sind die oben angeführten Sprüche über den Papst, die römischen Boten, die Sündenvergebung und Sankt Peters Netz entnommen (vgl. Anm. zu S. 158—160). — Zahlreiche **Versnovellen** enthält von der Hagen „Gesamtabenteuer, 100 altdeutsche Erzählungen". Aus dem von uns im Texte nicht berücksichtigten **Prosaschrifttum** dieser Epoche bietet eine zwar wenig umfangreiche aber ausgezeichnet unterrichtende Auswahl Naumann „Altdeutsches Prosalesebuch".

S. 187 Die in dem Texte über die **bildenden Künste** angeführten Zitate sind, wenn in den Anmerkungen nicht anders bemerkt, entnommen Dehio „Geschichte der deutschen Kunst" Bd. I. — Von verschiedenen modernen **kunstgeschichtlichen Problemen**, wie Gesetz der Generationen, dreifaltige Periodizität, gesetzlichem Wechsel vom architektonischen über den plastischen zu malerischen Stilen, handelt Habicht „Das Problem des Wandels und der Faktor des Germanentums in der deutschen Kunst", und stellt diesen Hypothesen seine eigene von dem dreitaktigen Ablauf der sakralen, säkularen und rationalen Kunst gegenüber. Derartige Hypothesen bieten zwar mancherlei wertvolle Anregungen zur Beurteilung von Einzelerscheinungen, führen aber in ihrer Verallgemeinerung immer zu einseitigen, dem Gesamtleben der Kunst nicht gerecht werdenden Auffassungen.

S. 188 Die Stelle über den **Braunschweiger Löwen** ist entnommen dem Gedichte „Gesta Friderici" von Gottfried von Viterbo (Mon. Germ. in us. schol. Vers 1144—1146).

S. 189 Die **Heiliggrabkapelle** der Abdinghofer Mönche befand sich in den Externsteinen, über diese Bühler „Deutsche Geschichte" I. S. 371 Anm. zu S. 159, dort weitere Literatur. — Die **Schottenmönche** waren eigentlich irische Mönche, Irland hieß im MA. „Scotia maior". Über die „Schottenmönche" in Deutschland s. Bühler „Klosterleben im deutschen MA.", Register unter Irenmönche.

S. 191 Die deutsche und französische Wesensart hat Jantzen „Deutsche Bildhauer des 13. Jahrhunderts" S. 120ff. an dem **Verhältnis der Bamberger zur Reimser Plastik** (Maria und Elisabeth) tiefgründig und in glänzender Form dargestellt. — Über die **Stifterfiguren im Naumburger Dom** s. neben Jantzen a. a. O. S. 230ff. (die Lettnerfiguren S. 208ff.) besonders Möllenberg „Eike von Repgow und seine Zeit", wo mit großer Wahrscheinlichkeit die Stifterfiguren als Sinnbilder der Seligpreisungen der Bergpredigt gedeutet werden.

S. 193 Bei der Frage nach dem **Ursprung der Gotik** ist als erstes zu beachten, daß ihr Wesen in der Vereinigung der drei Konstruktionselemente: Rippengewölbe, Strebewerk und Spitzbogen besteht, wovon dem früher schon im Orient, in Sizilien und Südfrankreich verwandten Spitzbogen die geringste Bedeutung zukommt. Zweitens ist bei allen derartigen Erscheinungen der Ansatz entscheidend, von dem aus eine geistige, künstlerische oder politische Bewegung unmittelbar zu ihrer vollen Auswirkung fortschreitet, wobei es ziemlich gleichgültig ist, ob die das Wesen der Epoche bestimmenden Erscheinungen völlig neu auftreten oder schon irgendwann und irgendwo unter anderen Voraussetzungen und mit einem anderen Ergebnis einmal eine Rolle gespielt haben. Nach diesen beiden Grundsätzen und dem einwandfrei sich aus den geschichtlichen Zeugnissen ergebenden Tatsachenbestand unterliegt es keinem Zweifel, daß das Ausgangsgebiet der ma. Gotik das nördliche Frankreich war, ähnlich wie z. B. die ma. deutsche Mystik ihre Heimat in oberdeutschen Dominikanerklöstern hat, obwohl es schon früher inner- und außerhalb Deutschlands christliche Mystik gegeben hat. Arbeiten, wie z. B. die von Bock „Die germanische Gotik", die als Ausgang der Gotik den Holzbau nachweisen wollen, haben insofern Bedeutung, als sie die gewiß sehr wichtige seelische Veranlagung des germanisch-deutschen Menschen für die Gotik aufzeigen. Unrichtig ist aber auch die Bezeichnung der Gotik als „style français". Wenn also auch die Gotik allgemein abendländisch war, stellt sie doch eine den nordischen Völkern oder Völkern mit starkem nordischen Einschlag, der ja auch in Nordfrankreich vorhanden war, besonders entsprechende künstlerische Ausdrucksweise dar; s. Tietze „Die Gotik".

S. 197 Eine knappe Einführung in die **Scholastik** bietet Grabmann „Die Philosophie des MA.", ausführlicher und ebenfalls allgemein verständlich ist Derweyen „Die Philosophie des MA." gehalten. Ganz kurz legt in vorzüglicher Weise die großen Entwicklungslinien und die Hauptinhalte der Scholastik dar: Eibl „Die Scholastik". Karte 134 des K. A. von Schlauck läßt die Gesamtentwicklung der Hochscholastik gut erkennen; die gewaltige Geistesarbeit des Roger Bacon und namentlich des Duns Scotus ist allerdings positiver zu werten. Sie haben nicht nur eine „schlechte Verbesserung der Scholastik versucht" und des Duns Scotus Lebensleistung ist keineswegs kleinliche Begriffsspalterei. — Zur Geschichte der ma. **Universitäten** s. Schnürer „Kirche und Kultur im MA." II. S. 375. — Man hat die Scholastik oft mit der gotischen Architektur verglichen. Eibl weist a. a. O. S. 39 mit Recht darauf hin, daß dieser Vergleich zwar für die Gesellschaftslehre des heiligen Bonaventura zutreffe, während die „schönen, ruhigen, horizontal hingebreiteten Schichten des thomistischen Systems" besser in Beziehung zum romanischen Stil zu setzen seien.

S. 200 Über die **Naturwissenschaften** im MA. s. das allerdings oft etwas allgemein gehaltene, in manchem den im Text angedeuteten „Ehrenrettungen" zuzuzählenden Buch von Strunz „Albertus Magnus. Weisheit und Naturforschung im MA."; s. auch vom gleichen Autor „Astrologie, Alchimie und Mystik". Neben Albertus Magnus haben besonders die Engländer Grosseteste und Roger Bacon in den Naturwissenschaften Bedeutendes geleistet, s. Schnürer „Kirche und Kultur im MA." II. S. 398ff.

S. 200f. Über das **Recht** als eine der vorzüglichsten Quellen zur Erkenntnis deutschen Wesens s. Hillmann „Das Gericht als Ausdruck deutscher Kulturentwicklung im MA." und Herbert Meyer „Recht und Volkstum"; über den **Sachsenspiegel** das anregende für weiteste Kreise bestimmte Buch von Möllenberg „Eike von Repgow und seine Zeit". Der Sachsenspiegel ist hgg. in den Mon. Germ. Fontes iuris Germ. antiqui nova series I., ebenso der Deutschenspiegel und Augsburger Sachsenspiegel in Band III.

S. 201 Über die ma. **Geschichtschreibung** s. den Aufsatz von Grundmann „Die Grundzüge der ma. Geschichtsanschauung". Über die ma. Geschichtsquellen selbst unterrichten Wattenbach „Deutschlands Geschichtsquellen im MA. bis zur Mitte des 13. Jahrhunderts" und Lorenz „Deutschlands Geschichtsquellen seit der Mitte des 13. Jahrhunderts". Eine neue Ausgabe des **Cäsarius von Heisterbach** erscheint eben von Hilka. Fromme Erzählungen von der Art des Cäsarius bietet im Originaltext und in sehr guten Übersetzungen Klapper „Erzählungen des MA." — **„Bertholds von Regensburg vollständige Ausgabe seiner Predigten"** hgg. Fr. Pfeiffer.

S. 202—205 Über die **Mönchsorden** unterrichtet von deutschen Werken am besten Heimbucher „Die Orden und Kongregationen der katholischen Kirche"; eine knappe Übersicht über die Entwicklung der hauptsächlichsten ma. Orden und zahlreiche zeitgenössische Aufzeichnungen über sie bietet Bühler „Klosterleben im deutschen MA." — Wir nannten im Text nur die für die deutsche ma. Geschichte wichtigsten Orden, übergingen also solche, deren Bedeutung wie bei den Karthäusern fast ausschließlich auf dem Gebiet der Askese liegt. — Die Regel des Deutschen Ritterordens bei J. Bühler „Ordensritter und Kirchenfürsten" S. 50.

S. 205—207 Eine gute Einführung in die ma. deutsche **Mystik** bietet Grabmann „Die Kulturwerte der deutschen Mystik im MA." Den philosophischen Inhalt der Mystik behandelt Bernhart „Die philosophische Mystik des MA." Eine vorzügliche, ganz knappe Übersicht enthält Günther Müller „Deutsches Dichten und Denken vom MA. zur Neuzeit" S. 5—31, s. auch den Artikel Mystik von Quint in „Reallexikon der deutschen Literaturgeschichte" IV.

S. 65—88; über **Meister Eckart** läßt sich erst nach Erscheinen der Neuausgabe seiner Werke Abschließendes sagen. Die zur Zeit wohl beste Darlegung der Eckartschen Lehre von der Gottverbundenheit der menschlichen Seele dürfte der Aufsatz von K. Weiß „Die Seelenmetaphysik des Meisters Eckart" geben. Sehr anregend, aber in manchen Formulierungen überspitzt, ist Dempf „Meister Eckart". — **Mystikerbriefe** sind neuerdings gut herausgegeben von Oehl „Deutsche Mystikerbriefe des MA. 1100—1550".

S. 207—209 Eine gute Darstellung des lateinischen **Averroismus** gibt Gorce im Dictionaire d'histoire et géographie ecclesiastique Bd. V Sp. 1032ff.; s. auch die Arbeit von Grabmann „Der lateinische Averroismus des 13. Jahrhunderts". — Zur **Vagantendichtung** s. Strecker im Reallexikon der deutschen Literaturgeschichte II. S. 393; junge deutsche Kleriker begannen ungefähr seit dem Jahre 1000 in immer steigendem Maße Schulen in Frankreich aufzusuchen, die aber noch nicht den Charakter der hochmittelalterlichen Universitäten hatten. — Die im Texte angeführten Averroistischen Thesen und weitere ähnlicher Art sind verzeichnet im „Chartularium universitatis Parisiensis" hgg. Denifle Bd. I. S. 543ff. — Der Urtext der angeführten Bibeltravestie ist abgedruckt bei Lehmann „Parodistische Texte" S. 70; vgl. auch dessen Buch „Die Parodie im Mittelalter". — Der Text des Liedes „ich was ein kind so wolgetan" steht bei von der Hagen „Minnesinger" III S. 447 Nr. 86. — Zu den **Ketzern** vgl. oben S. 18 und die Anm. hierzu S. 388. Der Mainzer Erlaß von 1233 ist abgedruckt in der Zeitschrift für Geschichte des Oberrheins Bd. III S. 135. — Die Stelle über den Thüringer Landgrafen ist entnommen dem Dialogus miraculorum des Cäsarius von Heisterbach Dist. III Kap. 26.

Drittes Buch

Das Spätmittelalter

Erstes Kapitel

Die Kultur des Spätmittelalters

S. 215—216 Über den **Zeitcharakter** des Spätmittelalters s. Bühler „Kultur des Mittelalters" S. 107ff., dort auch (z. B. S. 117 und an anderen Stellen) kurze Auseinandersetzungen mit den Werken von Huizinga „Herbst des MA." und Stadelmann „Vom Geist des ausgehenden MA." Als „kraftvolle und urgesunde Zeit" beurteilt das Spätmittelalter z. B. auch Merker in „Das Zeitalter des Humanismus und der Reformation" S. 340. Über die Vorkommnisse in Eichstätt vgl. Redlich „Rudolf von Habsburg" S. 64ff.

S. 216—217 Außer der S. 392 zu S. 76 genannten Literatur über die **Stadt** s. Kulischer „Allgemeine Wirtschaftsgeschichte" I. S. 163ff. (mit sehr reichen Literaturangaben). Das Buch von Kulischer leistet als Nachschlagewerk für alle mit **Handel und Gewerbe** zusammenhängenden Fragen ausgezeichnete Dienste. Mit besonderem Nachdruck sei noch hingewiesen auf Schulte „Geschichte des mittelalterlichen Handels und Verkehrs zwischen Westdeutschland und Italien" mit wichtigen Beiträgen auch zur politischen Geschichte, z. B. den Marschwegen deutscher Truppen nach Italien, zur deutschen Handelspolitik und zum mittelalterlichen Auslandsdeutschtum in Italien und Spanien; und auf Schulte „Die Geschichte der großen Ravensburger Handelsgesellschaft", eine Fundgrube für die Geschichte der Organisation des deutschen Handels und auch für allgemeinere kulturgeschichtliche Gebiete. — Einen guten Gesamtüberblick über die Entwicklung des Städtewesens gibt Karte 100 des K. A. von Hilger. Den Aufbau der spätma. Stadtwirtschaft veranschaulicht Karte 119 des K. A. von Elsasser. — Der **althansische Spruch** über die einzelnen Städte bei Bechtel „Wirtschaftsstil des deutschen Spätmittelalters" S. 39 Anm. 19, dort S. 31ff. die Angaben über die **Bevölkerungszahl der einzelnen Städtegruppen.** Nach Kulischer a. a. O. S. 216 waren 68% der männlichen Einwohnerschaft von Brügge im Woll- und Tuchgewerbe beschäftigt.

S. 219 Über die **Zünfte** s. Kulischer a. a. O. S. 181ff., ferner ebenfalls mit reichen Literaturangaben Lentze „Der Kaiser und die Zunftverfassung in den Reichsstädten". — Viel erörtert wird der **Ursprung** des mittelalterlichen **Zunftwesens.** Wenn aber auch jetzt feststeht, „daß der erste Anstoß zur Zunftbildung nicht vom Stadtherrn ausging", so haben doch besonders die bischöflichen Stadtherren ursprünglich das Zunftwesen durch Verleihung von Rechten gefördert, auch in die innere Verwaltung der Zünfte eingegriffen, Abgaben von ihnen erhoben usw., vgl. Rütimeyer „Stadtherr und Stadtbürgerschaft ...“, dort auch S. 108 Näheres über das **Ungeld**, das nach Rütimeyer nicht als Zoll aufzufassen ist, sondern das eine indirekte Steuer war. Daß z. B. in Regensburg gewisse Gewerbe dem burggräflich-herzoglichen und auch dem bischöflichen Kammeramt unterstanden, weist Heimpel „Das Gewerbe der Stadt Regensburg im MA.“ (S. 70) nach. Dieses Buch ist auch sonst für das Gewerbeleben in einer ma. Stadt sehr aufschlußreich.

S. 220f. Das Aufkommen der **bürgerlichen Lebensart** zeigt der Aufsatz von Stammler „Die bürgerliche Dichtung im Spätmittelalter“. Wir können nur einige der wichtigsten Feststellungen daraus anführen: „Unrichtig ist der Gesichtspunkt, als ob der Adel seit etwa 1500 seine Bedeutung in politischer oder kultureller Beziehung verloren hätte.“ „Die scholastische Tugendlehre liefert dem wirtschaftlich und politisch erstarkenden Bürgertum die moralischen Grundlagen“, auf denen es eine eigene Weltanschauung gegenüber der höfisch-ritterlichen, ständisch gebundenen errichten konnte. „Die ethische und geistige Struktur des mittelalterlichen Bürgertums ist zu begreifen als Auseinandersetzung zwischen Christentum und Erwerbsgesinnung.“ — Die **Stadtrechte** geben auch über den Behördenorganismus, die Zünfte und das Stadtrecht in den Städten Aufschluß. Als Musterbeispiel einer großen Stadtrechtausgabe sei genannt K. O. Müller „Nördlinger Stadtrechte des Mittelalters“. Die Stadtrechte einzelner mittelalterlicher Städte sind gut dargestellt z. B. von Lösch „Die Grundlagen der ältesten Kölner Gemeindeverfassung“; von Stadler „Beiträge zur Rechtsgeschichte der Stadt Salzburg im MA.“; Krieg „Das Mindener Stadtbuch von 1318“ S. 14—58. Über das für den deutschen Osten ungemein wichtige **Magdeburger Recht** s. Möllenberg „Eike von Repgow und seine Zeit“ und W. Becker „Magdeburger Recht in der Lausitz“; über die **Kulmer Handfeste** s. Kisch „Die Kulmer Handfeste ...“

S. 221 Zur **städtischen Wohlfahrtspflege** s. das grundlegende Werk von Reicke „Das deutsche Spital und sein Recht im MA.“ Bd. I, S. 292: „Von einer vollkommenen Erfassung der Armen und Kranken in den Städten durch anstaltliche Fürsorge blieb man im allgemeinen weit entfernt, wenn auch in vielen Orten Erhebliches geleistet wurde.“ — Über das **städtische Wehrwesen** s. Rütimeyer „Stadtherr und Stadtbürgerschaft ...“ S. 130ff.; Freynhagen „Die Wehrmachtverhältnisse der Stadt Rostock“. Beyerle „Zur Wehrverfassung des Hochma.“ weist nach, daß im früheren deutschen Ma. (B. sagt Hochma.) nicht die Einwohner der Reichs- und Bischofsburgen, sondern größere landschaftliche Wehrverbände den Mauergürtel erstellt und verteidigt haben. Der Anteil der Bürgerschaft am Mauerbau ist erst allmählich mit ihrer Verselbständigung gewachsen. Unter den sächsischen und salischen Kaisern hat der Burgbannkreis noch den Wehrverband gebildet.

S. 222—226 Zu der vielumstrittenen Frage nach der **Entstehung der Landeshoheit** s. jetzt besonders Knapp „Zur Geschichte der Landeshoheit“ mit reichen Literaturangaben. Knapp vertritt wieder mit allem Nachdruck die These, die Wurzel der Landeshoheit sei im öffentlichen Recht, und zwar in erster Linie in der Gerichtsherrschaft zu suchen, und daß da, wo das alte Herzogtum verschwunden war, der Graf der Landesherr wurde. Die von Knapp nicht berücksichtigte Arbeit von Hüttebräuker „Das Erbe Heinrichs des Löwen“ zeigt jedoch, daß der Ausgangspunkt des Herzogtums Braunschweig Grundeigentum und andere Besitzungen: Hufen, Höfe, Dörfer, Märkte, Burgen, Städte usw. waren. Zusammenfassend wird man sagen dürfen, daß die Entwicklung der Landeshoheit im allgemeinen den von Knapp angegebenen Weg gegangen ist, daß aber doch auch andere Elemente mitgewirkt haben, und daß es auch verschiedene Sonderfälle gab, so den von Braunschweig und den des Fürstenhauses Reuß, das, ursprünglich ein Reichsministerialengeschlecht, von der Reichsvogtei her zur Landeshoheit aufstieg (s. Finkenwirth „Die Entstehung der Landeshoheit des Fürstentums Reuß“). — Die Angaben über die **Verpflichtung eines Bauern** als Leibeigenen usw. sind entnommen Riezler „Geschichte Baierns“ III, S. 793, über die **Hofmarken** a. a. O. S. 702. — Die **wirtschaftliche Bedeutung der Territorien** ist in der grundlegenden Arbeit von Spangenberg „Territorialwirtschaft und Stadtwirtschaft“ eingehend untersucht. Die wertvollen Ergebnisse Spangenbergs zeigen gewiß eine erheblich größere Einflußnahme der Landesherren auf die Wirtschaft ihrer Territorien, auch auf die Städte, als bisher angenommen wurde. Daß aber doch die Stadt der eigentliche Träger des Wirtschaftslebens in der von uns im Text angegebenen Weise war, wird durch die Ausführungen Spangenbergs, der auf den Warenwertumsatz und die Unterschiede der Städte nach ihrem Wirtschaftscharakter nicht näher eingeht, im allgemeinen bestätigt. — Zum **Universitätswesen** in Deutschland vor der Reformation (Gründungsgeschichte und die wichtigsten organisatorischen Einrichtungen) s. Mackensen K. A. Karte 145. — Der **Stiftungsbrief der Freiburger** (i. Br.) **Universität** ist abgedruckt im Urkundenbuch von Freiburg II S. 447.

S. 226—228 Heiratsprivilegien für **Ministeriale** s. z. B. Mon. Germ. Const. III. S. 378 und 392 und IV S. 33 Nr. 37. Wohl eine Folge der alten Unfreiheit der Ministerialen war es, daß die bairischen Herzöge bis Ende des 15. Jahrhunderts verwaiste Töchter ihrer Adligen nach ihrem Gefallen verheirateten, s. Riezler „Geschichte Baierns" III. S. 747. — Über das großenteils harte **Leben des niederen Adels** s. z. B. Rolevinck „de laude veteris Saxoniae" (hgg. von Troß) III, 10 und „Epistolae U. Hutteni" hgg. von Böcking I. S. 201. — Die Stelle über den **Aufstieg des niederen Adels** ist entnommen H. Günter „Deutsche Kultur in ihrer Entwicklung" S. 26; die Zitate über den Ritterschlag und die bairischen Edelleute Riezler a. a. O. S. 747 und 749. — Über die Einwirkung des Adels auf das **Staats- und Gesellschaftsethos** s. Bühler „Kultur des MA." S. 182ff.

S. 228—231 Auf die Frage nach der **Lage der Bauern** im MA. bin ich näher eingegangen in meiner „Kultur des MA." S. 127ff. In dem Bande „Bauern, Bürger und Hansa" habe ich S. 36ff. verschiedene literarische und urkundliche Quellenzeugnisse zur Lage des Bauern aufgenommen. Der Aufsatz von Fehr „Das Waffenrecht der Bauern im MA." gibt über das im Titel genannte Thema hinaus wertvolle Aufschlüsse über die sozialen Verhältnisse des Bauernstandes. Dort (Teil II. S. 16): „Die Fehde gegen den Herrn galt als Freibrief, den hintersässigen Bauern zu schädigen." — Über die **Weistümer** als Quelle für die Geschichte des Bauerntums s. Patzelt „Entstehung und Charakter der Weistümer in Österreich" und namentlich H. Wießner „Sachinhalt und wirtschaftliche Bedeutung der Weistümer im deutschen Kulturgebiet"; Schröder-Künßberg verzeichnet S. 760 und 1065 die bis 1931 veröffentlichten ländlichen Rechtsquellen und die Literatur hierüber. Während die Weistümer „den Rechtszustand so geben, wie es sein sollte", zeigen die bäuerlichen Beschwerdeschriften des ausgehenden MA. ihn „so, wie ihn der Bauer sah und empfand" (G. Franz „Der deutsche Bauernkrieg" Aktenband S. I). Über die Lage der Bauern im Spätmittelalter s. Gothein „Die Lage des Bauernstandes am Ende des MA."; G. Franz „Der deutsche Bauernkrieg"; W. Andreas „Deutschland vor der Reformation" S. 416ff. — Die **Zahl der ma. bäuerlichen Bevölkerung** ist berechnet nach Bechtel „Wirtschaftsstil des deutschen Spätmittelalters" S. 34f.: Gesamtbevölkerung etwa 12 Millionen, davon städtisch (mit den Ackerbürgern!) 10—15%; Die **Ertragsberechnung** nach Kulischer „Allgemeine Wirtschaftsgeschichte" I. S. 159f.; über die **Abgaben** s. Bühler „Bauern, Bürger und Hansa" S. 31, über die **Nebenleistungen** Bühler „Kultur des MA." S. 139 und Riezler „Geschichte Baierns" III. S. 794.

S. 231—233 Über die **Freibauern** s. Waas „Zur Frage der Freigrafschaften, vornehmlich in der Wetterau", dort S. 157: „Freie Bauern sitzen auf Grund und Boden, dessen Obereigentum dem König gehört, was sie zu Abgaben an den König oder seinen Vertreter verpflichtet, aber ihren freien Stand nicht beeinträchtigt." Wie die „Beschreibung von Stadt und Stift Minden des Domherrn Heinrich Tribbe" (S. 29) erkennen läßt, waren jedoch auch Freigrafschaften in herrschaftlichen Besitz übergegangen und verschiedene ihrer Bewohner noch im 13. Jahrhundert teilweise mit schwersten Lasten belegt, selbst der Heimfall der Hälfte der Äcker beim Tode des Mannes oder der Frau, und des ganzen Hofes beim Tode beider kam vor. Für die Lage der Bauern ist auch die Angabe (S. 30) bezeichnend, daß den Bauern, wenn die Herren von der benachbarten Burg auf Raub auszogen, eine, zwei und selbst drei Kühe, wenn der Bauer so viele hatte (!), weggetrieben wurden. Darüber, wie vorsichtig man mit Schlüssen aus der Bezeichnung „frei" auf die tatsächliche Rechtslage der Bauern zu sein hat, s. H. Wießner a. a. O. S. 75ff. — Weller „Die freien Bauern in Schwaben" macht eine Reihe für verschiedene Reichsgebiete geltende Feststellungen über das sogenannte Freibauerntum: Die freien Leute des Hoch- und Spätmittelalters lassen sich nicht aus der alten Gemeinfreiheit herleiten, sondern sind von Friedrich I. an bis 1246 auf staufischem und Reichsgrundbesitz angesiedelt worden. Dies Vorbild ist wahrscheinlich von manchen anderen großen Landesherren nachgeahmt worden. Die Freiheit kam vor allem in dem von den eigenen Genossen gebildeten Gericht zum Ausdruck, verhinderte aber nicht, daß sich solche Freie mitunter rechtlich und wirtschaftlich schlechter stellten als die Unfreien. So bestätigen auch Wellers Beobachtungen Wießners Hinweise auf die Relativität des Begriffes „freie Bauern". (In der Auffassung von den Sippenführern als den späteren Dorfhäuptern folgt Weller ohne Kritik den Thesen von Viktor Ernst.) — Über die **Arbeitszeit in den ma. Städten** s. Kulischer „Allgemeine Wirtschaftsgeschichte" I. S. 212, über die Besitzverhältnisse S. 175ff.; s. auch Rörig „Der Markt von Lübeck". Die Verhältnisse von Lübeck dürfen freilich nicht ohne weiteres auf andere Städte übertragen werden. Bis 1284 verteilten sich in Lübeck die 141 Marktbuden auf nur 29 Familien, wovon die reichste $21^1/_2$ Buden hatte, um 1300 begannen sich die Besitzverhältnisse mehr zu differenzieren: um 1290 gab es auf dem Lübecker Marktplatz 1064 Gewerbetreibende und Händler, darunter 150 Gewandschneider, 100 Fleischer, 50 Bäcker, 23 Goldschmiede, 300 Händler. — Über **Dorfanlage, Hausbau, Wohnung, Einrichtungsgegenstände, Körperpflege** und dergl., worauf wir nicht näher eingehen können, s. Heyne „Fünf Bücher deutscher Hausaltertümer", A. Schultz „Deutsches Leben im 14. und 15. Jahrhundert", Kriegk „Deutsches Bürgertum im MA.", Bühler „Kultur des MA." S. 289ff.

S. 236—240 Über die Gotik als Ausdruck des **gesamteuropäischen Lebensgefühles** s. Dehio „Geschichte der deutschen Kunst" II. S. 20; über die **Hallenkirchen** s. Bechtel „Wirtschaftsstil des deutschen Spätmittelalters" S. 67f., dessen Auffassungen von deren „demokratischem Raumempfinden", von der „bewußten sozialen Einheit" (S. 88) des Laientums ich allerdings nicht teile. Von Demokratie in den ma. Städten kann man überhaupt nur sehr bedingt, keineswegs im modernen Sinne sprechen: „Die Stände recht voneinander zu trennen, das war Bürgerweisheit des 15. und 16. Jahrhunderts" (Gothein „Die Lage des Bauernstandes am Ende des MA." S. 16). — Über die Verehrung der **eucharistischen Gestalten** s. Schnürer „Kirche und Kultur im MA." III. S. 242f., über ihre Verwendung zur Zauberei s. Browe „Die Eucharistie als Zaubermittel". Die stärkere Betonung des Opfercharakters der Messe gegenüber dem früher mehr hervorgehobenen Charakter des eucharistischen Mahles (s. Grupp „Kulturgeschichte des MA." III S. 195) und die stärkere Heranziehung der großen Stiftskirchen zum Gottesdienst für das Volk — früher wurde vielfach neben der Kirche, die fast ausschließlich für die Mönchsgottesdienste verwendet wurde, eine eigene Laien- oder Pfarrkirche erbaut, ähnlich wurde es bei den Kathedralkirchen gehalten — führte andererseits dazu, den für den Klerus bestimmten Raum, den Klerikerchor mit dem Hochaltar, durch den nun vielfach mit Kunstwerken reich geschmückten Lettner vom übrigen Kirchenraum abzuschließen. — Über die **Eigenart der deutschen Spät- oder Sondergotik** die „weder Gotik noch Renaissance, sondern ein Drittes ist" und sich „gegen die französische Prägung der Gotik wendet" s. Dehio a. a. O. S. 142ff.

S. 241—245 Zur **Plastik** des 14. Jahrhunderts s. das ausgezeichnete Werk von Beenken „Bildhauer des 14. Jahrhunderts am Rhein und in Schwaben" dort S. 254 die Würdigung der Gmünder Prophetenstatue. — Abbildungen der **Straßburger Tierprozession** enthält der codex Germanicus Monacensis 4379 nach Gilbert Burnet (1643—1715), dessen Werke mir nicht erreichbar waren. — Über Adam Krafft, der „aus der Gotik den Weg ins Freie fand", s. Dehio a. a. O. II. S. 258. — Belege zum **Persönlichkeitsbewußtsein** bei Siebert „Der Mensch um 1300 im Spiegel deutscher Quellen" S. 44ff. — Über das Ungenügende aller bisherigen Veröffentlichungen über das **Naturgefühl** im MA. und über die Methode es zu erforschen s. Wilsing „Naturgefühl im MA." — Eine kurze Übersicht über die bisherige Literatur über die **Rolandssäulen** mit kritischen Bemerkungen gibt Möllenberg „Eike von Repgow ..." S. 128f. Nach Stammler (K. A. Karte 142, dort sind auch die Städte mit Rolandbildsäulen angegeben) haben die großen drehbaren Figuren mit Ritterrüstung, an denen die patrizische Jugend norddeutscher Städte ihre Gewandtheit im Stechen erprobte, nach einem Gedicht des Österreichers Stricker über Karl d. Gr. den Namen Rolande erhalten, im 14. Jahrhundert verknüpften sich mit diesen Figuren rechtsgeschichtliche Vorstellungen.

S. 245f. Der Satz über die Herstellung der **Überfanggläser** ist entnommen Springer-Neuwirth „Frühchristliche Kunst und Mittelalter" S. 489. — Die dem Zitat aus der **Kirchweih-Vesperhymne** folgenden Sätze sind eine freie und gekürzte Übertragung aus dem „Breviarium monasticum" der Benediktiner, Herbstteil.

S. 247 Zu den **Federzeichnungen** s. das aufschlußreiche Buch von Lehmann-Haupt „Schwäbische Federzeichnungen". — Über die **Tafelmalerei** s. neben Dehios vorzüglichen Ausführungen in seiner „Geschichte der deutschen Kunst" II. (der Hinweis S. 173 auf Spenglers Satz vom „Pathos der dritten Dimension" scheint mir nicht sehr glücklich) Worringer „Die Anfänge der Tafelmalerei", der allerdings den slavischen Charakter der böhmischen Malerei m. E. überschätzt.

S. 252—253 Eine bei aller Kürze ausgezeichnete **Stilgeschichte der deutschen Prosa des MA.** gibt Stammler auf Karte 161 des K. A., auf Karte 161 a verzeichnet Stammler „wichtige Prosadenkmäler des 15. und beginnenden 16. Jahrhunderts". — Neben der Eigenerzeugung spielte die Einfuhr von **Papier** eine große Rolle. So hatte z. B. ein Lübecker Kaufmann für 200 Gulden italienisches Papier zu Hause liegen, wozu er auf der Frankfurter Messe noch um 116 Gulden kaufte. „In Lübeck und weiter nach Skandinavien hinauf war das lombardische Papier ein hochbegehrter Artikel" (Rörig „Das Einkaufsbüchlein der Nürnberger-Lübecker Mulichs ..."). — Die Schilderung einer Nürnberger Papiermühle um 1390 aus Ulman Stromers „Büchel von meinem Geschlecht und Abenteuer" bei Bühler „Bauern, Bürger und Hansa" S. 154ff.; Stromer beschäftigte zuerst Italiener. — Die Angabe des Preises für einen Bogen Papier ist entnommen Riezler „Geschichte Baierns" III. S. 845. — Über die Erfindung und Verbreitung der **Buchdruckerkunst** s. Janssen „Geschichte des deutschen Volkes" I S. 10ff.

Dort S. 11 Anm. das von uns angeführte Zitat vom Jahre 1460. Die **technischen Entwicklungsstadien** vom Stempeldruck bis **zum Buchdruck mit beweglichen Lettern** sind leicht verständlich dargestellt im Text zu Karte 144 (von Mackensen) des K. A.; die Karte selbst enthält die deutschen Druckorte des 15. Jahrhunderts mit ihren wechselseitigen Beziehungen. — Die im Texte angeführte Stelle über die **national-sprachliche Bewegung** ist entnommen Wilhelm „Zur Geschichte des Schrifttums in Deutschland bis zum Ausgang des 13. Jahrhunderts". Für die deutsche Sprach- und Kulturgeschichte bis um 1300 ist das von Wilhelm hgg. „Corpus der altdeutschen Originalurkunden bis zum Jahr 1300", ein Quellenwerk ersten Ranges.

S. 253—256 Näheres über die **Seelenhaltung** des spätmittelalterlichen Deutschen s. Bühler „Kultur des MA.", dort auch die Quellenbelege und weitere Literaturangaben. — In den Quellennachrichten über die ma. **Judenverfolgungen** treten überwiegend religiöse und wirtschaftliche Beweggründe hervor. Manche Zeugnisse weisen aber doch auf Ablehnung der jüdischen Rasse oder, für die damalige Zeit wohl richtiger, des jüdischen Volkstums hin, so wenn der gefeierte Prediger Berthold von Regensburg von „dem stinkenden Juden, der die Leute anbockst" spricht, wenn der Erfurter Chronist der Judenschaft wünscht, sie möge in der Hölle ruhen (requiescant in inferno), wenn Konrad von Megenberg sagt, die Juden sind unserer Frauen und aller Christen Feind, und wenn manchmal in der unmittelbaren Erregung der Judenverfolgung auch getaufte Juden nicht geschont wurden (diese Hinweise sind entnommen Siebert „Der Mensch um 1300" S. 192, dort die genauen Quellenbelege). Ein mit E. gezeichneter Aufsatz in den „Historisch-politischen Blättern" (Band 140, München 1907, S. 656ff.) „Der Koraffe zu Straßburg im Münster" weist den Koraffen als eine antisemitische Schöpfung nach. Die Judenverfolgungen des MA. sind nicht als besondere Grausamkeit jener Zeit zu beurteilen, sondern bewegten sich sowohl in der Art der Anschuldigungen wie in ihrem Verlauf im Rahmen des damals bei derartigen Volksbewegungen allgemein Üblichen. Die Klagen über den Judenwucher waren, wenn nicht in jedem einzelnen Falle, so doch im allgemeinen berechtigt. Vgl. Bühler „Kultur des MA." S. 328ff. Von der neuesten Literatur über die Judenfrage sei besonders hingewiesen auf Grau „Antisemitismus im späten MA.", wo von den Verhältnissen einer Stadt aus, Regensburgs, Ergebnisse von allgemeiner Bedeutung zu gewinnen gesucht werden. Der Satz (S. 137) „der Trieb des Blutes lag noch in den Fittichen des Religiösen verborgen" gibt das Wesentliche richtig an; s. auch H. Fischer „Die verfassungsrechtliche Stellung der Juden in den deutschen Städten während des 13. Jahrhunderts" und Heise „Die Juden in der Mark Brandenburg bis zum Jahre 1571" — Das Zitat (S. 256) über die **horizontalen Ordnungen des Spätmittelalters** ist entnommen Keyser „Das Wesen des späten MA." S. 382.

S. 256 f. Zur **Wissenschaft** des Spätmittelalters s. die S. 401 zu S. 197 angegebene Literatur; ferner Ritter „Studien zur Spätscholastik". Ritters Aufsätze sind ebenso wie Heimsoeth „Die sechs großen Themen der abendländischen Metaphysik und der Ausgang des MA." wichtige Beiträge zur Geschichte des spätmittelalterlichen Geisteslebens überhaupt. Der **Nominalismus** des Spätmittelalters läßt sich historisch nicht auf den des 11. und 12. Jahrhunderts zurückführen. Kaum weniger wichtig für das geistige Leben des Spätmittelalters als der Übergang vom Realismus zum Nominalismus war der **Übergang vom Intellektualismus** des Thomas, wonach der Intellekt, der Verstand, die oberste Seelenkraft ist, zum **Voluntarismus** des Duns Scotus, dem der Wille die entscheidende Seelenpotenz ist. Auf Nikolaus von Cues werde ich Bd. III eingehen. — Der „Defensor pacis" des **Marsilius von Padua** ist hgg. von R. Scholz, über die Staatslehre des Marsilius s. Dempf „Sacrum Imperium" S. 430ff. dort S. 498ff. auch über **Lupold von Bebenburg,** den „bedeutendsten Juristen des Zeitalters" (so Stengel „Avignon und Rhens" S. 220).

S. 257—259 Über die **kirchlichen Zustände** am Ausgang des Mittelalters s. Andreas „Deutschland vor der Reformation" S. 61ff. und S. 627f.; auch andere Abschnitte dieses Buches bringen mancherlei Beiträge zu dem Thema Kirche und Volk im MA. — Zum **Schisma** s. Heimpel „Dietrich von Niem" und den von Heimpel hgg. Dialog Dietrichs von Niem über Union und Reform der Kirche. — Anschauliche Schilderungen vom Leben **in Konstanz** während des Konzils und vom Konzil selber bietet die „Chronik des Konstanzer Konzils" von Ulrich von Richental hgg. von Buck. Eine knappe Würdigung des Konstanzer Konzils unter großen allgemeinen Gesichtspunkten bietet Hollnsteiner „Das Konstanzer Konzil in der Geschichte der christlichen Kirche". — Nähere Angaben über die **Leistungen bairischer Kirchen und Klöster nach Rom** bei Riezler „Geschichte Baierns" III S. 814. Außerdem hatten die päpstlichen Nuntien in Deutschland weitgehende Befugnisse s. Steinherz „Die Fakultäten eines päpstlichen Nuntius im 16. Jahrhundert" S. 328. — Die Angaben über die **Zahl der Geistlichen** sind entnommen Janssen „Geschichte des deutschen Volkes" I. S. 472f.; über die Junker Gottes s. dort S. 720ff.

S. 260 f. **Rein deutsche Schulen,** auch Schreibschulen genannt, für Knaben und Mädchen kamen erst im 14. Jahrhundert als die ersten lateinlosen Schulen in Deutschland auf. In diesen Schulen wurde Lesen, Schreiben, die Abfassung von Vollmachten, Schuldbriefen, später auch Rechnen gelehrt; die Kaufleute gebrauchten bis ins 15. Jahrhundert noch vielfach Latein in ihren Urkunden und Handelsbüchern s. Weimer „Deutsche Jugendbildung im Wandel der Zeiten" S. 12f. — Wie groß die **Schülerzahl** in bedeutenderen Städten war, zeigt z. B. die Nachricht in Stolles Thüringisch-Erfurtischer Chronik S. 158, wonach sich an einer Prozession in Erfurt 800 Schüler der verschiedenen Erfurter Klöster und Pfarrschulen beteiligten. — Das Lob der **Buchdruckerkunst** ist entnommen den „Chroniken deutscher Städte. Köln" III S. 792.

S. 261—263 Zu den **Wallfahrten** s. das religionsgeschichtlich und volkskundlich aufschlußreiche Werk von G. Schreiber „Wallfahrt und Volkstum in Geschichte und Leben". — Über den **Pfeiferhansel** s. Bühler „Das deutsche Geistesleben im MA." S. 314ff. — Über das **Hexenwesen** s. die Werke (auch von allgemein kulturhistorischer Bedeutung) „Der Hexenhammer" und Hansen „Zauberwahn, Inquisition und Hexenprozeß im MA." — Über die **Juden** s. Anm. S. 406 zu S. 253—256. — Die deutschen **Bibelübersetzungen** vor Luther sind übersichtlich verzeichnet K. A. Karte 159 von Stammler. Die **klösterliche Gottseligkeit** spiegelt sich besonders in den spätmittelalterlichen mystischen Erbauungsschriften wider, z. B. in den „Offenbarungen der Adelheid Langmann" (hgg. von Strauch), „Von der Gnaden Überlast" (hgg. von K. Schröder); s. auch Lochner „Leben und Gesichte der Christina Ebnerin" und Kurt Schmidt „Der Lustliche Würtzgarte". — Über den **Wandel in der Frömmigkeit** von der Liturgie mit Mysteriencharakter zur subjektivistischen Andachtsübung s. Herwegen „Kirche und Seele: die Seelenhaltung des Mysterienkultes und ihr Wandel im MA.", wo allerdings eine Darlegung, wie es zu diesem Wandel kam, fehlt: hierüber s. oben S. 203f. — Zu der reichen Stoffsammlung erbaulichen Charakters von Richstätter „Die **Herz-Jesu-Verehrung** des deutschen Mittelalters" bietet zumal nach der kunstgeschichtlichen Seite der Herz-Jesu-Verehrung eine wesentliche wissenschaftliche Ergänzung Bauerreiß „Pie Jesu". Das Buch von Bauerreiß enthält eine Reihe wichtiger, neuer Ergebnisse zur ma. Frömmigkeit, so z. B. daß das **Schmerzensmannbild** eucharistischen, genauer sakrifikalen Charakters ist. — Die unglaublich grausame Ausführung der **Todesstrafen:** Rädern, lebendig begraben, pfählen, vierteilen, schildert Metzger „Die Verbrechen und ihre Straffolgen im Basler Recht des späten Mittelalters" I. S. 69ff.

S. 263 Über die **Musik** von etwa 1000—1600 s. Möhler „Geschichte der alten und ma. Musik". Der vorzügliche Aufsatz von Ficker „Die Musik des MA." bringt einen treffenden Vergleich der Musik und der bildenden Künste im Zeitalter der Gotik. — Einen guten Überblick über die Entwicklung des ma. **Volksliedes** bietet Rosenhagen „Der Geist des deutschen MA. in seinem Schrifttum und seiner Dichtung" S. 192ff. Zur Volksliedforschung s. die von John Meier hgg. Werke „Jahrbuch für Volksliedforschung" und „Deutsche Volkslieder mit ihren Melodien". — Über die **Liederdrucke** von 1470 an s. Janssen „Geschichte des deutschen Volkes" I. S. 291, dort S. 282 das Lied vom „Röslein".

S. 264—266 Über das ma. **Schauspiel** s. die ausgezeichnete Zusammenfassung von Stammler mit reichen Literaturangaben im „Reallexikon der deutschen Literaturgeschichte" I. S. 218—239:; über die **Fastnachtsspiele** ebenda M. Holl S. 356—358. Einen guten Überblick über die Entwicklung des deutschen Dramas von 1200—1600 gibt Karte 160 des K. A. von Zirus.

S. 266—268 **Wittenweilers Ring** wurde neu hgg. von E. Wießner. — Über die **Meistersinger** s. Stammler im Reallexikon der deutschen Literaturgeschichte Bd. IV. S. 58 ff. Die Anordnung der „Singschule" ging „ganz in den Formen der Disputation einer ma. Universität vor sich". — Über die Jerusalemreisen s. Röhricht „Deutsche Pilgerreisen nach dem Heiligen Lande" und Sommerfeld „Die Reisebeschreibungen der deutschen Jerusalempilger im ausgehenden MA." — Den Reisebericht des **Marco Polo** s. bei Herrmann „Marco Polo. Am Hofe des Großkans . . .". — Die sogenannten **Volksbücher** sind ‚ursprünglich literarisches Kulturgut der . . . Oberschicht, das sich das Bürgertum, unterstützt durch den Buchdruck und innerlich vorbereitet durch die Annahme der ehedem adligen Geschmacksrichtung, erst aneignet; es sind die volksläufig gewordenen Prosaromane des 14. und 15. Jahrh. aus französischen, lateinischen, deutschen Quellen und Stoffen" (Rehm „Geschichte des deutschen Romans" I S. 19). Die ersten Verdeutschungen dieser Stoffe schufen adlige Damen, die Übersetzungen aus der italienischen Renaissancenovelle gebildete Geistliche und Laien. Die rein deutschen Werke treten neben „den Übersetzungen sehr zurück . . . Beliebter sind die **Schwanksammlungen,** die der Wiener Ph. Frankfurter mit seinem ‚Pfaffen von Kalenberg' einleitet: um 1480 entsteht der niederdeutsche Eulenspiegel (ulen = wischen, Spiegel = A..., ul den Spiegel = wisch den ... s. Möllenberg „Eike von Repgow" S. 93); 1509 schreibt ein Augsburger den märchenhaften ‚Fortunat' (Mackensen Vorgeschichte des deutschen Romans" K. A. Karte 162).

S. 269 Als eine **Hoch-Zeit** der deutschen Geschichte rühmt das späte MA. namentlich Keyser mit guten Gründen in dem Aufsatz „Das Wesen des späten MA."

Zweites Kapitel

Grundlagen und Aufgaben der Politik des späteren Mittelalters

S. 270 Über die **Aufwendungen der Kurie** im Kampfe gegen die Hohenstaufen s. Redlich „Rudolf von Habsburg" S. 37 ff., daraus S. 49 auch das Zitat über die Reichsministerialen.

S. 272 f. Über das **Reichsgut** und seine Auswertung bis Kaiser Heinrich VII. s. Niese „Die Verwaltung des Reichsgutes im 13. Jahrhundert". Niese macht mit Recht darauf aufmerksam, daß das Reichsgut in seiner Bedeutung auch vielfach deshalb unterschätzt wird, weil davon unverhältnismäßig weniger Quellen als von den Territorialfürstentümern vorhanden sind. — Zur Trennung der Begriffe **Kaiser und Reich** zur Zeit Ludwigs des Baiern s. Stengel „Avignon und Rhens".

S. 274 Die Darstellung der Entwicklung des westfälischen **Frei- oder Femgerichtes** würde hier zu weit führen. Die große Bedeutung der späteren heimlichen Femgerichte (seit etwa 1300) beruhte darauf, daß sie nicht lokal beengt waren, daß hochangesehene Männer aus dem ganzen Reiche, selbst Kaiser und Fürsten, „Wissende" waren und daß todeswürdige Verbrechen verhandelt wurden. Nur wenn das ordentliche Gericht das Recht verweigert hatte oder den Angeklagten nicht in seine Gewalt bekam, durfte eine Sache vor das Femgericht gebracht werden; s. Schröder-ünßberg „Deutsche Rechtsgeschichte" S. 625—632 und Schnettler „Die Veme, Entstehung, ntwicklung und Untergang der Frei- und heimlichen Gerichte Westfalens".

S. 275 Zum **Kriegswesen** (auch für das 1. und 2. Buch) s. Erben „Kriegsgeschichte des MA." und Frauenholz „Das Heerwesen der germanischen Frühzeit ... und des ritterlichen Zeitalters".

S. 276 Über **Joachim von Floris** s. Grundmann „Studien über Joachim von Floris" und namentlich über die von den Franziskaner-Spiritualen getragene joachimitische Bewegung: Benz „Ecclesia spiritualis". — Die Schrift des **Jordanus von Osnabrück** und die von pseudojoachimitischen Gedanken beeinflußte „Notitia saeculi" des **Alexander von Roes** sind hgg. von Grundmann „Alexander von Roes ... und Jordanus von Osnabrück ...".

S. 278 Die **Langlebigkeit der Capetinger** hatte in der Zeit der Naturalwirtschaft, in der die Regierung sich auf Vergabung von Grund und Boden stützen mußte, aber auch den Nachteil der allmählichen Verarmung der Monarchie, wogegen in Deutschland das Krongut jeweils mit dem Hochkommen einer neuen Dynastie Zuwachs erhielt. So erweiterte sich in Deutschland von Zeit zu Zeit materiell und geographisch die wirtschaftliche Machtgrundlage des Königtums, während die französischen Könige lange auf die Ile de France beschränkt blieben, dafür aber „später in der Begründung des modernen, auf Steuern beruhenden Staates Deutschland" zuvorkamen, vgl. Heusinger „Servitium regis" S. 117 f.

S. 278—283 Die einzelnen Entwicklungsstufen der **Königswahl** s. Gebhardts „Handbuch der deutschen Geschichte" I. S. 383. — Über die **Handsalben** der Kurfürsten s. A. Schulte „Die Kaiser- und Königskrönungen zu Aachen" S. 23 f. Zur Bestechlichkeit der Fürsten und sonstiger Hochgestellter überhaupt s. Herzberg-Fränkel „Bestechung und Pfründenjagd am deutschen Königshof im 13. und 14. Jahrhundert".

S. 283 Einen guten Überblick in alphabetischer Anordnung über die **Geschichte der einzelnen Territorialherrschaften** mit Angabe der wichtigsten Quellenausgaben und Literatur zu jeder Herrschaft bietet Gebhardts Handbuch der Deutschen Geschichte II. S. 201 ff. Wir nennen im folgenden nur einige Neuerscheinungen seit 1931 und Literatur, auf die wir besonders aufmerksam machen möchten.

S. 289 f. Die Dissertation von Hoppe „Das Strafensystem des Dithmarischen Rechtes im MA." gibt gute Einblicke in die inneren, mit dem Rechtsleben im Zusammenhang stehenden Verhältnisse bei den **Dithmarschen** und ein umfangreiches Quellen- und Literaturverzeichnis. Der Roman von Bartels „Die Dithmarscher" schildert auf zuverlässiger geschichtlicher Grundlage anschaulich das Leben und den Freiheitskampf der Dithmarscher Bauern.

S. 290—295 Das Zitat über die **Mark Brandenburg** ist entnommen Marcks „Ostdeutschland in der deutschen Geschichte" S. 15. — „Die Rechtsentwicklung in Preußen" von Eberhard Schmidt sei als Beispiel angeführt, wie sich die Entwicklung zum Territorial- und Ständestaat und die Überwindung des Ständestaates von der Rechtsgeschichte aus darstellt. — Als Einführung in die Geschichte der **Ostkolonisation** leistet Hampe „Der Zug nach dem Osten" sehr gute Dienste. Einen vorzüglichen Überblick (mit Zeittafel) über die Ostkolonisation im hohen MA. gibt Hilger Karte 97 des KA. Von den zahlreichen Aufsätzen über die Ostkolonisation ist besonders zu beachten Aubin „Wirtschaftsgeschichtliche Bemerkungen zur ostdeutschen Kolonisation" S. 196: Diese Kolonisation hat „Deutschland gar keine Kolonien eingetragen, das Wort in seinem neuzeitlichen Sinn genommen. Was sie geschaffen hat, war vielmehr eine Wirtschaft, welche von Anfang an jener des Mutterlandes dem Wesen nach gleichartig war. Diese grundsätzliche Parität machte das Pseudokolonialland in wirtschaftlicher Hinsicht einfach zu einer Erweiterung des Mutterlandes. Man wird darin einen der Gründe dafür zu sehen haben, warum der deutsche Osten so vollkommen ein integrierender Bestandteil Deutschlands geworden ist." — Nach Spangenberg („Territorialwirtschaft und Stadtwirtschaft" S. 292) setzte die Bauernansiedlung im **Deutschordensland** erst in den achtziger Jahren des 13. Jahrhunderts ein. Bis zum Ende des 14. Jahrunderts entstanden mehr als 1400 deutsche Dörfer und 93 Städte. Gegenüber der weitverbreiteten Anschauung, der Deutschordensstaat habe nie zum Reiche unmittelbar gehört, stellt Stengel („Regnum und Imperium" S. 17) fest: „Die Verleihung von 1226 ‚konstruiert' keineswegs eine Rechtsstellung des Ordenslandes außerhalb des deutschen Reiches. Es erfolgte allerdings keine Belehnung, weil der Hochmeister zu den ‚lehensunfähigen Geistlichen' gehörte. Der Rechtstitel zur Eingliederung in das Reich war nicht das imperium mundi, sondern die deutsche Hoheit über Polen, Konrad von Masowien war ja ein polnischer Teilherzog". — Einen Überblick über „Der deutsche Ritterorden bis 1525" gibt Lampe KA. Karte 96. — Quellentexte in Übersetzung zur Geschichte der Deutschordensritter und geistlichen Fürsten, bei letzteren lediglich von kulturgeschichtlichen Gesichtspunkten aus, s. Bühler „Ordensritter und Kirchenfürsten".

S. 295—304 zu **Außenpolitik und Grenzdeutschtum** s. jetzt vor allem Kirn „Politische Geschichte der deutschen Grenzen" mit einem gut ausgewählten und gut geordneten Literaturverzeichnis, 12 Kartenskizzen und 7 farbigen Karten. Außer der dort genannten Literatur seien noch hervorgehoben Anton Mayer „Die Besiedlung des Böhmerwaldes", worin wahrscheinlich gemacht wird, daß „Deutsche im Böhmerwald seit den markomannischen Zeiten nie schwanden" und Schünemann „Die Deutschen in Ungarn bis zum 12. Jahrhundert". — Eine knappe Übersicht über die Beziehung der Germanen und Deutschen zum polnischen Raum und zu Polen von den Zeiten der Lausitzer Kultur an gibt Stasiewski „Deutschland und Polen im MA." — Die Auseinandersetzungen im nordöstlichen Teile besonders zur Zeit des Konstanzer Konzils schildert eingehend mit starker Betonung der ideengeschichtlichen Bedeutung des Kaisertums Pfitzner „Großfürst Witold von Litauen als Staatsmann". — Über das Schicksal **Heinrichs von Plauen** und die ungerechte Verratsbeschuldigung s. Hampe „Zum Sturz des Hochmeisters Heinrich von Plauen". — Der Deutschordenslandmeister von **Livland** hatte seit 1438 nur noch wenig Beziehungen zum Deutschordenshochmeister. Die livländische Kolonie hielt, vom Mutterland abgeschnitten, jahrhundertelang das Deutschtum aufrecht. Der Landmeister Walter von Plettenberg (1494—1535) besiegte zwar die Russen am Smolinasee und trat in den deutschen Reichsfürstenstand ein, aber 1562 wurde das livländische Ordensland doch in ein weltliches Herzogtum unter polnischer Lehenshoheit verwandelt. — Eine gute Einführung in Geschichte und Wesen der **Hanse** bietet W. Vogel „Kurze Geschichte der deutschen Hanse", eine ausführliche Darstellung, auch der kulturgeschichtlichen Verhältnisse Daenell „Die Blütezeit der deutschen Hanse", wichtige Einzelheiten zur Geschichte der Hanse sind von Rörig in „Hansische Beiträge zur deutschen Wirtschaftsgeschichte" behandelt. Quellentexte zur Geschichte der Hanse sind ausgewählt und übersetzt von Bühler „Bauern, Bürger und Hanse" S. 249—376. — Über die vielumstrittene Bedeutung von Stalhof s. Kulischer „Allgemeine Wirtschaftsgeschichte I. S. 283 f.; vielleicht liegt ma. stal = Stelle, Steh-, Sitz- oder Wohnort und staelen = „Waren zur Schau stellen" zugrunde, bei Kulischer auch andere Deutungen. — Über das **Subsidienwesen** an den deutschen Fürstenhöfen s. Kienast „Die deutschen Fürsten im Dienste der Westmächte", das daraus angeführte Zitat I. S. 40. — Über die politischen und kulturellen Ausgangspunkte eines eigenen **niederländischen Nationalgefühles** s. Huizinga „Wege der Kulturgeschichte" S. 208 ff. „Aus der Vorgeschichte des niederländischen Nationalbewußtseins" (das Wiederaufleben des deutschen Elementes zur Zeit Maximilians dort S. 276 f.). — Die Anfänge der **Selbständigkeit der Schweiz** sind immer noch nicht im einzelnen klargestellt (vgl. Haller „Von den Staufern zu den Habsburgern" S. 32), doch wird nun durch das große Quellenwerk zur Entstehung der Schweizer Eidgenossenschaft (bisher Bd. I, s. Verzeichnis der angeführten Bücher unter Schieß) die Grundlage für eindringende Untersuchungen geschaffen. Den „Selbständigkeitskampf der Schweiz" (bis 1648) veranschaulicht Karte 101 des KA. von Tschirch.

S. 304 ff. Das Zitat aus der „Determinatio compendiosa de iurisdictione imperii ..." über die **Macht des Reiches**, die alle Reiche bändigt, ist entnommen Kern „Die Anfänge der französischen Ausdehnungspolitik" S. 56, mit Recht bemerkt dort Kern: „Die Vormacht des mitteleuropäischen Kolossalstaates war so groß, daß Frankreichs auswärtige Politik nach Osten ... jahrhundertelang zuwartend und abwartend sein mußte." Die Stelle von Philipp de Commines s. bei Haller „Tausend Jahre deutsch-französischer Beziehungen" S. 18. — Wie Frankreich und England (namentlich durch Ausbau des Gerichtswesens) anders als Deutschland zu Einheitsstaaten wurden, führt kurz aus A. Schulte „Fürstentum und Einheitsstaat in der deutschen Geschichte".

Drittes Kapitel

Die Deutschen Könige und Kaiser des späteren Mittelalters

S. 308 Urbans IV. „De negotio imperii" ist abgedruckt in den Mon. Germ. Const. II. S. 522 Nr. 405; das Verzeichnis der „kaiserlichen Zeichen" auf dem Trifels vom Jahr 1246 im „Archiv für hessische Geschichte" Bd. VIII S. 234 Nr. 7 (Darmstadt 1856), doch ist der Abdruck aus dem im Würzburger Staatsarchiv liegenden Falkensteiner Kopialbuch nicht genau. Über die Reichsinsignien, ihre Geschichte und ihre Aufbewahrungsorte s. Schlosser „Die deutschen Reichskleinodien".

S. 309 f. Zur Geschichte **Rudolfs von Habsburg** s. das nach Inhalt und Darstellungsform ausgezeichnete Werk von Redlich „Rudolf von Habsburg" und desselben Verfassers Aufsatz „Rudolf von Habsburg in der volkstümlichen Überlieferung". — Die Darlegung der Gründe Karls von Anjou s. Kern „Die Anfänge der französischen Ausdehnungspolitik" S. 72, dort auch die näheren Quellenangaben.

S. 312—314 Der **Sonnabend** galt als der der Mutter Gottes geweihte Wochentag, die Stelle über Rudolfs Frömmigkeit steht in der Kolmarer Chronik Mon. Germ. SS. XVII. S. 244. Der Ausspruch des Basler Bischofs ist überliefert in der Chronik des Matthias von Neuenburg (Mon. Germ. in us. schol. S. 23 Kap. 14); von dem Jubel bei Rudolfs Wahl berichtet die Kolmarer Chronik a. a. O. S. 243; die Szene bei der Fürstenbelehnung schildert die Fortsetzung der Altaicher Annalen, Mon. Germ. SS. XVII. S. 408. Den Ausspruch Rudolfs über die deutschen Fußknechte und die Angabe über seinen Angriffsgeist führt die Chronik des Matthias von Neuenburg Kap. 24 an; die Unzufriedenheit der Reichen über die Steuern meldet die Kolmarer Chronik a. a. O. S. 244; die Geschichte aus Eßlingen erzählt Johann von Victring II., 11 (Mon. Germ. in us. schol. S. 247.) und die von der Mainzer Bäckerin die Kolmarer Chronik a. a. O. S. 255, zum Jahr 1288.

S. 316 f. Zu dem Abschnitt über das **Reichsgut** s. besonders bei Redlich „Rudolf von Habsburg" die Kapitel: „Landfrieden und Reichsgut" (S. 429—478), und „Der Reichshaushalt" (S. 479—510), über die Reichsburgen s. dort S. 467 ff. — Das Zitat am Schlusse dieses Abschnittes ist entnommen Hampe „Herrschergestalten des deutschen MA." S. 281.

S. 317 Bei seinem zweiten **Kreuzzug nach dem Norden** beabsichtigte Ottokar die zu erobernden Gebiete, namentlich Litauen mit Böhmen zu vereinigen, s. Gebhardts „Handbuch der deutschen Geschichte" I. S. 428.

S. 323 Über die politischen Lieder zur Schlacht von Dürnkrut s. W. Meyer „Verse auf König Rudolf". Die Eindeutschung Böhmens ist übrigens nicht schon durch Ottokars Niederlage, sondern durch die Hussiten und König Wenzels Politik verhindert worden s. oben S. 367.

S. 325 Auf dem vierten Kreuzzug (1202—1204) erstürmten die Kreuzfahrer 1204 Konstantinopel und errichteten unter Balduin I. von Flandern das **lateinische Kaisertum**, das 1261 endete mit der Vertreibung Balduins II. durch Michael IX., den Begründer der letzten byzantinischen Dynastie.

S. 327—329 Über Martins IV. deutschfeindliche Politik und was man sich über ihn im Reiche erzählte s. Kern „Die Anfänge der französischen Ausdehnungspolitik" S. 86 f. — Die Kurie bekämpfte **Peter von Aragon**, weil sie die Lehenshoheit über Sizilien beanspruchte und führte diesen über 20 Jahre währenden Kampf als „Kreuzzug". — Über den nationalen Charakter des **burgundischen Feldzuges** s. Kern a. a. O. S. 29 ff. — König Rudolfs Ausspruch über die **französischen Usurpationen** s. Mon. Germ. Const. III. S. 405.

S. 331 Zu **Adolf von Nassau** s. Samanek „Studien zur Geschichte König Adolfs" und Bühler „Adolf von Nassau und die Schlacht bei Göllheim".

S. 334 Schlimmer als der Vorwurf, Adolf habe sich von **England Subsidiengelder** zahlen lassen, ist der zweite, er habe sich nachträglich vom französischen König unter Verrat des englischen die Neutralität abkaufen lassen. Mit guten, wenn auch, wie bei der verworrenen Sachlage nicht anders möglich, nicht mit zwingenden Gründen wendet sich Samanek „Der angebliche Verrat Adolfs von Nassau" gegen diesen Vorwurf, auch gegen den erneuten Versuch von F. Bock, der an der Zuverlässigkeit des Mon. Germ. Const. III. S. 631 Nr. 645 veröffentlichten Mémoire des Musciato Franzesi festhält.

S. 337—339 Über **Albrecht von Habsburg** s. Hessel „Jahrbücher des deutschen Reiches unter König Albrecht I." — Nach Hessel a. a. O. S. 3 zählte Albrecht Anfang Juli 1265 noch nicht 10 Jahre. — Die **Abmachungen mit Bonifaz** VIII. zielten darauf hin, aus dem deutschen Wahlkönigtum ein Erbkönigtum zu machen; doch hat Albrecht Bonifaz weder einen Lehenseid geleistet und Toskana abgetreten noch das päpstliche Approbationsrecht anerkannt. S. Lintzel „Das Bündnis Albrechts I. mit Bonifaz VIII." — Der Grund zu **Johanns Rache** war die Abweisung seiner Ansprüche auf die väterliche Erbschaft. — Über die großen Leistungen Albrechts als Territorialfürst s. Vancsa „Geschichte Nieder- und Oberösterreichs" II. S. 47 ff.

S. 341 f. Über **Heinrich** VII. s. Friedrich Schneider „Kaiser Heinrich VII." — Zur päpstlichen **Approbationstheorie** s. Moeller „Ludwig der Baier und die Kurie im Kampf um das Reich" S. 5 und 7. — Neben **Balduin von Trier** war der bedeutendste Kirchenfürst jener Zeit der Mainzer Erzbischof Peter von Aspelt, der aus einem luxemburgischen Ministerialengeschlecht stammte, über beide s. Stengel „Avignon und Rhens". — Clemens V. hatte übrigens selbst zum Hochkommen der gegenfranzösischen Stimmung in den Rheinlanden dadurch beigetragen, daß er westlich des Rheins die Bistümer und Erzbistümer möglichst nach dem Wunsche des französischen Königs besetzte; s. Hessel „Die Politik König Albrechts I." S. 394.

S. 342 f. Die **Speirer Leichenfeierlichkeiten** sind geschildert in der Lebensbeschreibung des Erzbischofs Balduin von Trier, Gesch. d. d. Vorz. Kap. 6 und in Ottokars Österreichischer Reimchronik Mon. Germ. Deutsche Chroniken V, 2, Vers 97 665 ff.

S. 345 f. Zum Tatsachenbestand der Regierung **Ludwigs des Baiern** s. Riezler „Geschichte Baierns" II. S. 259—550 und W. Wießner „Die Beziehungen Ludwigs des Baiern zu Süd-, West- und Norddeutschland. Moeller „Ludwig der Baier und die Kurie im Kampf um das Reich" ist ein wichtiger Beitrag zur Beurteilung der Gesamtpersönlichkeit Kaiser Ludwigs, doch sind verschiedene Einzelheiten Moellers richtig zu stellen nach der für diese Zeit grundlegenden Arbeit (mit sehr reichhaltigen Quellen- und Literaturangaben) von Stengel „Avignon und Rhens". — Der **Vergleich mit dem Adler** steht in Kap. 37 a der Chronik des Matthias von Neuenburg (Mon. Germ. in us. schol. S. 95); der Vergleich mit dem Fischfang in der Chronik des Mönches von Fürstenfeld zu 1314 (Bairische Chroniken des 14. Jahrhunderts, Mon. Germ. in us. schol. S. 69); das Urteil über Kaiser Ludwigs Willenskraft bei Riezler a. a. O. II. S. 502. Die meisten Zeitgenossen fanden Kaiser Ludwig mehr hinterhältig und unzuverlässig als wankelmütig und schwach. — **Die Städtepolitik** Ludwigs des Baiern unterscheidet sich von der aller deutschen Könige, auch derer, welche, wie Heinrich V. oder Rudolf von Habsburg, die Städte sehr begünstigt haben, dadurch, daß er die Städte nicht bloß in Einzelfällen gegen die Fürsten ausspielte, sondern sie neben seiner Hausmacht grundsätzlich zu Stützen seiner Herrschaft machte.

S. 350 Der **Brief Ludwigs des Baiern** ist abgedruckt bei Böhmer, „Fontes" I. S. 197. — Die Entsendung des **Berthold von Neiffen** erbitterte Johann XXII. besonders deshalb, weil dadurch die Eroberung des von päpstlichen Truppen belagerten Mailands verhindert wurde (Haller „Von den Staufern zu den Habsburgern" S. 35). — Wie weit sich Kaiser Ludwig die Gedankengänge des Marsilius und der Franziskanerspiritualen wirklich selbst zu eigen machte, ist umstritten, seinen Feinden gegenüber entschuldigte sich Ludwig mit seiner „Unwissenheit" in gelehrten Dingen s. oben S. 357.

S. 352—354 Die **Verfluchung Ludwigs** durch Papst Clemens ist abgedruckt bei Riezler „Geschichte Baierns" II S. 492 f. — Die Berichte über die **Stimmung der Deutschen gegen das Papsttum** s. bei Stengel „Avignon und Rhens" S. 86 f. — Die **Erhebung des deutschen Bürgertums gegen die Kurie** und ihre Anhänger s. bei Schmoller „Straßburg zur Zeit der Zunftkämpfe" S. 267: „Die Magdeburger schlugen ihren Erzbischof mit eisernen Stäben tot (1325), die Berliner ermordeten den Propst von Bernau an der Tür der Marienkirche, als er den Bann gegen den König zu verkünden wagte. Überall erhob sich das entrüstete nationale Selbstgefühl der mittleren und unteren Klassen gegen den Klerus, und in einer Reihe von Städten knüpft sich an diese gewaltige kirchliche Bewegung der Sieg der Zünfte über das Patriziat, das in seiner Majorität auf welscher Seite stand."

S. 355—357 Zu den mancherlei mit der **Renser Tagung** und dem Frankfurter Reichstag zusammenhängenden rechtsgeschichtlichen Fragen, s. das schon wiederholt erwähnte, wichtige Werk von Stengel „Avignon und Rhens". — Von der Entrüstung der Fürsten über die Ehe „der Maultasche" wie die im übrigen als schön gerühmte Frau wegen ihrer Mundbildung hieß, berichtet Johann von Winterthur, Mon. Germ. in us. schol. S. 187 f., von dem „üblen Geruch des Kaisers in den Nasen der Fürsten" Johann von Victring VI, 11 (Mon. Germ. in us. schol. S. 228). — **Karl IV.** hatte zwar vor seiner Wahl bei einem Aufenthalte in Avignon die päpstliche Theorie vom **Bestätigungsrecht** anerkannt, aber dann selbst nie um die Bestätigung nachgesucht, Stengel a. a. O. S. 206 ff. Zutreffend bemerkt hierzu Stengel (S. 209 f.): „Der moderne Betrachter mag lächeln über die haarspaltende Subtilität solcher Unterscheidung. Der Zeit, die sie machte, war sie von entscheidendem Wert. So darf man getrost sagen, daß durch sie das Reichsrecht in der Tat behauptet worden ist."

S. 357—361 Gute Würdigungen der Persönlichkeit und Leistungen **Karls** IV. bieten Vigener „Kaiser Karl IV." und Hampe in seinen „Herrschergestalten des deutschen MA.". — Karls IV. **Autobiographie** bei Böhmer „Fontes" I. S. 228 ff. Das Zitat daraus über die Vergänglichkeit alles Irdischen dort S. 230. — Über Karls IV. **mitteleuropäische Wirtschaftspläne** s. Vigener a. a. O. S. 425. — Der Satz über Karls IV. **klerikale Bildung** ist Hampe a. a. O. S. 315 entnommen. — Der Schlachtbericht über **König Johanns Tod** ist abgedruckt Böhmer-Ficker „Acta imperii selecta" S. 750 Nr. 1055; Der Ausspruch des **englischen Königs** ist überliefert in der Chronik des Matthias von Neuenburg Kap. 73 (Mon. Germ. in us. schol. S. 207).

S. 363 Karl IV. verschaffte sich dadurch **hohe Geldsummen** in Italien, daß er die bestehenden Landesherrschaften gegen schwere Zahlungen in der Form des Reichsvikariates bestätigte.

S. 364 Die **Goldene Bulle** schuf kein neues Recht, aber indem sie dem bisherigen Brauch verfassungsrechtliche Gültigkeit verlieh und die Unsicherheit des Brauches durch feste Normen beseitigte, gab sie dem „auseinanderbröckelnden deutschen Staatswesen wieder etwas Halt" (Prutz „Staatengeschichte des Abendlandes im MA." II. S. 281). Das Zitat über die Goldene Bulle ist Vigener a. a. O. S. 419 entnommen.

S. 367 Der Satz von der **Tschechisierung Böhmens durch den Hussitismus** ist von Palacki, zitiert bei Dehio „Geschichte der deutschen Kunst" II. S. 65. — Über den **Schwarzen Tod** s. Bühler „Kultur des MA." S. 318 ff.

S. 369 Das von deutschfreundlichen Fürsten regierte **Schlesien** hatte staatsrechtlich zu Polen gehört. Dieser Zustand wäre für das schlesische Deutschtum eine große Gefahr geworden, als Polen ein Staat mit starkem Nationalismus wurde. Schon Karls IV. Vater war von allen Herzogen Oberschlesiens und den meisten Niederschlesiens als Lehensherr anerkannt worden, Karl IV. gewann noch die Fürstentümer Jauer und Schweidnitz dazu und verband Schlesien fest mit der Krone Böhmen. — Karls IV. letzte Worte an seinen Sohn sind überliefert in der Chronik Jakob Twingers von Königshofen, Chroniken der deutschen Städte VIII. Straßburg Bd. I S. 493.

S. 371 Daß **Johann von Pomuk** (Nepomuk) Beichtvater der Königin gewesen und zum Martyrer geworden sei, weil er dem König das Beichtgeheimnis nicht preisgegeben habe, ist eine im 17. Jahrhundert erfundene Legende s. Haller „Von den Staufern zu den Habsburgern" S. 54.

S. 372 Die **Vitalienbrüder** hatten ihren Namen davon, daß sie in dem 1388 zwischen Margarethe von Dänemark und Norwegen und Albrecht von Schweden ausgebrochenen Kampfe Lebensmittel (Vitalien) nach Stockholm brachten, oder davon, daß sie Lebensmittel raubten. Nach ihrer Verdrängung aus der Ostsee zogen sich die Vitalienbrüder in die Nordsee zurück, sie hießen nun Likendeeler (Gleichteiler); s. die zu S. 295—304 zur Hanse angegebene Literatur.

S. 373 f. Die Stellen über das Aussehen, die Leutseligkeit und den Tod Kaiser **Sigmunds** sind entnommen „Eberhard Windeckes Denkwürdigkeiten" S. 148, 104, 447. — Die **Hussitenkriege** und die **Türkengefahr** behandeln wir erst in Bd. III unserer Deutschen Geschichte unter den Zersetzungserscheinungen des MA. und den neu heraufkommenden religiösen und politischen Mächten. — Das fälschlich Kaiser Sigmund zugeschriebene Werk „**Die Reformation König Sigmunds**" (S. Beer „Zur Entstehungsgeschichte der Reformation Kaiser Sigmunds") mit kirchenreformatorischen und sozialistischen Forderungen hat praktisch zwar keine Bedeutung erlangt, ist aber ein wichtiges Zeugnis für die immer weiter um sich greifenden revolutionären Stimmungen und Strömungen.

S. 375 Zeitweise war das **Fehdewesen** allerdings in einzelnen Territorien und im Reiche eingeschränkt worden, aber grundsätzlich ist die Fehde bis zum ewigen Landfrieden von 1495 als Rechtsmittel anerkannt worden (s. Fehr „Das Waffenrecht der Bauern" 2. Teil S. 13).

S. 376—378 Für die Zeit **Friedrichs** III. ist noch immer das große Werk von Bachmann

„Deutsche Reichsgeschichte im Zeitalter Friedrichs III. und Max I." grundlegend. — Ähnlich wie Grünpeck „Geschichte Friedrichs III. und Maximilian I." urteilt auch Aeneas Silvio in „Die Geschichte Kaiser Friedrichs III." über die Regierungsweise des Kaisers, beide übersetzt in Gesch. d. d. Vorz.

S. 381 Der Satz über die **Größe und Macht der deutschen Nation** ist entnommen der Schrift des Aeneas Silvio von 1498 „De ritu, situ, moribus et conditione Germaniae descriptio" zitiert bei Janssen „Geschichte des deutschen Volkes" I S. 457, dort S. 454 ff. ähnliche weitere Zeugnisse von Franzosen, Italienern, Russen, die als Reisende oder Gesandte Einblick in die deutschen Verhältnisse gewannen.

Verzeichnis der angeführten Bücher und Aufsätze

Die Seitenverweise am Schlusse jedes angeführten Buches geben die Stellen an, an welchen es bei uns genannt wird.

Abkürzungen:

HZ. = Historische Zeitschrift.
KA. = Deutscher Kulturatlas.
MJÖG. = Mitteilungen des Instituts für österreichische Geschichtsforschung.
Reallexikon d. d. L. = Reallexikon der deutschen Literaturgeschichte.
SavZ. = Zeitschrift der Savigny-Stiftung für Rechtsgeschichte.
Sb. = Sitzungsberichte.
StMBO. = Studien und Mitteilungen zur Geschichte des Benediktinerordens.

Andreas W. Deutschland vor der Reformation. 2. Aufl. Stuttgart 1934 (S. 404. 406).
Aubin H. Wirtschaftsgeschichtliche Bemerkungen zur ostdeutschen Kolonisation. Aus Sozial- und Wirtschaftsgeschichte. Gedächtnisschrift für Georg von Below. Stuttgart 1928 (S. 409).
Bachmann A. Deutsche Reichsgeschichte im Zeitalter Friederichs III. und Max I. Leipzig. Bd. I 1884, Bd. II 1894 (S. 412).
Bartels A. Die Dithmarscher. Hamburg o. J. (S. 408).
Bauerreiß R. Pie Jesu. Das Schmerzensmann-Bild und sein Einfluß auf die mittelalterliche Frömmigkeit. München 1931 (S. 407).
— St. Georgen im Schwarzwald ein Reformmittelpunkt Südostdeutschlands im 12. Jahrhundert. StMBO. Bd. 51 München 1931 S. 196—201 (S. 386).
Bechtel H. Wirtschaftsstil des deutschen Spätmittelalters. München 1930 (S. 402. 404. 405).
Becker W. Magdeburger Recht in der Lausitz. Sein Geltungsbereich und seine Denkmäler. Stuttgart 1931 (S. 403).
Beenken H. Bildhauer des 14. Jahrh. am Rhein und in Schwaben. Leipzig 1927 (S. 405).
Beer K. Zur Entstehungsgeschichte der Reformation Kaiser Sigmunds. MJÖG. 1933 S. 572ff. (S. 412).
Below G. von. Die italienische Kaiserpolitik des deutschen Mittelalters. München 1927 (S. 390. 395).
Benz E. Ecclesia Spiritualis. Kirchenidee und Geschichtstheologie der franziskanischen Reform. Stuttgart 1934. (S. 398. 408).
Bernhardi W. Lothar von Supplinburg. Leipzig 1879 (S. 391).
— Konrad III. 2 Bände. Leipzig 1883 (S. 391).
Bernhart J. Die philosophische Mystik des Mittelalters von ihren antiken Ursprüngen bis zur Renaissance. München 1922 (S. 401).
Beyerle F. Zur Wehrverfassung des Hochmittelalters. Festschrift Ernst Maier. Weimar 1932. S. 31 ff. (S. 403).
Birkner F. Anthropologie und Geschichtsforschung. Festschrift für Hertling. München 1913 (S. 389).
Bischoff B. Literarisches und künstlerisches Leben in St. Emmeram während des frühen und hohen Mittelalters. StMBO Bd. 51. München 1931 S. 102ff. (S. 386).
Bock Franz. Die germanische Gotik. München 1932 (S. 401).
Bock F. Englands Beziehungen zum Reich unter Adolf von Nassau. MJÖG. 12. Erg.-Band. Innsbruck 1933 S. 199ff. (S. 411).
Böhmer J. Fr. Fontes rerum Germanicarum Bd. I. Stuttgart 1843 (S. 411. 412).
Brackmann A. Die Anfänge von Hirsau. Papsttum und Kaisertum. Festschrift für Paul Kehr. München 1926 S. 215—232 (S. 390).
— Heinrich IV. als Politiker beim Ausbruch des Investiturstreites. Sb. der preußischen Akademie der Wissenschaften, phil.-hist. Klasse, Berlin 1927 (S. 389).

Brackmann A. Die politische Wirkung der kluniazensischen Bewegung. HZ Bd. 139. München 1928 S. 34ff. (S. 386. 387).
— Die Ursachen der geistigen und politischen Wandlungen Europas im 11. und. 12. Jahrhundert. HZ. Bd. 149. München 1934 S. 229ff. (S. 387).
Brie F. Schottisches Nationalgefühl im Mittelalter. „Geistige Arbeit", Berlin 1934, Nr. 11 (S. 388).
Browe P. Die Eucharistie als Zaubermittel. Archiv für Kulturgeschichte Bd. 20. Leipzig 1930 S. 134ff. (S. 405).
Bühler J. Klosterleben im deutschen Mittelalter. 2. Aufl. Leipzig 1923 (S. 385. 400. 401).
— Das Frankenreich. Leipzig 1923 (S. 385).
— Die sächsischen und salischen Kaiser. Leipzig 1924 (S. 387. 390. 391).
— Die Hohenstaufen. Leipzig 1925 (S. 387. 388. 397).
— Das deutsche Geistesleben im Mittelalter. Leipzig 1927 (S. 385. 388. 407).
— Ordensritter und Kirchenfürsten. Leipzig 1927 (S. 397. 401. 409).
— Bauern, Bürger und Hansa. Leipzig 1929 (S. 404. 405. 409).
— Des Richard Löwenherz Gefangenschaft auf dem Trifels. Neustadt a. d. Haardt 1931 (Sonderdruck) (S. 396).
— Adolf von Nassau und die Schlacht bei Göllheim. Neustadt a. d. Haardt 1933 (Sonderdruck) (S. 410).
— Die Kultur des Mittelalters. 2. Aufl. Leipzig 1934 (S. 385. 399. 402. 404. 405. 406. 412).
— Deutsche Geschichte I. Urzeit, Bauerntum und Aristokratie bis um 1100. Berlin 1934 (S. 387. 392. 393. 394. 399. 400).
Burdach K. Reformation. Renaissance. Humanismus. 2. Auflage. Berlin 1926 (S. 398).
Caesarii Heisterbacensis monachi Dialogus miraculorum, hgg. von J. Strange. 2 Bde. Köln 1851 (S. 388. 401. 402).
Cohn W. Das Zeitalter der Normannen in Sizilien. Bonn 1920 (S. 395).
Daenell E. Die Blütezeit der deutschen Hanse. 2 Bde. Berlin 1905 und 1906 (S. 409).
Dehio G. Geschichte der deutschen Kunst. Berlin Bd. I und II. 4. Aufl. 1930, Bd. III 2. Aufl. 1931 (S. 400. 405. 412).
Deibel G. Die finanzielle Bedeutung Reichsitaliens für die staufischen Herrscher des 12. Jahrhunderts. SavZ. Bd. 54, German. Abt. S. 134ff. (S. 394).
Dempf A. Sacrum Imperium. Geschichts- und Staatsphilosophie des Mittelalters und der politischen Renaissance. München 1929 (S. 406).
— Metaphysik des Mittelalters. Handbuch der Philosophie. München 1930 (S. 387. 388).
— Meister Eckart. Leipzig 1934 (S. 402).
Denifle H. Chartularium universitatis Parisiensis Bd. I. Paris 1889 (S. 402).
Deutschenspiegel und Augsburger Sachsenspiegel, hgg. von K. A. Eckhart und A. Hübner. 2. Ausgabe Mon. Germ. Fontes iuris Germanici antiqui nova series III. Hannover 1933 (S. 401).
Deutscher Kulturatlas hgg. von G. Lüdtke und L. Mackensen. Berlin 1928ff. (Die Seitenverweise finden sich unter den Verfassernamen der einzelnen Karten.)
Dopsch A. Die Wirtschaftsentwicklung der Karolingerzeit Bd. II. 2. Aufl. Weimar 1922 (S. 392).
Dove A. Studien zur Vorgeschichte des deutschen Volksnamens. Sb. der Heidelberger Akademie der Wissenschaften, phil.-hist. Klasse, 1916 (S. 388).
Dresdner A. Kultur- und Sittengeschichte der italienischen Geistlichkeit im 10. und 11. Jahrhundert. Breslau 1890 (S. 386).
Ehrismann G. Geschichte der deutschen Literatur bis zum Ausgang des Mittelalters. 3 Bände, München, 1922. 1927. 1934 (S. 400).
Eibl H. Die Scholastik. Das Mittelalter in Einzeldarstellungen. Leipzig-Wien 1930 S. 13ff. (S. 401).
Elsasser R. Die Stadtwirtschaft im späteren Mittelalter. KA. Karte 119 (S. 402).
Engelmann J. Untersuchungen zur klösterlichen Verfassungsgeschichte in den Diözesen Magdeburg, Meißen, Merseburg und Zeitz-Naumburg. Jena 1933 (S. 391).
Erben W. Kriegsgeschichte des Mittelalters. München 1929 (S. 388. 408).
Fehr H. Das Waffenrecht der Bauern im Mittelalter. SavZ. German. Abt. Weimar Bd. 35, 1914 S. 111—211; Bd. 38, 1917 S. 1—114 (S. 404. 412).
Ficker R. Die Musik des Mittelalters. Das Mittelalter in Einzeldarstellungen. Leipzig-Wien 1930 S. 106ff. (S. 407).
Finke H. Weltimperialismus und nationale Regungen im späteren Mittelalter. Freiburg 1916 (S. 388).

Finkenwirth W. Die Entstehung der Landeshoheit des Fürstentumes Reuß (1122—1329). Bonn 1912 (S. 403).

Fischer Herbert. Die verfassungsrechtliche Stellung der Juden in den deutschen Städten während des 13. Jahrhunderts. Breslau 1931 (S. 406).

Fliche A. Saint Grégoire. Paris 1920 (S. 391).
— La reforme Grégorienne. Bd. I. La formation des idées Grégoriennes. Louvain-Paris 1924. Bd. II. Grégoire VII. Louvain-Paris 1925 (S. 386).

Franz Günther. Der deutsche Bauernkrieg. München 1933 (S. 404).
— Der deutsche Bauernkrieg. Aktenband. München 1935 (S. 404).

Franzel E. König Heinrich VII. von Hohenstaufen. Prag 1929. (S. 397).

Frauenholz E. v. Das Heerwesen der germanischen Frühzeit, des Frankenreichs und des ritterlichen Zeitalters. München 1935 (S. 408).

Freynhagen W. Die Wehrmachtverhältnisse der Stadt Rostock im Mittelalter. Schwerin 1930 (S. 403).

Gasser A. Entstehung und Ausbildung der Landeshoheit im Gebiete der schweizerischen Eidgenossenschaft. Aarau und Leipzig 1930 (S. 386).

Gebhardt-Holtzmann. Gebhardts Handbuch der deutschen Geschichte 7. Aufl., hgg. von R. Holtzmann, Stuttgart, Bd. I 1930, Bd. II 1931 (S. 387. 390. 395. 408. 410).

Von der genaden überlast, hgg. von K. Schröder. Bibliothek des literarischen Vereins Stuttgart. 1872 (S. 407).

Giesebrecht W. von. Geschichte der deutschen Kaiserzeit. Bd. III, 5. Aufl., Leipzig 1890; Bd. IV, 2. Aufl., Braunschweig 1877; Bd. V 1, Braunschweig 1880; Bd. V 2, Leipzig 1888; Bd. VI, hgg. von Simson, Leipzig 1895 (S. 389. 391. 393).

Gorce M. Averroisme. Dictionnaire d'histoire et géographie ecclésiastique Bd. V. Paris 1931 Sp. 1032ff. (S. 402).

Gothein E. Die Lage des Bauernstandes am Ende des Mittelalters, vornehmlich in Südwestdeutschland. Westdeutsche Zeitschrift Jahrg. IV. Trier 1885 S. 1ff. (S. 404. 405).

Grabmann M. Die Philosophie des Mittelalters. Berlin 1921 (S. 401).
— Die Kulturwerte der deutschen Mystik des Mittelalters. Augsburg 1923 (S. 401).
— Der lateinische Averroismus des 13. Jahrhunderts in seiner Stellung zur christlichen Weltanschauung. Sb. der bair. Akademie der Wissenschaften, phil.-hist. Kl., München 1931 (S. 402).

Grau W. Antisemitismus im späten Mittelalter. Das Ende der Regensburger Judengemeinde 1450—1519. München 1934 (S. 406).

Grauert H. Die Kaisergräber im Dome zu Speier. Sb. der bairischen Akademie der Wissenschaften, phil.-hist. Kl., München 1901 (S. 390).

Grimm J. Gedichte auf König Friedrich I. den Staufer. Abhandlungen der Akademie Berlin 1843 S. 204 Nr. IX (S. 394).

Grundmann H. Studien über Joachim von Floris. Leipzig 1927 (S. 408).
— Alexander von Roes: De Translatione Imperii und Jordanus von Osnabrück: De Prerogativa Romani Imperii. Leipzig 1930 (S. 408).
— Die Grundzüge der mittelalterlichen Geschichtsanschauung. Archiv für Kulturgeschichte Bd. 24. Leipzig 1934. S. 326—336 (S. 401).

Grupp G. Kulturgeschichte des Mittelalters; wir zitieren nach der 2. Auflage. Paderborn III. 1912 IV. 1914. (S. 386. 391. 405).

Günter Heinrich. Deutsche Kultur in ihrer Entwicklung. Leipzig 1932 (S. 393. 404).

Güterbock F. Zum Schisma unter Alexander III. Papsttum und Kaisertum hgg. von A. Brackmann. München 1926 S. 376—397 (S. 394).

Habicht V. C. Das Problem des Wandels und der Faktor des Germanentums in der deutschen Kunst. Archiv für Kulturgeschichte Bd. 24 S. 33ff. Leipzig 1933/34 (S. 400).

Hagen F. H. von der. Minnesinger, deutsche Liederdichter des 12., 13. und 14. Jahrhunderts. 3 Bände. Leipzig 1838 (S. 402).
— Gesamtabenteuer, 100 altdeutsche Erzählungen. 3 Bde. Stuttgart-Tübingen 1850 (S. 400).

Halbach K. Walther von der Vogelweide und die Dichter von Minnesangs Frühling. Stuttgart 1927 (S. 400).

Haller J. Kaiser Heinrich VI. HZ. 1913. München 1914. S. 473—504. (S. 395).
— Tausend Jahre deutsch-französischer Beziehungen. Stuttgart 1930 (S. 391. 410).
— Das Papsttum, Idee und Wirklichkeit. Bd. I. Die Grundlagen. Stuttgart 1934 (S. 385).
— Von den Staufern zu den Habsburgern. Berlin 1935 (S. 409. 411. 412).

Hampe K. Aus der Kindheit Friedrichs II. MIÖG. Bd. 22, 1901 S. 597ff. (S. 397).
— Mittelalterliche Geschichte (Wissenschaftliche Forschungsberichte). Gotha 1922 (S. 390).
— Kaiser Friedrich II. in der Auffassung der Nachwelt. Stuttgart 1925 (S. 399).
— Herrschergestalten des deutschen Mittelalters. Leipzig 1927 (S. 394. 410. 412).
— Der Zug nach dem Osten. Die kolonisatorische Großtat des deutschen Volkes im Mittelalter. 2. Aufl. Leipzig 1934 (S. 409).
— Zum Sturz des Hochmeisters Heinrich von Plauen. Forschungen und Fortschritte 11. Jahrg. Berlin 1935 S. 197 (S. 409).
Hansen J. Zauberwahn, Inquisition und Hexenprozeß im Mittelalter und die Entstehung der großen Hexenverfolgungen. München 1900 (S. 407).
Hardegen F. Imperialpolitik König Heinrichs II. von England. Heidelberg 1905 (S. 388. 393).
Hashagen J. Risse im Mittelalter. Zeitwende I. München 1925 S. 337ff. (S. 385).
Hauck A. Kirchengeschichte Deutschlands. 3./4. Aufl. Leipzig, Bd. III, 1906; Bd. IV, 1913; Bd. V, 1920 (S. 385. 387. 392).
Heil B. Die deutschen Städte und Bürger im Mittelalter. 4. Aufl. Leipzig 1927 (S. 392).
Heimbucher M. Die Orden und Kongregationen der katholischen Kirche. Bd. I. 3. Aufl. Paderborn 1933 (S. 401).
Heimpel H. Das Gewerbe der Stadt Regensburg im Mittelalter. Stuttgart 1926 (S. 403).
— Dietrich von Niem. Münster 1932 (S. 406).
— Dietrich von Niem. Dialog über Union und Reform der Kirche 1410. Leipzig 1933 (S. 406).
Heimsoeth H. Die sechs großen Themen der abendländischen Metaphysik und der Ausgang des Mittelalters. 2. Aufl. Berlin 1934 (S. 406).
Heise Werner. Die Juden in der Mark Brandenburg bis zum Jahre 1571. Berlin 1932 (S. 406).
Helm K. Spaltung, Schichtung und Mischung im germanischen Heidentum. Vom Werden des deutschen Geistes. Festgabe Gustav Ehrismann. Berlin 1925 (S. 399).
Herberhold F. Die Beziehungen des Cadalus von Parma zu Deutschland. Historisches Jahrbuch. Köln 1934 S. 84ff. (S. 389).
Herwegen J. Kirche und Seele: Die Seelenhaltung des Mysterienkultes und ihr Wandel im Mittelalter. Münster 1926 (S. 407).
Herzberg-Fränkel S. Bestechung und Pfründenjagd am deutschen Königshof im 13. und 14. Jahrhundert. MIÖG. XVI. Innsbruck 1895 S. 458ff. (S. 408).
Hessel A. Die Politik König Albrechts I. Historische Blätter. Wien 1921 (S. 411).
— Jahrbücher des deutschen Reiches unter König Albrecht I. München 1931 (S. 411).
— Odo von Cluni und das französische Kulturproblem im frühen Mittelalter. HZ. Bd. 32, München 1928, S. 1—25 (S. 386).
Heusinger B. Servitium regis in der deutschen Kaiserzeit. Berlin 1922 (Sonderdruck) (S. 408).
Hexenhammer von Jakob Sprenger und Heinrich Institoris, eingeleitet und ins Deutsche übertragen von J. W. R. Schmidt. Berlin 1906. 3 Bände (S. 407).
Heyne M. Fünf Bücher deutscher Hausaltertümer von den ältesten geschichtlichen Zeiten bis zum 16. Jahrhundert. 3 Bände. Leipzig 1899—1903 (S. 404).
Hildebrand H. Didaktik aus der Zeit der Kreuzzüge. Kürschners deutsche Nationalliteratur Bd. IX (S. 397).
Hilger G. Ostkolonisation im hohen Mittelalter. KA. Karte 97 (S. 409).
— Die Entwicklung des Städtewesens. KA. Karte 100 (S. 402).
Hillmann H. Das Gericht als Ausdruck deutscher Kulturentwicklung im Mittelalter. Stuttgart 1930 (S. 401).
Hirsch H. Die hohe Gerichtsbarkeit im hohen Mittelalter. Prag 1922 (S. 389. 391).
— Das Mittelalter und wir. Das Mittelalter in Einzeldarstellungen. Leipzig und Wien 1931 (S. 395).
Holl K. (Fastnachtsspiel) Reallexikon d. d. L. Bd. I, Berlin 1926, S. 356ff. (S. 407).
Hollnsteiner J. Das Konstanzer Konzil in der Geschichte der christlichen Kirche. MIÖG. 11. Erg.-Band. Innsbruck 1929 S. 395ff. (S. 406).
Holtzmann R. Über den Polenfeldzug Friedrichs Barbarossa vom Jahre 1157 und die Begründung der schlesischen Herzogtümer. Zeitschrift des Vereins für die Geschichte Schlesiens Bd. 56, Breslau 1922, S. 42ff. (S. 394).
— Der Kaiser als Marschall des Papstes. Berlin 1928 (S. 391).
— Deutsche Geschichte und konfessionelle Spaltung. Halle 1928 (S. 394).
Hoppe J. Al. Das Strafensystem des Dithmarscher Rechtes im Mittelalter. Emsdetten 1933 (S. 408).

Huillard-Bréholles A. Historia diplomatica Friderici II. 6 Bde. Paris 1852—1861 (S. 397. 398. 399).
Huizinga J. Herbst des Mittelalters. Studien über Lebens- und Geistesformen des 14. und 15. Jahrhunderts in Frankreich und in den Niederlanden, deutsch von T. Wolff-Möndeberg. 2. Aufl. München 1928 (S. 385. 402).
— Wege der Kulturgeschichte. München 1930, deutsch von Werner Kaegi (S. 409).
Hüttebräuker L. Das Erbe Heinrichs des Löwen, die territorialen Grundlagen des Herzogtums Braunschweig-Lüneburg von 1235. Göttingen 1927 (S. 403).
Hutteni Ulrici. Epistolae, hgg. von E. Böcking. Bd. I. Leipzig 1859 (S. 404).
Jaffé Ph. Bibliotheca rerum Germanicarum Bd. I. Berlin 1864 (S. 393).
Janssen J. = Pastor L. von Geschichte des deutschen Volkes seit dem Ausgang des Mittelalters. Bd. I. 19. und 20. Auflage. Freiburg i. Br. 1913 (S. 405. 407).
Jantzen H. Deutsche Bildhauer des 13. Jahrhunderts. Leipzig 1925 (S. 400).
Jellinghaus H. Geschichte der mittelniederdeutschen Literatur. 3. Aufl. Berlin 1925 (S. 400).
Kampers F. Vom Werdegang der abendländischen Kaisermystik. Leipzig 1924 (S. 396).
Kantorowicz E. Kaiser Friedrich II. 3. Aufl. Berlin 1931. Ergänzungsband 1931 (S. 397. 398).
Kaufmann Heinz Die italienische Politik Friedrichs I. nach dem Frieden von Konstanz 1183—1189. Greifswald 1933 (S. 395).
Kern F. Die Anfänge der französischen Ausdehnungspolitik bis zum Jahre 1308. Tübingen 1910 (S. 410).
Keutgen F. Der deutsche Staat des Mittelalters. Jena 1918 (S. 387).
Keyser E. Das Wesen des späten Mittelalters. Deutsche Vierteljahrsschrift für Literaturwissenschaft und Geistesgeschichte 9. Jahrg. Halle 1931 S. 363ff. (S. 406. 408).
Kienast W. Die deutschen Fürsten im Dienste der Westmächte bis zum Tod Philipps des Schönen von Frankreich. Utrecht Bd. I, 1924; Bd. II 1, 1931 (S. 409).
— Der anglo-normannische Staat. Historisches Jahrbuch. Köln 1934 S. 64ff. (S. 396).
Kimpen E. Ezzonen und Hezelinden in der rheinischen Pfalzgrafschaft. MJÖG. 12. Erg.-Band. Wien 1933 (S. 396).
Kirn Paul. Politische Geschichte der deutschen Grenzen. Leipzig 1934 (S. 409).
Kisch G. Die Kulmer Handfeste. Rechtshistorische Untersuchungen nebst Texten, zugleich ein Beitrag zur Verbreitungsgeschichte des Magdeburger Rechtes. Stuttgart 1931 (S. 403).
Klapper J. Erzählungen des Mittelalters. Breslau 1914 (S. 401).
Kluge F.-Götze A. Etymologisches Wörterbuch der deutschen Sprache. 11. Aufl. Berlin 1934 (S. 392).
Knapp Th. Zur Geschichte der Landeshoheit. Württembergische Vierteljahrsschrift für Landesgeschichte Bd. 38. Stuttgart 1932 S. 9ff. (S. 392. 403).
Kneller K. A. Des Richard Löwenherz deutsche Gefangenschaft. Freiburg 1893 (S. 396).
Köbner A. Die Anfänge des Gemeinwesens der Stadt Köln. Bonn 1922 (S. 393).
Köhler Hermann. Die Ketzerpolitik der deutschen Kaiser und Könige 1152—1254. Bonn 1913 (S. 396. 399).
Krieg M. Das Mindener Stadtbuch von 1318. Münster 1931 (S. 403).
Kriegk G. L. Deutsches Bürgertum im Mittelalter. Frankfurt a. M. Bd. I. 1868, Bd. II 1871 (S. 405).
Kühne A. Das Herrscherideal des Mittelalters und Kaiser Friedrich I. Leipzig 1898 (S. 393).
Kulischer J. Allgemeine Wirtschaftsgeschichte des Mittelalters und der Neuzeit. Bd. I. München 1928 (S. 393. 402. 404. 409).
Lachmann K.-Kraus C. Die Gedichte Walthers von der Vogelweide. 8. Ausgabe. Berlin 1923 (S. 397).
Lampe K. H. Die Entwicklung der Städte im frühen Mittelalter. KA. Karte 42 (S. 392).
— Der deutsche Ritterorden bis 1525. KA. Karte 96 (S. 409).
Langmann Adelheid. Offenbarungen hgg. Ph. Strauch. Straßburg 1878 (S. 407).
Lehmann-Haupt H. Schwäbische Federzeichnungen. Berlin 1929 (S. 405).
Lehmann Paul. Die Parodie im Mittelalter. München 1922 (S. 402).
— Parodistische Texte, Beispiele zur lateinischen Parodie im Mittelalter. München 1923 (S. 402).
Lenel W. Der Konstanzer Frieden von 1183 und die italienische Politik Friedrichs I. HZ. Bd. 32. München 1923 S. 189—261 (S. 395).
Lentze H. Der Kaiser und die Zunftverfassung in den Reichsstädten bis zum Tod Karls IV. Breslau 1933 (S. 402).
Lerner F. Kardinal Hugo Candidus. München 1931 (S. 390).

Lintzel M. Das Bündnis Albrechts I. mit Bonifaz VIII. HZ. Bd. 151. München 1935 S. 457ff. (S. 411).
Lochner G. W. K. Leben und Gesichte der Christina Ebnerin. Nürnberg 1872 (S. 407).
Loesch H. von. Die Grundlagen der ältesten Kölner Gemeindeverfassung. SavZ. Bd. 53, German. Abt. Weimar 1933 S. 89ff. (S. 403).
Lorenz O. Deutschlands Geschichtsquellen seit der Mitte des 13. Jahrhunderts. 2 Bde. 3. Aufl. Berlin 1886/87 (S. 401).
Mackensen L. Die deutschen Druckorte des 15. Jahrhunderts (Verbreitung der Buchdruckerkunst). KA. Karte 144 (S. 406).
— Die deutschen Universitäten vor der Reformation. KA. Karte 145 (S. 403).
— Vorgeschichte des deutschen Romans (die deutschen „Volksbücher"). KA. Karte 162 (S. 408).
Manitius M. Geschichte der lateinischen Literatur des Mittelalters. München Bd. I, 1911; Bd. II, 1923; Bd. III, 1931 (S. 385).
Marcks E. Ostdeutschland in der deutschen Geschichte. Leipzig 1920 (S. 408).
Marsilius von Padua. Defensor Pacis, hgg. von R. Scholz. Fontes iuris Germanici Antiqui in us. schol. ex Mon. Germ. separatim hgg. Hannover I. 1932, II. 1933 (S. 406).
Maßmann E. H. Schwertleite und Ritterschlag, dargestellt auf Grund der mittelhochdeutschen literarischen Quellen. Hamburg 1932 (S. 399).
Mayer Anton. Die Besiedlung des Böhmerwaldes. Wien 1932 (S. 409).
Mayer-Pfannholz A. Die Wende von Canossa. Hochland Bd. 30, 2 1933 S. 385ff. (S. 390).
Meier John. Jahrbuch für Volksliedforschung. Berlin 1928ff. (S. 407).
— Deutsche Volkslieder mit ihren Melodien. Berlin 1935ff. (S. 407).
Merker P. Das Zeitalter des Humanismus und der Reformation. Zeitschrift für Deutschkunde, Jahrg. 42. Leipzig-Berlin 1928 S. 337—358 (S. 402).
Metzger K. Die Verbrechen und ihre Straffolgen im Basler Recht des späten Mittelalters. Bd. I. Basel 1931 (S. 407).
Meyer Erich W. Staatstheorien Papst Innozenz III. Bonn 1919 (S. 397).
Meyer Herbert. Recht und Volkstum. Weimar 1933 (S. 401).
Meyer W. Verse auf König Rudolf. Neues Archiv VII. S. 216f. Hannover 1882 (S. 410).
Meyer von Knonau G. Jahrbücher des deutschen Reiches unter Heinrich IV. und Heinrich V. 7 Bände. Leipzig 1890—1909 (S. 389. 391).
Mirbt C. Die Publizistik im Zeitalter Gregors VII. Leipzig 1894 (S. 387. 388. 390).
Möhler A. Geschichte der alten und mittelalterlichen Musik. Berlin 1917 (S. 407).
Möllenberg W. Eike von Repgow und seine Zeit. Burg b. Magdeburg 1934 (S. 400. 401. 403. 405. 408).
Moeller R. Ludwig der Baier und die Kurie im Kampf um das Reich. Berlin 1914 (S. 411).
Müller Günther. Deutsches Dichten und Denken vom Mittelalter zur Neuzeit. Berlin 1934 (S. 401).
Müller K. O. Nördlinger Stadtrechte des Mittelalters. München 1933 (S. 403).
Naberhaus J. Benedikt von Aniane. Münster i. W. 1930 (S. 385).
Naumann Hans. Altdeutsches Prosalesebuch. Texte vom 12.—14. Jahrhundert. Straßburg 1916 (S. 400).
— Der wilde und der edle Heide. Vom Werden des deutschen Geistes. Festschrift Gustav Ehrismann. Berlin 1925 (S. 388).
— Das Bild Walthers von der Vogelweide. Frankfurt 1930 (S. 400).
Nickel E. Studien zum Liebesproblem bei Gottfried von Straßburg. Königsberg 1927 (S. 400).
Niese H. Die Verwaltung des Reichsgutes im 13. Jahrhundert. Innsbruck 1905 (S. 408).
Oddonis abbatis Cluniacensis occupatio, hgg. von A. Swoboda. Leipzig 1900 (S. 385).
Oehl W. Deutsche Mystikerbriefe des Mittelalters 1100—1550. München 1931 (S. 402).
Oswald J. Das alte Passauer Domkapitel. München 1933 (S. 387).
Overmann A. Gräfin Mathilde. Ihre Besitzungen. Innsbruck 1895 (S. 390).
Pappenheim M. Über die Rechtsnatur der germanischen Schenkung. SavZ. Bd. 53, German. Abt. Weimar 1933 S. 35ff. (S. 387).
Patzelt E. Entstehung und Charakter der Weistümer in Österreich. Baden-Wien-Leipzig-Brünn 1921 (S. 404).
Pauckch M. Der Minnesänger Kaiser Heinrich. Beiträge zur Geschichte der deutschen Sprache und Literatur, 48. Bd. Halle 1923 S. 120ff. (S. 396).
Perels E. Der Erbreichsplan Heinrichs VI. Berlin 1927 (S. 396).
Pfitzner J. Großfürst Witold von Litauen als Staatsmann. Brünn, Prag, Leipzig, Wien 1930 (S. 409).

Pomtow M. Über den Einfluß der altrömischen Vorstellungen vom Staat auf die Politik Kaiser Friedrichs I. und die Anschauungen seiner Zeit. Halle 1885 (S. 394).
Prutz H. Staatengeschichte des Abendlandes im Mittelalter. Bd. II. Berlin 1887 (S. 412).
Ramsay J. H. The Angevin Empire. Oxford 1903 (S. 396).
Reallexikon der deutschen Literaturgeschichte, hgg. von P. Merker und W. Stammler. 4 Bände. Berlin 1925—1931 (S. 401. 402. 407).
Reallexikon der germanischen Altertumskunde, hgg. von J. Hoops. 4 Bände. Straßburg, Berlin 1911—1919 (S. 393).
Redlich O. Rudolf von Habsburg. Innsbruck 1903 (S. 395. 396. 402. 408. 410).
— Rudolf von Habsburg in der volkstümlichen Überlieferung. Ausgewählte Schriften. Zürich, Leipzig, Wien 1928 S. 9—21 (S. 410).
Rehm W. Geschichte des deutschen Romans. Bd. I. Berlin 1927 (S. 407).
Reicke S. Das deutsche Spital und sein Recht im Mittelalter. Bd. I. Das deutsche Spital. Geschichte und Gestalt. Bd. II. Das deutsche Spitalrecht. Stuttgart 1932 (S. 403).
Richenthal Ulrich von. Chronik des Konstanzer Konzils, hgg. von M. R. Buck. Tübingen 1882 (S. 406).
Richstätter K. Die Herz-Jesu-Verehrung des deutschen Mittelalters. 2. Aufl. München 1924 (S. 407).
Riezler S. Geschichte Baierns. Gotha, Bd. II 1880; Bd. III 1889 (S. 397. 403. 404. 405. 406. 411).
Ritter G. Studien zur Spätscholastik I—III. Sb. der Heidelberger Akademie, phil.-hist. Kl., Heidelberg 1921/22; 1926/27. (S. 406).
Röhricht R. Deutsche Pilgerreisen nach dem Heiligen Lande. Neue Ausgabe. Innsbruck 1900 (S. 388. 407).
Rolevinck W. De laudibus veteris Saxoniae nunc Westphalia dictae, hgg. mit deutscher Übersetzung von L. Troß. Köln 1865 (S. 404).
Rörig F. Die Schlacht bei Bornhöved. Zeitschrift d. Vereins für Lübeckische Geschichte und Altertumskunde. Band 24. Lübeck 1928 S. 281 ff. (S. 394. 397).
— Hansische Beiträge zur deutschen Wirtschaftsgeschichte. Breslau 1928 (S. 409).
— Der Markt von Lübeck. Hansische Beiträge zur deutschen Wirtschaftsgeschichte. Breslau 1928 S. 40ff. (S. 404).
— Das Einkaufsbüchlein der Nürnberger-Lübecker Mulichs auf der Frankfurter Fastenmesse des Jahres 1495. Breslau 1931 (S. 405).
Rosenhagen G. Der Geist des deutschen Mittelalters in seinem Schrifttum und in seiner Dichtung. Frankfurt 1929 (S. 400. 407).
Rütimeyer E. Stadtherr und Stadtbürgerschaft in den rheinischen Bischofsstädten. Stuttgart 1928 (S. 403).
Sachsse C. Tiara und Mitra der Päpste. Zeitschrift für Kirchengeschichte Bd. 35 S. 481ff. Gotha 1914 (S. 387).
Sachsenspiegel. Land- und Lehnrecht hgg. von K. A. Eckardt. Mon. germ. Fontes iuris Germanici antiqui Nova Series I. Hannover 1933 (S. 401).
Sackur, E. Die Cluniacenser in ihrer kirchlichen und allgemeingeschichtlichen Wirksamkeit bis zur Mitte des 11. Jahrhunderts. 2 Bde. Halle 1892. 1894 (S. 385).
Samanek V. Studien zur Geschichte König Adolfs. Sb. der Akademie der Wissenschaften zu Wien, Bd. 207 S. 71ff. Wien 1930 (S. 410).
— Der angebliche Verrat Adolfs von Nassau. Historische Vierteljahrsschrift (29. Jahrgang). Dresden 1934 S. 302ff. (S. 411).
Sandow E. Das Halle-Neumarkter Recht. Stuttgart 1932 (S. 394).
Schaller H. Die Weltanschauung des Mittelalters. München 1934 (S. 385. 387).
Scharnagl A. (Besprechung von Paul Schmid: Der Begriff der kanonischen Wahl). SavZ. 47. Band, Kanonist. Abt. 16. Weimar 1927 S. 443ff. (S. 387).
Schieß T. Quellenwerk zur Entstehung der Schweizerischen Eidgenossenschaft. Urkunden, Chroniken, Hofrechte, Rödel und Jahrzeitbücher ... Bd. I von den Anfängen bis Ende 1291. Aarau 1933 (S. 409).
Schlauch B. Hochscholastik. KA. Karte 134 (S. 401).
Schlechte H. Erzbischof Bruno von Trier. Ein Beitrag zur Geschichte der geistigen Strömungen im Investiturstreit. Engelsdorf-Leipzig 1934 (S. 388).
Schlosser J. Die deutschen Reichskleinodien. Wien 1920 (S. 410).
Schmeidler B. Die Gedichte des Archipoeta. Mitteilungen der deutschen Gesellschaft zur Erforschung vaterländischer Sprache und Altertümer Bd. 10 Heft 4. Leipzig 1911 (S. 394).
— Kaiser Heinrich IV. und seine Helfer im Investiturstreit. Leipzig 1927 (S. 389. 391).

Schmid Paul. Der Begriff der kanonischen Wahl in den Anfängen des Investiturstreites. Stuttgart 1926 (S. 386. 387. 390).
— Besprechung von E. Voosen: Papauté et Pouvoir civil à l'Epoque de Grégoire. HZ. Bd. 137. München 1928 S. 539f. (S. 387).
Schmidt Eberhard. Rechtsentwicklung in Preußen. 2. Aufl. Berlin 1929 (S. 409).
Schmidt Kurt. Der Lüstliche Würtzgarte. Ein Beitrag zur Geschichte der deutschen Mystik im Spätmittelalter. Wildenfels i. S. 1931 (S. 407).
Schmoller G. Straßburg zur Zeit der Zunftkämpfe. Straßburg 1875 (S. 411).
Schneider Fedor. Das Mittelalter bis zur Mitte des 13. Jahrhunderts. Leipzig und Wien 1929 (S. 389. 390).
Schneider Friedrich. Kaiser Heinrich VII. Greiz und Leipzig 1924—1928 (S. 411).
Schneider Hermann. Deutsche Heldensage. Berlin 1930 (S. 400).
Schnettler O. Die Veme, Entstehung, Entwicklung und Untergang der Frei- und heimlichen Gerichte Westfalens. 2. Aufl. Münster 1932 (S. 408).
Schnürer G. Kirche und Kultur im Mittelalter. Paderborn Bd. II 1926, Bd. III 1929 (S. 386. 391. 399. 401. 405. 408).
Schreiber A. Drei Beiträge zur Geschichte der deutschen Gefangenschaft des Richard Löwenherz. Historische Vierteljahrsschrift Jahrgang 26. Dresden 1931 S. 268 ff. (S. 396).
Schreiber Georg. Wallfahrt und Volkstum in Geschichte und Leben. Düsseldorf 1934 (S. 407).
Schreibmüller H. Pfälzer Reichsministerialen. Kaiserslautern 1911 (S. 396).
Schröder R. = von Künßberg E. Lehrbuch der deutschen Rechtsgeschichte. 7. Aufl. Berlin 1932 (S. 386. 392. 394. 404. 408).
Schubert H. von. Die Geschichte des deutschen Glaubens. Leipzig 1925 (S. 387).
Schuchhardt C. Die Burg im Wandel der Weltgeschichte. Potsdam 1931 (S. 392. 395).
Schulte A. Geschichte des mittelalterlichen Handels und Verkehrs zwischen Westdeutschland und Italien mit Ausschluß von Venedig. Bd. I Darstellung. Bd. II Urkunden. Leipzig 1900 (S. 402).
— Der hohe Adel des deutschen Hofrichters. Festschrift für Hertling. München 1913 (S. 398).
— Die Geschichte der großen Ravensburger Handelsgesellschaft 1380—1530. 3 Bände. Stuttgart 1923 (S. 402).
— Fürstentum und Einheitsstaat in der deutschen Geschichte. Berlin 1921 (S. 410).
— Die Kaiser- und Königskrönungen zu Aachen. Bonn 1924 (S. 408).
Schultheiß F. G. Geschichte des deutschen Nationalgefühls Bd. I (einziger Band). Von der Urzeit bis zum Interregnum. München 1893 (S. 388).
— Die deutsche Volkssage vom Fortleben und von der Wiederkehr Kaiser Friedrichs II. Berlin 1911 (S. 395. 399).
Schultz A. Deutsches Leben im 14. und 15. Jahrhundert. Wien 1892 (S. 405).
Schünemann K. Die Deutschen in Ungarn bis zum 12. Jahrhundert. Berlin 1923 (S. 391. 409).
Siebert F. Der Mensch um 1300 im Spiegel deutscher Quellen. Berlin 1931 (S. 405. 406).
Simonsfeld H. Jahrbücher des deutschen Reiches unter Friedrich I. Bd. I (1152—1158) Leipzig 1908 (S. 393).
Simrock K. Ausgewählte Werke Bd. 11. Leipzig. Max Hesse (S. 396. 400).
Sommerfeld M. Die Reisebeschreibung der deutschen Jerusalempilger im ausgehenden Mittelalter. Vierteljahrshefte für Literaturwissenschaft und Geistesgeschichte II, 2. Halle 1924 S. 816ff. (S. 407).
Spangenberg H. Territorialwirtschaft und Stadtwirtschaft. München 1932 (S. 395. 403. 409).
Sperber H. Geschichte der deutschen Sprache. Berlin 1926 (S. 400).
Springer-Neuwirth. Frühchristliche Kunst und Mittelalter. 12. Aufl. Leipzig 1924 (S. 405).
Stadelmann R. Vom Geist des ausgehenden Mittelalters. Halle 1929 (S. 402).
Stadler J. K. Beiträge zur Rechtsgeschichte der Stadt Salzburg im Mittelalter. Hirschenhausen 1934 (S. 403).
Stammler W. Ideenwandel in Sprache und Literatur des deutschen Mittelalters. Vierteljahrsschrift für Literaturwissenschaft und Geistesgeschichte II, 2. Halle 1924 (S. 400).
— Das mittelalterliche Drama. Reallexikon d. d. L. Bd. I S. 218ff. (S. 407).
— Die bürgerliche Dichtung im Spätmittelalter. Zeitschrift für deutsche Philologie 53. Bd. S. 1ff. Stuttgart 1928 (S. 403).
— (Meistergesang) Reallexikon d. d. L. Bd. IV S. 58 (S. 407).
— Verbreitung der Rolandsbildsäulen. KA. Karte 142 (S. 40).
— Deutsche Bibelübersetzung vor Luther. KA. Karte 159 (S. 407).
— Die stilistische Entwicklung der deutschen Prosa des Mittelalters. KA. Karte 161 und 161a (S. 405).

Stasiewski B. Deutschland und Polen im Mittelalter. Historisches Jahrbuch. Köln 1934 S. 294ff. (S. 409).
Steinacker H. Zum Privileg Friedrichs I. für das Herzogtum Österreich. MIÖG. 11. Erg.-Band. Innsbruck 1929, S. 205ff. (S. 393).
Steinherz S. Die Fakultäten eines päpstlichen Nuntius im 16. Jahrhundert. MIÖG. Bd. 19. Innsbruck 1898. (S. 406).
Stengel E. E. Über den Ursprung der Ministerialität. Papsttum und Kaisertum. Festschrift Paul Kehr. München 1926 S. 169ff (S. 392).
— Regnum und Imperium. Marburg 1930 (S. 409).
— Avignon und Rhens. Forschungen zur Geschichte des Kampfes um das Recht am Reich in der ersten Hälfte des 14. Jahrhundrets. Weimar 1930 (S. 406. 408. 411. 412).
Stenzel K. Waiblingen in der deutschen Geschichte. Württembergische Vierteljahrshefte für Landesgeschichte 38. Jahrgang. Stuttgart 1932 S. 164ff. (S. 392).
Sthamer E. Die vatikanischen Handschriften der Konstitutionen Friedrichs II. für das Königreich Sizilien. Papsttum und Kaisertum. Festschrift für Paul Kehr. München 1926 S. 508ff. (S. 399).
— Eigenes Diktat des Herrschers in Briefen der sizilischen Kanzlei des 13. Jahrhunderts. Festschrift Alexander Cartellieri. Weimar 1927 (S. 399).
Stimming M. Das deutsche Königsgut im 11. und 12. Jahrhundert. I. Die Salierzeit. Berlin 1922 (S. 389. 392).
Stolle Konrad. Thüringisch-Erfurter Chronik hgg. von L. F. Hesse. Stuttgart 1854 (S. 407).
Strecker M. Mittellateinische Dichtung in Deutschland. Reallexikon d. d. L. Bd. II S. 379ff. (S. 402).
Strunz F. Albertus Magnus. Weisheit und Naturforschung im Mittelalter. Wien 1926 (S. 401).
— Astrologie, Alchimie und Mystik. München 1928 (S. 401).
Swarzenski G. Aus dem Kunstkreis Heinrichs des Löwen. Städel-Jahrbuch Bd. 7 und 8. Frankfurt 1932 S. 241—397 (S. 395).
Tangl G. Register Innozenz III. über die Reichsfrage. (Übersetzung und Erläuterung.) Leipzig 1923. (S. 397).
— Studien zum Register Innozenz III. Weimar 1929 (S. 397).
Tenckhoff F. Der Wahlkreis bei den westfälischen Bischofswahlen bis zum Wormser Konkordat. Festschrift für Hertling. München 1913 S. 516—522 (S. 387).
Thimme H. Das Kammeramt in Straßburg, Worms und Trier. Berlin 1914 (S. 392).
Tietze H. Die Gotik. Das Mittelalter in Einzeldarstellungen. Leipzig und Wien 1930 (S. 401).
Toeche Th. Kaiser Heinrich VI. Leipzig 1867 (S. 395. 396).
Tomek E. Studien zur Reform der deutschen Klöster im 11. Jahrhundert. Bd. I. Wien 1910 (S. 385).
Tribbe. Des Domherrn Heinrich Tribbe Beschreibung von Stadt und Stift Minden, hgg. von K. Löffler. Minden 1932 (S. 404).
Tschirch F. Selbständigkeitskampf der Schweiz. KA. Karte 101 (S. 410).
Urkundenbuch der Stadt Freiburg i. Br. Bd. II. Freiburg i. Br. 1829 (S. 403).
Vancsa M. Geschichte Nieder- und Oberösterreichs Bd. II. Stuttgart und Gotha 1927 (S. 411).
Veldeke Heinrich von. Eneide, hgg. von O. Behaghel. Heilbronn 1882 (S. 395).
Verweyen J. M. Die Philosophie des Mittelalters. 2. Aufl. Berlin 1925 (S. 401).
Vigener F. Kaiser Karl IV. Meister der Politik. Stuttgart 1922 S. 405ff. (S. 412).
Viollet P. Histoire des institutions politiques et administratives de la France. II. Paris 1898 (S. 388).
Vita Adriani a Bosone cardinali hgg. von L. Duchesne „Le liber pontificalis" Bd. II. Paris 1892 (S. 393).
Vogel W. Kurze Geschichte der deutschen Hanse. München 1915 (S. 409).
Vogt F. Das höfische Epos bis auf Gottfried von Straßburg. 3. Aufl. Berlin 1922 (S. 400).
Voosen E. Papauté et Pouvoir civil à l'Epoque de Grégoire VII. Gembloux 1927 (S. 386).
Waas A. Zur Frage der Freigrafschaften vornehmlich in der Wetterau. SavZ. 38. Band, German. Abt. Weimar 1917 S. 146ff. (S. 404).
Wagner J. Äußerungen deutschen Nationalgefühls am Ausgang des Spätmittelalters. Deutsche Vierteljahrsschrift für Literaturwissenschaft und Geistesgeschichte. 9. Jahrg. Halle 1931. S. 389 ff. (S. 388).

Wallach R. Das abendländische Gemeinschaftsbewußtsein im Mittelalter. Leipzig 1928 (S. 388).
Wattenbach W. Deutschlands Geschichtsquellen. Stuttgart Bd. I. 7. Aufl. 1904, Bd. II. 6. Aufl. 1892 (S. 385. 401).
Watterich J. M. Pontificum Romanorum qui fuerunt inde ab exeunte saeculo IX usque ad finem saeculi XIII vitae. 2 Bände. Leipzig 1862 (S. 394).
Weimer H. Deutsche Jugendbildung im Wandel der Zeiten. Leipzig 1925 (S. 407).
Weiß Konrad. Die Seelenmetaphysik des Meisters Eckart. Zeitschrift für Kirchengeschichte Bd. 52. Stuttgart 1933 S. 467ff. (S. 402).
Weller K. Die freien Bauern in Schwaben. SavZ. 54. Bd., German.-Abt. Weimar 1934 S. 178 ff. (S. 404).
Wenck K. Die römischen Päpste zwischen Alexander III. und Innozenz III. und der Designationsversuch Weihnachten 1197. Papsttum und Kaisertum. Festschrift für Paul Kehr. München 1926 S. 415—474 (S. 387. 397).
Wieruszowski H. Vom Imperium zum nationalen Königtum. Vergleichende Studien über die publizistischen Kämpfe Kaiser Friedrichs II. und König Philipps des Schönen mit der Kurie. München 1933 (S. 398. 399).
Wießner Hermann. Sachinhalt und wirtschaftliche Bedeutung der Weistümer im deutschen Kulturgebiet. Baden, Wien, Leipzig, Brünn 1934 (S. 404).
Wießner Wolfgang. Die Beziehungen Kaiser Ludwigs des Baiern zu Süd-, West- und Norddeutschland. Beiträge zur königlichen Innenpolitik. Erlangen 1932 (S. 411).
Wilhelm Friedrich. Zur Geschichte des Schrifttums in Deutschland bis zum Ausgang des 13. Jahrhunderts. München 1920 (S. 406).
— Corpus der altdeutschen Originalurkunden bis zum Jahr 1300. Lahr i. B. 1929ff. (S. 406).
Wilsing N. Naturgefühl im Mittelalter. Historische Vierteljahrsschrift 26. Jahrgang. Dresden 1931 S. 349ff. (S. 405).
Winkelmann E. Acta imperii inedita. Bd. II. Innsbruck 1880. (S. 397).
Windecke Eberhard. Denkwürdigkeiten, hgg. von W. Altmann. Berlin 1893 (S. 412).
Wittenweiler Heinrich. Ring, nach der Meininger Handschrift hgg. von E. Wießner. Leipzig 1932 (S. 407).
Worringer W. Die Anfänge der Tafelmalerei. Leipzig 1924 (S. 405).
Zirus W. Entwicklung des deutschen Dramas c. 1200—1600. KA. Karte 160 (S. 407).

Personen-, Orts- und Sachverzeichnis.

B. = Bischof; Eb. = Erzbischof; Gem. = Gemahlin; Gr. = Graf; H. = Herzog; K. = König; Kf. = Kurfürst.

Aachen 107. 153. 196. 221. 280
— Krönungen 23. 59. 64. 86. 109. 146. 153. 158. 307. 310. 332. 342. 348
Aargau 283. 303. 311
Abälard 130. 396
Abdinghof 189. 400
Abel, K. v. Dänemark 166
Abensberg, Herren von 288
Aberglaube 238. 261
Abotriten 56. 60. 69. 115
Acerra 147
Ackerbürger 217. 228. 230. 232
Ackermann aus Böhmen 266. 367
Adalbert, Eb. v. Bremen 28. 29. 31. 32
Adalbert, Eb. v. Mainz 58. 62
Adel 3. 6. 8. 10. 26. 32. 49. 50. 73—76. 77. 81. 82. 177. 178. 179. 224. 226—228. 230. 234. 235. 255. 256. 259. 268. 274. 291. 294. 392. 404
Adela, Gem. Barbarossas 93
Adelheid von Turin 30. 48
Adolf von Nassau, K. 324. 331—337. 339. 342. 343. 410. 411
Adolf, Gr. v. Holstein 69
Adolf, Eb. v. Köln 138. 144. 146
Adolf II., Gr. v. d. Mark 289
Adrianopel 125
Agnes v. Poitou, Gem. Heinrichs III. 24—28. 35. 389
Agnes, Gem. Friedrichs I. v. Schwaben und Liutpolds III. v. Österreich 45. 58. 86
Agnes, Gem. Heinrichs I. v. d. Pfalz 136. 396
Agnes, Gem. Ottos II. v. Baiern 154
Ägypten 128. 154. 155. 156. 159. 171. 172
Akkon 128. 132. 133. 292. 293. 395. 396
Altheim auf der Alb 368
Alberich v. Verona 92.
Albero Eb. v. Trier 62. 64. 65
Albert Behaim 166
Albert Gr. v. Görz 319
Albert d. Große 199. 401
Albert B. v. Lüttich 132
Albert v. Stade 202. 398. 399
Albigenser 18
Albrecht I. v. Habsburg, K. 315. 319. 323. 324. 331. 332. 334—341. 342. 343. 411
Albrecht II. v. Habsburg, K. 287. 374—375
Albrecht IV., H. v. Baiern 285
Albrecht der Bär v. Ballenstedt, Markgr. v. Brandenburg 57. 59. 61. 65. 69. 109. 116. 291
Albrecht Achilles, Kf. v. Brandenburg 288. 376. 377
Albrecht, H. v. Braunschweig 307
Albrecht I., Margr. v. Meißen 133
Albrecht II., H. v. Österreich 304
Albrecht VI., H. v. Österreich 376
Albrecht v. Orlamünde 157
Albrecht, K. v. Schweden 412
Albrecht II. der Entartete, Landgr. v. Thüringen 333
Alessandria (Cäsarea) 108. 110. 120
Alexander II., Anselm v. Lucca, 26. 27
Alexander III., Roland v. Siena, 66. 90. 97. 103—108. 110—114. 123. 394
Alexander von Roes 276. 408
Alexanderlied 181
Alexios III., Kaiser v. Byzanz 139
Alfons v. Kastilien, deutscher König, 174. 307 bis 310. 314
Al Kamil, Sultan v. Ägypten 172
Alkmaar 307
Alkuin 4
Altaicher Annalen 28. 389. 390. 410
Alzey 335
Amadeus, Gr. v. Savoyen 328
Amalfi 121
Amberg 285
Amerika 251
Anagni 112. 339
Anaklet II. 60. 62. 63. 66. 67
Anastasius IV. 89. 90
Ancona 108. 110. 147. 160. 397
Andechs-Meran, Gr. v. 270. 288
Andreas II., K. v. Ungarn 293
Angermünde 291
Angevinisches Reich 127. 396
Anhalt 289
Anjou 296. 300
Anjou-Plantagenet 127. 396
Anna v. Böhmen, Gem. Heinrichs v. Kärnten 343
Anna v. Schweidnitz, Gem. Karls IV. 363. 370
Anna v. Wittelsbach, Gem. Karls IV. 362
Anno v. Köln 26—29. 35

Ansbach-Bayreuth 288
Anselm v. Canterbury 17. 198. 388
Antichrist, Spiel vom 264. 276
Antike 4. 15. 17. 179. 183. 187. 190. 207. 210. 265
Antiochia 128. 395
Antwerpen, Mark 42
Appenzell 303
Apulien 25. 62. 92. 132. 135. 136. 148. 150. 159. 162
Aquileja 68. 133
Araber, Sarazenen, 17. 18. 121. 150. 159. 161. 172. 199. 207
Aragon 21. 137. 150. 296. 328
Architektur s. Baukunst
Aristokratie s. Adel
Aristoteles 18. 198. 199
Arles 114. 364.
Armenien 137
Arnold v. Brescia 66. 90. 92
Arnold, H. v. Geldern 300
Arnold v. Lübeck 202. 395. 396
Arnold, Eb. v. Mainz 93. 106
Arnold, Eb. v. Trier 307. 308
Artus 182
Askalon 68
Askanier 61. 289. 291. 354
Assassinen 161. 398
Auctor Gallicus 9. 386
Augsburg 119. 139. 188. 201. 217. 243. 268
— Bistum 295
— Tagung 42
Augustin 17. 36. 198. 199. 210. 203
Augustiner Chorherren 195
Auxerre 16
Averroismus 201. 207. 402
Avignon 216. 253. 258. 344. 346. 351. 352. 363. 371. 373. 412
Azzo v. Este 31

Babenberger 93. 270. 317. 323
Backsteinarchitektur 195
Bacon Roger 401
Baden, Markgr. v. 284
Badenweiler 246
Baiern 28. 35. 44. 49. 50. 59. 60. 65. 70. 87. 93. 96. 116. 117. 132. 150. 223. 228. 267. 269. 284. 285. 286. 310. 339. 347. 354. 362. 368. 386. 403
Balduin I. v. Flandern, Kaiser v. Byzanz 410
— falscher 325
Balduin II. v. Flandern, Kaiser v. Byzanz 410
Balduin V., Gr. v. Flandern 24. 30
Balduin, Gr. v. Hennegau 30
Balduin, K. v. Jerusalem 388
Balduin, Eb. v. Trier 342. 348. 411
Bamberg 70. 146
— Bistum 295
— Dom 86. 129. 190. 191. 194. 400
— Tagung 61
Bar 289.
Barbara v. Cilli, Gem. Kaiser Sigmunds 374
Barcelona 267
Bari 137
Basel 26. 80. 119. 250. 295. 301. 327. 329
Basler Konzil 258. 374
Batu, Khan 398
Bauern 3. 7. 32. 45. 50. 74. 75. 80. 82. 83. 179. 184. 218. 219. 228—232. 234. 255. 266. 269. 289. 294. 303. 304. 372. 386. 392. 403. 404. 409.
Bäuerlich-aristokratisches Zeitalter 3. 73. 83. 177. 180. 189. 239. 379
Baukunst 58. 180. 192—197. 210. 236—240. 386. 400
Baume 5
Bautzen 354
Bayreuth 288
Beamte 74. 81. 223. 225. 227. 256. 311
Beatrix v. Burgund, Gem. Barbarossas 93. 125
Beatrix, Gem. Ottos IV. 148. 150
Beatrix v. Lützelburg 344
Beatrix v. Tuscien 24. 25. 41. 42
Beda 4
Bede 272
Bela, K. v. Ungarn 61. 94
Belfort 284
Belmont, Herr von 351
Benedikt X. 25
Benedikt XI. 339
Benedikt XII. 355
Benedikt v. Aniane 5. 385
Benedikt v. Nursia 5
Benediktiner 69. 187. 195
Benevent 67. 108. 121
Bergen 267
Berlin 246. 291. 411
Bern 154. 220. 303. 328
Bernhard I., Markgr. v. Baden 284
Bernhard v. Clairvaux 63. 64. 67. 68. 203. 206. 209. 391. 392
Bernhard III., H. v. Sachsen, († 1212) 116. 117. 144. 290
Bernhard III., Pfalzgr. v. Sachsen († 1348) 354
Berno, Abt v. Cluny 5. 6
Bernold v. S. Blasien 386
Bernold v. Konstanz 199
Bernward, B. v. Hildesheim 188
Bertha v. Turin 29. 30
Berthold, Gr. v. Neiffen 351. 411
Berthold v. Regensburg 202. 401. 406
Berthold I., H. v. Zähringen 28. 32. 44. 45. 284
Berthold II., H. v. Zähringen 49
Berthold IV., H. v. Zähringen 87
Berthold V., H. v. Zähringen 144. 283
Bertram v. Minden 249
Besançon 97—99. 313. 328. 329. 394
Bettelorden 187. 198. 204. 205. 206. 216. 237. 318. 320, s. a. Dominikaner, Franziskaner
Beuthen 94
Bevölkerungszahlen 217. 219. 230. 402. 404
Bibel 262. 407

Billunger 29. 32. 56. 57
Bingen 337
Bischof 3. 4. 6—12. 15. 26. 28. 38. 39. 40. 42. 46. 47. 53. 55. 75. 81. 87. 88. 98. 113. 124. 132. 258. 259. 279. 316. 387. 388. 393
— als Stadtherr 26. 33. 76. 77. 79. 392. 402
Blanka, Gem. Rudolfs v. Österreich 338
Blanka v. Valois, Gem. Karls IV. 359. 360
Böckelheim 50
Bogen, Gr. von 60. 132
Bogislaw I. v. Pommern 123
Böhmen 45. 47. 56. 59. 61. 94. 97. 100. 104. 110. 130. 221. 248. 279. 282. 286. 287. 292. 297. 317. 319. 322. 323. 331. 334. 336. 338. 339. 340. 343. 359. 360. 361. 363. 365—367. 370. 371. 374. 375. 376. 378. 405. 409. 410. 412
Boleslaw III., H. v. Polen 61
Boleslaw IV., H. v. Polen 93. 94
Bologna 100. 108. 169. 199
Bonaventura 401
Boner, Ulrich 268
Bonifaz VIII. 257. 258. 334. 338. 339. 341. 387. 411
Bonifaz, heiliger 6
Bonifaz, Markgr. v. Tuscien 24
Bonn 348. 361
Boppe 186
Bornhövede 157. 397
Bouvines 153
Bozen 296
Brabant, gr., Herzöge von 59. 123. 124. 132. 167. 289. 300. 302
Brabanzonen 395
Brandenburg, Bistum 29
— Mark 61. 65. 69. 279. 281. 282. 290—292. 294. 339. 354. 362. 363. 368. 369. 373. 374. 408
— Stadt 220
Brant, Sebastian 268
Braunschweig, Herzogtum 116. 145. 146. 158. 163. 290. 403
— Stadt 188. 189. 196. 217. 300. 400
Breisgau 283. 284. 311
Breitenwang b. Reutte 62
Bremen, Erzbistum 29. 69. 75. 289. 295
Brescia 165. 372
Breslau 220. 259
— Bistum 94
Brindisi 159
Bruderschaft vom gemeinsamen Leben 260
Brugg a. d. Reuß 339
Brügge 217. 267. 359. 402
Brünn 221
Bruno, de bello Saxonico 388. 389. 390. 391
Bruno, Vita quinque fratrum 388
Bruno, Eb. v. Trier 388
Buchdruck 252. 253. 261. 405. 406. 407
Bücher 186. 247. 252. 261. 268
Buchhorn 119
Buchmalerei 187. 247
Bulgarien 68
Buonconvento b. Siena 344
Burchard v. Ursberg 144. 154. 201. 396. 397
Burgau, Markgr. von 270
Burgen 58. 74. 120. 141. 142. 196. 316. 392. 395
Bürger s. Städte
Burggrafen 77
Burgund 5. 6. 28. 55. 57. 87. 93. 95. 97. 98. 104. 114. 125. 194. 246. 289. 300. 301. 304. 326—329. 330. 334. 338. 364. 378. 410
Burkhart v. Worms 199
Byzanz, Griechen, Konstantinopel, Ostrom 18. 61. 68. 70. 89. 90. 92. 94. 111. 121. 125. 129. 137. 139. 156. 187. 190. 325. 393. 410

Cadalus v. Parma s. Honorius (II.)
Calabrien 25. 92. 121
Calixt II., Guido v. Vienne 54. 55
Calixt III. 110. 114
Calw, Grafen von 270
Cammin 295
Canossa 40. 43. 44. 48. 390
Capetinger 127. 278. 355. 408
Capitulare de villis 74
Capua 67. 92. 121
Cäsarea, Eb. von 159
Cäsarea s. Alessandria
Cäsarius von Heisterbach 20. 130. 202. 209. 388. 396. 401. 402
Ceperano, Frieden von 160
Champagne 105. 334
Chartres 16
Chiavenna 111. 115
China 252. 267
Christian I., K. v. Dänemark 290. 299
Christian I., Eb. v. Mainz 107. 108. 110. 114
Christianisierung 56. 61. 62. 69. 109. 110. 294
Chroniken 201. 202. 268
Cimburga v. Masowien 376
Citeaux b. Dijon 203
Cividale 161. 162
Clemens (III.), Wibert v. Ravenna, Gegenpapst 46. 47
Clemens III. 125
Clemens IV. 315
Clemens V. 20. 341—344. 351. 387. 388. 411
Clemens VI., Roger v. Fécamp 353. 356. 357. 359
Clemens VII. 371
Clermont 49
Cluniazenser Bewegung 5—9. 12. 15. 16. 24. 203. 385. 386
Cluny 5—9. 193. 202. 386
Cölestin III. 131. 135. 137—139. 143
Cölestin IV. 167
Confoederatio cum principibus ecclesiasticis 155. 397
Cortenuova 165
Crécy 361
Crema 103

Cremona 62. 108. 110. 124
Cypern 133. 137

Damaskus 68
Damiette 155. 156. 159
Dänemark 47. 60. 61. 93. 94. 104. 115. 123. 124. 127. 128. 132. 153. 157. 290. 299. 339. 340. 369. 372. 380. 397
Dante 277. 296. 344. 345. 353. 399
Danzig 109. 217. 291. 294. 299. 300
Darsow, Johannes 242
Dedi, Markgr. v. d. Lausitz 30
Detmar v. Lübeck 268
Deutschenspiegel 201. 401.
Deutschordensritter 157. 164. 194. 195. 290—295. 298. 299. 317. 360. 365. 368. 369. 372. 380. 397. 401. 409
Dialektik 15
Dichtung s. Schrifttum
Dictatus papae 38. 390
Dienstrecht 200. 269
Diepold v. Schweinspoint, Gr. v. Acerra 147. 148. 150
Dietpold v. Dohburg 93
Dietrich v. Bern 140. 183. 396
Dietrich, Gr. v. Holland 146
Dietrich Holzschuh, Tile Kolup 326
Dietrich v. Niem 406
Diezmann v. Wettin 333. 339
Dithmarschen 289. 408
Doberan 203
Döffingen 284
Dominikus, heiliger 204
Dominikaner 168. 172. 199. 204. 205. 206. 318. 401
Donaueschingen 283
Donauwörth 119
Duns Scotus, Johannes 210. 257. 401. 406
Dürnkrut 321—323. 336. 410
Dürnstein ob Krems 133

Eberhard v. Lautern 142
Eberhard, Mönch 202
Eberhard, Gr. v. Nellenburg 39
Eberhard, Eb. v. Salzburg 104
Eberhard II., Gr. v. Württemberg 284. 368
Eberhard V., Gr. v. Württemberg 284
Ebner, Christina 407
Eckart, Meister 206. 210. 402
Eckbert, Markgr. v. Meißen, Gr. v. Braunschweig 47. 56
Edessa 67
Eduard I., K. v. England 334
Eduard III., K. v. England 355. 356. 361
Eger 96
Egerland 119. 297. 319. 338
Egino 31. 389
Eichstätt 216. 258. 402
Eider 109
Eigenkirche 6. 7. 8. 11. 57. 386. 391
Eike v. Repgow 200
Ekkehard v. S. Gallen 5
Eleonore v. Poitou 127
Elisabeth v. Baiern, Gem. Konrads IV. 164
Elisabeth v. Böhmen, Gem. Johanns v. Lützelburg 343
Elisabeth (Isabella) v. England, Gem. Friedrichs II. 162. 163
Elisabeth v. Pommern, Gem. Karls IV. 363. 373
Elisabeth, heilige, Landgr. v. Thüringen 163. 164. 209. 398
Elsaß 45. 119. 120. 137. 154. 169. 250. 277. 283. 300. 301. 311. 316. 329. 332. 334. 340. 396
Engelbert I., Eb. v. Köln 155—158
Engelbert II., Eb. v. Köln 280
England 4. 19. 20. 21. 56. 94. 97. 104. 105. 106. 107. 110. 111. 115. 116. 127. 128. 130. 135. 137. 145. 149. 157. 158. 167. 171. 232. 275. 299. 300. 301. 307. 334. 338. 355. 361. 379. 391. 396. 410. 411.
Enzio, Sohn Friedrichs II. 165. 168. 169
Erfurt 325. 407
— Chroniken 399. 406. 407
— Tagung 115
Erich, K. v. Dänemark 339
Erich Edmund, K. v. Dänemark 61
Eriugena, Johannes 14. 16. 17. 198. 387
Ernst, H. v. Schwaben 182. 267
Erwin, Baumeister 239
Erzämter 279
Erzpoet 99. 101. 207. 394
Eskil, Eb. v. Lund 97
Eßlingen 76. 314. 392
Estland 157
Ettal 357
Eucharistie 238. 248. 405
Eugen III. 66. 67. 70. 85. 89
Eulenspiegel 408
Eußerthal 308
Exemption 6
Externsteine 189. 400
Ezzelin da Romano 161

Falkenburg, Beatrix von, Gem. Richards v. Cornwall 308
Farfa 62
Fastnachtsspiele 265. 266. 407
Federzeichnungen 247. 405
Fehdewesen 47. 65. 66. 163. 227. 230. 255. 271. 274. 291. 299. 324. 375. 404. 412
Femgerichte 274. 408
Ferdinand v. Österreich 287
Feste 122. 123. 235. 258. 265
Fiorentino 169
Flandern 18. 25. 30. 105. 115. 123. 124. 132. 145. 271. 277. 289. 300. 302. 307. 325. 329. 334
Flochberg 70
Florenz 26. 344. 345. 363
Folmar, Gegenbischof v. Trier 124. 125
Forchheim 13. 44. 387
Frangipani 60

Franke, Meister 249
Franken, Herzogtum 82. 285. 316. 321. 329
Frankenreich 4. 5. 10. 11. 19
Frankfurt a. M. 30. 31. 67. 86. 152. 221. 306. 308. 310. 335. 337. 342. 348. 375
— Tagungen 65. 355
Frankfurter Appellation 351
Frankfurt a. O. 291
Frankreich 6. 8. 9. 16. 18. 19. 20. 21. 24. 30. 31. 42. 49. 56. 67. 68. 70. 84. 97. 104. 105. 110. 115. 123. 127. 128. 130. 135. 137. 145. 149. 150. 153. 157. 158. 166. 167. 171. 182. 190. 191. 193. 194. 207. 208. 209. 215. 236. 246. 253. 254. 258. 267. 275. 278. 282. 300. 301. 307. 309. 315. 326—329. 334. 338. 339. 341. 342. 345. 350. 353. 355. 361. 363. 364. 378. 379. 380. 391. 396. 400. 401. 402. 408. 409. 410. 411
Franz v. Assisi 204. 205. 208
Franziskaner 168. 172. 204. 205. 238. 276. 318. 351
Franziskaner-Spiritualen 257. 346. 351. 353. 408. 411
Frauenlob 186
Freibauern 228. 231. 274. 404
Freiberg i. Sa. 190. 333
Freiburg i. Br. 221. 225. 403
Freiburg i. Ü. 154. 303
Freidank 160. 185. 186. 397. 400
Friaul, Reichstag 161
Friedrich I., Barbarossa 20. 65. 68. 70. 74. 81. 85—126. 127. 129. 141. 174. 196. 200. 201. 206. 275. 278. 388. 389. 393—396
Friedrich II. 102. 119. 126. 136. 138. 140. 143—146. 149—175. 201. 209. 216. 267. 268. 270. 276. 278. 279. 283. 293. 302. 303. 306. 307. 311. 317. 325. 387. 397—399
— falscher 325. 326.
Friedrich der Schöne 341. 342. 347—352
Friedrich III. 243. 283. 287. 303. 376—378. 412. 413
Friedrich, Gr. v. Bogen 60
Friedrich I. v. Hohenzollern, Kf. v. Brandenburg 292. 373. 374. 376
Friedrich, Eb. v. Bremen 81
Friedrich v. Isenburg 158
Friedrich, Eb. v. Köln 58. 59
Friedrich, H. v. Lothringen 24
Friedrich v. Lothringen, Kardinal 24. 25
Friedrich, Eb. v. Magdeburg 189
Friedrich I. der Freidige, Markgr. v. Meißen 310. 333. 339. 343
Friedrich I. v. Hohenzollern, Burggr. v. Nürnberg 288
Friedrich III. v. Hohenzollern, Burggr. v. Nürnberg 288. 310. 318. 321
Friedrich IV. v. Hohenzollern, Burggr. v. Nürnberg 349
Friedrich der Streitbare, H. v. Österreich 164. 169. 317
Friedrich I. v. d. Pfalz 376
Friedrich II. der Sanftmütige, Kf. v. Sachsen 376
Friedrich II., Eb. v. Salzburg 319
Friedrich I. v. Büren (Hohenstaufen), H. v. Schwaben 45. 86
Friedrich II. v. Hohenstaufen, H. v. Schwaben 57. 58. 59. 61. 64. 65. 119. 120
Friedrich IV. v. Rothenburg, H. v. Schwaben 70. 87. 106. 108. 109
Friedrich V., H. v. Schwaben 109. 125. 126. 395
Friedrich II., K. v. Sizilien 344. 352
Friedrich B. v. Speier 326
Friedrich v. Steiermark 175
Friesen 56. 162. 289. 307. 356. 372
Fronhofverfassung 82. 393
Fueterer, Ulrich 267
Fulda 6. 15
Fuldaer Vertrag 131
Fürsten 22. 28. 31. 33. 36. 41. 42. 47. 53. 57. 64. 75. 81. 82. 87. 88. 95. 96. 106. 138. 147. 149. 155. 161. 163. 170. 186. 196. 221—226. 271. 275. 278—283. 295. 372. 393. 397. 408. 409, s. a. Landesfürsten
Fürstenberg 283
Fürstenfeld 357
— Mönch von 337. 411
Fürstenwalde, Vertrag 362
Füßen 119

Gaëta 121
S. Gallen 5. 119. 195. 303
Gallipoli 125
Gammelsdorf 347
Gandersheim 202
Gebhard v. Arnstein 165
Geisa II., K. v. Ungarn 65. 94
Geißler 241. 254. 367
Geistlichkeit 3. 4. 8. 18. 26. 37—39. 66. 181. 197—200. 207. 216. 221. 230. 237. 238. 258—260. 262. 263. 406
Gelasius II. 54
Geldern 289. 302
Geldwirtschaft 83. 209. 231
Gelnhausen, Pfalz 196
— Reichstag 116. 124
Genf 283. 300. 364
Genua 105. 110. 128. 131. 136. 137. 150. 267
Georg d. Reiche, H. v. Baiern 285
Georg Podiebrad 287
Gerhard v. Eppenstein, Eb. v. Mainz 307. 308. 331. 333. 335—337
Gerhard v. York 17. 388
Germanen 4. 10. 182. 189. 195. 385. 387. 399
Germersheim 330
Gerold, Patriarch v. Jerusalem 159. 160. 397
Gerstungen, Friede von 32. 33
Gertrud v. Habsburg, Gem. Johanns I. von Sachsen 318
Gertrud v. Hohenberg, Gem. Rudolfs von Habsburg 310
Gertrud, Tochter Lothars v. Supplinburg 59. 65

Geschichtschreibung 201. 202. 226. 268. 401
Gewerbe 77. 217. 219. 232. 392. 402. 403
Ghibellinen 296. 344. 352. 353. 395
Giengen 377
Gigny 5
Gilde s. Zunft
Giotto 248
Girald v. Cambrai 138
Glarus 303
Glasmalerei 188. 245. 246. 405
Glogau 94
Gmünd 119. 241. 405
Goldene Bulle 274. 282. 290. 296. 364. 365. 368. 373. 379. 412
Göllheim 336
Görlitz 220. 354
Goslar 18. 23. 31. 33. 93. 109. 111. 146. 163. 196. 221
Gotik 21. 188. 192. 193. 194. 236. 237. 239. 240. 400. 405.
Gottesdienst 5. 193. 203. 238. 242. 246. 262 390. 405. 407
Gottesfriede s. Landfrieden
Gottfried v. Anjou 127
Gottfried v. Bouillon 42. 49
Gottfried II. der Bärtige, H. v. Lothringen 24. 25. 27
Gottfried der Bucklige, H. v. Lothringen 31. 41
Gottfried v. Straßburg 183. 400
Gottfried v. Viterbo 395. 400
S. Gotthard 217. 296. 302. 303
Gottschalk, Mönch 14. 387
Gozelo I., H. v. Lothringen 24. 25
Gozelo II., H. v. Lothringen 24
Grabdenkmäler 188. 189. 191. 243. 313
Grabower Altar 249
Graf 76. 77. 82. 403
Grafengerichte 274
Gral 182
Gregor VI. 9. 37
Gregor VII. 7. 12. 13. 22. 25. 33. 34. 36—47. 125. 354. 386. 387. 388. 390. 391
Gregor VIII. 125
Gregor IX. 158. 159. 160. 162. 164—167. 397. 398
Gregor X. 309. 310. 314. 315
Gregor XII. 373
Gregorianer 12. 16. 18. 22. 23. 50. 52. 63. 102
Griechen s. Antike, Byzanz
Groß, Konrad 243
Grosseteste 401
Grundherrschaft 73—76. 82—83. 118. 269. 393
Grune, Schlacht an der 45. 46
Grünpeck, Joseph 377. 413
Guelfen 296. 344. 395
Guido, Gr. v. Flandern 271
Gümmenen 327
Günther, Gr. v. Schwarzburg, Gegenkönig 362
Guntram v. Habsburg 311
Gunzelin 109
Guta, Tochter Rudolfs v. Habsburg 319. 335
Gutenberg, Johannes 252

Habsburger 225. 282. 283. 284. 286. 287. 302. 303. 311. 348. 356. 365. 375. 378
Hadrian IV., Nikolaus Breakspeare 90—92. 97. 103. 122. 393
Hagenau 141. 196. 332
Halberstadt 217
— Bistum 113. 295
Halle a. S. 96. 147. 220. 287
Hallenkirchen 237. 239. 405
Hamburg 217. 221. 249. 372
Handel 76. 77. 217. 218. 221. 232. 267. 298—300. 359. 372. 403
Handwerk 18. 76. 77. 217. 218. 219. 231. 232. 233. 243. 267
Hanse 221. 267. 298—300. 346. 368. 369. 372. 402. 409. 412
Hartmann von Aue 183
Hartmann, Sohn Rudolfs v. Habsburg 319. 330
Hartmann v. Siebeneichen 108
Harzburg 31. 32. 33. 153
Hausmacht 111. 118—120. 145. 154. 158. 169. 270. 272. 273. 323. 324. 333. 337. 340. 346. 354. 356. 368. 369. 379. 395. 396
Hauswirtschaft 216
Havelberg, Bistum 29
Hedwig von Polen 298
Heerschildordnung 227
Heerwesen 45. 75. 107. 111. 112. 120. 221. 232. 275. 276. 304. 311. 313. 320—322. 336. 349. 388. 395. 399. 403. 408
Heidelberg 225. 285. 337
Heiden, Henning von der 245
Heiligengeschichten 202. 263
Heiliges Land 49. 68. 125. 126. 128. 129. 152. 159. 160. 216. 267. 293. 309. 388. 397
Heimgereide 269
Heinrich I. 87. 389
Heinrich II. 278. 387
Heinrich III. 9. 10. 23. 24. 25. 30. 43. 51. 58. 74. 126. 174. 192. 278. 386. 387. 393
Heinrich IV. 7. 11. 23—52. 58. 74. 79. 81. 150. 182. 192. 389—391
— Leben (Vita Heinrici IV.) 51. 391
Heinrich V. 49—58. 63. 126. 391
Heinrich VI. 102. 109. 116. 119. 120. 122—143. 171. 174. 201. 209. 278. 288. 393. 395. 396
Heinrich (VII.) 151. 154. 155. 158. 160—162. 164. 317. 397
Heinrich VII. 247. 341—345. 359. 411
Heinrich, Sohn Konrads III. 69. 70
Heinrich, B. v. Augsburg 27
Heinrich v. Badwide 69
Heinrich IX., der Schwarze, H. v. Baiern 57. 59
Heinrich X., der Stolze, H. v. Baiern 59—62. 64. 65. 66. 116
Heinrich II., H. v. Niederbaiern 356
Heinrich III., B. v. Basel 312

Heinrich von Isny, B. v. Basel, Erzb. von Mainz 320. 321. 325
Heinrich I., H. v. Brabant 132. 133. 146
Heinrich II., H. v. Brabant 288
Heinrich II., Markgr. v. Brandenburg 354
Heinrich I., K. v. England 127. 391
Heinrich II., K. v. England 94. 106. 107. 110. 111. 127. 388. 393. 396
Heinrich, H. v. Kärnten 343. 348. 356
Heinrich, Eb. v. Köln 342. 348
Heinrich I., Markgr. der Lausitz und von Meißen 47. 57
Heinrich von Lautern 142
Heinrich, Eb. v. Mainz 85
Heinrich der Erlauchte, Markgr. v. Meißen 320. 325
Heinrich Jasomirgott, H. v. Österreich 65. 81. 93
Heinrich I., v. d. Pfalz 132. 136. 146. 154. 158. 396
Heinrich II. v. d. Pfalz 154. 158
Heinrich der Löwe, H. v. Sachsen und Baiern 65. 69. 70. 87. 93. 96. 106. 109. 110. 111. 114—116. 127. 132. 135. 163. 188. 196. 290. 395
Heinrich II., H. v. Schlesien 398
Heinrich, Gr. v. Schwerin 157
Heinrich Raspe, Landgr. v. Thüringen, Gegenkönig 167. 168. 306. 325
Heinrich, B. v. Worms 136
Heinrich v. Veldeke 123. 183. 184. 395
Helgoland 372
Helmold, Slavenchronik 395
Heloise 130. 396
Hennegau 25. 123. 300. 307. 356
Herle, Wilhelm von 248
Hermann, B. v. Konstanz 93
Hermann, B. v. Metz 41
Hermann v. Salm, Gegenkönig 45. 47
Hermann v. Salza 157. 159. 165. 171. 293. 397
Hermann v. Stahleck 93
Hermann, Landgr. v. Thüringen 132. 145. 146. 196
Hermann v. Winzenburg 57. 59
Hermann I., H. v. Zähringen 284
Hermann II., H. v. Zähringen 284
Hermann III., H. v. Zähringen 284
Hessen 288. 306
Hexen 254. 261. 407
Hildebrand s. Gregor VII.
Hildegard v. Bingen 206
Hildesheim 99. 188.
— Bistum 75. 157. 295
Hirsauer Reform 6. 7. 8. 15. 45. 193. 203. 386
Hofmark 223. 231
Hofrecht 200. 269
Hoheitszeichen (Insignien) 38. 51. 62. 64. 70. 129. 141. 308. 332. 348. 362. 366. 396. 410
Hohenberg, Albrecht von 318
Hohenems, Vorarlberg 137
Hohenstaufen 45. 57. 58. 64. 84. 86. 116. 196. 270. 283. 307. 395
Hohenzollern 287. 292
Holland 249. 267. 277. 289. 300. 302. 337. 338. 340. 356. 378. 409
Holstein 69. 124. 221. 290. 299
Holzschnitt 247. 252
Honoratioren 77. 78. 79. 219
Honorius (II.), Cadalus v. Parma, Gegenpapst 26. 27. 389
Honorius II. 59. 60
Honorius III. 154. 155. 156. 158
Honorius IV. 328
Hörige s. Unfreie
Hoyer v. Falkenstein 200
Hrotswith v. Gandersheim 266
Hugo, Abt v. Cluny 7. 23. 43. 386
Hugo, Kardinal 39
Hugo, Pfalzgr. v. Tübingen († 1182) 106
Hugo, Pfalzgr. v. Tübingen († 1267) 270
Humanismus 235. 242. 250. 260. 266. 268. 296. 367
Humbert, Kardinal 37
Hus, Johannes 258. 374
Hussiten 258. 297. 367. 371. 374. 410. 412

Iconium 68
Iglau 374
Ilow 109
Imperialismus 95. 102. 127. 129. 130. 131. 137. 140. 141. 142. 171. 172. 209. 239. 379. 398
Individualismus 205. 209. 243. 244. 247. 254. 405
Ingelheim 50. 51. 196
Ingolstadt 225
Innozenz II. 60. 62. 66. 103. 122
Innozenz III. 66. 143. 144. 146—154. 170. 354. 396. 397
Innozenz IV. 167. 168. 169. 172. 270. 306. 317.
Inquisition 209. 254. 261
Insignien s. Hoheitszeichen
Interregnum 174. 201. 216. 271. 306—308
Investitur und Investiturstreit 7. 10—21. 23. 33. 34. 36—55. 57. 58. 63. 64. 79. 81. 88. 380. 386. 387. 390. 391
Irene, Gem. Philipp v. Schwaben 137. 139. 145. 146
Irland 254. 400
Irmgard, Schwester Heinrichs II. v. d. Pfalz 158
Isaak Angelos, Kaiser v. Byzanz 125. 137. 139
Isabella v. England s. Elisabeth
Isabella (Jolantha) von Jerusalem, Gem. Friedrichs II. 156. 162
Isabella, Gem. Rudolfs v. Habsburg 327
Islam s. Muhamedaner
Italien 6—9. 11. 16. 18. 19. 24—27. 30. 31. 34. 39. 42—46. 48. 50. 53. 55. 57. 59. 60. 62. 63. 66. 88—92. 94—97. 100—108. 110—114. 119. 120. 122. 124. 130. 131. 136. 138. 143. 146. 148. 155. 159. 160.

164. 169. 171. 248. 249. 267. 295—297. 307. 314. 315. 338. 340. 343—345. 350—352. 360. 363. 372. 374. 386. 388. 390. 393. 394. 395. 398. 402. 412, s. a. Normannen, Papsttum, Sizilien, Städte oberitalienische
Iwan III. v. Moskau 300

Jagel (Wladislaw) v. Litauen 298
Jagellonen 297. 298
Jakobus a Voragine 268
Jauer 363. 412
Jeroschin, Nikolaus von 268
Jerusalem 68. 111. 125. 128. 129. 156. 159. 388. 407
Joachim von Floris 201. 276. 325. 398. 408
Jobst v. Mähren 291. 292. 371. 373. 374
Johann XXII. 257. 351—355. 411
Johann XXIII. 373
Johann II., Gr. v. Avesnes 271
Johann, K. v. Böhmen 343. 347. 348. 352. 354. 356. 357. 359—361. 412
Johann Ohnefurcht, H. v. Burgund 300
Johann von Brabant 324
Johannes, Kaiser v. Byzanz 70
Johann v. Chalons Arlay 329
Johannes Duns Scotus s. Duns Scotus
Johannes Eriugena s. Eriugena
Johann II., K. v. Frankreich 300
Johann Ohneland, K. v. England 128. 135. 145
Johann v. Jandun 346. 351
Johann v. Neumarkt 367
Johann v. Österreich, Parricida 339. 342. 411
Johann v. Pomuk 371. 412
Johann v. Saaz 266. 367
Johann II., H. v. Sachsen 348
Johann v. Salisbury 105. 394
Johann v. Victring 410. 412
Johann Heinrich, Gr. v. Tirol 356. 360
Johanna v. Sizilien 127
Jordanus v. Osnabrück 276. 408
Juden 17. 18. 49. 67. 199. 207. 254. 261. 316. 367. 406
Judith, Mutter Barbarossas 87
Jülich, Gr., Herzöge von 167. 169. 289
Jungingen, Ulrich von 298
Justinian 101

Kaiserchronik 201
Kaisersage 126. 267. 395. 399
Kaiserslautern 141. 196. 285. 308
Kaiserswerth 28. 35. 196
Kaisertum 19. 95. 101. 102. 104. 105. 116. 129—131. 158. 171. 174—176. 186. 245. 273. 276. 277. 309. 345. 350. 355. 386. 388. 394. 396. 398. 399
— Krönungen 47. 54. 60. 90—92. 344. 363. 374. 377
— und Papsttum 6. 7. 9. 10—13. 19. 25. 26. 38. 49. 57. 63. 98. 104. 143. 144. 158. 166—168. 257. 276. 296. 309. 314. 315. 338. 341. 343—345. 350—353. 355. 391, s. a. Imperialismus
Kalmarer Union 372
Kamenz 354
Kammergericht 274
Karl der Große 5. 11. 107. 153. 181. 182. 200. 245. 279. 358. 389. 397.
Karl IV. 242. 248. 266. 282. 288. 289. 290. 291. 357—369. 370. 373. 379. 412
Karl der Kühne, H. v. Burgund 300
Karl, Gr. v. Flandern 59
Karl IV., K. v. Frankreich 351. 359
Karl VI., K. v. Frankreich 278
Karl VII., K. v. Frankreich 278. 301
Karl I. v. Anjou, K. v. Neapel 175. 309. 310. 315. 326. 327. 328. 399. 410
Karl II. v. Anjou, K. v. Neapel 326
Karl Martell v. Anjou-Neapel 326
Karl v. Valois 341. 342
Karlstein 248. 366
Kärnten 28. 35. 44. 284. 286. 290. 297. 298. 317. 319. 323. 336. 339. 356. 360. 365
Karthäuser 63. 401
Kasimir II., H. v. Polen 123
Kasimir IV., K. v. Polen 287. 375
Kastilien 21. 137
Katharer 18. 38. 208
Katharina v. Böhmen, Gem. Ottos v. Brandenburg 362
Katharina v. Österreich 344
Katholische Kirche 3—19. 22. 23. 36—39. 53—55. 63. 66. 85. 88. 104. 124. 152. 170. 173. 185. 207—209. 216. 224. 226. 234. 238. 246. 248. 257—265. 353. 354. 371. 389. 407, s. a. Geistlichkeit, Papsttum
Kaufmann 267. 297—300. 407, s. a. Handel
Kaufungen, Kunz von 376
Kelheim 161
Ketzerei 18. 26. 38. 155. 162. 164. 204. 207—209. 258. 261. 388. 399. 402
Kiburg, Gr. von 270. 283
Kiel 195
Kiew, Großfürst von 48
Kirchenlied 263
Kirchenstaat 53. 55. 103. 114. 124. 138. 147. 160. 296. 363.
Klausenburg, Martin und Georg 245
Kleidung 218. 404
Kleve 221. 289.
Klosener, Fritsche 268
Klöster 3. 4—8. 15. 187. 189. 193—196. 198. 202—207. 216. 259. 385. 401. 407, s. a. die einzelnen Orden
Klosterneuburg 248
Klosterreform s. Cluniazenser, Hirsauer
Knut VI., K. v. Dänemark 123. 127
Koblenz 64
Kölhoffsche Chronik 268
Kolmarer Chronik 410
Köln 23. 28. 33. 51. 56. 125. 146. 153. 157. 199. 217. 220. 221. 259. 261. 298. 300. 308. 324. 325. 355. 403

Köln, Chroniken 261. 268. 395. 396. 398
— Kunst 192. 193. 236. 241. 245. 246. 248. 249
— Erzbistum 82. 113. 116. 279. 281. 282. 289. 295. 318
Königsberg 293. 298. 299. 317
Königshofen, Jakob Twinger von 268. 412
Königtum 9. 11. 12. 31. 41. 44. 55. 57. 59 63. 65. 81. 82. 83. 117. 119. 145. 147. 271—273. 276. 277. 282. 314. 316. 317. 340. 341. 355. 364. 365. 379. 387. 408
Kongregation 6. 8. 9
Konrad II. 20. 24. 25. 51. 58. 74. 87. 192
Konrad III. 59. 61. 64—70. 81. 85. 86. 87. 90. 101. 116. 388. 391. 392
Konrad IV. 159. 164. 168. 169. 170. 174. 175. 279. 306. 307. 398
Konrad, Sohn Heinrichs IV. 33. 42. 48. 49. 50
Konrad II., B. v. Hildesheim 157
Konrad, H. v. Kärnten 35
Konrad, Eb. v. Köln 167. 168. 307
Konrad, Eb. v. Mainz 145. 146
Konrad v. Marburg 209
Konrad, H. v. Masowien 157. 293. 409
Konrad v. Montfort 134
Konrad, Pfaffe 181
Konrad, Pfalzgr. bei Rhein 93. 136. 396
Konrad von Raab 288
Konrad, B. v. Regensburg 148
Konrad v. Rothenburg, H. v. Schwaben 125. 132. 139
Konrad, Eb. v. Salzburg 107. 113
Konrad v. Soest 249
Konrad v. Urslingen 114
Konrad v. Wettin 57. 59. 61. 288
Konrad I. v. Hohenzollern 288
Konradin 175. 215. 284. 285. 328. 345. 399
— falscher 325
Konstantinische Schenkung 11
Konstantinopel s. Byzanz
Konstanz 164. 217. 250
— Bischof von 336
— Tagungen 93. 120
Konstanzer Frieden 120. 156. 395
— Konzil 258. 292. 374. 406
— Vertrag 89. 92
Konstanze v. Aragon, Gem. Friedrichs II. 150
Konstanze v. Sizilien, Gem. Heinrichs VI. 122. 123. 128. 131. 132. 136. 139. 143. 150
Konzilien 104. 253. 257. 258. 346. 351. 370. 380. 398
Kopernikus 251
Kornelimünster 5
Korporative Einungen 74. 219. 227. 231. 233. 234. 279. 281. 283
Korvey 29
Krafft, Adam 243. 405
Krain 164. 286. 290. 297. 298. 317. 319. 323. 365
Krakau 217. 221. 287
Kreuzzüge ins Heilige Land 13. 17. 49. 50. 67—69. 84. 125. 126. 128. 129. 134. 135. 137. 139. 152. 153. 154. 155. 156. 158—160. 164. 182. 186. 216. 292. 293. 309. 328. 388. 391. 397. 410
— politische 270. 328. 352
— gegen die Slaven 69. 293. 317. 410
Kriegswesen s. Heerwesen
Krongut 56. 58. 88. 96. 118—120. 145 s. a. Reichsgut
Kudrun 183
Kulm 220. 293. 403
Kunigunde v. Böhmen 319
Kunst, bildende 180. 187—197. 233. 262. 263. 395. 400. 401. 405
Kupferstich 247. 250
Kürenberg 183
Kurfürsten 245. 274. 278—283. 307. 308. 309. 310. 334. 335. 337. 341. 342. 355. 364. 365. 371. 379
Kurland 157. 221

Ladislaus IV., K. v. Ungarn 319. 320
Ladislaus Postumus 257. 375. 376
Lambert v. Hersfeld 389. 390.
Lambrecht, Pfaffe 181
Landesfürsten 81. 82. 83. 96. 118. 155. 161. 162. 163. 178.—180. 210. 221—226. 230. 239. 256. 258. 272. 273. 275. 277. 280. 295. 297. 324. 379. 324. 379. 380. 381. 393. 403
— Verwaltung 223—226. 230. 311
Landfrieden 47. 49. 50. 65. 93. 158. 163. 201. 274. 324. 325. 340. 346. 368. 372. 375. 376. 389. 412
Landrecht 269. 274
Landsberg a. Lech 285
Landsberg a. d. Warthe 291. 354. 362
Landshut i. B. 239
Landskron b. Oppenheim 373
Landstände 224. 340
Landvogtei 272. 316. 318
Langensalza 32
Langmann, Adelheid 407
Langobarden 121
Lâon 194
Latein 180. 207. 208. 253
Lateinisches Kaisertum 410
Lauenburg 69
Lausanne 283. 300. 327
Lausitz 47. 57. 59. 61. 287. 288. 354. 359. 362
Lebenshaltung 218. 225. 227. 228. 232. 233—235. 241. 254. 255. 404
Legnano 111. 112
Lehenswesen 11. 12. 57. 74. 75. 81. 88. 100. 118. 223. 227. 269. 275. 283
Lehnin 203
Leipzig 220
Lemberg 221
Leo IX. 9. 10. 25

Leopold V. v. Babenberg, H. v. Österreich 133. 134. 135. 396
Leopold VI. v. Babenberg, H. v. Österreich 158
Leopold I. v. Habsburg, H. v. Österreich 303. 347—352
Leopold III. v. Habsburg, H. v. Österreich 303. 371
Leubus 203
Liegnitz, Schlacht bei 398
Limburg, Herzöge von 59. 123. 324
Limburg a. d. Haardt 58
Limburg a. d. Lahn 194. 268
Litauen 294. 410
Literatur s. Schrifttum
Liutizen 24. 29. 56
Liutold, Gr. v. Eppenstein 44
Liutpold III., Markgr. v. Österreich 65. 86
Livland 146. 157. 293. 409
Löbau 354
Logik 16
Lombardei s. Städte, oberitalienische
London, Stalhof 267. 299. 409
Lorsch 29
Lothar v. Supplinburg 56. 57—64. 81. 86. 91. 278. 391. 393
Lothar v. Hochstaden, B. v. Lüttich 132
Lothringen 24. 25. 42. 47. 56. 59. 105. 277. 289. 300. 301. 334
Lothringer Klosterreform 9. 10. 386
Lübeck 69. 115. 157. 217. 221. 239. 242. 245. 246. 266. 268. 290. 299. 300. 324. 380. 404. 405
Lucius III. 123. 124. 208
Lucka 339
Ludolf v. Sachsen 263
Ludowinger v. Thüringen 59. 270
Ludus de Antichristo 264. 276
Ludwig der Fromme 5
Ludwig der Baier 243. 257. 269. 273. 282. 285. 301. 340. 345—357. 359. 360. 361. 411
Ludwig I., H. v. Baiern 158. 160. 161. 162. 285. 398
Ludwig II. H. v. Baiern u. Pfalzgraf b. Rhein 175. 310. 318. 331. 332. 333
Ludwig der Reiche, H. v. Baiern 285. 376
Ludwig II., K. v. Böhmen 287
Ludwig d. Ältere, Markgr. v. Brandenburg u. H. v. Baiern 354. 356. 362. 365
Ludwig der Römer, Markgr. v. Brandenburg u. Herzog v. Baiern 291. 362
Ludwig VII., K. v. Frankreich 396
Ludwig VIII., K. v. Frankreich 153. 157
Ludwig IX.. K. v. Frankreich 216. 278
Ludwig XI., K. v. Frankreich 300
Ludwig III., Kf. v. d. Pfalz 373
Ludwig der Springer v. Thüringen 59
Ludwig I., Landgr. v. Thüringen 59
Ludwig III., Landgr. v. Thüringen 115. 124
Ludwig IV,. Landgr. v. Thüringen 159
Ludwig I., K. v. Ungarn 362
Ludwig, Herr des Waadtlandes 328
Ludwig I., Gr. v. Württemberg 284
Luit- = Liut-
Lüneburg 116. 163. 217. 290
Lupold v. Bebenburg 257. 406
Lupold, B. v. Worms 146. 147
Luther 14. 253. 257. 407
Lüttich 51. 52. 60. 132. 295. 327. 356
Lützelburg Grafen von 169
— Herzöge von 289. 300
Lützelburger 282. 287. 348. 352. 373. 375
Luzern 283. 303
Lyon 280. 267
— Konzil von 167. 168. 172. 270. 306. 398

Mâcon 5
Magdeburg 96. 145. 217. 220. 403. 411
— Erzbistum 90. 295. 354. 393
— Tagungen 61. 115
Magnus, H. v. Sachsen 31. 32
Mähren 221. 297. 317. 319. 322. 323. 339. 340. 342. 360. 373
Mailand 25. 26. 62. 90. 100. 101. 103. 105. 108. 110. 111. 124. 131. 164. 267. 296. 344. 374. 395. 411
Mainz 45. 47. 49. 50. 58. 64. 106. 119. 152. 259. 271. 314. 335. 373
— Dom 191. 192
— Erzbistum 208. 279. 281. 288. 295. 318. 369. 373
— Tagungen 122. 123. 125. 135. 163. 390
Mainzer Erlaß 402
Mainzer Landfrieden 163
Malerei 187. 188. 245—251
Manessesche Handschrift 247
Manfred v. Sizilien 174. 175. 328. 399
Manichäismus 18
Mantua 27. 43
Manuel, Kaiser v. Byzanz 68. 106. 110
Marbacher Jahrbücher 139. 396
Marburg 163. 164. 194. 245
Marco Polo 267. 407
Margarete v. Dänemark 412
Margarete v. Frankreich 327
Margarete v. Holland, Gem. Ludwigs des Baiern 355
Margarete v. Österreich, Gem. Heinrichs (VII.) u. Ottokars II. 158. 161. 317
Margarete Maultasch v. Tirol 356. 360. 362. 365. 412
Maria v. Burgund, Gem. Maximilians I. 301. 378
Maria v. Ungarn, Gem. Sigmunds 374
Maria Laach 192
Marienburg 293. 298
Mark, Grafen von der 289
Marktwesen 76. 161. 220. 231. 392
Markward v. Annweiler 136. 142. 143. 150. 396
Marschalldienst 60. 63. 66. 90. 91. 113. 391
Marseille 128. 267
Marsilius v. Padua 257. 346. 351. 406. 411

Martin IV. 327. 410
Mathilde, Gem. Gottfrieds v. Anjou 127
Mathilde, Gem. Heinrichs des Löwen 111
Mathilde von Canossa, Markgr. v. Tuscien 24. 31. 36. 40. 42. 43. 45. 48. 49. 50. 53. 54. 390
Mathildische Güter 45. 54. 60. 61. 62. 63. 66. 114. 123. 124. 131. 143. 390
Matthäus v. Paris 164. 398
Matthias Corvinus 287. 298
Matthias v. Neuenburg 345. 399. 410. 411. 412
Maulbronn 194
Mauren 137
Maximilian I. 300. 301. 302. 304. 365. 370. 378. 409
mâze 86. 179. 180. 248
Mechthild, Gem. Ludwigs II. v. Baiern 318
Mecklenburg 69. 109. 290. 299. 339. 354. 372
Megenberg, Konrad von 406
Meier 82
Meinhard II., Gr. v. Tirol 319. 323
Meinhard III., Gr. v. Tirol 365
Meißen, Mark 47. 57. 59. 61. 138. 288. 325. 333. 335. 338. 339. 340. 343. 354
— Stadt 259
Meißner Rechtsbuch 201
Meistersang 266. 267. 407
Mellrichstadt 45
Memel 195
Memmingen 119
Merseburg 61. 189
Mexico III. 123
Messina 128
Metz 327. 364
Michael IX. 410.
Minden 189. 403. 404
Ministerialen 28. 29. 31. 33. 41. 58. 74—76. 77. 82. 118. 142. 150. 178. 180. 200. 226. 227. 269. 271. 311. 379. 392. 404
Minnesang 184. 185. 263. 266. 396. 400
Mölln 157
Mömpelgard, Grafen von 300
Monte Cassino 25. 47. 62
Montecatino, Schlacht bei 399
Montfort, Grafschaft 286
Montpellier 5
Mont S. Michel 267
Morgarten 303. 348
Morgensprache 269
Moser, Lukas 250
Mühldorf, Schlacht 348. 349
Muhamedaner 17. 19. 128. 156. 180. 388, s. a. Araber
Mühlhausen 144
Multscher, Hans 243
München 225. 228. 243
Münster 295
Münzwesen 218
Murad II. 375
Muri 283. 303
Murten 327
Musik 263. 264. 407
Mystik 205—207. 241. 248. 262. 401. 407

Näfels 303
Nancy 300.
Nationalismus 19—21. 102. 104. 105. 140. 253. 276. 277. 327. 342. 355. 388. 411
Naturgefühl 184. 185. 244. 249. 405
Naturalwirtschaft 83. 209
Naturwissenschaft 173. 200. 268. 401
Naumburg, Dom 191. 400
Neapel 62. 67. 121. 131. 132. 296. 345. 352
Nepi 91
Neumark 292. 298
Neuplatonismus 18
Neuß 307. 326
Neustadt a. d. Haardt 285
Nibelungenlied 182. 183
Nicäa (Isnik) 68
Niels v. Dänemark 60. 61
Niketas 396
Niklot, Abotritenfürst 69. 290
Nikolaitismus 8. 386
Nikolaus I. 11
Nikolaus II., Gerhard v. Florenz 25. 26. 37. 387
Nikolaus IV. 315
Nikolaus (V.), Gegenpapst 352
Nikolaus V. 296
Nikolaus von Cues 406
Nominalismus 16. 257. 268. 406
Norbert, heiliger 63. 203
Nördlingen 119. 217. 403
Normandie 104. 105. 116. 127
Normannen in Unteritalien 25. 26. 27. 36. 45. 47. 53. 60. 62. 66. 67. 90. 105. 106. 114. 121. 137, s. Sizilien
Normannenschatz 133. 137. 141.
Norwegen 299. 372
Notke, Bernt 245
Notker der Deutsche 207
Nowgorod 267. 300
Nürnberg 59. 119. 158. 217. 220. 241. 242. 243. 245. 250. 266. 271. 376. 405
— Burggrafschaft 288. 316. 318
— Tagungen 150. 364
Nürnberger Erklärung 351
Nymwegen 196

Oberpfalz 285. 363
Obert, Kanzler 393
Odo, Abt v. Cluny 6. 385. 386
Ogotai, Großkhan 398
Okkam 257
Okkamisten 257
Oldenburg, Bistum 29
—, Land 69. 289. 372
Olgerd v. Litauen 298
Oliva 109. 203
Olmütz 221
Oppenheim 42. 271
Orient 17. 180. 182

Orlamünde, Grafen von 288
Orléans 18
Ortenburg, Grafen von 132
Osnabrück 295
Österreich 81. 93. 132. 164. 169. 269. 270. 284. 286. 287. 290. 297. 298. 317. 319. 323. 332. 340. 365. 367. 375. 378. 393.
Ostkolonisation 56. 61. 62. 69. 96. 97. 109. 110. 116. 195. 203. 229. 231. 290. 291. 297. 380. 394. 409
Ostpreußen 291. 298
Otloh v. S. Emmeram 385
Öttingen, Grafen von 288
Otto I. 6. 11. 19. 31. 175. 201
Otto IV. 116. 129. 143—153. 387. 396. 397
Otto von Anhalt 324
Otto I., H. v. Baiern 92. 100. 116. 117. 285
Otto II., H. v. Baiern, Pfalzgr. b. Rhein 154. 164. 169. 285.
Otto, Pfalzgr. v. Baiern 57
Otto, Pfalzgr. v. Baiern, Königsmörder 146. 397
Otto III., H. v. Niederbaiern 336
Otto, B. v. Bamberg 56
Otto v. S. Blasien 93. 140. 201. 393. 395. 396
Otto der Lange, Markgr. v. Brandenburg 320.
Otto V., Markgr. v. Brandenburg 362
Otto das Kind, H. v. Braunschweig 153. 154. 163. 398
Otto, Gr. v. Burgund 125
Otto, Pfalzgr. v. Burgund 326. 328. 329. 334.
Otto, B. v. Freising 68. 86. 91. 119. 201. 392. 393. 394
Otto v. Nordheim 28. 31. 32. 41. 44. 47. 56.
Otto v. Savoyen 30
Ottokar I., K. v. Böhmen 146
Ottokar II., K. v. Böhmen 279. 286. 297. 310. 314. 317—323. 332. 336. 410
Ottokar aus Steiermark 202. 411

Pacher, Michael 243
Paderborn 189. 295
Padua 372
Palermo 121. 136. 139
Papier 252. 405
Papsttum 4. 6. 7. 9—14. 19—23. 25—27. 30. 33. 36—55. 57. 59. 60. 63. 66. 68. 85. 89. 97—99. 103—107. 116. 121. 122. 138. 143. 144. 147. 152. 154. 158. 166—168. 170. 173—175. 185. 215. 257. 258. 273. 276. 296. 309. 314. 315. 327. 328. 338. 346. 350—354. 355. 364. 370. 371. 376. 385. 387. 391. 394. 396. 406. 408. 411. 412.
— Finanzgebaren 85. 144. 258. 259. 315. 328. 406
— Wahl 10. 26. 35. 46. 47. 60. 63. 103. 107. 114. 279. 390
Paris, Universität 18. 99. 180. 194. 199. 207. 210. 257. 359. 367. 398
Parma 168
Parodie 207. 241. 402
Partikularismus 13. 21. 22. 23. 178. 283. 380
Paschalis II. 49. 50. 52. 53. 54
Paschalis III. 106. 107. 108. 110
Pataria 25. 26. 36. 39
Patriarchat des Nordens 31
Patrizier 77. 78. 79. 178. 180. 196. 219. 220. 393
Pavia 108. 111
— Hausvertrag 354
— Kirchenversammlung 104
Pegau 45
Persien 128
Perugia 45
Pest 230. 241. 246. 367. 412
Peter von Aragon 328. 410
Peter der Ehrwürdige, Abt v. Cluny 203
Peter v. Aspelt, Eb. v. Mainz 348. 411
Peterlingen 327
Petrarca 366
Petrus Damiani 9. 27. 30. 386
Petrus de Vinea 168
Pfahlbürger 78. 161. 392
Pfalz am Rhein 93. 119. 120. 141. 142. 154. 169. 279. 281. 285. 354. 396
Pfalz, Palast, 196
Pfeiferhansel v. Niklashausen 261. 407
Pfullendorf, Grafen von 119. 125
Philipp v. Schwaben 86. 125. 137. 139. 143—149. 307. 396. 397
Philipp der Kühne, H. v. Burgund 243. 300
Philipp der Gute, H. v. Burgund 300
Philipp de Commines 304. 410
Philipp, H. v. Flandern 132
Philipp I., K. v. Frankreich 391
Philipp II. August, K. v. Frankreich 127. 128. 132. 134. 135. 136. 149. 153. 157. 278
Philipp III., K. v. Frankreich 309. 310. 327
Philipp IV., K. v. Frankreich 278. 327. 328. 329. 334. 338. 339. 341. 342. 344. 355
Philipp VI., K. v. Frankreich 351. 355
Philipp, H. v. Kärnten 323
Philipp, Eb. v. Köln 110. 111. 114. 117. 124. 125. 127
Philipp, Gr. v. Savoyen 326. 327
Philippa v. Holland, Gem. Eduards v. England 355
Philosophie 197—200. 210. 256. 257. 388. 406, s. a. Scholastik
Piacenza 100
Pierleoni 60. 66
Pippin 19. 87
Pisa 70. 105. 110. 131. 136. 137. 150. 258. 344. 345. 399
— Konzil 373
Plassenburg 288
Plastik 188—191. 210. 240—245. 400. 405
Plato 199

Plauen, Heinrich von 298. 409
Plettenberg, Walter von 409
Poitou 127. 145
Polen 13. 32. 56. 61. 93. 94. 97. 110. 123. 130. 231. 282. 287. 292. 294. 295. 298. 320. 338. 339. 369. 374. 380. 394. 398. 409. 412
Pommern 56. 61. 69. 115. 123. 290. 291. 354
Poppo, A. v. Stablo 9
Portugal 13
Posen, Bistum 94
Pozzuoli 159
Prag 221. 225. 242. 245. 250. 287. 297. 320. 334. 359. 366. 367. 369
— Erzbistum 369. 371
Prämonstratenser 61. 63. 69. 195. 203
Praxedis 48
Predigten 202. 206. 261
Prémontré b. Laon 203
Preußen 94. 157. 293—295
Pribislaw v. Brandenburg 61. 65. 109. 291
Priesterehe 8. 18. 34. 37. 38. 39. 386. 390
Prignitz 61
Prokop v. Mähren 373
Provence 93. 137. 300. 315. 327

Radulf, Mönch 67
Rahewin 201. 388. 393. 394
Raimund, Eb. v. Toledo 17
Rainald v. Dassel 20. 98—100. 106—108. 130. 388. 394
Rainald, Gr. v. Mömpelgard 326. 327. 328
Rainald v. Urslingen 159. 160
Rainulf v. Alife 62
Ranieri, Gr. Donoratico 399
Ratibor v. Pommern 69
Raubritter 221. 227. 271. 291. 299. 325
Ravensburg 119. 217. 232
— Handelsgesellschaft 267. 402
Recht und Gericht 74. 75. 88. 114. 115. 119. 155. 163. 200. 201. 220—223. 231. 269. 273—275. 400. 403. 407. 408
— germanisches 4. 7. 10. 11. 12. 13. 130. 387
— kirchliches 4. 6. 7. 9—13. 199. 223. 387
— römisches 4. 101. 130. 269. 394
Rechtsbücher 200—201. 269
Reformation 185. 224. 225. 267. 269. 346. 370
Reformbewegungen s. Cluniazenser, Gregorianer, Hirsauer, Lothringer
— des 15. Jahrhunderts 258. 370. 374. 375
Regalien 77. 119. 272. 365
Regenger 32
Regensburg 35. 44. 93. 125. 189. 190. 217. 271. 391. 403. 406
— S. Emmeram 386
Reichenau 5. 15
Reichsfürsten s. Landesfürsten
Reichsgut 28. 32. 59. 118—121. 145. 154. 169. 272. 273. 307. 316—319. 340. 389. 408. 410
Reichshofrichter 163. 171. 274. 398
Reichslandfrieden s. Landfrieden
Reichsministerialen 75. 226. 271. 392. 396, s. a. Ministerialen
Reichsstädte 79. 80. 106. 218. 220. 226. 231. 239. 304. 313. 327. 345. 362. 368
Reimchronik 202
Reims 16. 191. 194. 400
Reisen 267. 407
Renaissance 235. 240. 250. 254. 366
Rense 355. 411
Reuß 403
Reutlingen 368
Reval 195. 217
Richard v. Cornwall, deutscher König 174. 307. 308. 309
Richard Löwenherz, K. v. England 104. 127. 128. 129. 133—136. 137. 139. 141. 145. 396
Richental, Ulrich von 406
Richenza 60. 65
Riemenschneider, Tilman 243
Rienzo, Cola di 366
Riga 217. 221
Rindsmaul, Ritter 349
Rittergesellschaften 368
Ritterorden 204. 292. 293. s. a. Deutschordensritter
Rittertum 17. 18. 21. 63. 74. 75. 83. 84. 119. 120. 129. 130. 177—180. 182. 183. 186. 196. 207. 210. 227. 266. 267. 336. 337. 349. 379. 392. 399
Robert Guiscard, H. v. Apulien 25. 47. 121
Robert v. Artois 166. 329
Robert v. Burgund 327
Robert v. Flandern 30
Robert v. Neapel 344. 351. 399
Roger v. Andria 128
Roger v. Fécamp s. Clemens VI.
Roger I. v. Sizilien 121
Roger II. v. Sizilien 60. 61. 63. 65. 66. 67. 70. 89. 92. 121. 122. 156. 171. 395
Roland v. Siena s. Alexander III.
Rolandsäulen 245. 405
Rolandslied 181
Rom, Stadt 24. 26. 27. 36. 38. 41. 47. 53. 54. 66. 89. 90—92. 103. 108. 114. 131. 148. 156. 162. 216. 253. 258. 267. 344. 352. 363. 371. 373. 374. 377. 394
Romanischer Stil 187. 192. 193. 194. 238. 401
Romoald v. Salerno 395
Ronkalische Felder 100. 101
Rosenplüt, Hans 266
Rosental, Kloster 336
Rostock 109. 217. 403
Rothenburg 119. 220
Rudolf v. Habsburg 174. 243. 279. 280. 281. 286. 297. 301. 303. 309—331. 410.
Rudolf v. Rheinfelden, Gegenkönig 13. 28. 32. 44. 45. 46. 81. 189. 387
Rudolf, Sohn Rudolfs v. Habsburg 286. 323. 326. 330. 331

Rudolf, Sohn Albrechts I. 338. 339
Rudolf I., Pfalzgr. b. Rhein, H. v. Oberbaiern 335. 336. 337. 341. 348. 354
Rudolf II., Pfalzgr. b. Rhein 362
Rudolf I., H. v. Sachsen 348
Rudolf III., Kf. v. Sachsen 373
Rudolf, Eb. v. Trier 124
Rügen 61. 157
Ruodlieb 181
Ruprecht von der Pfalz, deutscher König 371—373
Ruprecht, Sohn Adolfs v. Nassau 336
Russen 94. 398. 409

Sachs, Hans 266
Sachsen, Herzogtum 24. 29. 31. 32. 33. 41. 45. 46. 47. 50. 56. 59. 60. 61. 65. 93. 96. 106. 109. 115. 116. 117. 127. 162. 163. 221. 249. 290. 389
— Kurfürstentum 279. 282. 287. 288. 289. 290. 339. 376
— Pfalzgrafschaft 354
Sachsenhäuser Appellation 351
Sachsenspiegel 200. 269. 401
Sage 17. 126. 181—183. 267. 395. 399
Saint Denis 76. 392
Säkkingen 283
Saladin 125. 128. 129
Saleh Ejub, Sultan v. Ägypten 172. 399
Saleph 126
Salerno 47. 121. 132. 136
Salier 35. 57. 58. 59. 86
Salimbene 174
Salzburg 403
— Erzbistum 284. 295
Samland 157. 293
San Germano 160
Sarazenen s. Araber
Sardinien 110. 165
Savoyen 93. 300. 326—329. 364
Sayn, Graf von 191
Schaffhausen 283. 303
Schaumberg, Gr. von 347
Schaumburg, Gr. von 59
Schauspiel 264—266. 407
Scheiern, Gr. von 285
Schisma, das große 258. 371. 372. 374
Schlesien 94. 286. 287. 320. 354. 363. 367. 369. 394. 412
Schleswig 60. 290
Scholastik 16. 17. 18. 21. 197—200. 204. 205. 207. 210. 256. 257. 401
Schongauer, Martin 250
Schottenmönche 189. 400
Schriftsprache 253. 346
Schrifttum 17. 180—186. 197—202. 206. 208. 240. 252. 256. 257. 263—269. 400. 405. 407
Schulen 15. 16. 198. 199. 219. 221. 225. 260. 261. 407
Schwaben 28. 44. 45. 49. 61. 87. 106. 115. 119. 132. 142. 150. 154. 164. 169. 241. 245. 284. 306. 316. 318. 321. 324. 329. 330. 340. 357. 368. 386
Schwabenspiegel 201. 269. 335
Schwarzer Tod s. Pest
Schweden 299. 372. 380
Schweidnitz 363. 412
Schweiz 154. 169. 277. 283. 302—304. 311. 316. 329. 339. 340. 342. 371. 380. 409
Schwepfermann 349
Schwerin 109. 157
Schwertorden, livländischer 293
Schwyz 302. 303. 304. 329
Seckenheim 376
Seefahrt 299. 372
Seeland 289. 300. 337. 356
Seelsorge 6. 7. 203. 204. 206. 238. 260. 262
Seeräuber 299
Seldschuken 128
Seleukia 126
Semlin 125
Sempach 303. 371
Sendgericht 224
Seuse, Heinrich 206. 207. 241. 262
Sibylle, Gem. Tankreds v. Lecce 137
Siebenbürgen 293. 297
Siegfried, Abt v. Gorze 9
Siegfried, Eb. v. Köln 324. 331. 337
Siegfried I., Eb. v. Mainz 30. 39
Siegfried II., Eb. v. Mainz 158
Siegfried III., Eb. v. Mainz 164. 167. 168
Siena 45
Sigibert v. Gembloux 390. 395
Sigihard v. Burghausen 391
Sigmaringen, Gr. von 270
Sigmund, Kaiser 287. 290. 291. 371. 373—375. 412
Sigmund, H. v. Österreich 300. 303
Sigmund v. Tirol 376
Silivius Äneas 413
Simon v. Tournai 398
Simonie 8. 10. 37. 38. 391
Sitten 283. 300
Sizilianische Vesper 326
Sizilien 121. 122. 127. 128. 131. 133. 134. 136—139. 141. 143. 148. 149. 150. 151. 154. 155. 160. 171. 296. 325. 394. 395. 396. 397. 399. 410
Skandinavien 19. 379
Skotisten 256. 257
Slaven 18. 29. 61. 69. 87. 97. 109. 110. 248. 282. 287. 288. 290. 297. 322. 323. 343. 388. 395
Sobeslaw v. Böhmen 61
Soissons 194. 195
Söldner 107. 221. 274. 395
Solothurn 126. 154. 303
Sondergotik 237. 239. 240. 405
Soziales 18. 186. 325. 403. 405
Spanien 6. 8. 17. 19. 21. 66. 97. 105. 150. 199. 267. 402
Speier 56. 59. 69. 80. 114. 217. 271. 325. 335. 337. 343

Speier, Bistum 295
— Dom 23. 51. 57. 58. 67. 146. 192. 193. 243. 331. 336. 342. 389. 411
— Tagungen 133. 164. 316. 324. 342
Speirer Abkommen 148
Speirer Erklärung 147
Spiegel 240
Spielleute und Gaukler 123. 234
Spoleto 87. 114. 147. 160
Spolienrecht 124. 138. 152
Sprache, deutsche 19. 163. 181. 206. 207. 253. 346. 367. 399. 406
Spruchdichtung 186
Stade 163
Städte, deutsche 33. 45. 50. 56. 58. 76—80. 82. 83. 158. 161. 162. 167. 169. 178. 196. 198. 204. 205. 210. 216—222. 224. 225. 226. 230. 231—235. 240. 245. 255. 256. 267. 271. 275. 294. 307. 325. 340. 346. 357. 372. 375. 376. 381. 392. 393. 395. 402. 403. 404. 405. 411
— oberitalienische 25. 26. 48. 54. 62. 66. 83. 90. 96. 100. 101. 102. 105—108. 110—112. 120. 121. 124. 131. 148. 156. 160. 161. 162. 164. 165. 167. 195. 296. 315. 343. 360
Städtebund 158. 178. 221. 271. 298—300. 307. 368. 372
Stadtrecht 201. 220. 221. 269. 274. 392. 403
Stadtverwaltung 219—221
Stadtwirtschaft 216—218. 403
Stagel, Elsbeth 207
Stammesherzogtum 274. 280. 284
Stände 73—75. 79. 80. 83. 191. 222. 226. 231. 234. 238. 239. 255. 256
Statutum in favorem principum 161. 163. 224
Stedinger Bauern 162. 289
Steiermark 116. 164. 284. 286. 290. 297. 317. 319. 323. 340. 365
Stendal 220
Stephan IX. 25
Stephan II., H. v. Baiern 357
Stephan III., K. v. Ungarn 110
Stephan IV., K. v. Ungarn 94
Stettin 217
Steuer 224. 231. 272. 313. 316. 327. 403
Stockholm 245. 412
Stolle, Konrad 407
Störtebeker, Klaus 372
Stoß, Veit 243
Stralsund 238
Stralsunder Frieden 369
Straßburg 80. 217. 268. 295. 336
— Münster 190. 236. 237. 239. 241. 405. 406
Streitschriften 34. 36. 387
Stromer, Ulman 405
Stuttgart 284
Suger v. S. Denis 60. 391
Summa 199
Susa 108
Sutri 90. 91. 192
Sven v. Dänemark 93
Syrien 128. 156
Syrlin, Jörg 243

Tafelmalerei 247—251. 405
Tagliacozzo 175. 345. 349
Tankred v. Lecce 128. 131—133. 135. 137
Tannenberg 291. 294. 298. 349. 369
Tataren 166. 398
Tauler 206. 262
Templer 159. 293. 388
Thaddäus v. Suessa 167. 168
Theobald, Gr. v. Pfirt 329
Theologie 14—18. 197—200. 207. 256. 257, s. a. Scholastik
Thimo, Eb. v. Salzburg 49
Thomas v. Aquin 199. 210. 401
Thomas Becket 107. 110
Thomasin v. Zirclaere 185
Thomisten 257. 406
Thorner Friede 294. 298
Thronfolge, deutsche 13. 44. 57. 58. 59. 65. 69. 81. 86. 138. 139. 147. 155. 278. 282. 296. 309. 310. 315. 341. 342. 396
Thurgau 303. 311
Thüringen 30. 50. 59. 115. 145. 270. 288. 306. 325. 333. 334. 339. 340. 343. 354. 402
Tiara 387
Tiefenbronner Altar 250
Tierprozession, Straßburg 241. 405
Tirol 284. 286. 356. 357. 360. 361. 362. 365. 378
Toggenburg, Gr. von 303
Toledo 17
Toskana 315. 343. 411
Totentanzbilder 246
Toul 327. 329
Trausnitz 349
Treviso 161
Tribur 23. 29. 42
Trient 296. 352
Trier 85. 194. 279. 281. 295. 318. 337. 373
Triest 286
Trifels b. Annweiler 135. 136. 137. 141. 142. 196. 308. 410
Tripolis 137
Tristan 182. 183. 246
Troubadour 156
Trushard v. Kestenburg 142
Tschechen 258. 297. 366. 367. 371. 412
Tübingen 284
Tunis 137
Türken 125. 126. 128. 134
Türkenkriege 259. 298. 374. 375. 412
Turnier 227
Tuscien 62. 87. 110. 114. 121. 136. 147. 165
Tusculum 131
— Gr. von 25
Tuta, Markgr. v. Meißen 333
Tyrus 126. 395

Ulm 61. 217. 239. 243. 250. 306. 368
— Tagungen 44. 106. 154

Ulrich, B. v. Halberstadt 114
Ulrich, B. v. Passau 49
Ulrich I., Gr. v. Württemberg 270. 284
Ulrich V., Gr. v. Württemberg 376
Ulrich v. Württemberg († 1388) 368
Unfreie 74. 75. 78. 82. 83. 200. 218. 222. 228. 229. 392
Ungarn 13. 28. 35. 56. 61. 66. 68. 94. 97. 100. 110. 287. 297. 298. 320. 336. 339. 374. 375. 376. 380. 396. 398
Universalienstreit 256. 257
Universalismus 19. 20. 21. 180. 211. 366. 388
Universität 16. 18. 180. 198. 199. 225. 226. 253. 257. 366. 367. 401. 402. 403
Unterwalden 302
Urach, Gr. von 283
Urban II. 47. 48. 49. 105
Urban III. 124. 125. 141
Urban IV. 141. 175. 308. 410
Urban V. 363
Urban VI. 371
Uri 302. 303
Utrecht 57. 295

Vaganten 207. 208. 402
Valencia 267
Valois 278
Varna 298
Vaucouleurs 153
Veitshöchheim 306
Venedig 61. 70. 107. 108. 110. 112—114. 293. 296. 359
— Friede 112—114. 122. 394. 395
Verdun 327. 329
Verona 48. 62. 92. 108. 124. 125. 161. 165. 284
Veroneser Bund 106. 108. 110
Viktor II. 9. 10. 23. 24. 25. 27. 28
Viktor III. 47
Viktor IV., Oktavian 103. 104. 105. 106
Villingen 283
Vita Heinrici IV. 51
Vitalienbrüder 299—372. 412
Vogtei 6—9. 77. 119. 154. 283. 386. 390. 395, s. a. Landvogtei
Vogtland 119
Volksbücher 186. 256. 407. 408
Volkslied 263. 264. 407
Vorarlberg 284

Wagrier 60
Wahl s. Investitur, Papstwahl, Thronfolge
Waiblingen 392
Waimar v. Salerno 121
Waldemar v. Brandenburg 348. 362
— falscher 291. 362
Waldemar I., K. v. Dänemark 93. 123
Waldemar II., K. v. Dänemark 153. 157
Waldemar IV., Atterdag, K. v. Dänemark 346. 369
Waldenser 208
Waldsee, Herren von 347
Wallfahrten 261. 262. 267. 407
Walther v. d. Vogelweide 44. 130. 145. 149. 184. 185. 186. 206. 208. 396. 397. 400
Wandmalerei 187. 188. 246
Wandteppich 246
Wartburg 196
Wazo, B. v. Lüttich 9. 386
Weichbild 78. 201. 392
Weiden 285
Weinsberg 65. 391
Weistümer 231. 269. 404
Welf I., H. v. Baiern 31. 44. 45. 48. 49
Welf II., H. v. Baiern 48. 49. 57
Welf VI. 65. 69. 70. 87. 106. 111. 114. 119. 125
Welf VII. 108. 111
Welfen 31. 45. 48. 49. 57. 64. 65. 70. 81. 87. 93. 96. 106. 116. 117. 131. 136. 158. 163. 188. 290. 307. 395
Welfesholz b. Mansfeld 56
Wendenfahrt s. Kreuzzüge
Wenzel, deutscher König 282. 291. 362. 365. 367. 369—372. 373. 410
Wenzel I., K. v. Böhmen 317
Wenzel II., K. v. Böhmen 319. 323. 331. 334. 335. 338. 339
Wenzel III., K. v. Böhmen 339. 343
Werdenberg, Grafschaft 286
Werdenberg, Gr. Hugo von 318
Werner von Bolanden 142
Werner v. Eppenstein, Eb. v. Mainz 310
Werner, Eb. v. Trier 373
Westfalen, Herzogtum 82. 116. 124. 192. 274. 295
Wetterau 142. 316. 404
Wettiner 57. 61. 146. 287. 288. 290. 325. 333. 339. 363
Wetzlar 326
Wibald, Abt v. Stablo 70. 94. 393
Wichmann, Eb. v. Magdeburg 109. 132
Widerstandsrecht 57
Wien 133. 164. 225. 239. 243. 248. 297. 319. 320. 335. 396
Wiener Konkordat 258
Wienhausen b. Celle 246
Wieselburg 35
Wilhelm von Holland, deutscher König 168. 174. 281. 306. 307
Wilhelm der Fromme, H. v. Aquitanien 5. 6
Wilhelm, Abt von Hirsau 6
Wilhelm von Sachsen 376
Wilhelm I., K. v. Sizilien 92. 106. 122
Wilhelm II., K. v. Sizilien 110. 114. 122. 127. 128. 137
Wilhelm III., K. v. Sizilien 137
Willebriefe 281. 307
Wilsnack 262
Wimpfeling, Jakob 250
Wimpfen 196. 221
Windecke, Eberhard 374. 412
Winrich, Hermann 248
Winrich v. Kniprode 294. 369
Winterthur 303

Winterthur, Johann von 412
Wiprecht v. Groitzsch 57. 59
Wisby 217. 372
Wissenschaft 5. 14—18. 180. 197—202. 204. 385. 406
Witold v. Litauen 298. 409
Wittelsbacher 57. 116. 282. 285. 291
Wittenweiler, Heinrich 232. 266. 407
Witz, Konrad 251
Wladislaw II., H. v. Böhmen († 1174) 100. 286
Wladislaw II., K. v. Böhmen u. Ungarn († 1516) 287
Wladislaw II., Jagel von Litauen u. Polen 298
Wladislaw III., K. v. Polen u. Ungarn 376
Wohlfahrtspflege 221. 260. 403
Wolfhart v. Roth, B. v. Augsburg 243
Wolfram v. Eschenbach 177. 183. 206. 346
Worms 29. 33. 42. 79. 80. 142. 163. 271
— Dom 58
— Tagungen 26. 39. 55. 161
Wormser Konkordat 54. 55. 59. 63. 64. 152
Worringen, Schlacht 324
Wratislaw v. Böhmen 47. 297
Wulfhild Billung, Gem. Heinrichs IX. v. Baiern 57
Württemberg, Gr. von 284. 324. 339
Wurzach 250
Würzburg, Bistum 82. 295
— Tagungen 60. 94. 107. 109. 115. 138. 315. 324. 328

Zähringer 28. 45. 48. 49. 93. 106. 154. 283. 284
Zenki, Sultan v. Mosul 67
Zink, Burkhard 268
Zips 297
Zisterzienser 15. 61. 63. 107. 109. 171. 174. 187. 194. 195. 203. 209
Znaim 374
Zölibat s. Priesterehe
Zug 303
Zunft 219. 220. 231. 234. 235. 243. 269. 402. 411
Zürich 49. 154. 283. 303. 304. 311
Zwei-Schwertertheorie 98. 394. 397

Bildernachweis

Die Abbildungen Tafel 1a, Tafel 2a, Tafel 3b, Tafel 6a und Tafel 7a, b, wurden nach Aufnahmen der Staatlichen Bildstelle, Berlin angefertigt. Alle übrigen Abbildungen sind dem Werk Dehio, Geschichte der deutschen Kunst entnommen.

Haller, Johannes, Von den Staufern zu den Habsburgern. Auflösung des Reichs und Emporkommen der Landesstaaten (1250—1519). Mit 6 Kartenskizzen. Kl.-Oktav. 117 Seiten. 1935. (Sammlung Göschen Bd. 1077.) Geb. RM. 1.62

Holtzmann, Robert, Der Kaiser als Marschall des Papstes. Eine Untersuchung zur Geschichte der Beziehungen zwischen Kaiser und Papst im Mittelalter. Quart. 50 Seiten. 1928. (Schriften der Straßburger Wissenschaftlichen Gesellschaft, Neue Folge, 8. Heft.) RM. 1.50

Jellinghaus, Hermann, Geschichte der mittelniederdeutschen Literatur. Dritte, verbesserte Auflage. Oktav. VIII, 90 Seiten. 1925. (Grundriß der germanischen Philologie VII.) RM. 4.50, geb. 6.30

Kluge, Friedrich, Etymologisches Wörterbuch der deutschen Sprache. Elfte Auflage. 1934. Mit Unterstützung von W. Krause, bearbeitet von A. Götze. Lex.-Okt. XV, 740 Seiten. 1934. RM. 17.—, geb. 18.—

„Ein Werk, das nicht nur von Germanisten oder sonstigen Fachgelehrten immer wieder herangezogen wird, sondern das jedem Freunde unserer herrlichen deutschen Sprache Aufklärung und Genuß darbietet . . ." Augsbg. Postzeitung.

Lachmann- v. Kraus, Die Gedichte Walthers von der Vogelweide. Zehnte Ausgabe mit Bezeichnung der Abweichungen von Lachmann und mit seinen Anmerkungen neu herausgegeben von Carl von Kraus. Groß-Oktav. XXXII, 243 Seiten. 1935. Geb. RM. 3.80

Die neue Ausgabe bietet einen vielfach umgestalteten Text, soweit dies durch die handschriftlichen Funde, durch die Ausgaben von Wackernagel, Pfeiffer, Paul und Wilmanns-Michels, durch die Vorschläge anderer Gelehrten oder durch eigene Überlegungen des Bearbeiters nötig erschien. Doch ist in allen Fällen auch Lachmanns Textgestaltung in Fußnoten ersichtlich. Unechtes wurde im Druck kenntlich gemacht, Echtes aus den Anmerkungen in die Ausgabe selbst aufgenommen. Die Literatur zu den Handschriften und Bruchstücken wurde bis zum heutigen Tage ergänzt, die veralteten Zitate sind durch Hinweise auf die jetzt gebräuchlichen Ausgaben ersetzt. Die Begründung für all diese Änderungen am Texte sind in dem vor wenigen Monaten in unserem Verlag erschienenen Buch von Carl von Kraus „Walther von der Vogelweide. Untersuchungen" zu finden.

Meier, John, Deutsche Volkslieder mit ihren Melodien. Herausgegeben vom Deutschen Volksliedarchiv. I. Band: Balladen. Unter Mithilfe von Harry Schewe und Erich Seemann gemeinsam mit Wilhelm Heiske und Fred Quellmalz herausgegeben von John Meier. 1. Teil. Lexikon-Oktav. XLIV, 321 Seiten. 1935. RM. 16.50

Vorgesehen sind neun Bände (1 u. 2: **Balladen**; 3: **Historische Lieder**; 4 u. 5: **Liebes- u. Abschiedslieder**; 6: **Geselligkeits- u. Gemeinschaftslieder**; 7: **Ständelieder**; 8: **Geistliche Lieder**; 9: **Glossar, Bibliographie, Register**). Zwei Bände **Kinderlieder** sollen in Angriff genommen werden, sobald die ersten 9 Bände vorliegen.

Meier, John, Jahrbuch für Volksliedforschung. Im Auftrag des Deutschen Volksliedarchivs mit Unterstützung von H. Mersmann, H. Schewe und E. Seemann.

I. u. II. Jahrgang 1928/1930. Je RM. 14.—, geb. 16.—

III. Jahrgang 1932. RM. 14.—, geb. 15.50

IV. Jahrgang 1934. RM. 10.—, geb. 11.50

Naumann, Hans, Altdeutsches Prosalesebuch. Texte vom 12.—14. Jahrhundert. Oktav. VIII, 162 Seiten. 1916. (Trübners philolog. Bibliothek 5.)
RM. 2.—, geb. 3.—

Naumann, Hans, Das Bild Walthers von der Vogelweide. Quart. 28 Seiten. 1930. (Schriften der Straßburger Wissenschaftlichen Gesellschaft, Neue Folge, 12. Heft.) RM. 3.—

Reallexikon der deutschen Literaturgeschichte. Unter Mitwirkung zahlreicher Fachgelehrter herausgegeben von Dr. Paul Merker, o. ö. Professor an der Universität Breslau, und Dr. Wolfgang Stammler, o. ö. Professor an der Universität Greifswald. Lexikon-Oktav.

Band I: 593 Seiten. 1926. RM. 32.—, in Halbleder RM. 41.—
Band II: IV, 754 Seiten. 1926/28. RM. 40.—, in Halbleder RM. 49.—
Band III: IV, 525 Seiten. 1928/29. RM. 26.40, in Halbleder RM. 34.50
Band IV: 216 Seiten. 1931. RM. 14.40, in Halbleder RM. 19.40

„Das Kennzeichnende für das Werk ist, daß es sich auf die formale und sachliche Seite der Literaturgeschichte, die Realien derselben beschränkt und die Dichtung als Leistung und Ausdruck eines schöpferischen Individuums nur insoweit berücksichtigt, als dies für das „realistische" Programm des Werkes erforderlich ist. Diese Aufgabe wird, soweit der vorliegende erste Band ein Urteil gestattet, in vorzüglicher Weise gelöst. Die einzelnen Artikel sind durchweg inhaltlich erschöpfend und formell übersichtlich und klar." Neuphilologische Mitteilungen.

Als Ergänzung zum „Reallexikon der deutschen Literaturgeschichte" erscheint:

Die deutsche Literatur des Mittelalters-Verfasserlexikon. Unter Mitarbeit zahlreicher Fachgenossen herausgegeben von Wolfgang Stammler. Das Lexikon erscheint in Lieferungen und wird einen Gesamtumfang von etwa 120 Bogen haben. Lexikon-Oktav.

I. Band: Aalen—Futerer. XIII, 786 Seiten. 1933.
RM. 25.—, geb. RM. 27.—; Einbanddecke RM. 1.50

Das Werk will zum erstenmal ein richtiges und umfassendes Bild vom Reichtum des mittelalterlichen Schrifttums geben, und zwar von der Karolingischen Zeit an bis etwa zur Regierung Maximilians I. Neben der Dichtung ist auch die historische, theologische, juristische, medizinische und naturwissenschaftliche Literatur berücksichtigt.

Reallexikon der Germanischen Altertumskunde. Unter Mitwirkung zahlreicher Fachgelehrter herausg. von Johannes Hoops. 4 Bände. Quart.
Komplett RM. 80.—, geb. RM. 90.—

Schneider, Hermann, Deutsche Heldensage. Kl.-Oktav. 144 Seiten. 1930. (Sammlung Göschen Bd. 32.) Geb. RM. 1.62

Schröder, Richard, und **Künßberg, F., Lehrbuch der deutschen Rechtsgeschichte.** Siebente Auflage. Groß-Oktav. Mit einer Abbildung im Text und einem Bildnis. IV, 1083 Seiten. 1932. Geb. RM. 33.30

Kolibri 360 GmbH
Ferdinand-Jühlke-Straße 7
99095 Erfurt, Deutschland
produktsicherheit@kolibri360.de